玻璃精密加工损伤基础及应用

余家欣　何洪途　著

科 学 出 版 社

北　京

内 容 简 介

本书取材于国内外玻璃精密加工损伤基础与应用最新进展以及作者多年从事该领域的研究成果，系统阐述玻璃精密加工损伤的基础理论和应用，全面反映玻璃精密加工损伤基础的最新研究现状和发展趋势。

全书共10章，由玻璃及其精密加工的基础知识、玻璃加工损伤的表征、玻璃加工损伤的基础理论和玻璃加工损伤的智能检测四部分组成。在阐明玻璃及其精密加工的基础知识、玻璃加工损伤表征方法的基础之上，从玻璃表面的应力腐蚀、玻璃的压痕损伤、玻璃的划痕损伤以及玻璃的磨损损伤方面，全面阐述玻璃加工损伤的基础理论，最后以机器视觉和机器学习在玻璃加工损伤中的工程应用为例说明其在工程中的实际应用。

本书可作为机械工程、材料工程和化学工程专业的研究生教材以及高等院校相关专业师生的教学参考书，也可供从事机械加工和制造、玻璃制造的工程技术人员参考。

图书在版编目（CIP）数据

玻璃精密加工损伤基础及应用/余家欣，何洪途著. —北京：科学出版社，2024.2

ISBN 978-7-03-077400-2

Ⅰ. ①玻… Ⅱ. ①余… ②何… Ⅲ. ①玻璃-超精加工-研究 Ⅳ. ①TQ171.6

中国国家版本馆CIP数据核字（2024）第004461号

责任编辑：杨新改 / 责任校对：杜子昂

责任印制：吴兆东 / 封面设计：东方人华

科学出版社 出版

北京东黄城根北街16号

邮政编码：100717

http://www.sciencep.com

三河市春园印刷有限公司印刷

科学出版社发行　各地新华书店经销

*

2024年2月第 一 版　开本：720×1000　1/16

2024年9月第二次印刷　印张：23 1/2

字数：460 000

定价：118.00元

（如有印装质量问题，我社负责调换）

前　言

玻璃不仅应用于国防、航天、深空探测等国家重要领域，而且也应用于建筑、交通、通信等国民经济领域。随着传统光学和现代高精密光学系统与技术的发展，国家光学系统型号产品和当代光学科技产品的研制对玻璃的精密加工质量提出了更高的要求。从基础研究来看，虽然我国有很多高校和科研院所长期以来一直从事玻璃精密加工的相关研究工作，但是和国外相比，国内在玻璃精密加工的基础理论特色研究、核心关键技术突破以及产业化装备集成制造方法上还存在一定的差距，尚需付出更多的努力来开展相关理论与应用研究。

多年来，西南科技大学制造过程测试技术教育部重点实验室围绕着精密制造与智能制造、摩擦学与表面工程、先进测试和精密控制以及机械系统计算科学等各个方面开展了大量的研究工作，共获得了 20 余项国家自然科学基金项目以及多项大型企业合作项目的资助，培养了 300 多名从事精密制造和表面工程相关研究的博士生和硕士生。本书以作者在制造过程测试技术教育部重点实验室十多年工作期间，在玻璃精密加工方面的最新基础前沿理论和应用研究成果为基础，并参考吸收了国内外相关工作者的最新研究成果，力图比较全面地反映过去 20 年来玻璃精密加工损伤的基础与应用研究成果和进展，有望成为国内该领域一部具有代表性的科学著作。

全书共 10 章。第 1 章概述了玻璃的发展历史，现有玻璃材料的分类和当前的工程应用，并初步展望了玻璃研究的发展趋势。

第 2 章专门介绍了玻璃的一些基础知识，包括玻璃的熔融成型、玻璃的化学结构及其模型、玻璃的密度和热膨胀以及玻璃的机械性能，为读者理解全书内容打下基础。

第 3 章讲述了现有玻璃的精密加工方法和精密加工导致的一些表面损伤形式，涉及玻璃的热加工、冷加工和特殊加工方法等。

第 4 章详细介绍了玻璃的结构、性能和表面损伤的表征手段，而基于分子动力学模拟对玻璃结构、性能和表面损伤的研究手段也有所阐述。

第 5 章详细描述了玻璃的应力腐蚀效应，这是在外界应力作用下玻璃表面极易出现损伤的经典理论，重点讨论了玻璃的裂纹以及两种典型玻璃材料在不同环境下的应力腐蚀开裂行为及其内在机制。

第 6 章的主题是玻璃的压痕损伤，主要围绕着玻璃表面在受到法向的压力作用后产生的损伤，并从压头的影响、压入过程参数的影响、玻璃材料特性的影响、周围环境的影响以及如何对玻璃的压痕进行防护等方面，详细展开阐述。

第 7 章阐述了玻璃在单次摩擦或划痕条件下的表面损伤，主要从划痕的研究背景、影响玻璃划痕的因素以及玻璃划痕的防护三个方面，重点展开讨论。

第 8 章专门介绍了玻璃的磨损损伤，即玻璃表面在多次往复摩擦条件下产生的损伤行为、规律以及内在机制。本章主要围绕典型的硅酸盐玻璃和磷酸盐玻璃，分别从外加载荷的影响、对磨球化学特性的影响、周围环境的影响、磨损速度的影响以及玻璃磨损的方法等几个方面分别进行讨论。而涉及的一些其他玻璃的磨损损伤，在本章只是简要提及。

第 9 章为机械视觉在玻璃缺陷表征中的应用，旨在利用机器视觉技术代替传统的人工检测技术，进而实时监测玻璃精密加工产生的表面缺陷以保证玻璃品质，提高玻璃材料的成品质量，最终实现玻璃工业的全自动化和智能化。本章从相关的检测原理、研究现状、目前存在的问题以及未来发展趋势展开了讨论。

最后一章，第 10 章介绍了机器学习在玻璃材料及其加工损伤中的应用。机器学习计算材料学的快速发展极大地推动了新材料的设计与研发，缩短了材料研发的周期，大大降低了新材料的研发成本。本章首先介绍了机器学习的基本原理和方法，然后讨论了机器学习对玻璃物化性能和精密加工损伤与缺陷的预测研究现状，最后对未来的研究方向进行了展望。

全书的总体构思由余家欣和何洪途提出并确定。在本书撰写过程中，对各章做出贡献的人员包括：第 1 章，余家欣、贾尧、胡洪；第 2 章，何洪途和乔乾；第 3 章，余家欣、曾鑫和程磊；第 4 章，余家欣、胡文和王驰；第 5 章，何洪途、乔乾和李青山；第 6 章，何洪途和赖泳龙；第 7 章，何洪途和顾凤麟；第 8 章，何洪途和乔乾；第 9 章，何洪途和乔乾；第 10 章，何洪途、赖泳龙、刘新祺和杨杰。全书最后由余家欣和何洪途统一审查、修改并定稿。

衷心感谢给予两位作者博士学位论文指导与帮助的西南交通大学钱林茂教授，在我们研究和学术追求方面给予无私的鼓励和帮助。衷心感谢美国耶鲁大学 Udo D. Schwarz 教授、Amit Datye 教授，美国宾州州立大学 Seong H. Kim 教授、Carlo G. Pantano 教授、John C. Maruo 教授、Adri C. T. van Duin 教授、Slava V. Rotkin 教授，美国里海大学 Himanshu Jain 教授、William R. Heffner 教授，美国康宁公司 Banajee Joy 博士和 Nicholas J. Smith 博士，法国原子能研究中心 Stephane Gin 教授，丹麦奥尔堡大学 Morten M. Smedskjaer 教授，德国 Neaspec 公司 Tobias D. Gokus 博士，中国工程物理研究院机械制造工艺研究所和激光聚变研究中心，他们个人以及整个研究团队对作者在玻璃材料、精密加工方向的课题研究给予了大力支持。在本书撰写过程中，也得到了课题组多位青年老师（张亚锋、齐慧敏、赖建平、赵凡）以及其他博士、硕士研究生的支持和帮助，在此，对课题组多年来参与玻璃精密加工、玻璃摩擦学等方向的所有研究生们，以及参与到本书撰写过程中的研究生们，一并表示感谢。此外，本书在撰写初期进行了大量的文献研究，对本书中提到的所有书籍、期刊以及网站的作者，以及给予支持与帮助的国内外许多同行专家，一并表示感谢。此外，衷心感谢国家自然科学基金委员会、四川省科技厅和教育厅、西南科技大学、制造过程测试技术教育部重点实验室等对本书出版的经费支持。最后，衷心感谢作者的家人们，感谢他们在过去两年里我们撰写本书所耗费的大量时间给予的宽容、爱与关怀。没有他们的爱与关怀，我们不可能完成本书的写作。

玻璃精密加工损伤及其应用是一个跨学科领域的课题，涉及机械加工、玻璃表界面、材料工程、机械智能化等多个学科领域，吸引着科学家、工程师和学生等众多群体。为了迎合如此广泛的受众，本书采用了特别朴实的写法。某些领域的专业人士可能不熟悉其他学科的专业术语，因此本书清晰地解释了不同领域的关键术语。

我们期待本书将为包括科学家、工程师、教师和学生等在内的广阔领域的读者提供一个有益的讨论平台。无论是对于教学还是科研，它都将成为有用的资源。但由于当前玻璃相关的基础研究和应用开发丰富多彩，再加上作者水平有限，书中难免有疏漏和不足之处，敬请各位专家和读者不吝指教，提出宝贵意见和建议。

作　者

2023 年 4 月于四川省绵阳市

目　　录

第1章　绪　　论

1.1　玻璃的发展历史

玻璃是人类最早发明的材料之一，对人类文明和现代科技文明的发展和进步起到重要作用[1]。英语单词 glass 作名词时有玻璃、玻璃制品、镜子等意思，作动词时有反映、给某物加玻璃、成玻璃状等意思。glass 源于印欧语系的“gel”或者是“ghel”。目前并没有确切的定论说明“玻璃”一词最初的起源，只是从周代以来的诗文传志中看到“缪琳”“火齐”“琉璃”“琅玕”等词汇的频繁出现，后人对此的注解大致是“一些会发光发亮的石头”。玻璃是现代生产生活中一种重要的材料，玻璃制品在我们身边随处可见，人们对玻璃的研究也是与时俱进。要想研究玻璃就必须先认识玻璃，了解玻璃的发展历史。

1.1.1　世界玻璃发展史

最早的玻璃是由火山喷发后火山口的酸性岩凝固而形成[2]。出土于古埃及和美索不达米亚遗迹的玻璃珠表明，人类早在4000 多年前就已经开始使用玻璃，图 1-1 所示为古埃及遗迹出土的玻璃饰品。3000 多年前玻璃首次出现在欧洲大陆，当时一艘满载矿物晶体天然苏打的欧洲商船行经地中海，由于海水落潮船只搁浅，船员登上海滩并用船上的苏打块架起锅生火做饭。涨潮准备离开时，有人发现在苏打块上有些熠熠闪光的颗粒物，这就是天然苏打矿石在火堆里和石英砂砾产生反应而形成的玻璃[3]。叙利亚人在公元前 1 个世纪左右探索出了玻璃吹制工艺，在熔融态下把玻璃吹出各种形状的器皿，这标志着批量生产玻璃器皿的开端。在公元 4 世纪，罗马人已经开始将玻璃用于房屋的窗户装饰，这是人类第一次将玻璃用于建筑装饰。到了公元 12 世纪，商品玻璃首次亮相，这时意大利的玻璃制造技术已经非常成熟和先进，成为那个时期世界商品玻璃经济的中心。早期玻璃制品非常昂贵，一般只有达官显贵才能拥有，直到公元 17 世纪一位名叫

图 1-1　古埃及遗迹出土的玻璃饰品

纳夫的瑞士人发明了制造大块玻璃的工艺，从此玻璃制品也可以出现在一般家庭。随着社会的发展和科技的进步，玻璃在人类社会中的应用越来越广泛，人们对玻璃的需求也日益增加，对玻璃的要求也多种多样，因此现在的玻璃逐渐向多元化发展以满足不同需求。

1.1.2　中国玻璃发展史

在我国古代，玻璃被称为琉璃，它是一种具有高硬度和强度的不透明物料，在中国传统建筑的装饰构件上得以广泛应用，古代玻璃的出现和使用体现了华夏文明的璀璨。

由于我国出土的早期的玻璃制品较少，对古代玻璃的研究没有形成一个完整体系，但是大概的发展历史还是有迹可循的。目前，国内发现最早的玻璃是出土于西周时期距今约 3000 年遗迹中。受时代和工艺手法的影响，这个时期的玻璃制品比较单一而且色彩暗淡，主要以小型珠饰为主。图 1-2（a）展示的就是西周时期的琉璃碗。

春秋战国时期，因为当时人们对玉的喜爱以及玻璃制作工艺的改善和改进，这个时期的玻璃偏向仿玉，较西周时期的玻璃更加光鲜亮丽。到了两汉时期，玻璃的发展依然受到人们对玉的偏爱的影响，和东周时期的玻璃制品相比大同小异、变化微妙。

中国古代玻璃的发展在进入两汉以后的魏晋南北朝时期经历了一次重大转折，不管是玻璃制品的造型、玻璃生产加工工艺还是玻璃的质地，都有跨越性的提升和进步。随着贸易和官方使节的往来，大量“罗马型”和“萨珊型”玻璃进入我国，珍贵的玻璃器皿成为上层贵族追捧和喜爱的物品。西方精致的玻璃制品和先进的玻璃工艺对我国本土玻璃工艺的发展产生了深远影响。我国工匠学习并掌握了西方玻璃吹制技术以及玻璃生产配方，使玻璃制造业出现了不同于以往的兴盛局面[4]。形制多样、轻薄透明和装饰精美是魏晋南北朝时期玻璃制品的主要特征。在这个时期，玻璃制品经受了来自古印度、波斯、罗马等外来文化的影响，各种工艺技术得到了创新和融合，从而产生了别具一格的、具有东方古典特色的形式。

隋唐时期借助烧绿瓷的手法来烧制玻璃制品取得了成功，同时又延续北魏吹制的玻璃加工工艺，玻璃制品表现出良好的透明度和光亮度，其质地的均匀性和品相都得到大大提高。正是由于吹制法在玻璃器制造过程中的应用，隋唐时期的玻璃器在陈设品和生活用具中的应用表现最为突出。其中，最常见的就是玻璃花瓶、玻璃杯、玻璃茶具等，隋朝李静训墓出土的玻璃瓶[图 1-2（b）]就是这个时期玻璃器的典型代表。

图 1-2 （a）西周时期的琉璃碗和（b）隋朝李静训墓出土的玻璃器

据记载，五代十国的玻璃器依然以玻璃瓶、玻璃杯等日常生活用品和陈设品为主。到了宋代，人们非常重视从阿拉伯传进的玻璃器。元代的玻璃器在宋、金玻璃制造的基础上进一步发展并且朝廷设立了一个专门管理玻璃器生产的机构，故而元代的玻璃制品表现出更加精美、细腻的外观。

到了明代，玻璃器已经不只是豪绅官吏的专属物品，也广泛使用在民间，因此玻璃器没有以前那么贵重珍视，遗留下来的玻璃器较少。清初，欧洲精美、晶莹的玻璃器传入，受到统治者的喜欢，我国传统玻璃制造技术和西方先进的玻璃制造技术的融合造就了清代玻璃器琳琅满目、色彩缤纷、质地精纯、玲珑剔透。同时根据中西玻璃技术工艺的差异，发展出了多种新的玻璃加工工艺，中国玻璃的制造和发展由此进入鼎盛时期。从整个中国玻璃的发展史来看，现存 90%的中国古代玻璃都来自清代，创造了中国玻璃的璀璨历史。

近现代，中国玻璃行业发展迅猛。1922 年，我国从国外引进有槽引上工艺，打造出亚洲领先水平的平板玻璃生产流水线；中华人民共和国成立之初，百废待兴，为了满足国内玻璃需求，从方案设计、工艺开发、装备制造实现全面攻克，先后在全国多个地方建成了有槽引上法玻璃厂；改革开放初期，我国平板玻璃年总产量突破 1784 万重量箱，是 1949 年全年玻璃产量的 19 倍；历经 10 年 4 次改造，1981 年我国浮法玻璃工艺通过国家鉴定，使平板玻璃工业的面貌为之一新。截至目前，我国的玻璃产业遍布全国，玻璃的产量每年稳定增加。我国玻璃产业的工艺技术和装备水平目前均达到世界领先水平，产业结构持续优化，生产规模、玻璃种类和质量等都取得了更进一步的发展。

1.2 玻璃的分类

玻璃的使用和发展有着几千年的历史，在现代生活中玻璃给我们最直观的印象就是：固态、透明、样式各异。经过几千年的发展、创新和优化，玻璃的种类变得越来越多。玻璃作为一种材料，因为它的透明性而广泛应用于生产生活的方方面面并扮演着至关重要的角色。关于玻璃的分类也是标准不一，国际上改变了以前对玻璃分类的标准，现在一般把玻璃分为两大类，一种被称作传统玻璃，另一种就是新型玻璃[5]。

1.2.1 传统玻璃

传统玻璃一般又分为日用玻璃和平板玻璃，日用玻璃主要有瓶罐玻璃[图 1-3(a)]、仪器玻璃、玻璃纤维、电子玻璃等。平板玻璃是指外形呈现为板状的一类玻璃，厚度较小，远远小于其长和宽，常见于深加工玻璃制品、建筑构件等。平板玻璃又被称作白片玻璃或者净片玻璃，如图 1-3（b）所示。平板玻璃是生活中最容易见到的也是最常见的玻璃，在生产生活中占有重要地位。据统计数据显示，2020年全年我国规模平板玻璃产量达到 9.5 亿重量箱，同比增长 1.3 个百分点。随着全球经济形势好转回暖，资本的持续加大投入，使得平板玻璃行业发展前景十分可观，经济增效保持稳定增长[6]。一般来说，平板玻璃可以根据其成分、厚度、加工方法、成型工艺、功能和用途六个方面进行分类。

(a)

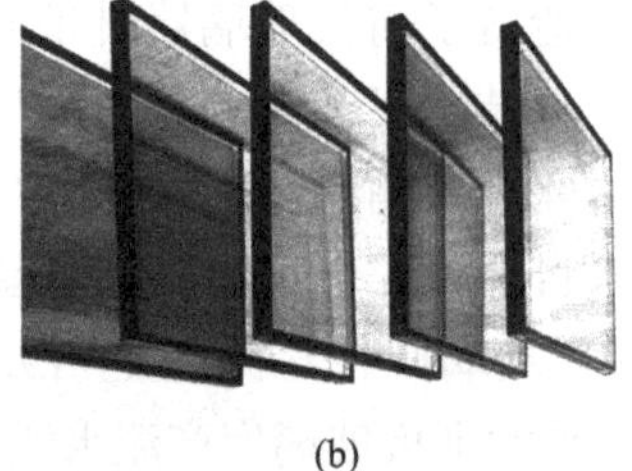
(b)

图 1-3 （a）日用瓶罐玻璃和（b）平板玻璃

按成分分类 按照成分的不同，一般分为氧化物玻璃和非氧化物玻璃两大类。常见的氧化物玻璃有硅酸盐玻璃、钠钙玻璃、硼硅酸盐玻璃和硼硅玻璃等。非氧化物玻璃的种类和数量较氧化物玻璃都非常少，硫系玻璃和卤化物玻璃是两种典型的非氧化物玻璃。

按厚度分类 根据玻璃的厚度，可分为：厚度小于 1.5 mm 的超薄玻璃；厚度在 1.5～4 mm 之间的薄玻璃；厚度在 4～8 mm 之间的普通玻璃；厚度在 8～12 mm 之间的厚玻璃；厚度在 12～19 mm 之间的超厚玻璃；厚度在 19～30 mm 之间的特厚玻璃。

按加工方法分类 根据加工方法的不同，直接成形的玻璃称为原片玻璃，对

原片玻璃进行再加工得到的玻璃被称为二次加工玻璃或深加工玻璃。

按成型工艺分类　按照成型工艺的不同，可以将玻璃分为小平拉法玻璃、大平拉法玻璃、浮法玻璃、垂直有槽引上法玻璃、垂直无槽引上法玻璃、压延法玻璃等。

按功能分类　按照玻璃的功能，可以将玻璃分为普通玻璃、高强玻璃、吸热玻璃、隔热玻璃、热反射玻璃、低辐射玻璃、吸光玻璃、隔音玻璃、导电玻璃、可见光选择吸收玻璃、智能玻璃等。

按用途分类　可分为建筑玻璃（门窗玻璃、玻璃镜、玻璃幕墙等）、风挡玻璃（汽车、飞机等交通工具上用于挡风）、显示基片玻璃（主要用于显示器、手机屏幕等）、集成电路基片玻璃、装饰玻璃、能源电池基片与盖板玻璃等。2020年我国全年日用玻璃制品约733万吨，是传统玻璃产量的13%左右。尽管日用玻璃是传统玻璃的一个小类，却是我们生活中最常见到的玻璃，比如说：用于食品、饮料、酒水等封装或者盛装的玻璃容器就是属于日用玻璃中瓶罐玻璃这一类，瓶装玻璃品类繁多、形状多样；另外一种是和瓶装玻璃类似的玻璃，它也有很多的种类，也可以用于盛装食物、酒水饮料，这种玻璃就是器皿玻璃；玻璃不仅仅只出现在家庭生活中，在各种实验室或者是工厂企业里比较常见的就是仪器玻璃，仪器玻璃是指用于制造化学、生物和实验室器皿、管材和装置的玻璃；还有主要用于光学系统的透镜和棱镜，比如广泛应用于军用（热成像仪、激光测距仪、红外夜视仪等）和民用（红外光谱仪、红外热成像相机等）红外光学系统中的硫系玻璃[7]；日用玻璃的另一个大类为电子玻璃、应用于各类计算机、通信、数字电视、显示器等；另外将脆性的玻璃在熔融态下快速拉制成纤维状的玻璃纤维有一定的韧性和较好的抗拉强度，将这种纤维玻璃和其他材料复合在一起就是玻璃纤维复合材料。

1.2.2　新型玻璃

除了上面介绍的传统玻璃外，还有一类玻璃在国际上被称为新型玻璃，又称特种玻璃。新型玻璃是指在传统玻璃的基础上，通过新的制备工艺、材料组成或者功能性设计后，具有新的物理、化学、光学、机械等性质和应用特点的玻璃材料[8]。新型玻璃在组成成分、性质、功能和制造工艺上与传统玻璃有很大的区别。新型玻璃主要有以下几类：光-电子信息玻璃、生物活性玻璃、能源玻璃、智能玻璃、大尺寸光学玻璃、超薄玻璃等。

光-电子信息玻璃包括：用于信息处理的掺杂了半导体量子阱、量子线、量子点的玻璃材料，例如用作光纤放大器上的PbS掺杂量子点玻璃[9]；用于信息传递的石英玻璃、硫化物玻璃、氟化物玻璃等；用于信息储存的掺锗玻璃、硫系玻璃和磁盘；在信息显示上有等离子显示屏、液晶屏、基板玻璃、阴极射线管用玻璃屏、显示用超薄玻璃[10]。东旭光电作为国内液晶玻璃基板和光电显示材料研发生产的龙头企业，以进口替代作为发力点，开创的液晶玻璃基板产品打破了西方国家在液晶玻璃基板上的垄断，填补了国内空白。

生物活性玻璃也称作生物玻璃，是一种非常有吸引力的材料，为了开发硅酸盐、硼酸盐、磷酸盐、硼硅酸盐生物活性玻璃，人们进行了大量的研究工作。同时，研究人员也在探索将一些金属玻璃应用于生物医学和组织工程技术方面。为了获得所需的特性，许多微量元素也被添加到玻璃中，这对于骨骼重塑具有一定的帮助和影响[11]。生物玻璃不仅仅只是我们比较熟知的用于硬组织和骨组织的替换玻璃，还有酶载体玻璃、生物芯片玻璃、基因传感器载片玻璃、靶向释放药物玻璃等。

能源玻璃是指能将自然界中的一次能源转换成二次能源的玻璃，包括固体燃料电池中的玻璃体离子导体、太阳能电池玻璃基板、集热板的耐热玻璃管以及发电玻璃等。与传统太阳能电池光生伏特效应发电有所不同，发电玻璃是依靠玻璃基板上的薄膜组件实现光电转换，其结构如图 1-4（a）所示。据统计，碲化镉薄膜发电玻璃约占发电玻璃总量的 85%，这主要是因为其具有制造成本低、转换率高、温度系数小、弱光效应好、环境友好等优点。

智能玻璃是现代与传统相融合的产物，世界上第一块智能玻璃是美国加利福尼亚大学的研究人员研制出的被称为“智能玻璃”的高技术型着色玻璃，它能在某些化合物中改变颜色。如今，研究涂层玻璃成为智能玻璃发展的新趋势。例如，对 $WO_3/Cu\text{-}TiO_2$ 层状玻璃涂层的自清洁和节能性能的综合研究，通过改变沉积在玻璃基板上的层数来研究多功能性能，同时使用建筑能源模型来评估能源效率[12]。Inoue[13]研制出一种自动响应调光玻璃，这种调光玻璃是由热致变色玻璃、浮法玻璃、两块玻璃间的空气间隙和一层低透射率的涂层组成。通过调整把控空气间隙以及低透射率涂层的涂覆位置以达到调光玻璃的对室内视觉舒适度、感知舒适度可控调节的目的，该研究为室内用电节能提供了一个思路，图 1-4（b）是 Inoue 研究的几种调光玻璃示意图。

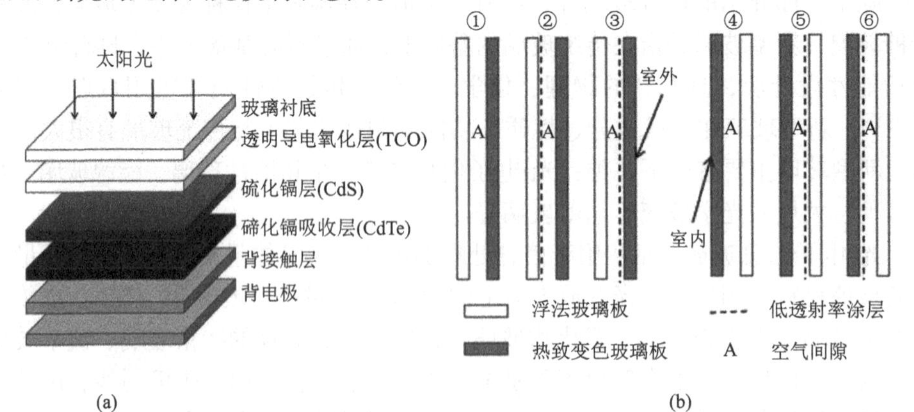

图 1-4 （a）碲化镉薄膜发电玻璃示意图和（b）Inoue 调光玻璃模型

大尺寸光学玻璃主要应用于各种类型的光学天文望远镜、高能激光和定向能地基或天基反射镜，图 1-5（a）就是一个直径约为 1.6 m 的大型望远镜微晶镜坯。玻璃材料凭借比金属材料更优异的热膨胀系数、化学稳定性、硬度、模量和镜面光洁度，成为光学望远镜中的优选材料之一，甚至在一段时间内是望远镜光学系统中唯一的镜坯材料。目前主要用于光学望远镜的大尺寸玻璃材料有 ZK7 玻璃、硼硅酸盐玻璃、微晶玻璃等。

一般厚度在 1.5 mm 以下的称为超薄玻璃，如图 1-5（b）所示。2018 年，中国建材国际工程集团有限公司成功研发出厚度仅为 0.12 mm 的超薄电子触控玻璃，打破了浮法技术工业化生产世界上最薄玻璃的记录。由该公司自主研发的“超薄信息显示玻璃工业化制备关键技术及成套装备开发”项目成果在 2016 年获得国家科技进步奖二等奖。超薄玻璃可通过浮法、溢流下拉法、垂直引上法和铂金炉下拉法等制备得到。目前，超薄玻璃被广泛应用于汽车内饰玻璃、消费电子、液晶显示技术、电子芯片、室内建筑玻璃等领域。

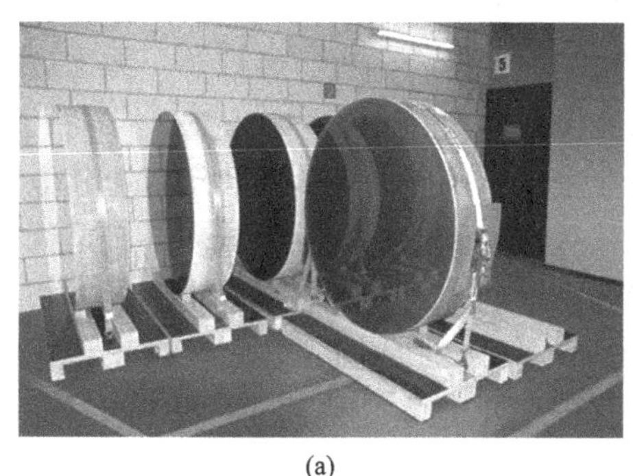

(a)

(b)

图 1-5　（a）直径 1.6 m 的望远镜微晶镜坯和（b）超薄玻璃

新型玻璃市场正在快速发展，2019 年全球特种玻璃市场总值达到了 181 亿元，预计到 2026 年将增长至 224 亿元，年复合增长率为 3.1%。一切的新技术、新产品都是为了满足人类社会的需要，未来的玻璃的发展方向必定是智能化、纳米化、集成化和复合化。

1.3　玻璃的工程应用

前面我们简单介绍了玻璃的发展历史和分类。不同的玻璃有着不同的性质，而玻璃的性质又决定了玻璃的功能，玻璃的应用场景往往依据其功能而定。随着玻璃制造技术和制造工艺的进步，各种新型玻璃出现，玻璃的应用也不只是限于在一些传统行业和领域如生活用品、建筑、汽车行业、陈设装饰等，在一些高新产业也发现了玻璃的身影，如电子、通信、能源、生物、医疗行业等。下述列举了玻璃在各行各业的应用情况。

1.3.1 玻璃在建筑行业的应用

玻璃被定义为非结晶硅和金属氧化物的混合物，因此玻璃具有一定的透明度和硬度。建筑形式在不断地发展和变化，各种高层建筑、大跨度建筑、巨型建筑越来越多，同时人们的审美要求不断提高，另外玻璃自身轻质透明的特性也受到建筑设计师们的青睐[14]，图 1-6（a）展示的就是以玻璃幕墙为结构基体的高档写字楼。玻璃是继水泥、钢材之后的第三大建筑材料，在建筑行业上的应用越来越广泛，据统计我国玻璃在建筑业的应用约占玻璃应用的 80%[15]。

平板玻璃透明度高，通常用作建筑门窗和展示窗等；具有吸收或反射紫外光、光控或电子控色、吸收或反射热量等性能的功能玻璃主要用于高层建筑门窗；玻璃砌块是一种大块玻璃制品，可用于屋顶、墙面等；安全玻璃具有高强度、抗冲击且破碎后危险性低等特点，可用于建筑门窗、阳台走廊、幕墙等；装饰玻璃有着优良的光学效果，经常被用于建筑的地板和立面。

除了上面介绍的关于玻璃在建筑行业上的应用外，玻璃在建筑行业其他方面的应用也逐渐取得一些成果。人们发现某些玻璃能够承受巨大压力，于是就开始研究用玻璃来承受重力，比如用玻璃代替承重的金属或者是混凝土单元，如此一来建筑空间瞬间变得透明和开放。图 1-6（b）所示的 Hopkins Wade 玻璃博物馆扩建项目[14]，采用全玻璃承重结构，既达到安全要求又实现空间扩展，同时这种建筑结构美观、新颖，具有非常高的观赏性。另外，玻璃柱和玻璃梁采用合成橡胶树脂层压结构，玻璃屋顶由厚度为 1.1 m 的玻璃板组成。

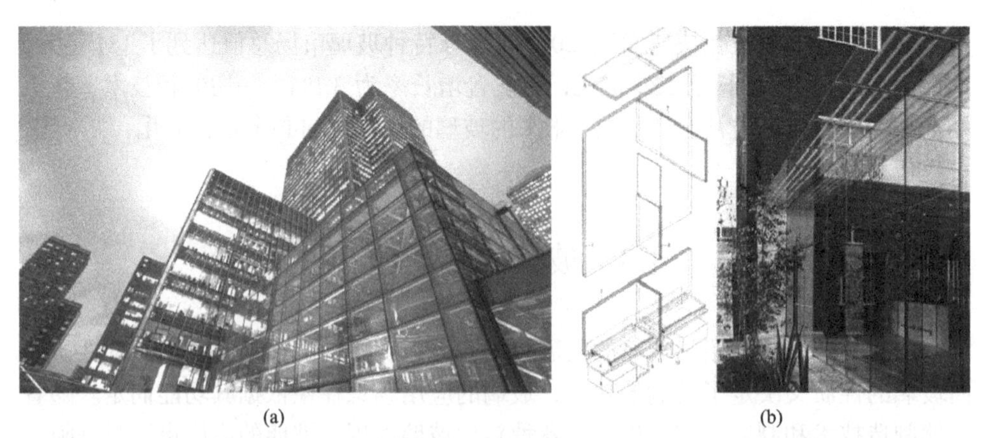

(a) (b)

图 1-6 （a）写字楼的玻璃幕墙和（b）Hopkins Wade 玻璃博物馆扩建项目

建筑物的墙体结构除了承受重力外，也起到隔音、隔热的作用。除了混凝土墙体外，中空玻璃也能满足建筑的隔热、隔音等要求。中空玻璃是由两层或多层平板玻璃构成，四周使用高强高气密性复合黏结剂将它们与密封条、玻璃条黏接、密封。在两片或多片玻璃之间充入干燥气体，并在框内充以干燥剂，以确保玻璃片间空气的干燥度。通过在两层玻璃中保持一定的空气夹层，可以阻止空气在两层玻璃之间流动。这两层玻璃可以相同也可以不同，可以是普通玻璃也可以是经加工得到的玻璃。根据这一原则，建筑师可以在玻璃层之间放置任何东西来满足建筑的特定需要。例如美国爱荷华州得梅因公共图书馆[图 1-7（a）][14]，该建筑的维护结构是一个两层玻璃夹一层薄铜网的组合板。铜网不仅满足了建筑遮阳的需要，更重要的是，它可以减少眩光和进入房间的热量，从而降低能耗。从外面看，建筑似乎是封闭的，但在室内可以清楚地看到室外风景的变化。图 1-7（b）是 2001 年由日本建筑师渡边成设计并随后建成的东京饭田桥地铁站[14]。该项目采用多种方式以降低地铁运营维护成本，在照明系统设计上，渡边成将自发发光的亚克力嵌入玻璃的内表面，利用亚克力的磷光效果将光的亮度放大，实现在最小的耗能下获得最大的亮度，这种亚克力玻璃材料被广泛用作通道的墙面和平台的柱子。

(a)

(b)

图 1-7 （a）美国爱荷华州得梅因公共图书馆和（b）东京饭田桥地铁站

1.3.2 玻璃在交通领域的应用

玻璃行业的上游产业包括纯碱行业、能源行业、矿产行业等，下游行业主要包括电子行业、建筑业、汽车行业等。从近几年的市场结构来看，汽车玻璃行业呈现出高度集中化的趋势。其中，福耀玻璃工业集团股份有限公司和信义玻璃控股有限公司是汽车玻璃行业的龙头企业，他们的汽车玻璃业务收入之和约占整个中国汽车玻璃行业市场份额的 70%以上[16]。车用玻璃是汽车上重要的部件之一，不仅能给驾驶员和乘车人提供良好的视野，也有防水、防尘和隔音、隔热的作用。根据应用部位的不同，一般将汽车玻璃分为前挡玻璃、后挡玻璃、天窗玻璃和侧窗玻璃。前挡玻璃一般用的是夹层钢化玻璃而后挡玻璃和侧窗玻璃一般用的是钢化玻璃[17]。随着汽车行业的发展以及人们消费水平、消费观的提升和改变，汽车行业对功能和配置的要求也更高，因此，在汽车行业中，越来越多的功能丰富的玻璃得到了应用。智能化、功能化、集成化、模块化和轻量化是汽车玻璃未来的发展趋势。例如，抬头显示玻璃（head-up display glass，HUD glass），如图 1-8（a）所示，可以将汽车仪器仪表上的信息显示在玻璃上，就可以避免因驾驶员低头看仪器仪表而发生的交通事故；调光玻璃的应用可以自动根据外界光线的强弱来调节光线的透过率，进而就不会出现太阳刺眼等问题，可提高汽车驾驶的安全性。又比如说，在大雨天驾驶车会出现前挡玻璃上雨水堆积或者雨刮器不能完全刷去整个区域的雨水而导致玻璃边缘模糊化，而有疏水功能的玻璃就能很好地解决这个问题。预计未来每年汽车产量增幅 6%左右，考虑到全景天窗新车型的增产，汽车玻璃需求量增幅在 8%左右。

(a)　　　　(b)

图 1-8　（a）用在汽车上的 HUD 玻璃（b）高铁车窗玻璃

除了在汽车上得到广泛应用外，玻璃在高铁上也有大量应用，图 1-8（b）展示的是高铁的车窗玻璃。物体是相对运动的，当我们坐在高铁上时，我们相对高铁是静止状态，但是我们相对于外面的环境又是运动状态，而且是高速运动，但是我们在高铁上看窗外的环境却不会觉得快，也不会感觉到眩晕，这是为什么呢？普通玻璃存在一定的光学畸变，透过玻璃看事物会觉得模糊和变形，而高铁车窗选用的是双曲面结构的玻璃，玻璃本身有很多层，层与层之间保持高度的吻合，这种结构就不会影响玻璃的光学效果，所以看窗外的东西就不会变形和模糊[18]。

飞机的事故死亡率非常高，小到一颗螺丝都会对整个飞机的安全运行有着重要影响。飞机挡风玻璃广泛采用的是无机、有机和无机混合的复合夹层玻璃，这类玻璃具有防雾防霜、防静电、抗辐射、高强度、耐撞击等性能。除此之外，飞机或者一些飞行器对玻璃的要求还包括高可靠性和长使用寿命。

1.3.3 玻璃在光伏行业的应用

据统计，目前火力发电仍是我国主要的发电方式，其中火力发电量占发电总量的70%以上。火力发电排放的废气不仅污染环境而且加剧“温室效应”，同时火力发电消耗的是煤等不可再生资源，与当今可持续发展的科学发展观相违背。因此，发展水力发电、风力发电、太阳能发电等环保型发电方式已经成为人类事业的重要部分。图1-9展示是太阳能发电的场景。

图1-9 太阳能发电

我国幅员辽阔，76%的国土光照充沛，和水力发电和风力发电相比，利用太阳能发电成本更低，也不会产生噪声，更不会影响生态。我国光伏产业起步较晚，据《国家发展改革委关于完善光伏发电上网电价机制有关问题的通知》，国家发展改革委提供了光伏产业的补贴，并鼓励各地出台针对性扶持政策，支持光伏产业发展。尽管国内光伏市场不是很稳定，但是海外业务呈持续增长势态，我国光伏产业规模也将会持续扩大。2021年1月8日，我国玻璃行业龙头企业福耀玻璃股东会批准授权公司新增发行H股，扩大光伏玻璃市场和玻璃的一般企业用途[19]。

光伏玻璃，又称光电玻璃，是一种特殊的玻璃。光伏玻璃由玻璃、背面玻璃、胶片、特殊金属导线和太阳能电池片组成，能够利用太阳辐射发电，并且自带电流引出装置和电缆。光伏玻璃主要分为超白压延玻璃和超白浮法玻璃，超白压延玻璃在市场中占据主要份额[20]。另外，有掺杂量子点的光伏玻璃能够提高太阳能电池的转换效率。有研究者通过研究计算，证明了掺杂硅量子点玻璃层可以使单结太阳能电池的效率提高6%，这几乎是其他种类的单结太阳能电池所不可能实现的效率。研究结果表明，量子点作为第三代太阳能电池的关键技术，在光伏领域的应用前景广阔[21]。

伴随着光伏发电行业的蓬勃发展，光伏玻璃产业景气得到回升。多年来，国内厂商不断进行技术引进和研发，逐渐打破国外企业在光伏玻璃行业的垄断。光伏玻璃的产量呈持续增长的趋势，图 1-10 展示了 2011～2019 年我国的光伏玻璃年产量。

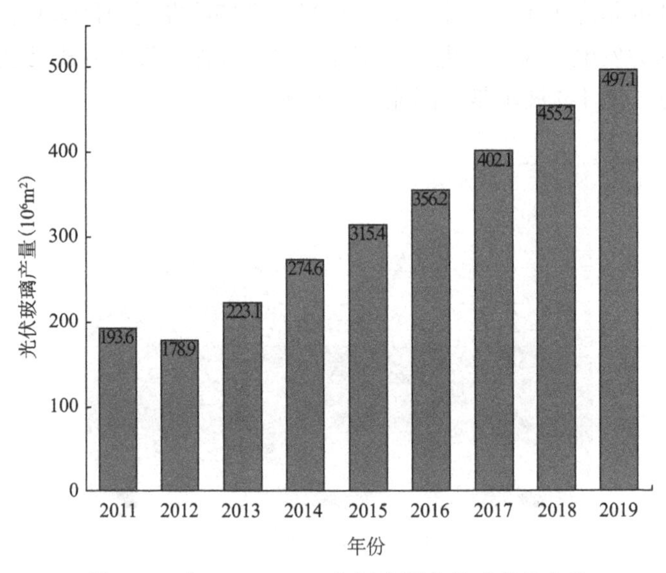

图 1-10　在 2011～2019 年间我国光伏玻璃的产量

1.3.4　玻璃在通信领域的应用

光纤是一种灵活而透明的纤维，可由拉伸的玻璃纤维（如图 1-11 所示）制成。光纤的主要用途是实现光学元器件两端之间的信息传输，在通信领域有着广泛的应用。与传统电缆相比，光纤可以实现更长距离和更高带宽的数据传输，且不会受到电磁干扰。如今距离第一批光纤的发展已有半个世纪，伴随着电信级玻璃纤维的普及，光纤还在其他诸多领域中得到了大量的应用，如照明、感测、成像、医学、能源、制造、传感、运输和娱乐等[22]。根据制造材料的不同，光纤可以分为石英基光纤、纳米粒子掺杂的玻璃纤维、半导体芯光纤、硫族化物玻璃光纤[23]。可应用于光纤的玻璃必须在加工过程（玻璃纤维拉丝）中保持失透稳定，并在其制造过程中以及与光子器件系统中的其他组件集成时具有良好的热稳定性和化学稳定性。此外，用于生产光纤的玻璃还应具备对工作波长具有低吸收率的特征。

图 1-11 玻璃光纤线

在过去的十年中，玻璃的开发和用于制造高级光纤的方法已经取得了相当大的进步，年产量增速呈递增趋势，2020 年全年国内玻璃纤维总产量约为 541 万吨，较去年年产量增长 2.64 个百分点[24]。其中龙头企业中国巨石股份有限公司 2020 年玻璃纤维总产量达到 200 万吨，占据玻璃纤维市场 37%的份额。考虑到材料的属性，现有的玻璃光纤仍需进一步改善光纤的成分和设计灵活性、工艺简单性以及活性纤维的光谱效率。未来研究和开发的重点领域包括不同成分光纤（如碲化物玻璃和微晶玻璃等）的制造、定制包层玻璃以更好地匹配半导体热机械性能和红外（IR）透明性以及新颖的光纤连接器内部结构和光伏器件。最后，随着中红外波长和中红外光谱分析的相关研究日益增多，将激发并促进新的中红外材料和纤维（如硫族化物玻璃和纤维）的开发。

1.3.5 玻璃在生物医学领域的应用

生物活性玻璃于 1969 年首次被发现，在骨缺损的治疗中起着重要的作用[25]，如图 1-12 所示。生物活性玻璃和玻璃陶瓷可用于骨骼修复应用，并且正在开发用于组织工程应用的新型生物活性玻璃。生物活性玻璃凭借其能够增强血管重建，能与骨细胞黏附，具有酶活性和促进干细胞以及骨母细胞分化的能力，使得它们在骨组织工程中得到了大量的应用。它是第一种与骨骼黏合的材料，而不是被纤维组织包裹的材料，开创了生物活性陶瓷领域。生物活性玻璃中的溶解离子像生长因子一样向细胞提供信号从而引发组织再生，比其他生物活性陶瓷刺激更多的骨再生。生物活性玻璃主要包括硅酸盐玻璃、硼酸盐玻璃和磷酸盐玻璃等几大类[26]。此外，还可以在玻璃网络中添加其他阳离子诸如 Cu^{2+}、Zn^{2+}、In^{3+}、Ba^{2+}、La^{3+}、Fe^{3+}、Cr^{3+}和 Sr^{2+}等，以赋予生物活性玻璃其他有益的性能[27]。例如在 Hench 报道中[28]，添加 Ag^{+}可以增强生物活性玻璃的抗菌性能，因为在玻璃溶解过程中释放的 Ag^{+}可作为多种细菌菌株（例如大肠杆菌和金黄色葡萄球菌）的杀灭剂，而不会引起任何毒性[29,30]。将 Sr^{2+}掺入生物活性玻璃中可刺激成骨，加速骨愈合并减少骨吸收[31]。除此之外，玻璃组合物中还可以掺入各种其他氧化物，以赋予玻璃特殊的性能，例如，CaO、K_2O、Na_2O 和 MgO 可用于调节环境的 pH 值；ZnO、CuO、Ag_2O 和 TiO_2 可以释放适当的离子，这些离子可以赋予材料更多、更好的性能。由于 Al_2O_3 具有高生物惰性、高耐磨性和高硬度，使其成为用于牙齿和骨骼植入物的材料[32]。Al_2O_3 的掺杂有效地增强了生物活性玻璃的机械性能。生产生物活性玻璃的最常用技术是传统的熔体淬火路线和溶胶-凝胶技术[33, 34]。生物材料的机械强度和生物活性存在一定的此消彼长关系，一些机械强度高的材料（如结晶性羟基磷灰石和聚合物复合材料）同时也是惰性材料，其生物活性较差，而可生物降解的材料如非晶态羟基磷灰石和生物活性玻璃往往易碎。所以未来的主要挑战是开发机械强度高且具有高生物相容性的生物玻璃。

图 1-12　生物活性玻璃

1.3.6　玻璃在光学领域的应用

精密光学玻璃在近现代光学技术中有着广泛的应用，是空间技术、宇宙航行、无线电工业中不可或缺的材料。如我国“863”计划中的执行深海科研任务的“蛟龙号”，7000 m 下的水压对“蛟龙号”的强度和密封都提出很高的要求。潜水器的所有密封面的装配精度必须控制在几丝以内。其中作为“蛟龙号”的“眼睛”的观察窗[图 1-13（a）]的玻璃就需要将其平面度控制在两丝以内，使球体和玻璃的接触面积达到 70%以上，达到密封要求。此外，如康宁公司生产的精密玻璃晶圆[图 1-13（b）]也应用于增强现实（AR）可穿戴设备的核心光学元件，以实现光波传导。高精密的玻璃晶圆可提高材料和设备的利用率，降低成本。目前康宁公司已经为市场提供了几十万件的高折射率玻璃晶圆。光刻机是芯片生产必不可少的设备之一，美国对华为芯片禁令事件告诉我们目前我国芯片制造面临的最大"卡脖子"难题就是光刻机。光刻机作为一种高精密芯片制造设备，其中使用的镜片所需要的精密程度更加惊人，单从镜面光洁程度而言，7 nm 及以下的芯片对于光源分辨率和纯度具有极高要求，要求极紫外线（extreme ultraviolet，EUV）光刻镜头的光洁度要在 50 pm（1 m=10^{12} pm）以下。蔡司是目前唯一掌握了 EUV 光学镜片技术的厂家，他们在"锂玻璃"基础上研发的硼硅玻璃极大促进了光学镜头发展。

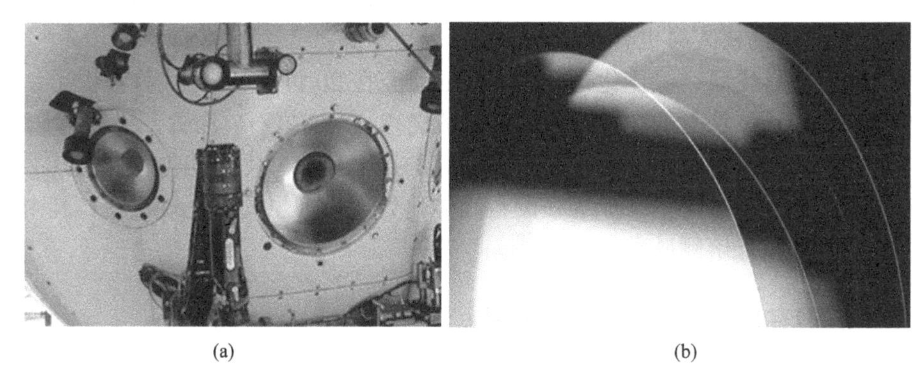

(a) (b)

图 1-13 （a）"蛟龙号"玻璃观察窗和（b）适用于 AR 设备的玻璃晶圆

1.3.7 玻璃在核工业中的应用

高能辐射防护问题一直是核事业发展的一个屏障和亟待解决的难题，而玻璃作为核辐射屏蔽材料的研究也有很长的历史[35]。防辐射玻璃主要有高铅光学玻璃和加入金属元素的防辐射有机玻璃等种类。与铅基玻璃相比，某些非铅玻璃如铋基硅酸盐和硼酸盐玻璃，在线性衰减系数、有效原子序数和曝光累积因子方面都表现出良好的伽马辐射屏蔽特性[36]。这些具有防辐射的玻璃主要应用在辐射保护的穿戴用品上，例如高铅眼镜、高铅玻璃防护服等[图 1-14（a）、（b）]，在核电站某些位置的窥视窗也会用到防辐射玻璃[图 1-14（c）]。

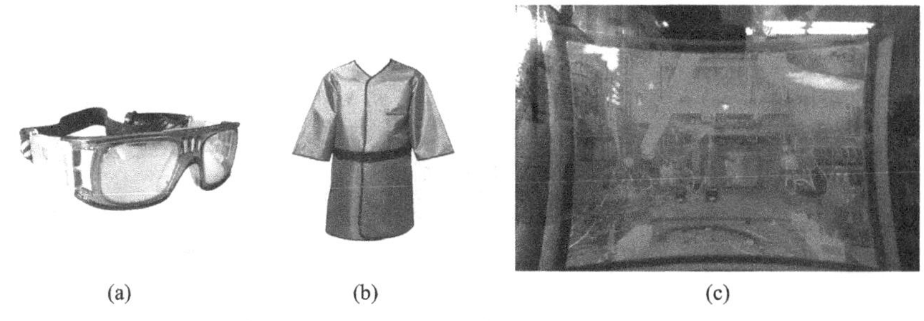

(a) (b) (c)

图 1-14 （a）高铅眼镜、（b）高铅玻璃防护服和（c）核反应室窥视窗

核电事业给我们带来能源的同时也给我们留下又一大难题——核废料（主要是液体）的处理。目前核电站处理核废料最普遍的做法是用特制的密闭容器封装核废物，这种处理方式只能缓解眼前核废料处理问题，不适合长久的发展。因为核废液会不断产生需要大量这种特制密封储存罐，并且罐体的老化损坏可能导致核废料泄漏。美国西北太平洋国家重点实验室的科学家宣布，他们通过一种新技术实现了核废料的“玻璃化”[37]。这种技术是将核废料和玻璃在高温下混合并冷却凝固，11 L 的核废料经过“玻璃化”处理后得到 9 kg 的核废料玻璃。这种经过“玻璃化”处理的核废料更容易储存同时不容易泄漏。

其实关于核废料“固体化”处理方式的研究在 20 世纪 80 年代就被提出，研究的重点是固化体种类的选择，包括脱硝煅烧物、人造岩石、沥青、塑料、水泥、陶瓷、玻璃等。玻璃稳定的化学特性、良好的抗辐射性、优异的包容性使其能够将核素固定在自身结构里，成为核废料固体化处理最理想的固化体材料，其中，使用最多的还是低熔硼硅酸盐玻璃[38]。

1.3.8　玻璃在国防军事领域的应用

国防事业的重要性在于它可以确保国家的安全和利益，保护国家的领土完整和人民的生命财产安全。同时，它也是维护全球和平的重要手段之一。国防事业包括了军队建设、武器装备和技术研发等方面，这些都是国家安全的重要保障。在现代社会，国际形势复杂多变，国防事业显得更加重要和紧迫。只有加强国防建设，才能更好地应对各种安全威胁和挑战。

玻璃在国防事业上有着广泛的应用。一方面，玻璃可以被用于制造防弹玻璃，应用在军用车辆和飞机等装备上[图 1-15（a）]，既能够有效地保护军人和装备免受敌方攻击，又能够降低武器装备的生产制造成本、减轻质量。另一方面，玻璃还可以被用于制造光学器件，如望远镜、瞄准镜[图 1-15（b）]和激光器等精密仪器，这些器件对于军事侦察、监视和打击具有重要的作用。同时，玻璃还可以用于制造光纤通信设备[图 1-15（c）]，能够在军事通信中提供高速、稳定和安全的数据传输。因此，玻璃在国防事业上的应用对于保障国家安全和利益，具有重要的意义。

(a)

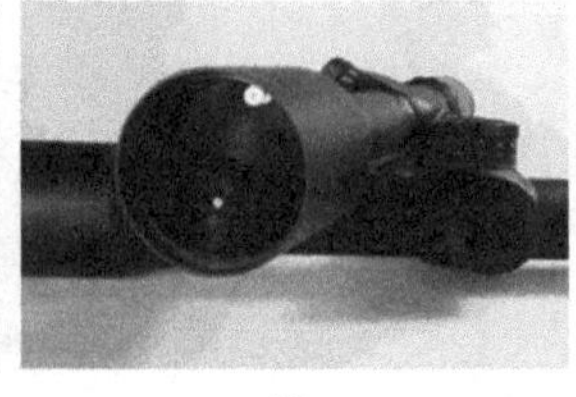
(b)

(c)

图 1-15　（a）装有防弹玻璃车窗的装甲车、（b）狙击步枪上的瞄准镜、（c）军用通信设备

防弹玻璃是一种特殊的玻璃，具有防弹、抗爆炸的能力。其生产方式是在普通的玻璃层中加上聚碳酸酯（一种硬性透明塑料）层，形成复合材料。防弹玻璃的厚度一般在 7～75 mm 之间，不同厚度的防弹玻璃能够承受不同威力的子弹和爆炸冲击波。当子弹射击防弹玻璃时，它会首先击穿外层的玻璃，但聚碳酸酯层能够吸收子弹的能量，从而阻止它穿透到玻璃内层。1966 年，公安部和北京市会同有关方面，成立了工程项目组，开始专门研制防弹汽车。自此，中国建筑材料科学研究总院开启了汽车防弹玻璃的试制任务。目前，我国防弹玻璃产量在全球范围内处于领先地位。报道称，我国的防弹玻璃行业在 2019 年实现了 127 亿元以上产值的生产规模，同比增长 14.5%。随着军事技术的不断发展和现代化建设的推进，中国防弹玻璃产量还有望继续增长。防弹玻璃除了在军用装备上有着大量应用外，在很多场合也能常常见到它们的身影，比如银行的玻璃窗、珠宝店的玻璃橱、防爆盾等。20 世纪 60 年代，美国开发出高强度的玻纤“S-994”，并在导弹上加以使用，开启了玻璃纤维在军事装备和武器上使用的先河。我国一直致力于高性能玻纤的研究，1968 年就已经成功研制出固体弹道导弹所需的高性能发动机外壳材料，被命名为高强-1 号玻纤，此后 20 多年时间里又不断研制出多种性能更优越的玻纤材料，玻璃纤维在国防航空领域得到大量应用。自问世以来，玻璃纤维就一直服役于国防军工行业。以军用飞机为例，目前国内外在军用飞机上大量使用玻璃纤维复合材料，比如内外侧副翼、方向舵、雷达罩、副油箱、挡流板、各类仪表盘、机身空调舱、盖板、壳体等。玻纤的大量使用有效地减轻了机身重量、增强了结构强度、提高了载荷能力以及减小了能源消耗。此外，高强度高模量的玻璃纤维与酚醛树脂复合制成的层压板可以用于军用防弹衣、防弹装甲、鱼雷、水雷、火箭弹等。

随着科技的飞速发展，各种侦听类的装备防不胜防，而信息、机密的泄露对于一个国家的安全有着致命的影响，现代战争更主要的是信息战，即使是一点信息的泄露都足以扭转整个战局，所以信息保护也是国防事业非常重要的工作，其中玻璃在信息保护战中扮演了重要角色。前不久，国内某企业公开展示了自己新研制的一款特殊玻璃，叫作丝网屏蔽玻璃。据介绍，这款玻璃对于电磁信息具有很强的屏蔽、抑制作用，尤其是在一些国防领域，可以用它作为电磁对抗设备，此外也可以将它用在一些涉密场所、房间、车辆观察窗口等，可以有效防止重要信息泄露。从结构组成来看，这款新型丝网屏蔽玻璃是由多片有机或无机玻璃、树脂、合金屏蔽网等材料在高温高压环境下合成，其中最为关键的是合金屏蔽网，采用的是进口合金丝网，通过特殊的工艺处理，可以对电磁波信息进行有效的屏蔽、抑制。除此之外，还可以防止无线远程窥视，防止载波图像还原以及工作环境被窥视等。

1.4 发展趋势

玻璃产业与国民经济息息相关，我们的食、住、行都离不开玻璃。玻璃产业直接涉及建筑、交通、能源、通信、生物医疗等众多领域。近十年来，我国玻璃产业整体规模呈现稳步增长态势，预计2024年玻璃行业的市场规模将达千亿元以上。2020年，我国玻璃进口量首次超过出口量，玻璃行业发展前景十分可观。

新时代抓住新机遇同时也将面临新的挑战。玻璃生产最主要的问题是高耗能和高排放，2021年3月，第十三届全国人民代表大会第四次会议上明确指出，在“十四五”期间要推动绿色发展、促进人与自然和谐共生，单位国内生产总值能源消耗和二氧化碳排放分别降低13.5%、18%。一时间，“碳达峰、碳中和”成为两会委员代表们和社会公众热议的话题，“双碳”目标成为新时代下玻璃行业的新挑战。

我国平板玻璃产量长期稳居世界首位，浮法工艺是平板玻璃生产的主要工艺之一。早在2012年国内浮法玻璃龙头企业南玻集团的浮法烟气余热发电节能技术改造项目就通过国家发展改革委2011年节能技术改造财政奖励项目审核，该项目通过建设中温、次中压余热锅炉和凝汽式汽轮机发电机组及附属设施，并利用公司玻璃熔窑的余热实现4581.12万kW·h的年发电量，节能量达1.44万吨标准煤，在当地节能降耗、提高能源利用率等方面起到良好的示范及领头作用。2021年，工业和信息化部节能与综合利用司分享2020年重点用能行业能效“领跑者”之一南玻集团的节能减排经验。包括：利用玻璃窑炉高温烟气余热发电，年发电6000万kW·h，节能7300余吨标准煤；完成熔窑的升级改造，实现每吨玻璃液节省1～3方的天然气；加强可再生能源的利用，建成11 MW光伏发电站，年发电达到920万kW·h，节能1130吨标准煤。南玻集团在玻璃生产源头降低了能源消耗和碳排放，顺应了玻璃行业新发展趋势，响应了低碳节能的号召，体现了企业社会责任担当，树立了良好行业榜样。

目前，我国超过70%的电力是通过火力发电获得的。然而，火力发电不仅消耗大量不可再生能源，而且排放的废气会严重污染环境。为顺应国家政策发展需求，实现“双碳”目标，我国能源行业应加快能源产业结构转型，新能源发电作为清洁、高效、低碳、安全的能源利用形式是能源行业未来发展的最佳选择[39]。我国光伏产业起步较晚，太阳能发电量仅占总发电量的2.2%左右。我国光伏产业有很大的发展空间，国家对光伏产业也十分重视并出台了相关补贴政策：2021年对光伏产业补贴5亿元，其中户用光伏发电补贴0.03元/（kW·h）。在“双碳”背景和国家财政的支持下，我国光伏产业发展前景可观。数据显示，我国光伏玻璃年产量逐年增加，其中信义玻璃控股有限公司光伏玻璃产量占据全国38%，其“太阳能电池用微铁高透过率玻璃成套技术及产业化开发”项目荣获2011年年度国家科技进步奖二等奖。

互联网从本质上改变了人类的生活方式，极大地改善和提高了我们的生活质量和水平。5G通信迫切需要低介电、低损耗材料。然而，目前相关材料的研发仍然滞后。短期看材料研发面临较大的挑战，长期看又会给材料带来巨大的增长机会，因为与5G建设相关的通信、基站、终端迫切需要高性能复合材料。玻璃纤维因其独特的性质已经成为通信行业的新宠，高质量玻璃基板在显示终端也是不可或缺的，玻璃在5G技术发展过程中将起到重要的作用。中国巨石股份有限公司生产的玻璃纤维绿色新材料产品广泛应用于清洁能源、新能源汽车、5G通信等国民经济各个领域，为促进工业绿色低碳循环发展，助力“碳达峰、碳中和”目标的实现和5G通信技术的发展，作出了积极贡献，并凭借“高性能玻璃纤维低成本大规模生产技术与成套装备开发”项目获得2016年年度国家科技进步奖二等奖。企业不仅是行业的主宰，同时也领导行业的革新和进步，除此之外，高校的研究工作也对行业发展起到积极的推进作用，比如由东旭集团牵头武汉理工大学硅酸盐建筑材料国家重点实验室协作完成的“光电显示用高均匀超净面玻璃基板关键技术与设备开发及产业化”项目获得了2018年年度国家科技进步奖一等奖。伴随着6G技术的提出，玻璃在通信行业上的应用也将迎接新的挑战。

2021年5月，第75届联合国大会第66次全会正式批准2022年成为联合国国际玻璃年，这进一步突出了玻璃在科技、经济、文化和社会上意义，推进全球玻璃产业的可持续发展，缔造更为璀璨美好的玻璃世界[40]。

参 考 文 献

[1] 何强. 干福熹等《中国古代玻璃技术发展史》评介. 中国科技史杂志, 2017, 38(3): 371-376.
[2] Musgraves J D, Hu J, Calvez L. Springer Handbook of Glass. Cham: Springer, 2019.
[3] Elder P T. Natural History. London: Penguin Classics, 1991.
[4] 任展展. 魏晋南北朝隋唐玻璃器研究. 苏州: 苏州大学, 2020.
[5] 徐美君. 世界玻璃的分类与用途(连载一). 玻璃, 2008(7): 43-49.
[6] 中国建筑材料联合会行业工作部. 2020年1～12月份平板玻璃行业运行形势. 中国建材, 2021(2): 103.
[7] 戴世勋, 陈惠广, 李茂忠, 姜杰, 徐铁峰, 聂秋华. 硫系玻璃及其在红外光学系统中的应用. 红外与激光工程, 2012, 41(4): 847-852.
[8] 徐美君. 世界玻璃的分类与用途(连载二). 玻璃, 2008(8): 46-50.
[9] 黄纬. PbS掺杂量子点玻璃的超宽带红外发光和光放大. 杭州: 浙江大学, 2008.

[10] 鲍兆臣. 电子信息显示用超薄玻璃研究. 建材世界, 2014, 35(4): 25-28.
[11] Gurbinder K, P P O, Kulvir S, Dan H, Brian S, Gary P. A review of bioactive glasses: Their structure, properties, fabrication and apatite formation. Journal of Biomedical Materials Research Part A, 2014, 102(1): 254-274.
[12] Garlisi C, Trepci E, Sakkaf R A, Azar E, Palmisano G. Combining energy efficiency with self-cleaning properties in smart glass functionalized with multilayered semiconductors. Journal of Cleaner Production, 2020, 272: 122830.
[13] Inoue T. Solar shading and daylighting by means of autonomous responsive dimming glass: Practical application. Energy and Buildings, 2003, 35(5): 463-471.
[14] Zhang C, Wan J, Wang Z H. New applications of glass materials in buildings. Applied Mechanics and Materials, 2012, 1975(204-208): 3859-3862.
[15] 佚名. 建筑玻璃行业竞争格局分析. https://www.chyxx.com/industry/201405/247341.html. 2014-05-23.
[16] 张子涵. 一文带你解读 2019 年汽车玻璃行业市场现状与竞争格局分析　疫情之下不容乐观！https://baijiahao.baidu.com/s?id=1665932267428103276&wfr=spider&for=pc. 2020-05-06.
[17] 王帆, 田英良, 李俊杰. 新型玻璃材料在汽车工业的应用与发展. 玻璃, 2020, 47(10): 13-17.
[18] 佚名. 高铁玻璃看窗外东西不变形并且防飞鸟防子弹. 玻璃, 2017, 44(2): 50.
[19] 佚名. 曹德旺携福耀玻璃正式进军光伏产业. 江西建材, 2021(1): 63.
[20] 前瞻经济学人. 2020 年光伏玻璃市场现状及竞争格局分析: 双寡头局面已形成. https://baijiahao.baidu.com/s?id=1667895149095824558&wfr=spider&for=pc. 2020-05-28.
[21] Sun L, Jiang C. Semiconductor quantum dot-doped glass as spectral converter for photovoltaic application. Chinese Science Bulletin, 2014, 59(1): 16-22.
[22] Saifi M. Emerging applications of optical fibers and photonics in intelligent automobiles and highway systems. IEEE Lasers and Electro-Optics Society 1995 Annual Meeting 8th Annual Meeting. New York: IEEE, 1995: 382-383.
[23] Ballato J, Ebendorff-Heidepriem H, Zhao J B, Petit L, Troles J. Glass and process development for the next generation of optical fibers: A review. Fibers, 2017, 5(1): 11.
[24] 佚名. 玻璃纤维行业发展现状及未来展望. 西宁: 中国电子材料行业协会覆铜板材料分会. 2021 年中国覆铜板行业高层论坛论文集, 2021: 175-195.
[25] Hench L L, Jones J R. Bioactive glasses: Frontiers and challenges. Frontiers in Bioengineering and Biotechnology, 2015, 3: 1-12.
[26] Baino F, Hamzehlou S, Kargozar S. Bioactive glasses: Where are we and where are we going? Journal of Functional Biomaterials, 2018, 9(1): 25.
[27] Rabiee S M, Nazparvar N, Azizian M, Vashaee D, Tayebi L. Effect of ion substitution on properties of bioactive glasses: A review. Ceramics International, 2015, 41(6): 7241-7251.
[28] Hench L L. The story of bioglass. Journal of Materials Science Materials in Medicine, 2006, 17(11): 967-978.
[29] Bellantone M, Coleman N J, Hench L L. Bacteriostatic action of a novel four-component bioactive glass. Journal of Biomedical Materials Research, 2000, 51(3): 484-490.
[30] Miola M, Vern　E, Vitale-BrovaroNE C, Baino F. Antibacterial bioglass-derived scaffolds:

Innovative synthesis approach and characterization. International Journal of Applied Glass Science, 2016, 7(2): 238-247.
[31] Marie P J, Ammann P, Boivin G, Rey C. Mechanisms of action and therapeutic potential of strontium in bone. Calcified Tissue International, 2001, 69(3): 121-129.
[32] Thamaraiselvi T, Rajeswari S. Biological evaluation of bioceramic materials: A review. Carbon, 2004, 24(31): 172.
[33] Kaur G, Sharma P, Kumar V, Singh K. Assessment of *in vitro* bioactivity of SiO_2-BaO-ZnO-B_2O_3-Al_2O_3 glasses: An optico-analytical approach. Materials Science and Engineering C, 2012, 32(7): 1941-1947.
[34] Madanat R, Moritz N, Vedel E, Svedström E, Aro H T. Radio-opaque bioactive glass markers for radiostereometric analysis. Acta Biomaterialia, 2009, 5(9): 3497-3505.
[35] 竺梅村. 核工业及医用防辐射铅玻璃的几个技术问题. 仪表材料, 1990(5): 309-311, 324.
[36] Naseer K A, Marimuthua K, Mahmoud K A, Sayyed M I. The concentration impact of Yb^{3+} on the bismuth boro-phosphate glasses: Physical, structural, optical, elastic, and radiation-shielding properties. Radiation Physics and Chemistry, 2021, 188: 109617.
[37] 佚名. 把核废料封在玻璃里. 大自然探索, 2018, 7: 10.
[38] 徐文磊, 徐美君. 玻璃在核废料安全处理中的开发利用与市场. 玻璃与搪瓷, 2016, 44(2): 45-47.
[39] 张乘源. “双碳”政策加码, 光伏产业升温. 环境经济, 2021, 21: 50-53.
[40] 王琨. 联合国批准 2022 年为国际玻璃年. 中国建材, 2021, 6: 61.

第2章　玻璃的基础知识

2.1　玻璃的熔融成型

尽管生产玻璃的方法多种多样，但目前主要还是采用高温条件熔化配合料的方法。该过程包括原材料的选择、配合料中每种成分用量的计算、称重并将原材料混合均匀等。在刚开始的加热工序中，这些原材料经过一系列的化学和物理变化形成熔体，而将熔体转化为均匀的液体需要进一步处理，包括去除不熔化的残余物、杂质和气泡。此外，商业产品的生产通常需要形成特定的形状，还需用热处理来消除冷却过程中形成的压力，或者用热处理的方式生产强化玻璃。

2.1.1　原材料

一般来说，玻璃是由高质量的纯净化学成分或者不纯净的混合矿物质生产。对于一些研究级玻璃、光学玻璃，或者一些应用在小体积、高端科技产品的玻璃材料，我们平时在一些普通的实验室都可以看到。而生产大批量商业产品用的是矿物原料，这些矿物原料的常用名和成分如表 2-1 所示。其中，质量因子是一个数量值，它可用来计算每单位质量的原材料生产的目标玻璃的产量。除了用来生产特殊玻璃用的成分以外，通常可以将配合料分成五类：玻璃形成体、助熔剂、改性剂、着色剂和澄清剂。根据使用目的不同，同一种化合物可以归到不同的分类。例如，Al_2O_3 在铝酸盐玻璃中作为玻璃形成体，但在大多数硅酸盐中也可以用作改性剂，而 As_2O_5 可以用作玻璃形成体或者澄清剂。

表 2-1　玻璃制造原材料成分表

常用名	主要成分	质量因子
钠长石	Na_2O-Al_2O_3-6SiO_2	Na_2O=8.46；Al_2O_3=5.14；SiO_2=1.45
氧化铝	Al_2O_3	Al_2O_3=1.00
氢氧化铝	$Al_2O_3 \cdot 3H_2O$	Al_2O_3=1.53
钙长石	CaO-Al_2O_3-2SiO_2	CaO=4.96；Al_2O_3=2.73；SiO_2=2.32
霰石	$CaCO_3$	CaO=1.78
磷酸钙	3CaO-P_2O_5 或 $Ca_3(PO_4)_2$	CaO=1.84；P_2O_5=2.19

续表

常用名	主要成分	质量因子
重晶石	$BaSO_4$	BaO=1.52
硼砂	$Na_2O\text{-}2B_2O_3\cdot 10H_2O$	Na_2O=6.14；B_2O_3=2.74
无水硼砂	$Na_2O\text{-}2B_2O_3$	Na_2O=3.25；B_2O_3=1.45
硼酸	$B_2O_3\cdot 3H_2O$	B_2O_3=1.78
烧结白云石	CaO-MgO	CaO=1.72；MgO=2.39
苛性钾	KOH	K_2O=1.19
苛性钠	NaOH	Na_2O=1.29
冰晶石	$3NaF\text{-}AlF_3$	NaF=1.67；AlF_3=2.50
白云石	$CaCO_3\text{-}MgCO_3$	CaO=3.29；MgO=4.58
萤石	CaF_2	CaF_2=1.00
石膏	$CaSO_4\cdot 2H_2O$	CaO=3.07
石灰	CaO	CaO=1.00
石灰石	$CaCO_3$	CaO=1.78
一氧化铅	PbO	PbO=1.00
微斜长石	$K_2O\text{-}Al_2O_3\text{-}6SiO_2$	K_2O=5.91；Al_2O_3=5.46；SiO_2=1.54
霞石	$Na_2O\text{-}Al_2O_3\text{-}6SiO_2$	Na_2O=2.84；Al_2O_3=1.73；SiO_2=1.47
硝石	KNO_3	K_2O=2.15
氧化钾或碳酸钾	K_2O 或 K_2CO_3	K_2O=1.00 或 K_2O=1.47
红丹	Pb_3O_4	PbO=1.02
芒硝	Na_2SO_4	Na_2O=2.29
砂	SiO_2	SiO_2=1.00
熟石灰	$Ca(OH)_2$	CaO=1.32
苏打粉	Na_2CO_3	Na_2O=1.71
钠硝石	$NaNO_3$	Na_2O=2.74
锂辉石	$Li_2O\text{-}Al_2O_3\text{-}6SiO_2$	Li_2O=12.46；Al_2O_3=3.65；SiO_2=1.55

对于玻璃材料来说，最重要的是玻璃网络结构形成体。任何一种玻璃都可以有一种或多种的化学成分作为玻璃主要形成体的来源，即玻璃形成体，有时也被称为玻璃网状形成体或者玻璃形成体氧化物。同时，这些成分的名字通常被用作玻璃通用名字的基础。例如，玻璃形成体是二氧化硅，那么该玻璃就叫作硅酸盐

玻璃；除了二氧化硅以外，如果有大量的氧化硼存在，则称为硼硅酸盐玻璃。在工业玻璃中最主要的玻璃形成体是 SiO_2、B_2O_3 和 P_2O_5，这些都可以形成单种成分的玻璃。大量的其他化合物在特定的条件下也可以作为玻璃形成体，包括 GeO_2、Bi_2O_3、As_2O_3、Sb_2O_3、TeO_2、Al_2O_3、Ga_2O_3 和 V_2O_5。以 GeO_2 为例，这些氧化物自身不会形成玻璃，只有迅速淬火或者蒸汽沉积和其他氧化物混合才能作为玻璃形成体。S、Se 和 Te 在硫系玻璃中作为玻璃形成体。卤系玻璃可以在很多系统中形成，其中最重要的两种普遍的卤系玻璃形成体是 BeF_2 和 ZrF_4。

尽管大部分的玻璃成分没有很严格的限制，但大量的工业玻璃都是以二氧化硅为基本的玻璃形成体。由于二氧化硅自身可以形成优质的玻璃，因此其有着广泛的应用。然而使用纯净的二氧化硅玻璃生产瓶子、门窗玻璃和其他的商业产品的成本过高，这是因为生产玻璃状的二氧化硅需要极高的温度（>2000℃）。硅酸盐玻璃的生产通常要在实际可行的条件下通过加入助熔剂来降低处理温度，例如小于 1600℃。最常用的助熔剂是碱性氧化物，特别是 Na_2O（氧化钠）和 PbO。PbO 是一种优质的助熔剂，可以有效地帮助熔化耐火材料和其他杂质颗粒。在二氧化硅中加入助熔剂可以降低玻璃的生产成本，但是加入大量的碱性氧化物会使玻璃的性能变差，特别是当含有高浓度碱性氧化物时，硅酸盐玻璃的化学耐久性会大大降低，甚至不能用在容器、门窗玻璃和绝缘纤维上。但在加入适当的改性剂后这个弊端就会得到改善，这类改性剂包括碱土金属和过渡金属氧化物，其中最常用的是氧化铝。改性剂会影响助熔剂的效果，也能改善成品玻璃的性能。玻璃性能的改善和调整可以通过精确控制加入这些氧化物的量和浓度，以便达到想要的效果。

着色剂通常用来控制成品玻璃的颜色。大多数情况下，着色剂使用的是过渡金属和稀有金属的氧化物。铀的氧化物曾经被用作着色剂，但由于该元素具有放射性所以减少了使用。金和银也可以在玻璃胶体形成时用来着色。着色剂只有在需要控制玻璃颜色的时候使用，而且用量少。当着色剂用于抵消一些其他着色剂来生产略显灰色的玻璃时，这类着色剂就叫作漂白剂。

澄清剂则用于去除玻璃液中的气泡。澄清剂包括砷的氧化物和锑的氧化物、硝酸钾和硝酸钠、氯化钠、CaF_2、NaF 和 Na_3AlF_6 这类氟化物，还有一些硫酸盐。澄清剂只占总质量很小的一部分（<1%），因此，它对成品玻璃性能的影响很小。虽然澄清剂占的比重小，但它们对商品玻璃来说很重要，可以显著降低去除产品中的气泡所需的费用。

2.1.2 成分命名法

历史上，氧化物玻璃成分是用氧化物的百分数来表示，即氧化物的配方。钠钙硅酸盐玻璃的配方大致是碳酸钠占 15%、碳酸钙占 10%和二氧化硅占 75%。部分读者可能会认为这些百分数是根据每一种成分的质量来确定，然而使用质量百分数来表示只是为了方便原料的配备，这种方式在商品玻璃的生产上经常使用，但是它不能帮助深入理解玻璃的成分和熔化物性能。另一方面，如果用摩尔质量和摩尔百分数来表示，有利于理解玻璃成分之间的影响，这种方式通常在文献和复杂的原料配备中使用。

此外，原子分数、化学计量比、分子式也经常用于表示硫系玻璃的成分和已经确定的简单的氧化物成分。例如，一种玻璃包含 40%的砷原子和 60%的硫原子，分子式对应为 As_2S_3、$As_{40}S_{60}$ 或 $As_{0.4}S_{0.6}$。化学计量比也可用来表示氧化物玻璃。在分子式 xLi$_2$O-(100–x)SiO$_2$ 中，用来生产玻璃的量的 x 值取值范围是 0～40，如果用原子百分数表示，这一系列玻璃可以表示为 $Li_{2x}Si_{100-x}O_{200-x}$，如果 x=33.33，那么分子式为 33.33Li$_2$O-66.67SiO$_2$ 或者化简之后的 Li$_2$O-2SiO$_2$ 和 $Li_2Si_2O_5$。如果这种玻璃包含的氧化锂和二氧化硅的比例是 1∶2，则这种玻璃叫作二硅酸锂玻璃，以表明其摩尔组成。

在卤化物玻璃文献中使用术语与在氧化物玻璃文献中更不一致。例如，一种以 ZrF_4 为基础的重金属氟化物玻璃通常由一个首字母缩写来表示，放在玻璃氧化物的第一个，剩下的组分按阳离子的上升价顺序列出。同时，这些元素由一组专门的符号所指定。如果一种玻璃中包含 Zr、Ba、Al、La 和 Na 的氟化物，则命名 ZBLAN 玻璃，用每种氟化物的第一个字母组成将这些成分按以上顺序列出。

2.1.3　料方计算

玻璃料方计算是一个计算准备配合料所需要的成分和原材料的量的复杂函数。当使用的原料是玻璃配方给出的具体氧化物时，其计算过程比较简单。但是如果使用不同的矿物原料，则每种矿物原料可能含有两种以上的玻璃成分，就需要经过复杂的计算。通常来讲，所有的料方计算都遵循相同的步骤。第一步，确定所需成分的质量分数；第二步，用每种成分的摩尔分数乘以对应的摩尔质量；第三步，用第二步得出结果相加就是玻璃的摩尔质量；第四步，用第二步得出的结果单个除以玻璃的摩尔质量得到每种成分的质量分数；最后，用每种成分的质量分数乘以生产玻璃的质量。在熔制过程中，有一些成分会分解，在计算时就用其质量分数乘以对应分解前物质的质量因子。对于提供超过一种以上玻璃成分的原材料，需要进行加法运算。

当玻璃成分的变化很小时，通常不考虑其料方计算。当使用一种固定成分的普通玻璃来研究少量添加物对玻璃造成的影响时，添加物一般用质量百分数（%）表示。如果研究 As_2O_5 的澄清作用，就可以在同一个基础的钠钙硅酸盐玻璃配方中加入 0、0.1%、0.2%、0.5%的 As_2O_5。实际上，如果添加物加入的量很小，玻璃基本成分几乎不受影响，玻璃的确切成分也可以不用说明。一般来说，当添加物占到 5%～10%时，在玻璃基本成分中才视为不可忽略的变化。

2.1.4 玻璃熔制机理

将配合料转化成熔体需要经过很多工序，具体工序取决于原材料种类、玻璃类型。硅酸盐玻璃在商业上最常用，涉及这些材料的工序比其他玻璃成分的更多。因此，本节以钠钙硅酸盐玻璃熔体形成的工序为例进行介绍，其工序可能适用于其他类型熔体。

1）气体的释放

开始加热配合料时通常会释放出水汽，即吸收在颗粒物中的水、结合水或者羟基中的水。还有很多气体会在碳酸盐、硫酸盐、硝酸盐的分解过程中释放出来。这些气体远远多于配合料熔化前释放的气体，其使得熔体滚动混合更加均匀。由于生成的气体会产生大量气泡，因此必须要在熔制完成前将气泡去除。以石灰石（碳酸钙）为例，它的密度是 2.7 g/cm^3，分解 1 mol 石灰石（体积为 37 cm^3）会产生 22400 cm^3 二氧化碳气体，体积相当于原来的 600 倍。

玻璃液的快速形成会吸收颗粒物缝隙的一部分气体，从而形成气泡。快速加热会让气泡膨胀，还会产生更多的气泡。如果坩埚装满了配合料，被困在里面的气体会造成熔体上升到坩埚边缘从而形成气泡。由于熔体通常会溶解至坩埚的底部，所以要避免这类情况发生。

2）液体形成

液体是由熔化的配合料、分解产物和低共熔物形成的。在钠钙硅酸盐玻璃中，碳酸钠和碳酸钙的低共熔物在 775℃熔化，而二硅酸钠和二氧化硅在 800℃熔化。随着温度升高，沙子、氧化铝、长石这些难熔物的熔度升高。由于二氧化硅的密度增加会造成二氧化碳和其他一些气体的溶解度下降，从而使得气体释放出来，因此，液体黏度随着液体中二氧化硅的增加而增大，此时就要升高温度以保持液体的流动性，使液体和固体彻底混合。熔制的最后一个阶段，剩余的二氧化硅和其他难溶成分完全溶解，液体变得均匀，这个过程会因为液体的高黏度而变得缓慢。

完全熔化配合料的时间叫作原料熔尽时间。实际上确定具体的原料熔尽时间非常困难，因为我们无法确定最后的剩余物质存留的时间。其他的因素还包括整体玻璃成分、用来获取某些成分的特定原料、配合料的均匀度、配合料的颗粒大小、碎玻璃的颗粒大小和数量。

3）助熔剂

有很多方法可以减少原料熔尽时间。最好的方式是改变原料，例如，用硫酸钠替换小部分碳酸钠，通过形成额外的低共熔物来加快沙的熔化速度。其他助熔剂也是通过替换碳酸钠来提供像 NaOH、NaF、NaCl 这样的易熔化合物来形成流动液体。如果熔体在含氧环境中形成，卤化物就会与环境中的氧元素交换，形成想要的含氧物质并增加液体黏性，同时加快熔化速度。

含有水的成分会加快熔化速度。水可以降低氧化物熔体的黏性。我们可以用硼酸、氢氧化钠等分别替换氧化硼、碳酸钠来间接提供水分，也可以使用湿润的原料或者改变熔炉的气体环境来直接提供水分。从空气气体燃烧到氧气气体燃烧的转变使得熔炉内的水蒸气含量升高，从而减少整体熔化时间。

4）熔体成分挥发

有很多玻璃成分在高温下易挥发。相对于短时间熔制来说，长时间高温熔制使得一些成分挥发改变玻璃的组成。挥发物质主要是碱性氧化物、铅、硼、磷、卤化物和其他的在高温下形成高蒸气压物质。碱性金属的挥发性顺序如下：Li<Na<K<Rb<Cs。减小某种成分的损失可以增加该成分在熔体上方气体中的密度。在熔体上方的气体中加入挥发成分会直接增加气压，从而建立溶解与挥发的动态平衡，防止这些重要成分的损失。降低温度也可以有效减少挥发造成的损失。

在工业生产中，控制挥发造成的损失是必须要解决的问题，但是在实验室研究中可以忽略。由于实验室熔体被保存的时间和温度条件远远好于工业上需要生产无气泡的均匀玻璃，成分挥发会在很大程度上改变所得到的玻璃组成。然而，很少有人研究在熔制过程中这些成分发生了怎样的变化。这不仅是因为该研究成本极大，更是因为分析氟这样的成分难度很大。

质量检测的方法可以确定玻璃的产量是否等于配方中预测的量。如果产量与预期不一样甚至超过预期，那么样品成分一定值得怀疑。实践表明，用碳酸钠、氧化钙、二氧化钙生产的钠钙硅酸盐玻璃跟预期产量相比约会减少 0.1%。这种损失通常是由于吸附在原料上的水蒸气，而不是钠。在含有铷、铯、铊和其他易挥发且原子量高的元素的熔体中损失高达 10%～20%。

2.1.5　玻璃液澄清

玻璃液的“澄清”指从玻璃液中去除气泡。尽管气泡对实验研究影响不大，但是在工业生产中，玻璃中存在气泡被认为是次品，并且影响销量。当球形气泡的直径小于 0.4 mm 时，即种子，常存在于团簇中，或者作为较大的孤立球体，也叫作气泡。玻璃澄清从熔制过程中开始，直至没有颗粒物剩余。

1）气泡来源

气泡中的气体来源于配合物间隙中存留的大气或者配合料分解产生的气体。当配合料开始软化形成黏性液体时，间隙中的气体就被困在其中。当液体黏度随着温度升高而减小时，间隙就被周围的液体填充。表面张力将该间隙变成球形气泡。气泡中的气体可以是空气、燃烧气体或者为了和配合料进行化学反应而引入的气体。可以通过排尽配合料间隙的气体防止气泡，即在真空中熔制。

使用极细的沙或者配合料颗粒大小不一致都会增加被困的气体。配合料分解也会产生大量的气体，包括 CO_2、SO_3、NO_x、H_2O 等。耐火材料中剩余的碳和 SiC 这样的耐火材料会和氧化物熔融物反应生成 CO/CO_2 进而聚集形成气泡。当特定气体发生过饱和时，气泡也可从熔体中析出。因为很多气体在玻璃液中的溶液焓很大，所以其熔度在玻璃液中是跟温度关联很强的函数。

硫的熔度对氧化态熔体很敏感。硫在还原条件中溶解形成硫化物，在氧化条件中形成硫酸根离子。氧化态熔体上方氧分压减小会改变硫化物和硫酸根离子的平衡，使硫元素的溶解度降低。熔体从不饱和变成饱和，同时形成气泡。

氧也可以通过周围环境的氧化状态的变化而进入到熔体中。多价离子（铁、镉、锰等）的氧化态变化可以改变氧从化学结合到物理溶解分子的状态，在反应中：$4Fe^{3+}+2O^{2-}\longrightarrow 4Fe^{2+}+O_2\uparrow$，因为氧气分子的溶解度比氧离子的溶解度小很多，所以在多价离子的还原过程中，饱和状态发生，气泡形成。

2）浮力效应除气泡

去除气泡可以用物理方法使气泡上升到熔体表面，或者用化学方法将气体溶入周围熔体中。气泡中气体的密度比周围液体密度小，因此，除非用额外手段阻止，否则气泡会自动上升到表面然后破裂。

3）澄清剂

用化学方法去除气泡取决于加入澄清剂的成分。澄清剂可以释放大量的气体形成大的气泡升到液体表面。大气泡可以携带一些很小的气泡到液体表面。另外，有一些澄清剂在较低温度下会从气泡中吸收 O_2 以减小气泡的大小。

砷和锑的氧化物是最有效、最彻底的澄清剂。关于机械搅动去除气泡的方法还存在争议，但是没有人会怀疑澄清剂的作用，特别是在配合料中存在硝酸碱的情况下。砷和锑的三氧化物占配合料质量的 0.1%～1%，而它们的五氧化物、砷酸盐、锑酸盐和砷酸可在特定情况下使用。碱和碱土金属氧化物可促进砷酸盐的形成，砷酸盐的挥发性比砷的三氧化物低。由于澄清剂具有挥发性，因此缺少基本的氧化物会降低砷和锑的氧化物的澄清效果。在熔化过程中，这些氧化物与硝酸盐反应以释放 NO 和 O_2，例如：

$$4KNO_3+2As_2O_3\longrightarrow 2K_2O+2As_2O_5+4NO\uparrow+O_2\uparrow \qquad (2\text{-}1)$$

相似的反应也会发生在 Sb_2O_3 和其他硝酸盐中，都会释放出 NO 和 O_2，形成大的气泡快速升到液体表面。

在配合物完全分解之后，加热玻璃液到更高的温度，直到玻璃液澄清完成。

在高温下三氧化物比五氧化物更稳定，五氧化物与硝酸盐经过中间反应，反应方程式如下：

$$As_2O_5 \longrightarrow As_2O_3 + O_2\uparrow \tag{2-2}$$

锑也有类似于砷的反应。反应放出的氧气可以形成新的气泡或者扩散到周围小的气泡中，从而增大气泡尺寸，加大上升速度。相对于之前的气泡，当前的任何气泡的含氧量更高。上述反应的动态平衡取决于环境温度。降低温度会使平衡向生成五氧化物的方向移动，并且需要吸收玻璃液中的氧气。随着溶解的氧气被消耗，附近气泡中的氧气会扩散到玻璃液中，气泡内部气压下降从而使气泡的直径变小。当气泡直径小于 0.1 mm 时，液体表面张力会使气泡收缩，内部气压上升，进而加速气体扩散到溶液中，直到气泡完全消失。

尽管其他的澄清剂效率比较低，但由于砷和锑的氧化物有毒性，因此，必须尝试其他方式澄清。例如，硫酸钠在分解时产生大量气泡，同时也为钠钙硅酸盐提供一部分钠元素。极端的温度条件和硫元素的溶解度的敏感度在澄清过程中起了重要的作用。在配合料分解的过程中，硫酸盐易溶于富含碱的熔体中。当二氧化硅继续熔化时，硫酸盐的溶解度下降，释放的气体进入熔体中，反应方程式如下：

$$Na_2SO_4 + nSiO_2 \longrightarrow Na_2O + nSiO_2 + SO_3\uparrow \tag{2-3}$$

在反应过程中，SO_3 马上分解成 O_2 和 SO_2，即

$$2SO_3 \longrightarrow 2SO_2\uparrow + O_2\uparrow \tag{2-4}$$

二氧化硫气体扩散到附近的气泡中，而氧气扩散到气泡中或者溶解到熔体中。这些气泡随后上升到熔体表面。降低温度会使得气泡中的二氧化硫再次被吸收形成硫酸盐溶解到熔体当中，而气泡会缩小直至消失，像前面提到的砷和锑澄清剂那样。

硫酸盐澄清剂容易和炉气以及其他含碳物质反应，从而影响澄清效果。三氧化硫和碳或者一氧化碳发生反应生成二氧化碳和二氧化硫，释放大量气体。碳同时作为产生二氧化碳的还原剂和澄清剂，它改变了硫化物和硫酸盐在熔体中的溶解度，可见硫酸盐-碳澄清剂的化学性质会受到熔体的整体成分、温度和周围气体环境的影响。

卤化物是最适用的澄清剂，含有卤化物的熔体暴露在氧气中，卤元素会被氧替换，从而降低熔体的黏性。因为气泡已经升到了熔体表面，这时候熔体黏度的升高对卤化物的澄清效果未必有害。卤化物在富含氧化铝的熔体中作用更明显。

一些多价离子的氧化物也可以用作澄清剂，其原理和砷和锑的氧化物一样，

例如：

$$4CeO_2 \longrightarrow 2Ce_2O_3 + O_2 \uparrow \tag{2-5}$$

在工业生产中加入少量的 CeO_2 除了作为澄清剂还可以防止暴晒。

2.1.6 玻璃液匀化

配合料最开始分解产生的液体呈不均匀状态。在澄清过程中，气泡上升的搅拌作用会使得熔体更加均匀。然而，要生产出均匀的玻璃需要额外的时间和工艺来提高熔体的均匀度。用均匀度来描述玻璃并不准确，因为均匀度是相对于不均匀度而言。而定义不均匀度非常困难，这是因为不同玻璃用途和使用要求不尽相同，就像门窗玻璃可以接受的均匀度对光学玻璃来说不能达到要求。

像气泡、种子、石头（不可溶的材料）这些大的、可以用肉眼观察到的瑕疵不能在商业玻璃中出现。“条纹”和“节瘤”是用来描述玻璃内局部变化的。在有色玻璃中，不均匀的区域可以通过颜色强度变化来观察。这些区域的范围为不均匀性的尺度，偏离程度为不均匀性的强度。

玻璃不均匀通常是因为原材料混合不均匀。混合是否均匀对实验熔体的影响很大，因为在熔制时不会对实验熔体进行搅拌，同时会长时间保持在同一温度。条纹和节瘤通常是会挥发的物质在熔体表面与难溶物反应而成，特别是碱、硼或者铅。减小配合料颗粒物的大小可以降低初始熔体的不均匀度以提高熔体均匀度。化学反应过程中搅拌、创造对流和熔体冒泡也可以提高熔体的均匀度。

2.1.7 特殊熔制方法

有些玻璃在熔制过程中需要用特殊的方法处理，但该方法不适用于普通玻璃。对于毒性物质，工人需要在手套箱中操作，以远离危险的烟雾和粉末；若想获取某种具有挥发性物质的玻璃，需要在密封容器内操作；同时需要特殊气体防止非氧化物玻璃被污染。硫系化合物为生产特殊玻璃时遇到的困难提供了有效方法。硫系玻璃的成分不仅具有毒性和易挥发性，而且容易被氧气破坏其红外传输性能。该玻璃的原材料需要在干燥且充满惰性气体的空间准备、称重并混合放入石英管中，在真空条件下密封后，将石英管放入熔炉中加热到合适的温度，然后冷却。此时熔体的均匀度很难进行控制，通常在摇摆的熔炉中加热来达到搅拌的目的。

重金属卤化物玻璃需要在无氧环境下熔制以保留其光学性能。这些玻璃在特定的气体氛围中熔化，像 CCl_4、SF_4 这些气体在分解时会放出游离气体。该气体既可以吸附氧气，又可以提供卤化物，以取代挥发损失并保持熔体的化学计量比。

2.2 玻璃的结构

图2-1展示出了熔石英体系的分子动力学模拟截面图[1-3]，硅原子位于四面体结构的中心，四个氧原子位于四面体的角，硅原子和氧原子之间的键长约为（1.61±0.05）Å[图2-2（a）]。图2-2（b）和（c）分别展示了O—O键和Si—Si键的长度分布情况。O—Si—O角对应于四面体中的一个角，且该分布在109°附近急剧峰化[图2-3（a）]。Si—O—Si角对应于SiO_4四面体结构间的交联角，且约在146°达到峰值[图2-3（a）]。SiO_4四面体通过连接形成了由六个硅原子和六个氧原子组成的环，这些环对应于SiO_2玻璃的中程序列。环是连接Si—O键和Si原子的最短路径[4,5]，环的命名取决于环中Si原子的数量，一个n元环有n个Si原子，每个Si原子又连接一个O原子。图2-3（b）示出了基于分子动力学（MD）模拟得到的纯无定形二氧化硅中环分布的直方图，分布范围为3元环到9元环，分布在6元环处达到峰值，其贡献量大于30%[6]。

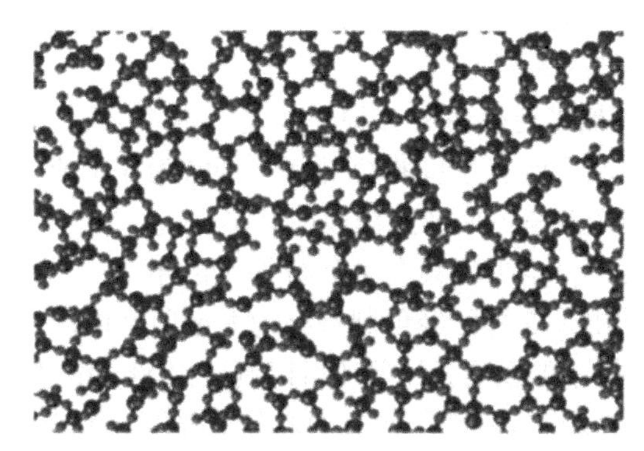

图2-1　典型无定形二氧化硅（SiO_2）系统分子动力学模拟的3D截面图[1]

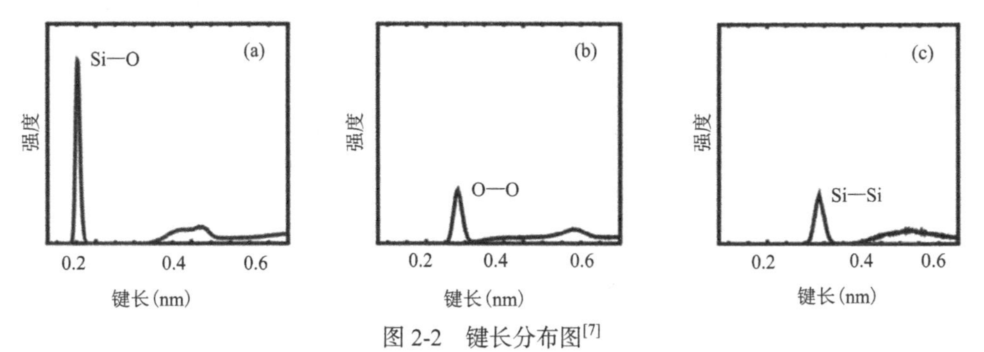

图2-2　键长分布图[7]

（a）Si—O键长分布；（b）O—O键长分布；（c）Si—Si键长分布

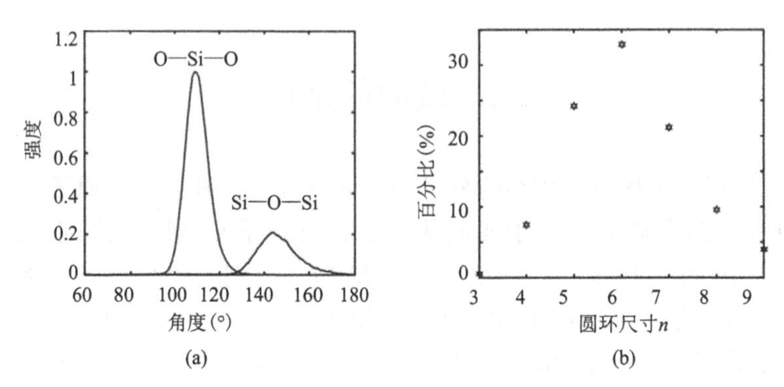

图 2-3 (a)键角的分布，以 109°为中心的线条表示二氧化硅四面体中 O—Si—O 键角的分布，以 146°为中心的线条表示 Si—O—Si 键角或四面体间夹角的分布[8,9]；(b)基于分子动力学模拟所得到的纯无定形二氧化硅的环分布[6]

2.2.1 氧化物玻璃的基本化学组成

玻璃内部氧化物的类型可分为三类：玻璃形成剂、玻璃改性剂和玻璃中间体。Zachariasen 提出了 4 个规则来说明玻璃的组成（A_mO_n）。理想情况下其应满足以下条件才能形成非晶态介质[10]：

（1）每个 O 原子最多连接两个 A 原子；

（2）一个原子周围不能有过量的 O 原子（通常为 3 个或 4 个）；

（3）O 原子应为角共享，而非边缘或面共享；

（4）在三个维度上，至少应共享 3 个 O 原子的角。

Zachariasen 还列出了 5 种已经可制备出的无定形氧化物：SiO_2、B_2O_3、GeO_2、P_2O_3 和 As_2O_3。随着技术的发展，目前还可以制备出 Sb_2O_3、In_2O_3、Ti_2O_3、SnO_2、PbO_2 和 SeO_2[11]。Sun 发现所有玻璃形成剂的黏结强度均大于 80 kcal①[12]。通常玻璃形成剂将使玻璃形成具有共价键的 3D 网络且呈酸性[13]。向玻璃形成剂中添加玻璃改性剂将导致玻璃结构中的非桥接氧（non-bridging oxygen，NBO）与附近离

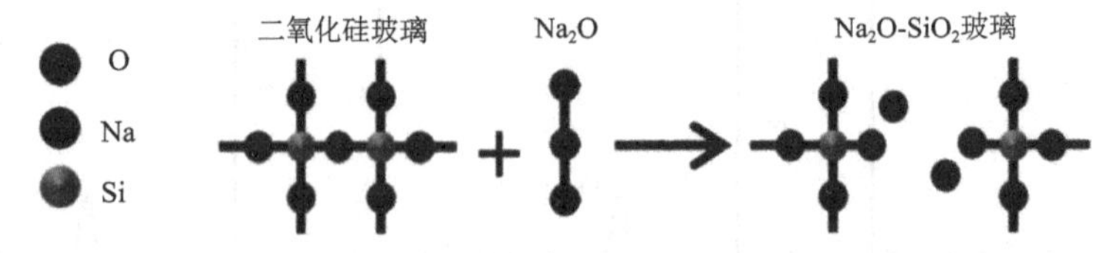

图 2-4 添加 Na_2O 的纯无定形二氧化硅体系的示意图[14]

所有二氧化硅四面体都连接在一起，添加 Na_2O 后玻璃不再具有相互连接的非桥接氧（NBO），且附近的 Na^+用于电荷补偿（SiO_2-Na_2O 玻璃）

① cal 为非法定单位，1 cal=4.186 J。

子发生电荷中和。例如，在二元 SiO_2-Na_2O 系统中（图 2-4），当向纯二氧化硅体系中添加 Na_2O 时，二氧化硅四面体上会形成两个 NBO[14]。

添加玻璃改性剂会改变玻璃的性能。例如，当向 SiO_2 中添加 Na_2O 时，会降低玻璃化转变温度和耐化学性。常见改性剂还包括 K_2O、CaO、SrO 和 BaO[15]。通常其黏结强度较低，一般小于 60 kcal。添加玻璃中间体不能使玻璃形成非晶结构，但其可充当玻璃改性剂促进玻璃网络形成。常用的玻璃中间体为 Al_2O_3。当向 SiO_2-Na_2O 玻璃中添加少量 Al_2O_3 时会导致：①Al 替换附近具有 Na^+的玻璃网络中的 Si 原子；②减少 NBO 从而导致玻璃连通性增加。此外，Al_2O_3 将导致玻璃网络中形成共价键。一旦其摩尔浓度超过 Na_2O（$[Al_2O_3]/[Na_2O]>1$），则 Al 可以是 4、5 或 6 配位[16]。氧化物玻璃通常由许多形成剂、改性剂和中间体组成，且氧化物的数量经常超过四种，对于 R7T7 复杂的核废料玻璃则包含多达 30 种不同的氧化物[17]。研究人员通过建立模型，系统地分析了复杂的玻璃结构[18-20]。该模型包含三种氧化物、两种形成剂和一种改性剂[21,22]。

目前最常用的玻璃结构模型是基于 Zachariasen 的原始观点，并根据“随机网络工作原理”来分组。Zachariasen 从未使用过“随机网络”，它并不是用来讨论结构模型，而是解释了玻璃形成的倾向。然而，Zachariasen 关于玻璃形成的规则已经被广泛地应用于为玻璃结构的模型制定模型的规则中。表 2-2 对更复杂系统的三个修改规则进行了总结，说明了连续三维网络的形成条件，但并未说明该网络的长程有序的程度。

表 2-2 任何完整的玻璃结构模型所需的元件

1	所有网络阳离子的配位数
2	键角分布和旋转
3	所有网络单元的连通性
4	网络的维数
5	任意中程有序的性质
6	形态、场强、键强度和特殊部位键合
7	间隙或游离体积的性质
8	次要成分、杂质和缺陷等的作用

2.2.2 硅酸盐玻璃的结构模型

氧化物玻璃结构模型的讨论几乎以石英玻璃和碱硅酸盐玻璃为主。其他大多数硅基玻璃的结构模型都是从这些系统中得到。

1）石英玻璃

石英的结构可用 Zachariasen 的网络结构规则来描述，其配位数为 4，硅氧四面体是构成网络的基本构件[图 2-5（a）]。由于该四面体具有高度有序度，因此保留了玻璃的短程有序性。这些四面体在所有四个角上连接，形成了一个连续的三维网络。每个氧原子在两个硅原子之间共享，硅原子占据着连接四面体的中心。结构中的无序是通过允许连接相邻四面体的 Si—O—Si 键角的可变性得到。通过相邻的四面体围绕连接四面体的氧原子所占据的点旋转，并允许四面体围绕连接氧与硅原子之一的线旋转，引入了附加无序。由于 Si—O—Si 键角和旋转是用数值分布，因此不存在长程有序。

研究表明，该结构中的最短 Si—O 距离约为 0.162 nm，最短的 O—O 距离约为 0.265 nm。这与硅氧四面体中二氧化硅晶体形式和硅酸盐矿物中的距离基本一致。该距离说明基本的 Si—O 四面体形成单元具有短程有序的特征。然而，连接四面体中心的硅原子之间的距离在 Si—O—Si 键角分布的作用下，在 0.312 nm 的距离范围内聚集。原子间距分布可以通过假设 Si—O—Si 键角的分布解释，分布的最大值约为 144°，其范围是 120°～180°。由于实验数据的局限性，Si—O—Si 键角的精确分布可能会引起一些分歧。

石英玻璃的结构具有高应力键和氧空位（Si—Si 键）以及过氧缺陷（Si—O—O—Si 键）等缺陷。在杂质中心，还存在与结合物氢有关的缺陷，如 Si—OH 和 Si—H。

2）碱硅酸盐玻璃

碱硅酸盐玻璃含有高浓度的碱氧化物，可以很容易通过熔融二氧化硅、碱碳酸盐或硝酸盐而产生。含小于约 10%（摩尔分数）碱氧化物的玻璃由于黏度高且难以熔化，在锂和水玻璃体系中存在亚稳态不混溶区，其在锂和水玻璃体系中分别扩展到约 33%和 20%。

为了避免亚稳态不混溶区，可以在二氧化硅中加入任何碱氧化物以形成二元玻璃，以降低熔体黏度和玻璃化转变温度（约 500 K）。在碱离子扩散的作用下，玻璃的密度、折射率、热膨胀系数和电导率可以随着碱氧化物浓度的增加而增大，进而降低了熔体的连接性。碱硅酸盐玻璃结构由于非键桥氧的作用可以被看作是硅氧四面体的网络，其在连通性上偶有中断。每个非键桥氧必须与附近的碱金属相关联以保持局部电荷的中立性。碱金属离子占据了网络空隙，减少了未被占用的自由体积。图 2-5（b）示出了钠钙玻璃的二维结构，其中包括碱土离子和碱离子。

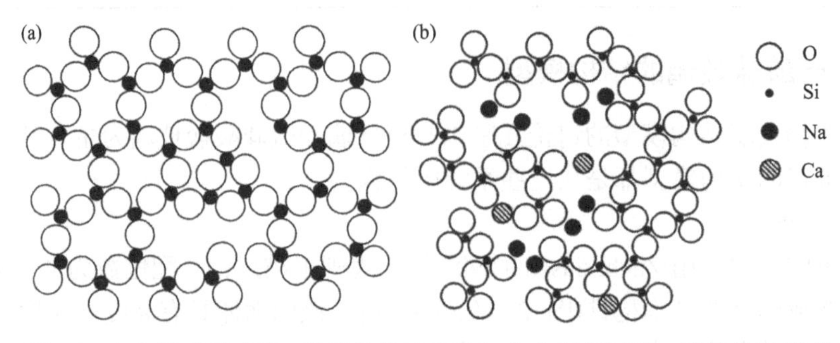

图 2-5 （a）熔石英玻璃二维结构的示意图和（b）钠钙玻璃二维结构示意图

3）碱/碱土硅酸盐玻璃

含碱土氧化物的三元玻璃与硅和碱性氧化物相结合，通常称为钠钙玻璃，通常含有（摩尔分数）10%～20%的碱性氧化物（Na_2O 或纯碱组成）以及 5%～15%的碱土金属（由 CaO 或石灰、70%～75%硅组成）。一般情况下，一些纯碱被 K_2O 取代，偶尔也会用 Li_2O 代替纯碱。使用白云石作为 CaO 的来源，往往意味着玻璃中也存在着大量的 MgO。碱-碱土-二氧化硅玻璃的简单模型与碱硅酸盐玻璃的模型有很多的相似之处。

4）碱和碱土铝硅酸盐玻璃

铝和镓离子通常在玻璃中以四面体和八面体的配位方式存在，因此含有镓的玻璃被认为与含有铝的玻璃是等结构，而关于铝硅酸盐玻璃的叙述同样适用于镓硅酸盐玻璃。

一般来说，只要碱和/或碱土金属氧化物的总浓度等于或超过氧化铝的浓度，玻璃中的大部分铝将发生在铝氧四面体中出现四面体配位。实际上，氧化铝本身并不容易形成玻璃，但可以很容易地取代玻璃网中的二氧化硅。由于氧化铝的每个铝氧四面体只提供 1.5 个氧，所以需要碱或碱土金属氧化物所提供的氧能完成完全连接四面体，即每四面体 2.0 个氧的要求。由于铝氧四面体的形成消耗了 R_2O 和 RO 组分提供的氧，因此不能用于形成 NBO。每个添加的铝离子都可以考虑从结构中去除一个 NBO。如果玻璃的组成使修饰氧化物的总浓度完全等于氧化铝的浓度，则结构应该是 Q_4 单元的完全连接网络，其中任何特定 Q_4 单元中的阳离子都可以是硅或铝，而不存在 NBO。

这种简单的碱-碱土金属铝硅酸盐玻璃模型不能推广到含有比总修饰剂氧化物更多的氧化铝成分，因为这种成分会产生足够数量的相关阳离子来进行电荷补偿。对于该玻璃结构，目前存在两个最常见的模型：①过量的铝离子发生在八面体配位中，每个八面体中有 3 个 BO 和 3 个 NBO；②铝氧和硅氧四氢的三聚体通过三个配位的氧与三个四面体角连接形成。除非氧化铝与修饰剂氧化物的比率远远超过 1，否则这两种模型都不能得到实验研究的有力支持。目前的研究没有发现存在三配位氧化物，也没有发现大量八面体配位铝的存在，因此含氧化铝的玻璃的问题均未得到解决。

2.2.3　硼酸盐玻璃的结构模型

1）氧化硼玻璃

氧化硼玻璃的结构模型与二氧化硅玻璃的结构模型有很大不同。虽然硼在晶体中同时存在于三角形和四面体的配位中，但氧化硼玻璃中硼只存在于三角形的状态中。所有三角形在三个角上都由 BO 连接以形成完全连接的网络。然而，由于网络的基本构成部分是平面，而不是三维，所以氧化硼玻璃不会在四面体网络中出现三维连接。氧化硼玻璃的结构也被认为含有大量的中间单元，由三个硼氧三角形连接而成，形成一个被称为硼氧环或硼氧基的结构。这些定义明确的单元是由氧原子连接，因此 B—O—B 键角可变，并且从硼氧基平面外扭曲（图 2-6）。

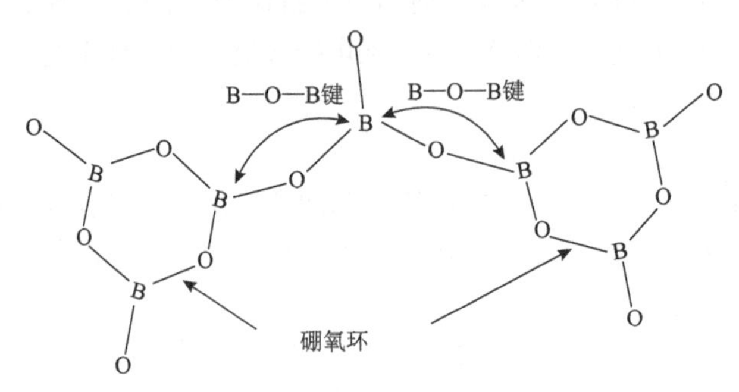

图 2-6　硼酸盐玻璃中硼氧环结构

2）碱硼酸盐玻璃

在二氧化硅玻璃中加入碱氧化物可导致 NBO 的形成。然而，对碱硅酸盐玻璃与碱硼酸盐玻璃性能趋势的研究表明，碱硼酸盐玻璃的情况并非如此。少量碱金属氧化物加入二氧化硅可使 T_g 降低，而加入相同的碱金属氧化物到氧化硼中则使 T_g 增加。相反，少量碱金属氧化物加入二氧化硅会导致热膨胀系数增加，而加入到硼酸盐中则会导致热膨胀系数降低。

硼在氧化物晶体中有 3 和 4 两种配位数。碱氧化物的加入使一些硼从三角形变化到四面体配位，而没有 NBO 形成。这样的改变实际上增加了网络的连通性，增加了 T_g，并降低了玻璃的热膨胀系数，这与实验结果一致。二硼氧四面体的形成将消耗一个由 R_2O 提供的额外氧。由于每个四面体的电荷不足，这两种碱性氧化物将为四面体提供足够的电荷补偿。

当更多的碱性氧化物被添加到氧化硼中时，许多属性将相反，例如，在较高的碱性氧化物浓度下，热膨胀系数将达到最小，T_g 达到最大。由于在早期研究中没有观察到碱硅酸盐玻璃的这种行为，所以这种行为被认为是玻璃的反常现象，即硼酸盐异常。该异常通过假定硼从 3 倍配位转变为 4 倍配位发生，直到网络达到某种四面体配位硼的临界浓度，之后额外碱氧化导致 NBO 的形成，从而导致性能/成分的趋势逆转。目前，这一模型被广泛接受为硼酸盐玻璃异常的最终解释。

2.2.4　磷酸盐玻璃的结构模型

氧化磷玻璃的结构也是以四面体为基础。由于磷是一种五价离子，所以形成一个含四个键桥氧的磷氧四面体，就会产生一个正电荷的单元。然而，若其中一种氧与 P^{5+}形成双键，而其他三种氧与相邻四面体形成 BO 键，也可以产生一个与电荷平衡的四面体。尽管这些结构是四面体，其在三个角处的连接所形成的二维网络与硼酸盐玻璃的连接具有相同的连通性。实际上，上述网络结构很容易被破坏，进而导致氧化磷玻璃的 T_g 很低。

氧化磷玻璃的结构细节取决于用于生产熔体的 P_2O_5。晶体氧化磷以三种多态形式存在：六方、正交和四方。该晶体均含有磷氧四面体，但以环的形式包含不同的单元，每个环的四面体数不同。用不同的起始材料制作的玻璃在短熔融时间时保留了晶体形态的一些结构细节，在高温下经过较长的时间后，其性质逐渐收敛到平衡值。

将碱金属和碱土金属氧化物添加到磷氧化物中，导致环的断裂和网络形成一种由一价或二价离子交联的磷氧四面体纠缠的线性链系统。这些链条可以在纤维拉伸的过程中，产生具有方向性的玻璃。这种玻璃的结构类似于有机聚合物玻璃，并在无机和有机玻璃的结构之间架起一座桥梁。最近的研究表明，有机分子可以被整合到磷酸盐玻璃中，从而制备具有光学性质的材料。

如果氮以高度反应的形式存在，碱性磷酸盐熔体将与氮反应生成氮化玻璃，其可以通过批量使用氮化物或将熔体暴露在氨中，然后分解释放氮离子。熔体暴露在相对惰性的 N_2 中会发生非常小的反应。氮取代网络中的氧，使三个四面体共用一个角。由于氧离子只允许网络单元的两个角共享，用氮代替氧可增加结构的连通性，提高玻璃的化学耐久性和玻璃化转变温度。氮化玻璃的耐久性优于商用钠钙玻璃瓶。

2.2.5 其他玻璃的结构模型

1）无机氧化物

许多其他重要的无机玻璃可以在不含任何四种传统的玻璃形成氧化物的系统中形成。铝酸盐玻璃很容易在二元体系 $CaO\text{-}Al_2O_3$ 的一个小区域内形成，尽管氧化铝本身并没有使用传统的熔融冷却方法形成玻璃。这些玻璃被认为是由含钙离子的铝氧四面体组成的网络，它们作为修饰剂保持电荷平衡。研究表明，至少有一些铝氧八面体，甚至可能有五倍的铝氧基团也存在于这些玻璃中。在 $PbO\text{-}Ga_2O_3$ 系统中可以形成相关的玻璃，其结构模型类似于铝酸盐玻璃。

氧化碲在大量其他氧化物中有百分之几摩尔的存在，包括碱和碱土金属氧化物以及大量三、四、五价阳离子的氧化物时，其充当玻璃的角色。虽然没有多少结构证据，但这些玻璃最初被认为含有碲氧八面体网络。玻璃可在许多其他氧化物系统中生产，包括但不限于钛酸盐、钒酸盐、砷酸盐、锑酸盐、铋酸盐、钨酸盐、钼酸盐以及含有更复杂阴离子的氧化物系统，如碳酸盐、硝酸盐和硫酸盐。

2）卤化物玻璃

透明玻璃可以在许多二元系统中使用，包括碱土或碱土氟化物。由于这些玻璃不显示任何相分离的信号，所以它们最初被认为是同质状态。目前存在一种直接类似于碱硅酸盐玻璃的结构模型，用非键桥的氟原子或非桥接氟（NBF）代替非键桥氧。后来的研究使用透射电子显微镜，可以检测出比肉眼可见的更细微的相分离，其结果表明基本上所有的这些玻璃都是相分离的状态。也就是说，如果这些玻璃在大部分的玻璃形成区域存在相分离，那么关于它们的结构在同类玻璃模型上的讨论也显得多余。

氯化锌在熔融温度下具有一定黏度，因此它不像 BeF_2 和 $ZnCl_2$ 玻璃一样容易溶解在水中，因此不太实用。加入碱金属卤化物可以改善玻璃的形成行为并允许形成较大的样品。

3）硫化物玻璃

硫化物一词是指元素周期表中的ⅥA 族中的元素，即 O、S、Se、Te 和 Po。由于钋的同位素具有放射性，因此没有关于其在玻璃中使用的研究成果。如果考虑其他四种硫族化合物，可以发现氧与其他的不同之处为：①它是室温下的一种气体，②可以作为单独的 O_2 分子存在，而 S 和 Se 熔体含有环和链，它们相互作用形成玻璃状结构。碲的熔体更难形成玻璃，其结构类似于熔融的 Se。因此，硫系玻璃仅限于含有 S、Se 和 Te 的成分。

上述玻璃的结构模型是基于硫系原子之间的高度共价键。硫熔体在低温下含有八元环，相邻硫原子之间有共价键。在 160℃以上的温度下，这些环开始转变为超长的 S 原子链，链长超过了 6 个原子。熔融的 Se 含有一些较短的链，而熔融的 Te 则由更短的链组成。因此，这些链形成了类似于某些磷酸盐体系的聚合结构，并且在有机玻璃中也很常见。添加元素周期表的ⅣA 和ⅤA 族中的元素会导致这些链的交联（图 2-7），形成更高连接的结构。这些玻璃中元素的配位数是由 8–*N* 规则给出，则ⅤA 族（P、As 和 Sb）中的元素将以 3 倍配位形式出现，而ⅣA 族中的

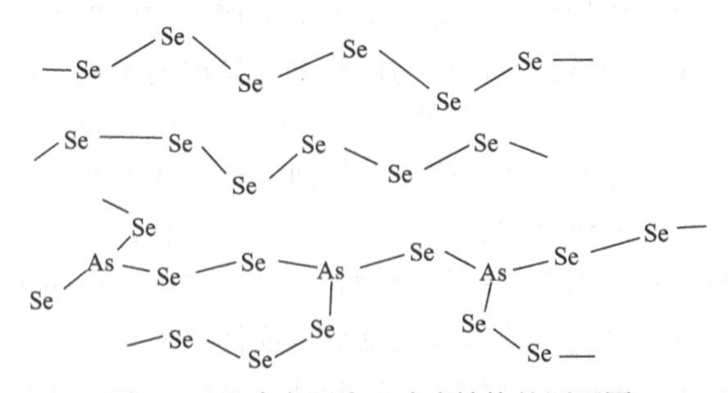

图 2-7 硒玻璃和砷硒玻璃结构的原理图

元素则以 4 倍配位形式出现。平均配位数是由中心原子的加权配位数决定，因此，玻璃的连通数是组成的强函数，随着其他元素的加入，S 和 Se 的连接数从 2.0 增加到 2.05。另一方面，卤化物的加入会形成非键桥，从而终止链并减少玻璃的连接数。

目前存在两种模型可以预测不同元素间的键数。如果一种玻璃含有两个元素，A 和 B，则可以发现两个 A 原子之间、两个 B 原子之间，或者一个 A 和一个 B 原子之间的键。如果每种类型的键的概率都是基于组成中各类型原子的比率的统计概率，则将结构称为随机共价键网络（RCN）。

4）有机玻璃

有机玻璃由碳碳链组成，碳链纠缠在一起，使熔体迅速冷却，防止了重新取向到结晶区。这些结构与玻璃硫和硒的结构非常相似，也是由缠结链组成。有机玻璃中的链也可以被交联，就像它们在硫系玻璃中一样，从而改变了它们的性能。例如，增加交联度会提高熔体的黏度和玻璃的转变温度。一般来说，有机玻璃的性能与具有链状结构的无机玻璃的性能非常相似，包括在成形过程中利用应力产生具有定向性质的材料的能力。

有机玻璃中经常存在小区域的取向链，因此这些材料中有许多实际上类似于低结晶度的微晶玻璃。适当的热处理可以提高这些玻璃的结晶度。部分结晶材料的性能随结晶度的增加而呈现出与无机微晶材料相同的趋势。

5）非晶态金属

含有金属和类金属（P、Si、Ge 和 B）的合金通常可以直接从熔体中快速冷却，形成非晶结构的材料，加热时表现出玻璃的转变温度。许多额外的非晶态金属可以通过气相沉积而形成。这些材料的结构模型包括随机网络理论、微晶理论和球体致密随机堆积的变化。相关研究表明，用随机堆积模型预测的非晶金属密度略小于相同球的紧密填充结构的密度。在冷却过程中，占据间隙的类金属原子干扰了熔体对晶体结构的重组，从而从根本上提高了无金属熔体的玻璃形成能力。

2.3　密度和热膨胀

2.3.1　引言

玻璃的密度、热膨胀系数、折射率和黏度随体积组成的变化规律是当今许多常用结构模型的基础。这些模型早在拉曼、核磁共振和其他现代光谱技术发展之前就产生了。虽然这些模型的细节已经用更复杂的方法进行了改进，但是网络结构、桥接和非桥接氧形成以及配位数随化学组成变化而变化的基本概念最初是为了解释其性能的趋势而提出的。这种研究玻璃结构的方法至今仍很普遍，许多结构模型是在性能研究的基础上而提出的，并且已经被光谱研究的结果所证实。

材料的密度定义为每单位体积的物质质量：

$$\rho=\frac{M}{V} \tag{2-6}$$

其中，ρ 是密度，M 是质量，V 是样品的体积。如果样品没有气泡、空隙或其他缺陷，计算所得密度即为材料的真实密度。但是若含有气泡，计算所得密度将小于真实密度（表观密度）。摩尔体积为一摩尔材料占据的体积：

$$V_{\mathrm{m}}=\frac{\mathrm{MW_t}}{\rho} \tag{2-7}$$

其中，V_{m}是摩尔体积，$\mathrm{MW_t}$是物质的摩尔质量，ρ 为真实密度。因为密度对原子占据的体积和质量都很敏感，所以摩尔体积经常被用来比较玻璃的性能。

材料的热膨胀系数是体积变化率的量度[23]。真实（瞬时）热膨胀系数定义为在特定温度和恒定压力（1 个大气压）下体积与温度曲线的斜率：

$$\alpha_{\mathrm{V}}=\frac{1}{V}\left(\frac{\partial V}{\partial T}\right)_{\mathrm{P}} \tag{2-8}$$

其中，α_{V} 为真实体积膨胀系数，V 是样品的体积，（$\partial V/\partial T$）是曲线的斜率。尽管热膨胀系数实际上是根据物质的体积来定义，但这个值难以测量。因此，玻璃的膨胀系数通常仅在一个方向上确定，即测量值是线性热膨胀系数 α_{L}。

实际上，所有文献报道的玻璃热膨胀系数都是在特定温度范围内的平均线性热膨胀系数。商用玻璃的数据通常是在 0～300℃、20～300℃或 25～300℃范围内获得。由于真实热膨胀系数是温度的强函数，所以了解用于定义平均热膨胀系数的温度范围对于数据的应用至关重要。

2.3.2 测量方法

1）密度

确定密度的最直接的方法是称重已知几何形状的样品，根据其尺寸计算其体积。如果样品不具有简单的几何形状，则利用阿基米德原理通过液体位移来确定体积[24]。样品在空气中称重，悬浮在已知密度的液体中。重量的差异等于置换液体的重量。此外，玻璃的密度经常通过悬浮在液体中来测量。密度梯度柱是通过将两种密度不同的液体以连续变化的比例引入到高玻璃圆筒中形成，然后将一组已知密度的标准浮子放入柱中，由于每种标准密度浮子在液体的相对高度等于标准液体筒的深度，因此可以绘制密度与深度的校准图。将样品置于液体中，并使其停留在平衡深度，然后从校准图中读取密度。

水槽浮法通常用于玻璃的质量控制测量。样品被放置在有机液体的试管中，加热，直到液体的密度小于样品的密度，使得样品下沉。在已知液体密度的温度依赖关系下，样品和标准水槽可用来计算其密度差异的温差。该方法检测出的密度相差仅为 20 ppm（1 ppm＝1×10^{-6}）。

2）热膨胀系数

玻璃热膨胀系数基本都是通过推杆膨胀计的变化获得的[25]。推杆膨胀计由热膨胀系数已知的材料制成的圆柱体组成，圆柱体固定在确定位置并被加热装置包围。样品放在圆柱体的内部并靠着其端部。将与圆筒材料相同的棒放在试样上。杆的另一端连接到能够测量杆端位置极小变化的装置。加热含有样品的区域会导致周围圆筒、棒和样品的膨胀。如果样品与装置的热膨胀系数不同，则由样品与仪器材料的热膨胀系数的差值决定棒的末端位置。值得注意的是，确定样品的真实热膨胀系数需要校正装置膨胀的位移与温度数据。大多数用于玻璃研究的膨胀计是由玻璃态二氧化硅构成。由于在典型温度范围内，玻璃态二氧化硅的平均线性热膨胀系数仅约为 0.55 ppm/K，因此设备膨胀的校正系数非常小。

通过使用两个推杆，在测量样品膨胀和参考标准之间的差异的布置中，可以制得更精准的膨胀计。此时，待结合的两种材料可以分别用于样品位置和参考位置，并且它们的膨胀之间的差异可以直接确定。最精确的热膨胀测量是使用干涉测量法，且该方法能够利用可见光检测尺寸变化，最小可达 20 nm。

2.3.3 影响玻璃密度的因素

玻璃的密度主要与其成分密切相关，同时也取决于测量温度和样品的热历史。相分离玻璃的形貌变化对密度的影响很小。如果结晶相的密度与残余玻璃的密度有很大的不同，玻璃的析晶会显著改变密度[26]。

1）成分效应

具有氧化物的普通玻璃的密度小于拥有其相应结晶形式的玻璃的密度。一般来说，大的自由体积意味着玻璃在网络中具有很大部分的间隙空间，用于容纳其他离子，例如单价碱金属离子和二价碱土金属离子。如果由形成氧化物的玻璃形成的网络包含大量空隙，则可以将相应大量的改性剂离子填充到空隙中。该过程将增加物质的质量而不增加其体积，导致密度增加。事实上，研究发现，在任何一种常见的玻璃形成氧化物中加入碱金属离子均会导致密度增加[图 2-8（a）]。即使是分子量只有二氧化硅一半的 Li_2O，当取代形成氧化物的碱性玻璃时，也会增加硅酸盐、硼酸盐或锗酸盐玻璃的密度[27]。如图 2-8（b）所示，含锂玻璃通常比含钠或钾的玻璃更致密。在某些情况下，含钠玻璃比含钾玻璃更致密。该趋势和简单空隙填充模型并不一致，如果钾离子的重量大约是锂离子的 6 倍，而且都只是占据了网络中的空隙，那么锂玻璃怎么会更致密呢？如图 2-8（c）所示，不论何种玻璃组成，摩尔体积都按 Na<K<Rb<Cs 的顺序增加。向网络中添加锂或钠时，网络结构收缩进而降低摩尔体积。另一方面，添加钾、镁、铷和铯将迫使结构的体积增加以增加玻璃的摩尔体积。

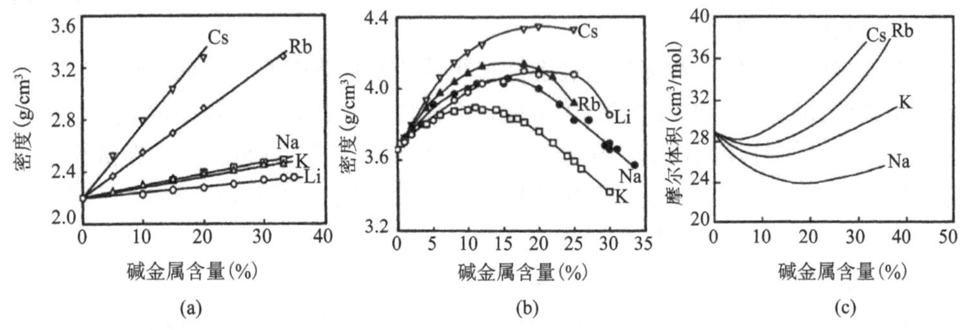

图 2-8　碱金属含量（摩尔分数）对（a）碱金属硅酸盐玻璃和（b）碱金属锗酸盐玻璃密度的影响，以及（c）对碱金属锗酸盐玻璃摩尔体积的影响

含大量高原子量阳离子的重金属氟化物玻璃通常比重金属氧化物玻璃密度低（4～6 g/cm^3）。如果增加玻璃中使用的卤化物离子的原子量，例如，用氯代替氟，可能会增加玻璃的密度。然而，一般来说，较小的氟离子被较大的氯离子取代将导致摩尔体积的增加，抵消原子量的增加，进而导致玻璃密度的降低。硫系玻璃的密度通常为 3～5 g/cm^3，但含铊玻璃的密度可大于 6 g/cm^3。玻璃态硒的浓度为 4.29 g/cm^3，向硒中添加砷或锗导致密度的增加非常小，而添加磷导致密度大幅度下降。分析其原子量可以发现，硫取代硒会降低硒化砷玻璃的密度，而碲取代硒会增加玻璃的密度。

2）热历史效应

玻璃的密度总是取决于所测量样品的热历史。尽管由热历史变化引起的密度差异不是特别大，但是它们在某些应用中可能非常重要，特别是那些具有高度可再现的玻璃折射率值的应用中[28]。如图 2-9 所示，当熔体温度进入相变区时，弛豫时间的变化显著。如果熔体迅速冷却，在熔体实际处于该温度的时间内，不可能发生适合于每个温度的完全结构重排。当结构弛豫时间超过实验冷却的时间时，结构变得稳定，并且随着温度的降低，结构不再发生变化。以较慢的速度冷却熔体将使平衡保持在较低的温度，则将使结构更加致密，在结构变得稳定之前，玻璃经弹性收缩区冷却至室温后，此时玻璃密度较高[29]。实际上，当冷却速率较快时，密度变得与冷却速率无关。如果炉温下降得非常快，熔体的低导热率将阻止样品与其周围环境保持平衡。此时，样品的热惯性将有效地确定实际发生的最快冷却速率，而与样品周围的冷却速率无关。这个最大冷却速率将确定样品可能的最低密度，同时取决于样品的尺寸和形状。

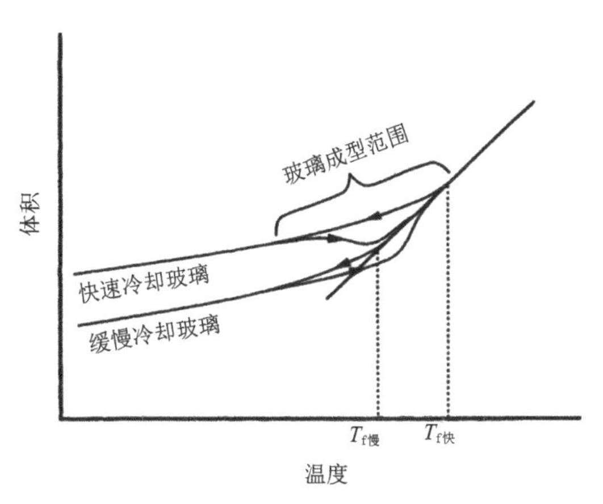

图 2-9　温度对玻璃成型熔体体积的影响

密度也可以通过在特定温度下的热处理来改变。当快速淬火熔体时，所得到的玻璃样品具有高的虚拟温度和低密度。若将该样品再加热到转变范围内的温度，且低于原虚拟温度，那么样品将重新调整到适合新温度的结构，变得更致密，同时将具有新的虚拟温度。此外，也可以慢慢冷却熔体以产生较低的虚拟温度，然后再加热样品到较高的温度。在这种情况下，样品将膨胀并重新调整到新的更高的虚拟温度。如果两个样品以非常不同的速率冷却再加热到中间温度，当它们重新调整到新的虚拟温度时，密度将沿相反方向变化[图 2-10（a）]。实际上，目前仅有少量的研究工作探究了玻璃密度和虚拟温度的关系[30,31]。相关研究结果表明，虚拟温度与热处理温度相同；当使用从红外波段位置测定玻璃化二氧化硅虚拟温度时可以发现，向二氧化硅中加入少量的其他氧化物，可以逆转密度随温度曲线的变化规律，进而使二氧化硅的密度呈现出正常的行为规律[图 2-10（b）]。

3）相分离效应

相分离对玻璃体密度的影响很小。体密度是玻璃中存在相密度的体积平均值，其将随着两相的相对体积变化而平滑地变化[32]。结晶会导致玻璃密度的较大变化。如果结晶相的密度与结晶后剩余的残余玻璃的密度显著不同，那么复合材料的密度将在很大范围内变化。例如，工业锂铝硅酸盐玻璃陶瓷的密度比结晶前的玻璃密度大约 5%。如果晶相的密度小于玻璃的密度，当样品在合金化时，玻璃陶瓷的密度可能会降低。

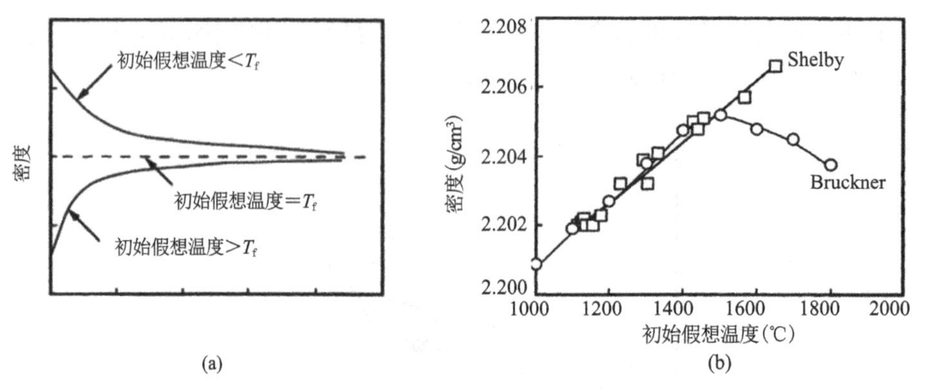

图 2-10　（a）特定热处理条件对玻璃密度的影响和（b）虚拟温度对石英玻璃密度的影响

4）辐射效应

当硅酸盐玻璃暴露在高能辐射下时，通常导致玻璃的致密化，密度将增加约1%。目前，大多数关乎致密化的研究只涉及玻璃态二氧化硅，一些商用硼硅酸盐玻璃在同等辐射条件下的致密程度高达玻璃态二氧化硅的 40 倍[33]。

辐射引起的玻璃态二氧化硅的致密化可以通过在辐射前用分子氢饱和样品来逆转。辐照后，样品被发现膨胀了几百 ppm。辐照后的玻璃中形成了大量的硅氢键合键。也就是说，由于结合氢物种的形成、断裂键的形成将导致结构松弛和膨胀，进而降低密度[34]。

5）压力诱导致密效应

玻璃也可以通过施加非常高的压力而造成结构的永久致密化[35,36]。玻璃态二氧化硅的密度可在室温下通过 100 kbar①范围内的压力或在升高的温度下通过较低的压力增加高达 15%。施加应力的高剪切成分和加热到玻璃化转变范围内有利于玻璃的致密化。

2.3.4　影响玻璃热膨胀的因素

玻璃的热膨胀曲线包含三个重要信息：热膨胀系数、玻璃化转变温度和膨胀软化温度。热膨胀系数表示玻璃体积与温度的关系；玻璃化转变温度表示黏弹性行为的开始，而膨胀软化温度表示一定载荷下的结构软化开始温度。样品的形态至多只有一个分相对玻璃热膨胀系数影响较小，而玻璃相变和膨胀软化温度受分相影响较大，同时，玻璃的结晶也会显著改变玻璃的热膨胀行为。实际上，热膨胀是键长随温度升高而增加的直接结果。键长的增加源于 Condon-Morse 势能图中势能与原子间距离曲线的不对称性（图 2-11），该曲线是由原子间势能的排斥力和吸引力的相互作用产生[37]。虽然简单的晶格振动模型对紧密堆积的结构很有

① bar 为非法定单位，1bar=10^5 Pa。

效，但是在不太紧密堆积的网络结构中，则可能会发生额外的过程。键弯曲可以改变原子的位置，绕轴旋转也是如此。上述过程将抵消由于振动振幅增加而引起的键长度膨胀，从而导致非常低的膨胀系数。然而，空隙的填充将抑制该过程，进而引起热膨胀系数的增加。

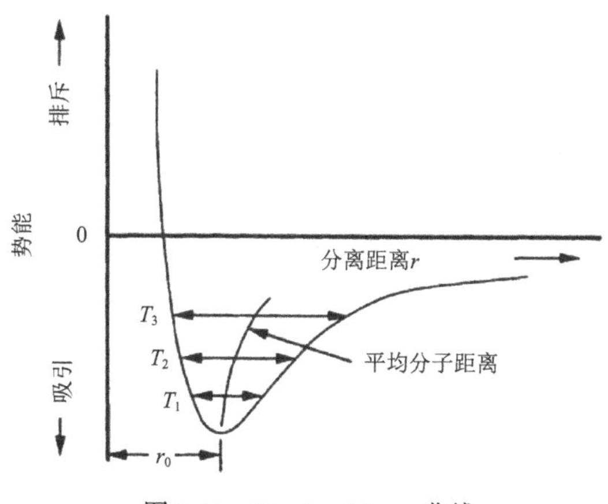

图 2-11　Condon-Morse 曲线

在玻璃的热处理过程中，当温度到达材料熔点时，晶体内部的结构键将断裂，通常使玻璃的热膨胀系数出现大的不连续增加；当温度进入玻璃化转变范围时，热膨胀系数将逐渐增加到平衡液体的值。弹性区和熔化区膨胀曲线外推斜率的截距温度通常用作热膨胀数据的玻璃化转变温度，该温度通常发生在黏度约 10^{12} Pa·s 的情况下[38,39]。如果熔体包含在坩埚中，膨胀将继续发生到最高温度（最大膨胀温度又称为膨胀度量软化温度 T_d）（图 2-12）。

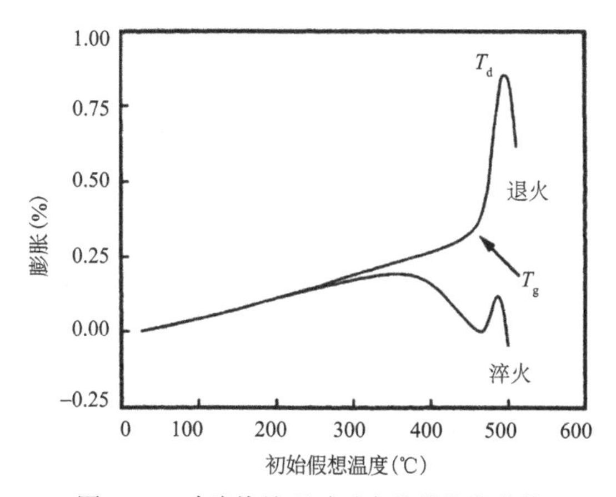

图 2-12　玻璃热处理时对应的热膨胀曲线

1）成分对均质玻璃热膨胀系数的影响

玻璃的热膨胀系数可以在弹性材料的宽温度范围内通过公式（2-9）表示，对应的数值随温度升高而增加[40]：

$$\alpha = \alpha_0 + \alpha_1 T + \alpha_2 T^2 + \alpha_3 T^3 \tag{2-9}$$

其中，α_0、α_1、α_2和α_3是实验常数。如图 2-13 所示，熔石英玻璃在有限的温度范围内呈现负的热膨胀系数，这是由于玻璃结构网络通过将键弯曲到结构的空隙中进而出现了晶格的膨胀。如果向二氧化硅网络结构中添加改性剂离子填充空隙，则可以防止键弯曲，从而增加热膨胀系数。

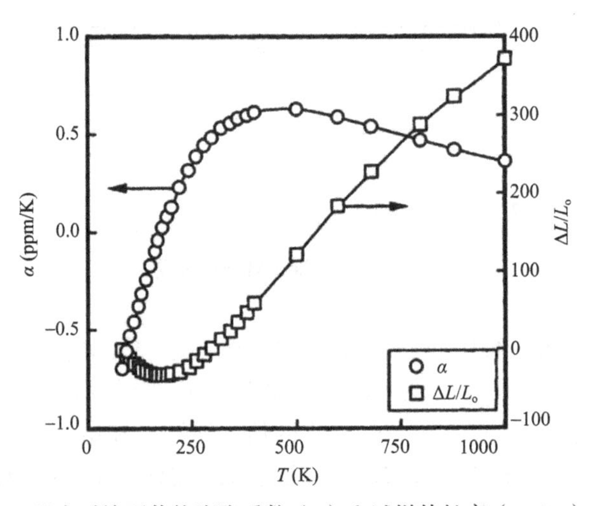

图 2-13　温度对熔石英热膨胀系数（α）和试样伸长率（$\Delta L/L_o$）的影响

二元碱金属硅酸盐玻璃的热膨胀系数在 Li<Na<K 的趋势上增加，热膨胀系数实际上与相分离相关联，随着三种氧化物中碱金属氧化物含量的增加而线性增加。热膨胀系数的增加源于非桥接氧浓度的增加，这增加了 Si—O 键的平均不对称和空隙的填充，进而干扰了导致玻璃态二氧化硅低热膨胀的键弯曲机制。碱金属硅酸盐玻璃的热膨胀系数存在混合碱效应，该效应将导致可加性的偏差随着总碱金属氧化物浓度的增加而增加。对于混合碱金属硼酸盐和锗酸盐玻璃也发现了类似效应，其中对于相似尺寸的碱金属离子的混合物，与可加性的偏差也是正值，而对于非常不同尺寸的碱金属离子的混合物，则是负值[41]。

如果用碱土金属氧化物代替 Na_2O，同时保持恒定的二氧化硅浓度，通过用高场强二价碱土金属离子代替低场强钠离子，在网络增强的作用下将有效降低硅酸盐玻璃的热膨胀系数。如果向碱金属硅酸盐玻璃中加入中间氧化物（Al_2O_3 或 Ga_2O_3），将通过降低非桥接氧的浓度以降低热膨胀系数，从而消除这些高度不对称的键。此外，添加其他高场强离子也会降低硅酸盐玻璃的热膨胀系数。

玻璃态氧化硼具有很大且非常依赖温度的热膨胀系数，该玻璃结构具有二维性质，在第三维中具有弱键。添加碱金属氧化物后可以首先降低热膨胀系数并在添加物含量(摩尔分数)等于20%时达到最小值，进而单调增加极限值(图 2-14)。实际上，热膨胀系数的降低主要是由于硼从三角配位转变为四面体配位，从而增加了结构的连通性。高碱氧化物浓度下热膨胀系数的反转是由于中间结构单元的变化以及随着碱氧化物含量的增加最终形成 NBO 的结果。

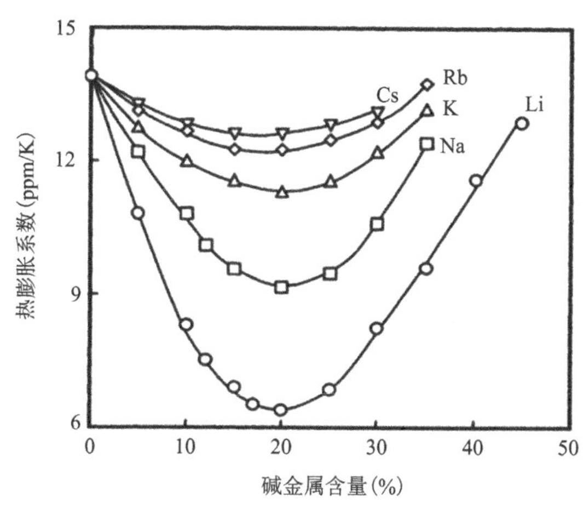

图 2-14　玻璃成分对碱硼酸盐热膨胀系数的影响

尽管锗酸盐玻璃化与熔石英的结构非常相似，但其热膨胀系数比熔石英大了一个数量级。气体扩散研究表明，锗酸盐玻璃化结构的自由体积比熔石英的自由体积小得多。可见自由体积的差异限制了黏结弯曲过程，导致了较低的热膨胀。当向锗酸盐玻璃中添加碱金属氧化物时，可以首先降低热膨胀系数，进一步添加将导致热膨胀系数持续增加到玻璃形成的极限。当添加 2%（摩尔分数）的碱金属氧化物时，锗酸盐玻璃的热膨胀系数为最小值，此时碱性锗酸盐的黏度和玻璃化转变温度也是最小值。硫系玻璃的热膨胀系数比氧化物玻璃的大。玻璃态硒的热膨胀系数约等于 47 ppm/K，随着砷的添加，对应的热膨胀系数线性将降低到 21 ppm/K。硫化砷玻璃的热膨胀系数更大，其热膨胀系数可高达 72 ppm/K。

2）相分离对热膨胀系数的影响

相分离对玻璃的热膨胀系数几乎没有影响[42]。如图 2-15 所示，含有两种玻璃相的相分离样品的热膨胀曲线可能显示两种玻璃化转变。如果黏性较大的相是连续的相，玻璃的不混溶温度高于黏性较大的相的 T_g。对于硼酸铅和硅酸钡玻璃，其中任一相的不混溶温度均大于 T_g。同时，分相玻璃的热膨胀曲线也可能只显示一次玻璃化转变，该曲线非常类似于均质玻璃的曲线，如果更黏的相仅出现在液滴中，则该曲线将出现或者可以显示逐渐软化的宽区域。对于玻璃，如果对应曲线存在宽软化区域，升高的样品温度将通过不混溶或旋节极限以达到和其相适应的 T_d 进而消除较高黏度相的连通性。对于碱金属氧化物含量较小的锂和硅酸钠玻璃，如果 T_d 与 T_g 的差值大于 50 K，那么其可能是分离相，且具有连续的高黏度相；当 T_d 与 T_g 的差值小于 40 K 时，则可能会出现非均匀相。

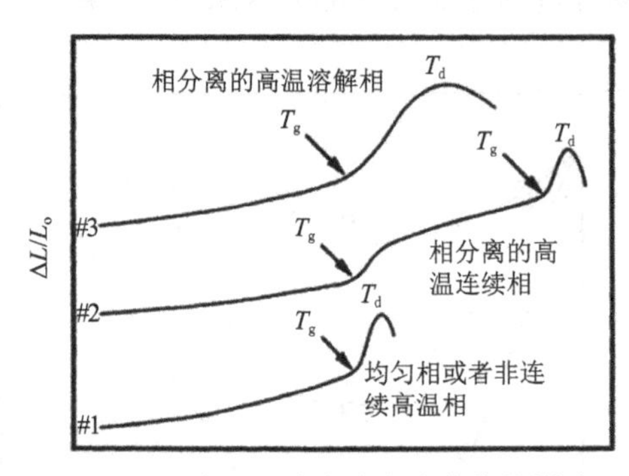

图 2-15 分相对玻璃热膨胀曲线的影响

不管热膨胀曲线的整体形状如何，在较低温度条件下，如果仅出现一个 T_g，则对应黏性较小的相；如果检测到两个转变，较低的温度表示低黏性相，较高温度则表示高黏性相。也就是说，热膨胀测量可用于确定含有相分离区的二元和三元体系中的连接线。由于在一个连接线上的所有玻璃对于存在的两相具有相同的组成，因此，位于一个给定连接线上的所有本体组合位置将具有相同的 T_g。在三元相分离区域中确定常数 T_g 线的位置已经是迄今为止在这种系统中定义联络线的最佳方法。但是还能通过确定联络线结束的点来实现，即 T_g 停止不变的点确定不混溶的极限。

3）热历史效应对热膨胀系数的影响

温度变化对玻璃在转变区以下的热膨胀系数影响很小。然而，将玻璃加热到转变区域，将发生结构弛豫。当重新加热退火良好的玻璃时，或者初始冷却速率小于热膨胀测量中使用的加热速率的玻璃时，将观察到异常现象。在这种情况下，玻璃的低虚拟温度和相应的高黏度将使得样品在以显著的速率发生弛豫之前通过平衡线。一旦结构弛豫开始以可测量的速率发生，样品将快速膨胀进而恢复到平衡体积线。

4）结晶对热膨胀系数的影响

由于热膨胀系数是样品中各相贡献的体积平均函数，原始玻璃结构组成差异较大的晶体可以从根本上改变复合材料的热膨胀系数[43]。同时，还可以通过改变残余玻璃的成分和防止试样在推杆载荷下的变形来改变 T_g 值和 T_d 值。例如，用于生产透明炊具的玻璃的热膨胀系数约等于 4 ppm/K、T_g≈730℃且 T_d≈760℃。经处理后，热膨胀系数为 0.5 ppm/K，并且在 1000℃以下的膨胀曲线上不能检测到 T_d。因此，热处理后形成了具有很低热膨胀系数的锂铝硅酸盐晶体，从残余玻璃相中去除锂的同时也降低了该相的热膨胀系数，提高了相变温度和软化温度。

结晶对玻璃热膨胀行为的影响也取决于所形成的晶相的均匀性。对商用硅酸锂玻璃的基体玻璃进行热处理时，可形成约 33%的偏硅酸锂和约 55%的二硅酸锂。偏硅酸锂的形成使 T_g 从 480℃增加到 620℃，T_d 从 520℃增加到 720℃，此外，二硅酸锂的形成使 T_g 增加到 800℃。样品也有可能在加热过程中开始结晶，当温度接近 T_d 时，样品的变形可能会停止。在其他情况下，结晶阶段可能会导致样品融化，导致黏度降低和样品的突然熔化。

2.4　玻璃的机械性能

通常情况下，玻璃属于易碎材料，其断裂行为很大程度取决于环境因素，而非内在的网络结构的成型的键强度。玻璃的断裂强度随着表面的预处理、化学环境和测量方法而改变，弹性模量取决于内在化学键和网络结构，硬度则为结构中原子堆积密度和内在化学键强度的函数。

2.4.1　弹性模量

作为典型的易碎材料，玻璃在外加应力条件的变形满足胡克定律[44]：

$$\sigma = E\varepsilon \tag{2-10}$$

如果在 x 轴方向给样品外加拉应力，样品会在该方向被拉长，同时伴随着 y 轴和 z 轴方向的收缩，断面的应变与轴向的应变即为泊松比。石英玻璃的泊松比约为 0.17，而大多数氧化玻璃的泊松比值在 0.2～0.3 之间。剪切模量 G、剪切应变 γ 和剪切应力 τ 的关系如下：

$$\tau = G\gamma \tag{2-11}$$

杨氏模量 E 和剪切模量 G 以及泊松比 ν 的关系如下[45]：

$$G = \frac{E}{2(1+\nu)} \tag{2-12}$$

材料的弹性模量源于外加作用力和其导致的材料原子结构平均分离距离的改

变。如果把 Condon-Morse 曲线中的力 F 看作是原子分离距离的函数，那么：

$$F=-\frac{a}{r^n}+\frac{b}{r^m} \tag{2-13}$$

也就是说，分离距离会在 r_0 时穿过零点，而 r_0 正好是原子的平衡间距。宏观尺度的作用力会增加原子平均间距：

$$\varepsilon=\frac{r-r_0}{r_0} \tag{2-14}$$

式中，r 为应变条件下的内部原子距离。弹性模量即为该力-距离曲线在 r_0 点的斜率（图 2-16）。

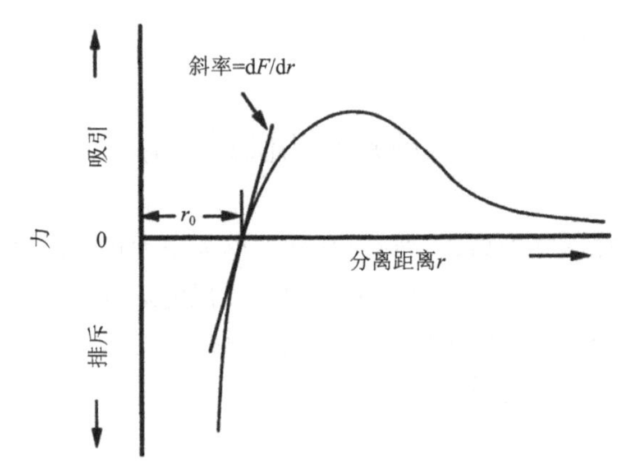

图 2-16　基于力位移曲线说明弹性模量的变化

虽然 Condon-Morse 曲线可以解释高度离子化且封闭的原子堆积结构的材料，然而对于玻璃来说，其弹性模量还受结构的维度和连接度的影响，即当内部结构从链式结构变为层状结构甚至为全部相连的三维网络结构时，弹性模量会有增加的趋势。当内部结构中存在断键时，原子将发生位移同时降低其弹性模量；当用 Al^{3+}代替玻璃结构中的修饰离子时，将降低 NBO 的浓度并且增加网络结构的连接度，最终导致硅酸盐玻璃的弹性模量增加；当玻璃中存在稀土金属时，对应的弹性模量最大，此时对应着高度的原子堆积密度，玻璃的氮化将提供硅四面体与氮的三个配位数进而增加了弹性模量。既然玻璃的弹性模量与其键强度有关，因此，高 T_g 玻璃对应较高的弹性模量。

2.4.2　硬度

玻璃的硬度可以用莫氏硬度来定义，也可以用维氏硬度来定义其压痕硬度[46]。

氧化玻璃的莫氏硬度为 5～7，其可以划伤磷灰石（莫氏硬度为 5），但不能划伤石英晶体（莫氏硬度为 7）。氧化玻璃的维氏硬度值为 2～8 GPa，一些氮化玻璃的硬度甚至超过 11 GPa。金刚石的维氏硬度为 100 GPa。硼酸盐、锗酸盐和磷酸盐玻璃都比硅酸盐玻璃软。硫系玻璃更软，硒玻璃的维氏硬度大约为 0.3 GPa，Ge-As-S 玻璃的维氏硬度也仅为 2 GPa。一般来讲，玻璃成分对其硬度的影响与其对弹性模量的变化一致。

2.4.3　断裂强度

通常情况下，玻璃的断裂强度远低于其理论强度。在给定玻璃成分的条件下，其断裂强度可以用分布函数来描述，同时不存在特征值。断裂强度的降低来源于表面流动，其严重弱化了玻璃强度[47]。

1）玻璃的理论强度

玻璃的理论强度与其克服外力的最大限度有关[48]。一旦内部原子分离距离超过其极限可恢复值，连续施加外部作用力可延伸直到其键断裂产生裂纹且在材料内传播。典型硅酸盐玻璃的理论强度为 32 GPa。若考虑玻璃的成分，玻璃的断裂强度范围在 1～100 GPa 内。

2）玻璃的实际强度

实际上，玻璃的理论强度比实际强度要高出几个数值。强度的降低来源于玻璃的表面流动。该表面流动作为应力集中中心，导致局部压力超过理论强度，从而引起玻璃的断裂。弹性模量和断裂表面能与玻璃成分呈小幅度的相关性，由外部因素引起的表面流动，并不是材料的内在性能。流动长度取决于表面的预处理，其变化可超过几个尺度。可以通过抗表面流动的形成来提升玻璃的实际强度。

3）表面流动来源及去除

当玻璃材料接触任何比其硬的材料时，都可能引起表面流动，摩擦过程和化学腐蚀也能产生表面流动；当手接触玻璃表面时，由于皮肤中的 NaCl 会沉积在玻璃表面，也会造成玻璃的表面流动；快速冷却引起的热应力也会引起表面流动。此外，冷却中的热扩散差也会引起局部流动[49]。

欲使玻璃表面远离表面流动的形成其实很难。如果在任何表面流动形成之前添加一些润滑剂，表面流动可能有一定程度的降低。但是，由于任何的接触都会渗透进入涂层并最终导致玻璃形成表面流动，因此润滑层必须具备耐磨性。玻璃表面流动的去除可以通过去除材料的外表面实现，如化学刻蚀或机械抛光。刻蚀可以导致尖端变钝，进而降低流动长度，而抛光则仅仅使裂纹尖端的长度降低到 Griffith 临界值以下。

2.4.4 玻璃的强化

玻璃的强化主要有两种方法。其一即阻止表面流动的形成，同时去除形成的表面流动。如果流动真实存在则必须阻止裂纹的形成和增长。由于裂纹的增长需要流动尖端的拉应力的存在，那么就需要制造一个近表面的压应力区域以阻止裂纹的增长。可以通过离子交换[50]、热回火或者添加一个压应力层而形成压应力。其中，热回火是通过在高于 T_g 区域时快速冷却玻璃而形成应力层，由于玻璃的内部冷却较慢，内部的 T_f 要比表面区域的低，这将导致弹性应变会对抗平衡密度的差异，使得表面处于压应力且内部为拉应力状态。表面和内部区域 T_f 的差异与冷却速度的差异相关，因此压应力的数值会随着冷却速度的增加和玻璃厚度的增加而增加。如果薄层材料的热扩散系数比基体材料的低，也可以在玻璃表面形成压应力表面层。

离子交换是通过使用比玻璃中的离子还小的离子，以产生低扩散系数的区域。当在高于 T_g 时用 Li^+ 交换 Na^+ 将会出现玻璃弛豫现象。由于此时玻璃表面区域是 Li^+ 而不是 Na^+，其热扩散系数也会降低。冷却处理会使较低扩散系数的玻璃产生压应力，而内部玻璃处于拉应力状态。此外，还可以通过从碱-碱土-硅酸盐玻璃中的表面区域移除碱离子来形成低扩散的表面区域。例如，将玻璃暴露在 SO_2 气氛中，使得其析出碱离子以产生高含量二氧化硅的区域，进而导致碱离子浓度的降低和热扩散系数的降低，同时在冷却后产生一个压应力层。

参 考 文 献

[1] Rountree C L, Bonamy D, Dalmas D, Prades S, Kalia R K, Guillot C, Bouchaud E. Fracture in glass via molecular dynamics simulations and atomic force microscopy experiments. Physical Chemistry of Glasses, 2010, 51(2): 127-132.

[2] Rountree C L, Vandembroucq D, Talamali M, Bouchaud E, Roux S. Plasticity-induced structural anisotropy of silica glass. Physics Review Letters, 2009, 102(19): 195501.

[3] Brutzel L V, Rountree C L, Kalia R K, Nakano A, Vashishta P. Dynamic fracture mechanisms in nanostructured and amorphous silica glasses million-atom molecular dynamics simulations. MRS Online Proceedings Library, 2001, 703: 3-9.

[4] Pasquarello A, Car R. Identification of Raman defect lines as signatures of ring structures in vitreous silica. Physics Review Letters, 1998, 80(23): 5145-5147.

[5] Roder A, Kob W, Binder K. Structure and dynamics of amorphous silica surfaces. Journal of Chemical Physics, 2001, 114(17): 7602-7614.

[6] Rountree C L, Kalia R K, Lidorikis E, Nakano A, Brutzel L V, Vashishta P. Atomistic aspects of crack propagation in brittle materials: Multimillion atom molecular dynamics simulations. Annual Review of Materials Research, 2002, 32(1): 377-400.

[7] Rountree C L, Prades S, Bonamy D, Bouchaud E, Kalia R, Guillot C. A unified study of crack propagation in amorphous silica: Using experiments and simulations. Journal of Alloys and Compounds, 2007, 434: 60-63.
[8] Vashishta P, Nakano A, Kalia R K, Ebbsjö I. Crack propagation and fracture in ceramic films-million atom molecular dynamics simulations on parallel computers. Materials Science and Engineering: B, 1996, 37(1-3): 56-71.
[9] Vashishta P, Kalia R K, Rino J P, Ebbsjö I. Interaction potential for SiO_2: A molecular-dynamics study of structural correlations. Physical Review B, 1990, 41(17): 12197-12209.
[10] Zachariasen W H. The atomic arrangement in glass. Journal of the American Chemical Society, 1932, 54(10): 3841-3851.
[11] Hedden W A, King B W. Antimony oxide glasses. Journal of the American Ceramic Society, 1956, 39(6): 218-222.
[12] Sun K H. Fundamental condition of glass formation. Journal of the American Ceramic Society, 1947, 30(9): 277-281.
[13] Johnston, Newton L, Thorpe D, Otter C. Revise A2 Chemistry for Salters (OCR). Oxford: Heinemann, 2004.
[14] Rountree C L. Recent progress to understand stress corrosion cracking in sodium borosilicate glasses: Linking the chemical composition to structural, physical and fracture properties. Journal of physics D: Applied Physics, 2017, 50(34): 343002.
[15] Inglis C. Stress in a plate due to the presence of sharp corners and cracks. Transaction of Institument in Naval Architects, 1913, 60: 219-241.
[16] Bunker B C, Kirkpatrick R J, Brow R K. Local structure of alkaline-earth boroaluminate crystals and glasses: Ⅰ, Crystal chemical concepts-structural predictions and comparisons to known crystal structures. Journal of the American Ceramic Society, 1991, 74(6): 1425-1429.
[17] Gin S, Godon N, Mestre J, Vernaz E Y, Beaufort D. Experimental investigation of aqueous corrosion of R7T7 nuclear glass at 90℃ in the presence of organic species. Applied Geochemistry, 1994, 9(3): 255-269.
[18] Peuget S, Cachia J N, Jégou C, Deschanels X, Roudil D, Broudic V, Delaye J M, Bart J M. Irradiation stability of R7T7-type borosilicate glass. Journal of Nuclear Materials, 2006, 354(1-3): 1-13.
[19] Deladerriere N, Delaye J M, Augereau F, Despaux G, Peuget S. Molecular dynamics study of acoustic velocity in silicate glass under irradiation. Journal of Nuclear Materials, 2008, 375(1): 120-134.
[20] Bonfils J D, Peuget S, Panczer G, Ligny D D, Henry S, Noel P Y, Chenet A, Champagnon B. Effect of chemical composition on borosilicate glass behavior under irradiation. Journal of Non-Crystalline Solids, 2010, 356(6-8): 388-393.
[21] Dell W J, Bray P J, Xiao S Z. B-11 NMR-studies and structural modeling of Na_2O-B_2O_3-SiO_2 glasses of high soda content. Journal of Non-Crystalline Solids, 1983, 58(1): 1-16.
[22] Bray P J, Feller S A, Jellison G E, Yun Y H. B-10 NMR-studies of the structure of borate glasses. Journal of Non-Crystalline Solids, 1980, 38(9): 93-98.

[23] Takahashi S, Ueda K, Saitoh A, Takebe H. Compositional dependence of the thermal properties and structure of CaO-Al_2O_3-SiO_2 glasses with a molar ratio of CaO/Al_2O_3. Journal of MMIJ, 2012, 128(3): 150-154.
[24] Takahashi S, Neuville, Daniel R, Takebe H. Thermal properties, density and structure of percalcic and peraluminus CaO-Al_2O_3-SiO_2 glasses. Journal of Non-Crystalline Solids, 2015, 411: 5-12.
[25] Makishima A, Mackenzie J D. Calculation of thermal expansion coefficient of glasses. Journal of Non-Crystalline Solids, 1976, 22(2): 305-313.
[26] Shaw R R, Uhlmann D R. Effect of phase separation on the properties of simple glasses. Density and Molar Volume, 1969, 1(6): 474-498.
[27] Desirena H, Schülzgen A, Sabet S, Ramos-Oritz G, Rosa E, Peyghambarian N. Effect of alkali metal oxides R_2O (R=Li, Na, K, Rb and Cs) and network intermediate MO (M=Zn, Mg, Ba and Pb) in tellurite glasses. Optical Materials, 2009, 31(6): 784-789.
[28] Ritland H N. Relation between refractive index and density of a glass at constant temperature. Journal of the American Ceramic Society, 1955, 38(2): 86-88.
[29] Cebe P, Chung S Y, Hong S. Effect of thermal history on mechanical properties of polyetheretherketone below the glass transition temperature. Journal of Applied Polymer Science, 1987, 33(2): 487-503.
[30] Gross T M, Tomozawa M. Fictive temperature-independent density and minimum indentation size effect in calcium aluminosilicate glass. Journal of Applied Physics, 2008, 104(6): 063529.
[31] Tomozawa M, Hong J W, Ryu S R. Infrared (IR) investigation of the structural changes of silica glasses with fictive temperature. Journal of Non-Crystalline Solids, 2005, 351(12-13): 1054-1060.
[32] Werner V. Phase separation in glass. Journal of Non-Crystalline Solids, 1977, 25(1-3): 170-214.
[33] Prado M O, Messi N B, Plivelic T S, Torriani I L, Bevilacqua A M, Arribére M A. The effects of radiation on the density of an aluminoborosilicate glass. Journal of Non-Crystalline Solids, 2001, 289(1-3): 175-184.
[34] Adam W, Bronwyn T, Peter H. Radiation-induced densification in amorphous silica: A computer simulation study. The Journal of Chemical Physics, 2001, 115(7): 3336-3341.
[35] Kurkjian C R, Kammlott G W, Chaudhri M M. Indentation behavior of soda-lime silica glass, fused silica, and single-crystal quartz at liquid-nitrogen temperature. Journal of the American Ceramic Society, 1995, 78(3): 737-744.
[36] Suzuki K, Benino Y, Fujiwara T, Komatsu T. Densification energy during nanoindentation of silica glass. Journal of the American Ceramic Society, 2002, 85(12): 3102-3104.
[37] Korwin-Edson M L, Hofmann D A, McGinnis P B. Strength of high performance glass reinforcement fiber. International Journal of Applied Glass Science, 2012, 3(2): 107-121.
[38] Wang M, Cheng J, Li M. Effect of rare earths on viscosity and thermal expansion of soda-lime-silicate glass. Journal of Rare Earths, 2010, 28(1): 308-311.
[39] Wang M, Cheng J. Viscosity and thermal expansion of rare earth containing soda-lime-silicate glass. Journal of Alloys and Compounds, 2010, 504(1): 273-276.

[40] Kato H, Chen H S, Inoue A. Relationship between thermal expansion coefficient and glass transition temperature in metallic glasses. Scripta Materialia, 2008, 58(12): 1106-1109.

[41] Shelby J E. Thermal expansion of alkali borate glasses. Journal of the American Ceramic Society, 1983, 66(3): 225-227.

[42] Beaucage G, Composto R, Stein R S. Ellipsometric study of the glass transition and thermal expansion coefficients of thin polymer films. Journal of Polymer Science, 1993, 31(3): 319-326.

[43] Lu A X, Ke Z B, Xiao Z H, Zhang X F, Li X Y. Effect of heat-treatment condition on crystallization behavior and thermal expansion coefficient of Li_2O-ZnO-Al_2O_3-SiO_2-P_2O_5 glass-ceramics. Journal of Non-Crystalline Solids, 2007, 353(28): 2692-2697.

[44] Malzbender J, With G de, J den Toonder J M. Elastic modulus, indentation pressure and fracture toughness of hybrid coatings on glass. Thin Solid Films, 2000, 366(1-2): 139-149.

[45] Makishima M, Mackenzie J D. Calculation of bulk modulus, shear modulus and Poisson's ratio of glass. Journal of Non-crystalline solids, 1975, 17(2): 147-157.

[46] Yamane M, Mackenzie J D. Vicker's hardness of glass. Journal of Non-Crystalline Solids, 1974, 15(2): 153-164.

[47] Kermouche G, Guillonneau G, Michler J, Teisseire J, Barthel E. Perfectly plastic flow in silica glass. Acta Materialia, 2016, 114: 146-153.

[48] Kurkjian C R, Gupta P K, Brow R K. The strength of silicate glasses: What do we know, what do we need to know? International Journal of Applied Glass Science, 2010, 1(1): 27-37.

[49] Taylor E W. Plastic deformation of optical glasses. Nature, 1949, 163: 323.

[50] Gy R. Ion exchange for glass strengthening. Materials Science and Engineering: B, 2008, 149(2): 159-165.

第3章　玻璃的精密加工及其损伤

3.1　玻璃的冷加工

在常温下，通过机械等方法来改变玻璃及玻璃制品的外形和表面状态的过程，称为玻璃的冷加工。冷加工的基本方法有：研磨、抛光、磨边、切割、钻孔、磨砂、喷花、雕刻、切削、洗涤、干燥、彩绘、刻蚀、丝网印刷、贴膜和涂膜等。

某些玻璃制品在进行工艺加工之前，要对玻璃原片进行切割、磨边、研磨、抛光、钻孔、洗涤和干燥等处理，如钢化玻璃、夹层玻璃等；还有一些玻璃，经洗涤干燥后即进行加工处理，然后再根据使用要求经过切割、磨边、钻孔和洗涤等工序成为最终产品，这些均属于玻璃的冷加工。其中研磨、抛光、雕刻、喷花、刻蚀以及清洗将详细阐述。

3.1.1　研磨和抛光

对玻璃进行研磨和抛光通常称为磨光，磨光一般可以分成粗磨、细磨和抛光三道工序。粗磨和细磨为研磨阶段，目的是为了初步去除玻璃表面不平整的地方。抛光的目的是为了消除研磨后残留在玻璃表面不平整的微小凹凸层，使得表面变得平整、透明和光滑。

1. *研磨和抛光的机理*

抛光是指在高速旋转的低弹性材料（棉布、毛毡和人造革等）抛光盘，或低速旋转的软质弹性或黏弹性材料（塑料、沥青、石蜡和锡等）抛光盘中，加入抛光剂使玻璃获得具有一定研磨性质的光滑表面的加工方法，工作原理如图3-1所示。

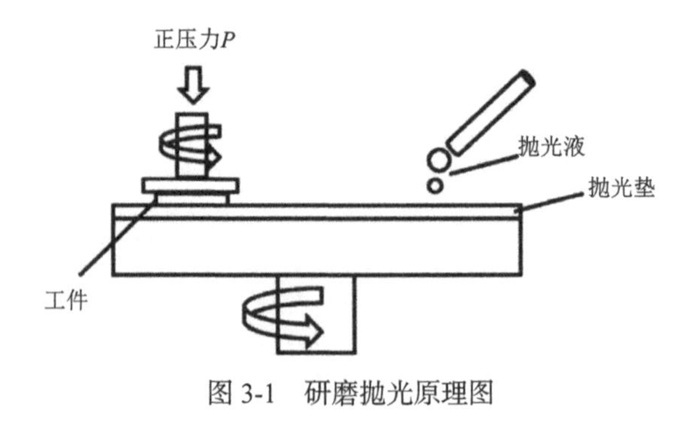

图3-1　研磨抛光原理图

抛光一般不能提高工件形状精度和尺寸精度。抛光磨料通常使用的是 1 μm 以下的微细磨粒，磨料对工件的作用力较小，不能使工件产生裂纹；抛光盘常用沥青、石蜡、合成树脂、人造革以及锡等软质金属或非金属材料制成。研磨和抛光的主要区别就在于研磨所用的磨料和抛光盘的转速不同。

2. 影响抛光的主要因素

衡量抛光效果最重要的因素是表面粗糙度和材料去除率。此外，抛光过程中抛光液性质、磨料粒度、抛光液浓度、进给量、抛光盘转速、压力和抛光盘材料都会影响抛光的质量。

1）磨料粒度与抛光液性质

许多研究报告表明，在化学机械抛光（chemical mechanical polishing，CMP）过程中，颗粒大小在控制材料去除速率（materials removal rate，MRR）方面起着关键作用[1]。这些研究中的大部分研究人员都认为磨料粒度的增加会提高材料去除的速度。韩国釜山国立大学机械工程学院 Lee 等[2]利用具有不同尺寸的 SiO_2 颗粒的浆料进行了 SiO_2 的 CMP 实验，他们发现材料的去除率随着颗粒尺寸的增加而增加，此外磨料的性质也会影响最终的抛光效果。根据苏州大学王永光等[3]推导出来的经验公式（图 3-2），证实了材料的去除率和磨料颗粒的尺寸成正相关，在一定程度上，粒径越大，材料的去除率也越高。

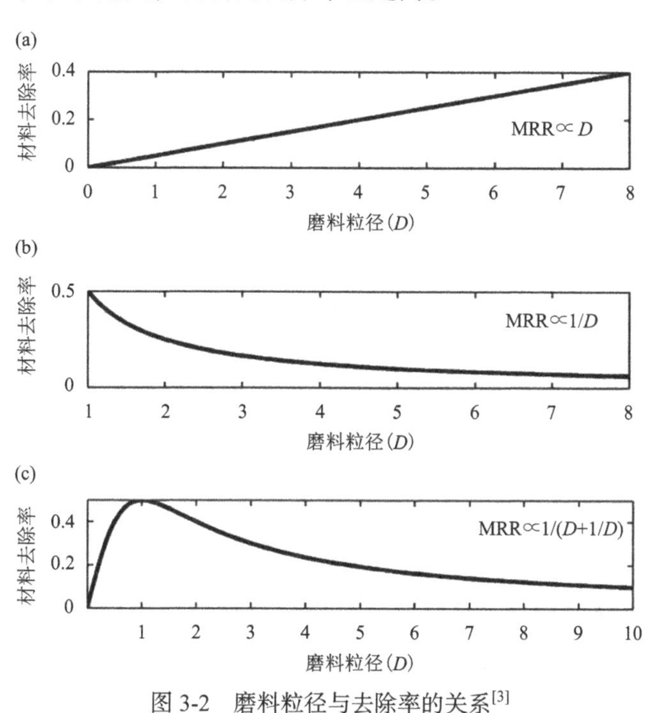

图 3-2　磨料粒径与去除率的关系[3]

同时抛光液的性质也在很大程度上决定了工件表面的抛光质量。广东工业大学张启祥等[4]研究了不同抛光液（H_2O_2、$KMnO_4$和 Fenton 试剂）对单晶 6H-SiC 摩擦磨损性能的影响，在 6H-SiC 上利用球盘式摩擦磨损试验机对这些浆料进行了摩擦磨损性能实验研究，并用 4 种不同的浆料进行了 CMP 实验。摩擦实验结果表明，只有硅溶胶磨料存在时，SiC 表面有明显的划痕和较大的摩擦系数（coefficient of friction，COF）；只有氧化剂存在时，SiC 表面形成疏松多孔的化学反应层，导致 SiC 表面变得十分粗糙，COF 曲线波动。当化学反应与机械去除磨料联合作用时，COF 曲线趋于稳定，但磨损率增加。化学机械抛光实验结果与摩擦实验结果基本一致。

2）抛光液的浓度和进给量

水在抛光过程中所起的化学-物理作用比在研磨过程中更为明显，因此抛光悬浮液浓度对抛光效率的影响十分敏感，若使用红粉，一般以密度 1.10～1.14 g/cm^3 为宜。在抛光的起始阶段，采用较高的浓度，其目的是为了使抛光盘吸收较多的红粉，以提高玻璃表面温度以及抛光效率。但抛光的后续阶段则需要逐步降低抛光液浓度，否则会引起玻璃表面温度过高，造成玻璃破裂，如图 3-3 所示；同时红粉也易于在抛光盘表面形成硬膜，划伤玻璃表面。

抛光悬浮液的给料量对抛光效率的影响趋势如图 3-4 所示，在 0.75 g 红粉给料量之前，随着给料量的增加，抛光效率增加；但给料量过量时，效率反而呈现降低的趋势。各种不同的条件下都有最适宜的用量，所以需要通过实践来摸索[5]。

图 3-3 破裂的玻璃

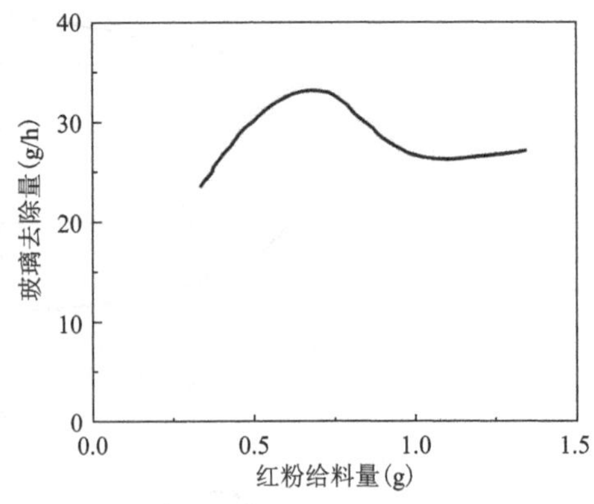

图 3-4 红粉给料量与抛光效率关系[5]

3）抛光盘转速和压力

抛光盘的转速和压力与抛光效率之间成正比关系。当抛光盘所受的压力增加时，玻璃和抛光材料之间的接触面积会增加，提高了抛光效率。较高的速度也会导致玻璃表面温度升高，使得各种作用与反应加剧，也能提高抛光的效率。为了避免玻璃温度过高时造成如图 3-5 所示的表面深层的擦伤，在增加抛光盘转速和压力的同时，注意要增加一定量的抛光材料悬浮液。

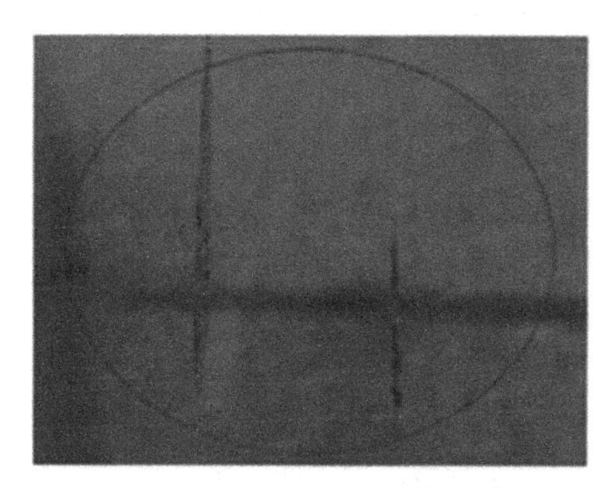
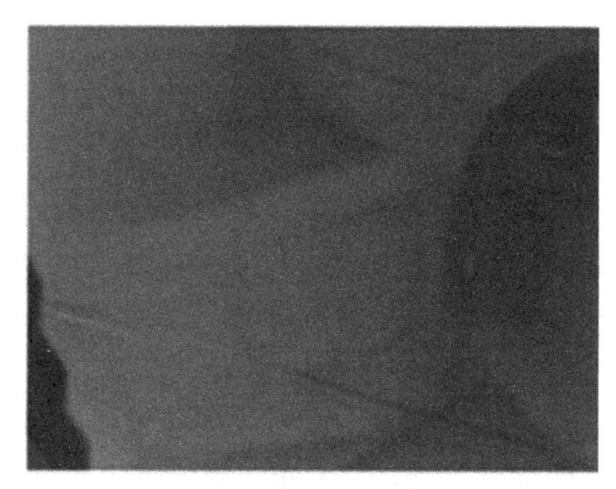

图 3-5　玻璃表面温度过高时玻璃表面深层的擦伤图

4）环境温度和玻璃表面温度

抛光效率随着玻璃表面温度的升高而升高。基于固体材料的溶解机理，张铁凡等[6]研究了影响磁流变水溶抛光中磷酸二氢钾（KH_2PO_4）晶体（简称 KDP 晶体）材料去除率的因素，以提高加工效率。发现材料的去除率与饱和浓度和扩散系数的乘积成正比，并且去除效率与温度之间的关系满足单边高斯函数。抛光实验是在带有自行设计的磁流变抛光流体(magnetorheological fluid，MRF）加热装置的磁流变精加工机器上进行。实验结果表明，实际的效率-温度曲线与理论曲线相吻合，如图 3-6 所示，当温度从 294 K 升高到 302 K 时，最大加工效率提高了约 50%。这项研究证明，通过控制加工温度可以大幅度提高 KDP 晶体 MRF 效率。

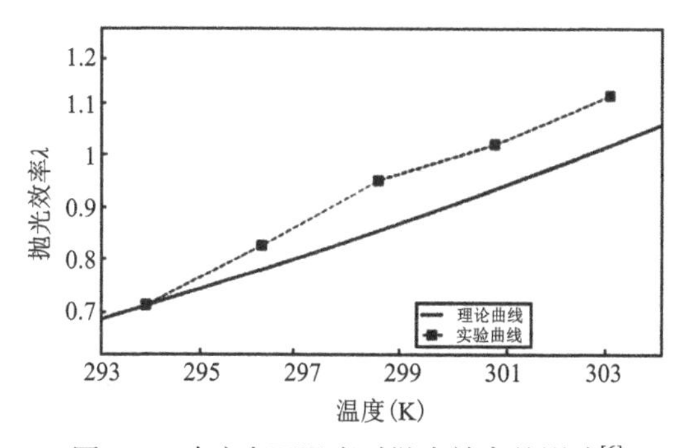

图 3-6　玻璃表面温度对抛光效率的影响[6]

5）抛光垫材质

按是否含有磨料可以大致分为有磨料抛光垫和无磨料抛光垫；按材质的不同可以分为聚氨酯抛光垫、无纺布抛光垫和复合型抛光垫；按表面结构的不同又可分为平面型、网格型和螺旋线型抛光垫。常用的抛光垫材质为毛毡、沥青等。粗毛毡和半羊毛毡的抛光效率较高，细毛毡的抛光效率较低。

3. 影响玻璃研磨的主要因素

玻璃研磨过程中标志研磨速度和研磨质量的分别是磨除量（单位时间内被磨除的玻璃数量）和凹陷深度。磨除量大即研磨效率高，凹陷层深度小则研磨质量好。影响玻璃研磨质量的主要因素如下所述。

1）磨料性能与粒度

一般情况下，磨料硬度越大研磨效率越高。因此，硬度大的磨料使研磨表面的凹陷深度增加，表面的粗糙度也会增加，这样会导致玻璃表面的研磨质量下降。为了提高研磨效率，一般选择在研磨刚开始时用粒径较大的磨料提高研磨效率，达到合适的外形或表面形状后用细磨料逐级研磨，达到抛光要求的表面质量。

2）研磨盘转速和压力

研磨盘转速和压力都和研磨效率成正比关系。研磨盘转速越快，由于向心力的影响，磨料被甩出去的就越多；同时压力增大，磨料的磨损也显著增加。其中研磨盘转速和压力与研磨效率的关系见图 3-7。

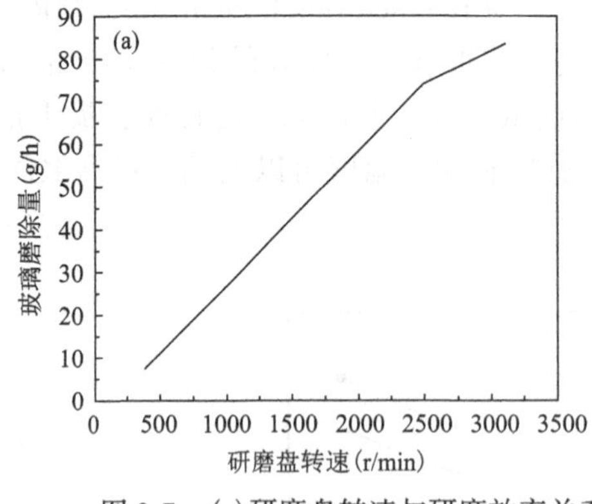

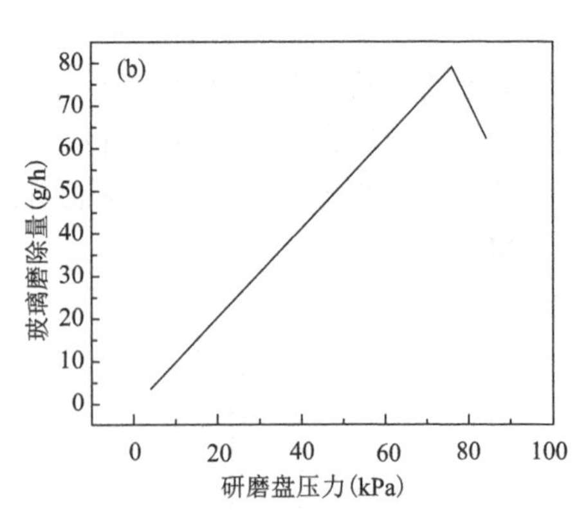

图 3-7　(a)研磨盘转速与研磨效率关系图；(b)研磨盘压力与研磨效率关系图

3）磨料悬浮液的浓度和给料量

磨料悬浮液的组成一般由磨料加水制成。水的作用非常重要，水能使磨料分散开来，均匀地分布于玻璃表面并且带走研磨下来的玻璃磨屑，同时还能降低摩擦过程中带来的热量以及促进玻璃表面水解生成硅胶薄膜。综上所述，水在磨料中的含量对研磨效率有很大影响。通常用测量悬浮液密度或计算悬浮液的固液比来表示悬浮液的浓度，各种粒度的磨料都有它合适的浓度，太大或者太小都会影响研磨效率。

在研磨加工过程中，如图 3-8 所示，玻璃出现的亚表面损伤会直接影响其抗激光损伤阈值、成像质量、镀膜质量、使用寿命和稳定性等重要指标。

图 3-8　玻璃加工过程中出现的亚表面损伤造成玻璃破裂

3.1.2　雕刻

玻璃雕刻：顾名思义，就是在玻璃上雕刻出各种图案和文字，立体感较强，可以做成通透或者不透明的玻璃，适合做隔断和造型，也可以上色之后再夹胶。将刻有文字、图案或者花纹的玻璃，作为装饰品，美观大方。达到这一目的方法是采用刻蚀法，即利用化学药剂——刻蚀剂来腐蚀刻制玻璃的方法。作为刻蚀剂，长期以来使用的是氢氟酸。作为刻蚀方法，则是将待刻的玻璃洗净晾干平置，然后在其表面涂布用汽油溶化的石蜡液作为保护层，于固化后的石蜡层上雕刻出所需要的文字或图案。雕刻时，必须雕透石蜡层，使玻璃露出；然后将氢氟酸滴于露出玻璃的文字或图案上。根据所需花纹的深浅控制腐蚀时间，经过一定时间后用温水洗去石蜡和氢氟酸，最后制得具有美丽花纹的玻璃。尽管这种方法已经使用了很长时间，但由于汽油和氢氟酸易挥发，会对环境造成严重污染。此外，使用这种方法需要进行保护层处理，操作也比较复杂。而以氟化铵为有效成分的刻蚀剂刻蚀玻璃，刻蚀过程不需保护层，污染少，操作简单。

目前激光雕刻作为一种先进的雕刻技术十分流行。激光雕刻加工是以数控技术为基础，激光为加工媒介，加工材料在激光照射下瞬间的熔化和汽化的物理变性，实现雕刻目的。激光雕刻特点如下：与材料表面没有接触，不受机械运动影响，表面不会变形，一般无需固定，不受材料的弹性、柔韧影响，方便对软质材料加工，加工精度高、速度快、应用领域广泛。

激光雕刻是以连续或重复脉冲方式工作，工作原理图如图 3-9 所示。激光雕刻机通过激光器产生激光后由反射镜传递并通过聚焦镜照射到加工物品上，加工物品（表面）温度急剧增加，使该点因高温而迅速融化或者汽化，配合激光头的运行轨迹从而达到加工要求。

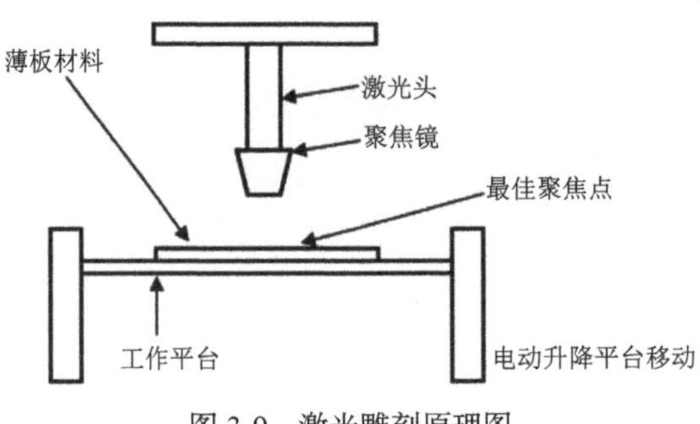

图 3-9　激光雕刻原理图

3.1.3　喷花

喷花又称胶花，是先在平板玻璃表面贴上花纹图案，然后抹上护面层并且经过喷砂处理形成。它的性能和装饰效果和压花玻璃相似，常用在门窗的装饰和采光。通过喷砂，采用自动水平喷砂机在玻璃上加工成水平或者凹雕图案的玻璃产品。利用高压空气通过喷嘴的细孔时形成的高速气流，带着细石英砂吹到玻璃表面，使玻璃表面的组织不断受到磨粒的破坏形成毛面。

3.1.4　刻蚀

刻蚀，是半导体制造工艺、微电子集成电路（integrated circuit，IC）制造工艺以及微纳制造工艺中的一种相当重要的步骤，是与光刻[7]联系的图形化（pattern）处理的一种主要工艺。所谓刻蚀，狭义理解就是光刻腐蚀，先通过光刻将光刻胶进行光刻曝光处理，然后通过其他方式实现腐蚀，以处理掉所需去除的部分。刻蚀是用化学或物理方法有选择地从硅片表面去除不需要的材料的过程，其基本目标是在涂胶的硅片上正确地复制掩模图形。随着微制造工艺的发展，广义上来讲，刻蚀是通过溶液、反应离子或其他机械方式来剥离、去除材料的一种统称，成为微加工制造的一种普适叫法。

刻蚀通常分为干法刻蚀和湿法刻蚀，它们的区别在于是否使用溶剂或溶液来进行刻蚀。湿法刻蚀是一个纯粹的化学反应过程，是指利用溶液与预刻蚀材料之间的化学反应来去除未被掩蔽膜材料掩蔽的部分而达到刻蚀的要求。湿法刻蚀在半导体工艺中有着广泛应用，其优点是选择性好、重复性好、生产效率高、设备简单、成本低，缺点是钻刻严重、对图形的控制性较差、不能用于小的特征尺寸、会产生大量的化学废液。

干法刻蚀种类很多，包括光挥发、气相腐蚀、等离子体腐蚀等。按照被刻蚀的材料类型来划分，干法刻蚀主要分成三种：金属刻蚀、介质刻蚀和硅刻蚀[8]。介质刻蚀是用于介质材料的刻蚀，如二氧化硅。干法刻蚀优点是：各向异性好，选择比高，可控性、灵活性、重复性好，细线条操作安全，易实现自动化，无化学废液，处理过程未引入污染，洁净度高。缺点是：成本高，设备复杂。干法刻蚀的主要形式有纯化学过程（如屏蔽式、下游式、桶式）、纯物理过程（如离子铣）、物理化学过程，常用的有反应性离子刻蚀（reaction ion etching，RIE）、电感耦合等离子体（inductively coupled plasma，ICP）刻蚀等。

常见的干法刻蚀方式有很多，一般有溅射与离子束铣蚀、等离子刻蚀（plasma etching）、高压等离子刻蚀、高密度等离子体（high density plasma，HDP）刻蚀、反应性离子刻蚀（RIE）等。从广义上看，化学机械抛光、剥离技术等也可以看作是干法刻蚀。

3.1.5　玻璃的清洗

玻璃清洗的方法有很多，比较常见的有溶剂清洗、加热清洗、辐射清洗、超声清洗、放电清洗等，其中使用最多的、最方便的是溶剂清洗和加热清洗。根据溶剂的不同性质，溶剂清洗可以分为酸洗和碱液清洗等。

1. 擦洗玻璃

擦洗玻璃是用沾有酒精的脱脂棉擦洗玻璃表面，一般用作预清洗中，是最简单的清洗方式。预处理后一般再用去离子水擦洗玻璃表面来去除玻璃表面酒精的痕迹[9]。

2. 浸洗玻璃

浸洗玻璃是另外一种简单常用的清洗方法。一般将预先配好的清洗液装入烧杯中，用镊子夹住玻璃并放入烧杯中进行浸泡清洗。清洗液可以根据污染物的性质来进行选择。浸泡一段时间后用镊子夹出并在高压氮气下吹干[10]，然后在光学显微镜下观察表面是否干净，若达不到清洁要求需重复操作直到达到要求为止。

3. 酸洗玻璃

酸洗玻璃指的是用各种酸性不同的溶液来清洗玻璃。在对玻璃进行清洗前，需要对除 HF 外其他的酸性溶液预加热（60～85℃），这样能够更好地溶解老化玻璃表面的二氧化硅。但并不是所有的玻璃都适合酸洗，对于那些氧化钡或氧化铅含量较高的玻璃就不适用，氧化钡或氧化铝可被弱酸滤出从而形成一种疏松的二氧化硅表面。

4. 碱液清洗

碱液清洗是用 NaOH 溶液清洗玻璃，NaOH 溶液具有很强的去油污能力，油脂和类脂材料可以与 NaOH 反应生成脂肪酸盐从而很容易被水清洗掉，得到清洁的表面。但需要注意的是，通常情况下只清洗被油污污染过的表面，减少干净表面与碱性溶液的接触，避免破坏玻璃表面的质量。

5. 蒸气脱脂清洗

蒸气脱脂设备基本上是由底部具有加热的元件和顶部周围绕有水冷蛇形管的开口容器两部分组成。蒸气脱脂主要适用于去除玻璃表面的油脂和类脂膜，通常在最后一步对玻璃进行清洗，所使用的清洗液可以是异丙基乙醇或者一种氯化和氟化的碳水化合物。清洗液溶剂在设备底部经过加热、蒸发形成一种高温高密度蒸气，蒸气在设备顶部冷凝蛇形管处因温度骤降而得以保留在设备中。具体的操作步骤分为以下几步：首先用特殊的工具把准备清洗的冷玻璃片夹住，然后将其浸入浓蒸气中 15 s 至几分钟，重复以上步骤直到玻璃过热不再蒸气凝结为止（因为纯净的清洁液蒸气对多脂物有较高溶解性，它在冷玻璃上凝结形成带有污染物的溶液并滴落，而后为更纯的凝结溶剂所代替直到玻璃表面无污染物为止）。用这种方法清洗后的玻璃会带有少许静电，这会导致尘埃粒子的黏附增强，所以这种清洗后的玻璃必须通过在离子化的清洁空气中处理来消除静电，以阻止玻璃在后续使用过程中吸引大气中尘埃粒子而影响玻璃的使用寿命，如图 3-10 所示。蒸气脱脂是得到高质量清洁表面的极好方法，清洗效率可用测定摩擦系数的方法来检验[11]。

图 3-10 吸入尘埃等杂质后的玻璃

6. 超声清洗

超声清洗是一种可以清除较强黏附污染杂质的方法。这种清洗方法具有很强的物理清洗作用，因而可以很轻松把与玻璃表面黏合得十分牢固的污染物从玻璃表面清除。既可采用酸性、碱性和中性的无机清洗液，也可采用有机液对玻璃表面进行超声清洗。

超声清洗在盛有清洗液的不锈钢容器中进行，容器底部或侧壁装有换能器，这些换能器将输入的电振荡转换成机械振动输出。玻璃主要在 20～40 kHz 频率下进行清洁，这些声波在玻璃表面与清洁液界面处引起空化作用。显而易见，空化作用是这个系统中最主要的机理，虽然有时也用清洗剂加速乳化或使被释放出来的粒子分散。因为一些其他因素，输入功率的增加会在玻璃表面产生一种较高的成穴密度，但这反过来又提高了清洁效率。超声清洗也是一个迅速的过程，约在几秒到几分钟之间。超声清洗可以用来清除经过光学加工的玻璃表面的沥青和抛光剂残渣。由于它还经常用于清洗玻璃表面产生些许残留物，所以清洗设备通常放在清洁室内而非加工场所。

3.2　玻璃的热加工

由于玻璃具有无固定熔点的特性，因此玻璃热处理指的是根据一定的要求将玻璃加热至熔点并根据所需的技术要求将其加工成不同形状的过程[12]。一般情况下，常见的玻璃热加工方法大致包括以下几种：钢化、热弯、热熔、彩釉、晶化、封接、铸造、压模和吹制等[13]。经过热加工的玻璃常被用作建筑材料、汽车挡风玻璃、太阳能玻璃和餐具等[14]。

3.2.1　钢化

钢化玻璃就是热强化玻璃，也常被称作硬化玻璃[14]。目前常用的几种玻璃表面强化方法及其增强效果如表 3-1 所示[15]。如图 3-11（a）所示的钢化玻璃主要是依靠物理或者化学的方法在玻璃表面形成压应力层来达到保护玻璃的目的[16]。钢化玻璃是我们日常生活中一种常见的安全玻璃，由于其抗弯能力是普通玻璃的 4～5 倍，抗冲击能力是普通玻璃的 3～10 倍而被广泛应用于建筑、汽车和家装等领域[17]。

表 3-1　常用玻璃表面强化方法及其效果[15]

表面强化方法	最大增强倍数
热处理——淬冷法（物理钢化）	6

续表

表面强化方法	最大增强倍数
加热拉伸	1.5～2
离子交换（化学钢化）	10
表面微晶化	17
表面微晶化与离子交换结合	22
化学处理——酸洗	10～14
脱碱	1.3
表面涂层——热端涂层	1.5
冷端涂层	1.5

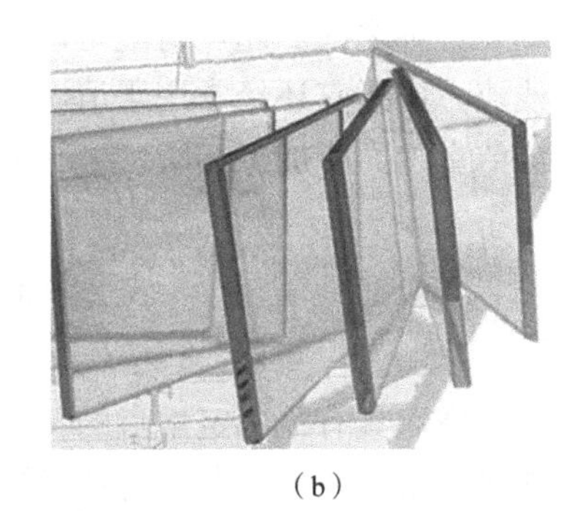

（a）　　（b）

图 3-11　（a）钢化玻璃和（b）半钢化玻璃

钢化玻璃的种类繁多，可以按照不同的划分标准进行分类。

（1）按照钢化程度可以分为全钢化玻璃、半钢化玻璃以及区域钢化玻璃[18]。

- 全钢化玻璃：全钢化玻璃是将玻璃在加热炉中进行加热，使其达到玻璃的软化温度范围（650～700℃），然后进行快速冷却后得到所需玻璃制品。全钢化玻璃具有很好的力学性能和耐热震性能，也具有良好的耐酸和耐碱能力，在汽车行业、建筑行业以及军工领域等得到了广泛应用。
- 半钢化玻璃：也被称作热增强玻璃，如图 3-11（b）所示，是介于平板玻璃和全钢化玻璃之间的一种玻璃，它不仅具有全钢化玻璃的一些特点，例如相对普通玻璃，它的强度有所提高，而且还很好地避免了钢化玻璃平整度差和自爆等问题。
- 区域钢化玻璃：区域钢化玻璃是一种可以分区域控制玻璃钢化程度的钢化玻璃。这种玻璃经过一定的特殊处理后，可以控制破碎玻璃片的大小、形状和分布，当区域钢化玻璃用作汽车前挡风玻璃时，其能保证汽车在行驶途中良好的视野和一定的清晰度，增加了汽车的安全性[19]。

（2）根据钢化方式的不同，可以分为垂直法钢化玻璃和水平法钢化玻璃。其中，与垂直钢化玻璃不同的是，水平钢化玻璃不管是在输送、加热成型还是淬冷等整个钢化过程中都始终保持水平状态[13]。

（3）按加工冷却过程中采用冷却介质的种类可以将钢化玻璃分为风钢化、液体钢化、熔盐钢化和固体钢化四类[20]。

- 风钢化：在加工冷却过程中采用高压空气作为冷却介质使玻璃得到增强的一种加工方法；
- 液体钢化：采用油类或水雾作为冷却介质；
- 熔盐钢化：采用易熔盐作为冷却介质；
- 固体钢化：采用高导热的固体颗粒作为冷却介质。

（4）按照使用的材质不同可分为：钢化夹层玻璃[图 3-12（a）]、有色钢化平板玻璃[图 3-12（b）]、钢化器皿[图 3-12（c）]、钢化瓶罐、透明钢化平板玻璃、低辐射镀膜钢化玻璃、压花钢化玻璃、釉面钢化玻璃和钢化建筑玻璃构件等钢化制品[15]。

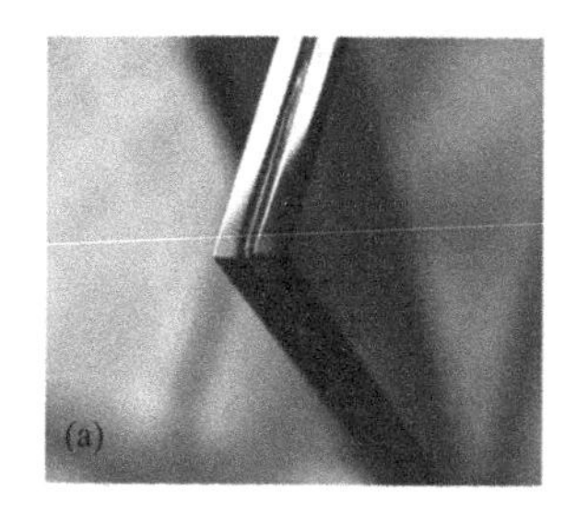

图 3-12　（a）钢化夹层玻璃；（b）有色钢化平板玻璃；（c）钢化器皿

（5）按形状可以划分成平钢化玻璃、弯钢化玻璃以及特殊的异形钢化玻璃，如图 3-13 所示[21]。

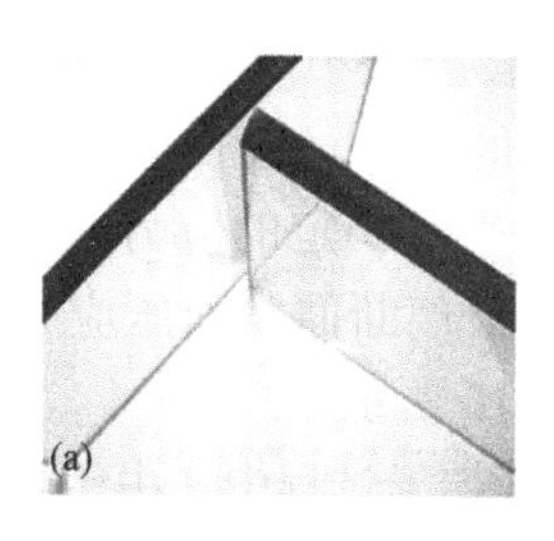
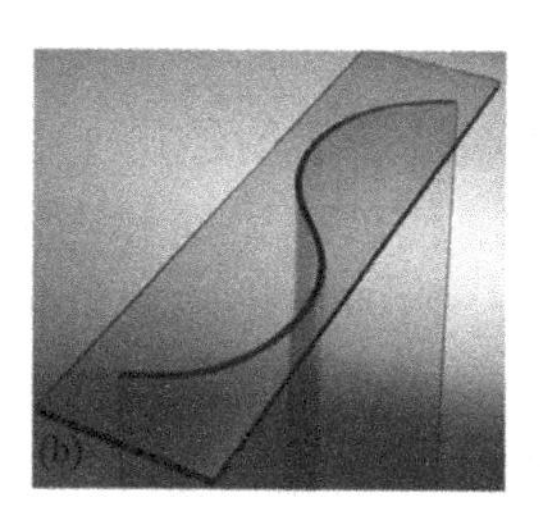
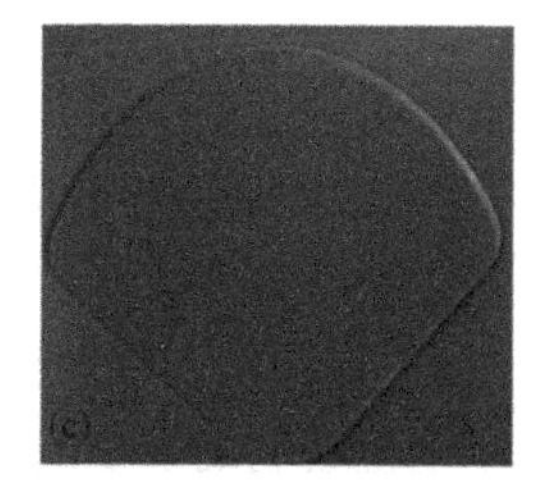

图 3-13　（a）平钢化玻璃；（b）弯钢化玻璃；（c）异形钢化玻璃

一般情况下，玻璃的钢化工艺主要分为物理钢化和化学钢化两大类。但相对化学钢化法来说，目前物理钢化法的应用更加广泛[16]。下面将分别介绍物理钢化以及化学钢化两种不同的钢化工艺方式。

1. 物理钢化

物理钢化玻璃主要是利用玻璃的热塑性和热膨胀特性，把玻璃放入加热炉中加热到玻璃软化温度后，利用空气对加热后的玻璃进行均匀的快速冷却，使玻璃表面产生均匀的压应力，这一过程被称作玻璃的物理钢化过程[22]。

钢化炉是物理钢化加工过程中主要的加工设备，它由加热和淬冷两大部分组成。一般情况下，根据钢化玻璃摆放方式的不同，可以把钢化玻璃的生产设备分为水平钢化玻璃生产设备以及垂直钢化玻璃生产设备两类，如图 3-14 所示。

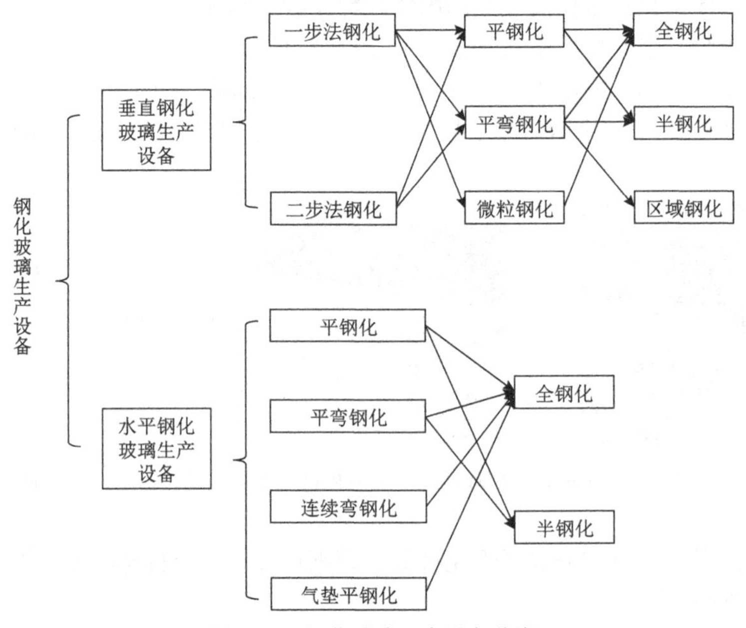

图 3-14　钢化玻璃生产设备分类

在物理钢化过程中由于玻璃被加热后经历了急剧的冷却过程，导致玻璃外部相对内部因冷却较快而固化，使玻璃表面和内部产生了一定的应力，从而提高了玻璃的强度和热稳定性[13]，物理钢化和化学钢化玻璃断面表面压应力分布图如图 3-15 所示[23]。物理钢化玻璃的工艺流程如图 3-16 所示。

物理钢化玻璃的加工过程是一个热加工过程。在其加工过程中，由于热加工设备一般都会有很大的热惯性，这将导致加工过程中的玻璃温度无法精确控制在一定的范围内。而温度的控制不当会造成许多问题，导致玻璃缺陷的产生[15]。此外，从理论上来说，玻璃非常坚固，其理论强度约为 7000 MPa，但加工过程中产生的缺陷或损伤会导致玻璃强度降低，很大程度上减短了玻璃的使用寿命，所以

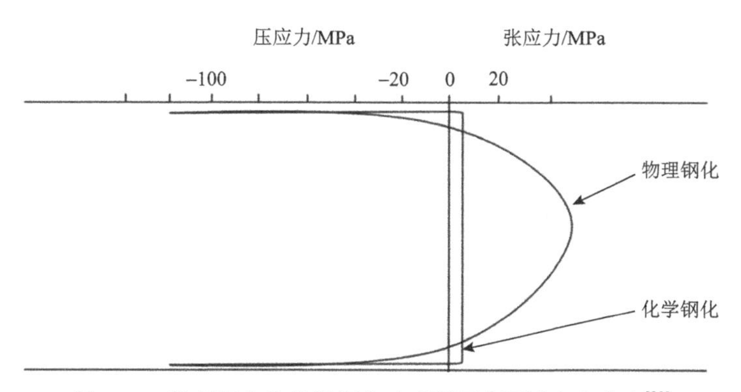

图 3-15　物理钢化和化学钢化玻璃断面表面压应力分布[23]

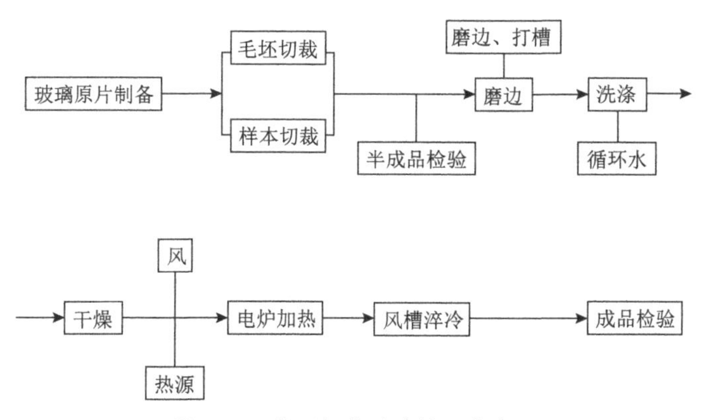

图 3-16　物理钢化玻璃的工艺流程

避免损伤的出现也是玻璃加工过程中不可忽略的因素[24]。钢化玻璃在加工过程中的主要缺陷如下：

（1）玻璃炸裂。脆性是玻璃的主要缺陷[25]，所以在玻璃加工过程中的很多阶段，由于一些原因会发生玻璃炸裂，例如：

- 在加热、淬火阶段：如果玻璃的退火过程处理不当，玻璃中的残余应力过大或者分布不均匀，会导致玻璃在加热炉中炸裂；在加热炉中，对玻璃的切割、磨边不当，可能导致表面过于粗糙，最终导致玻璃的炸裂；如果玻璃的钻孔直径相对玻璃厚度较小时，玻璃在加热过程中也会导致玻璃微裂纹的出现，最终发生玻璃的炸裂。
- 在冷却阶段：如果玻璃在加热阶段时没有达到所要求的可塑温度，那么把玻璃放入风栅冷却时就十分容易发生炸裂；但如果玻璃受热时只有表面达到了可塑温度，内部并没有烧透的话，在冷却到一定时间后也可能会发生炸裂；另外，如果玻璃在加热或者淬冷时受热或冷却不均匀、不对称，会使玻璃内部的应力分布不均匀或发生偏移，这也会导致玻璃炸裂。

- 钢化完成后：如果在加热阶段玻璃没有充分加热就钢化，其表面就可能会出现裂纹，导致炸裂现象的出现；或者钢化玻璃在安装使用过程中，由于操作人员的使用不当，也会造成炸裂。此外，玻璃在使用过程中也会因环境原因或者人为原因发生炸裂（图 3-17）。

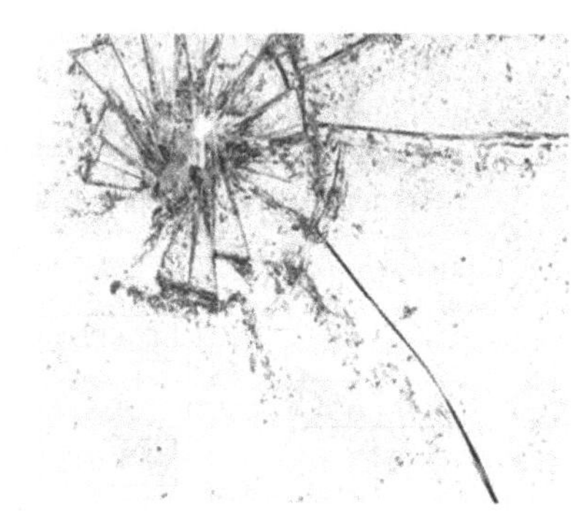

图 3-17　发生炸裂后的钢化玻璃

（2）变形缺陷。如果在物理钢化玻璃的加热、冷却加工过程中，对玻璃的两个表面都进行均匀的加热或冷却，所生产的玻璃的表面将拥有良好的平整度和光洁度[15]。但是，由于设备原因或加热和冷却阶段处理不当，可能会造成钢化玻璃的变形。如图 3-18 所示，可以明显看出左右两边的钢化玻璃相对中间的玻璃发生了明显的变形缺陷。

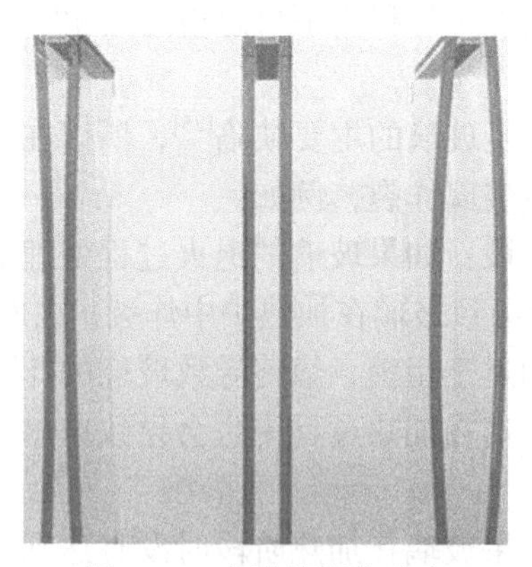

图 3-18　变形的钢化玻璃

- 设备原因：常常由于加热辊道的热变形、辊道的弯曲，从而影响到玻璃的变形；并且如果辊道长时间使用，磨损严重，没有及时更换或清洗，特别是辊道上出现了一些较硬的杂质时，它会使同一段辊道的厚度不均匀，影响玻璃的加工，最终造成玻璃的变形。

- 加热阶段：虽然玻璃在加热阶段的变形最终不会导致钢化玻璃的变形，但会影响后期玻璃的平整度，影响玻璃的使用。因此，在加热阶段对加热炉温度的控制非常重要。

- 冷却阶段：一般情况下，如果在冷却阶段玻璃上下表面的冷却速率不相同，玻璃上下表面的压应力就会不同。一般来说，冷却速率越快的表面就会有越大的压应力，这会导致玻璃压应力较大的表面向压应力较小的另一面弯曲，造成表面弯曲现象。

（3）自爆缺陷。自爆是指钢化玻璃本身在没有外力作用的情况下自发爆炸的现象，如图 3-19 所示为发生自爆后的钢化玻璃。这在钢化玻璃的后续使用中会造成很大的安全隐患，严重的会造成大规模的安全事故。钢化玻璃自发爆炸的原因有很多，主要包括玻璃质量的缺陷、玻璃内部应力分布不均匀、玻璃钢化程度异常等[18]。

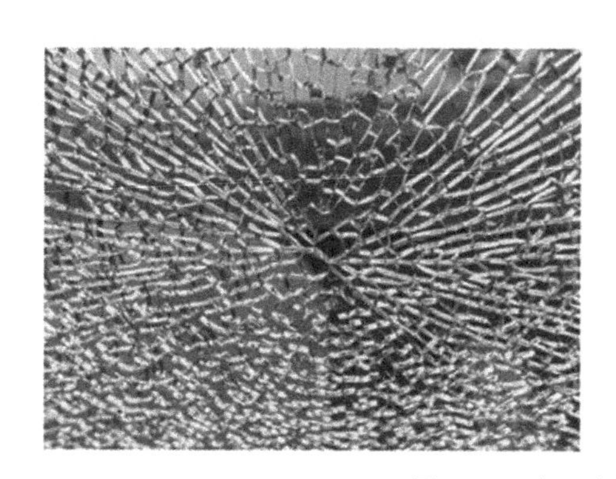
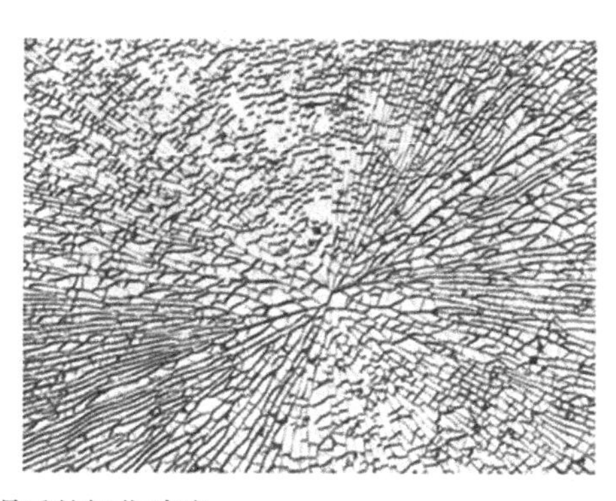

图 3-19　发生自爆后的钢化玻璃

- 玻璃质量的缺陷：钢化玻璃自爆的部分原因往往是由于原玻璃质量的缺陷。因此，玻璃原片的挑选和处理是非常重要的环节。但不同质量缺陷对钢化玻璃自爆的影响程度不同，例如，相对玻璃中含有了类似硫化镍的结晶物造成的自爆，玻璃原片中有结石、杂质或者因操作人员在加工过程中操作不当导致玻璃表面出现了炸口、划痕等缺陷造成的玻璃自爆的程度更严重[14]。

- 玻璃内应力分布不均匀：钢化玻璃在加热或冷却过程中，如果温度沿着玻璃厚度分布不均匀，就会造成玻璃内部应力分布不均匀或偏移，从而导致钢化玻璃发生自爆。

- 钢化程度：钢化程度是指玻璃中的应力大小。在正常情况下，玻璃的内应力保持在一定范围内。例如，美国 ASTMC1048 标准规定钢化玻璃的表面应力范围约为 69 MPa，而我国幕墙玻璃标准规定钢化玻璃的表面应力须大于 95 MPa。

如果钢化玻璃中的应力过大或过小，都可能导致玻璃中的应力层出现缺陷，导致应力分布不均匀而造成自爆。

（4）应力斑缺陷。钢化玻璃的应力斑是指以特定的角度观察玻璃表面时，玻璃表面出现明暗不同的斑纹。应力斑的产生主要与钢化玻璃的应力结构有关。该应力结构会引起入射光的干涉，而分布不均匀的局部应力会导致该位置产生部分偏振光，呈现出明暗不同斑纹的光学现象[18]，如图 3-20（a）所示。产生应力斑的原因：当一束偏振光通过钢化玻璃时，由于玻璃内部的永久应力（钢化应力），光会分解成两束传播速度不同的偏振光，即快光和慢光。当某一点形成的两束光与另一点形成的两束光相交时，由于光传播速度的不同，两束光在交点处存在相位差，此时，这一点上的两束光就会产生干涉现象，形成干涉条纹，如图 3-20（b）所示[13]。钢化玻璃中出现应力斑的主要原因有：①炉温的整体均匀性差；②局部的均匀性；③炉温的稳定性差；④吹风的整体均匀性。

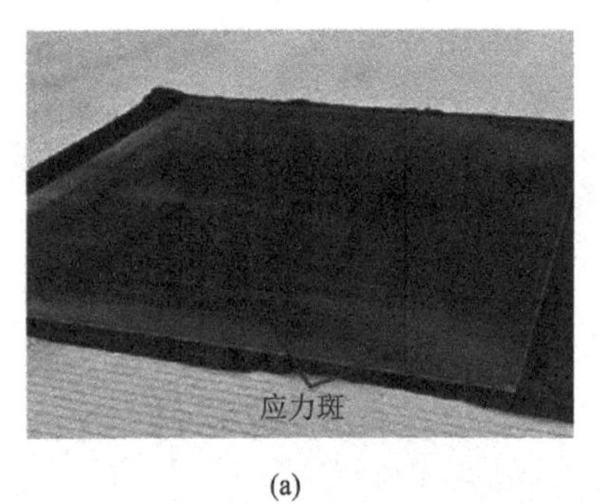

(a)

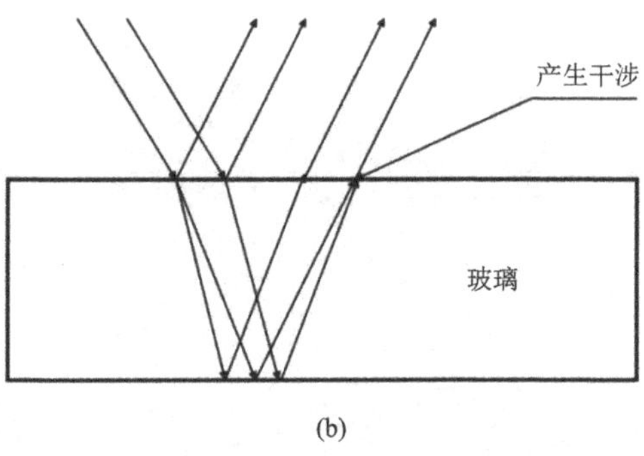

(b)

图 3-20　钢化玻璃上的应力斑（a）及其产生应力斑的示意图（b）[13]

（5）表面缺陷。钢化玻璃在加工过程中，经常会出现一些表面缺陷，如图 3-21 所示的麻点、白斑、微裂纹和划伤等。

（6）白雾。在钢化玻璃的制备过程中，白雾按照形成的位置大致可以分为五类：中部白雾、整部白雾、边部白雾、规律间隔性白雾以及无规律间隔性白雾。但是，不同部位产生白雾的原因也不同，需要用不同的加热方法来解决不同部位出现的白雾现象。

2. 化学钢化

化学钢化玻璃主要是利用离子的迁移和扩散特性，将玻璃放入高温的溶盐中或将玻璃加热到一定温度后把盐溶液喷涂在玻璃表面，使在玻璃表面层区域的离子被溶盐中的其他离子置换出来[24]，如图 3-22 所示，由于玻璃中离子成分的变化导致玻璃机械强度得到增强。

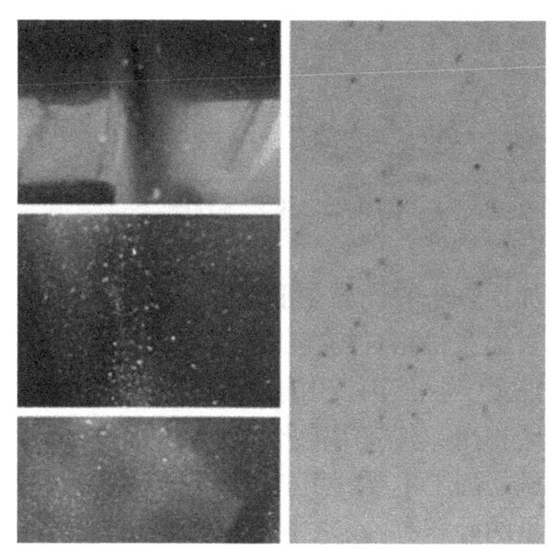

图 3-21　玻璃表面出现麻点

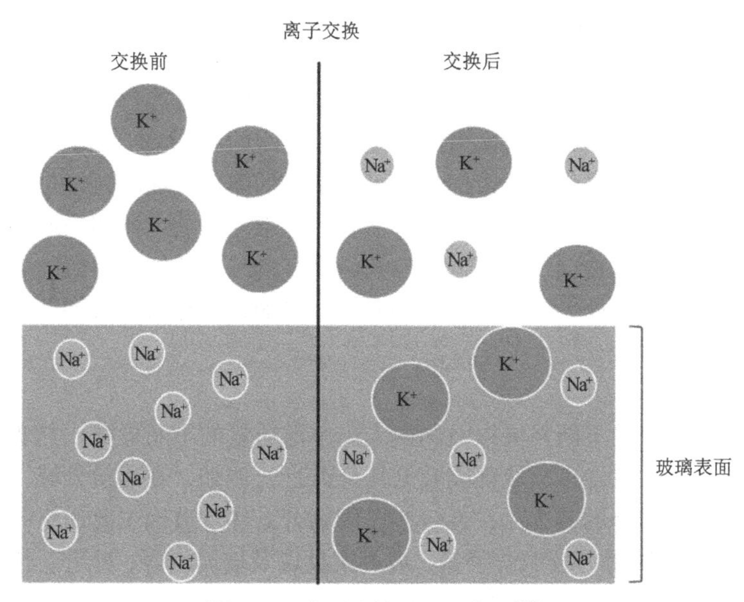

图 3-22　离子交换过程示意图[24]

一般情况下，根据离子交换的类型和离子交换时的温度，化学钢化工艺方法可分为低温法和高温法。低温法一般是指离子交换过程中的温度低于玻璃的转变温度范围，主要是将盐类溶液中半径较大的碱金属离子与玻璃中半径较小的碱金属离子交换；高温法指的是温度高于玻璃的转变温度范围，且将盐类溶液中半径较小的碱金属离子与玻璃中半径较大的碱金属离子交换。化学钢化玻璃在加工过程中主要用到的设备有：预热炉、熔盐炉、冷却炉和负责玻璃运输工作的小车等。

其工艺流程如图 3-23 所示。

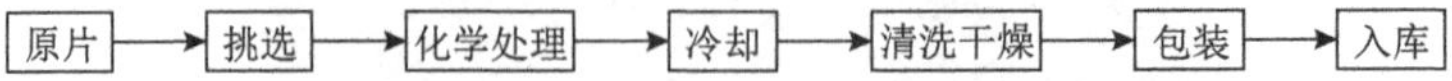

原片 → 挑选 → 化学处理 → 冷却 → 清洗干燥 → 包装 → 入库

图 3-23　工艺流程图

化学钢化玻璃的加工方法的优势在于其可以加工具有复杂形状的薄材料或样品，同时可以在样品表面获得相对较高的抗压强度，因此，它具有良好的热稳定性，也不会出现自爆现象[23]。然而，由于化学钢化法生产效率较低，成本较高，因此，与物理钢化玻璃相比，其应用范围较小。

由于化学钢化玻璃的加工主要利用离子的迁移和扩散特性，离子交换的效果往往对最终成品的质量的好坏有一定的影响，而原材料、生产设备、工艺制度以及操作者的能力又会对离子交换的效果产生一定的影响[26]。

3.2.2　热弯、热熔玻璃

玻璃的热加工方法除了上述的钢化法外，常见的还有热弯、热熔两种玻璃加工方法。其中热弯、热熔玻璃两者的加工方法之间的区别并不大，因为二者的基本原理是相似的：都是将一般市面上规模化生产的廉价玻璃配料经过二次热加工后得到所需要的装饰玻璃材料。但二者又有一些不同之处，比如采取的热加工方法不同；选用的具体玻璃坯料不同；以及最终经过二次热加工得到的玻璃在性能和形状上也有不同之处[27]。下述将分别对热弯玻璃以及热熔玻璃展开介绍。

1. 热弯玻璃

随着工业水平的不断发展以及国内人民生活质量的不断提高，热弯玻璃的应用也越来越广泛，在许多领域都能看见其身影[15]，例如，在建筑领域，热弯玻璃经常被用作建筑内外的装饰品；在一些民用场合，热弯玻璃主要用于制成玻璃家用品，如图 3-24 所示的玻璃洗手盆、玻璃家具以及玻璃柜等；此外，热弯夹层玻璃也常被用来制成一些交通工具的挡风玻璃[13]。

热弯玻璃是指将平板玻璃按照一定的要求在加热炉中加热到玻璃的软化范围，在其自重条件或其他外力下发生弯曲，然后在一定温度下退火、冷却得到的曲面玻璃[13]，如图 3-25 所示。

按照不同的要求可以把热弯玻璃分为以下几类：①按照弯曲程度，可以分为浅弯玻璃和深弯玻璃；②按照弯曲形状，可以分为单弯热弯玻璃、折弯热弯玻璃等（图 3-26）；③按照玻璃弯曲面的数量，可以分为单弯玻璃和双弯玻璃；④按照加工类型，可以分为热弯玻璃、弯钢化玻璃、弯夹层玻璃以及弯钢化夹层玻璃四类；⑤也可以根据用于不同场景的热弯玻璃来进行分类，比如运输工具、家具装饰、卫生洁具、建筑装饰以及餐具等不同场所使用的热弯玻璃。

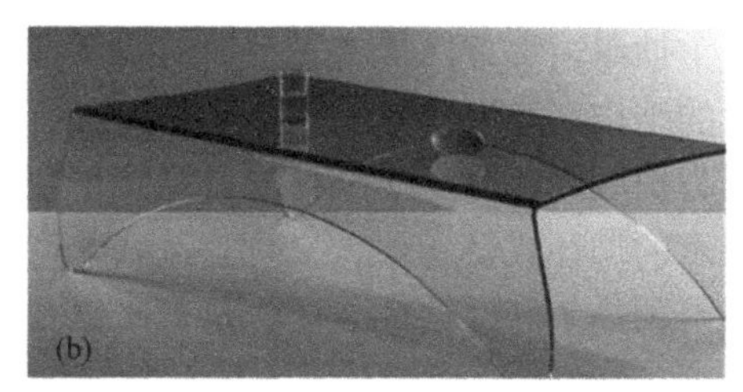

图 3-24　(a)玻璃洗手盆和(b)玻璃家具

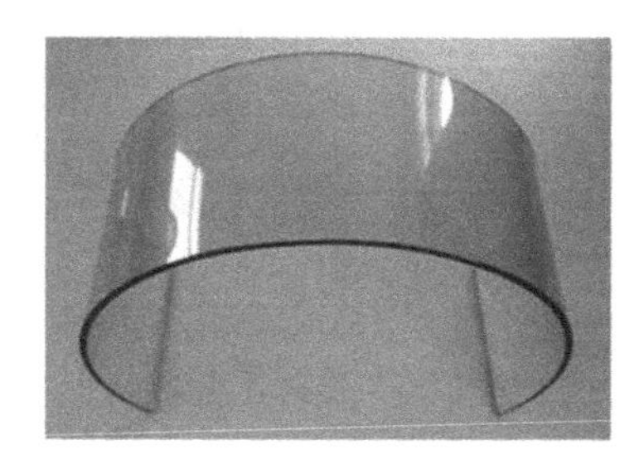
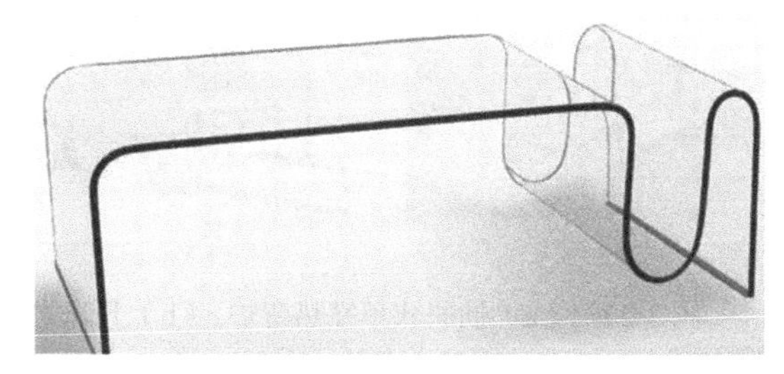

图 3-25　常见的热弯玻璃

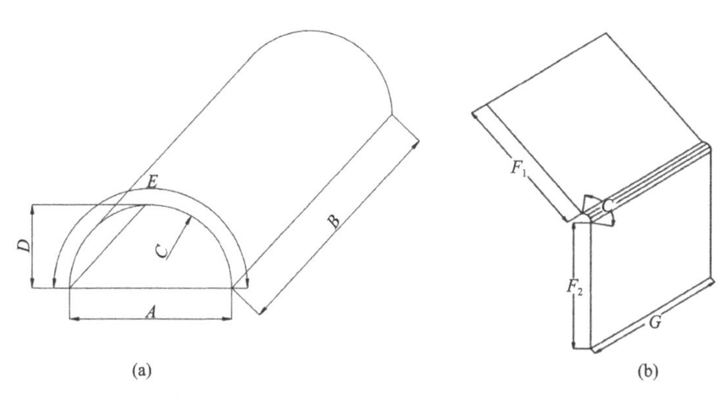

图 3-26　（a）单弯热弯玻璃示意图，其中 A 为弦，B 为高度，C 为曲率半径，D 为拱高，E 为弧长；（b）折弯热弯玻璃示意图，其中 G 为高度，C 为角度，F_1、F_2 为直边尺寸

热弯炉是在制备热弯玻璃过程中最主要也是最重要的设备。按照热弯炉构造的不同、加热方式的不同可以分为以下几类。

（1）按照加热能源的不同，可以分为燃油热弯炉、燃气热弯炉以及电加热热弯炉[15]。

（2）按照结构的不同，可划分为单室炉、循环式和往复式三种不同类型的热弯炉[13]。

单室炉是最常见的热弯炉，在国内市场中，因为其适合各种不同需求的场所，并且能制备出各种不同规格的玻璃，结构简单易处理，密封好，相对能耗低，所以逐渐得到越来越多人的青睐，但是不足之处在于单室炉的效率较低并且周期较长。单室炉主要分为抽屉式和升降式两种不同类型，抽屉式单室炉的结构就如同一个抽屉，十分便于加工玻璃的装卸[图 3-27（a）]；升降式单室炉是一个几乎密封的结构，其四周和上部都是处于一个密封状态，炉底相对较高，便于玻璃进入，因为炉底可以升降，故称为升降式单室炉，如图 3-27（b）所示。如图 3-27（c）所示的循环式热弯炉，又称连续式热弯炉，其主要结构分为上下两部分：上部主要由预热 1 区、预热 2 区、热弯区以及退火区组成；下部主要是降温退火区。

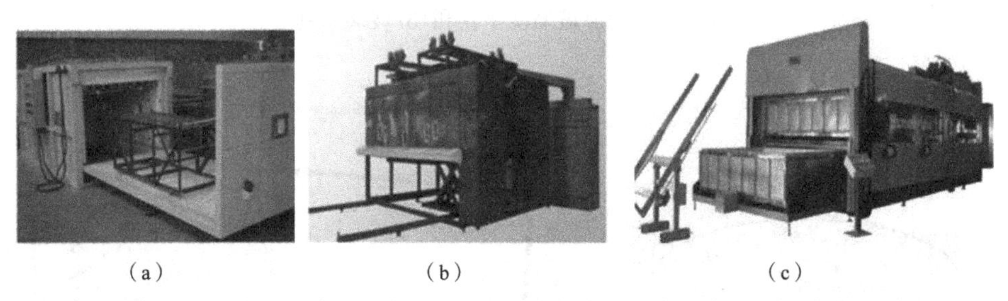

（a）　（b）　（c）

图 3-27　（a）抽屉式单室热弯炉、（b）升降式单室热弯炉和（c）循环式热弯炉

往复式热弯炉分为 5 工位和 3 工位两种类型。5 工位热弯炉主要由 2 个装卸料区、2 个预热区、1 个热弯区和 2 个窑车构成；3 工位热弯炉主要由 2 个装卸料区、1 个热弯区以及 2 个窑车构成[13]。

热弯玻璃的损伤也会因为多方面的原因而产生，因此这里介绍几种常见热弯玻璃的损伤形式。

- 玻璃炸裂。热弯玻璃在制造过程中会产生一定的残余应力，但部分残余应力在退火过程中可以消除[13]。然而，热弯玻璃的加工通常是三段式分级退火，所以在退火过程中，如果几个阶段的退火之间没有处理好或者对温度的控制不当就会使玻璃中残留一部分的残余应力，从而导致玻璃在使用过程中会出现炸裂的现象[13]，如图 3-28 所示是玻璃发生炸裂。除此之外，在加工过程中的一些其他操作不当导致成品玻璃的表面出现了裂口、碰伤等缺陷，或者热弯模具与玻璃的热膨胀量存在明显的差别也会导致玻璃出现炸裂的情况。
- “卡车”现象。在如今的热弯玻璃生产工艺中，常选用循环式热弯炉来加工热弯玻璃。循环式热弯炉在生产过程中整个流程都是靠模具车在轮轨上滑动来运行并且依靠升降机来实现升降过程的[15]。所以在循环式热弯炉生产中如果炉中的温度出现分布不均匀的现象时，加热炉中的零件就会因为热胀冷缩不一致而发生变形或者移位而出现挤卡现象，导致模具车的移动不顺畅或者升降机的升降出现问题而发生“卡车”现象。所以往往为了避免“卡车”现象的发生，在生产

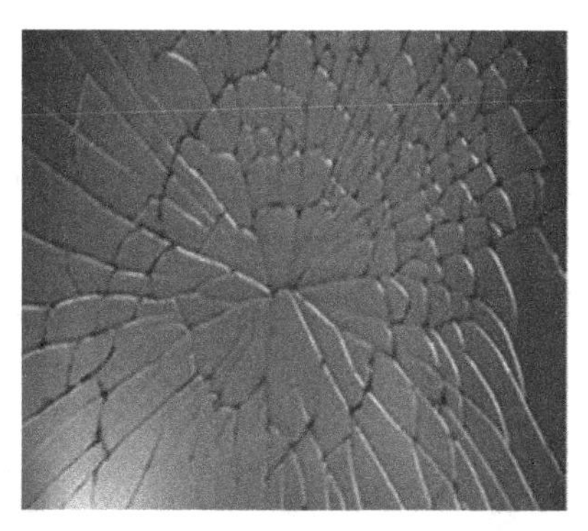

图 3-28　玻璃炸裂

过程中对温度的掌控要求十分严格，升温的温度和时间都要控制合适，冷却的温度和速度也有一定的要求，更重要的是在升温结束后要对热弯室进行预热，把热弯室升温至 590～600℃左右再让小车进入热弯炉预热，保证每个小车都进行预热后再放入玻璃热弯就可以很好地避免“卡车”现象的出现。另外也要定期检查小车和轨道之间的滑动避免发生错位而出现“卡车”现象[13]。

- 表面麻点。在热弯玻璃的制备过程中，如果选用空心模具，易造成热弯玻璃上出现一些曲面偏差，甚至会出现畸变，虽然这不会影响玻璃后续的安装、使用，但在长时间使用后玻璃有可能会发生严重的变形；如果使用实心模具，玻璃表面易出现麻点，造成损伤影响玻璃后续的使用，同时在退火过程中温度控制不当也会造成玻璃的损伤，出现麻点。

2. 热熔玻璃

热熔玻璃是指把一些常见的玻璃（比如平板玻璃等）按照一定工艺要求在特定的模具中加热，以达到玻璃的软化温度使其能够更好地和模具相黏合，从而形成各种形态和立体图案的一种艺术玻璃（图 3-29）。

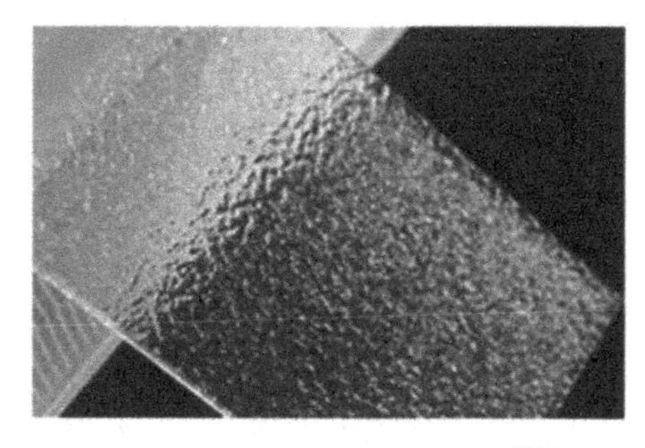

图 3-29　热熔玻璃

热熔玻璃又被称作水晶立体艺术玻璃，是当今装饰家族的新成员。热熔玻璃具有款式多样、立体感强、图案精美、吸声性好以及装饰华丽等特点，其保留了平板玻璃的特点，又融合了现代的一些工艺技术使得平板玻璃变得凹凸有致、颜色绚丽。热熔玻璃主要用于如图 3-30 所示的屏风隔断、门、窗、楼宇天花、背墙、壁饰以及各种家具橱柜等不同场所，是现代家居、宾馆、娱乐场所和办公室的装潢首选[28]。

图 3-30　制作成各种餐具、家具的热熔玻璃

按照制备前选用的玻璃坯料不同，热熔玻璃可以分为热熔平板玻璃和热熔块料玻璃。除此之外，热熔块料玻璃还可以根据装填方式和玻璃尺寸大小的不同分为填充式热熔玻璃和塌陷法热熔玻璃。

热熔玻璃的材质为浮法玻璃，往往因为不同的需求和要求，制备成的玻璃厚度不同。热熔玻璃的工艺流程如图 3-31（a）所示。

在热熔玻璃的制备过程中，采用的生产设备主要是特制热熔炉。如图 3-31（b）所示的热熔炉由炉体、顶盖以及温控系统三部分构成，其中整个炉体又是由最外面的外框钢结构壳、中间的陶瓷纤维保温棉以及最里面的耐火砖组成；炉体的支撑架上设有冷却风机，炉体外还附属有液压升降机、数显温度控制仪等；除此之外，炉体上还留有便于观察的观察孔[16]。

一般情况下，由于热熔玻璃的制备和热弯玻璃的原理十分相似，所以其二者的损伤十分相同。下面只介绍一些在热弯玻璃中没有提及的损伤类型。

- 有时候加工出来的成品玻璃都会有一点小瑕疵，比如玻璃表面的纹理会有些不清晰或者玻璃表面的凹凸感不强，这往往是由于在玻璃加热过程中最高温度没有达到要求或者是在最高温度下玻璃保存的时间不够，导致成品玻璃的质感不理想，从而在使用过程中玻璃容易出现如图 3-32 所示的裂缝等现象。
- 很多成品玻璃在加工以后其表面的光泽度可能不太理想，这往往是由于玻璃在加热过程中保存的时间过长，玻璃表面在持续高温下光泽度受到影响，从而造成了成品玻璃的表面光泽度不够，影响后续的使用。

- 在热熔玻璃的制备过程中，如果炉中选用的保温材料或者模具材料中含有水分，那么在生产过程中这些水分就会逸出，而这些逸出的水分就有可能残留在玻璃表面上造成玻璃表面的侵蚀，从而导致玻璃表面形成了缺陷，影响美观[16]。

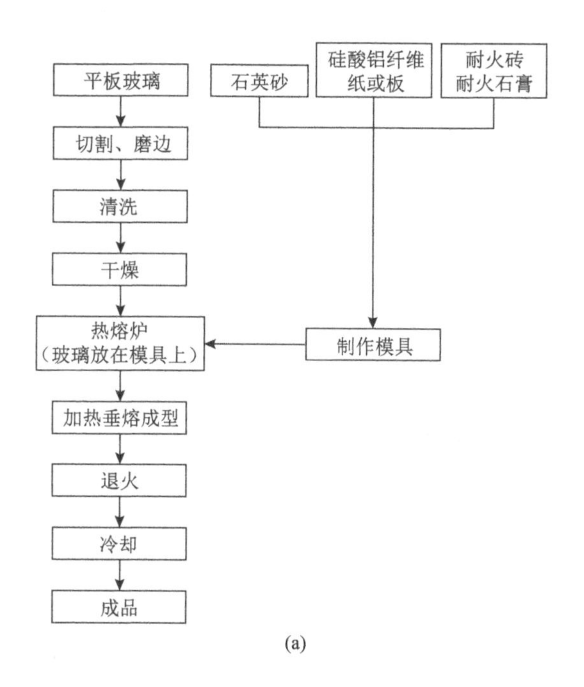

(a)

(b)

图 3-31　（a）热熔玻璃的工艺流程和（b）热熔炉

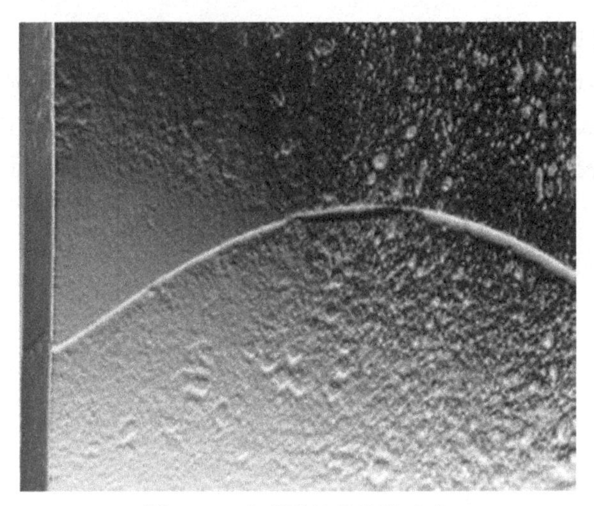

图 3-32　出现裂缝的热熔玻璃

3.2.3　彩釉玻璃

彩釉玻璃是一种十分耐磨、耐酸碱的装饰性玻璃产品。为了得到品质优异的彩釉玻璃，首先要将无机釉料（又被称作油墨）印刷到玻璃表面，然后对玻璃进行烘干、钢化或者热加工处理，将釉料永久烧结于玻璃表面。彩釉玻璃不仅安全节能，而且还具有美观的特点。同时，可以通过丝网印刷工业在玻璃表面实现各式各样图案的绘制，还可以选用一些颜料来得到不同颜色的玻璃，这为建筑设计师们提供了很好的灵感和支持，所以彩釉玻璃在建筑行业中得到了越来越广泛的应用，如图 3-33 所示为常见运用在建筑行业的彩釉玻璃。

图 3-33　彩釉玻璃

目前来说，制备彩釉玻璃比较主流的工艺包括丝网印刷工艺、锟筒印刷工艺和喷涂工艺、彩绘、转贴纸工艺以及盖印工艺。彩釉玻璃具有许多独特的性能特点，比如，彩釉玻璃经钢化处理后具有良好的机械性能、抗打击性能以及抗热冲击性能，大大增强了玻璃的安全性；彩釉玻璃的釉面能较好地吸收并反射一部分太阳热能，能达到很好的节能功效；彩釉玻璃因特殊材质不容易褪色，也不易剥落，因此能长时间与原有的色调保持一致，也因此特性，彩釉玻璃常用于建筑行业。

由于彩釉玻璃的特殊性，色差是彩釉玻璃最容易出现的表面质量问题。除此之外，釉层均匀性的保障也是生产过程中十分重要的环节，生产设备的问题会造成釉层中彩釉分布不均匀，影响玻璃的后续美观和使用。彩釉玻璃也会因为釉料分布厚度不均或釉料中粉剂含量不足会造成玻璃遮光度不足的问题。

3.3　特殊加工方法

玻璃是一种具有代表性的光学、电子学和流体学功能材料，是一种无定形固体材料。玻璃是在玻璃化转变温度以下被过冷，从熔融状态转变为刚性状态，所合成的晶体为非晶态结构，这是造成其高脆性的原因之一。玻璃结构中的裂纹在连续荷载作用下扩展，在达到临界值后引起脆性断裂。由于其断裂韧性低，玻璃脆性断裂的临界裂纹尺寸很小。在加工过程中，切削区产生的高切削应力容易导致玻璃的脆性断裂。除此之外，玻璃具有很高的硬度。低断裂韧性和高硬度是玻璃加工性能差的原因。随着玻璃在精密产品制造中的应用日益增长，人们对复杂形状玻璃的机械加工工艺提出了更高的要求。随着玻璃成型技术的迅速发展，工业生产中出现了多种新的玻璃加工方法，下面分别加以叙述。

3.3.1　玻璃的微铣削加工

在玻璃加工过程中，如果采用传统的加工方式，材料的去除主要通过脆性断裂，但这将导致加工表面质量下降。玻璃必须以延展性的方式加工，以达到更高的表面光洁度和保持较高的表面完整性。韧性模式加工的技术合理性是基于脆性材料的微压痕结果。在压痕过程中，如果压痕载荷和侵彻深度低于临界值，即使是玻璃等极脆材料也可以发生塑性变形，而不会出现任何断裂迹象。下面将对玻璃微铣削加工机理进行简单的介绍。

1）侧铣

如果脆性断裂点离最终加工表面有足够的水平距离，如图 3-34（a）所示，脆性断裂将通过后续切割的作用而消除，最终加工表面脆性断裂的发生点是由每刀进给量决定。较低的每刀进给量会导致延迟脆性断裂的发生，而较高的每刀进给量又会使断裂裂纹生成在接近最终加工表面的地方。如果脆性点离最终加工表面太近，且损伤效应接近最终加工表面的水平以下，则下一个切削刃并不会将裂纹去除掉，而是将裂纹转移到最终被加工的表面上，从而产生脆性模式的机加工表面，如图 3-34（b）所示。

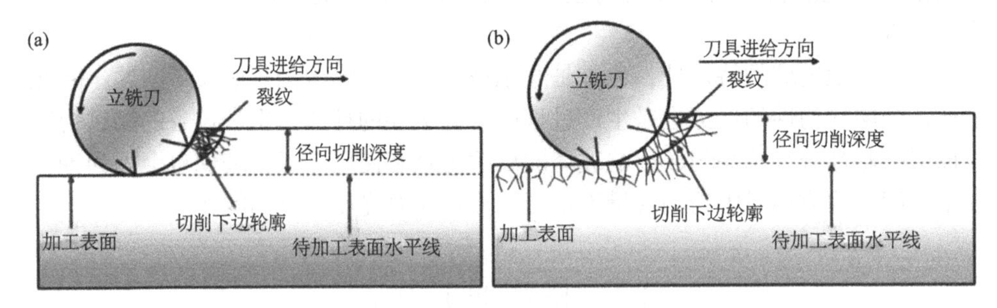

图 3-34　侧铣中(a)每刀进给量低和(b)每刀进给量高

2）槽铣

与侧铣相比，槽铣削加工情况要复杂得多。每刀切屑厚度在切割开始和结束时都要很小，如果在所加工的凹槽与工件接触角的某一阶段发生断裂，则断口可以穿透到刀具径向表面及以下。如果在切削过程中，断裂的次表层深度小于切削的轴向深度，并且在与刀具轴线垂直的平面上发生足够大的刀具与工件接触角的断裂，则加工表面的断裂损伤可以通过后续槽的切割作用而消除[图 3-35（a）]。但是，如果断裂穿透深度超过切割轴向深度，或在与刀具轴线垂直的平面上发生较小的刀具与工件接触角的断裂，则损伤将发生在被加工表面上。因此，如果切削的轴向深度过大，最终加工表面将发生损伤[图 3-35（b）]。

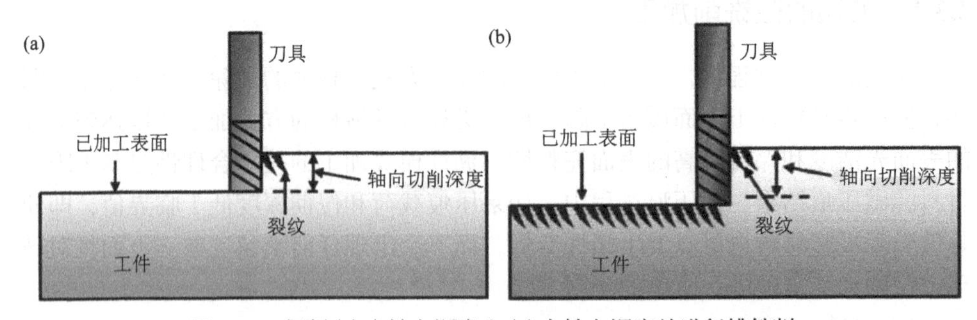

图 3-35　切割(a)小轴向深度和(b)大轴向深度处进行槽铣削

断裂的大小和方向取决于刀具几何形状、材料性能和切削条件等多种因素。

在槽形铣削中，每刀进给和切削的轴向深度都有一个临界值。在垂直于发生第一次脆性断裂的切割器轴的平面上，接触角由每刀的进给量控制。在较高进给量切削时，与低进给量相比，接触角较小并发生脆性断裂。因此，在加工无断裂槽时往往会考虑用低进给量和较小的轴向深度。此外，如图 3-36 所示，上铣发生在切削的一侧，下铣削发生在切削的另一边。由于其典型的切削机理，槽的两端可能具有不同的表面质量。此外，在铣削过程中也存在最小的切屑厚度效应，切屑厚度必须大于最小切削厚度，才能使切削过程有效。如果切屑厚度小于这个最小定义值，那么切削刃的每次切削都不会有材料去除，只会发生弹性变形。东京电机大学的 Matsumura 和 Ono[29]报道了在脆性材料的微铣削过程中，当切屑厚度从零增加到最大值时，材料与刀具之间先只会存在摩擦，直到达到最小的切屑厚度才伴随有材料的去除。

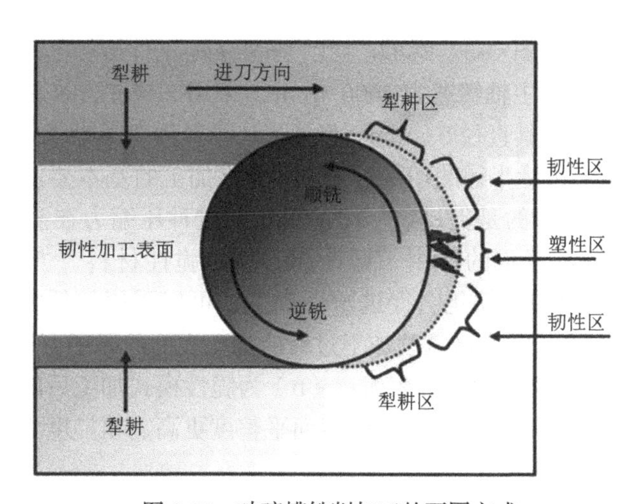

图 3-36　玻璃槽铣削加工的不同方式

在切削开始时，由于未变形的切削厚度小于移除材料所需的厚度，所以会发生犁耕。当切削主轴继续旋转，韧性模式的切割在犁耕区以外实现。在切削过程中，当切削厚度在韧性区以外的某个点达到切削厚度的临界值时，就会发生脆性断裂。

材料的脆性可以被量化为压痕尺寸效应[30]。通过压痕实验结果确定，在一定的损伤尺度上，力学响应主要是材料发生断裂的响应，而在此基础上，主要是以变形为主[31]。这里进一步指出，韧性-脆性转变的临界缩进尺寸分别取决于由 H/K_{IC} 和 H/E 确定的材料脆性指数和刚度指数。阈值缩进大小 a_C 可表示为这两个指标的函数[29]：

$$a_C \propto E/H(K_{IC}/H)^2 \tag{3-1}$$

这种缩进尺寸的用途是用临界颗粒尺寸或穿透深度来代替磨料在材料去除过程中的韧脆转变。在基于刀具的加工过程中[32]，用于韧脆转变的临界切屑厚度 t_C 可以表示为

$$t_C = \psi E/H(K_{IC}/H)^2 \tag{3-2}$$

式中，经验常数 ψ 取决于刀具的几何形状和切削条件，对于大多数陶瓷来说，ψ 一般取 0.15。该方程基于压痕实验结果，由于高应变率在加工过程中产生大量热量，无法精确预测不同加工条件下的临界切屑厚度。切削区产生的热量会影响工件材料的硬度和断裂韧性，从而导致切屑厚度的预测值发生相应的变化。另一方面，由于压痕过程中所涉及的热量可以忽略不计，因此上述方程不适用于压痕。

切削条件示意图如图 3-37 所示，切削是以刀具-工件接触区淹没在水池中作为冷却剂来进行。切割主轴转速为 3000 r/min。采用 2 层 TiAlN 涂层超硬硬质合金微铣刀进行切削，刀具直径 0.8 mm，刀具刃口半径为亚微米级，现有的研究表明，具有这种亚微米边缘半径的切割机是玻璃韧性加工的基本要求。在切削形成区有一个负的前角，目的是促进静压力的产生。这种压缩力在抑制加工过程中裂纹的扩展起着举足轻重的作用。韧性加工也是脆性材料[33,34]高压相变的结果，切削过程中产生的热软化会促进塑性加工，可以采用较低的切削速度来减小热软化效应[35]。图 3-38 为微铣削加工过后的加工表面的原子力显微镜图像，其中（a）为韧性模式加工后的工件表面，（b）为脆性模式加工后的工件表面。从图中可以看出，经过韧性模式加工后的表面平整度更高、粗糙度更小且表面质量更为精密。

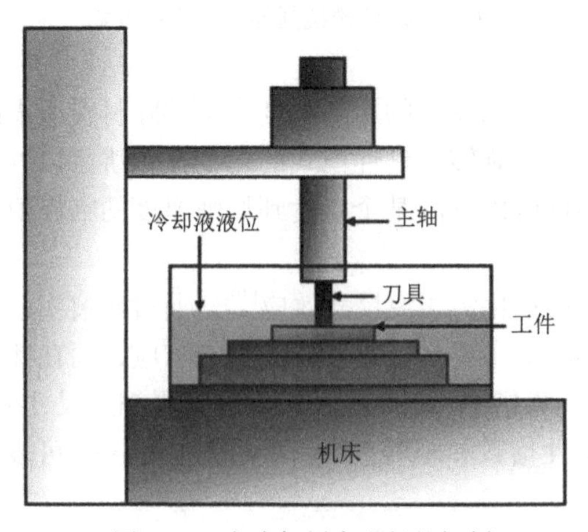

图 3-37　在冷却剂中进行的切割

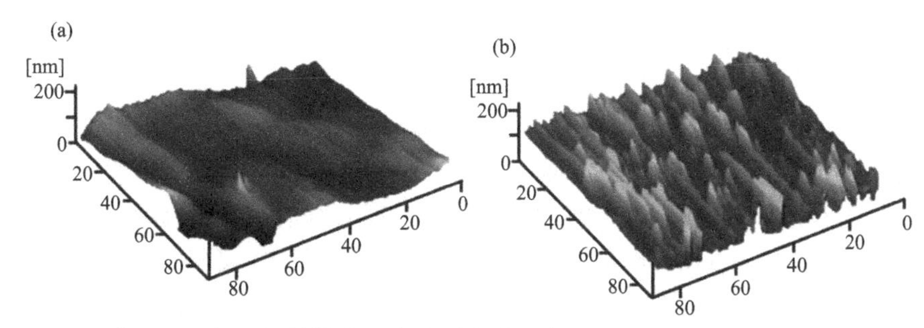

图 3-38　（a）韧性模式和（b）脆性模式加工的表面原子力显微镜图

该加工方式可能对玻璃表面造成的损伤形式主要为玻璃的亚表面微裂纹甚至脆性剥落导致的表面裂纹。对玻璃成型造成这两种损伤的主要原因在于：①玻璃自身极小的断裂韧性，加工相对较难，容易形成裂纹；②采用该微铣削的加工方式对玻璃表面进行加工时，对每次铣削加工进给量的控制会影响到最终玻璃表面的成型质量，如果单次进给量大于被加工玻璃的临界值，那么其加工后的表面就会存在微裂纹。

3.3.2　玻璃的电化学加工

玻璃具有透明、低电导率和低热导率等特性，越来越多地被用于固体氧化物燃料电池、泵和反应堆等微型制造设备中[36]。现有的玻璃微加工技术，如激光加工、超声加工、磨料加工、化学刻蚀等，都存在着一定的不良影响和局限性。例如激光和超声波的微加工方式会导致玻璃表面开裂，得到的加工表面光洁度差[37]。玻璃加工性差是其应用的主要制约因素，特别是利用微系统技术在玻璃上形成高深宽比结构的应用。微电化学放电加工（micro electro-chemical discharge machining，MECDM）是一种新兴的用于玻璃、陶瓷等材料的非传统微加工方法[38]。该方法可以加强玻璃表面高深宽比特征的加工能力，可以使其在生物医学和能源等多个领域开辟出更广泛的应用前景，因此，是一种有能力克服玻璃微机械加工挑战的微加工技术。

电化学放电加工中，对电解液中的两个电极之间施加直流电压，阴极上会发生特定电压（临界电压）的放电[39]，这些放电和电化学作用共同实现工件的材料去除。为了加工高深宽比微孔，需要高深宽比微工具，线材电火花磨削（wire electro-discharge grinding，WEDG）和微细电火花加工（micro electrical discharge machining，MEDM）是目前应用最广泛的微工具制造技术。小尺寸的刀具需要一种精确的、可重复的微工具制造技术。钨是一种常用的刀具材料，用于非传统的微细加工工艺，如电火花加工、电化学加工和电化学放电加工等。刀具尺寸在 20～

30 μm 范围内的微细加工中，材料钨的刀具磨损过大，强度和耐蚀性较好的碳化钨作为刀具材料更好。

电化学加工使用的 MECDM 装置如图 3-39 所示，电化学加工的实施是在浸入电解溶液中的正电极（阳极）和刀具电极（阴极）之间施加直流电压。所述阳极与加工刀具之间具有较大的表面积差，并且两极之间保持一定距离。阳极采用尺寸为 20 mm×20 mm×8 mm 的矩形工具钢块，阳极保持在离阴极 5 cm 左右的距离，采用碳化钨微刀具作为阴极。有研究表明，在电化学放电加工过程中，将作为阴极的刀具以一定转速旋转加工，得到的微孔质量要优于其不旋转的情况，如图 3-40 所示。

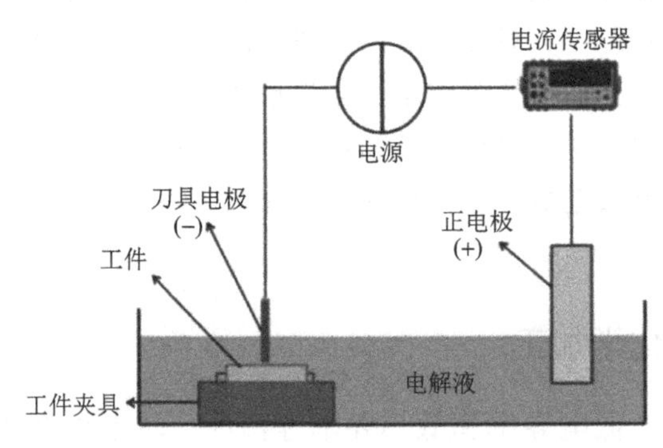

图 3-39　电化学加工设置示意图

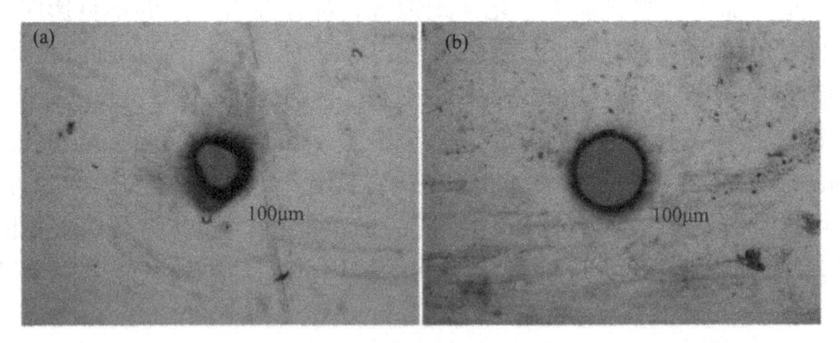

图 3-40　刀具旋转效应：(a)无旋转和(b)1500 r/min 时刀具旋转

通常情况下，这种在微米尺度对玻璃进行微小孔径加工并达到一定深度的加工方法造成的损伤形式主要为玻璃的表面平整度以及表面粗糙度较差，原因是电化学加工过程中整块玻璃都浸泡在电解液中导致其表面性能改变。微孔的内壁以及开孔的表面都可能会存在因为阴极造成的不规整的材料去除。此外，刀具的旋转效应对微孔的最终加工质量有着十分重要的影响。

3.3.3　纳米压印

纳米压印光刻技术是制备简单、低成本、高通量纳米颗粒最有效的方法之一。拥有纳米级精度的压印模板在玻璃化材料（如玻璃和氧化物玻璃）上，在接近玻璃化转变温度（T_g）下，通过电子束光刻、干法刻蚀和聚焦离子束刻蚀 Si、SiO_2、SiC 及玻璃可以复刻纳米印迹。用纳米压印技术可以制备各种表面形貌，包括条纹、点、环形光栅等[40]。阶梯蓝宝石模板具有原子平坦的表面，原子台阶的高度约为 0.2 nm，这些台阶是通过原子迁移来降低退火过程中其表面释放的能量而形成。

对玻璃表面进行纳米级改性，在液晶显示器和平板玻璃领域制备高强度玻璃基板有着巨大潜力，能够提高玻璃板与膜材料之间的黏附性。玻璃纳米压印技术最主要的两个难点是：蓝宝石模板的原子级表面图案如何转移到玻璃表面，以及是否有可能在玻璃表面上形成一个亚纳米高度的台阶。这里简单讲述了在不同条件下，采用原子级蓝宝石模板对玻璃进行原子级表面改性的纳米压印工艺及应用。

在空气中进行硅酸盐玻璃平板上的纳米压印，其玻璃化转变温度（T_g）为 521℃，采用镜面抛光的阶梯蓝宝石模板在玻璃上制备纳米压印。图 3-41 为两个不同位置条件下的纳米压印装置示意图。为考察重力对玻璃软化行为特性的影响，采用了两个不同的位置进行压印：①模板在上，玻璃板在下[图 3-41（a）]；②模板在下，玻璃板在上[图 3-41（b）]。在图 3-41（a）中，模板在 1～3 kPa 压强下压在玻璃板表面，然后在 580～600℃下在空气中加热 60 min，当样品冷却到 40℃以下时，将模板从玻璃板上移除。图 3-41（b）所示第二个位置的纳米压印参数与前者相同。纳米压印完成后，用原子力显微镜观察玻璃板样品的表面形貌。

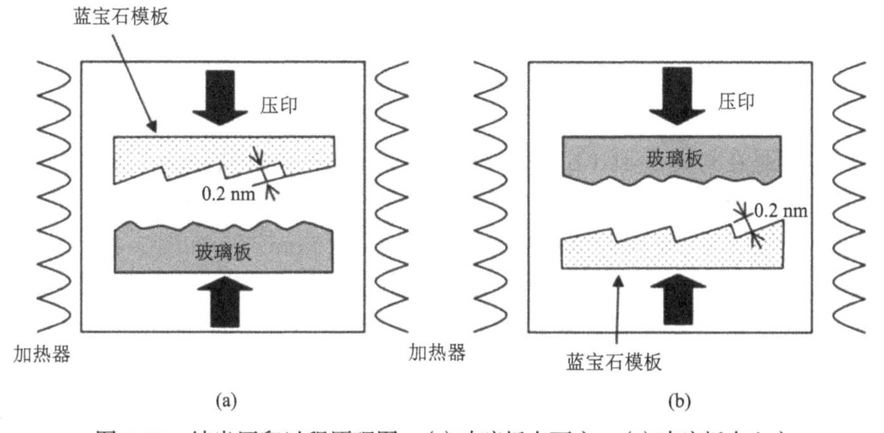

图 3-41　纳米压印过程原理图：(a)玻璃板在下方；(b)玻璃板在上方

如图 3-42（b）所示，阶梯蓝宝石模板原子级台阶高度均匀在 0.2 nm 左右，宽度为 60～80 nm，其台阶高度可以通过改变蓝宝石基体的晶面和高温退火来控制。在图 3-41（a）（上模）所示的压制条件下，硅酸玻璃纳米压印的 AFM 表面图像和横截面轮廓分别如图 3-42（c）和（d）所示。模板表面的台阶和台阶形状部分转移到硅酸盐玻璃上，其台阶高度和台阶宽度分别为 0.24 nm 和 60 ～80 nm，此图案与蓝宝石模板表面形貌能很好地吻合。当模板在玻璃上方放置进行压印时，玻璃在压印过程中的软化和黏性流动等行为不受重力的影响，从而将蓝宝石模板上的亚纳米级形状很好地转移到了玻璃表面。

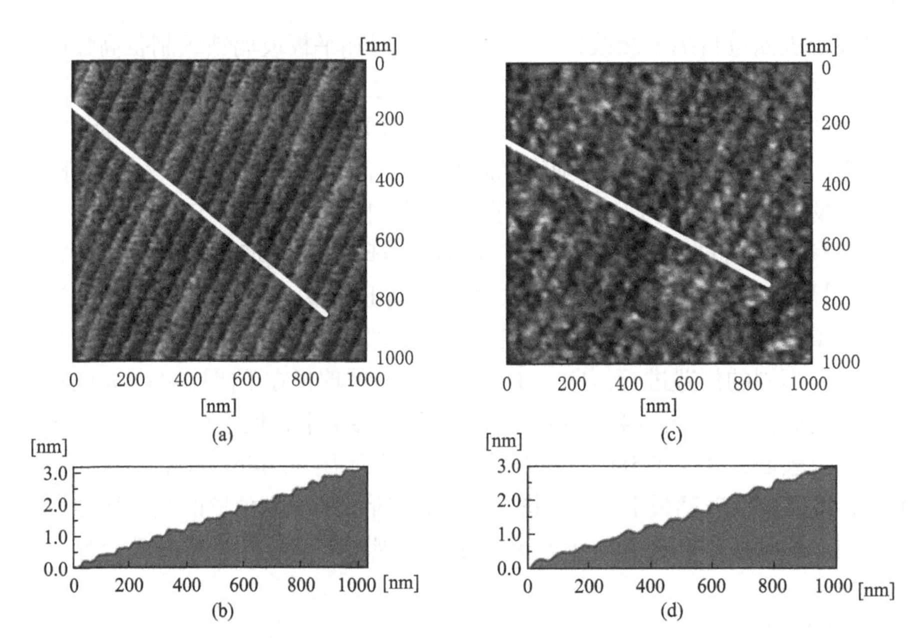

图 3-42 阶梯蓝宝石模板（$1\times1\ \mu m^2$）的(a) AFM 图像和(b)横截面剖面；硅酸盐玻璃板上纳米波图案的（c）AFM 图像和(d)横截面剖面

图 3-43 是在与图 3-41（b）相同的条件下压印的硅酸盐玻璃，即硅酸盐玻璃在上、蓝宝石模板在下进行压印。图 3-43（a）是压印后 AFM 图像，（b）是其截面轮廓图像，（c）是该表面图像的放大区域（$5\times5\ \mu m^2$）。如图 3-43（b）所示，在硅酸盐玻璃表面形成了有序排列的纳米波图案，高度约为 8 nm，周期为 60 ～85 nm，对应于蓝宝石模板的原子级台阶排布，如图 3-43（a）所示。

影响纳米压印法在硅酸盐玻璃表面形成纳米波图案的主要因素是蓝宝石和硅酸盐玻璃在冷却过程中收缩时热膨胀系数的差异，以及热膨胀系数在 T_g 附近迅速变化导致硅酸盐玻璃的快速热缩。用原子级蓝宝石模板可以对硅酸盐玻璃进行原子级表面加工，在整个硅酸盐玻璃表面上均匀形成了原子阶梯式图案。倒置模板

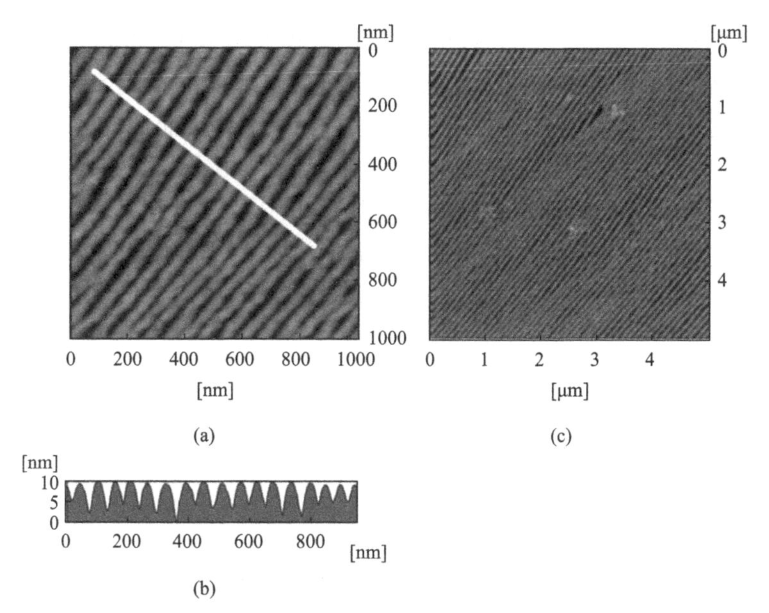

图 3-43　(a)硅酸盐玻璃板上的纳米波图案的 AFM 图像、(b)高度剖面和(c)AFM 图像的局部放大区域

和玻璃板后，在硅酸盐玻璃上形成了有序排列的纳米波。由此可见，模板和玻璃板在压印过程中的垂直位置关系对压印玻璃的形貌有十分明显的影响。

纳米压印光刻的热压、冷却和释放过程中的断裂缺陷可以通过数值模拟和实验研究。在玻璃化转变温度以下对玻璃施加压力产生变形时，会引起玻璃压印拐角处的应力集中[41]。模板热膨胀系数与基体热膨胀系数的差异会导致横向应变，应变集中在模板的拐角处，这些应变的存在会导致工件出现断裂等缺陷。在模板与加工样品分离的步骤中，为了尽可能消除样品表面缺陷，需要在其玻璃化转变温度以下释放压印时所施加的压力，并将样品缓慢冷却以释放应力集中。研究结果表明，该方法可以成功在玻璃表面制备具有较高的高深宽比的精细图案。

热纳米压印光刻技术是在各种材料表面制备极精细图案的一种非常有前景的加工方法。在热纳米压印光刻中，热塑性玻璃被加热到玻璃化转变温度（T_g）以上，并在玻璃上压制一个表面具有精细图案的模具。在冷却到低于 T_g 后将模具移除，模具上的精细图案就会转印到玻璃上。另一方面，由于玻璃的流动、脱模和热膨胀等原因，在纳米压印加工过程中会出现几种模式的缺陷。其中在模具的脱模过程中，因为玻璃在模具上的黏着，进而导致缺陷的形成。为了克服黏着问题，采用氟单分子玻璃进行模具表面处理，以此来降低模具的表面能量。对于转印高深宽比在 3.0 左右的图案时，这种氟单分子的表面处理可以成功避免黏着问题，但在制造高深宽比图案时仍然存在缺陷。用纳米压印光刻法制作高深宽比图案的一个典型缺陷是在脱模过程中产生断裂。下面对热纳米压印过程中断裂的缺陷进行分析。

图 3-44 展示了在热纳米压印光刻中，脱模后出现了一个典型的缺陷，如圆圈区所示。这是由于摩擦力随着高深宽比的增加而增大，因而在模具脱模过程中，基底材料可能会从模具的底部断裂，这种缺陷在制作高深宽比图案时会更为严重。当印有印记的样品和模具被倒置时，对玻璃施加的压力估计在几个帕斯卡或更少。此外，玻璃生成的断裂缺陷主要是在基底部分，而不是在压印的中部。这些事实表明，玻璃在热纳米压印过程中产生的缺陷主要是由于摩擦引起的拉伸力造成的玻璃断裂。

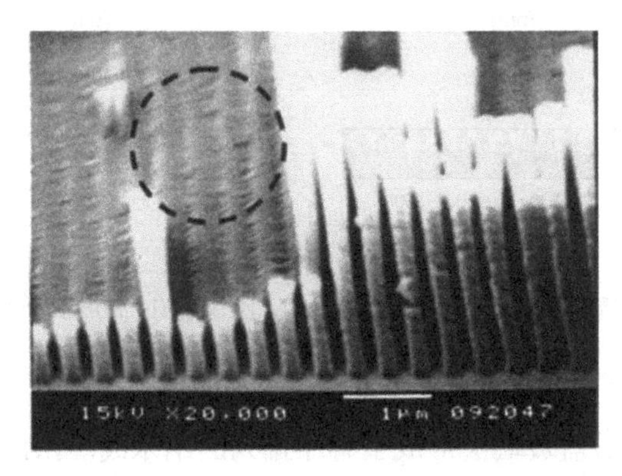

图 3-44 热纳米压印光刻中扫描电子显微镜(SEM)断裂缺陷的图像

为了研究压印的缺陷生成，对压印工艺过程进行了详细分析。图 3-45 为一个典型的热压印流程。这里考虑以下三个步骤的应力分布：第一步是热压过程，如图 3-45（a）所示，如果应力集中在一个特定的区域，就会产生残余应力，并引起图案的变形；第二步是冷却过程，如图 3-45（b）所示，压印压力一直施加在玻璃上，直到与模具分离，此外还考虑了冷却过程中的侧向力，这是因为模具的热膨胀系数与基体材料之间存在差异；最后研究了在释放过程中摩擦力的应力集中，如图 3-45（c）所示。典型的温度和压力循环如图 3-45（d）所示，采用传统的有限元建模方法模拟了应力和应变分布，求出玻璃的应力集中或特定状态。

在热压阶段，玻璃被加热到玻璃化转变温度以上，此时的玻璃被假定为橡胶弹性体。δ_p 是模具外角附近的应力，最大主应力发生在模具外角附近。玻璃流向模具内角所受应力为压应力。另一方面，沿模具侧壁边界的玻璃被拉伸，但应力不集中在玻璃的特定部分，沿边界壁面的应力大小约为$-0.3\delta_p$。

在冷却阶段，玻璃被冷却到低于 T_g 且被认为是一个弹性体。假设压印压力是持续施加直到释放模具，这时有两个可能引起缺陷的原因，一是模压引起的应力集中，二是模具和基体的热收缩引起的横向应变。

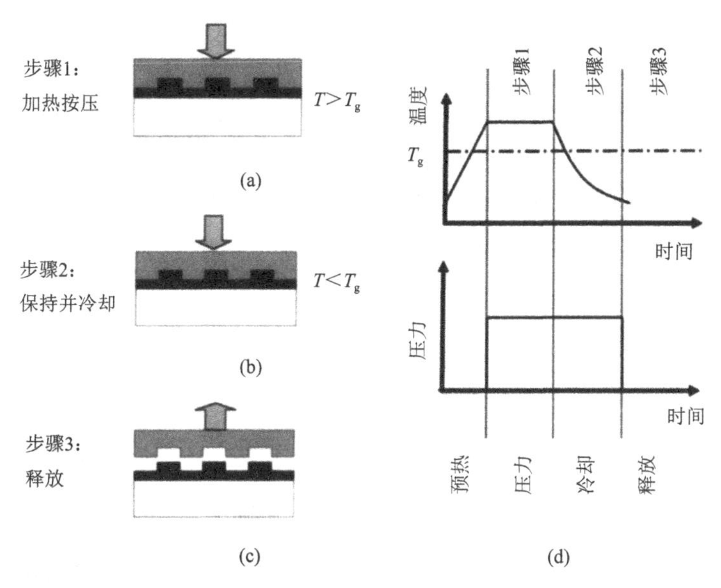

图 3-45　热纳米压印光刻的典型工艺：（a）加热按压；（b）冷却步骤；（c）释放；（d）施加压力和温度的过程顺序

图 3-46 为模具压印力在冷却步骤上的主应力（δ_c）分布，其中 δ_c 是模具外角附近的应力。在这种情况下，玻璃被假定为弹性材料，而忽略了冷却过程中的热应力。模拟结果表明，拉伸应力和压应力同时大于压印压力的 3 倍。应力的大小取决于有限元模拟的单元尺寸，但很容易理解为应力集中在拐角处。在玻璃化转变温度以下冷却会在玻璃拐角处引发裂纹的萌生和扩展。

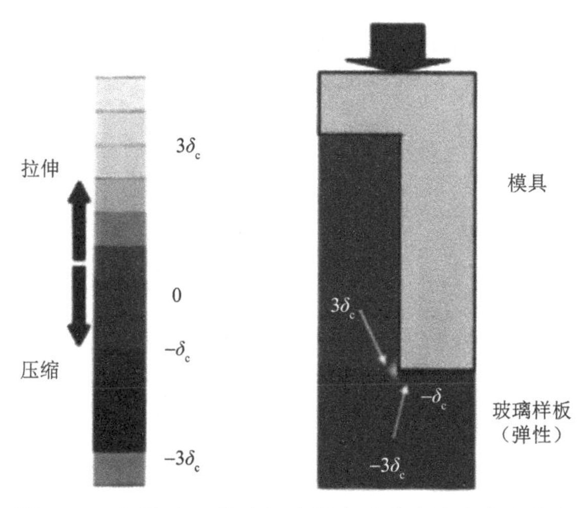

图 3-46　在低于 T_g 的冷却步骤中玻璃中的主应力分布

图 3-47（a）显示了冷却过程的原理图，当模具材料与基板不同时，模具与基板之间的相互位置在冷却步骤中发生移动，并且在玻璃图案上施加横向应变。应变的大小随着模具中心距离的增加而变大。图 3-47（b）展示了当模具位置通过侧向力只移动模式宽度的 2%时，玻璃中主应变的分布。模拟结果表明，应变集中在板形的拐角处，冷却后产生严重的缺陷。在这种情况下，最大应变超过 5%的拐角处可能会出现缺陷或玻璃的断裂。

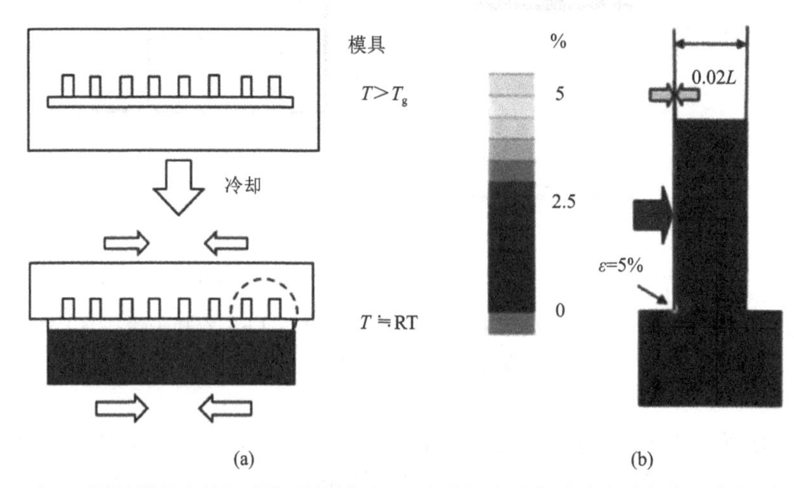

图 3-47　对于不同的模具和基板膨胀系数情况下，在冷却步骤中玻璃中的主应变分布。假定玻璃为弹性体，由模具和基体的热收缩引起的横向应变：（a）冷却过程原理图和（b）应变分布的热收缩

在释放步骤中，即使已经对模具实施了表面减摩处理，模具与玻璃之间的摩擦力也会使得玻璃与其之间存在黏附。当压印图案的高深宽比较大时，摩擦力也会变大。图 3-48 为释放过程的应力分布的模拟结果。应力集中在图形的拐角处，

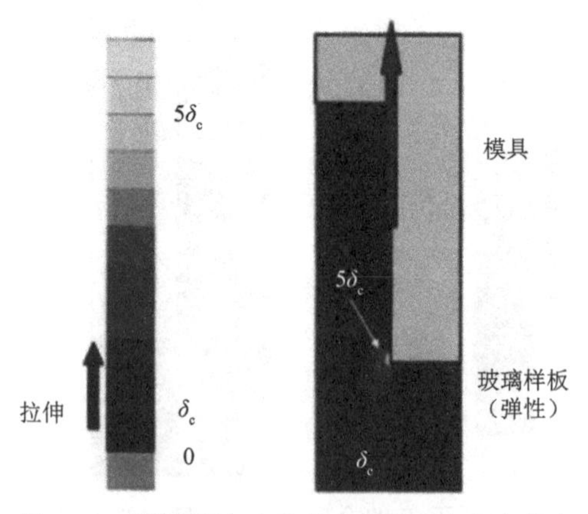

图 3-48　模具释放过程中玻璃中的主应力分布

应力梯度向图形的中心方向移动。尽管摩擦力相对较小，但是由于冷却阶段可能产生的致命缺陷，因此在模具释放阶段也可能会造成材料的断裂，所以断裂缺陷不是在热压过程中产生，而是在冷却和释放过程中产生。

玻璃化转变温度以下施加的压力在玻璃图案的拐角处产生应力集中，应力集中会导致玻璃在冷却过程中缺陷的产生；模具与基体热膨胀系数的差异又会导致横向应变在模具的拐角处集中。这些主要缺陷在脱模过程中会导致玻璃的断裂。为了消除断裂缺陷，在玻璃化转变温度以下释放施加的压力，并引入缓慢冷却系统以缓和冷却阶段的热应力，这样就可以在玻璃表面成功制备具有高深宽比的精细图案。

3.3.4　玻璃的 3D 打印

玻璃是科学研究、工业和社会中最重要的高性能材料之一，主要是因为它具有很好的光学透明性、优异的机械性能、化学稳定性和热阻以及[42]隔热和电绝缘性能。然而，像熔融石英玻璃这类高纯度玻璃都难以进行加工成型，因为对于玻璃的成型需要高温熔化以及在铸造过程或使用危险化学品对其进行微观特征加工。可加工性差使得玻璃无法快速融入现代制造技术。

玻璃的三维打印（3D 打印）使用铸造纳米复合材料[43]，在立体光刻 3D 打印机上以几十微米的分辨率创造透明熔融石英玻璃组件[44]。该工艺使用一种可光固化的二氧化硅纳米复合材料，通过热处理将其 3D 打印并转化为高质量的熔融石英玻璃[45]。3D 打印制造出的熔融石英玻璃无多孔，具有商用熔融石英玻璃的光学透明性，表面光滑，粗糙度仅几个纳米，并且还可以通过掺杂金属盐，制造出彩色玻璃。3D 打印技术为工业和学术界在熔融石英玻璃中创建任意的宏观和微观结构提供了可能，并绕过了与最先进的玻璃结构方法相关的尺寸和分辨率限制，不需要强酸等化学物质进行刻蚀就能产生光学清晰度和表面质量较高的表面，适合光学元器件的设计与加工成型。

印刷纳米复合材料产生的玻璃特征分辨率和结构质量完全符合微机电系统（MEMS）、微光学和微流控应用的要求。图 3-49（a）显示了在熔融石英玻璃中的一个典型的空心城堡门，它是用微立体光刻技术制作的（塔顶上的尖峰直径为 80 μm）。纳米复合材料也可作为一种负光刻胶用于微光刻，图 3-49（b）展示一个用微光刻技术构造的特斯拉混频器级联微流控玻璃芯片，图 3-49（c）中所示的是一种商用熔融石英滑块上结构和烧结而成的微光学衍射元件。

图 3-50（a）为 3D 打印过程示意图，使用高温定制 3D 打印机，玻璃丝是通过直径为 0.4 mm 的喷嘴尖端被挤压出，层层堆积在一个专门设计的高温建造平台的表面。玻璃的整体性能，如玻璃的网络结构、微结构特征、光学和发光性能等，

能很好地从块体母玻璃转移到三维印刷玻璃零件上。

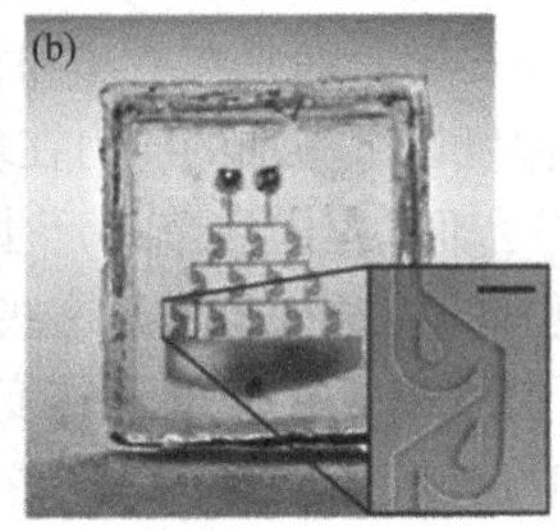

图 3-49　3D 打印制造的熔融石英玻璃显微结构：(a)典型的空心城堡门；(b)微流控玻璃芯片；(c)微光学衍射元件

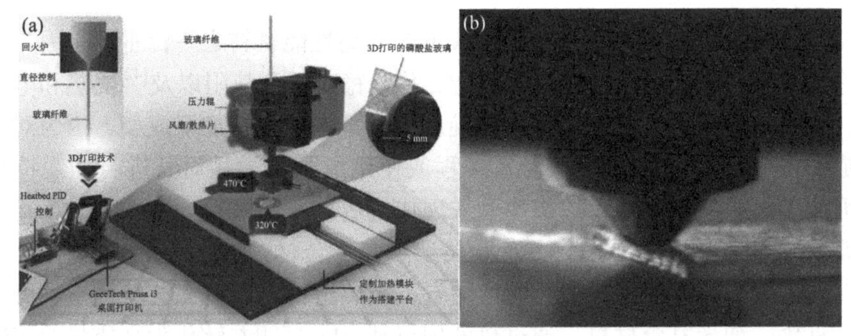

图 3-50　(a)熔融沉积成型有限差分法三维打印磷酸盐玻璃的实验方法概述；(b)使用直径为 0.4 mm 的镀镍铜喷嘴，在印刷过程中对高度致密的玻璃部件进行近距离观察

目前的 3D 打印系统正在从各个方面进行改进，以提高打印精度，保证无气孔、高光学质量的玻璃制造。实验室研究可以利用 3D 打印法对全功能玻璃零件进行三维打印，为先进光学系统的应用和普及提了一种思路。还可以对含有大量稀土、金属离子或纳米粒子的复合磷酸盐玻璃长丝进行直接 3D 打印，但也包括将全致密、复杂的玻璃预制体 3D 打印到光导纤维中。此外，玻璃 3D 打印还可以运用在其他领域，如药物（治疗或抗菌离子的控制释放[46]）；3D 打印生物相容性磷酸盐组合物，如与磷酸铝材料相近的有机磷玻璃[47,48]，并就其已确立的抗菌活性进行了广泛的研究。关于 3D 打印的玻璃材料，由于加工手段的特殊性，其可能存在的加工缺陷主要体现在玻璃内部结构的不紧密，甚至可能存在微缝隙，这与 3D 打印加工的玻璃丝分辨率直接相关。熔石英玻璃的三维打印将能够在宏观和微观尺度上实现高透明、耐高温和耐化学的复杂形状玻璃的成型和加工。玻璃的 3D 打印体现了最古老的材料和人类所知的现代先进制造技术相融合。

参 考 文 献

[1] Tamboli D, Banerjee G, Waddell M. Novel interpretations of CMP removal rate dependencies on slurry particle size and concentration. Electrochemical and Solid-State Letters, 2004, 7(10): 62-65.

[2] Lee H S, Jeong H D, Dornfeld D. Semi-empirical material removal rate distribution model for SiO_2 chemical mechanical polishing (CMP) processes. Precision Engineering, 2013, 37(2): 483-490.

[3] Wang Y, Zhao Y, Li X. Modeling the effects of abrasive size, surface oxidizer concentration and binding energy on chemical mechanical polishing at molecular scale. Tribology International, 2008, 41(3): 202-210.

[4] Zhang Q X, Pan J S, Zhang X W, Lu J B, Yan Q S. Tribological behavior of 6H-SiC wafers in different chemical mechanical polishing slurries. Wear, 2021, 472: 203649.

[5] 赵金柱. 玻璃深加工技术与设备. 北京: 化学工业出版社, 2012.

[6] Zhang Y F, Dai Y F, Tie G P, Hu H. Effects of temperature on the removal efficiency of KDP crystal during the process of magnetorheological water-dissolution polishing. Applied Optics, 2016, 55(29): 8308-8315.

[7] 韦亚一. 超大规模集成电路先进光刻理论与应用. 北京: 科学出版社, 2016.

[8] Quirk M, Serda J. Semiconductor Manufacturing Technology. Beijing: Publishing House of Electronics Industry, 2006.

[9] 肖童金, 何洪途, 余家欣. 干燥气氛下速度对钠钙玻璃磨损性能的影响. 摩擦学学报, 2019, 39(5): 601-610.

[10] 乔乾, 何洪途, 余家欣. 水分对核废料硼硅酸盐玻璃摩擦磨损性能的影响. 摩擦学学报, 2020, 40(1): 40-48.

[11] 高鹤. 玻璃冷加工技术. 北京: 化学工业出版社, 2013.

[12] 王承遇, 陶瑛. 艺术玻璃和装饰玻璃. 北京: 化学工业出版社, 2009.

[13] Yussof M M, Lim S H, Kamarudin M K. The Effect of Short-Term Exposure to Natural Outdoor Environment on the Strength of Tempered Glass Panel. Proceedings of AICCE'19. Berlin: Springer International Publishing, 2020.

[14] Karlsson S. Spontaneous fracture in thermally strengthened glass: A review & outlook. Ceramics Silikaty, 2017, 61(3): 188-201.

[15] 刘志海, 李超. 加工玻璃生产操作问答. 北京: 化学工业出版社, 2009.

[16] Minami H. Method of processing tempered glass and apparatus of processing tempered glass: U. S., Patent Application 14/829089. 2015-12-10.

[17] 王立祥, 刘振甫, 金文国. 影响化学钢化玻璃质量的因素分析. 玻璃, 2012, 39(4): 27-31.

[18] 刘缙. 平板玻璃的加工. 北京: 化学工业出版社, 2008.

[19] Bernardo E, Boccaccini A R, Duran A, Galusek D, Wondraczek L. International Journal of Applied Glass Science: Special Issue Editorial. International Journal of Applied Glass Science, 2021, 4(12): 459-461.

[20] 李超. 玻璃强化及热加工技术. 北京: 化学工业出版社, 2013.

[21] Batchelor-Mcauley C, Little C A, Sokolov S V, Kätelhön E, Zampardi G, Compton R G. Fluorescence monitored voltammetry of single attoliter droplets. Analytical Chemistry, 2016, 88(22): 11213-11221.

[22] Minami H. Method of processing tempered glass and device of processing tempered glass: U. S. , Patent 9290412. 2016-3-22.

[23] 张锐, 许红亮, 王海龙. 玻璃工艺学. 北京: 化学工业出版社, 2008.

[24] Karlsson S, Jonson B, Stålhandske C. The technology of chemical glass strengthening: A review. Glass Technology, 2010, 51(2): 41-54.

[25] Wondraczek L, Mauro J C, Echert J, Kühn U, Horbach J, Deubener J, Rouxel T. Towards ultrastrong glasses. Advanced Materials, 2011, 23(39): 4578-4586.

[26] Furumoto T, Hashimoto Y, Ogi H, Kawabe T, Yamaguchi M, Koyano T, Hosokawa A. CO_2 laser cleavage of chemically strengthened glass. Journal of Materials Processing Technology, 2021, 289: 116961.

[27] Baucke F. Fundamental and applied electrochemistry at an industrial glass laboratory: An overview. Journal of Solid State Electrochemistry, 2011, 15(1): 23-46.

[28] Todd J T, Norman J F. Reflections on glass. Journal of Vision, 2019, 19(4): 26.

[29] Matsumura T, Ono T. Cutting process of glass with inclined ball end mill. Journal of Materials Processing Technology, 2008, 200(1-3): 356-363.

[30] Lawn B R, Jensen T, Arora A. Brittleness as an indentation size effect. Journal of Materials Science, 1976, 11(3): 573-575.

[31] Marshall D B, Lawn B R. Indentation of brittle materials. Microindentation Techniques in Materials Science and Engineering, 1986, 889: 26-46.

[32] Bifano T G, Dow T A, Scattergood R O. Ductile-regime grinding: A new technology for machining brittle materials. Journal of Engineering for Industry, 1991, 113(2): 184-189.

[33] Patten J, Gao W, Yasuto K. Ductile regime nanpmachining of single-crystal silicon carbide. Journal of Manufacturing Science and Engineering, 2005, 127(3): 522-532.

[34] Patten J A. High pressure phase transformation analysis and molecular dynamics simulations of single point diamond turning of germanium. North Carolina: North Carolina State University, 1996.

[35] Schinker M G, Doll W. Turning of optical glasses at room temperature. Hague International Symposium, 1987, 802: 70-80.

[36] Tölke R, Bieberle-Hütter A, Evans A, Rupp J L M, Gauckler L J. Processing of Foturan glass ceramic substrates for micro-solid oxide fuel cells. Journal of European Ceramics Society, 2012, 32(12): 3229-3238.

[37] Thoe T B, Aspinwall D K, Wise M L H. Review on ultrasonic machining. International Journal of Machine Tools and Manufacture, 1998, 38(4): 239-255.

[38] Jui S K, Kamaraj A B, Sundaram M M. High aspect ratio micromachining of glass by electrochemical discharge machining (ECDM). Journal of Manufacturing Processes, 2013, 15(4): 460-466.

[39] Ghosh B A. Mechanism of material removal in electrochemical discharge machining: A

theoretical model and experimental verification. Journal of Materials Process Technology, 1997, 71(3): 350-359.

[40] Akita Y, Watanabe T, Hara W, Matsuda A, Yoshimoto M. Atomically stepped glass surface formed by nanoimprint. Japanese Journal of Applied Physics Letters B, 2007, 46(15): 342-344.

[41] Hirai Y, Yoshida S, Takagi N. Defect analysis in thermal nanoimprint lithography. Journal of Vacuum Science and Technology B: Microelectronics and Nanometer Structures, 2003, 21(6): 2765-2770.

[42] Ikushima A J, Fujiwara T, Saito K. Silica glass: A material for photonics. Journal of Applied Physics, 2000, 88(3): 1201-1213.

[43] Kotz F, Plewa K, Bauer W, Schneider N, Keller N, Nargang T, Helmer D, Sachsenheimer K, Schaefer M, Worgull M, Greiner C, Richter C, Rapp B E. Liquid glass: A facile soft replication method for structuring glass. Advanced Materials Processes, 2016, 28(23): 4646-4650.

[44] Kotz F, Arnold K, Bauer W, Schild D, Keller N, Sachsenheimer K, Nargang T M, Richter C, Helmer D, Rapp B E. Three-dimensional printing of transparent fused silica glass. Nature, 2017, 544(7650): 337-339.

[45] Liu C, Qian B, Ni R P, Liu X F, Qiu J R. 3D printing of multicolor luminescent glass. RSC Advances, 2018, 8(55): 31564-31567.

[46] Mulligan A M, Wilson M, Knowles J C. The effect of increasing copper content in phosphate-based glasses on biofilms of *Streptococcus sanguis*. Biomaterials, 2003, 24(2): 1797-1807.

[47] Pickup D M, Moss R M, Qiu D. Structural characterization by X-ray methods of novel antimicrobial gallium-doped phosphate-based glasses. The Journal of Chemical Physics, 2009, 130(6): 64708-64708.

[48] Apa A, Cresswell M, Campbell I, Jackson P, Goldmann W H, Detsch R, Boccaccini A R. Gallium- and cerium-doped phosphate glasses with antibacterial properties for medical applications. Advanced Engineering Materials, 2020, 22(9): 1901577.

第4章　玻璃结构、性能、损伤的表征方法

4.1　力学性能测试

力学性能（mechanical property）是材料抵抗外力和变形所呈现的各种行为[1]。弹性模量和硬度是材料固有的力学性能。弹性模量由材料中的单个键和网络结构决定，玻璃的硬度是单个键的强度和结构中原子堆积密度的函数。玻璃材料还有其特有的力学性能。在玻璃化转变温度以下时，玻璃常作为脆性材料，其断裂行为通常由环境因素而不是形成玻璃网络结构的键的固有强度决定。玻璃的断裂强度也因预先表面处理、化学环境和强度测量方法而异。除此之外，作为脆性材料，玻璃也很容易因热冲击而失效[2]。

为了充分认识玻璃受力情况，深入探讨其力学性能，需要开展相关的测试及分析。现代多样性检测的需要、理论模型的发展和相关技术的进步，为检测玻璃材料从宏观到微纳米尺度上的力学性能参数及其变化提供了有效手段，为人们能够开展相关的力学性能研究创造了条件。一些通用性好、自动化程度高的设备，在实验测试与分析中，可以直接或间接地测试或表征材料的强度、硬度、弹性模量等力学性能，在玻璃力学性能测试方面起着极其重要的作用。本节将对一些常见测试设备的原理及其在玻璃材料方面的应用等进行简要的介绍。

4.1.1　万能材料试验机

万能材料试验机（图4-1）又称万能拉力机或电子拉力机，是采用微机控制全数字宽频电液伺服阀，驱动精密液压缸，微机控制系统对试验力、位移、变形进行多种模式的自动控制，完成对试样的拉伸、压缩、抗弯试验的设备，符合国家标准GB/T 228.1—2010《金属材料　拉伸试验　第1部分：室温试验方法》的要求及其他标准要求。万能材料试验机适用于橡胶、塑料、纺织物、防水材料、电线电缆、网绳、金属丝、金属棒和金属板等材料的拉伸试验，增加附件还可进行压缩、弯曲、环刚度等试验。

万能材料试验机作为一种机电一体化产品，主要由机械、液压动力单元、测控系统、计算机数据处理系统、试验结果输出等部分组成。其主要优势在于：空间布置合理，安装调整方便；准确度高；长期运行稳定性高；操作灵活简便以及安全可靠性高等特点。

玻璃属于脆性材料，其力学性能试验中主要使用万能试验机的弯曲试验。武

汉理工大学的王嵘嵘[3]利用型号为 AG-IC20/50kN 的万能试验机，对硫系玻璃开展了室温下的抗折强度测定实验，来探究 201 试样的抗折强度 R_f 与 $r^{-1/2}$ 和镜面区位置的关系，见图 4-2。结果发现，试样的 R_f 随镜面区半径 r 的增大而减小，与 $r^{-1/2}$ 具有较好的线性关系。

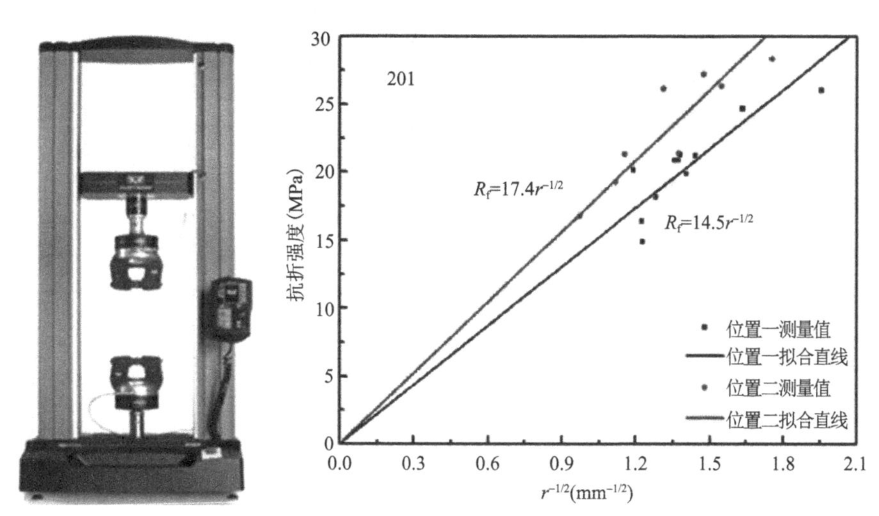

图 4-1　万能材料试验机外观图　图 4-2　试样位置一和位置二的抗折强度 R_f 与 $r^{-1/2}$ 的关系

4.1.2　万能硬度测试仪

维氏硬度试验主要用来测试小型精密零件的硬度、镀层的表面硬度、表面硬化层硬度和有效硬化层深度、薄片材料和细线材的硬度等。由于试验力很小，产生的压痕尺寸也很小，所以试样的外观和用途对实验结果几乎不产生影响。

显微维氏硬度试验主要用来测试金属组织中各物相的硬度，进行难熔化合物的脆性研究等。显微维氏硬度试验可对极小或极薄零件（薄至 3 μm）进行测试，被广泛用来测试微小、薄形试件的显微硬度，以及玻璃、陶瓷等脆而硬的材料的努氏硬度等[4]，是科研机构、工厂或质检部门进行材料研究和检测的常用宏观、微观硬度测试仪器。

万能硬度测试仪（图 4-3）的出现和推广，使得研究者们可更加方便快捷地测出样品的微观尺寸的硬度（包括维氏硬度、努氏硬度等）。硬度计的压头在步进电机的驱动下压入工件表面产生压痕后，再通过显微镜测量压痕对角线的长度，然后利用对角线和试验力的换算关系来获取维氏硬度值。此外，通过安装维氏硬度计测量软件，利用电脑显示屏来显示图像，更方便、快捷地测量试样的硬度值。Kiefer 等[5]利用万能硬度测试仪测试了钠钙硅玻璃的维氏硬度，研究了在 1.96 N 的载荷和两种不同的环境下，含水钠钙硅玻璃的维氏硬度与水含量的关系（图 4-4）：（a）图

图 4-3　万能硬度测试仪（Zwick & Roell ZHU2-5）

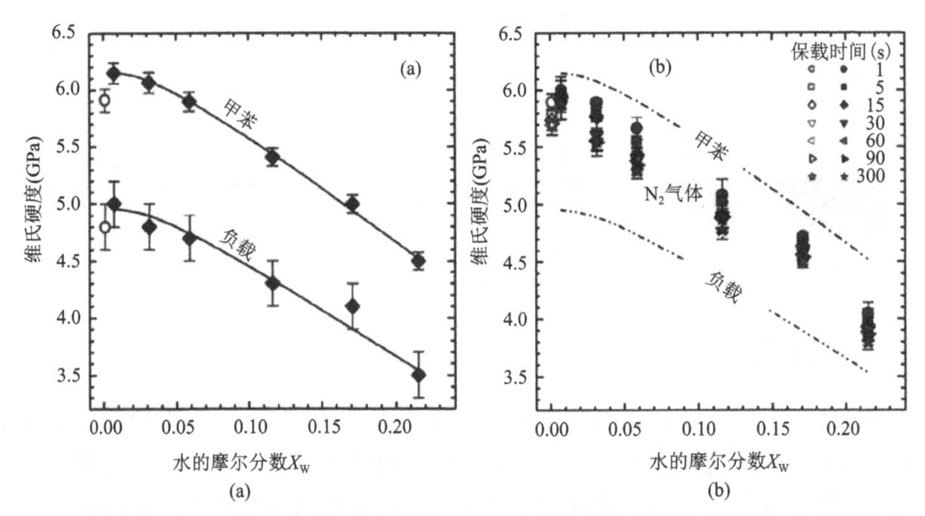

图 4-4　在 1.96 N 的载荷和两种不同的环境下，含水钠钙硅玻璃的维氏硬度与水含量的关系

显示卸载后液体甲苯（含水量=0.001%）中的硬度（上曲线）和负载 P_{H_2O}=30 Pa 下的 N_2 气体中的硬度（下曲线）；（b）图说明了在 N_2 气体（P_{H_2O} = 30 Pa）中卸载不同保载时间后的维氏硬度。

4.1.3　纳米压痕仪

纳米压痕仪作为一种新兴的材料力学性能测试技术，在测试精度上从最初的微米级发展到今天的纳米量级，在功能上从最初只能进行简单纳米压痕发展到目前集纳米压痕、纳米划痕和表面形貌表征功能于一体的多功能测试系统，在表面工程和表面改性、纳米材料、微机电器件、半导体工业等领域获得广泛应用。

纳米压痕仪主要包括以下技术特点：①符合 ISO14577、ASTME2546 标准；②光学显微镜自动观察；③独特的热漂移控制技术；④可获得材料硬度、弹性模量、断裂韧性、刚度、失效点、应力-应变关系、蠕变性能等力学数据或图像；⑤适时测量载荷、位移大小；⑥拥有独立的加载系统和高分辨率的电容深度传感器；⑦具有压电陶瓷驱动的载荷快速反馈系统等。

纳米压痕仪（图 4-5）不仅可通过设置不同参数进行压痕测试，来研究材料的弹塑性变形机理、疲劳特性、蠕变特性、能量损耗等，还可通过特定参数下的划痕测试来研究薄膜材料的摩擦系数、磨损率、膜基结合力等摩擦磨损行为。可用该仪器测量的材料范围广泛，如对有机或无机、软质或硬质材料的检测分析，包括金属、合金、玻璃、陶瓷、半导体和有机材料等。

图 4-5　Nano Indenter G200 纳米压痕仪

为了研究不同环境对钠钙硅玻璃表面机械性能的影响规律与机理，乔乾等[6]采用纳米压仪（G200，Keysight，美国）在连续刚度模式下测试不同环境中玻璃表层的纳米力学性能，见图 4-6。结果表明，在给定实验条件下，去离子水侵蚀对玻璃表层微观力学性能影响不大，但强酸侵蚀可以明显降低玻璃表层的纳米硬度和等效模量，而且随着侵蚀时间的增加，玻璃表面的微观力学性能进一步降低。经强酸侵蚀 50 h 后，玻璃表层的纳米硬度和等效模量分别降低了约 6.25%和 10.8%。

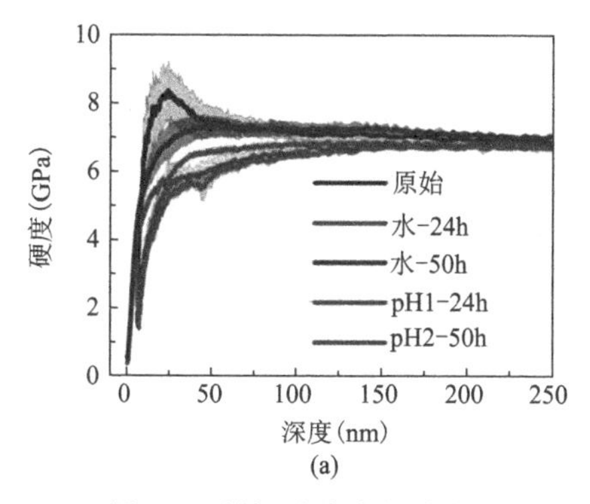

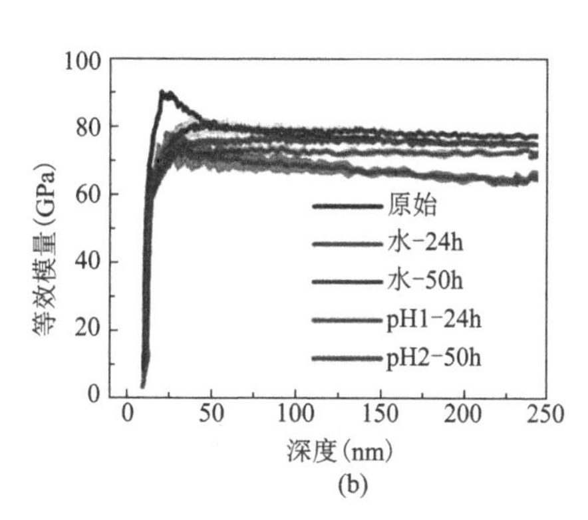

图 4-6　钠钙硅玻璃的纳米硬度(a)和等效弹性模量(b)随深度的变化规律

4.1.4 疲劳试验机

高频疲劳试验机基于系统共振原理进行工作，主要由主机系统、测控系统和电气系统三大部分组成。高频疲劳试验机可用于测试各种金属和部分非金属材料的抗疲劳特性，若配以各种专用夹具，还可用于测试各种零部件的疲劳寿命。高频疲劳试验机因其具有结构简单、操作方便、高效率、低耗能等特点，被广泛地应用于航空、航天、冶金、高校科研教学及工业生产等领域。

随着微电子技术和计算机技术的发展及测试手段的进步，高频疲劳试验机的使用功能也在不断更新和扩展。随着近几年国内测试技术的不断发展，动态试验愈加受到重视。作为动态试验中的重要一族，高频疲劳试验机的需求也开始呈上升趋势。对于玻璃疲劳性能的研究原来多集中在静疲劳方面，但是在循环荷载作用下，玻璃和陶瓷这类高脆性材料也会存在机械疲劳损伤。鉴于此，李海云等[7]利用疲劳试验机对三组不同的中空钢化玻璃板分别进行了常幅和变幅疲劳试验，发现 5×10^4 次与 1×10^4 次两种变幅疲劳试验的数据之间不存在明显差别，可以将疲劳寿命 $n=5\times10^4$ 时的最大应力值视为钢化玻璃的条件疲劳极限，其使用的一款疲劳试验机见图 4-7。

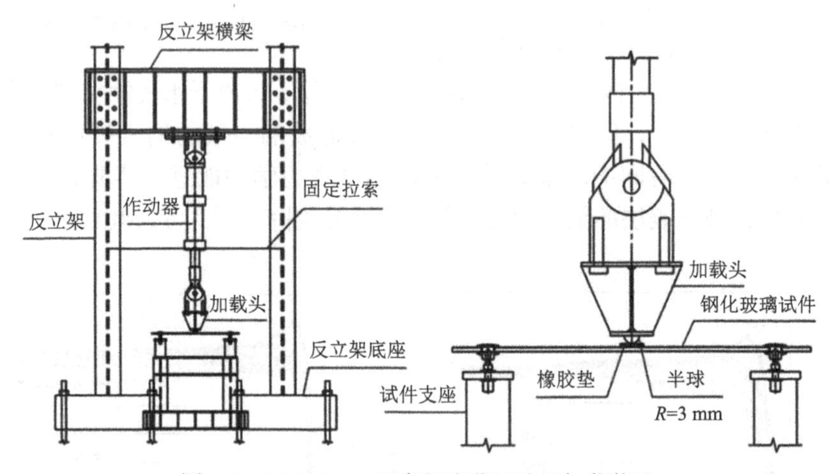

图 4-7 MIS244.31 型高频疲劳试验机加载装置

4.1.5 多功能摩擦磨损试验机

机械设备的相对运动部件之间均存在摩擦。由于润滑不当而造成的非正常摩擦磨损，不仅影响人们生产活动，还会造成社会财富的巨大浪费，所以对材料进行摩擦磨损性能和变形机理的研究十分必要。多功能摩擦磨损试验机能够实现不同材料在各种摩擦配副形式、各种环境条件下的宏/微观摩擦磨损实验，为探究玻璃在不同材料成分、不同接触形式、不同工况下的摩擦磨损行为提供了必要且有效的手段。

按照不同分类方式，可将摩擦磨损试验机分为多种类型。根据通用化程度不同，可将其分为通用摩擦磨损试验机和特种摩擦磨损试验机两大类。常用的通用摩擦磨损试验机主要包括四球摩擦试验机、端面摩擦磨损试验机、往复式摩擦磨损试验机、环块摩擦磨损试验机和微动摩擦磨损试验机等。常用的特种摩擦磨损试验机主要包括高温摩擦磨损试验机、高速摩擦磨损试验机、真空摩擦磨损试验机和特种环境气氛摩擦磨损试验机等。一种万能摩擦磨损试验机的外观见图 4-8。

图 4-8　万能摩擦磨损试验机（MFT-3000, Rtec, San Jose, CA[8]）外观示意图

为了探究玻璃材料的磨损机理，He 等[9-11]利用万能摩擦试验机，在不同环境下对不同玻璃材料进行往复划痕实验，探究其摩擦磨损机理。He 等[9]利用往复式球面摩擦磨损试验机，研究磷酸盐激光（PL）玻璃在干燥空气和液态水中的摩擦磨损行为，揭示了摩擦腐蚀对 PL 玻璃往复划痕行为的影响，见图 4-9。

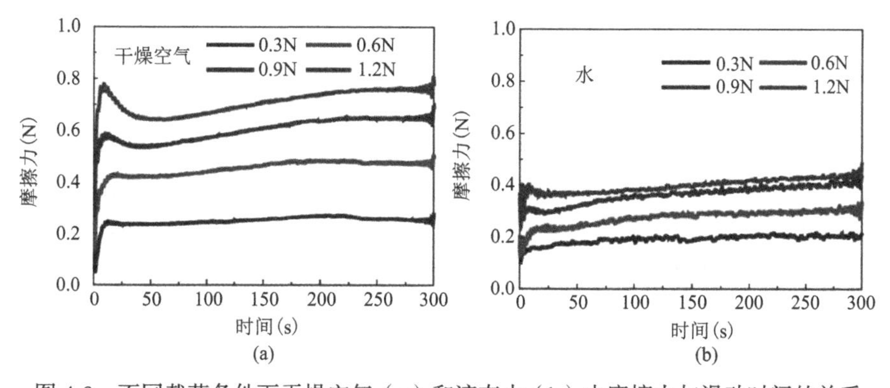

图 4-9　不同载荷条件下干燥空气（a）和液态水（b）中摩擦力与滑动时间的关系

4.2　形 貌 分 析

材料的力学性能与材料本身的成分、结构等因素密切相关，其中也包括材料的微观形貌。材料的微观形貌特征决定了其与外物接触之初的相互作用形式，进而影响彼此力学作用的效果。在对表面质量要求高的超精密仪器中，材料的形貌特征尤为重要。研究者们也在科学探索的过程中发现了微观形貌的重要性，为了更好地对其进行表征，微观形貌测量技术开始发展起来并在应用的过程中渐渐成

熟。发展至今，已有诸多基于各种原理研发出来的微观形貌测量设备，如：扫描电子显微镜（scanning electron microscopy，SEM）、扫描隧道显微镜（scanning tunneling microscopy，STM）、原子力显微镜（atomic force microscop，AFM）等，使材料微观形貌的表征更加便捷与科学。

4.2.1 机械触针轮廓术

机械触针轮廓术的具体原理为：利用具有较小尖端曲率半径（0.1 μm）的触针在被测物体表面进行缓慢的滑动，触针在滑动的过程中会随被测表面结构的凹凸不平而上下波动，此波动会被检测触针运动的传感器转化为电信号，该信号通过放大和过滤处理后转化为数字信号并储存于计算机。由计算机算出并显示轮廓数值，而被测表面轮廓则可以通过处理所测数据获得。机械触针轮廓仪的工作原理见图 4-10。

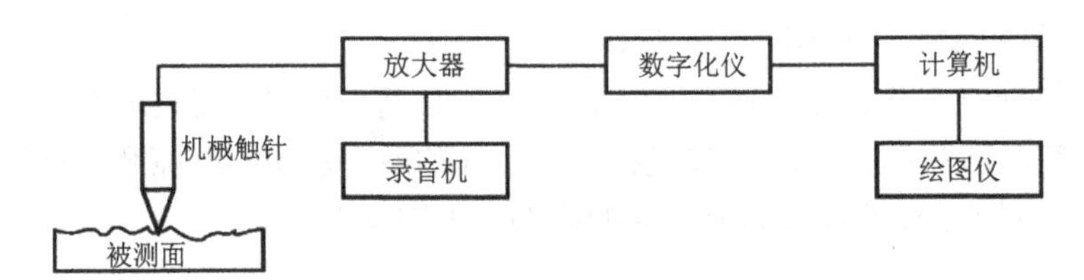

图 4-10　机械触针轮廓仪原理

根据机械触针轮廓仪的工作原理可以推断出影响其测量结果的因素有两点：①检测触针运动的传感器精度决定了其纵向分辨率；②触针尖端的曲率半径决定了其横向分辨率。传感器的精度可以决定触针移动信息采集的敏感性，而触针尖端的曲率半径决定了对被测表面结构的感知程度。总之，传感器精度越高，触针尖端曲率半径越小，机械触针轮廓仪的测量精度越高，测量范围越广。

基于机械触针轮廓术研发的机械触针轮廓仪分为仅能测表面粗糙度数值的表面粗糙度测量仪与还能记录表面轮廓曲线的轮廓仪，此两种设备均能通过自身的计算机自动计算出多种评估表面质量的参数，如：轮廓算术平均偏差 R_a、轮廓最大高度 R_y 等。机械触针轮廓仪在纵、横方向上的分辨率为 0.1 nm 和 0.2 μm。虽然其测量力较小（≤1 mg），但是其接触面承受的压力巨大（500 kg/cm^2）。所以，当测量软金属表面时，经常划伤被测表面，造成较大的测量误差且影响被测表面质量。同时，因触针尖端磨损与曲率半径尺寸的限制，其测量精度亦无法有大的突破[12-15]。

4.2.2 光学轮廓术

相较于机械接触式测量法的机械触针轮廓术而言，光学轮廓术是光学非接触式的测量方法，其基本原理为：通过干涉等光学原理来获取被测表面形貌。典型的测量技术有结构光三角测量法、傅里叶变换轮廓术以及位相干涉测量法。通过这些技术可获得被测面轮廓信息载体（散斑图、波面和条纹图等）并提取相关数据，最终获取三维形貌。具体设备有相差显微镜、共焦显微镜以及各种相移显微镜等。

结构光三角测量法作为一种测距离的传统方法，其原理主要基于三角几何光学。通过光电探测器上被测面漫反射光斑的位置变化获取被测表面起伏信息，进而得出被测表面形貌特征，见图 4-11。此方法原理比较简单，实现难度不高，却有着测量效率低以及光源需求高等劣势。另外，被测面的凹凸不平会使成像面上形成的光像具有散斑，即存在激光散斑问题，此问题极大地影响了测量精度。

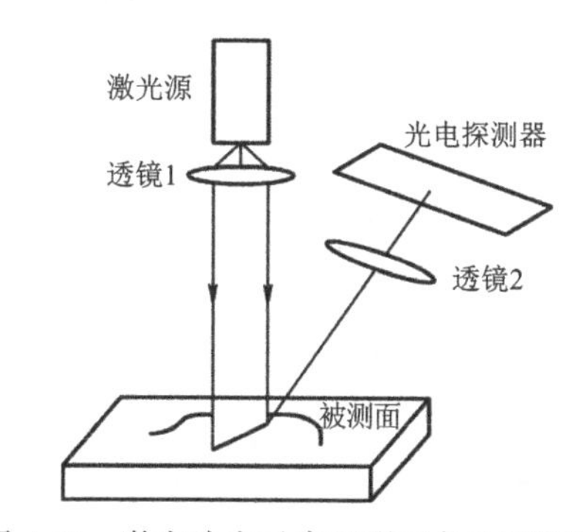

图 4-11　激光片光垂直照明三角法测量原理

傅里叶变换轮廓术是指：将时域条纹信号利用傅里叶变换为频域，并从频域中分离出包含表面起伏信息的基频分量，再通过傅里叶变换、相位展开来获取被测面的高度信息。此法利用被测表面形状对正弦光栅场的形状进行改变并通过傅里叶变换等手段从变形正弦光栅场的条纹图获取被测面形貌信息，其工作流程见图 4-12。傅里叶变换轮廓术采样速度快，适用于研究三维形貌动态变化的过程。但其不足之处在于，为了避免由空域转换到频域时发生频谱混叠现象，对被测面的斜率有要求，即此法只适用于陡峭度较小的被测量面。

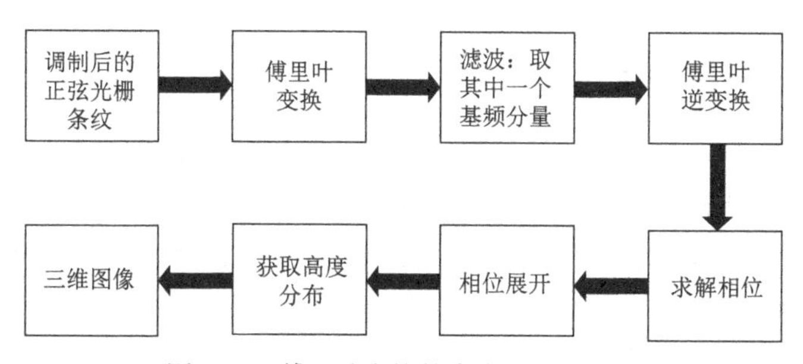

图 4-12　傅里叶变换轮廓术工作流程图

位相干涉测量法源于波面相位测量技术，其主要原理是利用光波干涉检测表面形貌。具体方法为：提取被测量表面形貌反射形成的变化光程差在光场中的空间变化后经计算机处理获取其微观形貌。位相干涉测量法的关键在于干涉波相位差的精确检测，具体技术有：相移干涉术、条纹跟踪法、相位锁模法等。

相移技术的测量原理为：用扩束器将激光源发出的光分为照射到被测面的测量光和照射到参考镜[与压电陶瓷驱动器（PZT）相连]的参考光，两束光反射后穿过分束器与干涉场形成干涉条纹。利用PZT驱动参考镜改变光程差来改变相位差，从而产生多幅干涉条纹图并用光电探测器采集，见图4-13。被测面的凹凸不平使干涉条纹变形，对于N帧相移干涉图，一像素点便有N个光强值，利用计算机解N维光强方程组得出该点的被测相位进而获取被测面形貌。

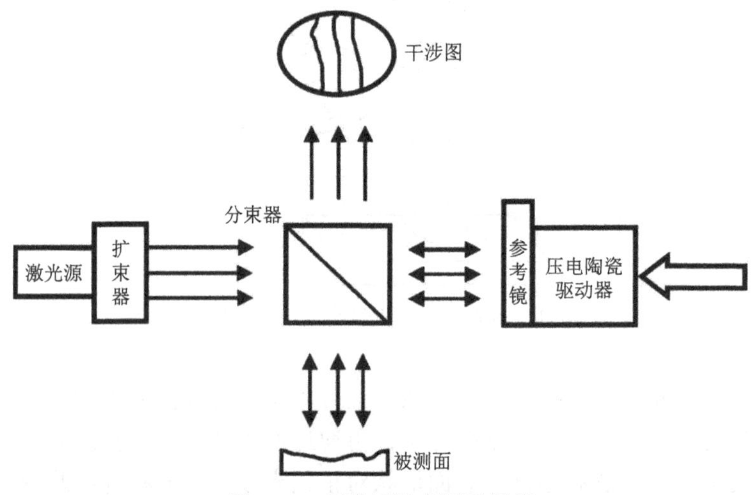

图4-13　相移干涉术测量原理

光学轮廓术的全场测量比机械触针轮廓术的逐点沿线测量要全面、快捷得多，实现了非接触、无损伤、宽范围、高效率地测量表面轮廓，这是它的优势所在，而其不足在于光学轮廓术的测量范围受光的波长限制[16-19]。

4.2.3　光学探针轮廓术

光学探针轮廓术与机械探针轮廓术类似，不同的是前者的光学探针由聚集光束形成。光学探针轮廓术是利用基于像面共轭特性的几何光学探针或基于干涉原理的物理光学探针来获取被测面形貌。几何光学探针检测分为共聚焦显微镜和离聚焦检测，而利用干涉原理通过测量光程差来检测表面形貌的光学探针检测分为微分干涉和外差干涉两种方式。

共聚焦显微镜的原理见图 4-14，激光二极管发出的激光被物镜聚焦，而被测面放置于焦点附近。被测面与物镜焦点间距离决定了光学反馈的大小即点探测器接收能量的大小。当焦点在被测面上时，反射像聚焦，反馈量最大；当被测面远离焦点时，反射像失焦，反馈量减小。因此，通过分析点探测器接收能量的大小的变化获取被测面形貌。而离聚焦检测主要是通过测量被测表面和物镜的离焦量来获取被测表面的形貌，其优点在于光路简单、操作便捷等。

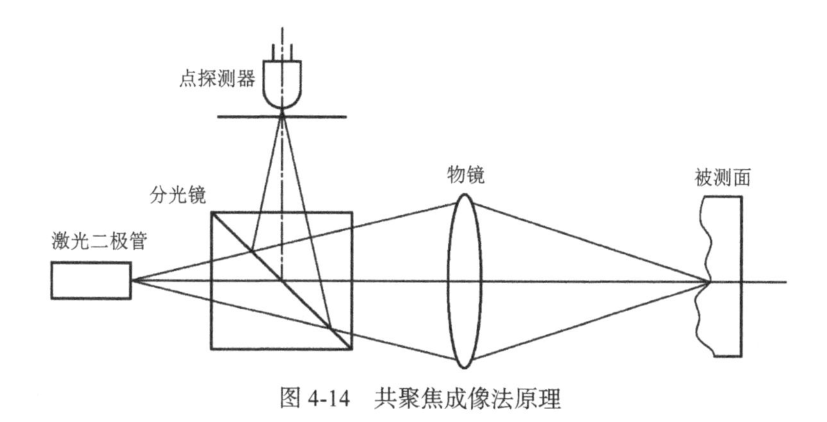

图 4-14　共聚焦成像法原理

微分干涉光学探针的工作原理见图 4-15，光源发出的一束非偏振光穿过沃拉斯顿棱镜后，被分成两束彼此垂直的线偏振光，从而在被测表面上聚集形成光斑且距离很近（约 1.5 μm），这两个光斑间的高度差由两束相干光的相位差来决定，通

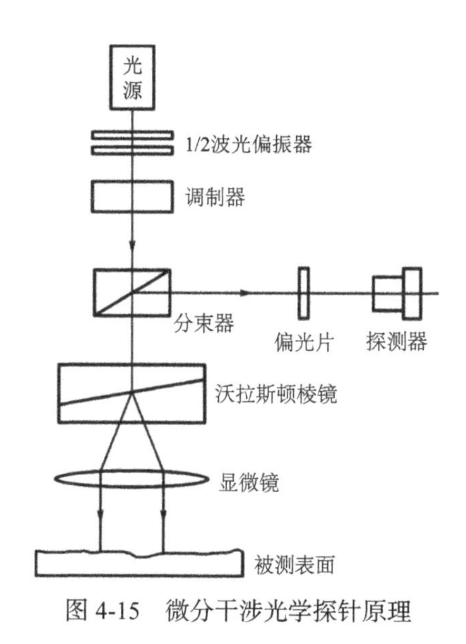

图 4-15　微分干涉光学探针原理

过相位差反推两个光斑间的高度差，进而获取被测面形貌信息。此方法利用共光路系统，降低了对机械振动等外界干扰敏感性，抗干扰性良好。外差干涉光学探针的工作原理则是基于光的干涉，通过检测干涉条纹的相位差来获取被测面的形貌信息。

光学探针作为一种非接触测量方法比之机械触针式轮廓仪更具优势，但其缺陷也与之一样，其测量精度受制于机械振动以及扫描机构运动的误差，同时，逐点测量效率低下。光学探针在工程应用中存在如何准确聚焦于被测表面的难题[20-23]。

4.2.4　扫描电子显微镜

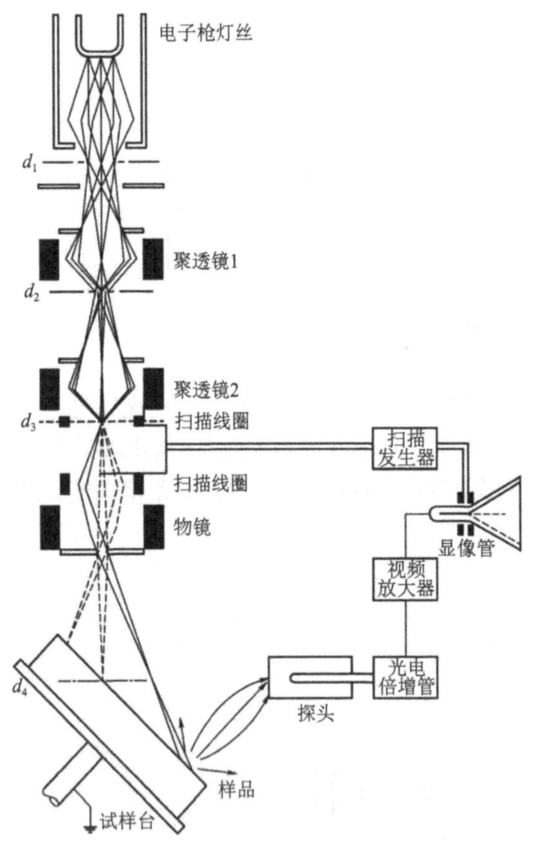

图 4-16　扫描电子显微镜原理

扫描电子显微镜（SEM），简称扫描电镜，其电子探针由非常细的电子束聚焦而成。当样品被测表面经电子探针接触和扫描时，会激发出次级电子，次级电子的数量受到电子探针与被测表面间角度的影响，即产生次级电子的数量与被测表面的结构有关。通过实时收集，转化、观测次级电子所蕴含信息获取同步的扫描图像，此图像描绘了被测表面的形貌。对于非金属类的样品，在扫描前需在被测表面喷金（重金属微粒），方便被测面能在电子探针扫描时激发出次级电子。SEM 作为一种微观形貌观察手段，其表征范围介于光学显微镜与透射电子显微镜之间，能用被测面本身性质进行成像。

扫描电子显微镜的工作原理见图 4-16，由电子枪灯丝发射出高能电子束（直径 20～35 μm），受到阳极高压（1～40 kV）加速后被两重聚透镜、物镜缩小（直径几十埃）和聚焦到被测表面形成电子探针。同时，扫描线圈的磁场驱使电子探针于被测表面上作光栅状逐点扫描，并从表面激发二次电子。通过同时控制扫描线圈与显像管电路，使电子探针在屏上扫描，从而产生实时像。

SEM 的纵、横向分辨率分别为 10 nm 和 2 nm，主要用于定性观测表面形貌。SEM 作为一种先进的表征设备，其最高具有 20 万倍的放大倍数且景深大、视野阔，能直接获取被测面形貌，对试样要求不高。此外，扫描电镜配备的 X 射线能谱仪还能实现被测试样的成分分析功能，对当今科学研究作用巨大。当然，其不足之处在于要求被测面导电且工作环境为真空，这都限制其应用范围[24-27]。

4.2.5　扫描隧道显微镜

扫描隧道显微镜（STM）研发主要基于量子隧穿效应与压电效应。STM 的工作原理为：用细小的金属针尖靠近被测表面（距离小于 1 nm）使两者的电子云一部分重合后在它们间施加电压，此时针尖与被测面间会产生隧道电流。隧道电流的强弱与针尖到被测面的距离相关，通过检测隧道电流的变化即可获取被测面形貌。在检测被测面形貌的过程中量子隧穿效应为主要工作原理，而精确的移动、控制针尖等操作的实现则利用了压电效应。压电效应是指当在压电材料两端施加电压时，材料会产生对应的变形。在 STM 中，是通过使用压电陶瓷来实现对针尖的精确操作。

扫描隧道显微镜的基本原理见图 4-17。钨质针尖安装在垂直方向的压电陶瓷 P_z 上，而 P_z 又固定在水平放置的三维压电陶瓷 P_x 和 P_y 上，且 P_z、P_x 和 P_y 三者相互垂直。其中，P_z 用于调节针尖与样品表面间的距离，P_x 和 P_y 使针尖沿样品表面扫描。

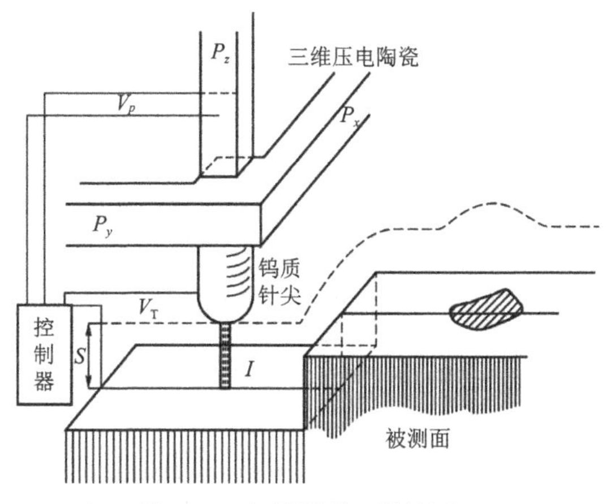

图 4-17　扫描隧道显微镜原理

STM 具有极高的纵向分辨率和横向分辨率，使其成为极具吸引力的微细结构表面测量仪器。但与高分辨率相对，STM 的纵向及横向测量范围很小，横向测量在几十微米量级，这使得 STM 的使用局限于原子量级超微细、超光滑表面的测量。由于是高精密测量仪器，STM 涉及的技术难题大，如针尖的制作、针尖表面间隙的控制以及运动件的精密控制等都是一些棘手的难题[28-31]。

4.2.6　原子力显微镜

原子力显微镜（AFM）的工作原理为：通过放大尖细探针与被测面上原子间相互作用力下微悬臂梁的变形来检测被测面形貌。原子力显微镜表征的分辨率为原子量级，且记录的表面形态是原子量级。

原子力显微镜的原理见图 4-18。原子力显微镜的弹性微悬臂一般是利用氮化硅制成，弹性微悬臂的一端拥有在样品上扫描的尖锐探针（纳米级），另一端则固定。当探针尖端与被测表面接触时，探针尖端原子与被测表面原子间会产生相互作用力。在扫描的过程中使相互作用力恒定，对微弱力极敏感的微悬臂会随被测表面起伏而变化。使用光学检测法就可获取微悬臂在扫描中所用点变化，进而获得被测表面的微观形貌。

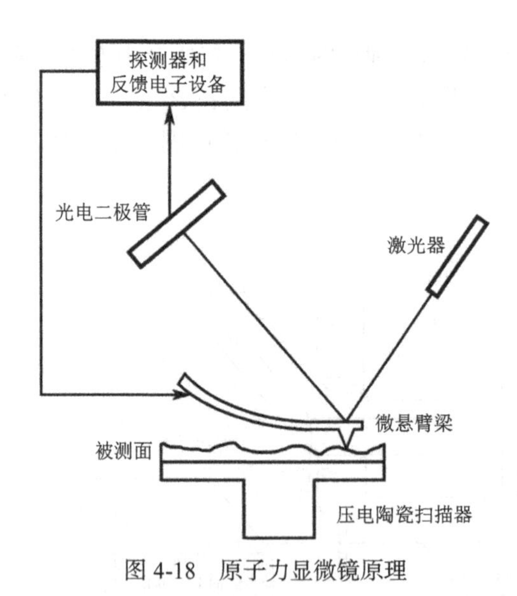

图 4-18　原子力显微镜原理

AFM 与 STM 的测量精度都十分高，对被测表面微结构测量的精度高于机械和光学轮廓仪。然而，AFM 与 STM 的测量范围都十分狭窄，而且其中的技术难度大、环境要求高、造价更为昂贵。关于宏观物体表面的大范围测量，这两种测量方法都太过低效，只适用于物体局部的高精度测量[32-35]。

4.3 成分分析

4.3.1 X 射线光电子能谱

X 射线光电子能谱（X-ray-induced photoelectron spectroscopy，XPS）技术是一种快速表征材料表面元素组成及化学状态的分析工具。XPS 是瑞典皇家科学院院士、Uppsala 大学物理研究所所长 K. Siegbahn 等经过长期研究建立起来的一种分析方法。他们发现了内层电子结合能的位移现象，解决了电子能量分析等技术问题，精确测定了元素周期表中各种原子的内层电子结合能，并将其成功地应用于许多实际的化学体系。

根据光电效应，当一束能量为 $h\nu$ 的入射光子照射到样品表面时，样品中某一元素的原子能级上一个受束缚的电子可以将该光子的能量全部吸收。

如果光子的能量大于电子的结合能 E_b，电子将脱离原来受束缚的能级，以一定的动能 E_k 从原子内部发射出去，成为自由电子，而原子本身则变成一个激发态的离子，见图 4-19。入射 X 射线光子的能量（$h\nu$）、初级光电子的动能（E_k）和固体物质在特定原子轨道上的结合能（E_b）的关系见公式（4-1）[36]：

$$E_b = h\nu - E_k - W_s \tag{4-1}$$

其中，W_s 是能谱仪的功函数，其值由谱仪材料和状态决定，对于同一台能谱仪，W_s 基本是一个常数。各种原子和分子在不同轨道的电子结合能一定，具有标识性。因此只要借助 XPS 得到结合能 E_b，就可以方便地确定物质的原子（元素）组成和官能团类别。在 XPS 分析中，一般采用 Al K_α 和 Mg K_α 的 X 射线激发光电子。

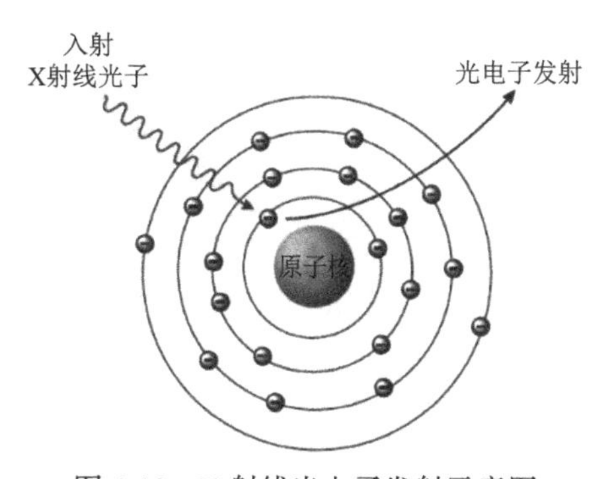

图 4-19　X 射线光电子发射示意图

XPS 可以利用测得的光电子动能，确定表面元素种类，灵敏度可达 0.1%，实现定性分析。基于具有特定能量光电子的强度，它还可以测出材料表面某种元素的含量，实现定量分析。XPS 可检测除 H 与 He 以外的所有元素，观测与原子氧化态、原子电荷和官能团有关的化学位移，从而得出与化学键和分子结构相关的信息。它可用来表征固、液或气等多状态的物体。此外，因为 XPS 入射到样品表面的 X 射线是一种光子束，所以对样品的破坏性很小。因此，XPS 在众多研究领域获得广泛应用。Surdyka 等[35]采用 XPS 测定了不同网络结构的含碱硅酸盐玻璃，见表 4-1，可以看出钠钙玻璃和钠铝硅酸盐玻璃表面钠的原子百分含量约为 3，几乎相同。

表 4-1　研究中使用的玻璃基板和球的 XPS 表面组成（%，原子百分数）

元素	钠钙硅玻璃	钠铝硅酸盐玻璃	钾交换铝硅酸盐玻璃	硼硅酸盐玻璃球
Si	35.7	23.1	22.7	37.8
O	51.3	64.6	64.0	54.1
Al	1.1	6.4	6.2	1.1
K	—	0.8	4.0	—
Na	3.3	3.2	0.6	3.0
Mg	1.6	1.0	0.9	—
Ca	1.1	0.5	0.6	—
N	—	0.5	0.9	—
B	—	—	—	4.0

He 等[36]为了探讨不同速度条件下摩擦化学反应在磷酸盐激光（phosphate laser，PL）玻璃材料去除中的作用，选择性地比较了干燥和潮湿空气中 PL 玻璃在不同速度下磨痕内部利用 XPS 测量的高分辨率 P 2p 谱（图 4-20）。结果显示，无论滑动速度如何，干燥空气情况下 P 的强度没有显著变化，这表明 PL 玻璃在干燥空气中的磨损不涉及任何化学过程。

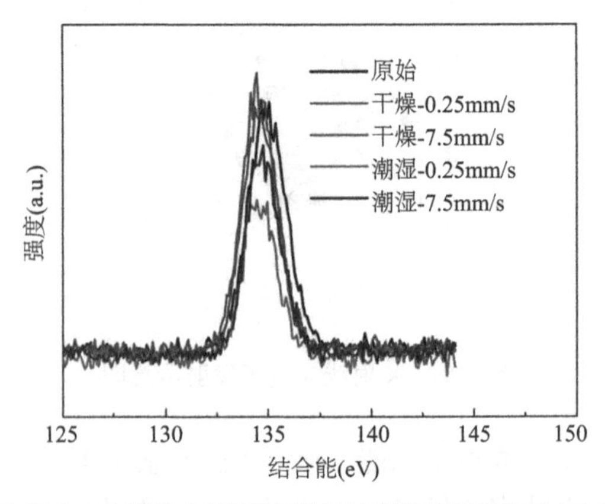

图 4-20　干燥和潮湿空气中 PL 玻璃在最低速度和最高速度下利用 XPS 测量的高分辨率 P 2p 谱

4.3.2　傅里叶变换红外光谱

红外吸收光谱法（infrared absorption spectroscopy，IR）是利用红外分光光度计测量物质对红外光的吸收，并利用所产生的红外吸收光谱对物质的组成和结构进行分析和鉴定的方法，又称红外吸收分光光度法。用红外线的连续光照射样品，引起样品分子的振动、转动能级的跃迁，在此跃迁中吸收了那些与分子振动、转动能级差相当的能量的光子，由此形成了红外吸收光谱。傅里叶变换红外光谱（Fourier transform infrared spectroscopy，FTIR）是一种利用傅里叶变换，将计算机技术与红外光谱相结合，用来检测物质主要化学成分及分子构成的测试方法。

傅里叶变换红外光谱仪主要由光源、迈克尔逊干涉仪、探测器、数据分析系统组成，见图 4-21。其中迈克尔逊干涉仪是主要部件，由定镜、动镜、光束分离器和探测器组成，其作用是产生干涉光照射样品。当试样置于干涉仪的光路中，由于吸收了特定频率的能量，对应的干涉图强度曲线会发生变化，干涉图上的每个频率通过数学傅里叶变换转变成相应的光强，从而得到整个红外光谱图。

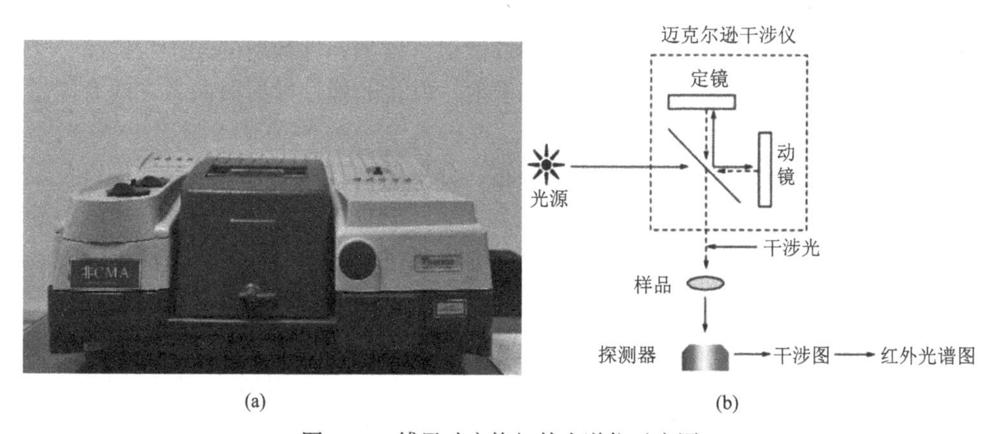

图 4-21　傅里叶变换红外光谱仪示意图

傅里叶变换红外光谱仪因具有很强的特征性，且测试时间短、灵敏度高，可以用于测定固、液、气等不同形态的样品，还可配合紫外分析、质谱分析和核磁分析等手段来表征样品的分子组成和空间结构，因此在玻璃材料成分分析中也获得广泛的应用。如在探究磷酸盐激光玻璃在水中的摩擦化学磨损机理时，Yu 等[9]用傅里叶变换红外光谱法分析了实验中标准缓冲溶液的特征化学基团，结果表明，玻璃/二氧化硅溶液中 716 cm^{-1} 处的峰表明了存在摩擦化学反应和 M_4SiO_4 的生成（其中 M 代表对磨副中的金属阳离子），见图 4-22。

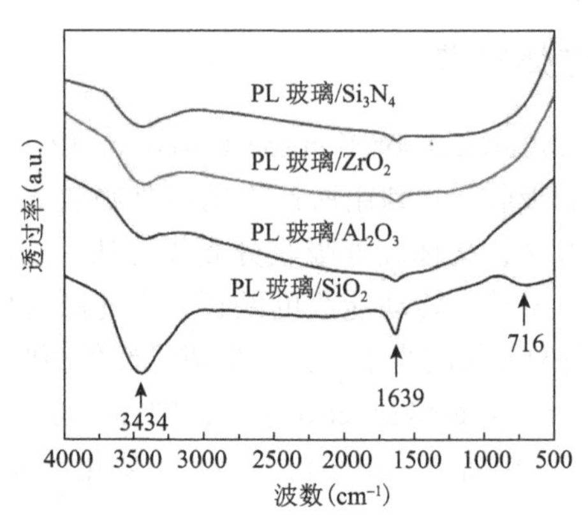

图 4-22　纯水中 PL 玻璃/SiO_2 界面、PL 玻璃/Si_3N_4 界面、PL 玻璃/ZrO_2 界面和 PL 玻璃/Al_2O_3 界面磨损后 FTIR 光谱

4.3.3　拉曼光谱

拉曼效应也称拉曼散射（Raman scattering），由印度物理学家拉曼在 1928 年发现，指能量为 $h\nu_0$ 的光子同分子碰撞所产生的光散射效应。拉曼光谱（Raman spectra）则是基于该理论所发展起来的一种散射光谱技术。一束频率为 ν_0 的入射光束照射到样品上发生弹性散射和非弹性散射。发生弹性散射的光子与样品分子之间无能量交换，这种光散射称为瑞利散射；发生非弹性散射时两者之间有能量交换，称为拉曼散射。

拉曼光谱可对材料的组成、成分分布、分子结构、相组分、结晶结构以及取向结构进行分析。其特点主要有以下五个方面：①直接检测样品表面发出的拉曼信号，属于非接触式和破坏性测试，无须对样品进行其他处理；②可测试固态、液态、气态样品；③显微共聚焦功能对样品深度方向进行分析，获得材料在一定深度内的三维结构谱图，分辨率在 1～2 μm 之间；④偏振拉曼附件可定性和定量分析材料晶区取向结构；⑤对水分子不敏感，无须考虑环境中水分对结果的影响。因此，拉曼光谱可以测试含水样品或者以水为溶剂的样品，这是与红外光谱测试的最大区别。

拉曼光谱仪对与入射光频率不同的散射光谱进行分析可得到分子振动、转动信息，能够应用于玻璃材料的分子结构表征。为了揭示在水中可能发生的摩擦化学反应，Ye 等[37]用拉曼光谱分析了 PL 玻璃和 BK7 玻璃在干燥空气和水中摩擦后附着在磨粒上的磨屑。所有的拉曼光谱分析表明，该实验中 PL 玻璃的 P—O—P 主链的水解和 BK7 玻璃的 Si—O—Si 主链的水解是在水中发生了摩擦化学反应，见图 4-23。

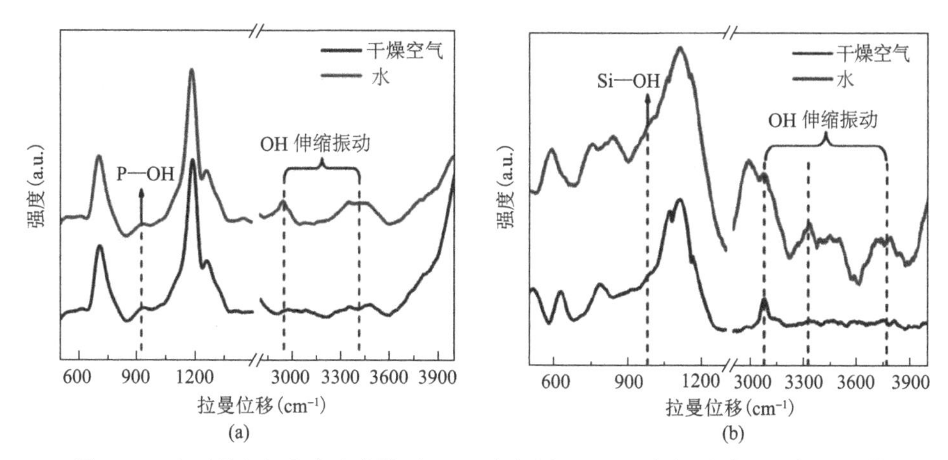

图 4-23　在干燥空气和水中摩擦后，PL 玻璃(a)和 BK7 玻璃(b)磨屑的拉曼光谱

4.3.4　核磁共振波谱

核磁共振波谱（nuclear magnetic resonance spectroscopy，NMR）分析指处于外磁场中的自旋原子核系统在外加磁场的作用下产生裂分，当受到相应频率的电磁波作用时，裂分的磁能级之间吸收能量，发生原子核能级的跃迁，产生共振现象，再通过检测电磁波被吸收的情况，从而得到核磁共振波谱的分析方法。

核磁共振仪可以按照测试对象的状态分为液体核磁共振波谱仪和固体核磁共振波谱仪。一般的核磁共振波谱仪主要由永久磁铁、扫场线圈、射频振荡器、射频信号接收器（检测器）、试样管、记录仪等构建组成，见图 4-24（a）。

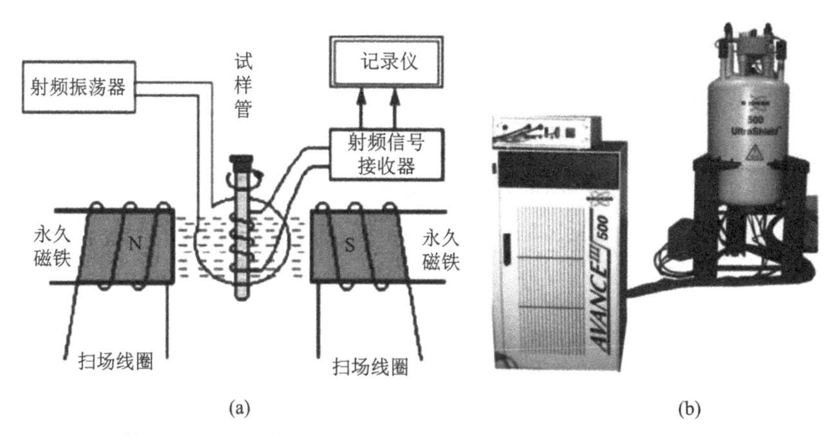

图 4-24　（a）固体核磁共振波谱仪内部构造示意图和（b）瑞士 Bruker 公司生产的 AVANCE III 600 MHz 固体核磁共振波谱仪

在固态核磁共振中，因为样品中的分子不会移动，信号差异不会平均化，因此线宽将会很宽。固体核磁共振使用一种叫作魔角自旋（magic angle spinning，AMR）的技术，在多维实验中结合异核和同核自旋去耦（隔离自旋）来提高线宽，结合磁场技术和计算机技术，促进固态核磁共振进入了非晶材料分析仪器技术的前沿[38]。

魔角旋转核磁共振[magic angle spinning（MAS）NMR]谱是对有机和无机物的成分、结构进行定性分析的有效工具。朱嘉熙[39]采用德国 Bruker 公司的 600M 超导核磁共振波谱仪[图 4-23(b)]来表征玻璃内部网络结构中 Si 原子的配位环境。结果表明，SiO_4 四面体 Q^4 的键角和键长受到 Na^+的迁移的影响，Na^+的迁移还会使硅酸盐母体玻璃网络结构发生弛豫，见图 4-25。

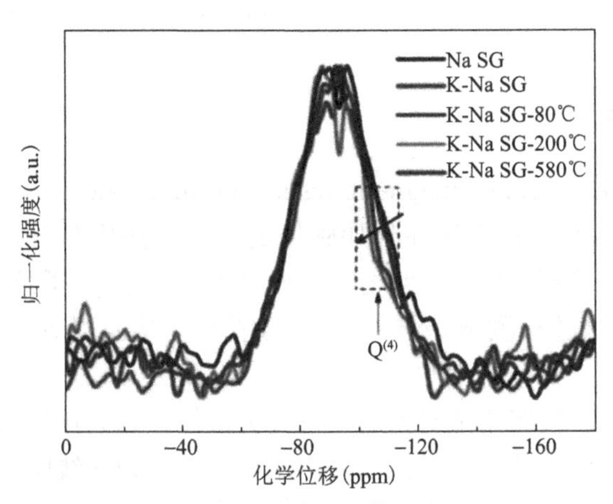

图 4-25 所制备玻璃样品的 ^{29}Si MAS NMR 谱

4.3.5 其他常见分析

另外，用于玻璃材料成分分析的还有质谱分析、紫外-可见光谱分析等。质谱（mass spectrometry，MS）法是通过研究被电离物质所产生离子的质荷比与该离子的数量之间的关系来研究物质结构与组成的一种分析方法。而紫外-可见吸收光谱仪（ultraviolet-visible，UV-Vis）是测定样品的浓度和吸光系数的主要仪器。

4.4 光学分析

无损检测(non-destructive testing, NDT)技术是指利用材料本身物理性能(热、声、光、电、磁等）且不损坏被测物的情况下实现对材料缺陷的存在、位置、类型、大小等因素的检测与评估技术手段的统称。无损检测包括射线检测、超声波检测、渗透检测、红外检测等多种方法。

4.4.1　射线检测技术

射线探伤（RT）的工作原理是：射线作用于材料时具有一定的穿透能力，而材料可以对射线起到衰减作用，利用此特性可以分析材料的内部缺陷，从而实现探伤。使用射线穿过被测物时，被测物中的缺陷部分（如气孔、杂质等）与其余无缺陷部分对射线的衰减能力有区别，见图 4-26。通常而言，有缺陷的部分对射线的衰减能力弱于无缺陷的部分，即有缺陷部分透过的射线强度较高。所以，利用透过被测物的射线强度变化可以分析出缺陷部分所在。

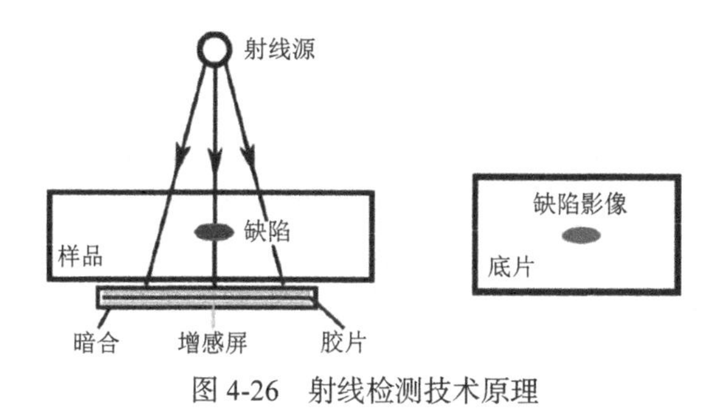

图 4-26　射线检测技术原理

射线检测技术可以应用于绝大多数材料探索测试，能够准确地观测到缺陷位置以及缺陷的形状大小等关键因素。通过射线检测技术在底片上显现的缺陷影像可以存档，便于对不同缺陷的对比分类，找出造成缺陷的原因。虽然射线检测具有如上优势，但射线检测技术的不足之处在于：设备比较笨重，不便于移动作业而且此技术费用需求较高；在垂直于射线的方向上存在探测死角，无法发现此方向上的微小线性缺陷；此技术过程中的辐射既会污染环境，也会对人体产生危害，因此在测试过程中需做好安全防护[40-43]。

4.4.2　超声波检测技术

超声波探伤（UT）的基本原理为：不同物质的声学性能存在差异，当超声波作用于材料时，材料与其内部缺陷对超声波的响应不同，从而根据传播波的反射状况、传导时间以及能量衰减程度等方面来分析材料中的缺陷。根据检测原理，超声波探伤可分为共振法、透射法、脉冲反射法、液浸法等，其中脉冲反射法在实际应用过程中使用范围最广。脉冲反射法利用纵波进行垂直探伤，而斜射探伤则利用横波。脉冲波在同一均匀介质内会稳定传播，所以由缺陷造成的信号波动极易被观测到，通过波动的产生判断缺陷存在；通过波动产生的位置实现缺陷定位；通过波动的程度分析缺陷的大小。超声波探伤的工作原理见图 4-27，先利用探头获取材料对超声波的响应，再通过仪器内部的电路将响应转化为电信号，最后使用荧光屏对检测结果以具有一定间距且高度不同的波形进行实时显示与记录。利用波形的变化来分析材料中缺陷的存在、位置、形状等。

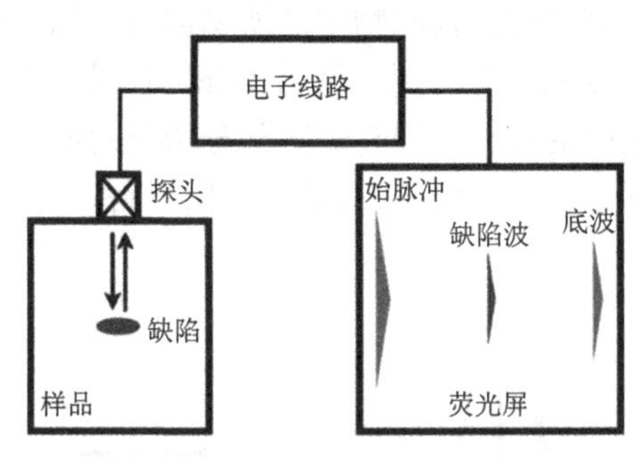

图 4-27　超声波检测技术原理

超声波探伤的检测灵敏度很高，能对较小的缺陷进行检测，而且探测范围较广，检测速度快。相较于射线检测技术，超声波探伤更加环保无害。但超声波探伤容易受材料表面质量影响，要求表面平滑，而且探伤结果并不直观，技术难度较高，需要经验丰富的工作人员才能很好地判断缺陷种类。对于粗晶材料而言，其内部的粗晶颗粒会在超声波探伤的过程造成杂波干扰，影响实验结果，这些因素也局限了超声波探伤技术[44-47]。

4.4.3　渗透检测技术

渗透检测技术（着色检测技术）探伤的基本原理是利用毛细现象使渗透液渗入表面开口缺陷，经清洗使表面上多余渗透剂去除，而使缺陷中的渗透剂保留，再利用显像剂的毛细管作用吸附出缺陷中的预留渗透剂，从而达到检验缺陷的目的。利用带颜色（一般为红色）或者具有荧光性且具有强渗透性的液体涂覆在整洁、光滑的被测面。当被测表面存在肉眼不可见的缺陷（如微裂纹等）时，渗透性极强的着色液会沿着微缺陷渗透到被测面下的材料内部。之后对被测面上的渗透液进行清洗，再在被测面上涂覆对比度高的显示液（一般为白色）并静置片刻。由于缺陷细微且着色的渗透液渗透性强，所以清洗渗透液后微缺陷内部还存在渗透液，当被测面涂上显示液后，微缺陷内部的渗透液在毛细现象的作用下回到材料表面后扩散，最后通过显示液上显出的颜色斑块来判断微缺陷的位置与形状，见图 4-28。

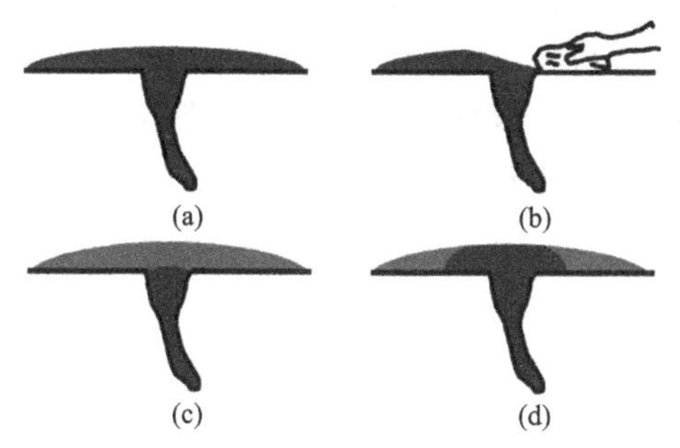

图 4-28　渗透检测步骤：（a）渗透处理；（b）去除处理；（c）显像处理；（d）检测评估

渗透检测技术的应用不必考虑被测材料内部的组织结构等因素，且其操作步骤较为简单，设备需求不高，缺陷检测结果也十分直观，具有高的灵敏度。但渗透检测技术只能检测材料表面的开口缺陷，无法对材料内部缺陷进行检测，也不适用于多孔材料的表面缺陷检测。此外，渗透检测技术中使用的渗透液对被测材料有一定的腐蚀性且对人体有毒性，使用时要注意防护，防止吸入人体[48-51]。

4.4.4　其他检测技术

声发射检测。当材料在外部载荷的作用下发生损伤时，应变能的瞬时释放会激发出弹性波。声发射检测基本原理见图 4-29，声发射源产生的弹性波从材料内部传播到监测表面，利用传感器监测由弹性波引起的表面振动并将其转化为电信号，再将信号放大、处理并记录，最后通过对数据的分析，确定声发射源的位置、性质等因素，从而实现声发射检测[52]。

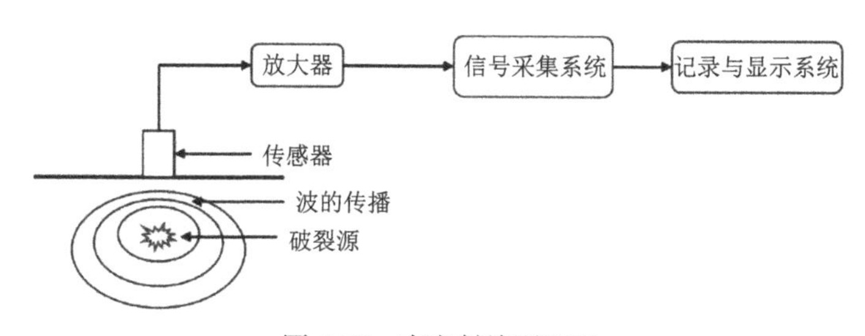

图 4-29　声发射检测原理

红外无损检测。红外无损检测主要通过红外辐射来实现，利用红外辐射对材料内部能量流动等变化进行分析，并通过红外热像仪显现检测结果。红外无损检测技术对外部环境要求不高，设备也便于移动，适用于绝大部分材料的无损检测。加热被测材料后，热流会在材料内部扩散，并影响材料表面温度分布。当材料内部无缺陷时，热量流动均匀，材料表面的温度也均匀分布；当热流扩散到缺陷处时，热量流动受阻，导致材料表面的温度场变化。通过分析材料表面温度场的变化就可以实现对缺陷的判定，再利用专业软件处理就可以获取检测结果。红外无损检测技术的工作流程见图 4-30[53]。

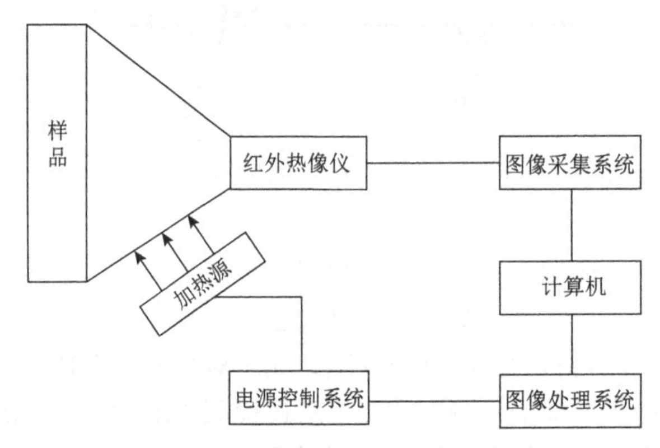

图 4-30　红外热波无损检测原理

微波无损检测。微波作为一种电磁波，其波长范围为 1 mm～1 m，频率范围为 0.3～300 GHz，其中 X 波段（8.2～12.5 GHz）与 K 波段（26.5～40 GHz）常用于微波无损检测。微波无损检测技术主要依赖于微波对非金属材料具有穿透性且能相互作用。微波在非金属内部传播时，由于材料内部缺陷（杂质、裂纹等）的存在导致介电常数波动，从而引起微波的分布、幅值、相位及频率等参数的变化。通过接收器实时采集反射信号并将其进行处理，再使用计算机技术对检测结果进行显示。微波检测缺陷示意见图 4-31[54]。

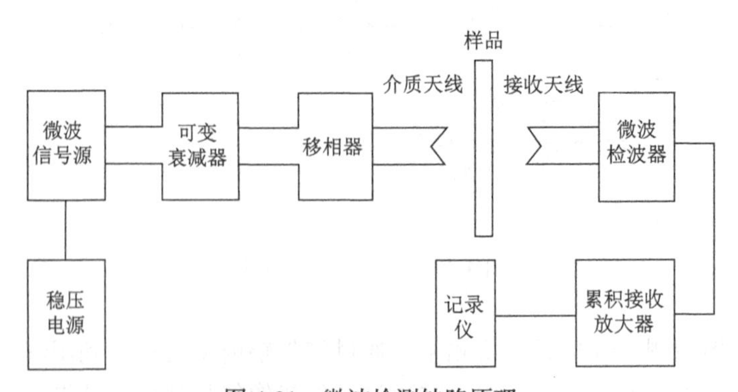

图 4-31　微波检测缺陷原理

4.5　分子动力学

如上所述，目前基于实验研究玻璃特性的表征方法较为丰富，但是非晶玻璃在原子尺度下的内部结构与微观变形机理依旧是一个世界性的难题。为了准确得到玻璃的一些特性，需要采用实验加模拟的方式来验证。由于计算机的发展，计算机的超强算力使原子级别的计算成为可能，目前模拟手段根据原子尺度由大到小依次分为：有限元模拟；分子动力学（MD）模拟；第一性原理分子动力学模拟；反向蒙特卡罗模拟。本节主要介绍经典分子动力学模拟。

4.5.1　系统建立

1. 分子动力学模拟流程

经典分子动力学相对于第一性原理，其计算量相对较小，从而可以模拟较大的体系。其原理主要是通过解牛顿运动方程、哈密顿方程或拉格朗日方程进行时间积分来获取每个原子的速度和运动轨迹以及物理特性,其基本的流程见图 4-32。

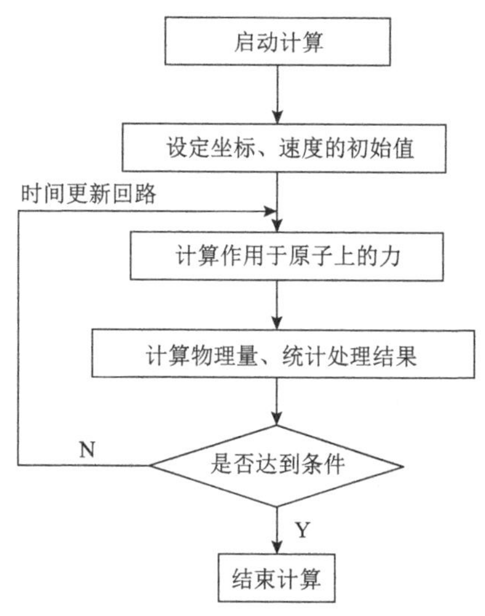

图 4-32　分子动力学计算步骤[55]

第一，建立模拟材料的初始模型，设置原子之间的势函数以确定原子之间的相互作用力。由于无法原比例根据材料的实际尺寸建立模型，所以设置周期性边界条件来模拟无穷大的体系。第二，给原子一个初始速度，以及环境系综，设置时间步长使体系弛豫至热力学稳定状态。第三，模拟实际的物理操作，例如拉伸、剪切、纳米压痕等，实现对应的力学过程。根据势函数来求解原子的受力、温度以及能量等参数。第四，根据输出文件利用 OVITO、VMD 等软件，可视化模型的变化过程。

2. 建立非晶模型

利用 MD 模拟研究材料的特性，第一步就是建立恰当原子模型。对于非晶玻璃目前常用的方法为模拟“熔化-淬火”的过程建立非晶合金，见图 4-33。首先在立方体盒子内按照比例随机地填充目标材料的原子。初始的盒子尺寸应该符合实际密度。

$$L^3 = \frac{Nm}{\rho N_{\mathrm{A}}} \tag{4-2}$$

式中，L 为模拟的盒子边长，N 为原子个数，ρ 为模拟材料的密度，m 为元素的原子个数，N_{A} 为阿伏伽德罗常数 6.022×10^{23}。在高温熔化时，通常选用 NPT 系综，因为在控制温度的同时，可以将压强控制在零压范围。在高温下进行充分弛豫，使其变为熔融态，此时原子排列已经十分接近液体状态。由于原子的剧烈运动，此时的结构与初始结构基本无关联。熔融态合金制备后，再按照一定的冷却速率进行淬火，来近似模拟非晶的制备过程。在这一过程中控制外压为零，冷却速率越低模型越稳定，但是相应的计算时间也大大增加。所以为了保证计算的可行性，查找文献，冷却速率的范围通常在 1 K/ps～0.01 K/ps[56]。由于 MD 模拟的尺度效应，这种极低的冷却速率也是远远大于实际的冷却速率。冷却到目标温度后再弛豫一段时间，充分释放内应力，使模型达到热力学稳定状态。

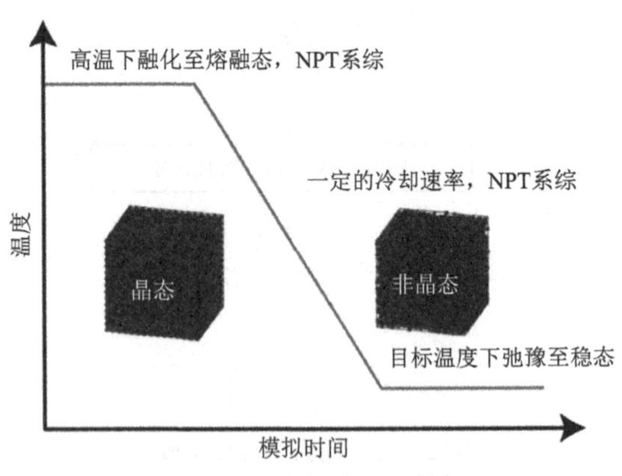

图 4-33　非晶模型的制备

4.5.2　势函数与系统参数的确立

1. 势函数的选择

势函数用于描述原子间的相互作用力，它是由大量的实验数据和密度泛函理论（density function theory，DFT）计算结果拟合而成。势函数的准确程度决定了分子动力学模拟的精准度。美国国家标准技术研究所（National Institute of Standards and Technology，NIST）等机构建立了较为完备的势函数数据库，但依旧有大量元素的势函数缺乏，需要人们继续开发。

分子动力学经历了漫长的发展过程，势函数也从简单到复杂。最简单的势函数为对势（Lennard-Jones，L-J）[57]，也称为 L-J 势，或 6-12 势，见图 4-34，最初由 John Edward Lennard-Jones 于 1924 年提出，是最早提出的二体势函数模型。它不考虑原子的类型，将原子间的受力归纳为原子间的吸引力和原子间的排斥力。L-J 势模型简单，所以软件计算时所消耗的时间较小，适用于中性原子，尤其是惰性气体，在体系缺少势函数时，可以将对势混合使用。

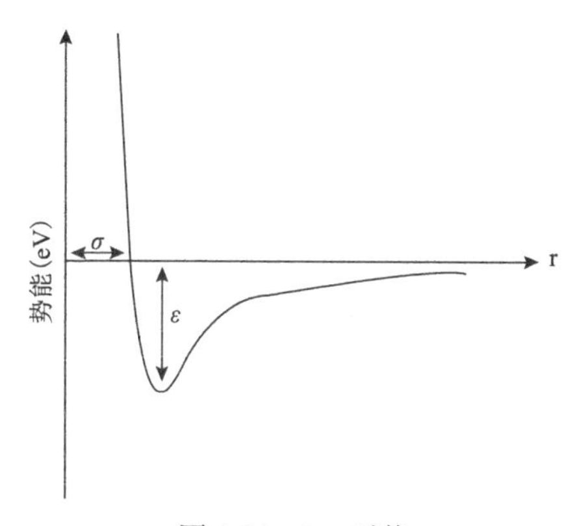

图 4-34　L-J 对势

用两个参数来构造 L-J 势函数，其表达式为

$$\Phi(r_{ij}) = 4\varepsilon\left[\left(\frac{\delta}{r_{ij}}\right)^2 - \left(\frac{\delta}{r_{ij}}\right)^6\right] \tag{4-3}$$

式中，ε 与 δ 分别为能量与长度参数，r_{ij} 为原子之间距离。等号右边分别为短程排斥力与远程吸引力。L-J 势覆盖的元素最为广泛，最容易获得，但是也有其局限性，即无法准确描述材料的弹性性质。所以人们为了研究多体相互作用，研发了多种多体势。被人们广泛采纳的为 Daw 和 Baskes 的嵌入原子势方法（embeded-atom method，EAM）[58]，该势函数适用于大量金属原子，该模型认为体系总能由两部分构成，一部分为原子之间的对势（类似于 L-J 势），另一部分为原子嵌入电子云中的嵌入势。该模型总能可以表示为

$$U_{ij} = \sum_i F_i(\rho) + \frac{1}{2}\sum_{j\neq i}\phi_{ij}(r_{ij}) \tag{4-4}$$

式中，等号右边第一项表示原子的嵌入能，第二项为对势。ρ 为电子云密度，可以表示为

$$\rho = \sum_{j \neq i} f_{ij}(r_{ij}) \tag{4-5}$$

当材料存在不同的化学键时，需要对 EAM 势进行修正，为此 Baskes 等提出了修正型嵌入原子法（MEAM），MEAM 势在 EAM 势的基础上引入了电子密度分布的角度依赖因素，所以 MEAM 势可以描述金属键与共价键共存的材料。势函数的类型多种多样，模拟时要根据材料特性与计算时长综合考虑，来选择恰当的势函数。

2. 模拟系综

分子动力学模拟的前提条件就是要在一个合适的环境下模拟，系综（ensemble）是一个统计力学和热力学的概念。分子动力学的常见系综有以下三种：等温等压系综（NPT 系综），保持体系原子数、压强、温度恒定；正则系综（NVT 系综），保持体系原子数、体积、温度恒定；以及微正则系综（NVE 系综），保持体系原子数、体积、能量恒定[59]。

可以看出不同的系综的主要区别是温度与压强，根据能量均分定理，体系的动能为

$$E_{\mathrm{ke}} = \sum_{i}^{N} \frac{1}{2} m v_i^2 = \frac{3}{2} N k_{\mathrm{b}} T \tag{4-6}$$

式中，k_{b} 为玻尔兹曼常数，v_i 为粒子的初速度。为了控制体系的温度与压强，可以分别改变粒子的初速度和模拟盒子的体积来实现。而调节方法有 Nose-Hoover 热浴法[60,61]和压浴法。

3. Verlet 算法

当体系由多个粒子构成时，其牛顿运动方程通常没有解析解，这时需要用数值积分的方式对其进行求解。常用的数值积分方法为 Verlet[62]算法、leapfrog[63]算法和 Gear 算法等。本节主要介绍 Verlet 算法。

不考虑体系粒子的内部解耦作用，将其视作质点的刚性球体分布于空间中，其运动服从牛顿运动方程：

$$F_i(t) = m_i a_i(t) \tag{4-7}$$

式中，$F_i(t)$ 为粒子所受到的力，m_i 为粒子的质量，$a_i(t)$ 为粒子的加速度。粒子所受的力可以由势函数求出：

$$F_i(t) = \frac{\partial U}{\partial r_i} \tag{4-8}$$

式中，U为粒子的相互作用势，r_i为粒子的坐标。

Velert 算法使用粒子在 t 时刻的坐标、速度，从而计算 $t+\Delta t$ 时刻粒子的位置 $r_i(t+\Delta t)$，如下所示：

$$r_i(t+\Delta t)=r_i(t)+v_i(t)\Delta t+\frac{1}{2}a_i(t)\Delta t^2 \tag{4-9}$$

$$v_i(t+\frac{1}{2}\Delta t)=v_i(t)+\frac{1}{2}a_i(t)\Delta t \tag{4-10}$$

$$a_i(t+\Delta t)=\frac{1}{m_i}r_i(t+\Delta t) \tag{4-11}$$

$$v_i(t+\Delta t)=v_i(t+\frac{1}{2}\Delta t)+\frac{1}{2}a_i(t+\Delta t)\Delta t \tag{4-12}$$

通过 Velert 算法可以求解粒子的位置与速度信息，通过原子间相互作用势可得到粒子之间的相互作用力。

4. 周期性边界

受计算方法的限制，在模拟时不可能按照实际尺寸设置盒子，为了尽可能模拟实际尺寸并且保持计算精度，消除尺寸效应，使计算量不至于过大，这时需要引入周期性边界（periodic boundary condition）的概念，使原子周期性扩展。周期性边界示意见图 4-35。在进行分子动力学模拟时，原子从一边跑出就会从另一边跑入，从而保证盒子内的原子个数恒定。

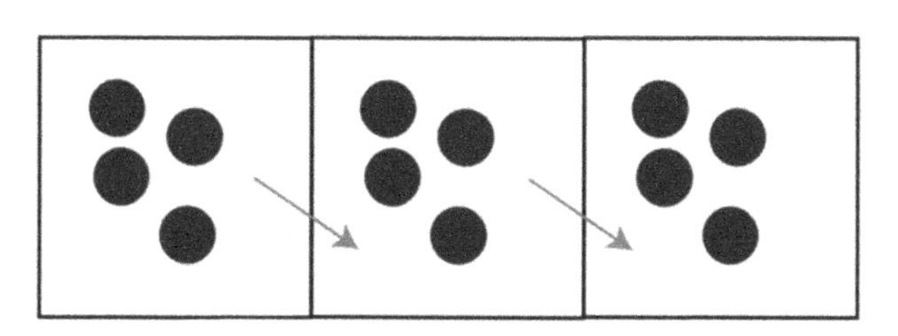

图 4-35　二维周期性边界

4.5.3　结果分析方法

1. 径向分布函数

径向分布函数（radial distribution function，RDF），又称对分布函数、双体分布函数，是分析非晶体常用的统计分析方法[64]，表征原子内部的无序化程度。

径向分布函数表示距离中心原子距离 r 处原子出现的概率，用公式表示为

$$g(r)=\frac{n(r)}{\rho 4\pi r^{2}\delta r} \tag{4-13}$$

如图 4-36（a）所示，在半径为 r 到 $r+\delta r$ 的球壳内粒子数为 $n(r)$，ρ 为粒子的密度。

对分布函数在不同的结构中呈现不同的状态，对晶体而言由于结构是规则排列，其 RDF 曲线每隔一段距离会出现高峰。对于非晶或液体，见图 4-36（b），其概率呈现衰减趋势，首先会出现第一峰和第二峰，后续曲线逐渐趋于 1。这说明了非晶的结构在近距离处原子出现的概率增大，呈现短程有序（SRO）；而在远距离处原子的关联性不大，呈现远程无序。由于非晶是液态通过快速冷凝而成，使液态原子来不及结晶就变为固体，所以非晶与液态的 RDF 呈现一定的相似性。但也有区别，非晶与液态的 RDF 曲线的最大区别是第二峰呈现分裂。随着温度的降低，第二峰开始出现劈裂的温度大约为玻璃化转变温度，代表着非晶结构的形成。除此之外，第一峰扫过的面积代表这个原子的配位数。通过 RDF 曲线能够很好地分析材料的结构特性、元素的键对信息等。

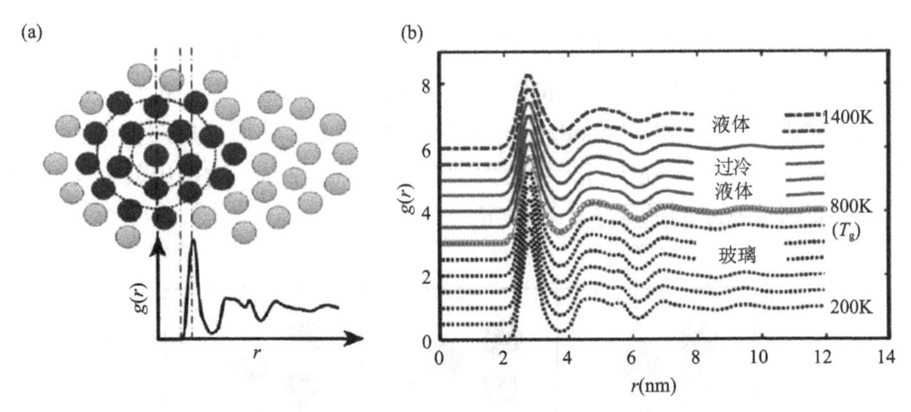

图 4-36　对分布函数与原子结构示意图[65]

2. Voronoi 多面体分析

Voronoi 多面体[66]分析是研究无序结构短程序的重要方法。Voronoi 多面体是以一个具体的原子为中心，以这个原子与其邻近原子的中垂面围成一个多面体，中心原子在多面体中间，通过分析多面体的结构特性来分析中心原子的短程有序环境。Voronoi 多面体包括许多结构特征，其中就包括了配位数信息，多面体的结构由 Voronoi 指数标记为 n_3,n_4,n_5,n_6，其中 n_i 的意义是多面体中 i 边形的形状。通常情况下，三、四、五、六边形的数量就可以完全描述一个中心原子的结构信

息，$<n_3,n_4,n_5,n_6>$为 Voronoi 指数，见图 4-37。

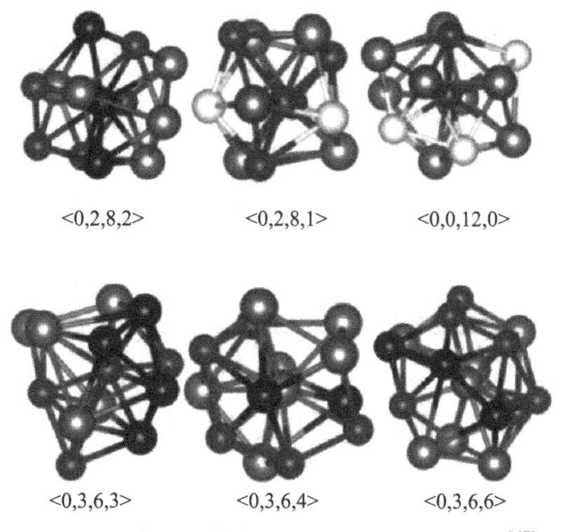

图 4-37　常见团簇与对应的 Voronoi 多面体[67]

Voronoi 多面体可以准确有效地识别局部拓扑结构而被广泛使用，可以获得更多的非晶结构信息，例如计算原子配位数、原子团簇、MRO 的形成以及判断局部自由体积。

3. 均方位移分析

分子动力学是将材料放在合适的系综进行模拟物理过程，分子时时刻刻都在做跳动，若在 t 时刻将粒子的位置记录为 i，则粒子位移平方的均值称为均方位移（mean square displacement，MSD），记录为

$$\mathrm{MSD} = R(t) = \langle |\vec{r}(t) - \vec{r}(0)|^2 \rangle \tag{4-14}$$

根据统计学原理，只要分子的数目足够多，分子动力学的时间越长，则每一时刻计算的平均值都相等。均方位移与粒子的扩散有直接影响，根据爱因斯坦扩散定律[68]：

$$\lim_{t\to\infty} \langle |\vec{r}(t) - \vec{r}(0)|^2 \rangle = 6Dt \tag{4-15}$$

其中，D 表示粒子的扩散系数，可以看出只要模拟的时间足够长，MSD 就会随着时间而逐渐趋于线性，根据这个线性的斜率，就可以得出粒子的扩散速率。

从一硼原子在体心立方盒子中的均方位移可以看出，随着温度的升高，曲线呈上升状态，意味着原子的运动速度的增加，见图 4-38。

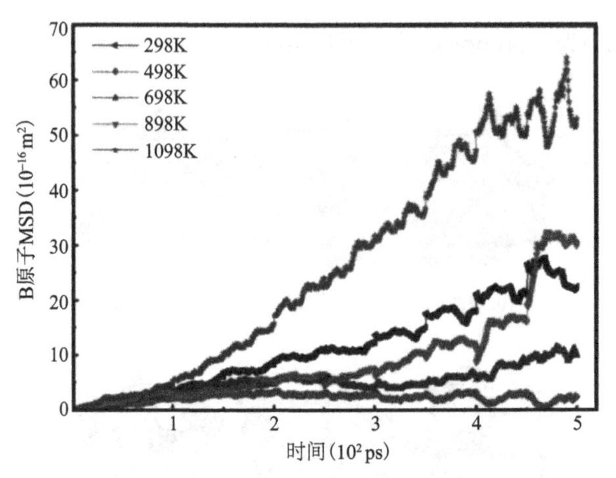

图 4-38　硼原子在体心立方结构中的均方位移

4. 扩散系数的计算

根据爱因斯坦的扩散定律，均方位移对时间求导既可算出扩散系数，公式为

$$D_{B/C} = \frac{\langle R^2 \rangle}{6t} \tag{4-16}$$

式中，$D_{B/C}$ 即为原子的扩散系数，R^2 代表原子的均方位移。所以 MSD 对时间斜率的六分之一就是扩散系数。当扩散的时间间隔很大时，扩散系数将不再随着时间间隔的增大而改变，即将达到一个数值并保持不变。因此，对扩散系数的平稳阶段求平均值便可以得到原子在不同温度下的扩散系数，见图 4-39。

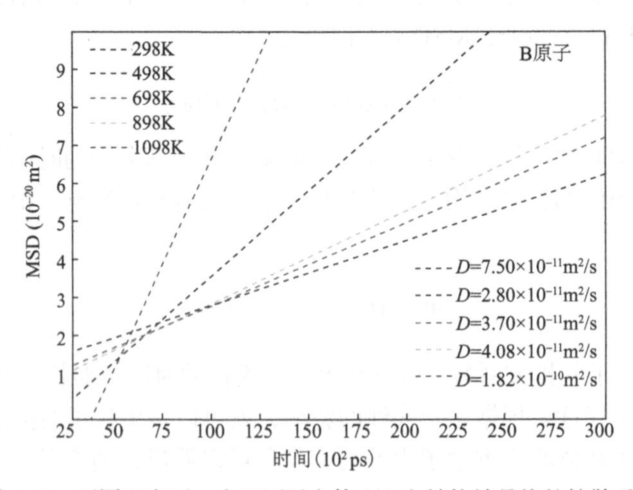

图 4-39　不同温度下一个硼原子在体心立方结构铁晶格的扩散系数

参 考 文 献

[1] 张泰华. 微/纳米力学测试技术. 北京: 机械工业出版社, 2013: 3.
[2] Shelby J E. Introduction to Glass Science and Technology. UK: Royal Society of Chemistry, 2020.
[3] 王嵘嵘. Ge-Se 基硫系红外玻璃力学性能探究. 武汉: 武汉理工大学, 2019: 35-36.
[4] 包亦望. 先进陶瓷力学性能评价方法与技术. 北京: 中国建材工业出版社, 2017.
[5] Kiefer P, Balzer R, Deubener J, Behrens H, Waurischk T, Reinsch S, Müller R. Density, elastic constants and indentation hardness of hydrous soda-lime-silica glasses. Journal of Non-Crystalline Solids, 2019, 521: 119480.
[6] 乔乾, 谭丽娟, 肖童金, 陈柳莉, 何洪途, 余家欣. 强酸侵蚀对钠钙硅玻璃表面改性及其磨损性能研究. 摩擦学学报, 2021, 41: 243-250.
[7] 李海云, 舒赣平, 卢瑞华, 李玉学, 卢瑞华. 点支式中空钢化玻璃板疲劳性能试验研究. 应用基础与工程科学学报, 2017, 3: 546-557.
[8] Rtec. https: //rtec-instruments. com/tribometer/tribometer-mft-3000/. 2023-10-04.
[9] He H, Yu J, Ye J, Zhang Y. On the effect of tribo-corrosion on reciprocating scratch behaviors of phosphate laser glass. International Journal of Applied Glass Science, 2018, 9(3): 352-363.
[10] 何洪途, 余家欣. 钠钙玻璃在不同液体环境中的磨损性能. 硅酸盐学报, 2018, 46: 45-52.
[11] Yu J, He H, Jian Q, Zhang W, Zhang Y, Yuan W. Tribochemical wear of phosphate laser glass against silica ball in water. Tribology International, 2016, 104: 10-18.
[12] Reilly J. Stylus profiler monitors chemical mechanical planarization performance//Proceedings of the Proceedings of 1994 IEEE/SEMI Advanced Semiconductor Manufacturing Conference and Workshop (ASMC). IEEE, 1994: 320-322.
[13] Choi D J, Kim S H. A simple and low cost stylus profiler made of ferrite cores. Measurement Science Technology, 2001, 12(6): 702-708.
[14] 张剑. 触针接触式表面粗糙度测量仪. 机械工人: 冷加工, 2004, 6: 57-58.
[15] Debnath S K. Optical profiler based on spectrally resolved white light interferometry. Optical Engineering, 2005, 44(1): 013606.
[16] Debnath S K, Kothiyal M P, Schmit J, Hariharan P. Spectrally resolved phase-shifting interferometry of transparent thin films: sensitivity of thickness measurements. Applied Optics, 2006, 45(34): 8636-8640.
[17] Debnath S K, Kothiyal M P, Kim S W. Evaluation of spectral phase in spectrally resolved white-light interferometry: Comparative study of single-frame techniques. Optics Lasers in Engineering, 2009, 47(11): 1125-1130.
[18] 高宏, 李庆祥. 高分辨率光学轮廓仪. 仪器仪表学报, 1995, 16(2): 135-139.
[19] Deng K L, Wang J. Nanometer-resolution distance measurement with a noninterferometric method. Applied Optics, 1994, 33(1): 113-116.
[20] Lu C H, Wang J, Deng K L. Imaging and profiling surface microstructures with noninterferometric confocal laser feedback. Applied Physics Letters, 1995, 66(16): 2022-2024.
[21] Fan K C, Lin C Y, Shyu L H. The development of a low-cost focusing probe for profile

measurement. Measurement Science, 2000, 11(1): 1-7.
[22] 李向. 共路外差干涉表面轮廓仪的研究. 北京: 清华大学, 1992.
[23] Samiri A, Khmich A, Haouas H, Hassani A, Hasnaoui A. Structural and mechanical behaviors of Mg-Al metallic glasses investigated by molecular dynamics simulations. Computational Materials Science, 2020, 184: 109895.
[24] Tortonese M, Yamada H, Barrett R C, Quate C F. Atomic force microscopy using a piezoresistive cantilever//Proceedings of the TRANSDUCERS'91: 1991 International Conference on Solid-State Sensors and Actuators Digest of Technical Papers. IEEE, 1991: 448-451.
[25] Sulchek T, Hsieh R, Adams J D, Yaralioglu G G, Adderton D. High-speed tapping mode imaging with active Q control for atomic force microscopy. Applied Physics Letters, 2000, 76(11): 1473-1475.
[26] 干蜀毅. 常规扫描电子显微镜的特点和发展. 分析仪器, 2000, 1: 51-53.
[27] Tersoff J, Hamann D R. Theory of the scanning tunneling microscope. Physical Review B: Condensed Matter, 1985, 31(2): 805-813.
[28] Feenstra R M, Stroscio J A, Tersoff J, Fein A P. Atom-selective imaging of the GaAs(110) surface. Physical Review Letters, 1987, 58(12): 1192-1195.
[29] 路小波, 陆祖宏, 周庆, 王国著. 扫描隧道显微镜中的扫描驱动器. 压电与声光, 1999, 21: 431-432.
[30] Binnig G K, Quate C F, Gerber C J. The atomic force microscope. Physical Review Letters, 1986, 56(9): 930-933.
[31] Hues S M, Draper C F, Colton R J. Measurement of nanomechanical properties of metals using the atomic force microscope. Journal of Vacuum Science, 1994, 12(3): 2211-2214.
[32] Dimitriadis E K, Horkay F, Maresca J, Kachar B, Chadwick R S. Determination of elastic moduli of thin layers of soft material using the atomic force microscope. Biophysical Journal, 2002, 82(5): 2798-2810.
[33] 张群. 原子力显微镜. 上海计量测试, 2002(5): 38-39.
[34] 王建祺. 电子能谱学(XPS/XAES/UPS)引论. 北京: 国防工业出版社, 1992.
[35] Surdyka N D, Pantano C G, Kim S H. Environmental effects on initiation and propagation of surface defects on silicate glasses: Scratch and fracture toughness study. Applied Physics A, 2014, 116(2): 519-528.
[36] He H, Yang L, Yu J, Zhang Y, Qi H. Velocity-dependent wear behavior of phosphate laser glass. Ceramics International, 2019, 45(16): 19777-19783.
[37] Ye J, Yu J, He H, Zhang Y. Effect of water on wear of phosphate laser glass and BK7 glass. Wear, 2017, 376: 393-402.
[38] Adlard E R, Granger R M, Yochum H M, Granger J N, Sienerth K D. Instrumental Analysis. Revised Edition. Chromatographia, 2020, 83: 133-134.
[39] 朱嘉熙. 玻璃中热致组分离子迁移行为及其对性能的影响. 广州: 华南理工大学, 2020.
[40] Zhenze M. A Neutron Radiographic Facility on a Research Reactor and Some Results Obtained in NDT. Neutron Radiography. Dordrecht: Springer, 1987: 79-86.
[41] Liao T W, Ni J. An automated radiographic NDT system for weld inspection: Part I—Weld

extraction. NDT & E International, 1996, 29: 157-162.
[42] Zhong C, Zhang H, Cao Q P, Wang X D, Zhang D X, Ramamurty U, Jiang J Z. On the critical thickness for non-localized to localized plastic flow transition in metallic glasses: A molecular dynamics study. Scripta Materialia, 2016, 114: 93-97.
[43] 杨宝刚, 金虎, 任华友, 吴东流. 复合材料的射线检测技术. 宇航材料工艺, 2004, 34: 26-28.
[44] Szilard J. Ultrasonic Testing: Non-Conventional Testing Techniques. New York: John Wiley & Sons, 1982.
[45] Krautkrämer J, Krautkrämer H. Ultrasonic testing of materials. Journal of Applied Mechanics, 1984, 51(1): 225-225.
[46] Drinkwater B W, Wilcox P D. Ultrasonic arrays for non-destructive evaluation: A review. NDT & E International, 2006, 39(7): 525-541.
[47] 何汇. 常规超声波检测技术初步. 无损探伤, 2001, 4: 42-46.
[48] Prokhorenko P P, Migun N P, Konovalov G E. Thickness of the layer of sorption developer in capillary inspection. Journal of Engineering Physics, 1986, 51(2): 972-979.
[49] Glazkov Y A. The problem of calibration of specimens for liquid-penetrant testing. Russian Journal of Nondestructive Testing, 2004, 40(9): 625-628.
[50] Kalinichenko N P, Kalinichenko A N, Lobanova I S, Popova A Y, Borisov S S. Manufacturing technology and an investigation of samples for testing instruments for the capillary nondestructive testing of nonmetals. Measurement Techniques, 2014, 57(5): 484-488.
[51] 胡学知, 邱杨. 压力容器无损检测——渗透检测技术. 无损检测, 2004, 7: 359-363.
[52] Gorman M R . Plate wave acoustic emission. Journal of the Acoustical Society of America, 1991, 90(1): 358-364.
[53] Legrand A C, Gorria P, Meriaudeau F. Active infrared nondestructive testing for glue occlusion detection in plastic cap//Proceedings of the International Conference on Knowledge-based Intelligent Engineering Systems & Allied Technologies, 2000: 381-384.
[54] 韩方勇, 李金武, 王一帆, 朱丽丽. 玻璃钢管的微波无损检测技术. 石油规划设计, 2019, 3: 7-10.
[55] 张跃. 计算材料学基础. 北京: 北京航空航天大学出版社, 2007.
[56] Cheng Y Q, Cao A J, Ma E. Correlation between the elastic modulus and the intrinsic plastic behavior of metallic glasses: The roles of atomic configuration and alloy composition. Acta Materialia, 2009, 57(11): 3253-3267.
[57] Kanhaiya K, Kim S, Im W, Heinz H. Accurate simulation of surfaces and interfaces of ten FCC metals and steel using Lennard-Jones potentials. npj Computational Materials, 2021, 7: 17.
[58] Daw M S, Baskes M I. Semiempirical, quantum mechanical calculation of hydrogen embrittlement in metals. Physical Review Letters, 1983, 50: 1285-1288.
[59] 汪志诚. 热力学・统计物理学. 北京: 高等教育出版社. 1986.
[60] Nose S. Isothermal-isobaric computer simulations of melting and crystallization of a Lennard-Jones system. Solid State Communications, 1986, 84(3): 1803-1814.
[61] Hoover W G. Generalization of Nosé's isothermal molecular dynamics: Non-Hamiltonian

dynamics for the canonical ensemble. Physical Review A, 1989, 40(5): 2814.
[62] Verlet L. Computer "Experiments" on classical fluids. I. Thermodynamical properties of Lennard-Jones molecules. Physical Review, 1967, 159(1): 98-103.
[63] Hockney R Q, Eastwood J W. Computer Simulation Using Particles. Boca Raton: CRC Press, 2021.
[64] Bennett C H. Serially Deposited amorphous aggregates of hard spheres. Journal of Applied Physics, 1972, 43(6): 2727-2734.
[65] Huang H. Metallic Glasses-Properties and Processing. London: IntechOpen, 2018.
[66] Scott G D. The geometry of random close packing. Nature, 1962, 194: 956-958.
[67] Celtek M, Domekeli U, Sengul S, Canan C. Effects of Ag or Al addition to CuZr-based metallic alloys on glass formation and structural evolution: A molecular dynamics simulation study. Intermetallics, 2021, 128: 107023.
[68] Allen M P, Tildesley D J. Computer simulation of liquids. Oxford: Oxford University Press, 1987.

第5章　玻璃的应力腐蚀

氧化物玻璃凭借其低膨胀性和高熔点的优点而被广泛应用于工业生产中，但是当其受到硬质材料的冲击时，由于脆性极易产生缺陷而断裂[1,2]。研究表明，应力腐蚀作用下玻璃的裂纹扩展是导致材料形成缺陷的直接原因，但针对亚临界裂纹扩展作用下缺陷形成的深入探究和预测，以及玻璃网络结构如何影响材料的机械性能和应力腐蚀开裂性能等问题尚未解决。

当外界环境侵蚀玻璃的裂纹前端时，应力腐蚀开裂将形成并进一步扩展，该过程与裂纹前端亚临界裂纹的生长紧密相关[3,4]。截至目前，已有大量的文献从宏观尺度研究了工业材料以及氧化物玻璃的应力腐蚀开裂性能[5,6]，他们发现应力强度因子（K）和速度（v）之间存在三种特征机制，同时还存在取决于玻璃的化学组成的潜在的第四种机制。但是由于玻璃材料通常含有四种甚至更多氧化物，结构的复杂性使得将 v 与 K 曲线中的关键特征与环境参数（温度、湿度和 pH）相关联时，无法确定基本结构单元对玻璃应力腐蚀诱导的裂纹开裂的影响效果。此外，这些研究并没有改变玻璃的化学组成，使得将玻璃化学组成与其物理性能和应力腐蚀开裂行为联系起来变得更加困难。

基于此，本章主要通过目前已有的研究成果，从实验结果和分子动力学（MD）模拟两方面，着重分析玻璃材料化学组成的变化对其物理性能、断裂机理和应力腐蚀开裂性能的影响，进而从本质上探究各类属性之间的关系。

5.1　断裂韧性

玻璃的断裂韧性是玻璃在没有环境因素作用下断裂的数值。在工业或实验中，通常使用纳米压痕和微压痕技术来测试材料的断裂韧性，同时这些测试都没有考虑环境因素的影响。该方法操作简便且能实现快速测量，只需使用压头对材料表面进行压痕进而检测压痕的形貌即可。本节主要讨论维氏压头的实验结果，实验中将通过增加法向载荷进行多次压痕实验直至形成径向裂纹[7-9]，材料的维氏硬度可通过测量残留压痕的长度（$2a$）由式（5-1）计算得出，见图5-1。

$$H = \frac{1.8544P}{(2a)^2} \tag{5-1}$$

玻璃的断裂韧性还需测量压痕后其径向裂纹的长度。对于玻璃材料而言，根据其形成机制的不同，其径向裂纹主要分为两种，见图 5-1。Palmqvist 径向裂纹对应于从压痕角扩展的表面裂纹，但其相对裂纹没有连接（$c/a<2.5$），其断裂韧性可通过式（5-2）和式（5-3）计算[10,11]。其中，ϵ 为常数，n 为介于 0 到 1 的常数，ϵ 和 n 的精确值取决于模型[12]。半便士中间-径向裂纹的特征为 $c/a>2.5$[13,14]，其断裂韧性可通过式（5-4）和式（5-5）计算[15,16]。

$$K_c = \epsilon \left(\frac{E}{H}\right)^n \frac{P}{al^{1/2}} \tag{5-2}$$

$$K_c = \epsilon \left(\frac{E}{H}\right)^n \left(\frac{P}{c^{2/3}}\right)\left(\frac{a}{l}\right)^{1/2} \tag{5-3}$$

$$K_c = \epsilon \left(\frac{E}{H}\right)^n \frac{P}{c^{1.5}} \tag{5-4}$$

$$K_c = \epsilon \frac{P}{al^{1/2}} \tag{5-5}$$

式中，E 和 H 分别为玻璃的硬度和弹性模量，$l=a-c$。通常情况下，玻璃的维氏硬度值与很多因素密切相关，包括玻璃的化学组成、玻璃的密度和玻璃的热处理过程等。例如，维氏硬度 H 随着 ν 的增加而降低，见图 5-2。此外，还有大量的研究表明，压头区域的致密化与塑性流动为竞争关系，目前认为高 SiO_2 含量的玻璃

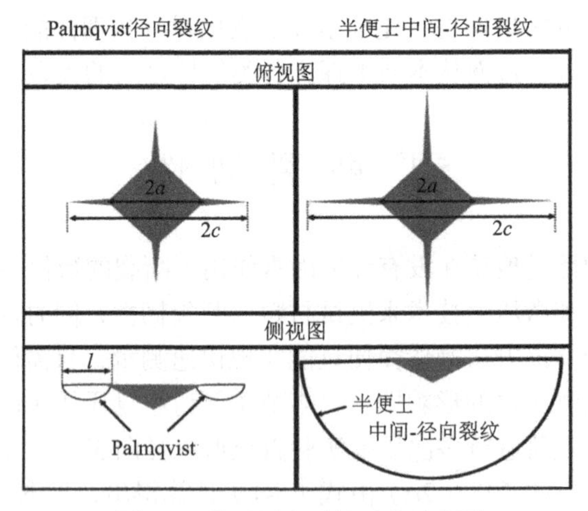

图 5-1　维氏压头下的压痕示意图

径向载荷为 P，不同载荷将形成不同类型裂纹。最普遍的裂纹类型是 Palmqvist 径向裂纹（$c/a<2.5$）和半便士中间-径向裂纹（$c/a>2.5$）

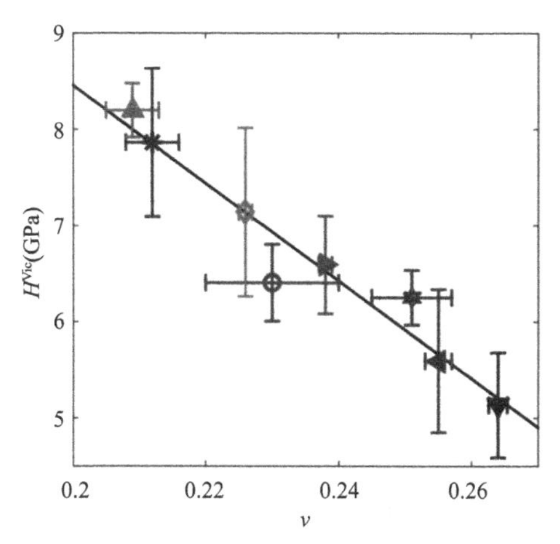

图 5-2　钠硼硅酸盐(SBN)玻璃的硬度 H 与泊松比 ν 的关系

数据均取自最大负载 50 g 和 100 g 下的平均值。线性拟合结果：$H=(-51\pm5)\times\nu+19\pm1.3$

趋于更高的致密化程度，三配位 B（$B^{[3]}$）浓度较高的玻璃则趋于更高程度的剪切流动[17-19]，这些都会改变玻璃的塑性变形过程与结果，最终影响玻璃的硬度。

Ponton 等[13]描述了可以通过压痕测量来计算其断裂韧性的模型。图 5-3 给出特定玻璃样品（$[SiO_2]=58.00\%$、$[Na_2O]=29.10\%$、$[B_2O_3]=12.90\%$）的断裂韧性，结果表明，玻璃的断裂韧性在 0.22～1.75 $MPa\cdot m^{1/2}$ 间变化，平均值为 0.81 $MPa\cdot m^{1/2}$，中值为 0.72 $MPa\cdot m^{1/2}$。可以看出，目前很难建立完全理想的模型以测定玻璃断裂韧性。深入对比计算断裂韧性公式中现有的 n 值不同的两种模型时发现，当 n 值为 0.4 时，依照该值计算的断裂韧性如式（5-6）所示[20]。上述计算方法适用于硬度介于 1～70 GPa，断裂韧性介于 0.9～16 $MPa\cdot m^{1/2}$，且泊松比在 0.2～0.3 范围内的材料。表 5-1 列出了 Rountree 研究的钠硼硅酸盐（SBN）玻璃的对应硬度、断裂韧性和泊松比，H 和 K_c 分别表示载荷 P=50 g 和 P=100 g 时压痕的数据平均值，保载时间为 15 s。通过对比可以发现，Rountree[21]实验测得的硬度 H 和泊松比 ν 与其他文献报道的接近，但是得到的断裂韧性略低。图 5-4（a）给出 K_c 与 ν 的函数关系，每个数据点均取自最大载荷下压痕的数据平均值，结果表明，K_c 随着 ν 的增加而减小。

$$K_c^{\mathrm{Vic}}=0.022\left(\frac{E}{H^{\mathrm{Vic}}}\right)^{0.4}\frac{P}{c^{1.5}} \tag{5-6}$$

$$K_c^{\mathrm{Vic}}=0.0095\left(\frac{E}{H^{\mathrm{Vic}}}\right)^{2/3}\frac{P}{c^{1.5}} \tag{5-7}$$

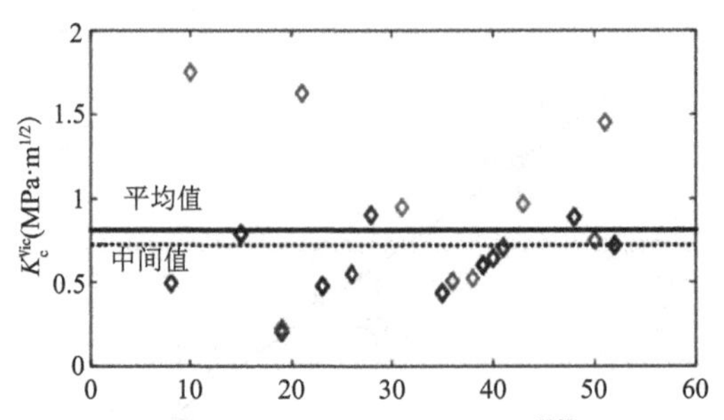

图 5-3　x 轴表示 Ponton 研究中的断裂韧性方程式编号[13]；y 轴描述了特定玻璃样品（$[SiO_2]$=58.00%、$[Na_2O]$=29.10%、$[B_2O_3]$=12.90%）的断裂韧性

表 5-1　利用不同断裂韧性公式计算得到的玻璃断裂韧性

	$[Na_2O]$	$[B_2O_3]$	$[SiO_2]$	E(GPa)	ν	H(GPa)	K_c (MPa·m$^{1/2}$) [公式(5-6)]	K_c (MPa·m$^{1/2}$) [公式(5-7)]
SBN12	16.5	23.9	59.6	80.1	0.209	8.2	0.86	0.75
SBN25	26.8	20.6	52.6	80.3	0.238	6.59	0.69	0.6
SBN30	28.9	20.1	51	74.7	0.255	5.59	0.55	0.47
SBN35	34.5	18.6	46.9	76.7	0.264	5.13	0.5	0.46
SBN70	14.2	15.8	70	81.8	0.212	7.86	0.79	0.64
SBN63	19.2	14.1	66.7	81.9	0.226	7.14	0.71	0.6
SBN59	25.5	13.3	61.1	77.2	0.23	6.4	0.7	0.58
SBN55	29.1	12.9	58	72.8	0.251	6.25	0.6	0.52

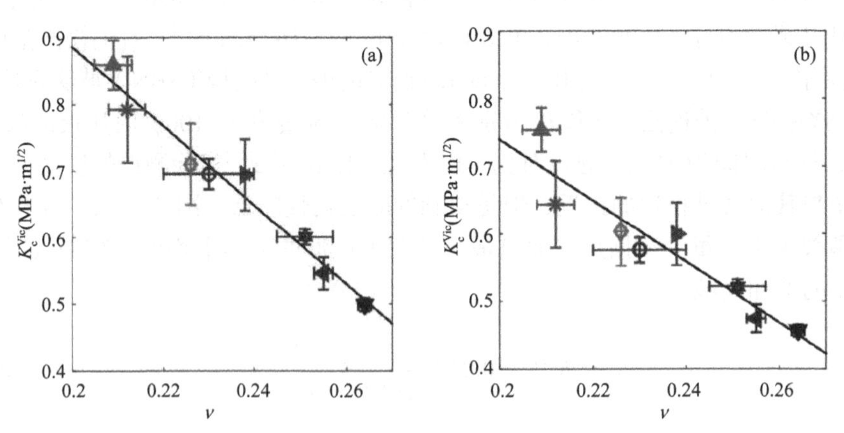

图 5-4　基于式（5-6）和式（5-7）所得的断裂韧性 K_c 和泊松比 ν 的函数关系

不同符号分别代表不同类型的玻璃（参见表 5-1），每个数据点均取自平均载荷为 50 g 和 100 g 的情况

第二种模型对应的 n 值为 2/3，其断裂韧性如式（5-7）所示[20]。该方法主要

适用于陶瓷和玻璃，图 5-4（b）和表 5-1 给出相应玻璃的断裂韧性 K_c，且 K_c 随泊松比 ν 的增加而减小，也就是说，玻璃材料中[Na_2O]的含量越大，ν 越大，越易发生材料断裂。同时，Gehrke[22]通过测量[SiO_2]-[Na_2O]-[Al_2O_3]玻璃中的应力腐蚀开裂行为发现，应力强度因子 K_I 随[Na_2O]的增加而降低，使得 K_c 随[Na_2O]的增加而降低（K_c 为 K_I 的临界值），见图 5-5。尽管如此，根据仅有的 8 个玻璃样品，目前还是很难基于上述硼硅酸盐玻璃样品定性且定量地阐明玻璃与其基本结构单元的关系。然而，随着玻璃[Na_2O]含量的增加，玻璃的泊松比增加，这同时也会导致 NBO 原子数量的增加，进而导致断裂韧性的降低。K_c 随着泊松比呈单调递减的趋势见图 5-4，据此可以推测玻璃的断裂韧性与玻璃网络结构中的 NBO 原子的数量，这对硅酸盐玻璃和硼酸盐玻璃体系都适用。但是，考虑到钠硼硅酸盐玻璃（SBN）的复杂性，可能一个更完整的研究，即需要研究更多的玻璃样品，将有助于证实这一猜想。

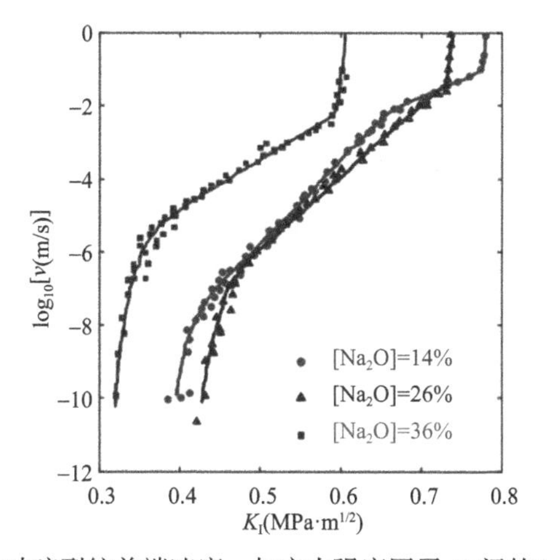

图 5-5　玻璃裂纹前端速度 v 与应力强度因子 K_I 间的对数关系

5.2　非腐蚀环境下的材料断裂

Inglis[23]研究了平板在应力作用下的断裂行为，见图 5-6，应力可由式（5-8）计算得出，其中 σ_A 表示应力，a 和 b 分别表示孔的半长轴长和半短轴长，$\rho = b^2 / a$ 表示椭圆孔尖端的曲率半径。若使得 $a \gg b$，那么将得到式（5-9）：

$$\sigma_A = \sigma\left(1 + \frac{2a}{b}\right) = \sigma\left(1 + 2\sqrt{\frac{a}{\rho}}\right) \tag{5-8}$$

$$\sigma_{\mathrm{A}} \sim 2\sigma\sqrt{\frac{a}{\rho}} \tag{5-9}$$

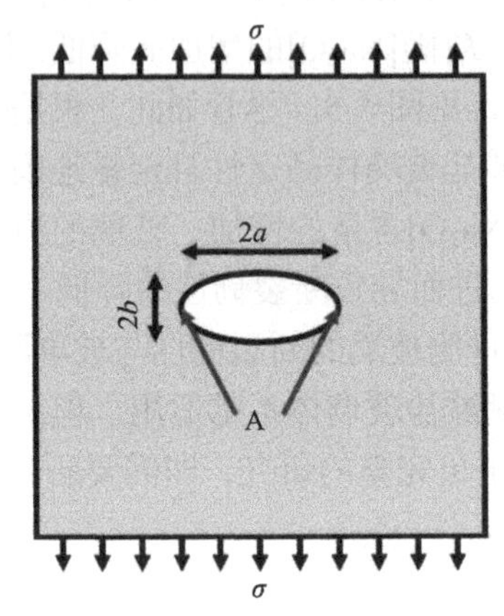

图 5-6 有椭圆形洞的平板在应力作用下（σ）的示意图

参数 a 和 b 分别对应于椭圆形的长半轴和短半轴长度，应力集中在半长轴顶点（点 A）

值得注意的是，Inglis 方程在裂纹尖端很长很细的情况下并不适用，因此，Griffith 从能量平衡的角度深入考虑了裂纹扩展的形成机理[24]。他认为，裂纹扩展所需的能量等同于两个面断裂的能量。将该理论应用于 Inglis 构型（$b \to 0$），由式（5-10）可得出裂纹扩展所需的应力 σ_{f}[25]：

$$\sigma_{\mathrm{f}} = \sqrt{\frac{2\gamma E'}{\pi a}} \tag{5-10}$$

式中，γ 为材料的表面能，a 为裂纹的长度，E' 为基于材料几何尺寸的模量。若裂纹前端受平面应力作用，则[25]

$$E' = E \tag{5-11}$$

式中，E 代表杨氏模量，当裂纹前端受平面应变时，则[25]

$$E' = \frac{E}{1-\nu^2} \tag{5-12}$$

式中，ν 为泊松比。Griffith 公式是预测材料断裂应力的有效方法，但它排除了耗散能量等因素的影响。为此，在 20 世纪中期，Irwin 等[26,27]从裂纹长度逐渐增加的角度考虑了这个问题，进而提出了用机械能释放速率 G 的概念来表示裂纹延伸 δa 时释放的能量。对于裂纹长度为 $2a$ 的无限平面，机械能释放速率为

$$G = \frac{\pi\sigma^2 a}{E} \tag{5-13}$$

$$G_c = \frac{\pi{\sigma_f}^2 a}{E} \tag{5-14}$$

裂纹开始扩展位置的机械能释放速率为 $G=G_c$，其中 G_c 表示临界能量释放速率，通常为材料的固有属性。

针对几何形状简单的情况，比较容易计算线性弹性材料槽口周围的应力场[28]，并通过图 5-7 可分析得出裂纹前端的应力场[29,30]，见式（5-15）。其中 σ_{xx}^a 对应图 5-7 中的应力场分量，r 和 θ 为极坐标参数，K_a 表示应力强度因子，f_{xy}^a 取决于几何形状，$O(1)$ 对应高阶项，a 表示断裂方式。

$$\sigma_{xx}^a(r,\theta) = \frac{K_a}{\sqrt{2\pi r}} f_{xy}^a \theta + O(1) \tag{5-15}$$

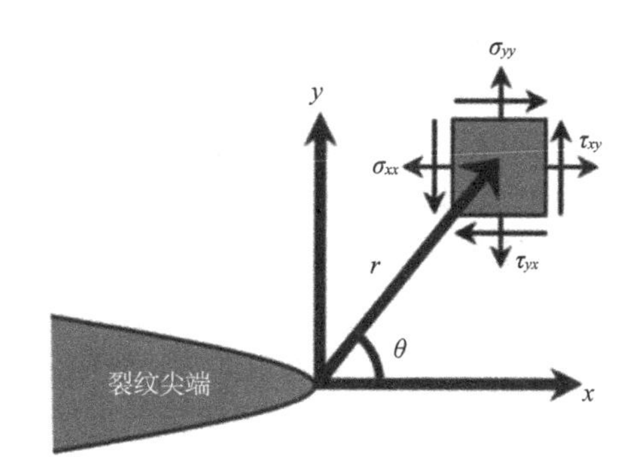

图 5-7　极坐标中裂纹尖端周围应力场的示意图[29,30]

σ_{xy} 和 τ_{yx} 分别代表应力的法向分量和剪切分量

研究表明，材料的断裂模式主要有三种（见图 5-8）：开裂模式（模式Ⅰ）、平面内剪切模式（模式Ⅱ）和平面外剪切模式（模式Ⅲ）。混合负载模式的机械能释放速率为累加值，其计算方式如式（5-16）所示：

$$G = \frac{K^2}{E'} = \frac{{K_{\mathrm{I}}}^2}{E'} + \frac{{K_{\mathrm{II}}}^2}{E'} + \frac{(1+\nu){K_{\mathrm{III}}}^2}{E'} \tag{5-16}$$

式中，E' 对应式（5-11）的平面应力和式（5-12）中的平面应变，应力强度因子 K 则取决于载荷的大小和断裂样品的形状。为使裂纹可在真空中传播，应满足 $K>K_c$（K_c 表示材料的断裂韧性），该值可以通过实验测量得出，同时其与 Griffith 能量准则（G_c）间存在如下关系[31]：

$$G_c = \frac{{K_c}^2}{E'} \tag{5-17}$$

通常情况下研究人员仅考虑模式Ⅰ进行加载，因此 $K_{II} = K_{III} = 0$ 。

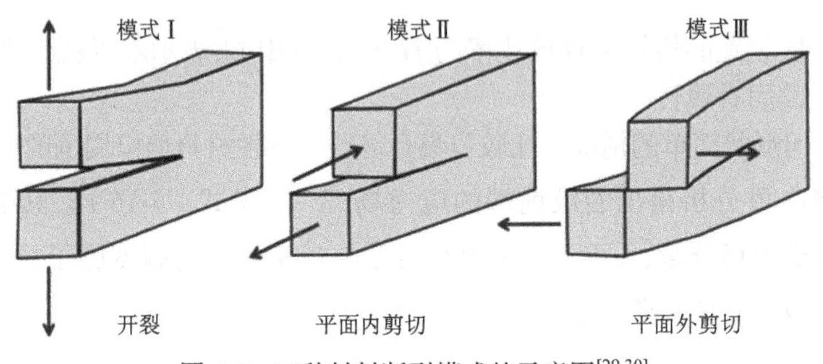

图 5-8　三种材料断裂模式的示意图[29,30]

5.3　硅酸盐应力腐蚀开裂：亚临界应力腐蚀开裂

在非腐蚀环境中，当 $K \geqslant K_c$ 时裂纹将开始扩展，同时也存在 $K<K_c$ 的情况。当岩石撞击汽车的挡风玻璃后，驾驶员可能会注意到玻璃裂纹的缓慢扩展，裂纹的增长率也相应增加直到裂纹延伸到挡风玻璃边缘导致材料断裂（$K>K_c$）。裂纹扩展的初始阶段与环境相关，外界环境诱导了亚临界裂纹的扩展。当水或其他腐蚀性元素侵蚀裂纹尖端时，将诱发亚临界裂纹扩展。Wiederhorn 等[3,4]经研究总结出应力强度因子（K）和裂纹扩展速度（v）的关系，见图 5-9，并通过实验验证了三个亚临界裂纹扩展区以及一个依赖于材料阈值的存在。

- Ⅰ区：裂纹前端扩展速度受尖端化学反应速率的限制。
- Ⅱ区：裂纹前端扩展速度受化学反应物到达裂纹前端的时间限制。
- Ⅲ区：裂纹前端扩展速度过快，化学反应物无法到达裂纹前端（$K<K_c$）。
- 0 区（环境限制 K_e）：该限制表示即使在腐蚀环境，施加于裂纹前端的应力也不足以驱动裂纹扩展。值得注意的是，此阈值应力并非适用于所有玻璃材料（例如纯石英玻璃）。

从挡风玻璃中裂纹传播的简化模型可以发现，如果驾驶员在裂纹很小时进行修复即可阻止裂纹扩展。因此，抑制玻璃裂纹扩展的关键是在裂纹尖端力变大前采取措施，一旦裂纹扩展至Ⅱ区和Ⅲ区，裂纹就会迅速扩展至边缘。因此修复裂纹的时间应尽量控制在其扩展到Ⅱ区之前，本节也将主要概述 0 区和Ⅰ区的亚临界裂纹增长。

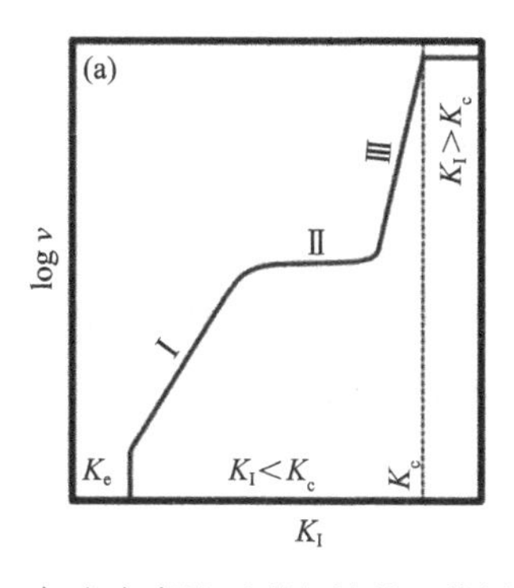

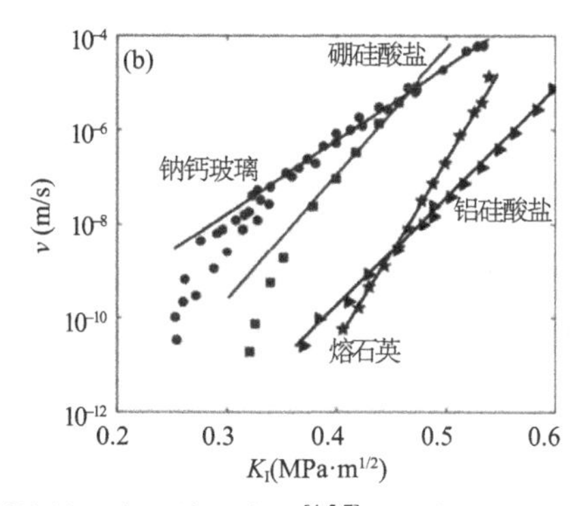

图 5-9　(a)与应力腐蚀开裂相关的亚临界裂纹的三个区域示意图[4,5,7]，K_I 表示模式 I 的应力强度因子，v 表示裂纹前端速度；（b）Wiederhorn 提出的 0 区和 I 区的应力腐蚀开裂曲线[4]。断裂实验环境为 25℃的蒸馏水

5.3.1　0 区：环境极限

0 区[图 5-9（a）中较低应力下的垂直线]表示玻璃裂纹前端在腐蚀环境作用下扩展所需的最小应力。碱金属玻璃通常受 K_e 影响[3,5,6]，但纯二氧化硅玻璃并不受其影响，因此无论其裂纹尖端上的应力多小，裂纹都将扩展。Lawn[25]将裂纹扩展与包含裂纹尖端的区域联系起来后发现，裂纹尖端周围存在能量耗散。玻璃裂纹尖端的有效应力强度因子如式（5-18）所示。

$$K_I = K_g + K_{sz} \tag{5-18}$$

其中，K_I 表示裂纹尖端周围区域的应力强度因子，K_g 表示整体应力强度因子，K_{sz} 表示阴影区的贡献，见图 5-10，因此玻璃的物理特性以及阴影区的裂纹前端决定了玻璃对外部应力的响应。

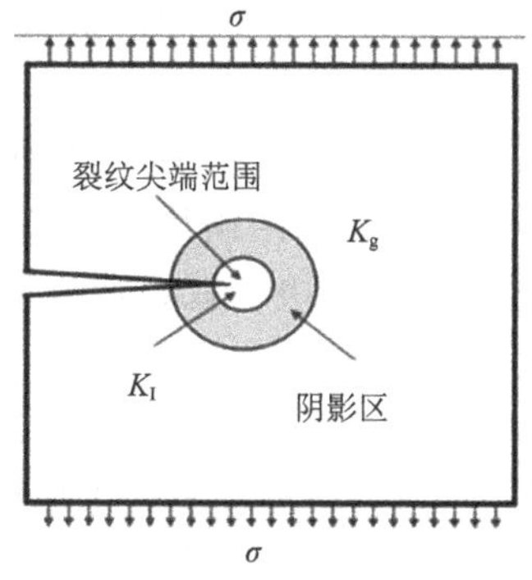

图 5-10　裂纹尖端 K 场示意图[25]

环境限制 K_e 取决于玻璃的化学成分[3,5,22]。目前已有的文献结果主要提出了以

下几种机制以解释其变化。

（1）裂纹尖端应力导致碱原子的扩散增强。Marlière 等[32,33]借助环境可控的原子力显微镜对钠钙玻璃裂纹进行原位实时观察时发现，裂纹附近出现明显的细点的增长[图 5-11（a）]，同时裂纹附近的 Na 元素由于裂纹旁边的应力梯度出现了明显的重新分布[图 5-11（b）]，这些都表明玻璃裂纹尖端的局部应力可能会诱发碱原子的扩散增强。碱原子迁出裂纹尖端反应区（process zone，PZ）所需的能量导致裂纹尖端的总能量降低，这有助于延缓裂纹扩展。

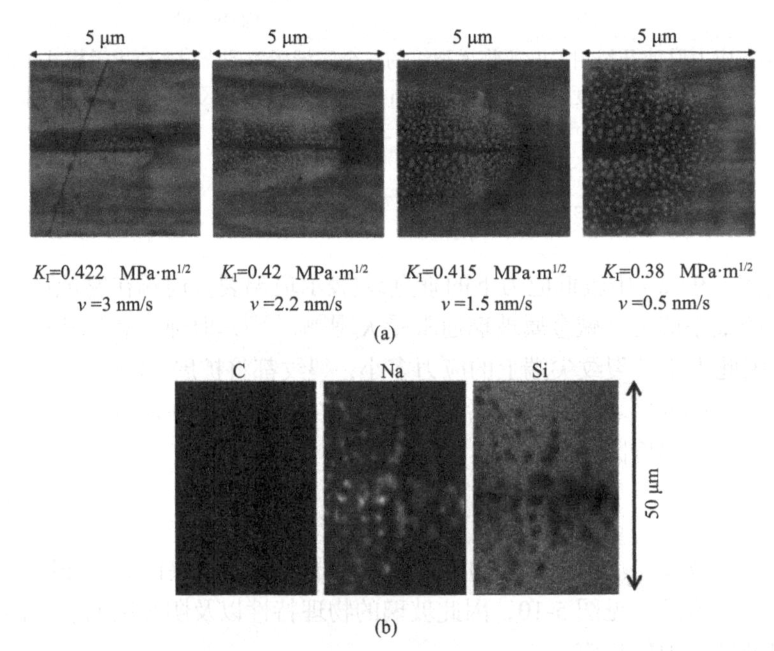

图 5-11 （a）钠钙玻璃表面裂纹在不同速度下传播的 AFM 形貌图，环境湿度为 45% RH；（b）钠钙玻璃裂纹尖端微区的 SIMS 图谱

（2）由于水合氢离子的尺寸较大，水合 Na^+ 的交换导致 PZ 压缩[34,35]。

（3）裂纹尖端变钝[22]。玻璃表面的溶解度与其局部外形尺寸有关。当外部应力很小时，裂纹尖端的腐蚀速度更快，就会造成玻璃裂纹尖端变钝的现象，见图 5-12。

（4）裂纹尖端 pH 的变化[36-38]。近年来，K_e 的形成机理饱受争议，通常研究人员选择上述机制中的其中一种进行解释而忽略了玻璃的结构因素。同时目前许多实验并没有改变材料的化学成分，仍然沿用氧化物玻璃进行研究，因此并没有实现对玻璃组分引起的影响进行量化。

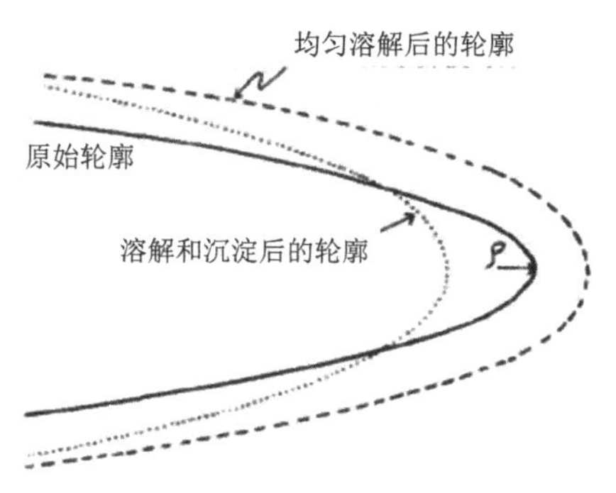

图 5-12　玻璃裂纹尖端变钝的示意图

5.3.2　I 区

I 区中玻璃裂纹前端速度随应力强度因子的增加而增加，见图 5-9（a），而其斜率取决于玻璃化学成分等因素。研究表明，玻璃样品在高斜率时更易受到应力腐蚀开裂的影响，Wiederhorn 指出[3,4]，裂纹前端速度取决于裂纹尖端发生化学反应的时间，还对 I 区进行了指数拟合，即式（5-19）。

$$v = A\times\left(\frac{p_{H_2O}}{p_0}\right)^m \times \exp\left(-\Delta E_a + bK\right)/RT \tag{5-19}$$

式中，A、ΔE_a、m 和 b 均为经验值，T 为环境温度，R 为理想气体常数，p_{H_2O} 和 p_0 分别为大气气相的分压和饱和大气压力。目前，因为该式对玻璃裂纹尖端化学环境和玻璃之间的化学反应提供了直接的解释，已被广泛应用于玻璃在 I 区中的应力腐蚀行为。在该理论模型框架下，玻璃应力腐蚀反应的基本机制可与应力诱导玻璃网络结构断裂的热激发过程密切联系，见图 5-13[39]。Michalske 和 Bunker 也

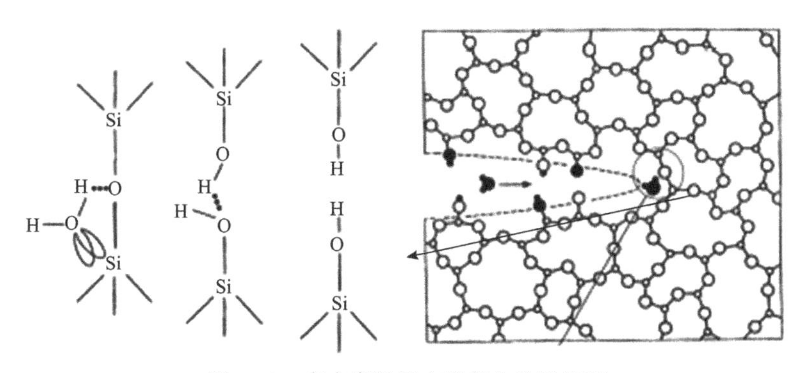

图 5-13　应力腐蚀反应的基本化学机制

通过模拟发现应力对该 Si—O—Si 键水解化学反应的正向作用，后来他们又通过实验测量应变作用下硅酸盐环状结构的水解反应速率进一步验证了该观点[40,41]。

值得注意的是，式（5-19）中的 ΔE_a 也表示无应力作用下的化学反应活化能，若将斜率 b 与玻璃裂纹尖端激活体积（ΔV^*）以及尖端曲率半径（ρ_{ct}）联系起来时，可得到[3,42-44]：

$$b = \frac{2\Delta V^*}{\sqrt{\pi \rho_{ct}}} \tag{5-20}$$

Freiman 等[5,42]将激活体积（ΔV^*）归因于从初始到激活的体积变化，并得出式（5-21）：

$$\Delta V^* = N_a \pi \left({r_A}^2 + {r_B}^2\right) \frac{\delta l}{2} \tag{5-21}$$

其中，r_A 和 r_B 为对应原子半径，伸长量为 δl，而 N_a 为常数，组合式（5-20）和式（5-21）可得出式（5-22）：

$$b = \frac{N_a \pi \left({r_A}^2 + {r_B}^2\right) \delta l}{\sqrt{\pi \rho_{ct}}} \tag{5-22}$$

从式（5-19）可以发现，玻璃的应力腐蚀行为取决于环境的湿度和温度。此外，研究表明，当应力强度因子 K 和温度 T 恒定时，相对湿度（RH）将导致裂纹前端扩展速度的增加，见图 5-14（a）。同时当相对湿度和应力强度因子 K 恒定时，温度 T 的增加会提高裂纹前端的扩展速度，见图 5-14（b）。

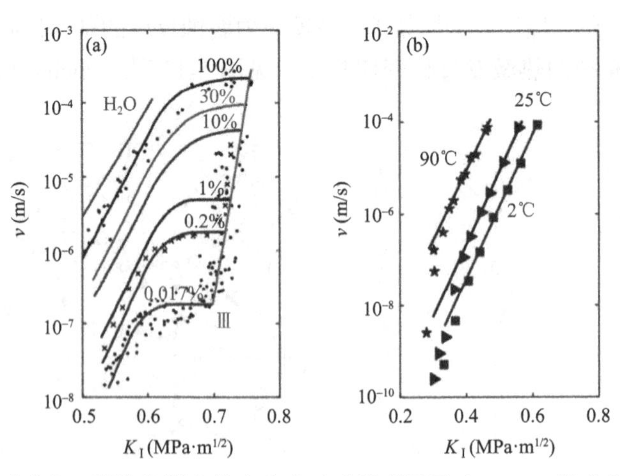

图 5-14 在钠钙玻璃中，裂纹前端速度（v）与应力强度因子（$K=K_{\mathrm{I}}$，模式Ⅰ）和环境的关系
v 和 K_{I} 分别依赖于湿度（a）和温度（b），不同湿度的实验在 25℃下进行，不同温度的实验在蒸馏水中进行

在大多数情况下，关于玻璃的应力腐蚀行为研究是在固定的温度 T 和相对湿度（RH）下进行的，因此式（5-19）可以简化为

$$v = v_0 \exp\left(\beta_c K_I\right) \tag{5-23}$$

其中，v_0 和 β_c 是经验参数，而 v_0 也与环境湿度相关。v_0 和 β_c 可以分别表示为

$$v_0 = A \times \left(\frac{\rho_{H_2O}}{\rho_0}\right)^m \times \exp(-\Delta E_a / RT) \tag{5-24}$$

$$\beta_c = \frac{b}{RT} \tag{5-25}$$

当然还有部分学者通过幂定理来研究玻璃在 I 区的应力腐蚀行为

$$v = v'\left(\frac{K_I}{K_0}\right)^n \sim \alpha_0 K_I{}^n \tag{5-26}$$

其中，$\alpha_0 = \dfrac{v'}{K_0^n}$，$n$ 和 K_0 均为经验参数，且 β_c 和 n 受应力腐蚀开裂行为敏感性的影响。Atkinson 经研究具体解释了上式中 n 的含义[45]：

- 当 n=2～10 时，它表示扩散主导着玻璃的裂纹扩展。
- 当 n=20～50 时，它表示应力腐蚀主导着玻璃的裂纹扩展。

Mould 基于裂纹尖端的限速步骤将玻璃裂纹扩展的方法理论化[39,46,47]，也为玻璃应力腐蚀开裂的研究提供了模型，但它无法解决功能依赖性，所以该模型无法有效应用于工业玻璃的广泛研究。

对于玻璃的裂纹在液体环境中的传播，式（5-19）中 p_{H_2O} / p_0 需要被替换水分子的活性，它主要取决于液体环境的成分，例如它与溶液 pH 和与玻璃相关的特定离子的浓度密切相关。除了水分子以外，氨、氢化物和甲酰胺等也对玻璃产生应力腐蚀效应，因为它们和水分子有一些共同之处：第一是在分子的两端可以允许同时给出质子和电子的能力，可以产生玻璃 Si—O 网络结构的吸附和剪切的协同反应；第二是分子直径低于 0.5 nm，这是反应分子能够到达裂纹尖端的必需条件，见图 5-13。而对于其他非活性液体，其作用主要是将水分子的有效浓度降低，从而大大抑制玻璃裂纹在应力腐蚀作用下的传播，导致其最终效果类似于裂纹在干氮或真空中的传播。

5.3.3　Ⅱ区

Ⅱ区对应于应力状态，此时裂纹前端速度实际上与施加在玻璃裂纹尖端的应

力无关，且应力强度因子的增加不会导致裂纹扩展速度增加，见图 5-9（a）。但大气中水分子的增加将导致裂纹扩展速度增加，也就是说速度取决于水分子到达裂纹前端的时间。根据 Atkinson 的研究可知，Ⅱ区裂纹扩展可以用 2～10 之间的 n 表征[45]，同时Ⅱ区的数值水平与含水量存在函数关系，见式（5-27），其中 D_{H_2O} 对应于水分子在空气中的扩散系数[4,6]。

$$v = v_0 \rho_{H_2O} D_{H_2O} \tag{5-27}$$

进一步研究表明，反应分子的扩散与环境的条件（总压力、湿度、温度、水分子的气体或液体形式）和接近裂纹尖端时的受限空间密切相关。当平均自由路径尺寸减小时，水分子的扩散速率会大幅降低，此外，当受限空间尺寸与分子尺寸相当时，裂纹侧壁开始吸附水分子，这也会降低水分子在裂纹尖端的扩散速率。

Ⅱ区域对于在液态水中进行测试的样品非常有限，同时，在高湿度下，玻璃中的Ⅱ区的延伸显示减少，这些都表明在玻璃的裂纹腔中存在毛细管凝结。在液体溶液中，Ⅱ区的位置取决于水的浓度，但是Ⅱ区在惰性液体或气体环境中依然可见，这是因为始终存在微量的水。水分子也可能以分子形式穿透到应变的玻璃网络结构中，并在裂纹尖端附近的更靠内部位置与玻璃网络结构做出反应。在这种情况下，水分子的体扩散率也可以作为Ⅱ区的一个限制因素。然而，大多数情况下，这些现象的动力学取决于具有应力依赖能量屏障反应的热激活过程，该过程与环境温度和应力密切相关。

5.3.4 Ⅲ区

Ⅲ区中玻璃的裂纹传播速度再次随着应力强度因子 K 增加而增大，见图 5-9（a）和图 5-14（a）。裂纹前端移动太快导致水分子无法到达裂纹前端。Ⅲ区的位置与局部环境关系几乎无关。虽然在Ⅲ区中，玻璃裂纹的扩展速度相对较大，但是其传播仍然属于亚临界型，即裂纹传播的时间尺度仍由热波动克服较弱能量障碍所需的时间决定。然而，由于Ⅲ区一般具有较高的斜率和较大的裂纹扩展速度，因此，一般很难在实验中确定区域Ⅲ的终点，K_c 值一般由区域Ⅲ本身的位置确定。从实际的角度来看，在张应力下对玻璃样品进行加载时，样品在接近 K_c 时通常会突然失效，并且失效时 K 的测量值称为断裂韧性。

Wiederhorn[4,47]证实了当湿度在 0.017%～100%范围内时，速度为应力强度因子的叠加，该区域的裂纹扩展取决于环境条件。目前研究人员面临的挑战是如何防止应力腐蚀开裂，也就是说需要使裂纹前端应力强度因子小于环境极限，因此，有必要在裂纹扩展进入Ⅱ区和Ⅲ区前进行干预，以防止玻璃材料的断裂。

5.4　钠硼硅酸盐的应力腐蚀开裂行为

前期研究表明，温度、湿度和环境 pH 将影响玻璃的应力腐蚀开裂行为[48]。但关于玻璃的化学成分与应力腐蚀开裂行为之间关系的研究仍亟待完善。本节主要整理并探究了钠硼硅酸盐玻璃的应力腐蚀断裂行为[49]。

5.4.1　0 区中玻璃化学组成与 K_e 的变化关系

图 5-15 表明玻璃化学组成的不同将导致其对应 K_I 的不同。通常增加玻璃中[Na_2O]的含量会导致 K_e 的增加，见图 5-16（a）。主要原因包括以下几个方面：

- 裂纹尖端应力导致 Na^+迁至自由表面和裂纹尖端。应力提供的多余能量延迟了裂纹扩展[22,50]。
- 形成了浸出层从而防止水侵蚀裂纹尖端[22]。
- 裂纹尖端的 pH 值变化导致 K_e 改变[36-38]。
- 由于水合氢离子的尺寸较大，因此将 Na^+交换为水合氢离子会导致材料处于压缩状态[34,35]。
- 裂纹尖端变钝[22]。

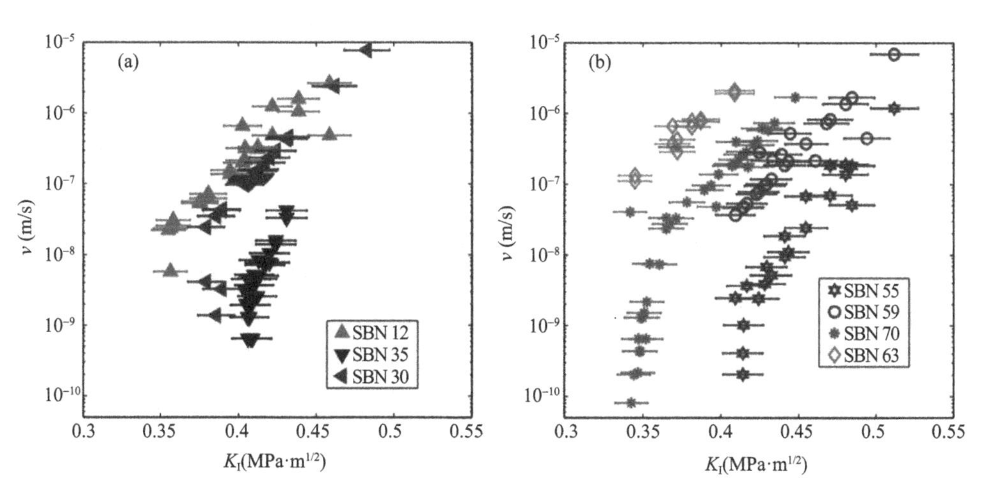

图 5-15　不同 K_{SBN} 参数下，7 种钠硼硅酸盐（SBN）玻璃对应的速度 v 和应力强度因子 K_I 的函数关系

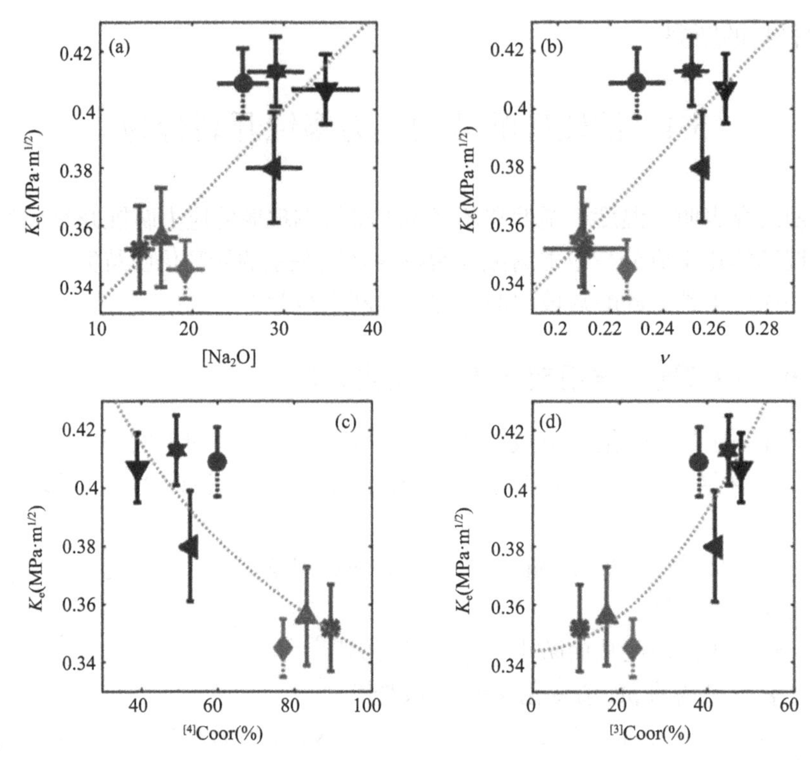

图 5-16　（a）玻璃的环境极限 K_e 与[Na_2O]的变函数关系；（b）K_e 与泊松比 ν 的函数关系；（c）K_e 与有四个桥接氧原子的四配位单元（[4]Coor）的函数关系；（d）K_e 与具有三个桥接氧原子的三配位单元（[3]Coor）的函数关系[49]

相比于 SBN12（[Na_2O]=16.5%、[B_2O_3]=23.9%和[SiO_2]=59.6%，正三角形）、SBN30（[Na_2O]=28.9%、[B_2O_3]=20.1%和[SiO_2]=51.0%，侧三角形）、SBN35（[Na_2O]=34.5%、[B_2O_3]=18.6%和[SiO_2]=46.9%，倒三角形）、SBN70（[Na_2O]=14.2%、[B_2O_3]=15.8%和[SiO_2]=70.0%，星形）、SBN55（[Na_2O]=29.1%、[B_2O_3]=12.9%和[SiO_2]=58.1%，六角星形），SBN63（[Na_2O]=19.2%、[B_2O_3]=14.1%和[SiO_2]=66.7%，菱形）和 SBN59（[Na_2O]=25.5%、[B_2O_3]=13.3%和[SiO_2]=61.1%，圆圈）在低载下都呈现不清晰的 K_e 线。图中数值代表基于样本和误差而获取的最小 K_I，误差线为虚线

此外，Barlet 提出了导致 K_e 变化的根本原因的另一种机制[49]，该机制包括：

（1）当玻璃中[Na_2O]浓度较高时，K_e 随桥接氧原子的三配位单元比例的增加而增加。Kieu 发现平面硼酸盐单元能够在应力作用下旋转且桥接氧原子的四配位单元具有键伸长的趋势，他还发现 Si 单元在 SBN14 玻璃中发生了键伸长，但他们没有研究压力作用下 NBO 和二氧化硅四面体的旋转变化规律[51]。图 5-16 分别给出 K_e 随桥接氧原子的三配位单元和四配位单元的百分比变化的演化规律，表明 K_e 随着桥接氧原子的三配位单元的增加而增加。可以看出，玻璃解聚作用有助于提高 K_e[49,51]，见图 5-17。

（2）当用一个 NBO 和三个 BO 对二氧化硅四面体进行细化时，可发现 SiO_2-Na_2O 玻璃中的二氧化硅呈现取向有序[52]。当将这些应用于具有 NBO 的二氧化硅单元时，将导致[4]Si 的自由度提高，玻璃解聚作用增强，玻璃可塑性的提高，最终将提高 K_e[49]。

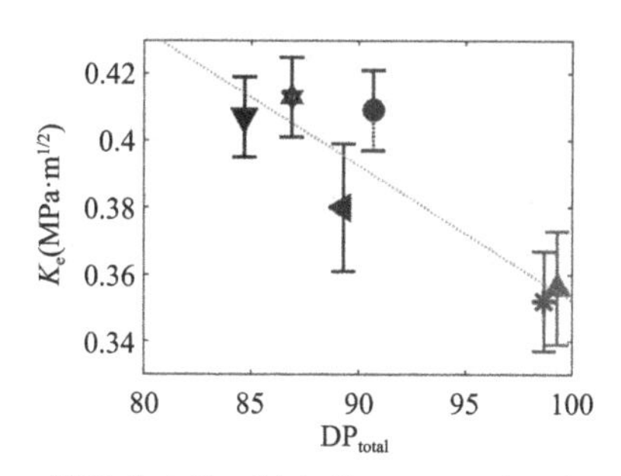

图 5-17　基于 MD 模拟获取的环境极限 K_e 和聚合指数 DP_{total} 的函数关系

（3）富含 Na_2O 的玻璃中存在 Na_2O 路径，这可能使玻璃网络结构在受力过程中发生重新分布且将 K_e 移至更高的值的原因[53]。

（4）当 Na^+充当网络改性剂而非补偿剂时，其将更具流动性进而提高玻璃可塑性[54,55]。

值得注意的是，SBN63（菱形）的 K_e 相较于 SBN12 和 SBN70 略有降低，事实上这些点表示了[Na_2O]含量的玻璃系统的对应数据（$0.5+\dfrac{K_{SBN}}{16}<R_{SBN}<0.5+\dfrac{K_{SBN}}{4}$），其对 K_e 没有实际贡献价值。在该玻璃网络中，[Na_2O]导致二氧化硅网络上的 NBO 附近有 Na^+，且使网络结构维持在高水平的三配位硼单元状态。玻璃结构的高网状度使二氧化硅网络开始解聚且导致化学成分与 K_e 的关系更加复杂，因此，有必要开展更多的应力腐蚀开裂测试以确定环境极限进而解决此问题。

如图 5-18 所示，对于 K_{SBN}=2.5 的数据点，K_c 似乎与 K_e 成反比，且随着[Na_2O]

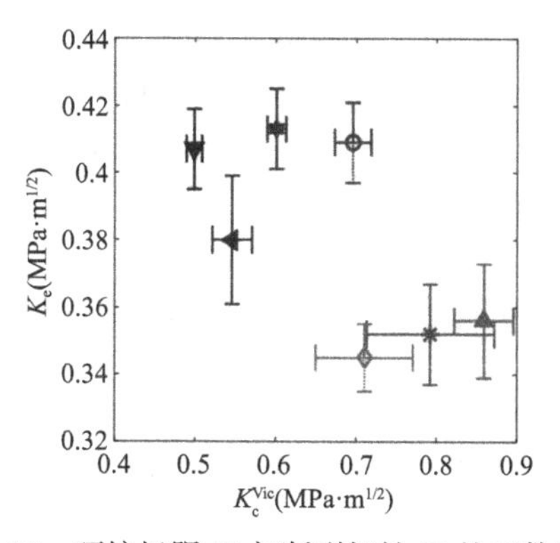

图 5-18　环境极限 K_e 与断裂韧性 K_c 的函数关系

的增加，数据点对应的 K_e 增加，K_c 减少。对于 K_{SBN}=4.5 的圆圈数据点，结合 SBN70（$[Na_2O]$=14.2%、$[B_2O_3]$=15.8%和 $[SiO_2]$=70%）和 SBN55（$[Na_2O]$=29.1%、$[B_2O_3]$=12.9%和 $[SiO_2]$=58.1%，六角星形）的数据可发现，K_c 与 K_e 成反比。相比于其余样品，SBN63（菱形）和 SBN59（$[Na_2O]$=25.5%、$[B_2O_3]$=13.3%和 $[SiO_2]$=61.1%，圆圈）的 K_e 趋势都不明显，因此很难得出 K_{SBN}=4.5 时 K_c 和 K_e 的关系。同时该图也表明，SBN70 和 SBN12（$[Na_2O]$=16.5%、$[B_2O_3]$=23.9%和 $[SiO_2]$=59.6%，正三角形）的数据联系紧密，都仅存在小部分 NBO，而且都有一个低 K_e 和高 K_c 的数据点。在低应力作用下，水分子需要相当大的应力攻击裂纹前端才能引发材料断裂。因此，上述系统中的过程区在延缓裂纹扩展开始方面并不有效。

除了 SBN63 以外的样品，硼酸盐网络和硅酸盐网络中都形成了导致玻璃解聚且使 K_e 降低的 NBO[25]。这些系统有效地延缓了过程区的裂纹扩展，而且其对应较低的 K_c，这意味着系统需要更低的应力来引发断裂。虽然该玻璃结构延缓了裂纹扩展，但一旦开始扩展，裂纹长度的增加将导致应力强度因子（K）增加，这将使得其断裂比 SBN70 和 SBN12 系统更快。SBN63 是介于中间 $[Na_2O]$ 含量的玻璃系统，其包含大量的四配位硼酸盐单元，在理想情况下 4/3 配位硼酸盐单元上没有 NBO，NBO 仅出现在硅四面体上。SBN63 对应的 K_e 略低于 SBN12 和 SBN70。但是仅凭该机制阐明 K_c 和 K_e 的关系远远不够，还需要额外补充实验以理清这些关系。

考虑到其他三元体系，Gehrke 等通过研究 $[SiO_2]$-$[Na_2O]$-$[Al_2O_3]$（SNA）发现，其 K_e 明显单调趋势[22]。在玻璃中 $[Na_2O]$ 含量处于 14%～26%范围时，K_e 逐渐增加，当玻璃中 $[Na_2O]$ 含量从 26%增至 36%时，对应的 K_e 显著下降。当玻璃结构为 $[Al_2O_3]/[Na_2O]$=1 时，$[Al_2O_3]$ 只存在于 AlO_4 四面体中，且附近有一个 Na^+ 进行电荷补偿，并没有多余 Na^+ 以形成 NBO。因此 Na_2O 在此时起到了网络改性剂的作用。当玻璃中的 Na_2O 含量过高时（$[Al_2O_3]/[Na_2O] < 1$），NBO 将形成于玻璃中以起到网络补偿剂的作用。因此，钠硼硅（SBN）和钠铝硅（SNA）三元系统的过程区所发生的化学变化对 K_e 有一定影响[22,49]，同时玻璃结构中的钠含量也将导致 K_e 的变化，但是上述研究还不够完善，仍亟待需要开展更为广泛的应力腐蚀开裂实验以了解玻璃的结构变化对 K_e 的影响。

5.4.2　Ⅰ区中 v 和 K_{I} 与玻璃化学成分的函数关系

本小节主要研究了化学成分的变化将如何改变Ⅰ区的应力腐蚀开裂行为。表 5-2 汇总了钠硼硅（SBN）玻璃和 Wiederhorn 复杂氧化物玻璃对应的斜率（β_c）。

表 5-2　不同玻璃成分的应力腐蚀开裂特性

	玻璃形成体			玻璃中间体			玻璃修饰体				β_c	$\sigma\beta_c$
	SiO_2	B_2O_3	As_2O_3	Al_2O_3	PbO	TiO_2	Na_2O	K_2O	MgO	CaO		
石英玻璃	99.4	0	0	0	0	0	0	0	0	0	87	2
铝硅玻璃-Ⅰ	58.4	3.5	0	12.1	0	0	1	0	18.3	6.6	56	1
铝硅玻璃-Ⅱ	66.7	0	0.2	10.8	0	0.6	13.1	2.3	5.8	0.5	66	1
硼硅玻璃	82.4	12.4	0	1.2	0	0	4	0	0	0	81	2
铅碱玻璃	75.2	0	0	3	8.1	0	12.2	1.6	0	0	58	2
钠钙玻璃	71.4	0	0	1.2	0	0	13.5	0.6	5.9	7.4	44	2
SBN12	59.6	23.9	0	0	0	0	16.5	0	0	0	46	3
SBN30	51	20.1	0	0	0	0	28.9	0	0	0	57	3
SBN35	46.9	18.6	0	0	0	0	34.5	0	0	0	93	8
SBN70	70	15.8	0	0	0	0	14.2	0	0	0	49	2
SBN63	66.7	14.1	0	0	0	0	19.2	0	0	0	47	3
SBN59	61.1	13.3	0	0	0	0	25.5	0	0	0	49	2
SBN55	58	12.9	0	0	0	0	29.1	0	0	0	64	4

图 5-19 分别给出 SBN 玻璃和 Wiederhorn 复杂氧化物玻璃的 β_c 与[Na_2O]含量的函数关系，同时在图（b）中，仅将玻璃中[Na_2O]视为网络改性剂。

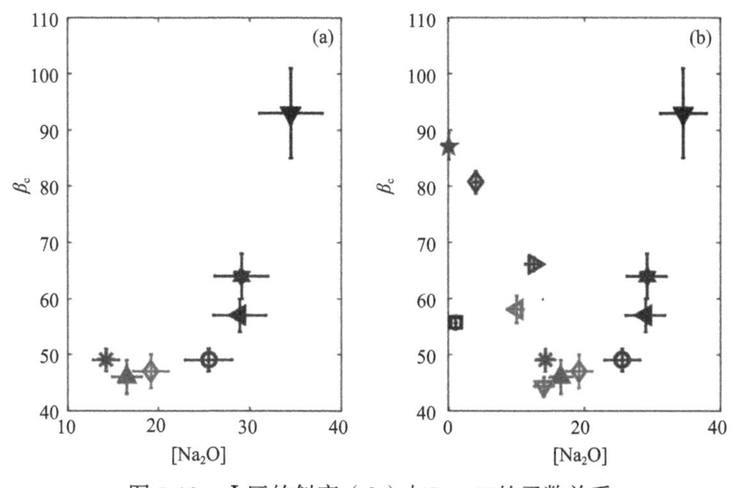

图 5-19　Ⅰ区的斜率（β_c）与[Na_2O]的函数关系

（a）显示了 Barlet 实验的关于 SBN 的数据，（b）示出了表 5-2 中所有样品数据。值得注意的是，Wiederhorn 玻璃含有多种玻璃修饰剂和玻璃中间体[3]，比 Barlet 的 SBN 样品复杂得多[49]

研究表明，可以根据反应速率定理建立裂纹扩展动力学模型[3,4]，见式(5-19)。首先可得出斜率（β_c）。激活体积（ΔV^*）和裂纹尖端的曲率半径（ρ_{ct}）的关系，见式（5-28），这说明ρ_{ct}和β_c可能成反比，但是[Na_2O]通常导致裂纹尖端变钝进而造成ρ_{ct}的增加[56]，因此SBN玻璃中ρ_{ct}变化不会导致β_c的增加。同时，研究者提到SBN玻璃中[Na_2O]和ρ_{ct}之间的零效应[57]，即[Na_2O]和β_c之间不会相互影响，见图5-19（a）。综上所述，ρ_{ct}不是导致β_c增加的根本原因。图5-20给出激活体积与玻璃中[Na_2O]含量的函数关系，当ΔV^*在[Na_2O]处于约25%时为常数，然后随[Na_2O]含量的增加而增大，见图5-20（a）；而Wiederhorn的研究结果呈现另一种变化趋势，即在[Na_2O]处于约15%处逐渐增加，见图5-20（b）。Freiman的研究结果则表明，激活体积与伸长量（δl）相关，见式（5-29），且其认为硅氧键是导致硅酸盐玻璃中结构键断裂的原因[6]。

$$\beta_c = \frac{b}{RT} = \frac{2V^*}{RT\sqrt{\pi\rho_{ct}}} \tag{5-28}$$

$$\delta l = \frac{RT\beta_c\sqrt{\pi\rho_{ct}}}{N_a\pi\left(r_{Si}^2 + r_O^2\right)} \tag{5-29}$$

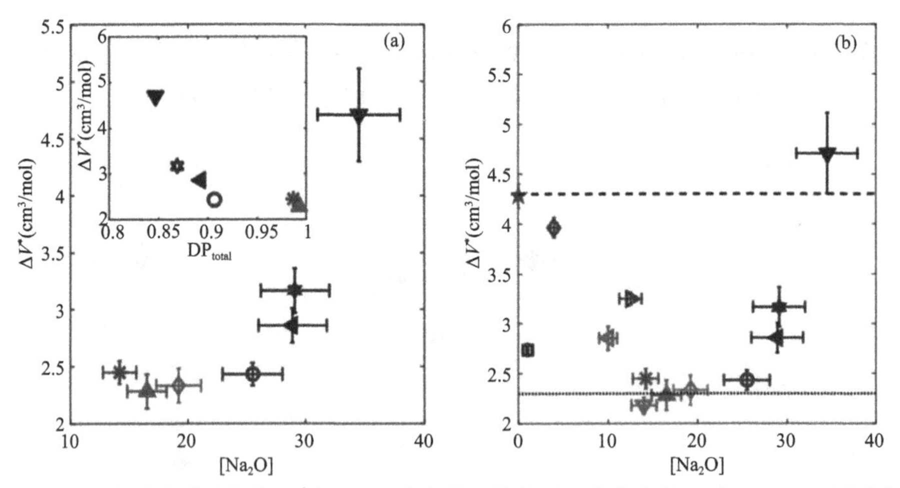

图5-20　（a）玻璃激活体积ΔV^*与[Na_2O]含量的函数关系，曲率半径ρ_{ct}为0.5 nm，插图表示ΔV^*和聚合指数DP_{total}的函数关系；（b）表5-2中所有玻璃样品的ΔV^*和[Na_2O]的函数关系

图5-21给出Si—O键伸长量与[Na_2O]的关系。假设理想键长为0.161 nm，Si—O键上的应变等于SBN玻璃中90%～200%的应变[58]。20%的应变作用一般会导致键断裂，这相当于键长延伸约0.03 nm，因此激活体积不是导致β_c增加的原因。前期研究表明，裂纹尖端的最慢反应是控制裂纹尖端速度的因素[59]。根据该观点

可以看出，Si—O 键的断裂为限制因素，而且此时 I 区斜率依赖于玻璃中 Si—O 键的数量。Barlet 使用 MD 模拟计算了表 5-1 中 SBN 玻璃的 Si—O 键数量（以及 B—O 键数量），发现 Si—O 键和 B—O 键的数量和 I 区斜率之间没有明确相关性[49,51]。此外，他们提出聚合度（DP）的概念来说明网络的网状水平：

$$DP_{total} = \frac{2SiSi+2SiB+2BB+2SiSiSi+3SiSiB+3SiBB+3BB}{Si+B+2SiSi+2SiB+2BB+3SiSiSi+3SiSiB+3SiBB+3BBB} \quad (5\text{-}30)$$

其中的各个变量表示与氧原子结合的原子类型。SiSi 对应正常配位的氧原子。Si 相当于一个氧原子只与一个 Si 原子成键，且存在一个 NBO 原子。SiSiSi 对应一个过配位的氧原子。DP_{total}=1 表示一个完全聚合的系统，DP_{total}<1 表示具有一定解聚的系统。由式（5-30）可知，当 DP_{total} 减小时，其网状程度也降低。

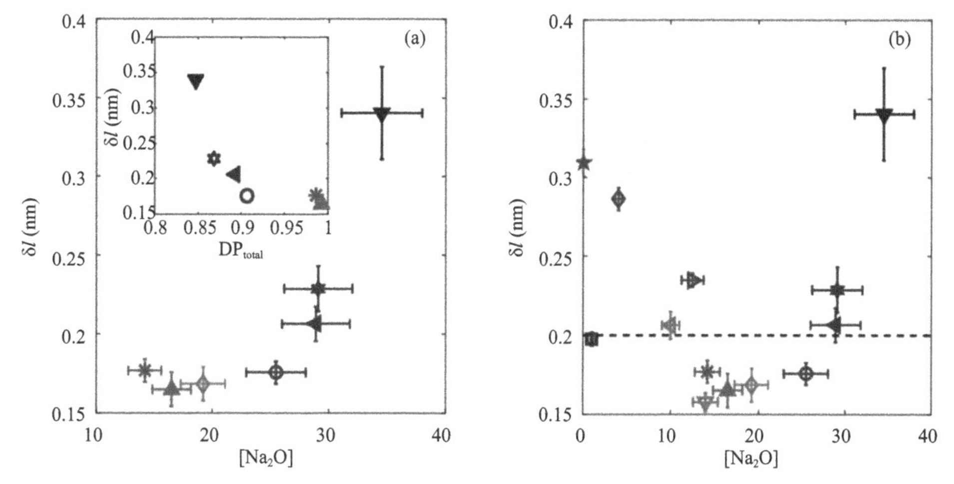

图 5-21　(a)表 5-1 中玻璃样品的 δl 和[Na_2O]含量的关系，插图对应 δl 和 DP_{total} 聚合指数的函数关系；(b)表 5-2 中所有玻璃样品的 δl 和[Na_2O]含量的关系，虚线表示 Freiman 的研究中所得的纯二氧化硅的值[5]

MD 模拟为计算玻璃中氧原子的种类提供了一种很好的方法，并且基于此方法可得出 DP_{total} 的定量值[49]。图 5-22 表明斜率（β_c）取决于 DP_{total}，对于高网状水平的玻璃来说（$DP_{total} > 0.9$），β_c 是恒定值，然而对于 $DP_{total} < 0.9$ 的玻璃，β_c 将随 DP_{total} 的减少而减小，其中 Na^+ 是影响 DP_{total} 和 I 区斜率（β_c）的主要因素，对应的影响机制如下：

- 当 Na_2O 含量较低时（$R_{SBN} < 0.5 + \frac{K_{SBN}}{16}$），$Na^+$ 发挥网络改性剂作用，导致没有 NBO 形成，同时形成了四配位硼单元，进而提高了网状水平，但此时 Na^+ 的流动性较差[55]。SBN12 和 SBN14 的实验说明该类型玻璃 β_c 较低。

- 当 Na_2O 含量为中间水平时（$0.5+\frac{K_{SBN}}{16}<R_{SBN}<0.5+\frac{K_{SBN}}{4}$）将导致氧化硅网络上的 NBO 附近有 Na^+，而硼酸盐网络没有改变。由此可见硼酸盐网状物的网状水平较高，而硅酸盐玻璃却开始解聚。SBN63 是唯一符合这一标准的样本，其对应的 β_c 略有减少，但是该变化在 SBN63、SBN70 和 SBN12 的误差范围内。

- 高含量的 Na_2O（$R_{SBN}>0.5+\frac{K_{SBN}}{4}$）将导致 Na^+发挥网络补偿剂作用，使得 NBO 在二氧化硅和硼酸盐网络上形成。此外，四配位硼单元恢复为三配位硼单元和 NBO 结构，这使得二氧化硅和硼酸盐网络上的网状结构明显降低，同时在这种机制下 β_c 明显升高。由图 5-22 可以发现，DP_{total} 很可能达到阈值，它可能对应于 $R_{SBN}\sim\left(0.5+\frac{K_{SBN}}{4}\right)$ 的情况。这些玻璃均存在钠通道，裂纹很可能通过该对应位置而进行扩展。

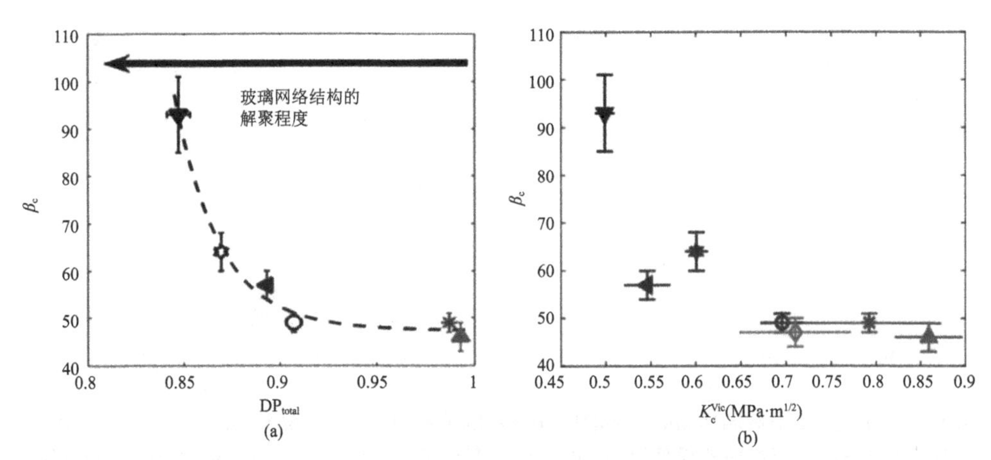

图 5-22 （a）Ⅰ区斜率（β_c）和玻璃网络总聚合度（DP_{total}）的函数关系[49]，DP_{total}=1 表示完全聚合的系统，DP_{total}<1 表示具有一定解聚的系统；（b）Ⅰ区斜率（β_c）和维氏断裂韧性数关系

参 考 文 献

[1] Preston F W. The mechanical properties of glass. Journal of Applied Physics, 1942, 13: 623-634.

[2] Gy R. Stress corrosion of silicate glass: A review. Journal of Non-Crystalline Solids, 2003, 316: 1-11.

[3] Wiederhorn S M, Bolz L H. Stress corrosion and static fatigue of glass. Journal of the American Ceramic Society, 1970, 53: 543-548.

[4] Wiederhorn S M. Influence of water vapor on crack propagation in soda-lime glass. Journal of the American Ceramic Society, 1967, 50(8): 407-414.

[5] Freiman S W, Wiederhorn S M, Mecholsky J J. Environmentally enhanced fracture of glass: A historical perspective. Journal of the American Ceramic Society, 2009, 92: 1371-1782.
[6] Ciccotti M. Stress-corrosion mechanisms in silicate glasses. Journal of Physics D: Applied Physics, 2009, 42: 214006.
[7] Cook R F, Pharr G M. Direct observation and analysis of indentation cracking in glasses and ceramics. Journal of the American Ceramic Society, 1990, 73: 787-817.
[8] Evans A G, Charles E. Fracture toughness determinations by identation. Journal of the American Ceramic Society, 1976, 59: 371-372.
[9] Anstis G R, Chantikul P, Lawn B R, Marshall D B. A Critical evaluation of indentation techniques for measuring fracture toughness: I, Direct crack measurements. Journal of the American Ceramic Society, 1981, 64: 533-538.
[10] Niihara K. A fracture mechanics analysis of indentation-induced Palmqvist crack in ceramics. Journal of Materials Science Letters, 1983, 2: 221-223.
[11] Shetty D K, Wright I G, Mincer P N, Clauer A H. Indentation fracture of WC-Co cermets. Journal of Materials Science, 1985, 20: 1873-1882.
[12] Laugier M. New formula for indentation toughness in ceramics. Journal of Materials Science Letters, 1987, 6: 355-356.
[13] Ponton C B, Rawlings R D. Vickers indentation fracture toughness test Part 1: Review of literature and formulation of standardised indentation toughness equations. Materials Science and Technology, 1989, 5: 865-872.
[14] Ponton C B, Rawlings R D. Vickers indentation fracture toughness test Part 2: Application and critical evaluation of standardised indentation toughness equations. Materials Science and Technology, 1989, 5: 961-976.
[15] Sellappan P, Guin J P, Rocherulle J, Celarie F, Rouxel T, Riedel R. Influence of diamond particles content on the critical load for crack initiation and fracture toughness of SiOC glass-diamond composites. Journal of European Ceramic Society, 2013, 33: 847-858.
[16] Lawn B R, Fuller E R. Equilibrium penny-like cracks in indentation fracture. Journal of Materials Science, 1975, 10: 2016-2024.
[17] Kilymis D, Delaye J M, Ispas S. Density effects on the structure of irradiated sodium borosilicate glass: A molecular dynamics study. Journal of Non-Crystalline Solids, 2016, 432: 354-360.
[18] Kilymis D, Delaye J M. Deformation mechanisms during nanoindentation of sodium borosilicate glasses of nuclear interest. The Journal of Chemical Physics, 2014, 141: 014504.
[19] Kieu L H, Delaye J M, Stolz C. Modeling the effect of composition and thermal quenching on the fracture behavior of borosilicate glass. Journal of Non-Crystalline Solids, 2012, 358: 3268-3279.
[20] Laugier M. Toughness determination of some ceramic tool materials using the method of Hertzian indentation fracture. Journal of Materials Science Letters, 1985, 4: 1539-1541.
[21] Rountree C L. Recent progress to understand stress corrosion cracking in sodium borosilicate glasses: Linking the chemical composition to structural, physical and fracture properties. Journal of Physics D: Applied Physics, 2017, 50: 343002.

[22] Gehrke E, Ullner C, Hahnert M. Fatigue limit and crack arrest in alkali-containing silicate glasses. Journal of Materials Science, 1991, 26: 5445-5455.

[23] Inglis C. Stress in a plate due to the presence of sharp corners and cracks. Transaction of Instument in Naval Architects, 1913, 60: 219-241.

[24] Griffith A A. Ⅵ. The phenomena of rupture and flow in solids. Philosophical Transactions of the Royal Society of London. Series A, 1921, 221: 163-198.

[25] Lawn B. Fracture of Brittle Solids. Cambridge Solid State Science Series, 1993, 2.

[26] Irwin G. Analysis of stresses and strains near the end of a crack traversing a plate. Journal of Applied Mechanics, 1957, 24: 361-364.

[27] Irwin G. Fracture, Elasticity and Plasticity. Berlin: Springer, 1958, 6: 551-590.

[28] Williams M L. The bending stress distribution at the base of a stationary crack. Journal of Applied Mechanics, 1961, 28: 78-82.

[29] Anderson T L. Fracture Mechanics: Fundamental and Applications. 2nd. Boca Raton: CRC Press, 1995.

[30] Rountree C L, Kalia R K, Lidorikis E, Nakano A, Van Brutzel L, Vashishta P. Atomistic aspects of crack propagation in brittle materials: Multimillion atom molecular dynamics simulations. Annual Review of Materials Research A, 2002, 32: 377-400.

[31] Rountree C L, Bonamy D. Procede de mesure de la tenacite d'un materiau: French Patent, WO2014023729 A1, 2014.

[32] Célarié, F, Ciccotti M, Marlière C. Stress-enhanced ion diffusion at the vicinity of a crack tip as evidenced by atomic force microscopy in silicate glasses. Journal of Non-Crystalline Solids, 2007, 353: 51-68.

[33] Grimaldi A, George M, Pallares G, Marlière C, Ciccotti M. The crack tip: A nanolab for studying confined liquids. Physical Review Letters, 2008, 100: 165505.

[34] Fett T, Guin J, Wiederhorn S. Interpretation of effects at the static fatigue limit of soda-lime-silicate glass. Engineering Fracture Mechanics, 2005, 28: 507-514.

[35] Gehrke E, Ullner C, Hahnert M. Effect of corrosive media on crack growth of model glasses and commercial silicate glasses. Glastechnische Berichte, 1990, 63: 255-265.

[36] Wiederhorn S M. Prevention of failure in glass by proof-testing. Journal of the American Ceramic Society, 1973, 56: 227-228.

[37] Tomozawa M, Cherniak D J, Lezzi P J. Hydrogen-to-alkali ratio in hydrated alkali aluminosilicate glass surfaces. Journal of Non-Crystalline Solids, 2012, 358: 3546-3550.

[38] Geneste G, Bouyer F, Gin S. Hydrogen-sodium interdiffusion in borosilicate glasses investigated from first principles. Journal of Non-Crystalline Solids, 2006, 352: 3147-3152.

[39] Michalske T A, Freiman S W. A molecular mechanism for stress corrosion in vitreous silica. Journal of the American Ceramic Society, 1983, 66: 284-288.

[40] Michalske T A, Bunker B C. Slow fracture model based on strained silicate structures. Journal of Applied Physics, 1984, 56: 2686-2693.

[41] Michalske T A, Bunker B C. A chemical kinetics model for glass fracture. Journal of the American Ceramic Society, 1993, 76: 2613-2618.

[42] Freiman S W. Effects of chemical environments on slow crack growth in glasses and ceramics. Journal of Geophysical Research: Solid Earth, 1984, 89(B6): 4072-4076.

[43] Wiederhorn S M, Freiman S W, Fuller E R, Simmons C J. Effects of water and other dielectrics on crack growth. Journal of Materials Science, 1982, 17: 3460-3478.

[44] Wiederhorn S M. A chemical interpretation of static fatigue. Journal of the American Ceramic Society, 1972, 55(2): 81-85.

[45] Atkinson B K, Meredith P G. The theory of subcritical crack growth with applications to minerals and rocks. Fracture Mechanics of Rock, 1987, 2: 111-166.

[46] Mould R E. Strength and static fatigue of abraded glass under controlled ambient conditions: Ⅲ, Aging of fresh abrasions. Journal of the American Ceramic Society, 1960, 43: 160-167.

[47] Wiederhorn S M. Effect of deuterium oxide on crack growth in soda-lime-silica glass. Journal of the American Ceramic Society, 1982, 65: 202-203.

[48] Freiman S W. Effect of alcohols on crack propagation in glass. Journal of the American Ceramic Society, 1974, 57: 350-353.

[49] Barlet M, Delaye J M, Boizot B, Bonamy D, Caraballo R, Peuget S, Rountree C L. From network depolymerization to stress corrosion cracking in sodium-borosilicate glasses: Effect of the chemical composition. Journal of Non-Crystalline Solids, 2016, 450: 174-184.

[50] Charles R J. Static fatigue of glass. I. Journal of Applied Physics, 1958, 29: 1549-1553.

[51] Kieu L H, Delaye J M, Stolz C. Modeling radiation effects on the fracture process in simplified nuclear glass. Key Engineering Materials, 2012, 488-9: 154-157.

[52] Smedskjaer M M, Bauchy M. Sub-critical crack growth in silicate glasses: Role of network topology. Applied Physics Letters, 2015, 107: 141901.

[53] Gao M, Wang J, Zhou Y, He P, Wang Z, Zhao S. Channel formation and intermediate range order in sodium silicate melts and glasses. Physical Review Letters, 2004, 93: 027801.

[54] Grandjean A, Malki M, Simonnet C. Effect of composition on ionic transport in SiO_2-B_2O_3-Na_2O glasses. Journal of Non-Crystalline Solids, 2006, 352: 2731-2736.

[55] Greaves G N, Greer A L, Lakes R S, Rouxel T. Poisson's ratio and modern materials. Nature Materials, 2011, 10: 823-837.

[56] Guin J, Wiederhorn S. Crack growth threshold in soda lime silicate glass: Role of hold-time. Journal of Non-Crystalline Solids, 2003, 316: 12-20.

[57] Gy R. Stress corrosion of glass. Physical Aspects of Fracture (London: Kluwer), 2001, 305-320.

[58] Yu H H. Crack nucleation from a single notch caused by stress-dependent surface reactions. International Journal of Solids and Structures, 2005, 42: 3852-3866.

[59] Charles R J, Hillig W B. Symposium on mechanical strength of glass and ways of improving it. Florence, Italy, 1961: 511-527.

第6章　玻璃的压痕损伤

压痕技术是一种在20世纪70年代左右发展起来的测量材料力学性能的方法，它具有极高的载荷分辨率和位移分辨率，可以通过连续记录压痕接触的加载与卸载过程中载荷与位移的变化，反映材料在外力作用下的变形情况。目前已经发展了多种压痕硬度测量方法，如布氏硬度、洛氏硬度、维氏显微硬度、努氏硬度以及最先进的纳米压痕硬度。压痕实验作为一种简单、快速的材料力学性能评价方法，经常被应用于工业生产现场的检测设备，它提供的硬度测试数据可反映材料抵抗破坏的能力，是材料性能的综合体现。

6.1　压 痕 仪 器

6.1.1　压痕原理

与常规标准试验方法相比，压痕测试是通过仪器施加的压入载荷后，对样品的残余压痕进行测量，再通过硬度计算公式得到样品的力学性能。压痕测试系统一般包括以下几个组成元件：可在三维方向上调节的载物台、施加载荷的压头以及用于观察试样表面的物镜和目镜，具体的测试系统如图 6-1 所示。压痕硬度测试法既适用于检查金属材料的硬度，同样也适合得到非金属材料的硬度；此外，对于测试材料也又较低的要求，适用于块状材料，甚至薄膜和涂层材料等；既可用于企业的生产生活中，也可在科研院校中进行研究使用。

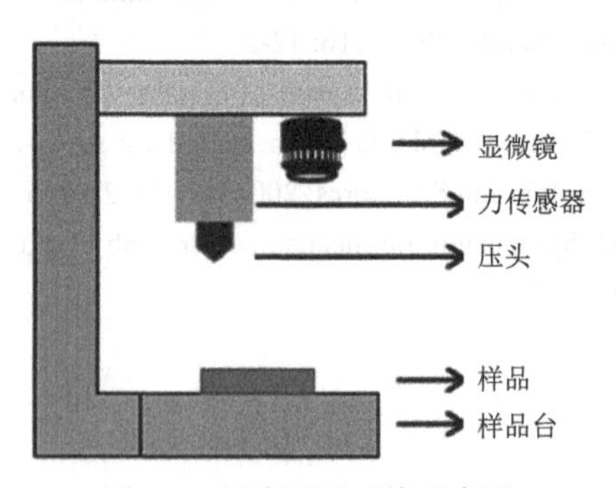

图 6-1　压痕测试系统示意图

压痕测试的原理示意图如图 6-2 所示，首先是压头（探针）压入试样的加载过程，接着压头压入试样并且保持这个状态一定时间，最后是压头离开试样的卸载过程。在纳米压痕测试中，压头与样品之间的接触力通常非常小，在 mN 级别甚至更低。由于机械系统的各个环节变形量微小，因此可以通过精密位移测试装置来测量压头压入样品的深度，用 h 来表示。同时，压头施加给试件的接触载荷 P 则可以通过调节微型力传感器来改变。

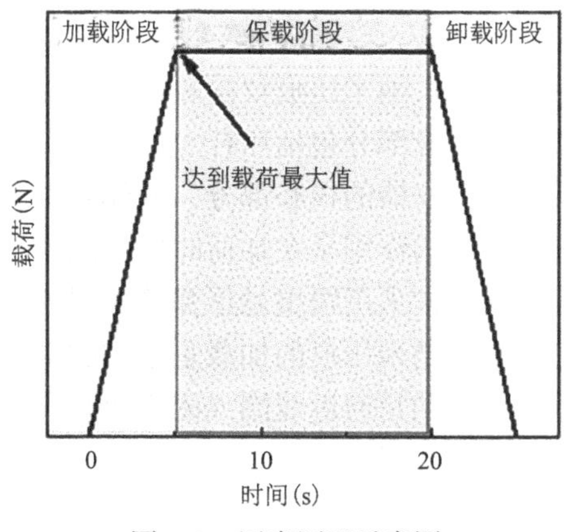

图 6-2　压痕原理示意图

压痕试验技术的优点在于：对材料测试环境和样品的大小要求不高，最重要的是需要试样的表面光滑平整；试验精度高，费用低；操作简单、方便，效率高；可用于材料微区特性的测量。由于压痕法可以表征材料表面从几纳米到几百微米深度的力学性能，因此该测试是微损或者部分情况下可以认定为无损测试，并具有快速、方便、准确和无损等优点。目前，该技术已广泛应用于薄膜、镀层、半导体和微机械系统等材料的力学性能测量。

6.1.2　测量范围及分类

根据国际标准 ISO 14577-1-2015 中的压痕实验测试方法，可以根据施加在压头上的载荷 F 和深度 h 大小，将仪器化压入测量范围分为三种，见表 6-1。

表 6-1　压入测量的三种尺度范围[1]

宏观范围	显微范围	纳米范围
2 N≤F<30 kN	F<2 N，h>200 nm	h≤200 nm
宏观压痕仪	纳米压痕仪	

近年来，这些仪器的发展也较为高速，出现了宏观尺度的压痕仪，例如，维氏硬度计、努氏硬度计、万能试验机等一系列测试压痕的仪器。仪器的量程从小到 1 mN，甚至到 μN 级别的纳米压痕仪，再到最大载荷 10 kN 的宏观压痕仪，这些量程的范围已经基本满足已有的测试需求。就仪器的使用范围而言，有些适用于实验室环境下的精密仪器测试，也有适用于企业工厂的大型仪器测试，还有适用于野外等特殊条件下的便携式仪器测试。

6.1.2.1　纳米压痕仪

从压痕测试发展历程来看，纳米压痕仪是较早和较成熟的仪器，也是最为常用的一类压痕仪器。其主要构成部分包括压杆、压头（探针）、电磁线圈和悬浮弹簧等组件。其中，压杆作为仪器的核心部分，一端与电磁线圈固定相连，另一端与压头（探针）相连。压杆的作用是在加荷时传递压力，并记录压头压入试样的深度。在压杆的设计中，通常采用两组悬浮弹簧来组成，以确保压头与试样之间的接触力达到所需的精度。纳米压痕的加载是采用驱动与载荷测量结合的电磁或静电方式，这其中压杆的驱动是通过线圈或磁铁驱动器产生的动力来实现，而电流计量的改变则可以控制加载载荷的大小，其精度可达到 1 nN。压头的移动量由非接触式的差动电容位移传感器来控制，其精度可达 0.002 nm。此外，为确保压杆沿着按压方向运动，在纳米压痕系统中还采用了双膜片弹簧支持结构阻止其发生横向移动[2]。仪器的载荷量程可分为小量程和大量程，分别为 10 mN 和 500 mN。纳米压痕仪通常可实现数据的快速采样。压头、压杠等部件的自重较轻，因此系统具有优良的动态特性，测量频率可高达 300 Hz。

目前，该类仪器的制造商主要为美国安捷伦（Agilent）公司、海思创（Hysitron）公司（已被布鲁克公司收购），奥地利安东帕（Anton Paar）公司和瑞士 CSM 公司等。这些制造商生产的不同型号的纳米压痕仪具备先进的技术参数，用户可以根据需要选择不同型号进行使用。具体技术参数可参考相关文献[2,3]。纳米压痕仪是一种可以连续记录压入载荷和深度的仪器，可以测定材料的硬度和弹性模量等力学性能。通过仪器装配的三维定位平台，纳米压痕仪还可以自动测量试样近表面力学性能的空间分布，测试内容非常丰富。此外，连续记录的载荷-深度数据中包含着丰富的力学响应信息，通过建立合适的力学模型，可以测定多种力学参量，为材料力学性能的研究提供了重要的手段。

6.1.2.2　宏观压痕仪

宏观压痕仪的应用始于 2002 年，美国明尼苏达大学的 Thurn 等[4]将纳米压痕测试原理应用到宏观压痕实验中，自制了宏观压痕仪。该设备的最大载荷为 100 N，载荷和位移分辨率分别为 50 mN 和 50 nm。2004 年，德国 Zwink 公司[5]推出了商业化的压痕仪 ZHU2.5。该仪器有 2～200 N 和 5～2.5 kN 两种测量配件供其替换使用，其平面移动的精度可达到 0.2 μm。后来，美国的 ATC（Advanced Technology Corporation）公司和韩国的 Frontics 公司推出了 10^3 量级的台式和便携式宏观压痕仪。

2001 年，中国科学院力学研究所张泰华等基于 Instron 5848 Microtester 材料试验机为驱动和载荷测量手段（三个载荷分别是 5 N、50 N 和 20 kN），开发出相应的压入深度测量部件[6-8]和试样安装夹具[9]，证实了纳米压痕测量原理可以应用于显微和宏观压痕测量的范围[8]。并以此为基础，分别研制了电磁驱动的台式压痕仪[10]和便携式压痕仪[11-12]。

宏观的压入仪有维氏压痕仪、洛氏压痕仪、玻氏压痕仪、努氏压痕仪等。每种压痕仪的压头形状都不一样，所以测得的硬度值不同，但是它们相互之间可通过相应的公式进行转换计算。

6.2 压头的形状与选用

6.2.1 压头的类型

压头（探针）是压痕仪的关键部位，而且国际标准 ISO 14577-4-2016[13]和 GB/T 22548—2008[14]针对不同种类的压头尖端，有详细的设计规定和尺寸标准。如果压头尖端的加工质量存在问题或者在使用过程中出现了严重的磨损，会严重影响测试结果的稳定性和准确性。

压头通常由两部分组成（参见图 6-3）。纳米压头尖端类型主要包括锥形和球形两种。锥形纳米压头尖端呈现出锥形，主要有三棱锥、四棱锥、圆锥形等，适用于对材料表面进行纳米压痕测试。球形纳米压头尖端则呈现出球形，主要有球面和柱面形状，适用于对材料表面进行球形压痕测试。在实际应用中，根据不同的实验需求和测试对象，可以选择不同类型的纳米压头尖端进行实验。标准型的压头主要有三棱锥形的玻氏压头、四棱锥形的维氏压头、努氏压头、圆锥形的洛氏压头和球面形的布氏压头等。非标准型的压头需要使用者自己根据实际作用来专门定制。关于压头的形状和尺寸，可详细参见有关标准[13,14]。

通常压头端部采用高硬度和高弹性模量的材料，最常用的是金刚石，也可以选择其他硬质材料，如蓝宝石、钨、钢等。这些材料的选择是为了减少压头在使用过程中的磨损和变形，同时降低对压入深度及其接触面积测量的影响。后续为了保护压头，添加了基托，其主要作用是通过将压头尖端部分连接到仪器的压杆。其尺寸和现状通常由制造商根据仪器需求进行加工或者根据用户的定制要求进行制作。这些措施都是为了提高纳米压头尖端的使用寿命和测量精度。压头形状分为如下几类[15]。

1. 维氏压头

维氏压头尖端形状为正四棱锥型[图 6-3（a）]，相对两棱面夹角为 136°，等效半锥角为 70.2996°，底面棱长与深度之比 l/h=4.95，对角线和深度之比 d/h=7，投影面积 $A_p=4(h\times\tan 68°)^2=24.504h^2$，表面面积 $A_s=4(h\times\tan 68°)^2/\sin 68°=26.429h^2$。显微硬度实验经常采用该类型压头。

2. 努氏压头

努氏压头尖端为四棱锥型[图 6-3（b）]，该类型压头的相对短棱边夹角 130°，相对长棱边夹角 172.5°，底面长对角线和深度之比 d/h=30.5。在显微硬度实验中，d/h 比维氏压头大，这种压头前端存在横刃，主要用于较浅压入测试，不适合纳米压痕测试。

3. 布氏压头

布氏压头由一个钢球或锥形钻头固定在一个金属柄上组成。球形是一类较为重要的压头，其接触区附近的应力-应力场不同于锥形压头。球形压头的初次接触应力相对较小，因此只会产生弹性形变，并逐渐过渡到塑性形变。因此，通过对单个压入曲线的分析，可以从理论上重现整个单轴拉伸的应力-应变曲线[16]。

布氏压头的尺寸和载荷通常是固定的，因此具有一定的局限性，但由于其简便易行，广泛应用于金属材料的硬度测试。因此在亚微米尺度上，该压头的使用受到了限制[17]。

4. 洛氏压头

洛氏压头是圆锥形的压头[图 6-3（c）]，具有自相似几何形状，特征参量为锥角（2α）。由于难以加工理想的圆锥压头，它通常应用在较大压入尺度时的情况[18]。与布氏硬度测试相比，洛氏硬度测试的优点是可以测量较薄的材料和表面粗糙度较大的材料，同时还可以通过不同的压头和载荷进行测试。

5. 玻氏压头

为了消除维氏压头尖端横刃的影响，并能与其在等高时具有相同的表面积，设计出三棱锥形状的玻氏压头。为了与维氏压头在等高时具有相同的投影面积，设计出改进型玻氏压头。

改进型玻氏压头尖端形状为正三棱锥[图 6-3（d）]，棱面与中心线夹角为

65.3°，侧面棱边与中心线夹角为 77.05°，等效半锥角 70.32°。底面棱长与深度之比 l/h=7.5315，投影面积 $A_p=3\sqrt{3}(h\times\tan65.3°)^2=24.56h^2$，表面面积 $A_s=3(2\sqrt{3}h\times\tan63.5°)^2/(4\sqrt{3}\sin63.5°)=27.05h^2$。

纳米压痕仪通常使用玻氏压头，但是由于加工造成的微观缺陷，近似将压头尖端视为球面，其半径常用透射扫描电子显微镜（TEM）或者扫描电子显微镜（SEM）测量。由于压头尖端磨得很尖，所以形状在很小尺度内保持一致。

6. 立方角压头

立方角压头前端为正三棱锥[图 6-3（e）]。锥面与中心线夹角为 35.2644°，等效半锥角为 42.28°。底面棱边与深度之比 l/h=2.4491，投影面积 $A_p=2.5981h^2$，表面面积 $A_s=4.5h^2$。

同玻氏压头相比，锥面与中心线夹角较小，会在材料接触区产生较大应变。因此，该类型压头主要用于断裂韧性的研究。表 6-2 是一些常用压头的参数[18]。

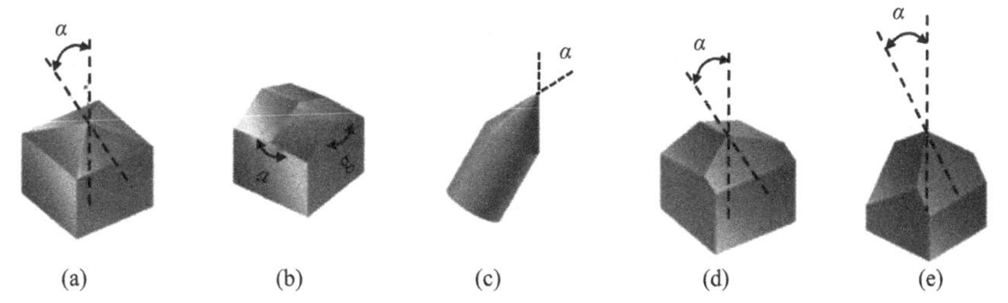

图 6-3 （a）维氏压头、（b）努氏压头、（c）洛氏压头、（d）玻氏压头、（e）立方角压头[17]

表 6-2 常用压头特征参数[18]

几何量或关系	维氏	努氏	布氏	洛氏	玻氏	立方角
中心线与棱面夹角	68°	172.5°/130°			65.3°	35.2644°
边长/深度	4.9502	30			7.5315	2.4491
体积-深度关系	$8.1681h^3$				$8.1873h^3$	$0.8657h^3$
体积-面积关系	$0.067A^{3/2}$				$0.067A^{3/2}$	$0.21A^{3/2}$
等效半锥角	70.2996°		α		70.32°	42.28°
接触半径			$h\tan\alpha$	$(2Rh-h^2)^{1/2}$		

6.2.2 压头的选用

由于压头种类较多，因此在压头的选择使用过程中除了需考虑相应的力学模型外，还需要考虑以下因素。

1）加工和材料

压头的加工质量对测量结果有着很大的影响。在实际的加工过程中，三棱锥压头很容易被磨制，其加工质量也相对较高，玻氏压头的尖端曲率半径可以低至20 nm。四棱锥压头的尖端则不可避免地出现横刃。球形压头在加工时，由于金刚石结构的限制，会出现不理想的球面形状，因此加工小半径的球形压头比较困难。对于圆柱压头，使用时比较容易折断。因此，在进行纳米压痕测试时，选择合适的压头类型并确保其加工质量极为重要[17]。

2）角度设计

压头的角度设计应考虑到压头尖端的尺寸和形状，以及材料表面的粗糙度和形貌。通常情况下，压头的角度应该越小越好，但是如果角度太小，会使压头尖端过于尖锐，导致在使用过程中容易产生损坏或变形。因此，需要在角度设计上进行平衡和权衡，以确保测试的准确性和稳定性。最后，压头的角度设计还应考虑到压头的加工工艺和材料，以确保压头的质量和稳定性。

3）特征应变

试样中的压入应变可以通过特征应变来描述。圆锥和棱锥压头具有自相似性，因此它们的特征应变为$\varepsilon=0.2\cot\alpha$，与载荷和压入深度无关。特征应变随半锥角或等效半锥角α的增大而减小。当研究低载荷产生的压入断裂时，采用正三棱锥压头，因为其等效半锥角较小，能够产生较大的压入应变。球形压头的特征应变会随压入深度的增加而连续变化。

4）材料屈服

一般认为，在压头接触下的试样材料为完全塑性变形时，所获得的硬度和屈服应力测量之间成正比关系。大多数压头尖端在很小尺寸范围内可近似看出球冠形。压头尖端半径越小，实际面积函数越接近理想面积值。在低载荷作用下，材料能发生塑性变形，较浅深度就能获得理想测量结果。

要获得稳定的硬度值，接触必须是完全塑性。对球形压头而言，当理想弹塑性材料满足$E_r a/\sigma_y R>30$[19]，接触是完全塑性。如果压头曲率半径小，材料可在压入深度或接触半径很小时完全屈服。

5）使用场合

当希望获得材料的压入硬度和弹性模量时，由于维氏压头存在横刃，不适用于浅压入深度的测试。立方角压头等效锥角较小，因此在压头和试样之间的摩擦增加，接触力学机制可能会发生变化，常用于宏观压痕测试。玻氏压头是纳米压痕测试中最为常用的压头，这是因为其端部曲率半径小，即使在低载荷下也能引起材料的塑性变形。但是如果需要获得连续变化的压入应变，则应选择球形压头。而如果需要获得较大的初始接触刚度，则应选择圆柱压头。

6.2.3　压头钝化对测试的影响

随着压头使用一段时间后，压头表面会出现微小裂纹、污染物、试样残留物等缺陷，因此应该定期对压头进行检查。通常情况下，可用显微镜检查压头的变化情况，或者用试样进行间接测试，甚至使用扫描电子显微镜观察压头尖端相貌。

压头钝化是指在使用过程中，压头表面逐渐形成一层氧化物或其他化合物的过程。这层化合物会降低压头表面的反应性和化学活性，从而影响纳米压痕测试的准确性和可靠性。压头钝化的原因包括测试环境中的氧气、湿度和其他气体，以及测试材料中的化学元素和化合物等。钝化层的形成速度取决于压头材料的种类、测试环境和测试频率等因素。为了避免压头钝化对测试结果的影响，可以采取定期更换压头、在测试过程中使用惰性气体或真空环境或使用化学方法去除压头表面的钝化层等措施来减缓或防止压头钝化。

对于玻氏压头，加工过程中三个棱面不可能完全交于一点[图 6-4（a）]，因此视其尖端为球冠，如图 6-4（b）所示。由于使用过程中会造成磨损，压头尖端半径会逐渐增大，棱面粗糙度也会变大，如图 6-4（c）所示。

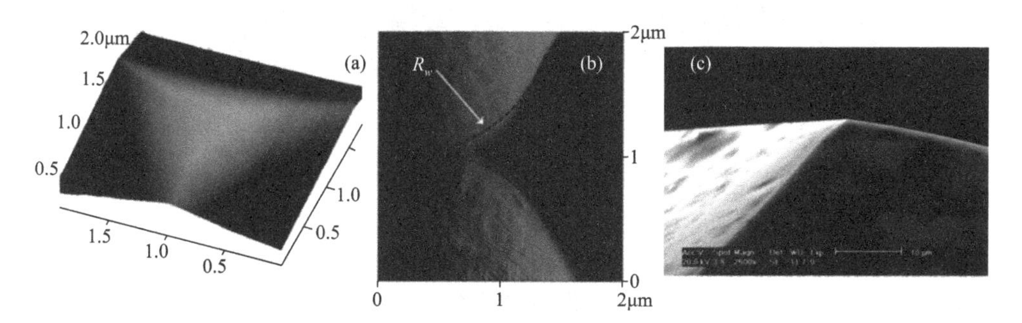

图 6-4　（a）压头尖端原子力显微镜（AFM）照片；（b）压头尖端局部放大 AFM 照片；（c）压头尖端的 SEM 照片[20]

利用上述探针对钽酸盐试样在不同恒定压入深度模式下进行测试时发现，当压痕深度设定为 2 μm 时，残余压痕为三棱形，如图 6-5（a）所示；但当压痕深度设定为 55 nm，压痕形状不规则，如图 6-5（b）所示，可以看出，此时压头已经出现钝化，该压痕的测试结果也受到了明显的影响。

对于球形压头，由于金刚石晶体各向异性的影响，打磨时不能保证加工出理想的球冠形压头。图 6-6 为半径分别为 1 μm 和 100 μm 球形压头的 SEM 图。可以看出，加工时造成了表面微坑，表面也出现了磨损痕迹，甚至存在大的划痕[18]。

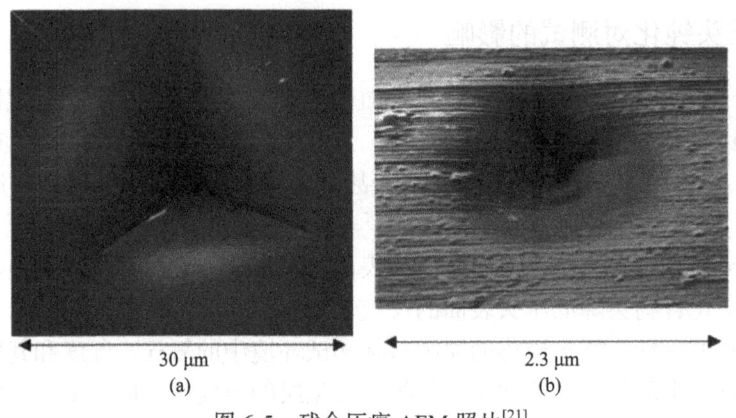

图 6-5　残余压痕 AFM 照片[21]

（a）压入深度为 2 μm；（b）压入深度为 55 nm

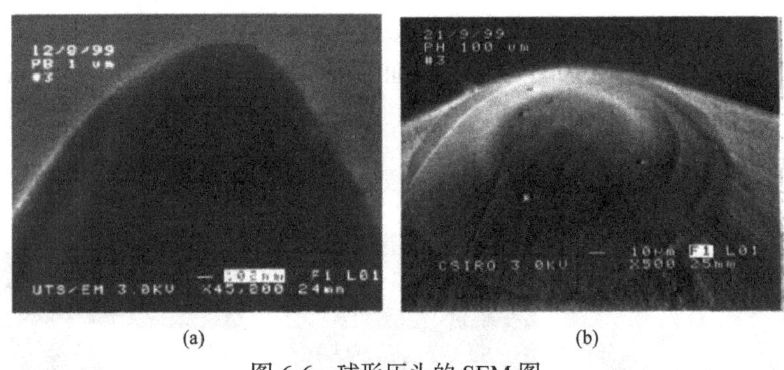

图 6-6　球形压头的 SEM 图

（a）1 μm；（b）100 μm

压头尖锐程度对测试结果的影响也较大。在熔融石英上分别使用端部较尖和较钝的玻氏压头进行压入测试，可发现其残余压痕图明显不同（图 6-7）。在相同载荷下，处在较尖的压头的熔融石英较容易开裂，说明此时熔融石英玻璃材料的塑性变形明显。而在较钝压头下的压痕开裂不太明显，说明此时玻璃材料主要发生的是弹性变形。对比同样压入载荷的较尖压头和较钝压头的残余压痕图说明，压入载荷一致时，较钝压头的接触面积明显增加，熔融石英不易开裂。

为了研究压头钝化对玻璃材料弹塑性变形的影响，以不同半径的球冠来代替钝化尖端，并研究不同钝化半径的压头对玻璃材料的压痕形成和塑性变形的影响。例如，Pethica 等[22]、Doerner 和 Nix[23]分别提供镍和α铜的实验数据，从图 6-8（a）可以看出，尖端半径为 1 μm 压头数据拟合效果最好。其次，如果有弹性恢复，实验数据小于设计的理想值，压头半径应该大于 1 μm。接着图 6-8（b）显示了 Pethica 采用有限元模拟，发现压头尖端半径为 1 μm 拟合效果最佳。图 6-8（c）获得在单晶硅上的硬度-深度曲线，发现因为单晶硅的压入硬度不随压入深度变化，必须要校准压头形状。否则，由于压头实际接触面积大于理想接触面积，会使得测试的纳米硬度数值偏大。

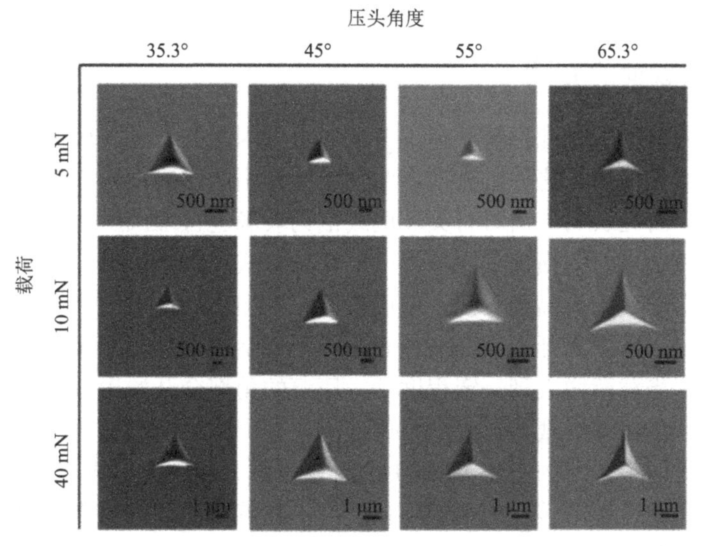

图 6-7　不同尖锐程度及载荷下玻氏压头对熔融石英玻璃的压痕图[24]

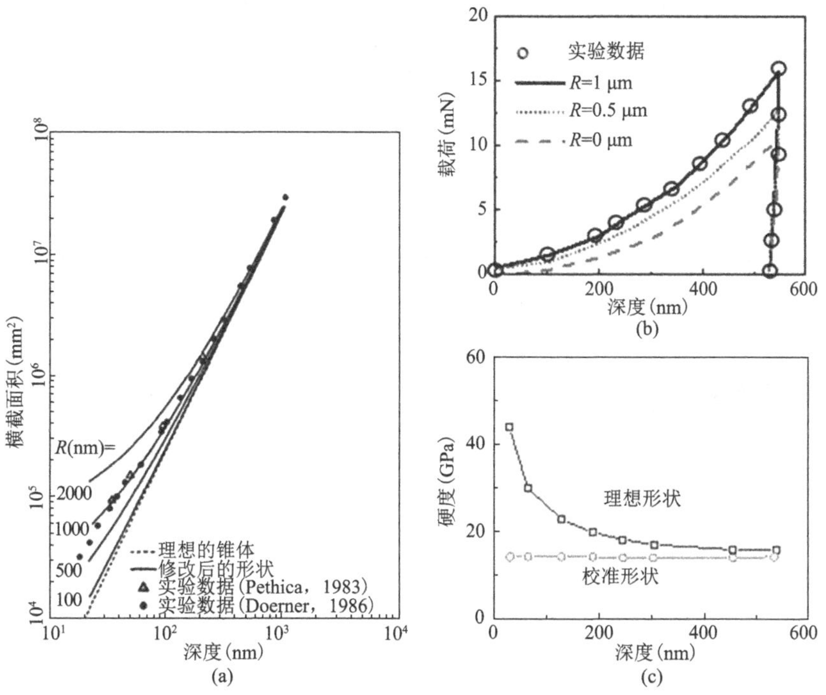

图 6-8　压头尖端半径的影响：（a）接触投影面积-深度[25]；（b）载荷-深度[25]；（c）采用理想和校准面积函的单晶硅压入硬度-深度曲线[23]

6.3 压痕条件的影响

6.3.1 压入载荷的影响

作为一种典型的脆性材料，在不考虑环境等因素的情况，玻璃表面的损伤通常表现为机械性损伤，这种机械损伤中占主导作用的压痕损伤与外界的载荷或压力密切相关。研究表明，当对石英玻璃或钠钙玻璃进行维氏压痕实验时，根据载荷的大小，玻璃表面的损伤主要分为以下几种形式：①当压痕载荷非常小时，玻璃受压发生变形，压头离开表面，玻璃表面并未损伤，仅发生弹性变形；②当压痕载荷较小时，压头离开表面，玻璃表面留下残余压痕且表面无裂纹产生，发生塑性变形；③当载荷增大到一定程度后，压痕的角部会开始出现径向裂纹并伴随有中间裂纹产生；④当载荷较大时，压痕附近会产生大量的材料碎片[26]。

随着维氏压头载荷的增加,在压头主对角线下方和横向形成半椭圆形状裂纹，该裂纹是从非弹性变形转变为半椭圆状裂纹；随着载荷的进一步增加，压头主对角线下方和横跨压头的主对角线上都会形成半椭圆状裂纹，图 6-9（a）是钠钙玻璃在维氏压痕载荷为 20 N 下的横截面图，（b）显示这种半椭圆裂纹的横断面示意图，*pp* 是截面处另一个正交半圆形裂纹的轨迹，裂纹中心的椭圆形阴影区域代表压痕下方塑性区的大小，卸载时，横向裂纹在压痕下方发展，并以碟状方式延伸至试样表面。在系统没有过载的情况下，在卸载过程中会观察到径向和侧向裂纹的形成。在这种情况下，径向裂纹并不完全扩展，主要局限于试样表面。而继续加大载荷使这些裂纹扩展并横跨至玻璃表面，径向裂纹完全扩展至最大，如图 6-9（c）所示，这些裂纹是从压痕的拐角发出，不会在变形区下方扩展，类似于在硬质合金中观察到的 Palmqvist 裂纹。

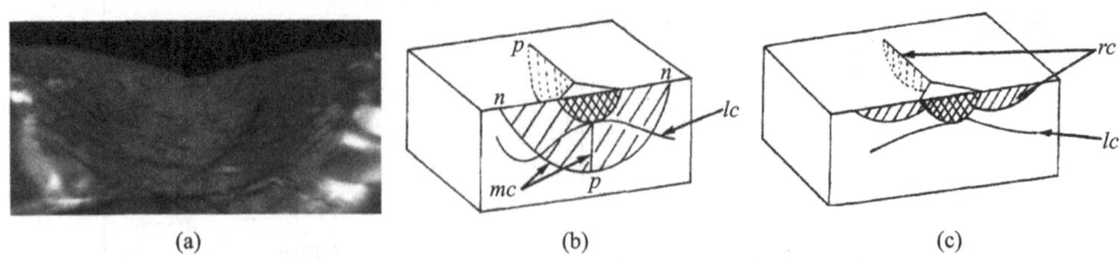

图 6-9 （a）光镜上的钠钙玻璃压痕断面图[27]；（b）中间裂纹和横向裂纹；（c）径向裂纹示意图[28]

纳米压痕技术因其具有极高的时间和空间分辨率等特点，常被用于研究非晶材料中的压痕尺寸效应（ISE）。通常情况下，ISE 不会出现在非晶态材料中，这是因为非晶材料的结构中没有位错、晶界等缺陷，并且在变形时呈现应变软化现象。然而，近年来的研究表明，一些非晶态材料，如 Zr 基底、Pd 基底、Au 基底等块体非晶合金以及一些无定形的固体材料，也具有一定的 ISE，尽管它们的原子结构与晶态材料完全不同。目前，已经对非晶态材料的 ISE 进行了初步探索，并提出了一些解释机制，如表面效应、压头与试样间的摩擦、应变梯度硬化、自由体积软化等[29-31]。但是，ISE 是否是这些材料本身的属性，目前还没有确定的答案。

随着压痕深度的增大，非晶合金的弹塑性形变也随之增加，这可以为材料内部结构的剪切转变提供足够的空间。因此，在承受较大载荷时，非晶合金内部结构的剪切转变扩展有相对充裕的空间,使得剪切转变扩展所遇到的阻力相对较小，塑性变形在剪切转变的作用下快速增加。另一方面，当压痕深度较浅时，非晶合金的弹塑性形变受到限制，这会限制剪切转变扩展的空间，从而产生较浅的压痕。但是，较浅的压痕更容易阻碍塑性区域的扩张，因此需要更大的载荷来拓展剪切变形转变。此外，如果压痕深度小于 100 nm，表面自由能可能对实验结果产生影响。但是，一般的纳米压痕深度在 500 nm 左右，远超过这一尺度，因此不考虑非晶材料表面自由能对实验结果的影响。其次，根据自由体积理论[32]中应力驱动产生自由体积公式，可以推导出压痕深度与流动缺陷浓度的关系式，从而对压痕尺度效应的形成机理进行了探讨。流动缺陷的变化主要可能由应力变化和温度变化等原因产生。由于非晶体材料在纳米压痕过程中温度升高仅有 0.05℃[33]，因此一般认为温度引起的流动缺陷变化可以忽略不计。

美国斯坦福大学的 Kazembeyki 等[34]利用钠钙玻璃和石英玻璃在不同压痕载荷条件下的压痕行为讨论了硅酸盐玻璃的 ISE。由于压痕是在很小的最大载荷情况下进行，因此可以排除玻璃表面的断裂不是材料表面的主要能量耗散机制。如图 6-10 所示，两种玻璃的硬度下降趋势相同，并且对于相同的 P_{max}，石英玻璃的硬度值始终比钠钙玻璃的大。这是因为钠钙玻璃的泊松比较大，可压缩性更高，使得压头压入深度更深，从而导致更大的接触深度（h_c）和接触面积（A_c），根据硬度公式得出其硬度较小。值得注意的是，两种玻璃在较小的 P_{max} 下都有较大的硬度值，随着 P_{max} 的增大，两种玻璃的硬度值减小，最终随着 P_{max} 的增加到一定值时硬度值保持恒定值，石英玻璃的硬度值总体下降约 12%，钠钙玻璃的硬度值总体下降约为 8%。通过进一步计算压痕的致密体积（V_d）、塑性流动体积（V_p）和非弹性体积变形（V_{in}）的关系发现，两种玻璃的 V_d/V_{in} 变化趋势与 ISE 趋势相当重合，这表明非弹性变形过程在 ISE 中起着关键作用。具体而言，非弹性体积分数与载荷大小密切相关，随着 P_{max} 的增加，材料变形机制从玻璃亚表面的致密化转变为高载荷下的玻璃亚表面塑性剪切流动机制。一旦非弹性体积分数达到稳定值，ISE 就会消失。

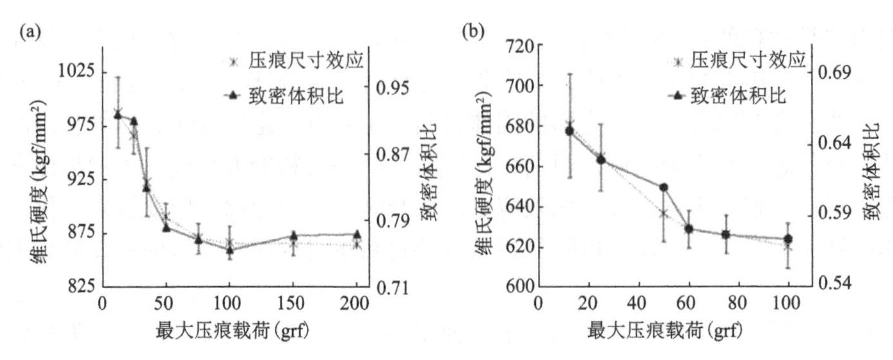

图 6-10　（a）石英玻璃和（b）钠钙玻璃的 ISE 曲线以及致密体积/非弹性变形（V_d/V_{in}）与压入载荷之间的关系[34]

注：1 kgf=9.80665 N，1 grf=635.460 μN

不同压头形状的 ISE 不太相同，但有一定的关联。对于球形压头而言，硬度不受深度的影响，而是随着球面半径的减小而增大。而锥体和球形压头形状的相关关系是基于几何上必需的位错和扩散蠕变[35]。

6.3.2　保持载荷的影响

从压痕实验可知，当加载载荷在达到最大载荷后保持不变时，压痕的深度会进一步增加。在保持应力大小不变的条件下，应变随时间延长而增加，这种现象就是蠕变现象，如图 6-11 所示。*AB* 段为非定常蠕变阶段或减速蠕变阶段，应变率随时间的增加而急速减小，蠕变从 *A* 点开始；*BC* 段为定常蠕变阶段，应变速率变化很小，在 10^{-10} 到 10^{-3} 范围内，且依赖于应力的大小，蠕变速率就指的这一段；在最末阶段 *CD*，应变率随时间而增大，最后材料在 t_F 时刻发生断裂。许多材料（如金属、塑料、岩石和冰）在一定外力作用条件下都表现出蠕变的性质，尤其在高温下服役的材料寿命大大缩短。由于蠕变效应，材料在某瞬时的应力状态不仅与该瞬时的变形有关，而且与该瞬时以前的变形过程有关，许多工程问题都涉及蠕变，如果不考虑蠕变，则会对模量和硬度结果产生显著影响。

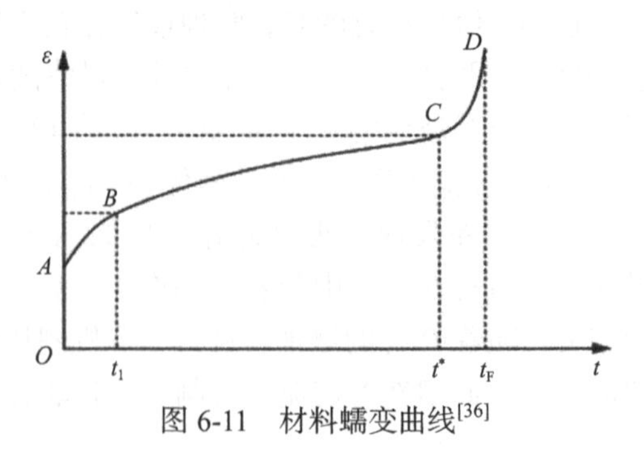

图 6-11　材料蠕变曲线[36]

蠕变研究一般是对金属玻璃而言的，恒定保持载荷是研究蠕变的最佳方法。如图 6-12（a）所示，在对大块金属玻璃的保持载荷期间，压头进入测试试样的渗透位移随峰值载荷的增加而增加。在较大的峰值载荷下，压痕蠕变增加得更快，如图 6-12（b）所示。这些现象都说明压头在试样表面保持一定载荷对试样影响较大，且载荷越大，影响的程度也越深。蠕变现象还会影响卸载曲线的最大深度，所带来的测量误差可能超过 20%[37]。比如，对表面有金属薄膜的 BK7 玻璃施加恒定载荷的力，发现薄膜的厚度不同测出的力学性能也不同，1.2 μm 和 5.1 μm 薄膜随时间增加而增加相同深度，而 0.3 μm 的薄膜随着时间增加就要小一点，如图 6-13 所示，当塑性深度与薄膜厚度之比达到约十分之一时，薄膜厚度的蠕变行为会明显受到基底材料性能的影响。

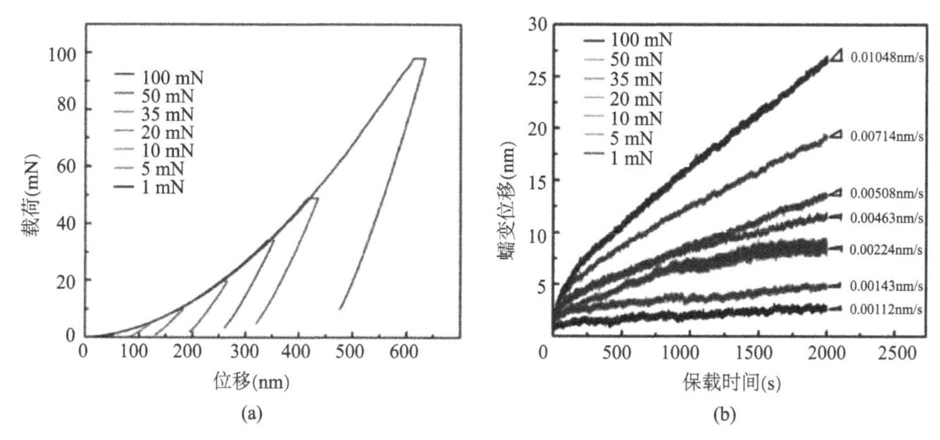

图 6-12　（a）压痕深度与载荷的关系；（b）蠕变位移与时间的关系[38]

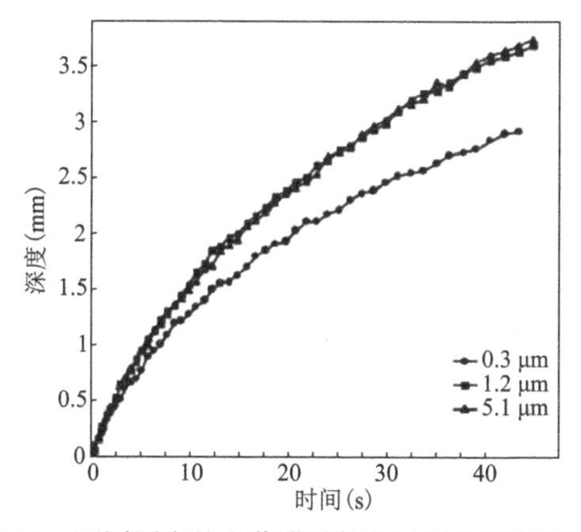

图 6-13　不同厚度的金薄膜随保载时间的深度变化[37]

蠕变不仅对于金属玻璃具有显著影响，对于普通的钠钙玻璃也有研究价值。例如，法国雷恩第一大学的 Bernard 等[39]研究了高温下钠钙玻璃的蠕变效应，在540～640℃对钠钙玻璃进行了压痕蠕变实验。如图 6-14（a）所示，无论在哪种温度和载荷下，压痕深度都是随最大载荷保持时间的增加而增加，在相同温度下，载荷越大，钠钙玻璃在同一时间内的蠕变效应越明显，且温度越高，蠕变效应也越明显。中国清华大学的 Shang 等[40]同样在温度范围为–100～223℃内研究了钠钙玻璃在水环境、空气和硅油等环境的蠕变效应。如图 6-14（b）所示，硬度随载荷保持时间的增加而降低，根据硬度计算公式，深度增加，接触面积增大，即硬度下降。在室温温度以上，环境温度越高，玻璃的硬度越小，这与 Bernard 等[39]在玻璃化转变温度附近的研究一致。但在–100℃的温度下，玻璃的硬度低于室温下的硬度，产生这种差异的原因可能是由于水吸附在玻璃表面导致了表面有一层冰薄膜的存在，从而使玻璃表面变软，表现出较弱的堆积效应。

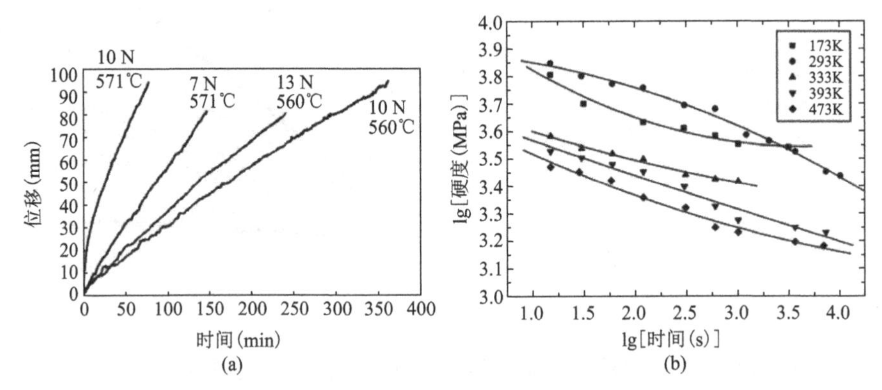

图 6-14　（a）压头压入深度与保载时间的关系[39]；（b）钠钙玻璃在不同温度下硬度与保载时间的关系[40]

因此，在压入过程中，保持一定载荷在试样表面，试样就会发生蠕变现象，对试样的机械性能影响较大，所以在玻璃的加工和使用过程中，要减少硬质颗粒在玻璃表面的压入时间，以防产生蠕变现象对玻璃的服役寿命产生较大的影响。

6.3.3　加载速率的影响

压痕的加载速率同样也是影响玻璃力学性能测试的一个重要因素。在 100～1000 mN 的峰值载荷（P_{max}）范围内，330 μm 厚的钠钙玻璃的纳米硬度随加载速率（1～1000 mN/s）的增加而增加了 6%～9%，如图 6-15 所示。因此，对于给定的 P_{max}=100 mN，玻璃的纳米硬度最初随着加载速率的增加而急剧增加，直至达到阈值加载速率（TLR），对于不同的峰值载荷有着不同的 TLR。从图 6-15 还可以看出，在达到 TLR 之后，纳米硬度的增加非常缓慢甚至趋于一条直线，尤其对于更高的加载速率，这种缓慢增加更为明显，且对于不同的峰值载荷下都有所差异。当加载速率低于 TLR 时，钠钙玻璃的纳米硬度的增长速率相对较高，而当加载速率高于 TLR 时，纳米硬度的增长速率变得相对较低。因此，压入载荷的加载速率对于钠钙玻璃的机械性能具有较大的影响。

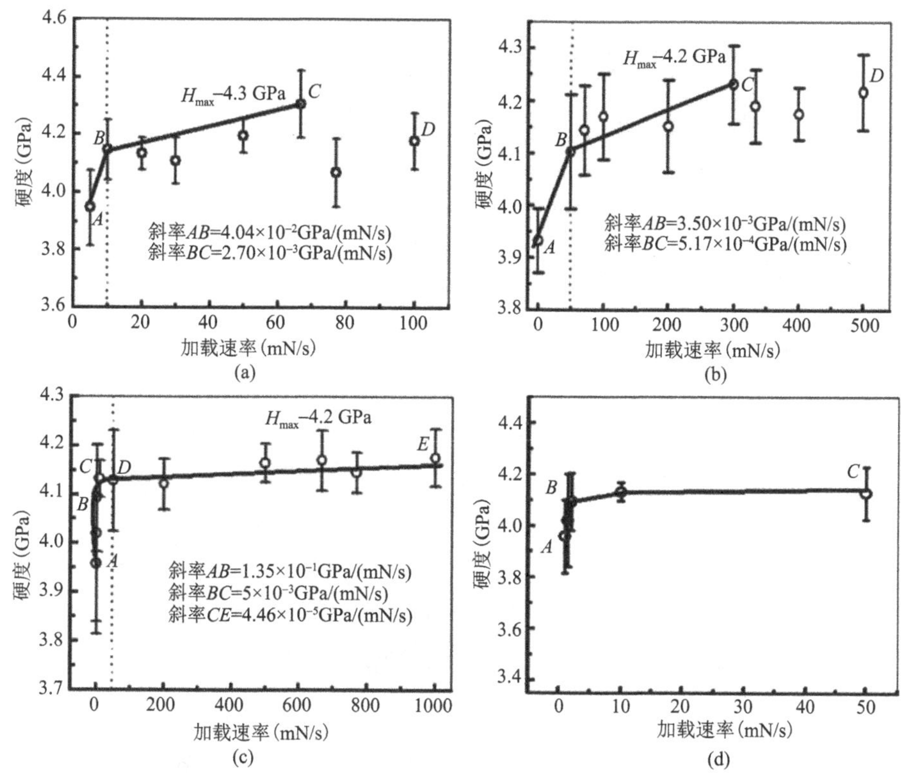

图 6-15　在各种不同峰值载荷下，加载速率与硬度的关系[41]

峰值载荷分别为（a）100 mN、（b）500 mN、（c）1000 mN，（d）图为（c）中标记为 AC 段的放大视图

为了探究加载速率对钠钙玻璃的影响。对于给定的峰值载荷 P_{max}，SEM 图结果表明在低于 TLR 的加载速率下，残余纳米压痕内及其周围存在大量剪切带（图 6-16）。然而，在加载速率高于 TLR 的情况下，纳米压痕残余印记内部和周围的剪切带数量相对较少（图 6-17）。印度中央玻璃陶瓷研究所的 Dey 等[42]研究发现，随着加载速率从 10 μN/s 增加到 20000 μN/s，钠钙玻璃的纳米硬度提高了 74%。进一步分析表明，玻璃剪切流诱导剪切带形成的位置是由玻璃中的局域短程原子（如网络修饰剂提供的局域薄弱位置）排列所决定，残余压痕内部剪切带的形成与加载速率有关[43]。较低的加载速率形成了较多数量的剪切带，对应于载

荷-位移曲线中的较为明显锯齿状，这是因为在较慢的压痕加载过程中有较为充足的时间来形成剪切带，剪切带发生交叉和扭结，导致其残余压痕面积增大，钠钙玻璃的硬度和模量变小且变化也较为明显。而较高的加载速率导致短时间形成大量剪切带，对应于载荷-位移曲线中的较为平缓情况，钠钙玻璃的塑性响应被强制均匀化，残余压痕内部的弹性势能被消耗，限制了纳米硬度的快速增长。

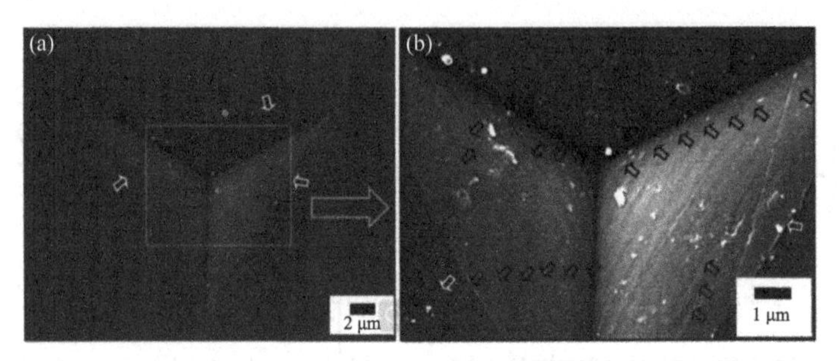

图 6-16 在 1 mN/s 加载速率、1000 mN 载荷下制备的纳米压痕的典型 SEM 图[41]

黑色和白色空心箭头分别表示纳米压痕腔内和纳米压痕腔周围的剪切带：（a）较低和（b）较高的放大倍数视图

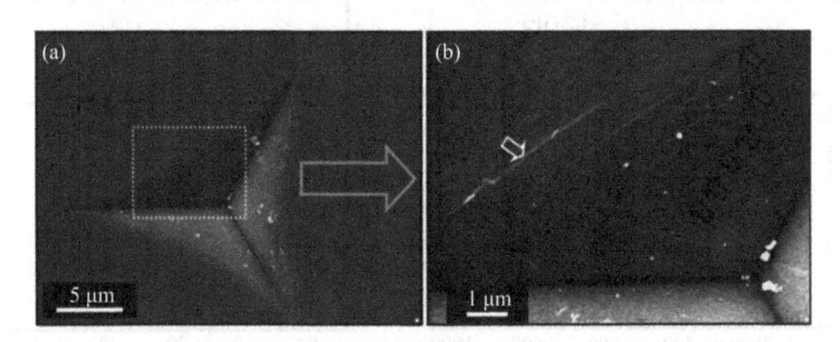

图 6-17 在 77 mN/s 加载速率、1000 mN 载荷下制备的纳米压痕的典型 SEM 图[41]

黑色和白色空心箭头分别表示纳米压痕腔内和纳米压痕腔周围的剪切带：（a）较低和（b）较高的放大倍数视图

同样，德国耶拿大学的 Limbach 等[44]研究了多种不同玻璃系统的硬度应变率敏感性（即硬度与加载速率的关系）。虽然没有评估致密化或剪切流对压痕的影响，但这项研究提供了有价值的信息，因为玻璃的硬度与其压痕变形机制有关。研究结果表明，在堆积密度和平均黏结强度与应变率敏感性之间没有发现相关性。另一方面，泊松比似乎是玻璃应变率敏感性的一个很好的指标。对于低泊松比的材料，材料有着极高的网络维度（例如，无定形石英玻璃），一旦压痕克服激活势垒，玻璃的塑性变形就会继续进行。对于中间网络维度（泊松比在 0.3～0.35 之间），玻璃的变形与其应变率相关。对于低的网络维度（足够高的泊松比），材料变形与加载速率无关，但存在明显的剪切面，如图 6-18 所示。

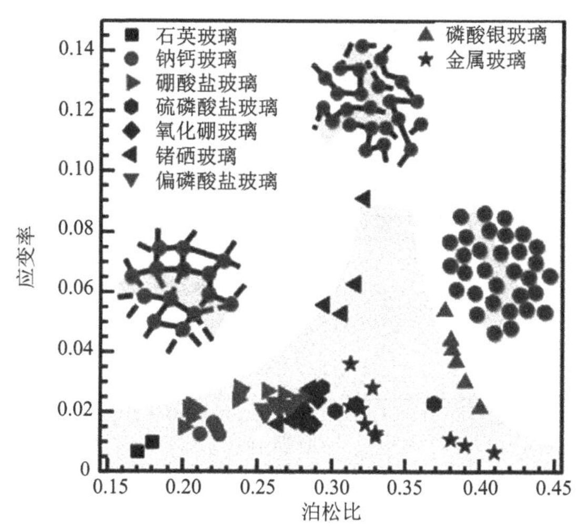

图 6-18 泊松比与玻璃的应变率敏感性之间的相关性[44]

插图代表玻璃结构的三种常规类型（从左到右）：主要由黏结强度决定的三维网络、复杂的低维结构和由堆积密度决定的排列。三种类型中阴影部分显示了假设的剪切区域

摩尔多瓦物理研究所的 Shikimaka 等[45]利用 AFM 研究了一系列磷铝玻璃在不同应变速率下的致密化对压痕体积的贡献，并通过对不同加载速率下的玻璃表面进行退火实验，分析对比了退火前后玻璃残余压痕轮廓线的变化（图 6-19）。根据这些结果，退火后的体积回复率（V_R）可通过以下公式进行计算：

$$V_R = \frac{\left(V_i^- - V_a^-\right) + \left(V_a^+ - V_i^+\right)}{V_i^-} \tag{6-1}$$

其中，下标 i 和 a 分别表示初始体积和退火后的体积，上标+和–分别表示压痕体积和堆积体积，V_R 被定义为退火期间恢复的体积相对于压痕的初始体积的比率。压痕过程中的塑性变形体积（V_p）计算如下：

$$V_p = V_i^- - \left(V_i^- - V_a^-\right) - \left(V_a^+ - V_i^+\right) \tag{6-2}$$

结果表明，玻璃压痕亚表面的致密化和剪切流动是氧化玻璃塑性变形的主要机制，二者均对应变速率敏感。当应变率较低时，致密化对玻璃总塑性变形的贡献较大，体积回复也较大，剪切流动也有相同的趋势。进一步分析表明，在致密化贡献与应变率之间建立了负相关关系，当应变率较低时，剪切流动也更容易被激活。玻璃的硬度也随着应变率的降低而降低[46]，这意味着在低应变率条件下，压痕内部原子的重排过程更容易发生。随着有更多的时间用于剪切流动，从而使致密材料从压头顶端移位，这将导致材料进一步的致密化，因此剪切变形促进了玻璃压痕亚表面的致密化[47]。此外，Shikimaka 等[45]还研究了变形机制的载荷依赖性，在峰值载荷为 20 mN、加载速率为 5 mN/s 和峰值载荷为 500 mN、加载速率为 5 mN/s

时，致密化比率分别为 42.3%和 22.2%。分析表明，致密化贡献随着载荷的增加而减小，这与 Kato 等[48]的实验证据一致。图 6-20 表明两种玻璃变形机制的差异与其抗裂性的应变率相关性可以很好地对应，较少的亚表面损伤导致较小的残余应力，从而更难达到玻璃的开裂临界值，玻璃在较短的接触时间下获得较高的抗裂性。

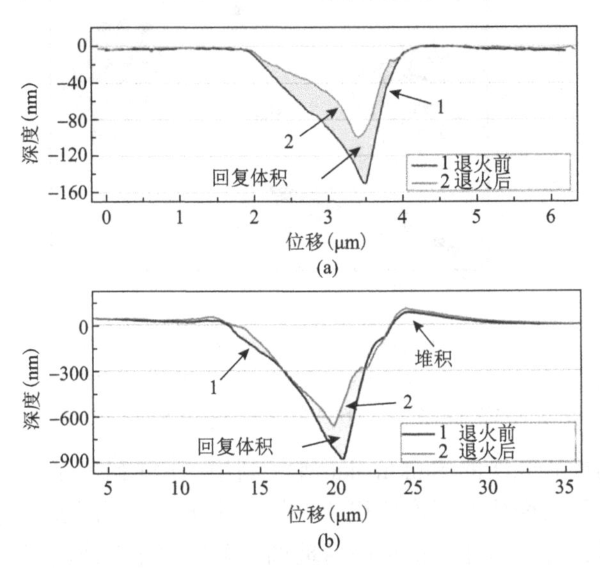

图 6-19 （a）载荷 P=20 mN、加载速率 v = 0.5 mN/s 和（b）P = 500 mN，v = 5 mN/s 退火前后压痕处的 AFM 截面轮廓曲线[45]

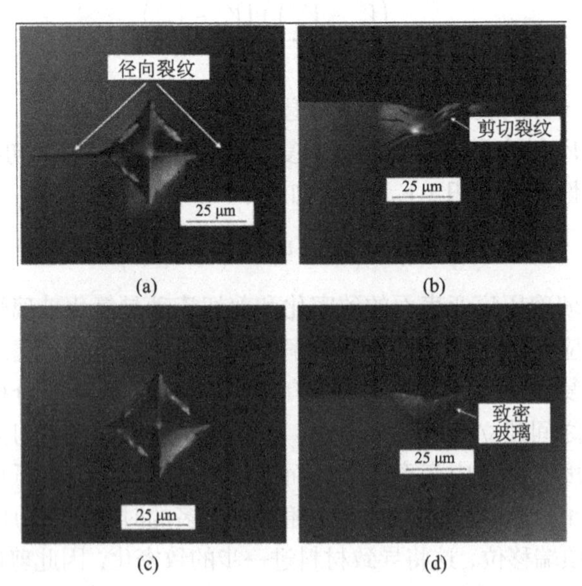

图 6-20 普通玻璃中准静态 0.5 kgf 维氏压痕的（a）表面图和（b）横截面图[49]；耐损伤玻璃中准静态 0.5 kgf 维氏压痕的（c）表面图和（d）横截面图[49]

6.4　玻璃材料特性的影响

6.4.1　玻璃组成成分的影响

玻璃黏性弛豫的特征时间常数在室温下非常大，以至于黏性流动几乎检测不到。但通过施加尖锐的接触载荷，例如，维氏压头只需几秒钟就很容易地让玻璃实现永久变形[50]。利用 AFM 对 25 GPa 压力下的淬火和致密试样进行压痕轮廓和体积分析，可以找到非体积守恒的致密化和体积守恒的剪切流动的直接证据。这两种变形机制对玻璃永久变形有着不同程度的贡献，这取决于玻璃的组成。大量研究结果表明，在原子堆积密度相对较低的玻璃中，如石英玻璃，致密化占主导地位，但是对于普通玻璃，如钠钙玻璃，还存在一定程度的剪切变形，如图 6-21 所示。

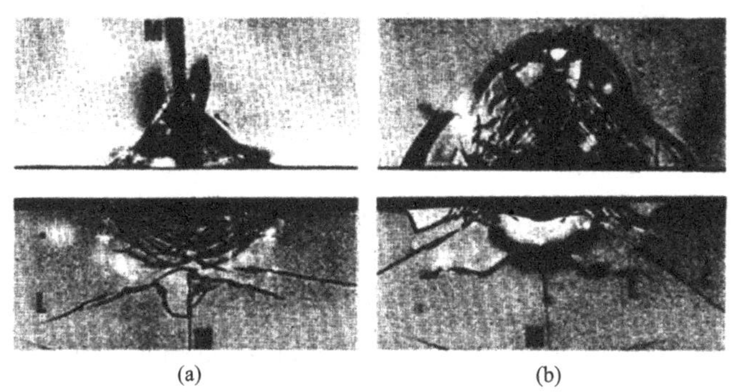

(a)　(b)

图 6-21　钠钙玻璃（a）和石英玻璃（b）的压痕横截面上的俯视图（上面）及侧视图（下面）所见的维氏压痕开裂照片[51]

丹麦奥尔堡大学的 Januchta 等[52]通过研究三种不同成分的铝硼硅酸盐玻璃的压痕行为发现，在施加足够高的峰值负载，则所有研究的玻璃在维氏压痕上都会产生径向裂纹，如图 6-22 所示。从残余压痕内部的横截面图可以明显看出，所有玻璃均显示出中间裂纹，从压痕表面观察到的径向裂纹是在卸载过程中由半椭圆裂纹产生，这种机制与普通玻璃的基本一致。

为了深入了解变形机制和抗裂性对成分的依赖性，日本滋贺县立大学的 Kato 等[53]研究了一系列硼硅酸盐玻璃，发现 B_2O_3 含量对其抗裂性能有着重要的影响。研究的玻璃组分主要包括 SiO_2-B_2O_3-Na_2O 三元玻璃体系（SBN 系列）和非碱性硼铝硅玻璃体系（SAB 系列）。在 SBN 体系（“SBN1”系列）中，SBN1 成分为 $20Na_2O$-$40xB_2O_3$-$(80–40x)SiO_2$，当 B_2O_3 被 SiO_2 取代时，抗裂性与 B_2O_3 含量有关，不含 B_2O_3 的玻璃抗裂性最强；含 20% B_2O_3 的玻璃抗裂性最弱，0.3 N 约是其开裂阈值，如图 6-23（a）所示。在密度不随 B_2O_3 含量变化的 SBN 体系中（“SBN2”

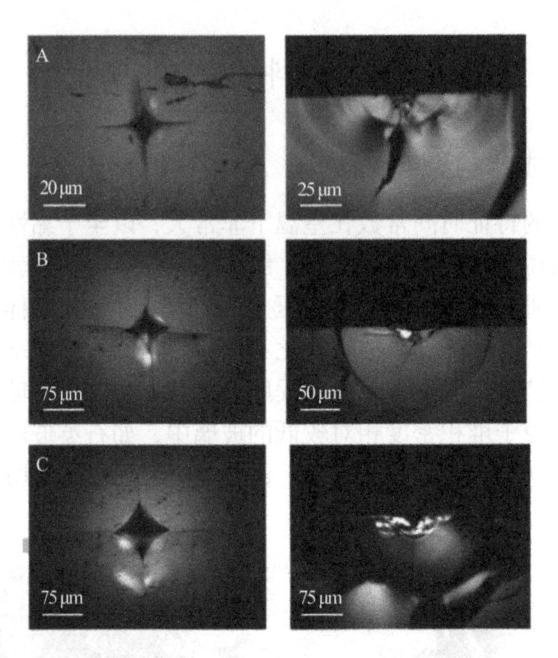

图 6-22　在三种不同成分的玻璃中的维氏压痕的俯视图（左图）和横截面图（右图）[52]

系列），SBN2 成分为$(20–10y)Na_2O$-$10yB_2O_3$-$80SiO_2$，玻璃的抗裂性随着 B_2O_3 含量的增加而降低[图 6-23（b）]。另一方面，在 SBN1 系列中，x=0.125 的深度回复率最大，为 28%；在 SBN2 系列中，y=1.0 的深度回复率最大，为 34%。可以看出，深度回复率对玻璃成分变化非常敏感，如表 6-3 所示。在 $20Na_2O$-$40xB_2O_3$-$(80–40x)SiO_2$ 体系（各组分均为摩尔分数）中，当 Na_2O 和 B_2O_3 含量相等时，退火后的玻璃压痕深度回复率最小，即硼元素在四面体构象中的分数出现最大值。进一步添加 B_2O_3 后，致密化倾向再次增加。这些结果表明，压痕深度回复不仅与玻璃成分中的 B_2O_3 的摩尔分数有关，还与它的配位状态有关，其中，平面三元硼单元有助于玻璃压痕亚表面的致密化[54]。

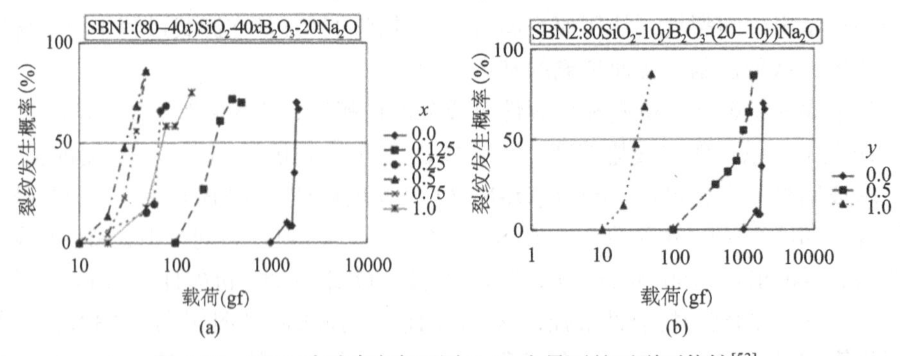

图 6-23　SBN 系列玻璃在不同 B_2O_3 含量下的开裂可能性[53]

表 6-3　维氏压痕的对角线（2*a*）、努氏压痕的深度在 0.9 倍 T_g 退火 2 h 的参数[53]

玻璃系列	维氏压痕	努氏压痕		
	2*a*（μm）	d_{before}（μm）	d_{after}（μm）	RID（%）
SBN1				
x=0.00	22.1	1.20	—	—
x=0.125	20.0	1.01	0.73	28
x=0.25	19.2	0.99	0.74	25
x=0.5	18.4	0.91	0.80	13
x=0.75	18.8	0.91	0.72	21
x=1.00	19.2	0.92	0.68	27
SBN2				
y=0(*x*=0.0)	22.1	1.20	—	—
y=0.5	20.7	1.02	0.697	32
y=1.0	18.9	0.94	0.625	34

对于 $x\mathrm{Na_2O}$-(100–x)$\mathrm{B_2O_3}$ 玻璃[55]，当改性剂含量较低时，玻璃的网络结构主要由平面的硼氧环所组成，表现出很高的剪切流动倾向。$\mathrm{Na_2O}$ 含量越高，玻璃的网络结构越坚硬，通过剪切流动阻碍变形，从而表现为 V_R 的小幅增加。最后，一旦 $\mathrm{Na_2O/B_2O_3}$ 变得足够大，即当以硼四面体为代价开始形成 NBO 时，就有可能发生剪切变形，导致 V_R 降低。

丹麦奥尔堡大学的 Hermansen 等[56]还研究了不同碱和碱土金属硅酸盐玻璃中 NBO 对剪切流动变形的影响。首先，为了量化和研究玻璃在维氏压痕下的致密化和塑性变形，制备了一系列具有不同修饰离子含量的简单钠钙玻璃和四种具有恒定二氧化硅含量但用钾和/或钡代替钠和/或钙的玻璃。这些玻璃的致密化和塑性变形是通过在退火前后的压痕形貌轮廓变化来确定的，进而通过计算得出玻璃的致密化率。玻璃的维氏硬度、塑性变形体积和致密体积随成分的变化分别如图 6-24（a）和（b）所示，不同成分玻璃的维氏硬度变化很大，范围从 3.7 GPa 到 5.2 GPa，但是玻璃硬度没有明显的组成成分相关性。玻璃的致密体积通常随 $\mathrm{SiO_2}$ 摩尔分数含量的增加而增加，但分散较大。塑性变形体积也与二氧化硅含量有较大依赖性[图 6-24（b）]。由于体积模量是对静态压力的弹性，并且压头下方平均压力的三分之二是静态的[57]，因此当通过增加压力使弹性压力达到一定的屈服值时，会发生致密化。对于各种成分的玻璃，在高压静态压缩下都观察到了这种屈服压缩[58]。由于较高的体积模量可能与较高的屈服值有关，因此具有较高体积模量的玻璃在给定负载下的致密体积较低[图 6-24（c）]；V_R 随着二氧化硅含量的增加而强烈且近似线性地增加，如图 6-24（b）所示。

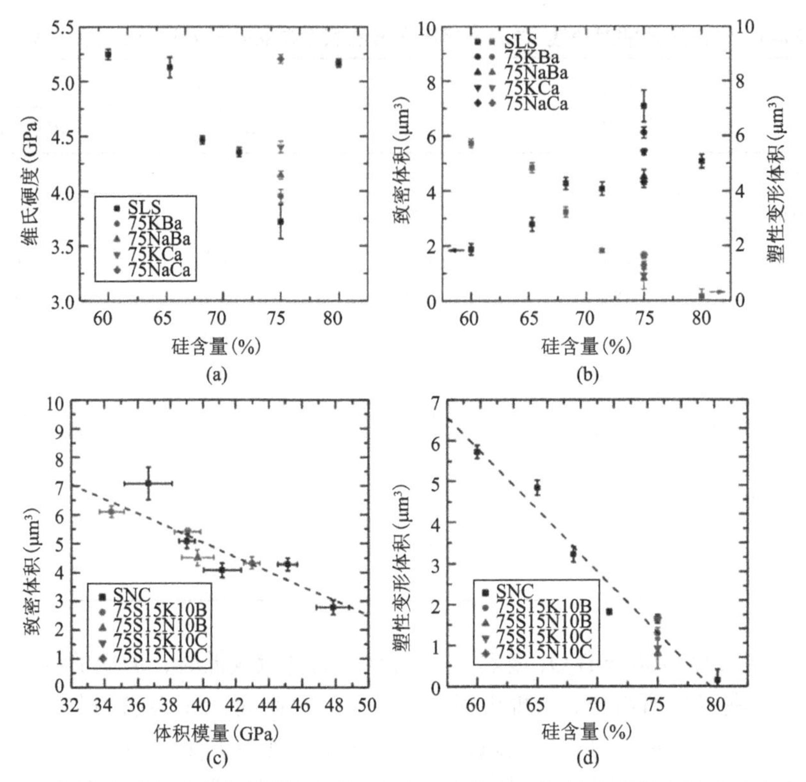

图 6-24 （a）维氏硬度随玻璃成分的变化；（b）致密体积和塑性变形体积随玻璃成分的变化；（c）在 245 mN 压痕下玻璃致密体积随体积模量的变化；（d）塑性变形体积与玻璃中二氧化硅含量的数据拟合曲线

图 6-25 展示出了用于确定表现出低塑性变形体积的三种组合物的抗裂性。这些数据是在给定载荷下重复 20 个压痕的平均径向裂纹数。抗裂性是指玻璃裂纹萌生概率等于 50%的负载。对于 80SNC（成分为 80% SiO_2、15% Na_2O、5% CaO）系列的玻璃，抗裂性确定为 7.0 N±2 N，对于 75S15K10C（成分为 75% SiO_2、15% K_2O、10% CaO），抗裂性为 1.1 N±0.2 N，对于 75S15N10C（成分为 75% SiO_2、15% Na_2O、10% CaO），抗裂性为 1.0 N±0.1 N。这些结果表明，玻璃的致密体积随体积模量线性降低，塑性变形体积随二氧化硅摩尔分数增加而降低，玻璃塑性变形通过致密化或剪切流变形的趋势主要取决于 SiO_2 浓度（随着 R_2O/SiO_2 或 RO/SiO_2 比值的增加而降低，R 为碱金属离子），而改性剂的类型或其大小对 V_R 值的影响可以忽略不计。在含有 80%（摩尔分数）SiO_2 的成分内部和周围，剪切变形能力接近于零。这些结果对预测玻璃的硬度和抗裂性具有重要意义，也对选择最优的玻璃成分用于大批制造提供了基础。

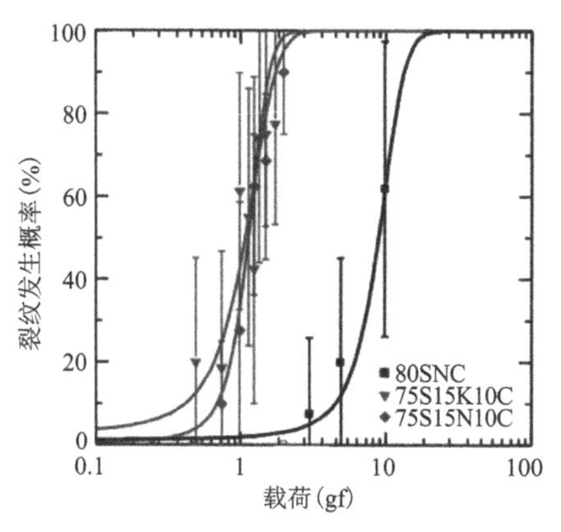

图 6-25　不同载荷下的开裂可能性[57]

法国 Molnár 等[59]通过原子尺度的模拟，分析了一系列钠含量不断增加的硅酸盐玻璃的塑性响应，如图 6-26（a）所示。图 6-26（b）显示了永久体积应变与最大静态压力的关系。通过各向同性压缩试样直至达到所需的压力值来计算永久体积变化。玻璃的响应可以分为三个单独的阶段：第一阶段，在低压情况下，响应是准弹性并且体积变化相对较小；第二阶段，尽管受 Na 含量影响，但致密化与压力大致呈线性关系，更多的 Na 会降低玻璃致密化阈值：NSx5 在 P=3 GPa 时开始致密，而 NSx30 几乎没有弹性，可塑性在很早阶段就开始了（P=0.5 GPa）；第三阶段，线性状态逐渐弯曲并饱和到最大值，最大永久体积应变随 Na 含量的增加而降低。通过测量永久体积变化，可以在不同的应力状态下量化其屈服行为。在建模系统的响应和实验结果之间发现了定性的一致性，观察到了塑性产率与致密化之间的强耦合。结果还表明，钠钙玻璃不仅可以在静水压下致密，而且在大应变下剪切时也可以致密。这些结论得到了对钠含量不同的硅酸盐玻璃的分子动力学（MD）模拟的支持，其中监测了作为静水压力的函数的体积应变。

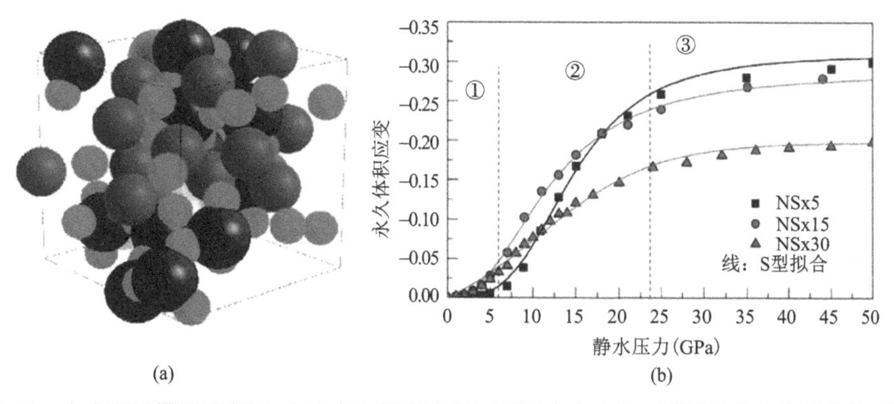

图 6-26　（a）原子模拟示意图；（b）永久体积应变与不同成分玻璃在不同静水压力下的关系[59]

丹麦奥尔堡大学的 Kjeldsen 等[60,61]研究了混合两种不同碱土金属组成的玻璃对其压痕变形机理的影响。对于 Ca-Mg 系列玻璃，Mg 含量最多的成分组成的硬度值比 Ca 含量组成多的硬度值高约 0.3 GPa，如图 6-27（a）所示。而对于 Ca-Li 系列，无论是 Ca 含量多还是 Li 含量多的玻璃硬度值相似，如图 6-27（b）所示，不同网络改性剂含量的氧化物玻璃的维氏硬度（H_V）变化表现为正向或负向偏离线性，最大偏离约为 4%。图 6-28 的结果表明，当玻璃中的 Ca 取代 Mg 时，压痕的 V_P 增加，这可能是因为与 Ca 相比，Mg 的氧键连接强度更强，从而延缓了结构单元的流动，即塑性流动更强。换句话说，也就是 Ca^{2+}替代 Mg^{2+}增加了平面结构滑移运动或 NBO 重新分布的可能性，从而导致不可逆剪切流动（V_p）的整体增加。一般情况下，随着 Ca/Mg 摩尔比的增大，玻璃压痕的 V_p 增大，V_R 减小。换言之，混合修饰碱效应在 V_p 中表现为对线性的正偏差，而在 V_R 中表现为对线性的负偏差。

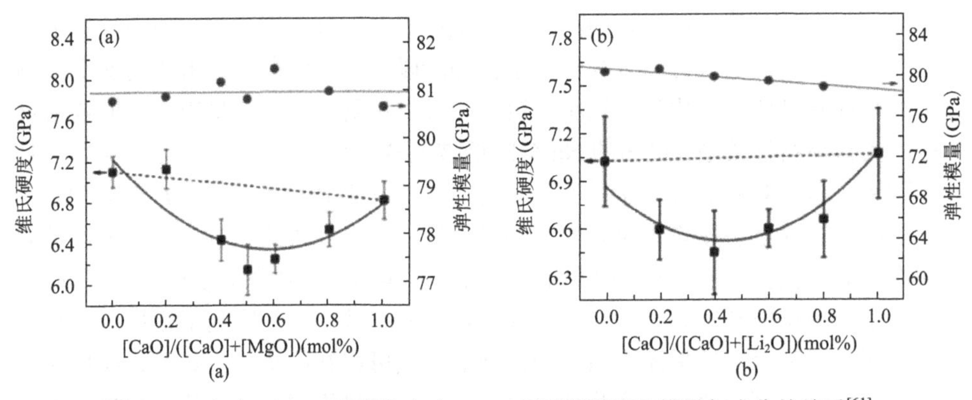

图 6-27 （a）Ca-Mg 系列及（b）Ca-Li 系列的硬度和模量与成分的关系[61]

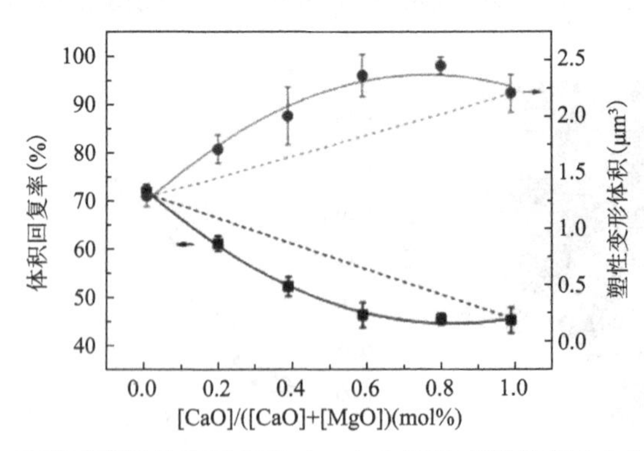

图 6-28 Ca-Mg 系列玻璃的体积回复率（V_R）和塑性变形体积（V_p）的组成依赖关系

图 6-29 说明 Mg 含量多的玻璃（Ca-Mg 16）在退火后比 Ca 含量多的玻璃（Ca-Mg 0）有着更大的堆积体积。在混合碱土铝硅酸盐玻璃中，当两种改性剂的摩尔浓度相等时，玻璃的致密体积在组成相等附近出现局部极小值，表现出所谓的混合改性剂效应（MME）。另一方面，碱土改性剂导致剪切变形体积表现出非线性的正偏差。变形机制的这些成分趋势与观察到的硬度趋势很好地吻合，表明通过材料的剪切流动（即具有最大抗裂性的变形机制）倾向决定了硬度值，这些结论后来得到 MD 模拟的验证[62]。

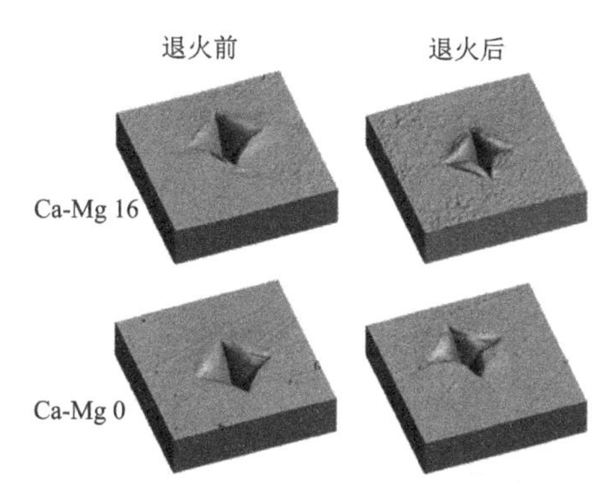

图 6-29　Ca-Mg 16 和 Ca-Mg 0 玻璃在 $0.9T_g$（单位为 K）下退火 2 h 前后的 AFM 图像[61]

除了对玻璃组成成分中的 Ca 和 Mg 进行了研究讨论，德国耶拿大学的 Limbach 等[63]和法国材料研究所的 Barlet 等[64]重点讨论了两种网络修饰剂（Na_2O 和 B_2O_3）混合对 Na_2O-B_2O_3-SiO_2 三元系中的玻璃压痕变形的影响，研究发现对于 SiO_2 含量高的玻璃，尤其是石英玻璃，压痕的 V_R 越大，而通过在玻璃中加入 B_2O_3 或 Na_2O 或产生非桥接氧的氧离子会导致 V_R 连续降低。这些发现与碱金属和碱土金属硅酸盐玻璃[65]的观察结果非常吻合，如图 6-30 所示。进一步分析表明，SiO_2 网状结构控制着硼硅酸钠玻璃的致密化，通过将大的五元和六元环重组排列成较小的三元和四元环结构，平均 Si—O—Si 键角变小，可以实现永久性的致密化[66]，如图 6-31 所示。

此外，Barlet 等[64]的研究结果表明，玻璃的致密化能力随 Na_2O 含量的增加而降低（以及在 Na 诱导解聚后随泊松比的增加而降低），但 V_R 随泊松比的增加而降低的程度由 SiO_2/B_2O_3 比例决定。在富含 B_2O_3 的玻璃内还可以看到第二个局部最大值 V_R。致密化对含 B_2O_3 玻璃的压痕变形的巨大贡献可归因于 B_2O_3 在玻璃网络中的结构变化。含 B_2O_3 的致密化玻璃基于加载过程中三元硼醇环的断裂使得三元硼环暂时转换为过度配位的四元硼环。虽然硼的这种过度配位在卸载后被释放，但由于玻璃网络内部的自由体积减小，只有小部分先前存在的硼醇环恢复达到永久致密化。

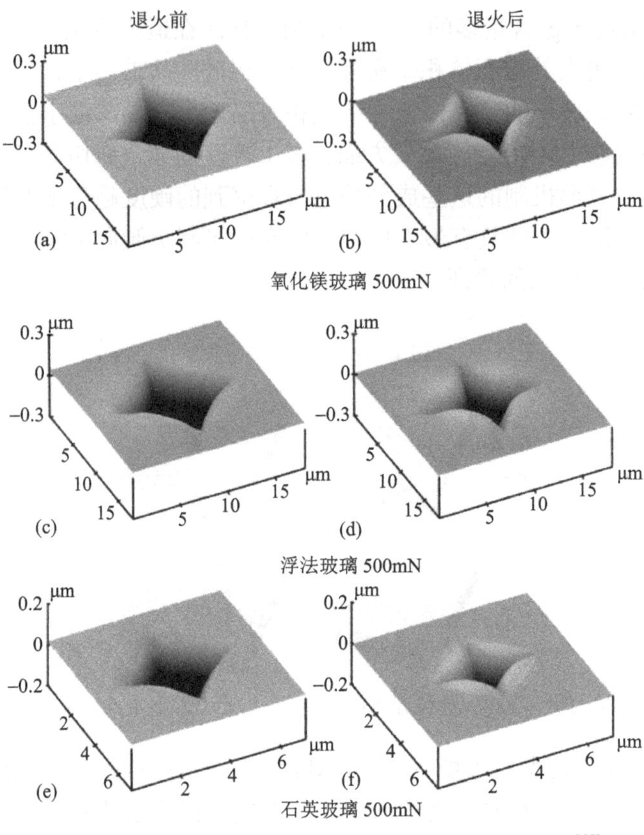

图 6-30　AFM 3D 维氏压痕（压痕为 500 mN）图像[65]

摩尔含量为 10%的氧化镁玻璃退火前(a)、退火后（b）压痕图；浮法玻璃退火前（c）、退火后（d）压痕图；石英玻璃退火前（e）、退火后（f）压痕图

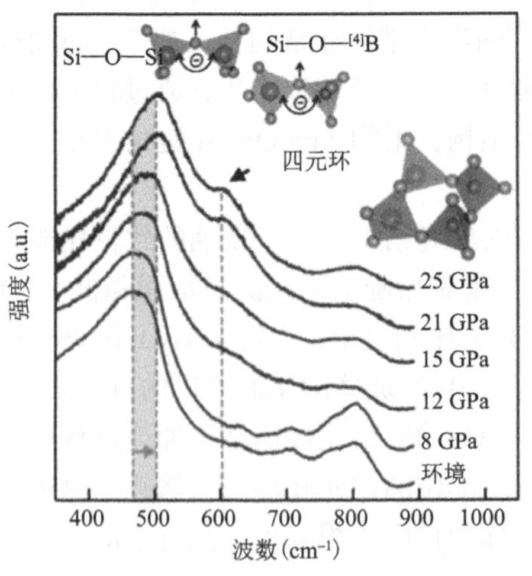

图 6-31　受压玻璃试样的非原位拉曼光谱[66]

随后，Januchta 等[67]还研究了硼铝酸钠玻璃 $25Na_2O$-xAl_2O_3-$(75-x)B_2O_3$ 系统中 V_R 的成分依赖性。在该体系中，玻璃的压痕致密化程度随金属含量趋于 1∶1（即 Na_2O 和 Al_2O_3 含量相等）而略有增加，然后在玻璃网络结构中进一步加入 Al_2O_3 后，其致密化程度降低，如图 6-32 所示。根据硼配位随 Al_2O_3/B_2O_3 比值的变化来解释这种成分的变化。由于 Na^+相对于硼四面体[68]优先电荷平衡铝四面体单元，硼平均配位数随 Al_2O_3/B_2O_3 比的增加而降低。对这些玻璃进行的热压缩实验表明，随着密度的增加，硼配位体经历了三配位到四配位的转变，这表明在压痕过程中配位数可能会增加，如图 6-33 所示。这种致密化诱导的结构重组在 N_4 值（硼四配位的比值）最低的玻璃中最为突出，从而解释了 V_R 随 Al_2O_3/B_2O_3 的增加而增加的原因。当超过金属铝边界时，开始形成五个配位的 Al 元环，导致 V_R 下降。

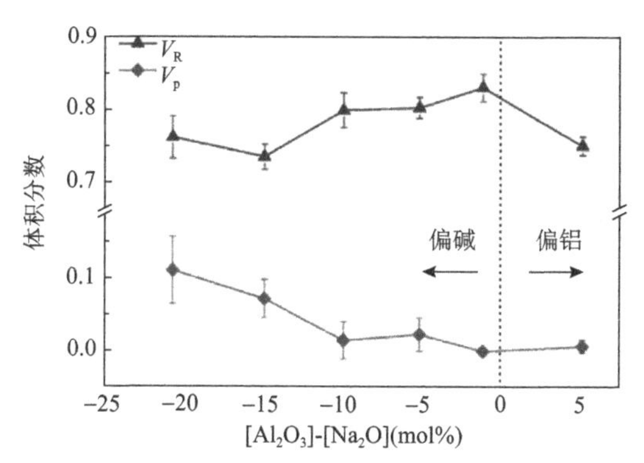

图 6-32 铝硼酸钠玻璃的体积回复率（V_R）和堆积体积率（V_p）的成分依赖性[67]

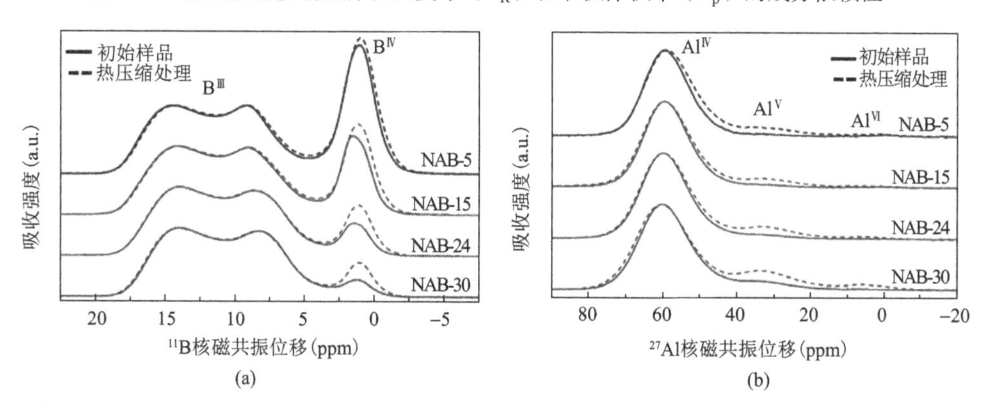

图 6-33 （a）所制备未压缩的（实线）和压缩的（虚线）铝硼酸钠玻璃的 ^{11}B MAS NMR 谱和（b）^{27}Al 的 MAS NMR 光谱[67]

指出了由三元硼环（$B^{Ⅲ}$）、四元硼环（$B^{Ⅳ}$）、四元铝环（$Al^{Ⅳ}$）、五元铝环（$Al^{Ⅴ}$）和六元铝环（$Al^{Ⅵ}$）引起的共振

6.4.2 材料泊松比的影响

为了估算致密化对维氏压痕体积变化的贡献，德国耶拿大学的Limbach用AFM

对比了退火前后几种玻璃的压痕轮廓变化[65]，图 6-30（a）显示了包括硅酸盐玻璃和大块金属玻璃（BMG）退火前后的维氏压痕的三维图。除 BMG 外，其余玻璃的维氏压痕在退火后均有较大的体积回复。在前人研究的基础上，该 V_R 与维氏压头下的致密体积基本一致。石英玻璃的 V_R 值超过 90%，但在玻璃网络中添加改性剂成分会显著降低 V_R 值（钠钙玻璃的 V_R 值约为 60%），然而大块金属玻璃，如 Pd-Ni-P 金属玻璃，在退火后压痕几乎没有体积回复，大概为 5%。图 6-34（a）的数据表明，玻璃的 V_R 值随着泊松比的增加而减小。这些结果表明，致密化是硅酸盐玻璃的普遍特性，所有玻璃的致密化与总压痕体积之比与玻璃的泊松比有很好的相关性。

图 6-34（b）显示了所有被研究玻璃的维氏硬度和体积回复率之间的关系。对于简单硅酸盐玻璃，观察到泊松比与体积回复率是一个负相关的关系，即玻璃的硬度越小，体积回复率（致密率）越大，但石英玻璃和金属玻璃没有遵循这一趋势。

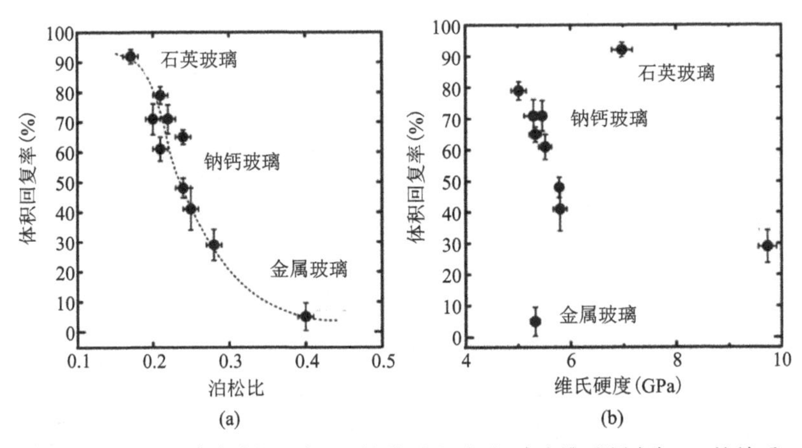

图 6-34　（a）玻璃泊松比与 V_R 的关系和（b）玻璃维氏硬度与 V_R 的关系

由于每个试样（玻璃、金属玻璃、金属）都在金刚石压痕过程中承受高压，因此，法国雷恩第一大学的 Rouxel[69]将制成的试样和压缩的玻璃试样的压痕特性进行了比较。不难看出，泊松比较大的金属玻璃的残余压痕周围堆积高度较高，例如，金属铂的泊松比更高，在压痕作用下主要是剪切变形，而具有较小泊松比的石英玻璃残余压痕周围的堆积深度几乎没有，如图 6-35 所示。法国布列塔尼南大学的 Keryvin 等[70]通过使用仪器的压痕测试和有限元分析，对完全致密化的石英玻璃和原始玻璃的力学行为进行了定量分析，如表 6-4 所示。

表 6-4　原始和完全致密的石英玻璃的力学性能

	杨氏模量（GPa）	泊松比	压缩屈服强度（GPa）	压缩屈服应变（%）	硬度与压缩屈服强度比
原始玻璃	72	0.15	约为 6.5～7.0	约为 9.5	1.2～1.3
完全致密玻璃	106±1	0.22	6.5	6.1	1.89±0.08

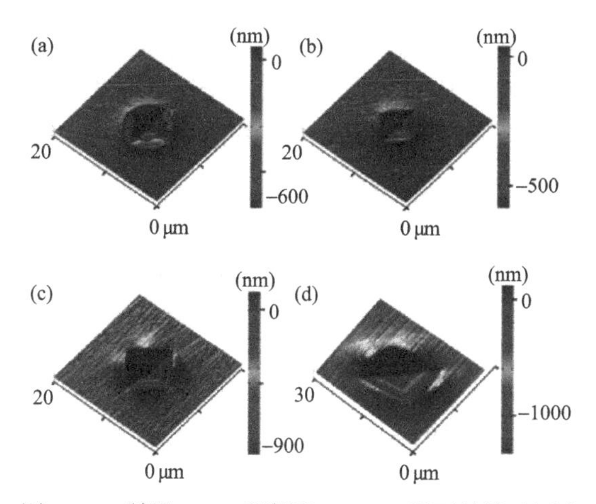

图 6-35　利用 AFM 观察了 100 mN 以下的维氏压痕

（a）原始 α-石英玻璃；（b）α-石英玻璃在 25 GPa 水压下静置 1 h 后；（c）BMG 原始玻璃；（d）纯铂。所有试样均在相同的实验条件下

此外，图 6-36 表明原始石英玻璃的表面和边缘均无堆积现象；对于完全致密的石英玻璃，压痕的表面和边缘出现堆积。这些现象表明玻璃的 V_R 不是纯粹依赖于成分和泊松比，可以通过等压压缩来控制给定玻璃的可致密性。

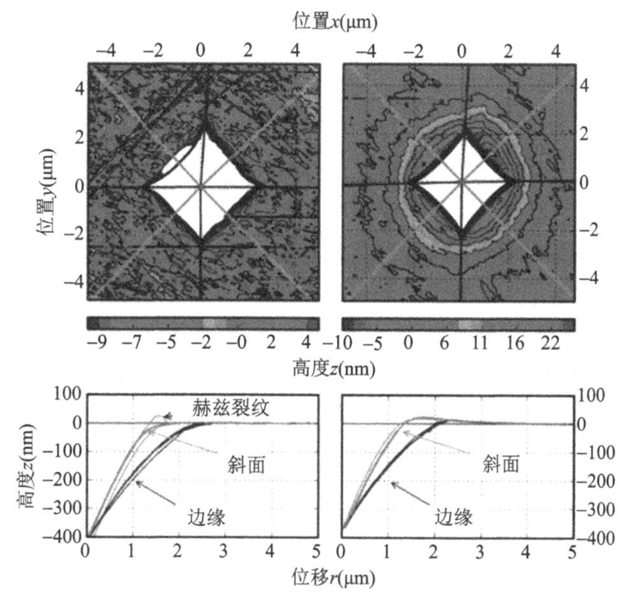

图 6-36　原始石英玻璃（左）和完全致密化的石英玻璃（右）在维氏压痕（100 mN）后呈现的残余压痕的 AFM 图像（扫描面积为 5 μm²，上部分）以及其对应的残余压痕的轮廓图（下部分）

虽然泊松比被定义为弹性状态下的横向收缩与纵向伸长之比，但它似乎也与

抵抗不可逆体积变化有关。图 6-37 的数据表明，玻璃的原子堆积密度（C_g）与泊松比成正比，较高的 C_g 值（从而泊松比较大）会增加体积收缩的阻力，而较低的 C_g 值则使得压头通过减少玻璃网络中的空隙穿透玻璃表面。这些相关性也解释了为什么改性硅酸盐玻璃，如普通窗户玻璃显示出比石英玻璃更低的 V_R 值。这是因为，硅酸盐网络中的空隙被相对较大的修饰原子（如 Na 或 Ca）填充，降低了网络致密的能力，从而迫使其通过剪切变形的机制变形。

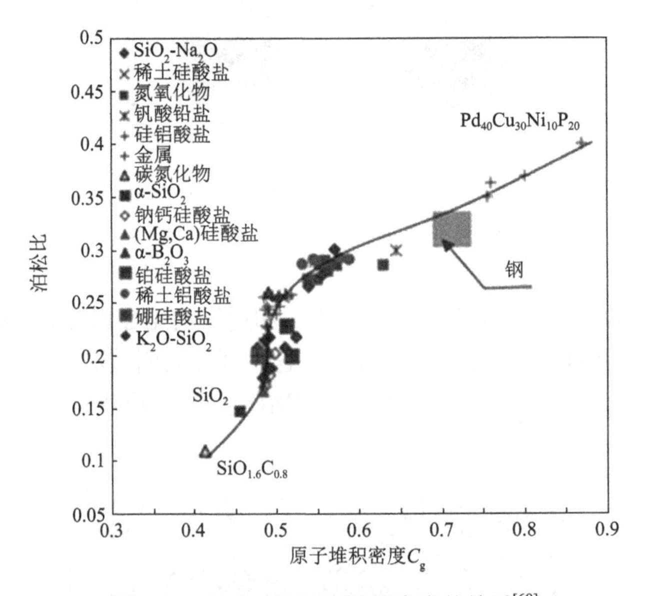

图 6-37　泊松比和原子堆积密度的关系[69]

尽管大量数据表明玻璃的 V_R 与其泊松比密切相关，但后续的部分研究数据表明，玻璃的 V_R 和泊松比之间没有完全的一一对应关系，如图 6-38 所示；V_R 和 C_g 之间也没有一一对应的关系，如图 6-39 所示。尽管总体上确实存在随着泊松比的增加而 V_R 减少的趋势，然而，在泊松比从 0.2～0.3 的范围内，存在 V_R 值相差很大但泊松比值相似的玻璃，反之亦然。例如，美国伦斯勒理工学院的 Scannell 等[71]发现在 Na_2O-TiO_2-SiO_2 三元系统玻璃中，在实验不确定度范围内，致密化对压痕变形在较宽的泊松比范围内（0.18～0.23）是恒定值，随后在泊松比为 0.24 时，随着泊松比的增加，V_R 迅速减小。其他成分的差异、杨氏模量和硬度随密度的变化也起到了作用。因此，在评估玻璃的 V_R 时，不仅需要考虑泊松比，还需考虑玻璃的化学键性质等因素。

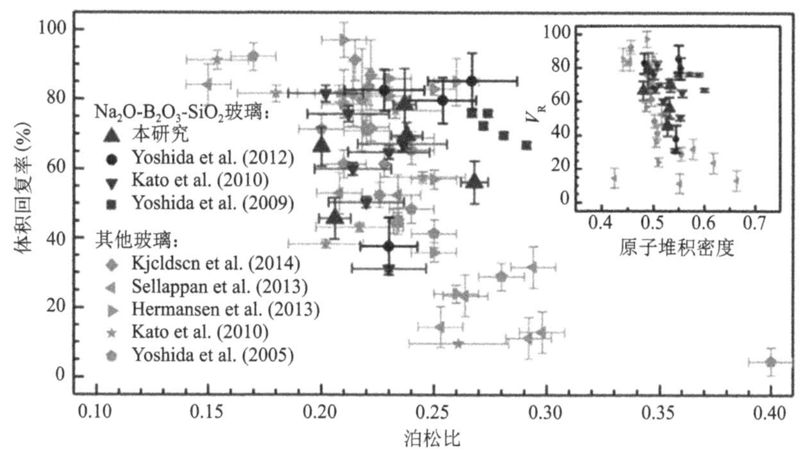

图 6-38　玻璃的压痕体积回复率 V_R 与泊松比的相关性，插图对比了 V_R 与原子堆积密度的相关性

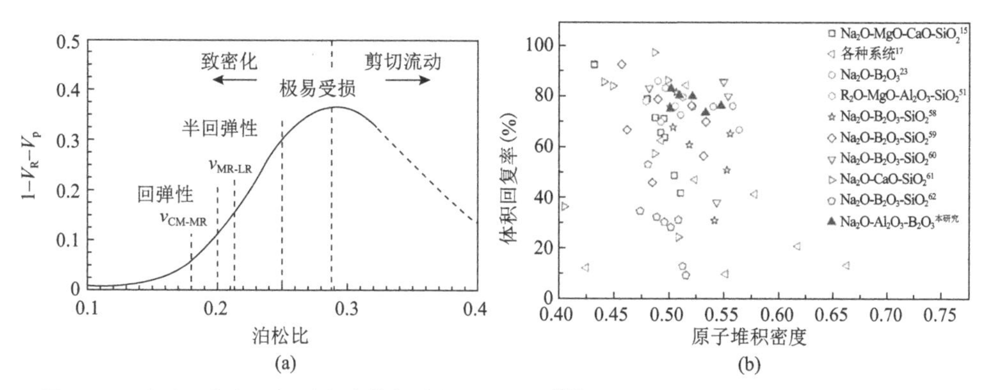

图 6-39　（a）“水泡”场强度参数与泊松比的关系[72]；（b）各种氧化物玻璃的体积回复率与原子堆积密度的相关性

6.4.3　热历史的影响

玻璃态材料的性质不仅取决于它们的化学组成，还取决于它们的热历史，这是由玻璃态的亚平衡性质所致。德国克劳斯塔尔工业大学的 Striepe 等[73]研究发现，铝硅酸盐玻璃的初始假想温度（T_f）等于 852℃，即所有研究试样的 $\Delta T= T_f - T_g$=70℃。玻璃在低于假想温度的 700℃下退火时，弛豫本身在较短的退火时间下会更快地发生。图 6-40（a）表明在 18300 min 的总退火期间玻璃的 T_f 从 852℃降低至 720℃，因此，玻璃结构发生弛豫并且 T_f 接近退火温度。为了研究结构弛豫的热历史依赖性，当玻璃结构在弛豫期间发生改变时，密度增加。这是高 T_f 的玻璃的初始热力学不平衡的结果。密度增加随时间演变是非线性的，并且与 T_f 成反比。在弛豫初始阶段测量到硬度、弹性模量、脆性增加较为明显，随着退火时间到 1000 min 后，增加较为

平缓[图 6-40（c）、（d）、（f）]；而压痕抗裂性和断裂韧性相反[图 6-40（b）和（e）]。退火玻璃每单位体积具有更多和更强的约束，这导致杨氏模量和硬度的增加。但是，它们在开裂之前也具有较少的可用于变形的开放空间，降低了抗裂性和压痕断裂韧性。同样的，T_f 较高的钠钙玻璃和硅酸盐玻璃在干燥和潮湿的环境中均表现出较高的强度[74]和较高的抗疲劳性[75]以及较慢的裂纹扩展速率[76]。

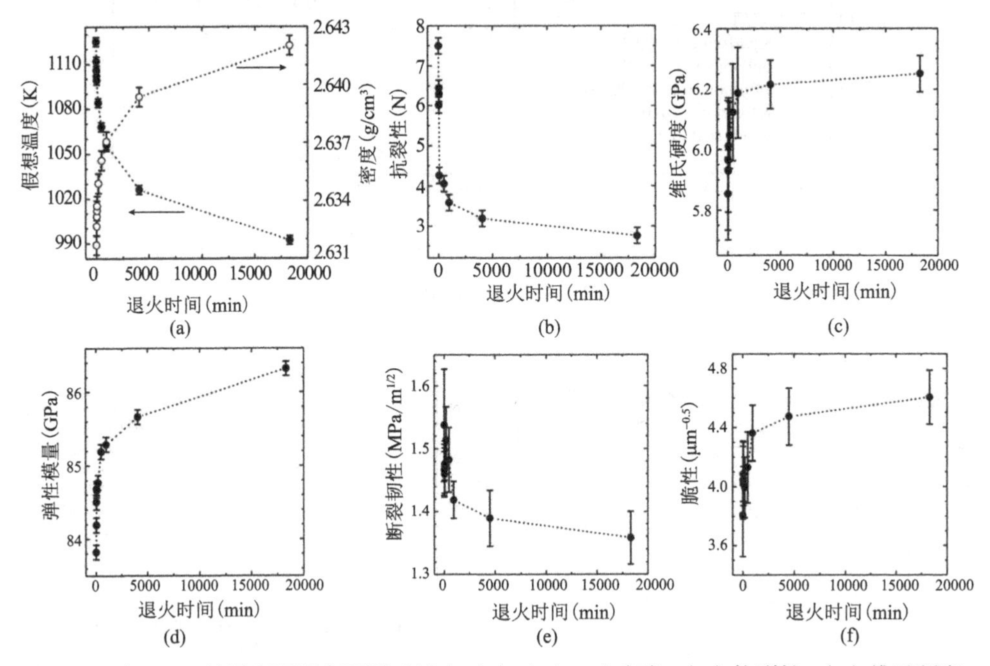

图 6-40　在 700℃的温度下退火不同时间（t_a）与（a）T_f和密度、（b）抗裂性、（c）维氏硬度、（d）弹性模量、（e）压痕断裂韧性、（f）脆性的关系

随后，Striepe 等研究了经过不同时间和 0.9 倍 T_g=700℃退火处理的铝硅酸盐玻璃（命名为 A1 到 A7 系列，每个系列退火时间依次增加，从 0 增长到 305 h）的压痕开裂和变形特征[77]。图 6-41 显示出 T_f降低且玻璃致密化，红外反射峰（Si—O—Si 伸缩振动）向左偏移。图 6-42（a）显示深度回复率（RID）的增加随退火时间先增大再逐渐平缓，RID 的最大增加发生在二次退火的前 5 min 内。例如，二次退火 5 min 后，A7 的深度回复率约为 21%，而原样的 A1 试样的回复率约为 29%，可以看出进一步的热处理导致 RID 的增加不太明显。图 6-42（b）显示了 90 min 二次热处理后的 RID 与压痕前的初始试样的 T_f的关系，发现正相关 RID 的恢复取决于 700℃热处理时间的长短。由于 T_f影响玻璃的原子堆积密度和弹性响应，因此在具有不同 T_f的玻璃中压痕变形机理应该不同。具有最高 T_f（即最低密度）的玻璃试样在压痕后退火时确实恢复了大部分深度（对应于最高 V_R），并且压痕过程中致密化的趋势随着 T_f的减小而减小。

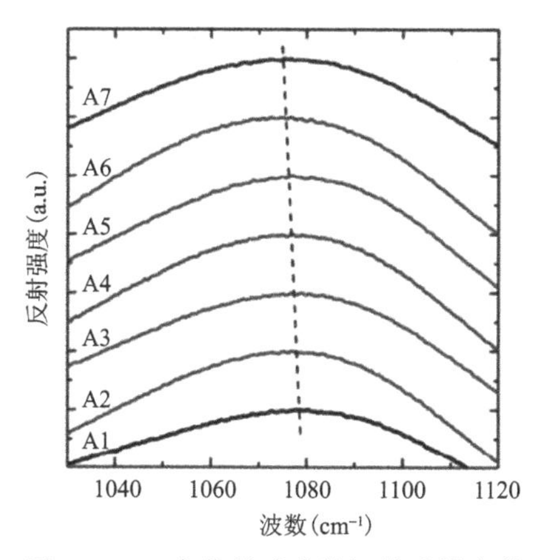

图 6-41　T_f变化的玻璃的红外反射光谱

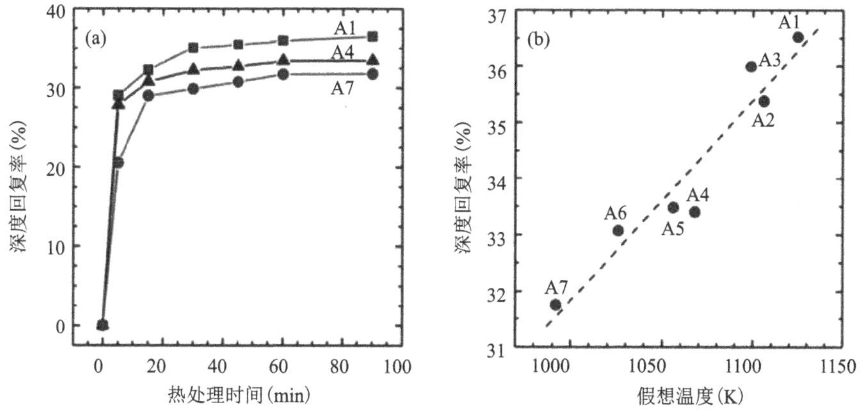

图 6-42　（a）在三个代表性试样（A1、A4 和 A7）实际压痕之后，再次退火，退火时间与深度回复率的关系；（b）在压痕和热处理之前，二次热处理 90 min 后的 RID 与玻璃 T_f的关系

此外，玻璃压痕开裂的抵抗力随着 T_f的减小而降低，这与致密化可以使得残余应力耗散观点相一致，如图 6-43 所示。因此，由于致密化降低了残余切向应力，因此在具有更大致密化作用的玻璃中将更难引发径向裂纹。德国达姆施塔特工业大学的 Malchow 等[78]研究了一种硼硅酸钠玻璃，针对 NBS1、NBS2 fc（退火）、NBS2 qu1（淬火）、NBS2 qu2（淬火）计算出的 V_R 分别是 57%、61.6%、78.5% 和 80.3%，如图 6-44（a）所示。在低熔点和高退火温度下，NBS2 的密度增加，而在淬火玻璃中，NBS2 的密度要低得多，最高的相对致密化发生在具有最高的无序度和最高的自由体积的玻璃中[79]。与缓慢冷却的试样相比，淬火的 NBS2 玻璃成分产生了更多的自由体积，三元硼环的比例略高，并且硼原子与硅原子的混

合更多。淬火导致更宽的环尺寸分布，有着更多更小的硅酸盐环（三元和四元环）。此外，淬火玻璃中可能存在由冷却速率梯度引起的残余应力。图 6-44（b）的结果表明，与缓慢冷却的玻璃试样相比，淬火玻璃试样在压痕过程中表现出更高的致密化倾向和更高的抗裂性。

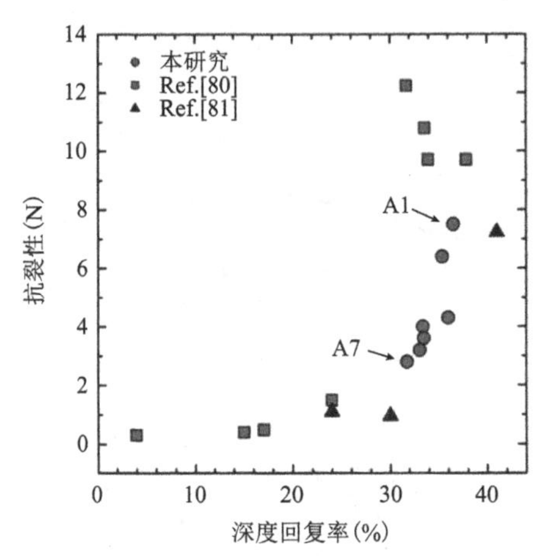

图 6-43　七个具有不同温度的试样（圆点）、日本电气玻璃有限公司的八种商用玻璃（方块[80]）和三种硅酸盐玻璃（三角形[81]）的抗裂性与压痕深度回复率的关系[77]

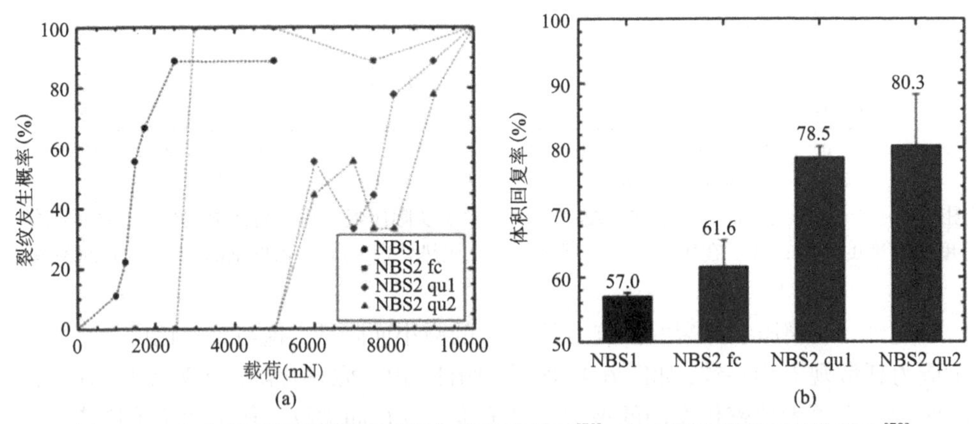

图 6-44　（a）压痕断裂概率与所施加载荷的关系[78]；（b）退火后回复的体积比[78]

德国亚琛工业大学的 Zehnder[46]等随后研究了相同的玻璃成分、不同温度下淬火到石墨模具上的玻璃试样的压痕行为。淬火冷却速率的增加影响了抗裂性。然而，玻璃在 450℃、250℃或室温下淬火到模具上的开裂概率与压痕载荷曲线没有显著差异。换句话说，通过增加 T_f 来提高 CR 的效果有限，如图 6-45 所示。

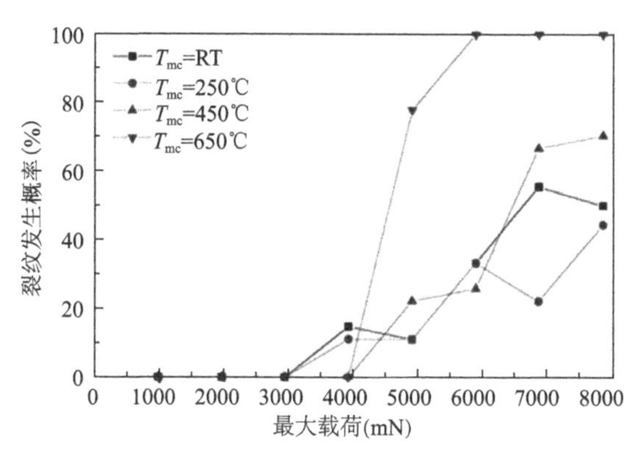

图 6-45　在压痕过程中，径向破裂的概率与压头载荷的关系

此外，法国雷恩第一大学的 Rouxel 等[69]探讨了石英玻璃、窗户玻璃、$GeSe_4$ 玻璃和 $Zr_{55}Cu_{30}Ni_{10}A_{l5}$ 大块金属玻璃等不同无机玻璃中的压痕形貌。然后将承受高压的玻璃制成的试样和压缩的玻璃试样进行压痕特性比较，两种玻璃都表现出密度和泊松比的显著增加，导致更高的堆积倾向（图 6-46）和降低的致密化趋势。后来，丹麦奥尔堡大学的 Aakermann 等[82]对一系列铝硅酸盐玻璃进行了高温压缩，导致大块玻璃试样永久致密。根据图 6-46 所示，在相同压痕过程中，相较于自制玻璃，压缩后的玻璃的压痕不容易致密化。这反过来又可以解释压力引起的抗裂性下降，这是因为致密化的降低导致压头提供的功的耗散较少。

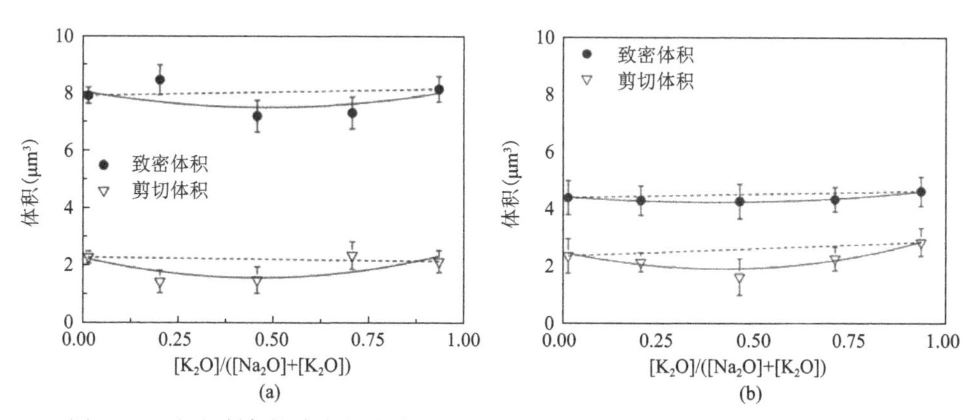

图 6-46　（a）制备的玻璃和（b）以 1 GPa 压缩的玻璃在不同成分下的致密体积 V_d 和剪切体积 V_s[81]

6.4.4　玻璃水分含量的影响

玻璃因其自身加工的特点，在制造完成后都会含有缺陷，对玻璃进行特殊处

理可能会增强玻璃的某一特性，最为简单的就是通过改变本身的含水量来进行改性。含水玻璃的制造过程大概是：首先将合适的玻璃压成粉末并与水混合制备含水量不同的混合物于圆柱模具中，其次将模具进行 PUK 焊接放入内热熔压力容器，接着冷却等压淬火后切割为合适的实验试样，最后进行抛光。

日本名古屋大学的 Takata 研究了在高压处理下含水量不同的 Na_2O-SiO_2 玻璃[83]，图 6-47 表明随着玻璃的含水量增多，硬度和 T_g 降低，初始裂纹萌生门槛值也降低了。这些现象是由于水分子对玻璃网络解聚的负面作用以及含水玻璃在室温下塑性变形能力的增加，密度、杨氏模量和硬度都有很大程度的下降[84,85]。钠硅玻璃的密度和弹性常数在总含水量（质量分数）约为 12%时呈线性关系，而努氏硬度一直在下降，在含水量为 4%～8%时，下降的尤为明显[85]。

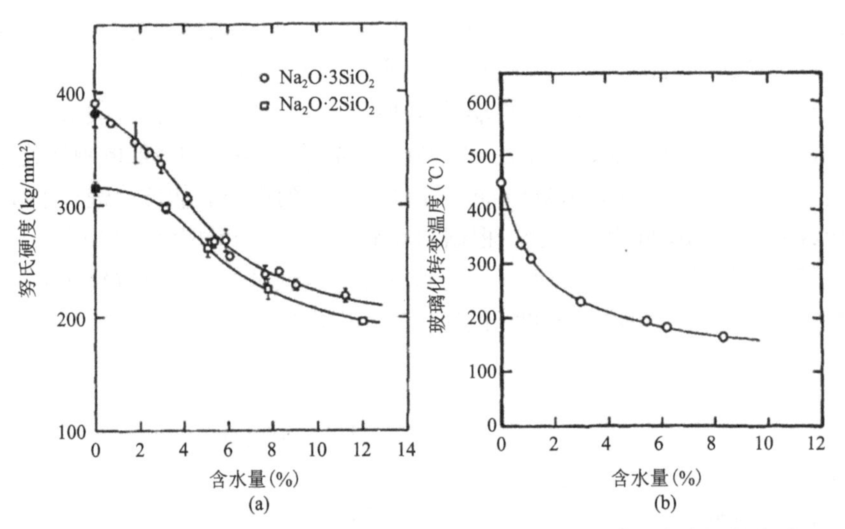

图 6-47　（a）$Na_2O \cdot 3SiO_2$ 和 $Na_2O \cdot 2SiO_2$ 玻璃的努氏硬度值与含水量的关系；（b）$Na_2O \cdot 3SiO_2$ 玻璃 T_g 与含水量的关系[83]

此外，玻璃中含水量对铝硅酸盐玻璃的物理性能同样也有影响[86,87]，总含水量达 12%～13%时，玻璃的摩尔体积和弹性模量随含水量的变化具有明显的线性关系。这些研究表明，当硅酸盐玻璃中水的偏摩尔体积与原始玻璃的初始组成保持不变时，玻璃的物理性能变化与水的形态和硅酸盐网络的连通性无关。

相比之下，在小于标准工业用水之下（<0.1%，质量分数），钠钙玻璃的密度和杨氏模量随着玻璃含水浓度的增加而增加[88]。钠钙玻璃的表面“软化”现象随压痕在含水环境中的保载时间的增加而越发明显，而在真空等无水环境中，其硬度随保载时间的增加而恒定，并且在甲苯溶液中硬度最高。首先，德国克劳斯塔尔非金属材料研究所的 Kranich 和 Scholze[89,90]将这种影响归因于压痕后玻璃的

弹性恢复，因为通过显微镜观察到钠钙玻璃的硬度与载荷和时间都无关。此外，在加载过程中也会产生这种影响[91]。最后，美国伦斯勒理工学院的 Tomozawa[92] 解释说，玻璃的显微硬度的环境敏感性源于水分子从环境（测试液体的含水量、大气湿度）扩散到压痕下变形的玻璃体积中。在残余拉伸应力下，水分子能够弛豫应变的 Si—O—Si 键使卸载后的玻璃压痕致密化，这种效应削弱了压痕后的强度。然而，在这种方法中，玻璃表面结构变形过程中可能已经存在水分子的作用，但其作用仍然不清楚。

为了继续探究内部含水玻璃对玻璃自身特性的影响，德国克劳斯塔尔工业大学的 Kiefer 等研究了内部含水高达 21.5 mol%的钠钙玻璃的密度、弹性常数和显微硬度的影响[93]。图 6-48 显示了含水钠钙玻璃在 6000～4000 cm^{-1} 范围内的中红外（NIR）光谱，结果表明，初始含水玻璃中主要是 OH 基团含量的增加，而在较高含水量的玻璃中 H_2O 中占主导地位。图 6-49（a）表明了在两种不同环境中进行测试的钠钙玻璃的维氏硬度对总水含量的依赖性，在相对湿度最低的甲苯溶液中，玻璃的硬度较高。其次，玻璃的维氏硬度从原始玻璃到含水量最多的玻璃下降了大约 27%。进一步分析，对于玻璃含水量大于 3 mol%，钠钙玻璃的泊松比与含水量呈正相关，密度和杨氏模量随含水量的增加而减小，说明玻璃的泊松比、密度和杨氏模量都与含水量有线性关系（图 6-49）。对于含水量小于 3 mol%的玻璃，这种非线性的依赖关系反映了溶解的 OH 和 H_2O 分子浓度的非线性变化。为了区分内部水和环境水对玻璃的影响，在甲苯、氮气和空气中对钠钙玻璃进行了压痕实验，在潮湿环境中测试原始玻璃以及在干燥环境中测试含水玻璃时，随时间变化的“软化”现象非常明显，水分子能够有效地弛豫玻璃在压痕下的硅氧键。无论是玻璃内部含有水还是环境水，对钠钙玻璃的性能具有类似的影响作用。

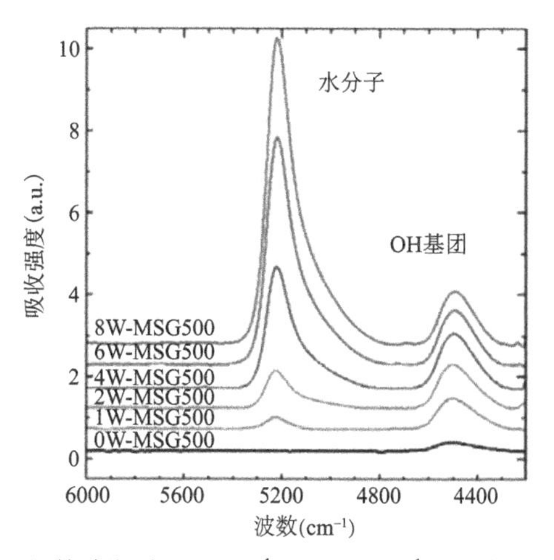

图 6-48　含水玻璃在近红外波段（5200 cm^{-1} 和 4500 cm^{-1}）的线性摩尔吸收系数的校准图

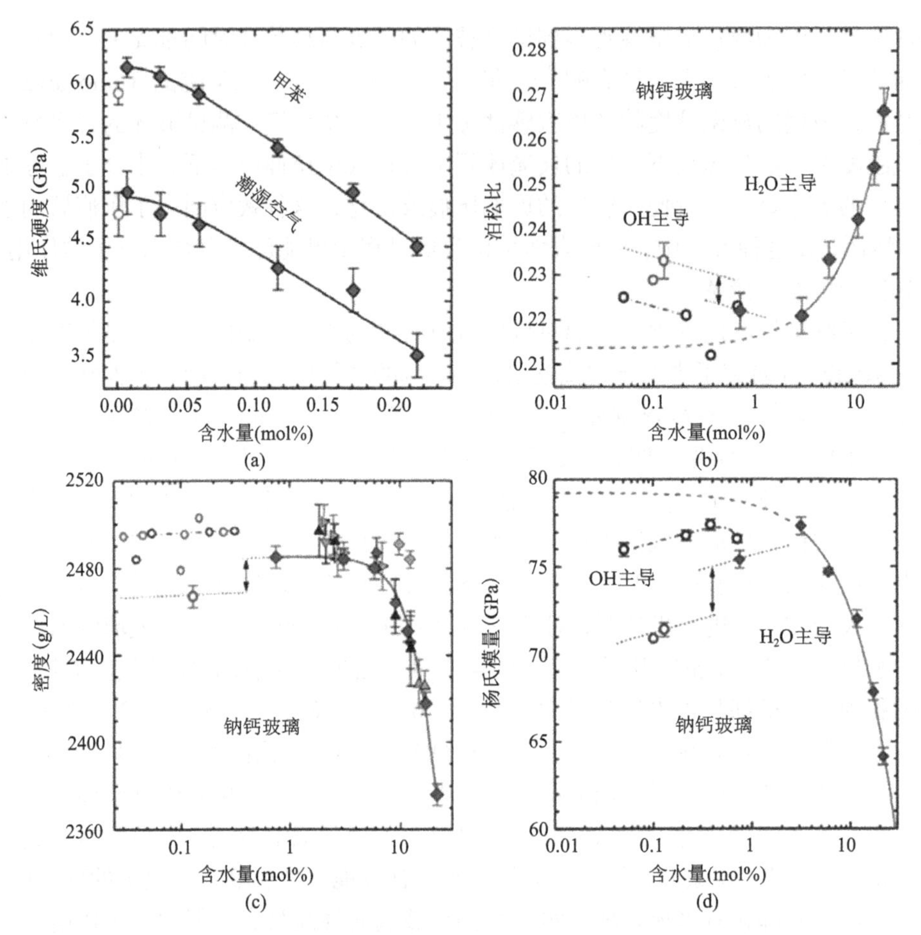

图 6-49　（a）1.96 N 载荷和两种环境下含水钠钙玻璃维氏硬度与含水量的关系；钠钙玻璃含水量与（b）泊松比、（c）密度、（d）杨氏模量的关系[92]

改变玻璃表面的含水量对玻璃的部分性能具有一定的优化作用。美国宾州州立大学 Sheth 等[94]利用维氏压痕对酸浸处理的玻璃进行了测试，首先用红外光谱对不同侵蚀时间的玻璃进行观测，得到侵蚀时间越长玻璃表面的羟基含量越多结果，说明侵蚀时间越长的玻璃内部的含水量越大，接着把受压玻璃放在干燥环境下一段时间，没有新裂纹产生，然而把同样条件的玻璃放入 90% RH 的环境下，新的裂纹开始增加，说明环境中的水分子可以促进和催化裂纹扩展，接着又在两种情况下进行了分析，得出侵蚀时间越长玻璃裂纹扩展越缓慢，说明机械化学重组可能会改变环境水分子对玻璃的影响。

6.5　周围环境的影响

6.5.1　温度的影响

大部分关于玻璃的压痕实验过程是在室温下进行的，只有很少的研究专门针对高于室内温度下的力学性能。法国普瓦提埃大学的 Le Bourhis 等[95]研究了钠钙玻璃在室温至 600℃之间的温度下施加维氏压头的机械性能。在室温下，熔融石英（异常玻璃）在压痕下塑性变形主要是以致密化为主，而在正常玻璃中，如钠钙玻璃等，观察到了剪切流动。温度在 T_g 范围内，玻璃变成黏性材料，压痕测试的力学性能随时间而变化。图 6-50 显示了玻璃分别在室温、300℃、500℃和 600℃下测试后的压痕表面。在所有的测试温度下，玻璃都会发生永久变形，在靠近凹痕处观察到玻璃的径向裂纹。在 300℃下，裂纹数量减少；在 600℃时，玻璃的残余压痕仅显示出永久性变形，而在更高温度情况下，几乎观察不到玻璃的裂纹。玻璃的维氏硬度在 200℃左右大致恒定。图 6-51（a）的数据表明从 300℃开始，玻璃的平均硬度随温度升高而降低，因此，在此温度以上，黏性流动会增强。图 6-51（b）的数据表明玻璃的室温断裂韧性值约为 0.7 MPa·m$^{1/2}$，同维氏硬度一样，在 200℃环境下玻璃的断裂韧性也具有较高稳定性，从 300℃开始，随着温度的上升玻璃的断裂韧性增加。此现象可归因于高温下玻璃所受的压痕应力更快释放。

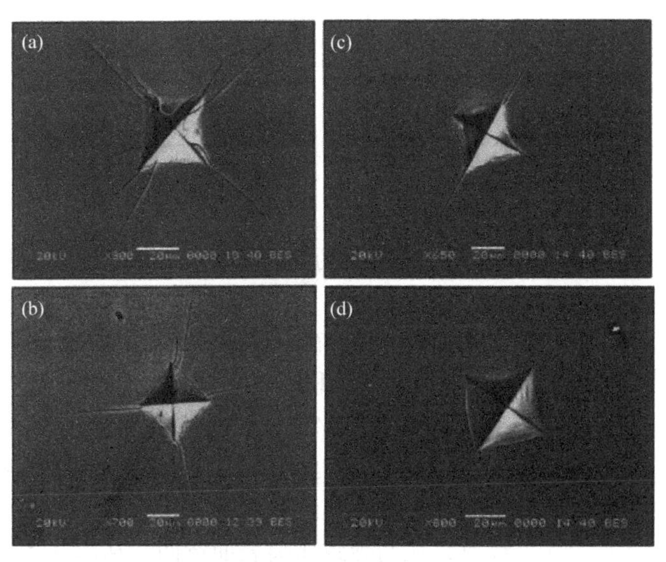

图 6-50　不同温度下压痕实验后的玻璃表面

（a）室温；（b）300℃；（c）500℃；（d）600℃

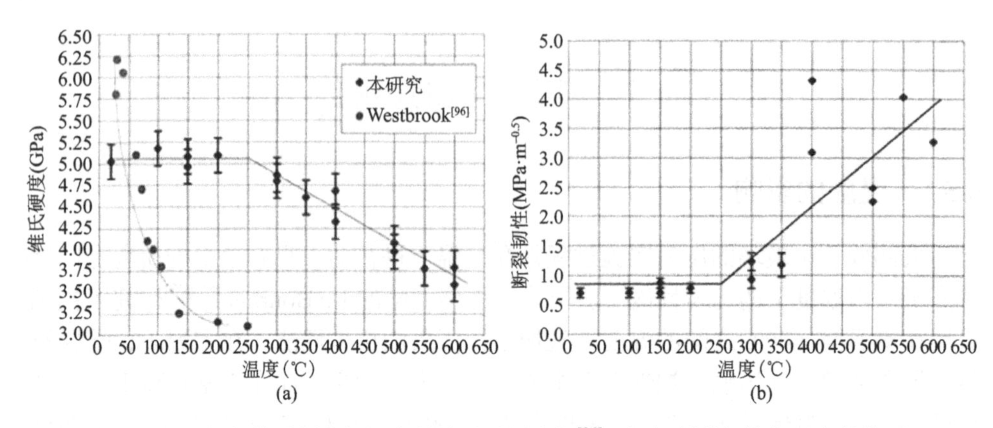

图 6-51 （a）维氏硬度与温度的关系（圆点）[96]；（b）断裂韧性与温度的关系

根据 $\tau=\eta/G$[97]，应力弛豫的特征在于弛豫时间 τ 取决于剪切模量（G）和玻璃的黏度 η。G 随温度的升高而缓慢降低，如图 6-52（a）所示；而 η 急剧降低，如图 6-52（b）所示。因此，当温度升高与图 6-51 观察到的现象非常吻合时，应力弛豫会增强。

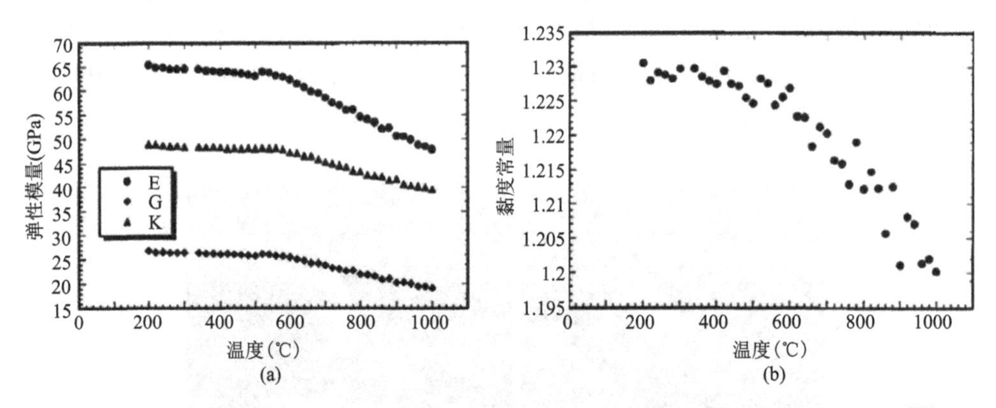

图 6-52 钠钙玻璃的（a）弹性模量与温度的关系以及（b）黏度常量与温度的关系[98]

此外，Le Bourhis 又研究了其他玻璃在室温到玻璃化转变温度（T_g）上 50℃的力学性能[99]，图 6-53 显示了钠钙玻璃和硫属化物（GeAsSe）玻璃在高温下的压痕表面的 SEM 形貌。在钠钙玻璃和 GeAsSe 玻璃中，压痕均显示出向压痕内部弯曲的边缘（凸边），这在钠钙玻璃中尤其明显，该形状表示残余压痕周围表面有堆积物，并具有显著的弹性恢复。当径向裂纹从压痕尖端开始扩展时，压痕边缘内的残余拉应力会部分释放，从而导致压痕表面弯曲。从图 6-54（a）可以看出随着温度的升高，硬度会降低，在 T_g 附近观察到所有玻璃的永久变形迅速增加。

此外，尽管标准的浮法玻璃由于脆性到延展性转变而在高温下表现出增强的表观韧性，但在 GeAsSe 玻璃中表观韧性几乎没有变化，强调了高温下玻璃的时间依赖性[图 6-54（b）]。

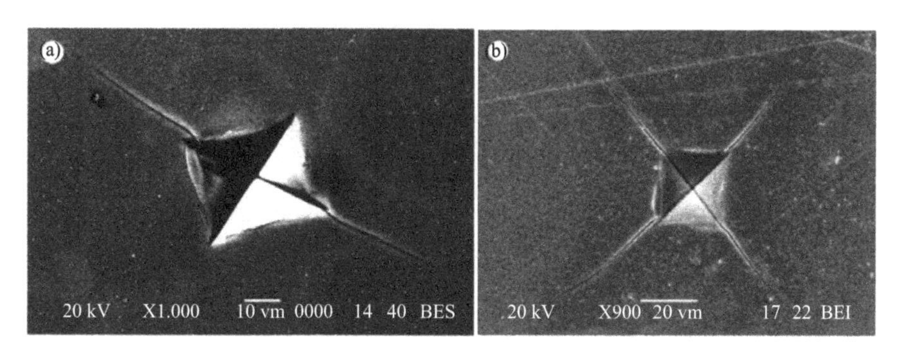

图 6-53 （a）在 500℃、500 g 下进行压痕测试后的钠钙玻璃的 SEM 图像；（b）在 200℃、100 g 下进行压痕测试后的 GeAsSe 玻璃表面的 SEM 图像

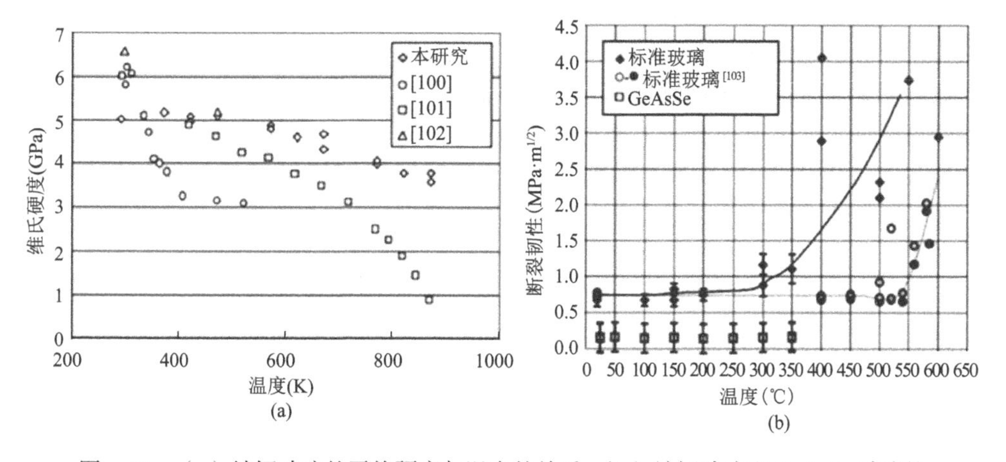

图 6-54 （a）钠钙玻璃的平均硬度与温度的关系；（b）钠钙玻璃和 GeAsSe 玻璃的平均断裂韧性随温度的变化

此外，巴西蓬塔格罗萨州立大学的 Michel 等[104]研究了在石英玻璃中维氏压痕所引起的断裂行为与温度的关系，发现硬度从室温下的（7.3±0.3）GPa 到 400℃下降至（4.2±0.1）GPa，与前面的研究结果一致。图 6-55 显示在所有温度下均观察到锥形和径向裂纹，可以发现在恒定载荷下，径向裂纹长度随温度而增加，且中间裂纹和径向裂纹的阈值载荷随温度而增加。

图 6-55　在（a）5 N 和 20℃、（b）5 N 和 400℃、（c）40 N 和 20℃和（d）40 N 和 400℃下相同压痕截面的光学显微镜图

玻璃的抗压痕开裂性在很大程度上取决于环境温度。这是因为，如果测试温度在 T_g 以上，玻璃受热软化的速度很快，这与美国普渡大学的 Angell[105]提出的“坚硬”或“易碎”液体的概念一致。在 T_g 温度以下提高环境温度有利于黏性流动（以及相关的随时间变化的弛豫过程）。随着温度的升高，堆积在凹陷处的物质数量明显增加。对于钠钙玻璃，当测试温度/玻璃化转变温度（T/T_g）从 0.4 增加到 0.9 时，V^+/V^- 比从约 0.1 增加到约 0.4。当具有相对高 T_g 的玻璃（如 α-石英玻璃或氮氧化硅玻璃）的环境行为与低 T_g 的玻璃（如硫化物玻璃）的环境行为进行比较时，也观察到类似的趋势，如图 6-56 所示。

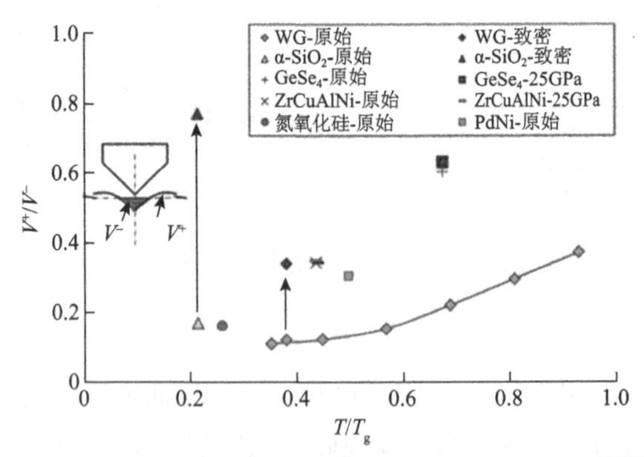

图 6-56　温度对剪切变形过程中 V^+/V^- 体积比的影响[106]

温度对玻璃压痕结构的变化有较为明显影响，例如，大多数玻璃在加热时会经历硬度的下降[96,100]，而弹性模量（特别是剪切模量）相对下降幅度很小[99]。因此，图 6-57 表示 E/H 随着温度的升高而增加，残余应力场的强度也随之增加，从而导致开裂的驱动力也会增加；图 6-57（b）表示泊松比也随温度的升高而小幅

增大，此时液体结构的迅速丧失引起剪切模量的急剧下降。当温度从环境温度升高到 400℃时，在 α-石英玻璃中观察到的环/锥裂纹消失，转换为径向裂纹[图 6-58（a）、（b）]。环境温度上升，*E*/*H* 比的增加会导致钠钙玻璃产生径向/中位裂纹[图 6-58（c）～（e）]。从图 6-58（d）中可以看出，钠钙玻璃在 200℃下的损伤似乎比在室温环境中更严重。然而，玻璃的黏性流动在更高的温度下发生，特别是环境温度在接近 T_g 时，T_g 对应于 1 min 量级的特征弛豫时间常数，即与压痕实验的时间尺度相当。在目前的情况下，可见的微裂纹在 450～480℃范围内消失[图 6-58（e）、（f）]。

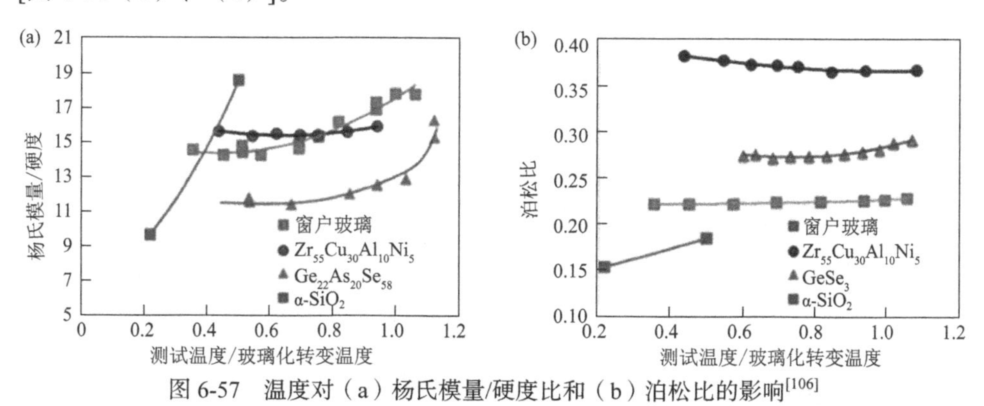

图 6-57　温度对（a）杨氏模量/硬度比和（b）泊松比的影响[106]

图 6-58　温度对玻璃在维氏压痕开裂模式中的影响：石英玻璃在 5 N 载荷下温度为（a）20℃、（b）400℃；钠钙玻璃在 49 N 载荷下温度为（c）20℃、（d）200℃、（e）450℃、（f）480℃[106]

美国新泽西州立罗格斯大学 Kurkjian 等[107]研究了低温环境下的 α-石英玻璃和钠钙玻璃的力学性能，发现随着温度从室温降低到–196℃，α-石英玻璃和钠钙玻璃的弹性模量变化小，而硬度分别从 7 GPa 和 5 GPa 上升到 11.2 GPa 和 20.3 GPa，随着温度的降低，E/H 和泊松比减小，图 6-59 表明钠钙玻璃的剪切流动变得越来越不明显，最终在–196℃消失。关于类似玻璃的脆韧性转变的研究表明，当加载速率从大约 1 MPa/s 增加到 10 MPa/s 时，在 450～560℃的温度范围内出现延展性[102]。因此，加热玻璃对其急剧接触载荷的响应的影响主要有三个方面：①变形机制从致密化转变为等容剪切流动；②残余应力场的强度增加，最高温度可到 $0.9T_g$；③在 T_g 的温度范围内出现的与速率相关的脆韧性转变以及对应的可见裂纹的消失。未来将对玻璃在高低温环境下的压痕损伤机制进行进一步探究，以便做出适应于高温环境下的耐热玻璃。

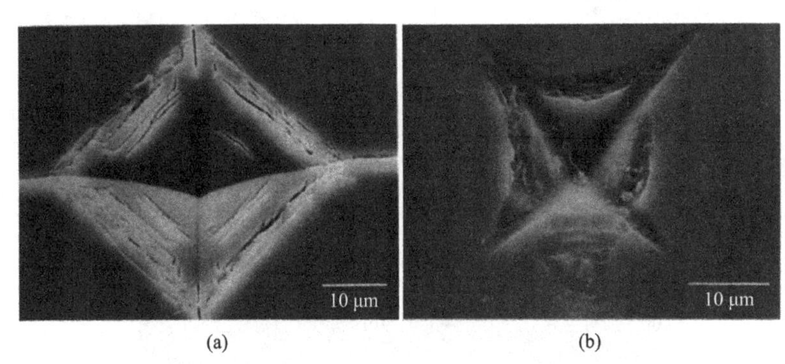

图 6-59　在 5 N 载荷下钠钙玻璃压痕损伤的 SEM 图[107]

（a）25℃；（b）–196℃

6.5.2　湿度的影响

尽管玻璃的压痕损伤行为和机理与玻璃材料的力学性能（硬度、弹性模量等）以及制造加工过程引起的表面缺陷（表面微裂纹等）密切相关，但玻璃的强度不仅取决于其块状材料本身的特性，还取决于其所暴露的环境，然而，压痕实验的环境一般是普通的潮湿的大气环境，玻璃表面在这些环境下通常会吸附水分子，而水分子与玻璃的相互作用将会显著改变玻璃表面压痕损伤行为。比如，美国宾夕法尼亚州立大学的 Surdyka 等[108]发现相对于处于无水环境下（液态戊醇），在潮湿环境和液态水环境下的钠钙玻璃的维氏压痕硬度从 570 HV 分别增大到 592 HV 和 589 HV，而其断裂韧性则从 0.85 $MPa\cdot m^{1/2}$ 分别降低至 0.81 $MPa\cdot m^{1/2}$ 和 0.76 $MPa\cdot m^{1/2}$，如图 6-60 所示。这些力学性能的变化源于水分子与硅酸盐玻璃表面发生的一些化学反应，如水合、水解（$Si—O—Si+H_2O═══2Si—OH$）和离子交换等过程密切相关[109,110]，这与经典的应力腐蚀理论一致[111]。

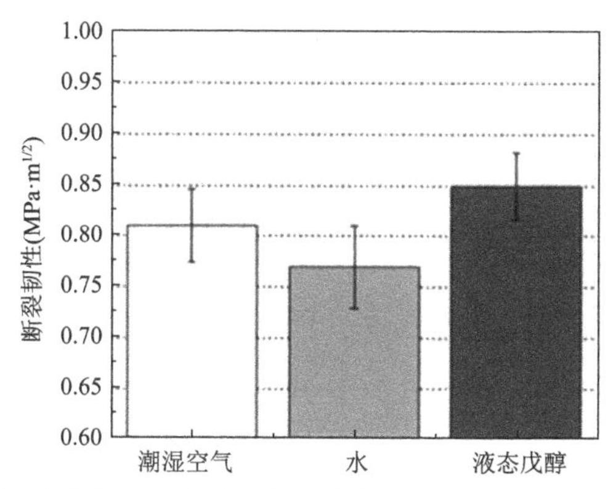

图 6-60　钠钙玻璃在 40%相对湿度、液态水和液态戊醇中的断裂韧性[108]

应力腐蚀是指材料在静载荷和水环境的共同作用下产生的失效现象，静载荷可能远低于在干燥或是惰性液体中的断裂强度，水环境下的裂纹扩展是一种机械化学反应，它涉及在大于静态疲劳极限的外加载荷下的化学性裂纹扩展[112]。其次，水对裂纹尖端的腐蚀作用是裂纹尖端应力腐蚀的重要组成部分，其中主要的机理有两个：第一个可能是因为水与玻璃中的 Si—O—Si 键发生化学反应导致键的断裂；第二个可能是水中的氢离子与玻璃中的钠离子产生离子交换使玻璃裂纹尖端产生了一个张应力，从而加速裂纹的扩展[113]。图 6-61（a）显示了当应力强度因子（K_I）随裂纹扩展速率（V）变化达到断裂韧度 K_{IC} 时，玻璃发生断裂。在区域Ⅰ，裂纹扩展速率与玻璃的疲劳行为密切相关。裂纹扩展速率是关于 K_I 的增函数。裂纹扩展受裂纹尖端 Si—O—Si 键与水反应速率的限制，裂纹扩展速率随外加应力和湿度的增大而增大，与空气湿度几乎呈线性关系，如图 6-61（b）所示；区域Ⅱ通常较为平缓，裂纹扩展速率受外加应力影响很小且几乎不随 K_I 变化。但裂纹扩展会受到湿度的影响，由于水蒸气向裂纹尖端的扩展速率受到限制而逐渐变慢，裂纹扩展速率的增加也相应变慢；区域Ⅲ裂纹扩展速率与湿度无关，但裂纹扩展速率随着 K_I 值的增加而迅速增大，在无水环境或在真空中，裂纹扩展曲线只能观察到区域Ⅲ中的部分，当 $K_I=K_{IC}$ 时，玻璃最终断裂[112]。

早期的研究表明，石英玻璃的抗裂性能只在水中与应力时间有关，而在非水液体中与时间无关。为了掌握各种液体在石英玻璃裂纹萌生中的作用，对石英玻璃在不同液体中的维氏硬度进行了测量，裂纹萌生随加载时间变化只发生在液态水环境中，加载时间越长，在水环境中产生裂纹的载荷越小，如图 6-62（a）所示。图 6-62（b）的努氏硬度测量结果表明，努氏硬度与加载时间的关系只有在水环境下发生，且在潮湿空气中小于液态水中的影响。对压痕后的石英玻璃进行了 FTIR 光谱分析[图 6-62（c）]，结果表明，在压痕过程中，水进入了玻璃，而非水液体没有进入玻璃。说明，水分子与玻璃受压表面发生了应力诱导的化学反应。

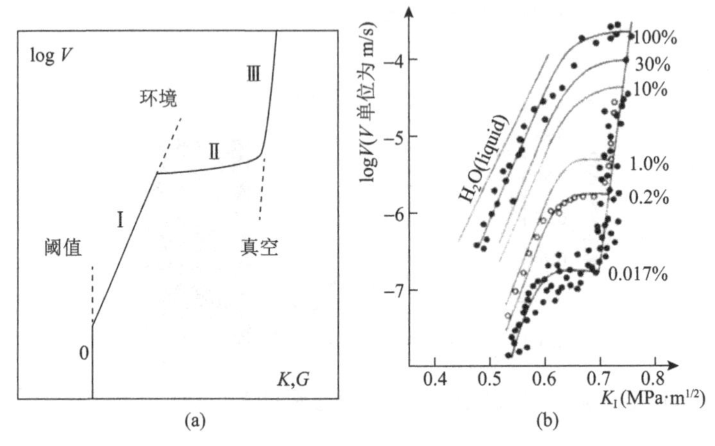

图 6-61 （a）玻璃亚临界裂纹扩展的典型 V-K_I 曲线[113]；（b）湿度对钠盐玻璃裂纹扩展的影响[113]

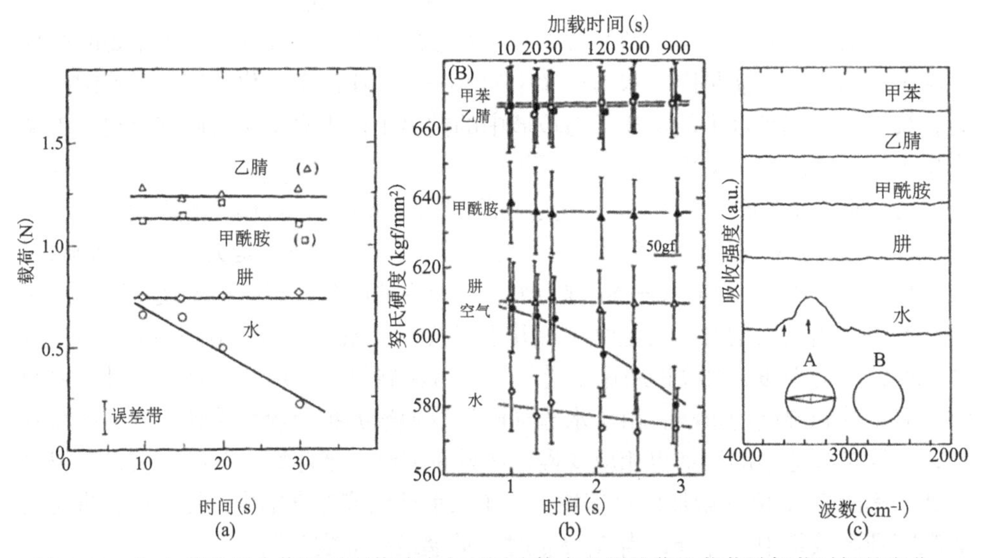

图 6-62 （a）维氏压头作用下石英玻璃在不同液体中的裂纹萌生载荷随加载时间的变化；（b）石英玻璃在不同液体中室温加载 0.5 N 时的努氏硬度与加载时间的关系；（c）在 1 N 的载荷和 30 s 的加载时间下，压痕区域的红外吸收光谱，即整体的红外吸收光谱（A）减去非压痕区域的光谱（B）[109]

在评估抗裂性[114]时，环境的相对湿度通常起着主要作用，图 6-63 的数据表明，无论玻璃在压痕后多长时间观察，相对高湿度下的抗裂性都是低于相对低湿度下的。也有研究在环境大气（50% RH）和惰性 N_2 气体下研究了一系列钙铝硅酸盐玻璃的抗裂性能[115]，图 6-64 显示在 N_2 气体下测量时，在 19.6 N 载荷下的裂纹萌生概率与成分有关，当铝和硅的含量刚好相同时，抗裂性最强；而在空气中测量时，由于所有玻璃都是 100%的裂纹出现概率，因此无法检测到这种趋势。水蒸气对裂纹萌生的影响与氧化物网络的水解有关，当玻璃的网络结构 Si—O—Si 受到初始应力时，这种影响会被放大[116]。

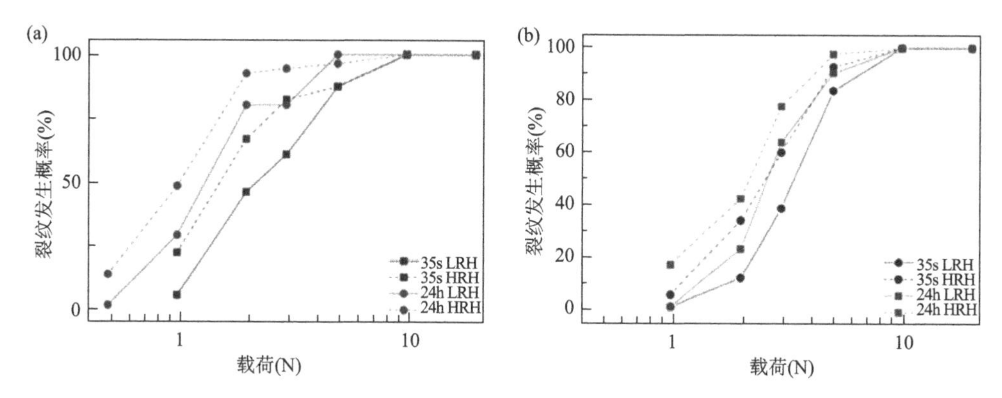

图 6-63　压痕载荷对（a）Al12 和（b）Al20 在 35 s 和 24 h 后的低相对湿度（实线）和高相对湿度（虚线）条件下的裂纹发生概率的影响[114]

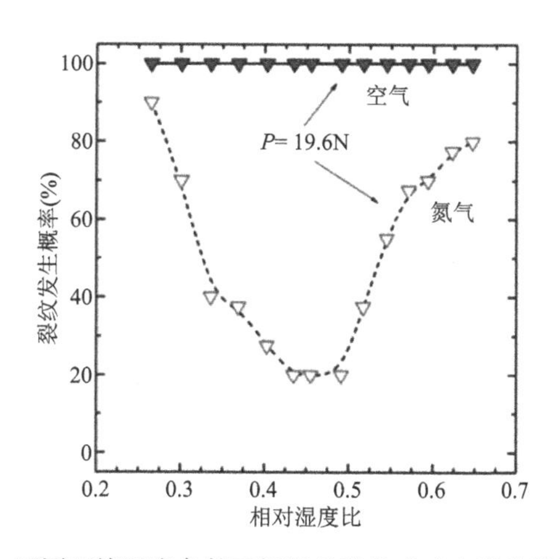

图 6-64　不同环境湿度条件下钙铝硅酸盐玻璃中裂纹的发生概率

此外，美国阿尔弗雷德大学的 Hojamberdiev 等[117]也指出环境水含量与温度不仅影响钠钙玻璃的压痕损伤，还影响商业石英玻璃和实验钠钙玻璃的压痕损伤，如图 6-65 所示，湿度还能影响表面压痕的自修复能力，压痕回复都是 100℃>100%RH 湿度>室温环境。因此，为了更好地揭示玻璃的压痕损伤行为与机制，不仅要考虑载荷和应力等作用下引起的机械性损伤，还需考虑在环境和载荷等共同因素下玻璃压痕的损伤行为与机制。

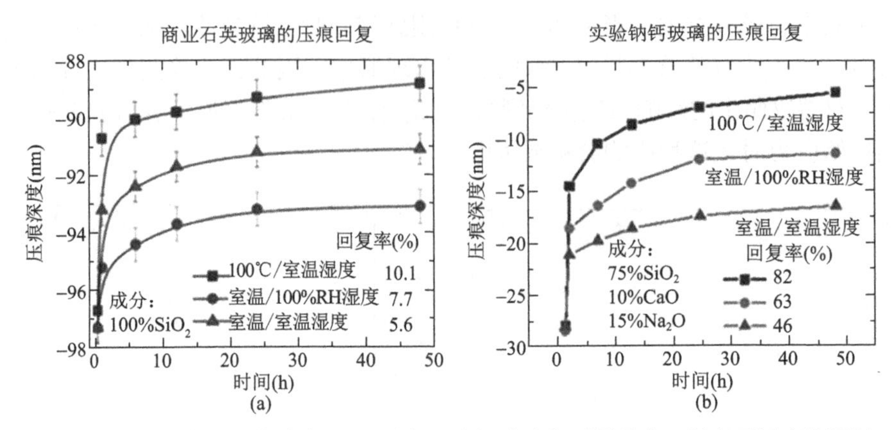

图 6-65　（a）商业石英玻璃和（b）实验钠钙玻璃在不同湿度、温度下压痕的回复

6.5.3　辐照的影响

研究玻璃固化体在不同辐照条件下的性质变化始于 20 世纪[118]。美国太平洋西北实验室的 Weber[119]采用离子辐照和短寿命放射性同位素掺杂的方法，探究了离子辐照固化体性质的变化。发现辐照后玻璃的体积会发生变化，但并非所有情况下都是膨胀。

印度霍米巴巴国家研究所的 Mohapatra 等[120]得到了 γ 射线辐照后玻璃的电子顺磁共振频谱图（EPR），根据图 6-66 的数据，可以得出结论：在 γ 射线辐照后，玻璃固化体的主要缺陷是非桥氧空位色心（NBOHC），同时也存在少量的 *E'* 缺陷。此外，大多数玻璃在低于 9×10^5 Gy 剂量下几乎不发生变化。法国原子能和可替代能源委员会的 Boizot 等[121]通过对 β 射线辐照过的氧化物玻璃进行了 XPS 谱测量，证实在辐照条件下，玻璃固化体中的 Na 元素会从玻璃网状结构迁移到外部。在电子辐照玻璃的过程中，自由电子可能会替代 Na 原子占据其位置，形成新的自由基。这些 Na 元素的聚集会导致玻璃的相分离，NBOHC 重新产生新的桥氧键，从而导致游离氧分子的生成。

中国兰州大学的孙梦利等[122]研究了 γ 射线辐照的硼硅酸盐玻璃的带隙宽度随吸收剂量演化的趋势，如图 6-67 所示。当吸收剂量小于 300 Gy 时，受辐照玻璃试样的带隙没有明显变化，大约为 3.6 eV；当吸收剂量从 1000 Gy 增大到 10^5 Gy 时，辐照玻璃的带隙迅速从 3.53 eV 降至 2.95 eV；当吸收剂量达到 10^5 Gy 时，存在饱和的现象。

法国南特亚原子物理与相关技术实验室的 Karakurt 等[123]利用 1 MeV 氦离子和 7 MeV 金离子对六氧化物硼硅酸盐玻璃（SON68 玻璃）[国际简易玻璃（ISG）作为对照]进行外照射，模拟 SON68 玻璃中 α 粒子和反冲核产生的效应，无论是沉积电子能量还是沉积核能，在释放足够的能量后，对玻璃的力学性能影响几乎一样。发现氦离子和金离子在释放足够的能量后对辐照后 SON68 玻璃的相对密度分别较未辐照前减少了 0.5%和 1.9%（图 6-68），相对硬度分别最多减少了 21%和 38%（图 6-68），相对杨氏模量分别下降了 2.1%和 8%（图 6-69）。

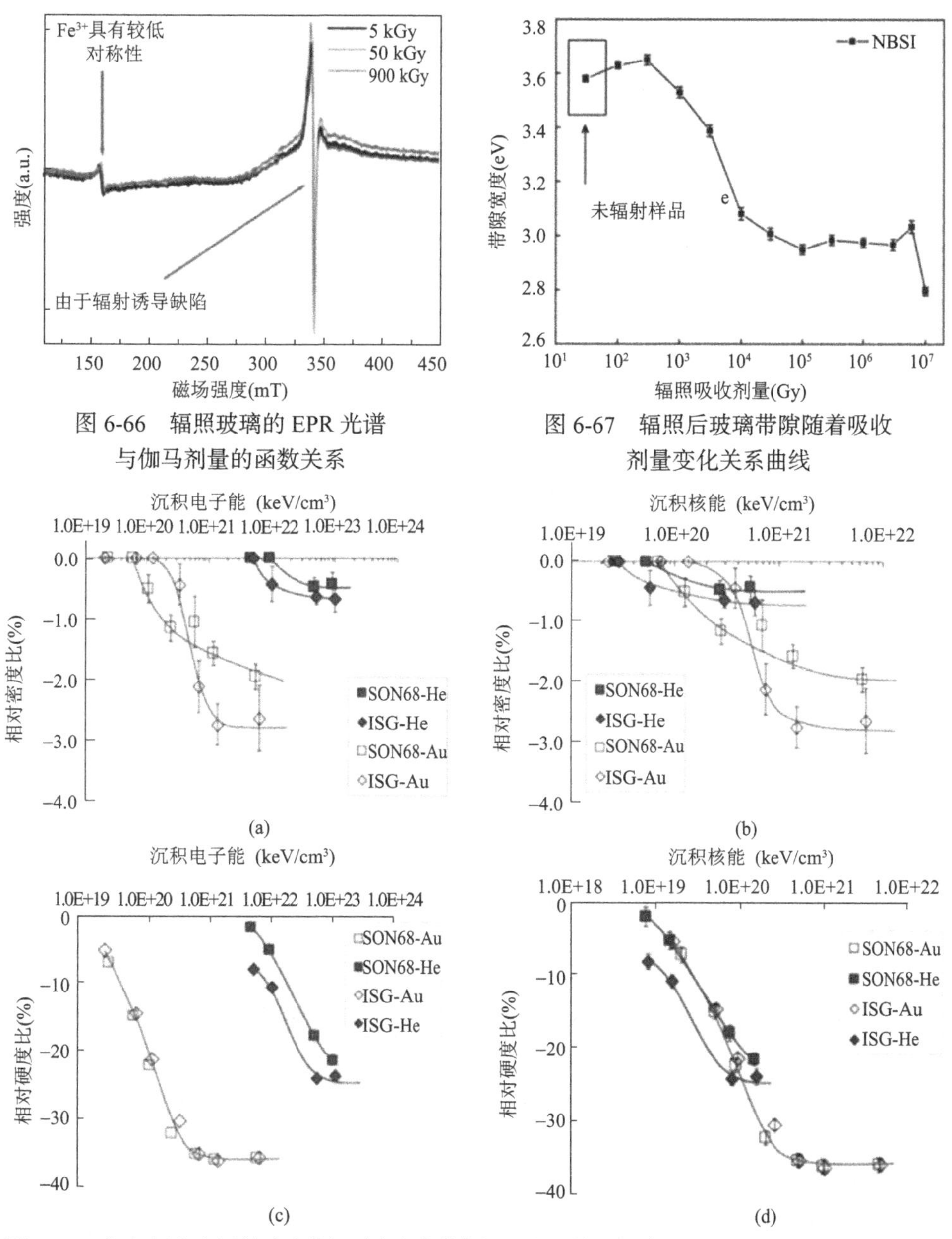

图 6-66　辐照玻璃的 EPR 光谱与伽马剂量的函数关系

图 6-67　辐照后玻璃带隙随着吸收剂量变化关系曲线

图 6-68　（a）氦和金辐射玻璃的相对密度变化与沉积电子能量的关系；（b）氦和金辐照玻璃的相对密度变化与沉积核能的关系；（c）ISG 和 SON68 玻璃的相对硬度与氦离子或金离子沉积的电子能量的关系；（d）ISG 和 SON68 玻璃的相对硬度与氦离子或金离子沉积核能的关系[123]

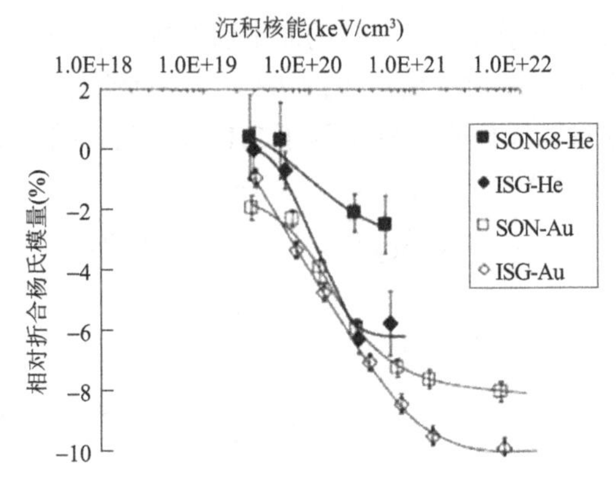

图 6-69　ISG 和 SON68 玻璃的相对杨氏模量与氦离子或金离子沉积的变化关系

图 6-70（a）核磁共振（NMR）结果表明，在经过辐照处理后，部分四配位硼原子转换成三配位硼原子；图 6-70（b）显示出 ISG 玻璃中出现了五配位铝原子和六配位铝原子。对辐照玻璃结构的研究表明，聚合度降低了。石英玻璃网络和硼原子配位数的减少，导致玻璃的硬度、弹性模量和密度降低。

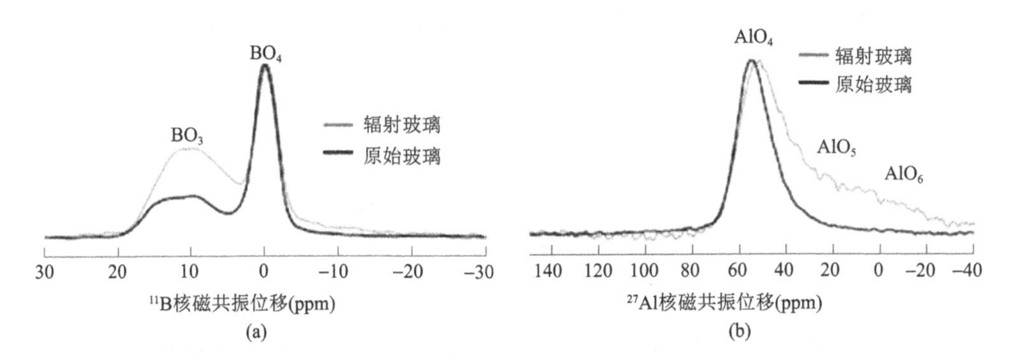

图 6-70　用 20 MeV Kr 离子辐照之前和之后的 ^{11}B 和 ^{27}Al 的 NMR 光谱

随后，中国兰州大学的 Yang 等[124]使用 0.5 MeV 氦离子和 1.2 MeV 电子对硼硅酸盐玻璃进行外照射，从图 6-71（a）中可以看出，氦离子辐照后硼硅酸盐玻璃硬度下降了 14%，而电子辐照后硼硅酸盐玻璃硬度只减小了 4%。其研究表明，核能量沉积是导致硼硅酸盐玻璃硬度下降的主要原因。此外，核能沉积饱和值为 5×10^{20} keV/cm^3，对硬度影响不够明显。Sun 等[125]利用单能的 Xe、Kr、P 离子辐照硼硅酸盐玻璃，结果表明，无论是 Xe 离子、Kr 离子还是 P 离子辐照硼硅酸盐玻璃，其硬度变化几乎相同，如图 6-71（b）所示。因此，产生了近似均匀的辐照层，得出结论：硼硅酸盐玻璃的辐照损伤与入射粒子种类无关，而与核能量沉积有关。

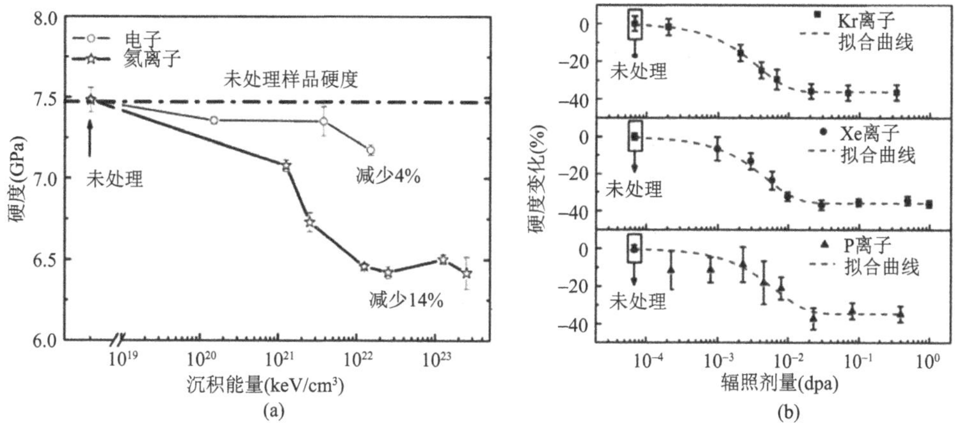

图 6-71　（a）电子和氦离子辐照与能量沉积相比，玻璃平均硬度的变化[124]；（b）用 Kr、Xe 和 P 离子辐照后试样的硬度变化[125]

为了研究多束能量混合对玻璃的影响，中国兰州大学的 Peng 等[126]使用多束能量 Xe 离子（1.6 MeV、3.2 MeV 和 5 MeV），注量比为 1∶1.1∶4.3，辐照硼硅酸盐玻璃，并与单独使用单束能量为 5 MeV 的 Xe 离子辐照硼硅酸盐玻璃做对比研究。研究结果显示，无论是单束能量还是多束能量辐照硼硅酸盐玻璃，它们的硬度和模量变化趋势以及相对变化均相同，如图 6-72 所示。但是，多束能量和单束能量在辐照剂量的计算上有所不同。意大利摩德纳大学的 Antonini 等[127]利用 TEM 观察了电子辐照硼硅酸盐玻璃和石英玻璃，结果显示，当电子剂量达到 $8.5\times10^{19}e/cm^2$、剂量率达到 2×10^{18} e/（$cm^2\cdot s$）时，硼硅酸盐玻璃会产生气泡，而石英玻璃则没有明显的现象，图 6-73 表明玻璃表面气泡的生成可能是体积增大的主要原因。

在辐照条件下，碱金属玻璃、硼硅酸盐玻璃和模拟固化体玻璃中都可能会出现气泡。这些气泡主要分为两种类型：氧泡和氦泡。研究表明，模拟固化体玻璃最早被 Hall 等[128]通过高压电镜辐照玻璃所证实。随后 Antonini 等[127]也得到了类似的结果，并指出钠元素的迁移对氧泡的生成起重要作用。中国兰州大学的 Zhang 等[129]使用 2 Mev Ar 离子辐照商用硼硅酸盐玻璃，见图 6-74（a），发现在拉曼光谱中大约 480 cm^{-1} 处的主峰在辐照后右移，这意味着 Si—O—Si 键角减小。从图 6-74（b）可以得出，辐照后玻璃表面存在氧分子。此外，研究还发现，在经过 γ 射线辐照后的玻璃样品中，也产生了氧泡，而且产生氧泡所需的剂量远低于电子辐照产生氧泡所需的剂量。然而，还有一些问题无法解释，例如 γ 射线辐照的样品温度远低于电子辐照的样品温度。法国萨克莱核研究中心的 Bironc 等[130]通过实验辐照后发现，玻璃的性质与玻璃的温度密切相关。此外，γ 射线辐照所需时间远高于电子辐照时间，因此在 γ 和电子辐照的玻璃样品中产生氧泡的剂量率效应仍值得研究。在使用 ^{238}Pu 和 ^{244}Cm 模拟天然 α 放射性的玻璃固化体效应实验中，当环境温度下累计 8×10^{18} α 衰变时，产生的气泡可能是氦泡，也可能是氦氧混合气泡[131]。

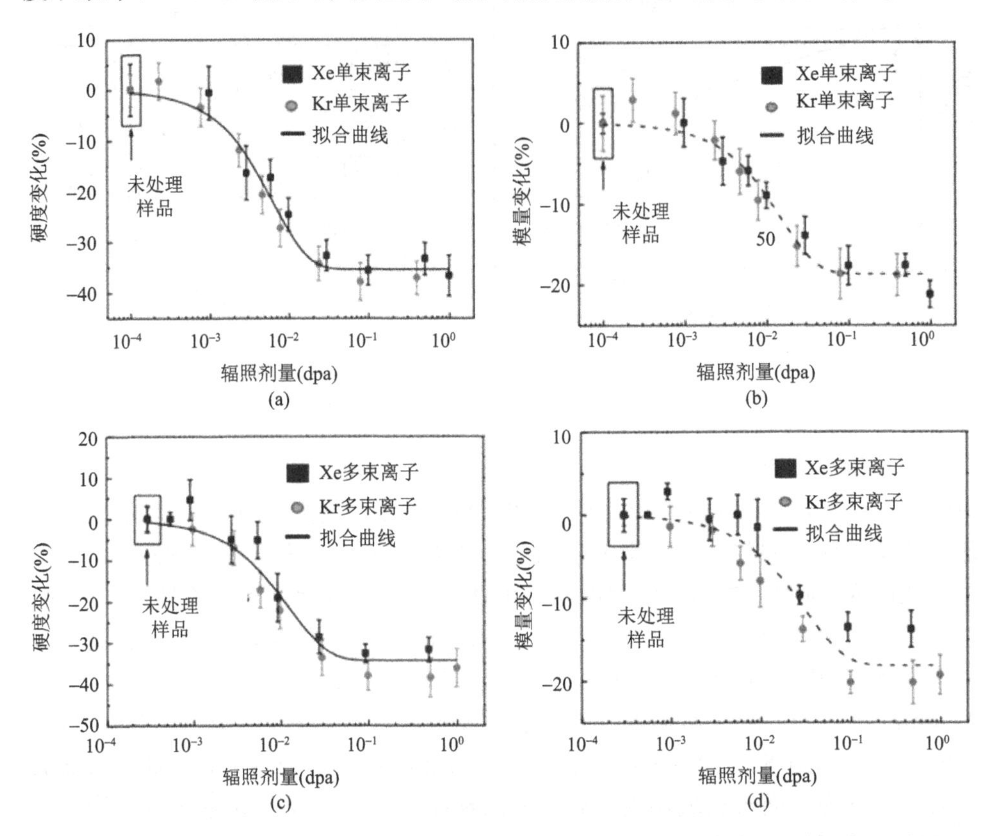

图 6-72　硬度随（a）单能 Kr 和 Xe 离子辐照剂量和（c）多能量 Kr 和 Xe 离子辐照剂量的变化关系；模量随（b）单能 Kr 和 Xe 离子辐照剂量和（d）多能量 Kr 和 Xe 离子辐照剂量的变化关系[126]

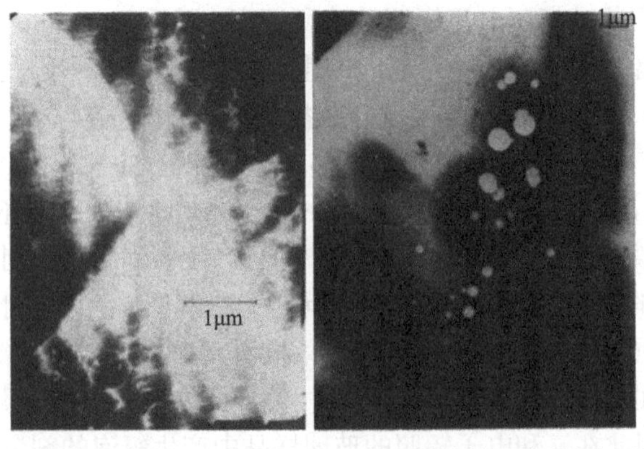

图 6-73　石英玻璃（左）和硼硅酸盐（右）玻璃受辐照后的表面结构图[127]

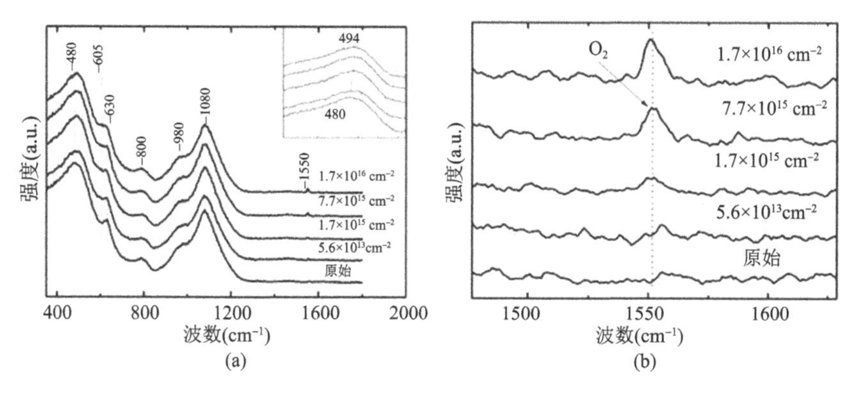

图 6-74　（a）Ar 辐照玻璃样品的拉曼光谱和（b）辐照后玻璃中出现了更高浓度的 O_2 分子[129]

法国马库尔研究中心的 Peuget 等[132]研究了 α 放射性对 R7T7 型玻璃固化体性能的影响，利用掺锔的硼硅酸盐玻璃进行了模拟实验，并且采用 Kr、Au、H 等离子辐照组分相似的 SON68 玻璃进行了对比研究，测量了在不同辐照条件下硼硅酸盐玻璃的硬度和模量变化趋势。得出了结论：辐照后硼硅酸盐玻璃的硬度和模量与离子的核能量沉积有关，而与电子能量沉积无关。紧接着，Peuget 等[133]使用掺杂 $^{244}CmO_2$ 的方式研究了 α 放射性对 R7T7 玻璃硬度的影响，证实辐照后硬度下降了 35%，如图 6-75 所示，并得出离子在材料中的核能量损失对玻璃硬度下降起主要作用。Peng 等[134]也发现了 Kr 离子辐照硼硅酸盐玻璃以及 $^{244}CmO_2$ 掺杂的 R7T7 玻璃后，其硬度随辐照呈现下降趋势，这进一步证实了 Peuget 等的观点。

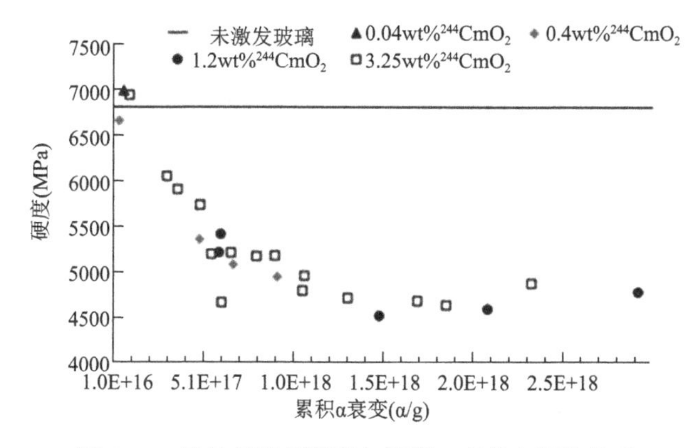

图 6-75　掺锔玻璃的硬度与累积 α 衰变之间的关系

迄今为止，仍无法完全将玻璃在辐照后的微观结构和宏观性质联系起来。这主要有两方面的原因：一方面，玻璃固体是非晶态的，难以通过传统的 TEM 和 X 射线衍射（XRD）等手段来表征其在辐照前后的结构变化；另一方面，由于玻璃固体的成分非常复杂，不同组分对于固化体性质的影响也不同。因此，需要一种新的方法分子动力学（MD）模拟，来提供解决这个问题的可能性。MD 模拟可以给出玻璃的键长、键角和配位数等微观参数，也可以得到硬度、模量和热导率等宏观参数，从而解决玻璃微观结构和宏观性质的联系问题。法国蒙彼利埃大学的 Delaye 等[135]通过 MD 的方式模拟了硼硅酸盐玻璃的辐照效应，研究了石英玻璃和硼酸盐玻璃（SiO_2-B_2O_3-Na_2O）中位移级联引起的弹道效应的 MD 模拟。在两种玻璃中，尽管辐射会产生相反的影响，但图 6-76（a）和（b）显示了 SiO_2-B_2O_3-Na_2O 玻璃中的 Si—O—Si 和 Si—O—B 键角分别降低至 154° 和 150°，图（c）显示出石英玻璃的键角降低至 140°，表明辐射会使得内部键角变小。图 6-77（a）和（b）分别表示辐照后硼酸盐玻璃体积膨胀，发现石英玻璃在辐照之后变得更致密。图 6-77（c）和（d）显示随着累积能量的增加，得到机械和结构性能的变化并最终达到饱和。因此，硼酸盐玻璃网络体中与硅相关的网络断裂是硬度下降的原因[134]。

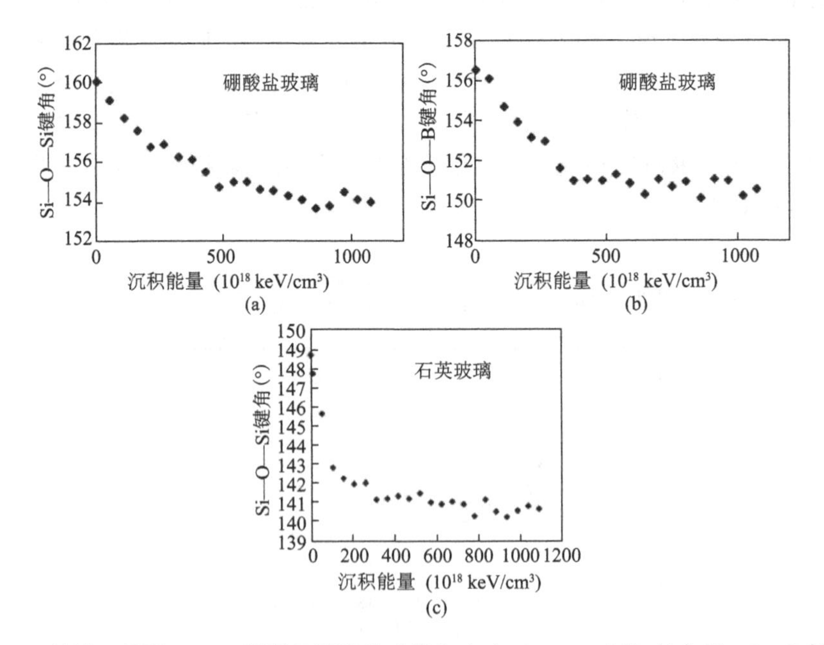

图 6-76　经过一系列 600 eV 级联的硼酸盐玻璃中（a）Si—O—Si 和（b）Si—O—B 键角的变化；（c）石英玻璃中 Si—O—Si 键角的变化

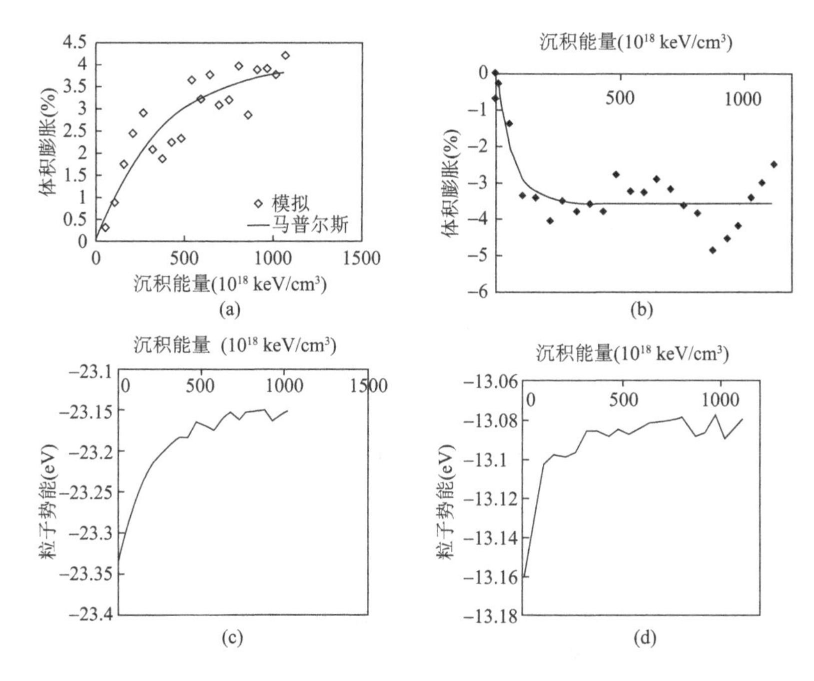

图 6-77　硼酸盐玻璃（a）、石英玻璃（b）的体积膨胀与沉积能量的关系；在硼酸盐玻璃（c）、石英玻璃（d）中累积 600 eV 位移级联时，粒子势能与沉积能的关系[135]

此外，法国马库尔研究中心的 Kilymis 等[136]选择模拟的玻璃同样是原始形式的三种简化的硼硅酸钠，以及类似于实际辐照玻璃的“无序”形式。图 6-78（a）是 MD 模拟纳米压痕典型系统图。影响硬度值的主要因素是玻璃的 SiO_2 含量，SiO_2 含量的增加导致玻璃硬度的显著增加，这是由于引入了 SiO_4 四面体，几乎没有剪切变形，这由硅配位数的稳定性所证实；与硬度值相关的另一个参数是玻璃中 Na_2O 的百分比。根据用于硼硅酸盐玻璃的 Yun-Dell-Bray 模型，在硼含量低的玻璃中，平均硼配位与钠含量之间存在非线性关系。因此，当我们增加 Na_2O 浓度时，平均硼配位线性增加。进一步添加 Na_2O 会导致基体解聚并增加 NBO。图 6-78（b）和（c）将计算出的硬度值与三元硼的百分比一起绘制，具有最高硬度值的原始 SBN14 含大约 30%的三元硼，而 SBN12 和 SBN55 分别为 59%和 42%，对于模拟的辐照玻璃，三元硼的百分比分别为 40%、63%和 53%。由于具有更高的连通性和非平面构型，四配位硼引起结构的致密化，而另一方面，三配位硼促进剪切流动并降低硬度且辐照后的玻璃硬度较原始玻璃更低。

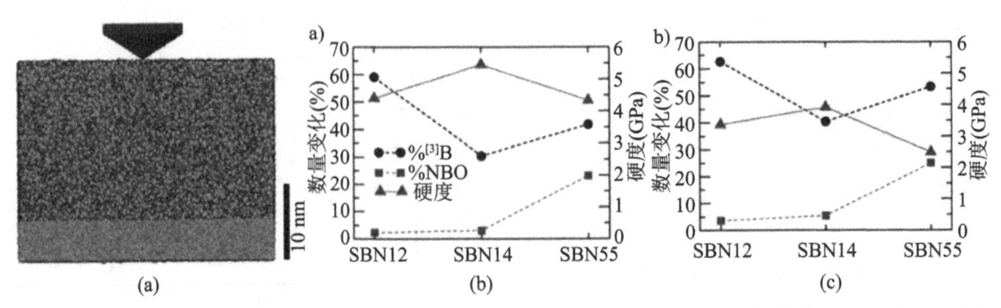

图 6-78　（a）SBN14 玻璃纳米压痕分子动力学模拟的示意图，（b）原始玻璃和（c）辐照玻璃的硬度（三角形）、三元硼（圆圈）和 NBO（方块）的百分比变化

6.6　压痕的防护

6.6.1　热钢化

热钢化法是一种常用的物理强化玻璃的方法。玻璃的钢化是将玻璃均匀加热到 T_g 温度以上的钢化温度范围，对钠钙玻璃来说温度在 620～640℃[137]，在该温度区内保温一定时间，然后快速冷却，由于玻璃表面和内部的冷却速率不同，在玻璃表面会产生分布均匀的压应力层，内部形成张应力，以增加其在外力作用和温度急变时的强度，并在破碎时形成很小且不伤人的颗粒。Koike 等[138]对钠钙玻璃进行热钢化处理后，发现钢化玻璃的压痕硬度从 5.50 GPa 降低至 5.17 GPa，压缩层深度约为 500 μm，表面产生的压应力为 120 MPa。由于使用冲击空气通过强制对流从 T_g 之上淬火，T_f 升高，钢化玻璃的密度较低[139]，因此钢化后玻璃的硬度也较小。图 6-79 的数据表明，钢化处理后，玻璃的抗裂性明显增强。

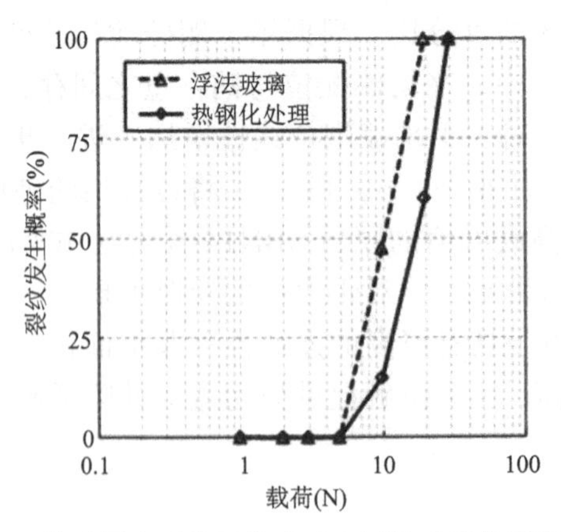

图 6-79　维氏压痕后热钢化玻璃和原始玻璃的开裂可能性

除了比较热回火前后的应力曲线，热钢化后玻璃显示出比原始玻璃更小的残余应力场，如图 6-80 所示。由于维氏压痕后的裂纹形成是由于残余拉伸应力引起的[140]，因此在钢化玻璃中较高的裂纹萌生载荷与较小的残余应力场相一致。热钢化处理后，T_f 升高，钠钙玻璃的硬度降低、断裂韧性提高、脆性降低。

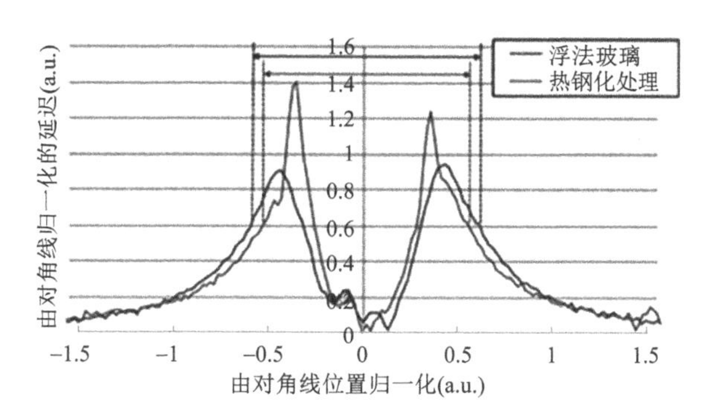

图 6-80　热钢化玻璃前后的压痕周围的延迟曲线

6.6.2　化学强化

相比于在 T_g 温度以上的热钢化处理，化学强化在低于 T_g 的温度下进行。玻璃的化学钢化主要是基于玻璃表面的 Na^+ 离子与熔融碱金属盐中的 K^+ 离子之间的离子交换过程。6.6.1 节对热钢化法进行了介绍，通过使玻璃内外部产生不同温差从而产生的压应力来达到强化玻璃的目的。离子交换也有同样的效果，但发生的原因是玻璃中较小的可移动离子被熔融盐浴中的较大离子所取代。在这两种情况下，压应力层起到了抑制裂纹扩展的作用，但热钢化玻璃和离子交换玻璃受表面层自由体积的影响有所不同。热回火玻璃的自由体积比离子交换玻璃高，而离子交换后玻璃的自由体积则相反。

中国航发北京航空材料研究院的 Wang 等[141]研究了两种化学强化铝硅酸盐玻璃（玻璃 A 比玻璃 B 的铝含量多，且玻璃 B 有锡面和空气面）在不同的后退火条件下的结构和力学响应。AA 为经过化学强化后又在空气中退火 2 h 的玻璃，而 VA 为化学强化后在真空环境中退火 2 h 的玻璃。图 6-81 的数据表明，随着退火温度的升高，两种玻璃具有相同的响应，受压应力（CS）降低、应力层深度（DOL）升高，且玻璃 B 空气面较于锡面，CS 降低较小、DOL 升高更多。应力弛豫和 DOL 的增加归因于结构弛豫和 K^+ 离子的扩散进入玻璃表面[142]。结构弛豫率随退火后温度的增加而增加[图 6-81（c）和（d）]。同时，玻璃的结构弛豫会导致 T_f 随退火后温度的升高而增加，从而导致向更开放结构的弛豫，有助于离子扩散；K^+ 离子在表面上的扩散速率随退火后温度的增加而增加。这两种机制可能导致应力弛豫速率增加，并且 DOL 随着退火后温度的增加而增加。

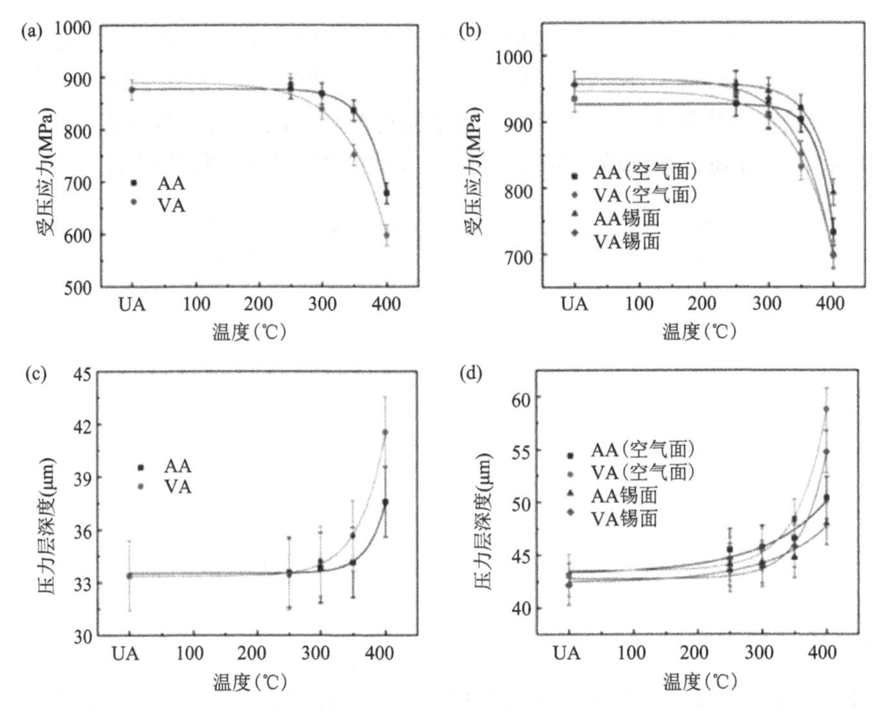

图 6-81 CS 和 DOL 随空气和真空退火后温度的变化情况：(a) 玻璃 A 的受压应力；(b) 玻璃 B 两面的受压应力；(c) 玻璃 A 的应力层深度；(d) 玻璃 B 两面的受压应力

进一步利用红外光谱分析，以及对表面压缩应力、硬度、模量、径向裂纹萌生的阈值载荷和断裂模量的分析结果表明，由于退火温度的增加，Si—O—Si 键角增大；CS 降低而 DOL 升高，硬度和弹性模量呈现先增加后减小的趋势[143]；径向裂纹萌生的极限载荷降低，且真空后退火的玻璃对径向裂纹的萌生表现出更多的温度依赖性阈值载荷，这些结果可为化学强化玻璃的后续处理工艺提供技术指导。

目前还没有关于离子交换玻璃压痕变形机制的实验研究，并对其变形体积进行量化。然而，MD 已经被用来解决这个问题，美国康宁公司的 Luo 等[144]使用 MD 模拟研究了不同的表面强化方法及其对压痕致密化、剪切变形和应力场的影响。对同一种硅酸盐玻璃进行不同 MD 处理，使之产生低自由体积（LFV）的化学强化玻璃和高自由体积（HFV）的热钢化玻璃。净应力场定义为当前应力场减去初始应力场。如果 CS 的线性叠加是唯一的强化效应，则所有初始 CS 值不同的试样的初始应力场都应该相同。然而，如图 6-82 的第 1～3 行所示，对于低自由体积的玻璃却表现出不同的初始应力场。在图 6-82（b）的第 1～3 行，当试件承受更大的 CS 时，即使在去除 CS 的影响后，它对中间裂纹形成的驱动力往往较小，对横向裂纹的驱动力更大。这一趋势与图 6-82（a）所示的高自由体积含量的试样相同，但要弱得多，因为卸载后没有观察到太多的残余应力。在 90°和 120°压头条件下，比较机械压缩和离子交换引起的 CS 水平相同的试样的净应力场，发现离子交换使得横向开裂力进一步远离压痕内部中心。在图 6-82 的第 4～6 行中，显示了具有不同自由体积和 CS 水平的试样在不同压痕角度压入后的致密变化。可以看出，在所有条件下，具有 HFV 含量的试样在压痕之后表现出更加明显的致密化。对于每个试样，当 CS 水平增加或有效自由体积减小时，从左到右，压痕后的致密化降低，这与侧向裂纹驱动力的增加相关。对于每个试样，从第 4 行到第 6 行，当压头角度增加时，致密区趋于增加。在图 6-82（b）的局部数密度变化图中，出现了一个明显的“膨胀”区。此外，随着 CS 水平或压头锐度的增加，其位置也从致密区下方变为致密区旁边。通过将“膨胀”区与初始残余应力进行比较，得到初始应力场中的拉伸区与密度变化，图中的“膨胀”区具有很好的相关性。致密区域和应力场的变化与图中的塑性区进一步相关。图 6-82(a)的第 7～9 行，显示了不同 CS 水平和不同锐度的压痕下含 HFV 试样的塑性区。塑性区的形状几乎在所有情况下都类似于传统假设的半球形，除了在 90°压痕下为蝶形状。当 CS 水平增加时，在−1 GPa 的中间 CS 水平，塑性区出现最小值，这与残余应力的最小值相关。在图 6-82（b）中，LFV 试样的塑性区可能与传统假设的半球有很大不同。当 CS 水平从左向右增加或自由体积的有效减小时，塑性区的深度越来越受限制。例如，当压头角度为 120°、CS 为 0 时，塑性区向试样内部发展较深，并沿中心线向下形成尖角；在 120°压头下的离子交换强化（IOX）试样中，塑性区横向发展，形成蝶状。在 90°压痕下，未强化试样也出现了蝶形塑性区。但当 CS 增大时，剪切变形向上表面移动，观察到明显的堆积现象，特别是在图 6-82（b）的第 8 行和第 9 行。简而言之，强化玻璃，特别是 IOX 玻璃，将限制向表面的剪切变形。比较图 6-82（b）中的最后两列，当压痕为 120°时，机械压缩和离子交换之间观察到显著的差异。剪切变形偏离了 IOX 试样的压痕中心，这与 IOX 试样横向裂纹的驱动力也在压痕中心一侧的观察结果相一致。通过塑性区与残余应力的比较，拉伸区在边界上发展，特别是在塑性区的尖端处，这表明塑性区的形状决定了应力场和裂纹的形成。

在 MD 模拟中，通过调节压痕角度、自由体积含量、CS 大小和强化方法，揭示压痕潜在的机制在这里被证明比传统上假设的 CS 的线性叠加要多得多。压痕响应受控于压痕下的致密化、剪切变形和应力场或裂纹系统之间的强相关性。压应力层能显著改变玻璃塑性区的形状，限制向表面的剪切变形，从而产生横向裂纹。

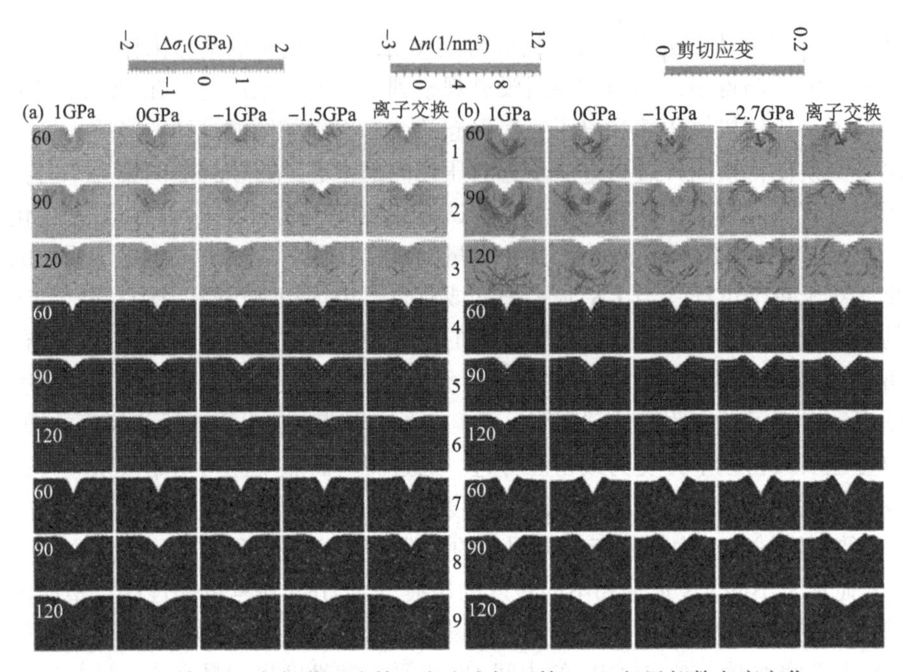

图 6-82　第 1～3 行卸载后净第一主应力场，第 4～6 行局部数密度变化，第 7～9 行局部剪切应变

（a）高自由体积玻璃；（b）低自由体积玻璃

6.6.3　涂层

在当今的先进产品中越来越多地使用薄涂层，玻璃表面涂层已在生产实际中应用于玻璃增强。比如显示器上的滤光片、窗户玻璃等，其特点是工艺过程简单、生产效率高、成本低、可实现自动化。这种涂层的厚度可从纳米级到微米级别。对于一些服役于特殊环境的玻璃，需要性能良好的涂层来增强玻璃本身。本小节主要是对涂层应用于玻璃压痕行为做讨论。

玻璃上添加涂层按喷涂温度一般分为热端涂层和冷端涂层。热端涂层是在 500～700℃的玻璃表面喷涂材料后，在玻璃表面上形成一层金属氧化物涂层，材料通常为锡、钛和锆的化合物等。冷端涂层是在玻璃容器离开退火窑时所进行，用压缩空气将聚合物喷涂在表面，增加表面的润滑性和抗擦伤能力。常用的材料有硬脂盐酸、聚乙烯等。玻璃表面的冷端涂层常用溶胶-凝胶法来制备涂层。西班牙国家冶金研究中心的 García-heras 等[145]使用不同组成的 ZrO_2-SiO_2 体系制备了溶胶-凝胶涂料。通过对未添加涂层和添加涂层的玻璃进行 5 N 和 10 N 的维氏压痕测试发现，添加涂层的玻璃硬度普遍在 5 GPa 以上（表 6-5），而原始玻璃的硬度在 4.5～5 GPa。进一步分析发现，用 SiO_2 替代 ZrO_2 可以提高涂层的显微硬度和脆性，但是具有纯二氧化硅涂层的试样比 ZrO_2 和 ZrO_2-SiO_2 溶胶-凝胶涂层的试样更脆。

表 6-5　不同组成涂层对玻璃硬度的强化[145]

试样	组成成分（mol%）		10 N 压痕下的硬度（GPa）	5 N 压痕下的硬度（GPa）
	ZrO_2	SiO_2		
1	100		5	5.1
2	50	50	4.9	5.3
3		100	4.8	6.0
4	未添加涂层		4.5	5

荷兰埃因霍芬理工大学的 Malzbender 等[146]也使用溶胶-凝胶工艺法在玻璃基底上制备出用纳米颗粒填充的甲基三甲氧基烷涂层，发现该涂层增强了玻璃的机械性能。Gómez-Gómez 等[147]通过对 Y_2O_3-Al_2O_3-SiO_2（YAS）航空航天玻璃涂层添加石墨烯纳米片，发现增强了涂层的机械和摩擦学性能。如图 6-83 所示，利用场发射扫描电子显微镜发现添加了石墨烯纳米片的玻璃涂层更不易出现裂纹，且含量越多，残余压痕越不明显。涂层不仅增强了玻璃的力学性能，今后还会对涂层进行研究，增强其他性质，例如，防腐性、耐温性、阻燃性等。

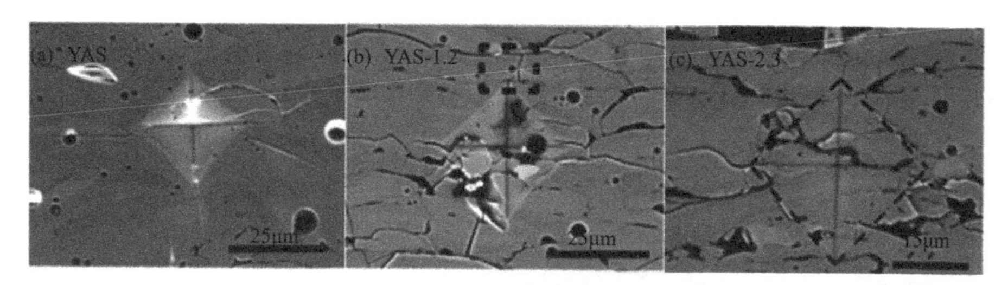

图 6-83　FESEM 显微照片显示在 YAS（a）、YAS-1.2（b）和 YAS-2.3（c）涂层的抛光横截面上以 2.9 N 进行的维氏压痕[147]

6.6.4　刻蚀处理

通常用于获得特定玻璃特性（光学、电子等）的涂层方法也可用于增强损坏的玻璃。使用氢氟酸（HF）的刻蚀技术也是众所周知的用于强化玻璃的有效方法。在常温下石英玻璃与 HF 的反应[148]如下：

$$SiO_2+6HF = SiF_6H_2+2H_2O \tag{6-3}$$

在 60℃下发生的另外一种反应：

$$SiO_2+4HF = SiF_4+2H_2O \tag{6-4}$$

玻璃刻蚀可以缩短表面裂纹的长度并钝化尖端[149]，而足够的刻蚀期间将裂化层完全去除[150]。阿尔及利亚塞提夫大学的 Kolli 等[151]研究了 HF 刻蚀化学处理对 200 g 砂团侵蚀的钠钙玻璃（模拟受沙子侵蚀的玻璃）的机械性能的影响，并研究了玻璃侵蚀持续时间与性能的关系。图 6-84 显示了在制备的 HF 溶液中处理之前[图 6-84（a）]和处理 1 min 后[图 6-84（d）]腐蚀玻璃的中央区域。未经处理的玻璃观察到微小颗粒附着在玻璃表面上，且具有均匀分布的损伤缺陷的特征，这些破坏缺陷表现为玻璃表面上连续且相互作用的沙粒撞击所导致的结垢区域。但是，在用 HF 处理 1 min 后的玻璃，许多之前看不见的表面裂纹开始扩展延伸，并具有约 1 μm 的大开口，正是由于 HF 的腐蚀作用才暴露了这些可见的表面缺陷。这些显露出来的微裂纹呈现出钝化的裂纹前沿[图 6-84（f）]。经 HF 处理后的钠钙玻璃的强度变化如图 6-84（g）所示。在任何处理之前对玻璃进行喷砂处理时，强度约为（44.23±0.91）MPa。经 HF 刻蚀 15 s 后，强度值为（57.73±1.76）MPa。在刻蚀 1 h 后，强度急剧增加，这归因于裂纹钝化，如图 6-84（f）所示，随后的强度变化曲线继续缓慢增加，进一步增加刻蚀还会提升玻璃的力学性能。

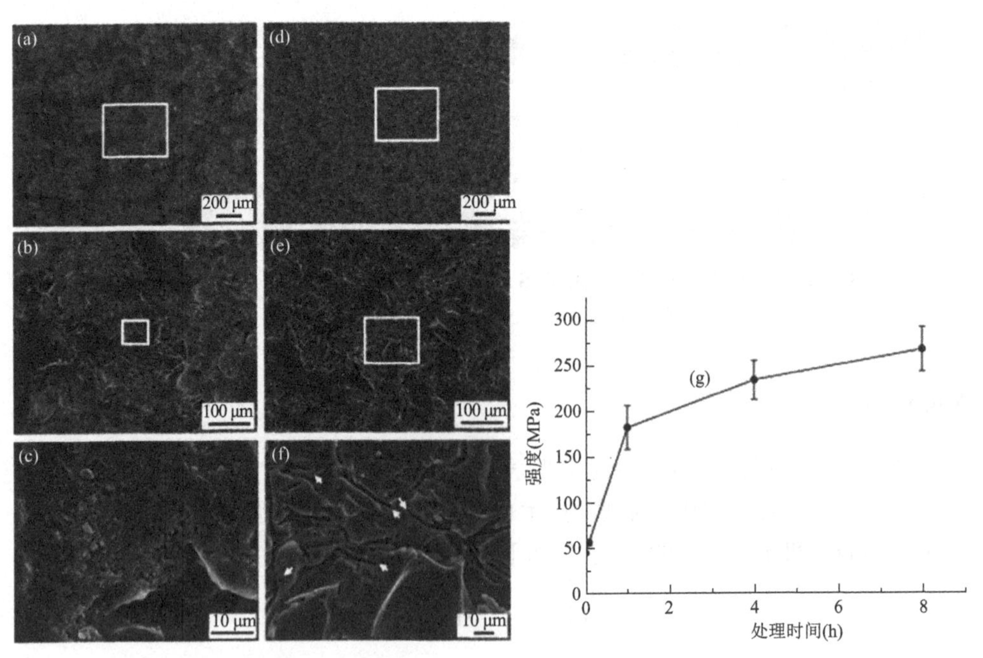

图 6-84 （a）未处理玻璃的 SEM 图和（d）在 HF 酸中经过 1 min 处理后的玻璃 SEM 图；图（b）和（e）的 SEM 图表示图（a）和（d）中的矩形内的局部区域的详细视图；图（c）和（f）的 SEM 图表示图（b）和（e）中的局部区域的详细视图；图（f）中的小箭头显示了裂纹变钝的示例；（g）强度变化与 HF 酸处理时间的关系[151]

由于玻璃可应用于各行各业，社会对玻璃材料的需求也与日俱增，随着今后先进测试技术的不断发展，未来玻璃的摩擦学研究要将工程实践与模拟等方法相结合，不仅要从多尺度的角度出发，更要重视从微观尺度，甚至是从原子尺度对硅玻璃的摩擦学行为、机理与调控进行研究，找到更为合适的方法来对玻璃进行防护，以便运用于更多复杂的使役环境下。

参考文献

[1] International Organization for Standardization. Metallic materials: instrumented indentation test for hardness and materials parameters. Test Method. ISO, 2002.

[2] Oliver W C, Pharr G M. Measurement of hardness and elastic modulus by instrumented indentation: Advances in understanding and refinements to methodology. Journal of Materials Research, 2004, 19(1): 3-20.

[3] 钱林茂, 田煜, 温诗铸. 纳米摩擦学. 北京: 科学出版社, 2013.

[4] Thurn J, Morris D J, Cook R F. Depth-sensing indentation at macroscopic dimensions. Journal of Materials Research, 2002, 17(10): 2679-2690.

[5] 非线性力学国家重点实验室. 多功能硬度计 Zwick ZHU2.5.[2023-11-10]. http://www.lnm.imech.cas.cn/sypt/wnmlxcsxt/201409/t20140911_254934.html.

[6] 刘东旭. 压入深度测量法在宏观和显微硬度试验中的应用. 北京: 中国科学院力学研究所, 2004.

[7] 刘东旭, 张泰华, 郇勇. 宏观深度测量压入仪器的研制. 力学学报, 2007, 39(3): 350-355.

[8] 张泰华, 郇勇, 刘东旭, 杨业敏. 材料试验机的压痕测试功能改进方法及其改进装置. 中国: CN1752736, 2006.

[9] 郇勇, 张泰华, 杨业敏. 具有自动对心功能的夹具. 中国: CN2717583, 2005.

[10] 张泰华, 郇勇, 杨业敏, 刘东旭. 电磁式微力学压痕测试仪及其测试方法. 中国: CN1746653, 2006.

[11] 姜辛. 一种便携式仪器化压入设备的研制. 北京: 中国科学院力学研究所, 2009.

[12] 姜辛, 张泰华, 郇勇, 杨业敏, 姜鹏. 一种便携式压入仪. 中国: CN201191257, 2009.

[13] 欧洲标准化委员会. EN ISO 14577-4-2016. 金属材料压痕硬度和材料参数的测试-第 4 部分: 金属和非金属涂层的试验方法(ISO 14577-4:2016). [2023-11-10]. https://www.nssi.org.cn/nssi/front/107076326.html.

[14] 国家质量监督检验检疫总局, 国家标准化管理委员会. GB/T 22548-2008. 仪器化纳米压入试验方法通则. [2023-11-10]. https://www.nssi.org.cn/nssi/front/72610860.html.

[15] 魏宗磊. 高精度金刚石维氏压头制造及其检测技术研究. 哈尔滨: 哈尔滨工业大学, 2017.

[16] Tabor D. The hardness of metals. Oxford: Oxford University Press, 2000.

[17] Broitman E. Indentation hardness measurements at macro-, micro-, and nanoscale: A critical overview. Tribology Letters, 2017, 65: 23.

[18] Fischer-Cripps A C. A review of analysis methods for sub-micron indentation testing. Vacuum, 2000, 58(4): 569-585.

[19] Johnson K L. Contact mechanics. Cambridge University Press, 1987.

[20] Torres-Torres D, Muñoz-Saldaña J, Gutierrez-Ladron-de Guevara L A, Hurtado-Macías A, Swain M V. Geometry and bluntness tip effects on elastic-plastic behaviour during nanoindentation of fused silica: Experimental and FE simulation. Modelling and Simulation in Materials Science and Engineering, 2010, 18(7): 075006.

[21] Alcala G, Skeldon P, Thompson G E, Mann A B, Habazaki H, Shimizu K. Mechanical properties of amorphous anodic alumina and tantala films using nanoindentation. Nanotechnology, 2002, 13(4): 451.

[22] Pethica J B, Hutchings R, Oliver W C. Hardness measurement at penetration depths as small as 20 nm. Philosophical Magazine A, 1983, 48(4): 593-606.

[23] Doerner M F, Nix W D. A method for interpreting the data from depth-sensing indentation instruments. Journal of Materials Research, 1986, 1(4): 601-609.

[24] Mound B A, Pharr G M. Nanoindentation of fused quartz at loads near the cracking threshold. Experimental Mechanics, 2019, 59(3): 369-380.

[25] Shih C W, Yang M, Li J C M. Effect of tip radius on nanoindentation. Journal of Materials Research, 1991, 6(12): 2623-2628.

[26] Mikowski A, Serbena F C, Foerster C E, Lepienski C M. Statistical analysis of threshold load for radial crack nucleation by Vickers indentation in commercial soda-lime silica glass. Journal of Non-Crystalline Solids, 2006, 352(32-35): 3544-3549.

[27] Kassir-Bodon A, Deschamps T, Martinet C, Champagnon B, Teisseire J, Kermouche G. Raman mapping of the indentation-induced densification of a soda-lime-silicate glass. International Journal of Applied Glass Science, 2012, 3(1): 29-35.

[28] Hagan J T, Swain M V. The origin of median and lateral cracks around plastic indents in brittle materials. Journal of Physics D: Applied Physics, 1978, 11(15): 2091.

[29] Wright W J, Saha R, Nix W D. Deformation mechanisms of the $Zr_{40}Ti_{14}Ni_{10}Cu_{12}Be_{24}$ bulk metallic glass. Materials Transactions, 2001, 42(4): 642-649.

[30] Manika I, Maniks J. Size effects in micro-and nanoscale indentation. Acta Materialia, 2006, 54(8): 2049-2056.

[31] Van Steenberge N, Sort J, Concustell A, Das J, Scudino S, Suriñach S, Eckert J, Baró M D. Dynamic softening and indentation size effect in a Zr-based bulk glass-forming alloy. Scripta Materialia, 2007, 56(7): 605-608.

[32] Spaepen F. Homogeneous flow of metallic glasses: A free volume perspective. Scripta Materialia, 2006, 54(3): 363-367.

[33] Kim J, Choi Y, Suresh S, Argon A S. Nanocrystallization during nanoindentation of a bulk amorphous metal alloy at room temperature. Science, 2002, 295(5555): 654-657.

[34] Kazembeyki M, Bauchy M, Hoover C G. New insights into the indentation size effect in silicate glasses. Journal of Non-Crystalline Solids, 2019, 521: 119494.

[35] Swadener J G, George E P, Pharr G M. The correlation of the indentation size effect measured with indenters of various shapes. Journal of the Mechanics and Physics of Solids, 2002, 50(4): 681-694.

[36] 刘文博, 张树光, 孙博一. 蠕变参数劣化的时效性及变参数蠕变模型. 工程科学与技术, 2021, 53(1): 104-112.

[37] Chudoba T, Richter F. Investigation of creep behaviour under load during indentation experiments and its influence on hardness and modulus results. Surface and Coatings Technology, 2001, 148(2-3): 191-198.

[38] Huang Y J, Shen J, Chiu Y L, Chen J J J, Sun J F. Indentation creep of an Fe-based bulk metallic glass. Intermetallics, 2009, 17(4): 190-194.

[39] Bernard C, Keryvin V, Sangleboeuf J C, Rouxel T. Indentation creep of window glass around glass transition. Mechanics of Materials, 2010, 42(2): 196-206.

[40] Shang H, Rouxel T. Creep Behavior of soda-lime glass in the 100-500 K temperature range by indentation creep test. Journal of the American Ceramic Society, 2005, 88(9): 2625-2628.

[41] Chakraborty R, Dey A, Mukhopadhyay A K. Loading rate effect on nanohardness of soda-lime-silica glass. Metallurgical and Materials Transactions A, 2010, 41(5): 1301-1312.

[42] Dey A, Chakraborty R, Mukhopadhyay A K. Nanoindentation of soda lime-silica glass: Effect of loading rate. International Journal of Applied Glass Science, 2011, 2(2): 144-155.

[43] Dey A, Chakraborty R, Mukhopadhyay A K. Enhancement in nanohardness of soda-lime-silica glass. Journal of Non-Crystalline Solids, 2011, 357(15): 2934-2940.

[44] Limbach R, Rodrigues B P, Wondraczek L. Strain-rate sensitivity of glasses. Journal of Non-Crystalline Solids, 2014, 404: 124-134.

[45] Shikimaka O, Grabco D, Sava B A, Elisa M, Boroica L, Harea E, Pyrtsac C, Prisacaru A, Barbos Z. Densification contribution as a function of strain rate under indentation of terbium-doped aluminophosphate glass. Journal of Materials Science, 2016, 51(3): 1409-1417.

[46] Zehnder C, Bruns S, Peltzer J N, Durst K, Korte-Kerzel S, Möncke D. Influence of cooling rate on cracking and plastic deformation during impact and indentation of borosilicate glasses. Frontiers in Materials, 2017, 4: 5.

[47] Mackenzie J D. High-pressure effects on oxide glasses: II, Subsequent heat treatment. Journal of the American Ceramic Society, 1963, 46(10): 470-476.

[48] Kato Y, Yamazaki H, Itakura S, Yoshida S, Matsuoka J. Load dependence of densification in glass during Vickers indentation test. Journal of the Ceramic Society of Japan, 2011, 119(1386): 110-115.

[49] Gross T M, Price J J. Vickers indentation cracking of ion-exchanged glasses: quasi-static *vs.* dynamic contact. Frontiers in Materials, 2017, 4: 4.

[50] Rouxel T, Ji H, Guin J P, Augereau F, Rufflé B. Indentation deformation mechanism in glass: Densification versus shear flow. Journal of Applied Physics, 2010, 107(9): 094903.

[51] Arora A, Marshall D B, Lawn B R, Swain M V. Indentation deformation/fracture of normal and anomalous glasses. Journal of Non-Crystalline Solids, 1979, 31(3): 415-428.

[52] Januchta K, Liu P, Hansen S R, To T, Smedskjaer M M. Indentation cracking and deformation mechanism of sodium aluminoborosilicate glasses. Journal of the American Ceramic Society, 2020, 103(3): 1656-1665.

[53] Kato Y, Yamazaki H, Kubo Y, Yoshida S, Matsuoka J, Akai T. Effect of B_2O_3 content on crack

initiation under Vickers indentation test. Journal of the Ceramic Society of Japan, 2010, 118(1381): 792-798.

[54] Yoshida S. Indentation deformation and cracking in oxide glass-toward understanding of crack nucleation. Journal of Non-Crystalline Solids: X, 2019, 1: 100009.

[55] Yoshida S, Hayashi Y, Konno A, Sugawara T, Miura Y, Matsuoka J. Indentation induced densification of sodium borate glasses. Physics and Chemistry of Glasses-European Journal of Glass Science and Technology Part B, 2009, 50(1): 63-70.

[56] Hermansen C, Matsuoka J, Yoshida S, Yamazaki H, Kato Y, Yue Y Z. Densification and plastic deformation under microindentation in silicate glasses and the relation to hardness and crack resistance. Journal of Non-Crystalline Solids, 2013, 364: 40-43.

[57] Vander Voort G F. Metallography, Principles and Practice. ASM International, 1999.

[58] Rouxel T, Ji H, Hammouda T, Moréac A. Poisson's ratio and the densification of glass under high pressure. Physical Review Letters, 2008, 100(22): 225501.

[59] Molnár G, Ganster P, Tanguy A, Barthel E. Kermouche G, Densification dependent yield criteria for sodium silicate glasses: An atomistic simulation approach. Acta Materialia, 2016, 111: 129-137.

[60] Kjeldsen J, Smedskjaer M M, Mauro J C, Yue Y. On the origin of the mixed alkali effect on indentation in silicate glasses. Journal of Non-Crystalline Solids, 2014, 406: 22-26.

[61] Kjeldsen J, Smedskjaer M M, Mauro J C, Yue Y. Hardness and incipient plasticity in silicate glasses: Origin of the mixed modifier effect. Applied Physics Letters, 2014, 104(5): 051913.

[62] Yu Y, Wang M, Krishnan Krishnan N M A, Smedskjaer M M, Vargheese K D, Mauro J C, Balonis M, Bauchy M. Hardness of silicate glasses: Atomic-scale origin of the mixed modifier effect. Journal of Non-Crystalline Solids, 2018, 489: 16-21.

[63] Limbach R, Winterstein-Beckmann A, Dellith J, Möncke D, Wondraczek L. Plasticity, crack initiation and defect resistance in alkali-borosilicate glasses: from normal to anomalous behavior. Journal of Non-Crystalline Solids, 2015, 417: 15-27.

[64] Barlet M, Delaye J M, Charpentier T, Gennisso M, Bonamy D, Rouxel T. Hardness and toughness of sodium borosilicate glasses via Vickers's indentations. Journal of Non-Crystalline Solids, 2015, 417: 66-79.

[65] Yoshida S, Sangleboeuf J C, Rouxel T. Quantitative evaluation of indentation-induced densification in glass. Journal of Materials Research, 2005, 20(12): 3404-3412.

[66] Fuhrmann S, Deschamps T, Champagnon B, Wondraczek L. A reconstructive polyamorphous transition in borosilicate glass induced by irreversible compaction. The Journal of Chemical Physics, 2014, 140(5): 054501.

[67] Januchta K, Youngman R E, Goel A, Bauchy M, Rzoska S J, Bockowski M, Smedskjaer M M. Structural origin of high crack resistance in sodium aluminoborate glasses. Journal of Non-Crystalline Solids, 2017, 460: 54-65.

[68] Gresch R, Müller-Warmuth W, Dutz H. ^{11}B and ^{27}Al NMR studies of glasses in the system Na_2O-B_2O_3-Al_2O_3 ("NABAL"). Journal of Non-Crystalline Solids, 1976, 21(1): 31-40.

[69] Rouxel T. Elastic properties and short-to medium-range order in glasses. Journal of the American

Ceramic Society, 2007, 90(10): 3019-3039.
[70] Keryvin V, Charleux L, Hin R, Guin J P, Sangleboeuf, J C. Mechanical behaviour of fully densified silica glass under Vickers indentation. Acta Materialia, 2017, 129: 492-499.
[71] Scannell G, Laille D, Célarié F, Huang L, Rouxel T. Interaction between deformation and crack initiation under Vickers indentation in Na_2O-TiO_2-SiO_2 glasses. Frontiers in Materials, 2017, 4: 6.
[72] Sellappan P, Rouxel T, Celarie F, Becker E, Houizot P, Conradt R J A M. Composition dependence of indentation deformation and indentation cracking in glass. Acta Materialia, 2013, 61(16): 5949-5965.
[73] Striepe S, Potuzak M, Smedskjaer M M, Deubener J. Relaxation kinetics of the mechanical properties of an aluminosilicate glass. Journal of Non-Crystalline Solids, 2013, 362: 40-46.
[74] Varughese B, Lee Y K, Tomozawa M. Effect of fictive temperature on mechanical strength of soda-lime glasses. Journal of Non-Crystalline Solids, 1998, 241(2-3): 134-139.
[75] Li H, Agarwal A, Tomozawa M. Effect of fictive temperature on dynamic fatigue behavior of silica and soda-lime glasses. Journal of the American Ceramic Society, 1995, 78(5): 1393-1396.
[76] Koike A, Tomozawa M, Ito S. Sub-critical crack growth rate of soda-lime-silicate glass and less brittle glass as a function of fictive temperature. Journal of Non-Crystalline Solids, 2007, 353(27): 2675-2680.
[77] Striepe S, Deubener J, Potuzak M, Smedskjaer M M, Matthias A. Thermal history dependence of indentation induced densification in an aluminosilicate glass. Journal of Non-Crystalline Solids, 2016, 445: 34-39.
[78] Malchow P, Johanns K E, Möncke D, Korte-Kerzel S, Wondraczek L, Durst K. Composition and cooling-rate dependence of plastic deformation, densification, and cracking in sodium borosilicate glasses during pyramidal indentation. Journal of Non-Crystalline Solids, 2015, 419: 97-109.
[79] Möncke D, Ehrt D, Eckert H, Mertens V. Influence of melting and annealing conditions on the structure of borosilicate glasses. Physics and Chemistry of Glasses, 2003, 44(2): 113-116.
[80] Kato Y, Yamazaki H, Yoshida S, Matsuoka J. Effect of densification on crack initiation under Vickers indentation test. Journal of Non-Crystalline Solids, 2010, 356(35-36): 1768-1773.
[81] Hermansen C. Quantitative evaluation of densification and crack resistance in silicate glasses. M. Sc. Thesis Aalborg University, 2011.
[82] Aakermann K G, Januchta K, Pedersen J A L, Svenson M N, Rzoska S J, Bockowski M, Mauro J C, Guerette M, Huang L, Smedskjaer M M. Indentation deformation mechanism of isostatically compressed mixed alkali aluminosilicate glasses. Journal of Non-Crystalline Solids, 2015, 426: 175-183.
[83] Takata M, Tomozawa M, Watson E B. Effect of water content on mechanical properties of Na_2O-SiO_2 glasses. Journal of the American Ceramic Society, 1982, 65(9): c156-c157.
[84] Ito S, Tomazawa M. Dynamic fatigue of sodium-silicate glasses with high water content. Le Journal de Physique Colloques, 1982, 43(c9): c9-611-c9-614.
[85] Acocella J, Tomozawa M, Watson E B. The nature of dissolved water in sodium silicate glasses and its effect on various properties. Journal of Non-Crystalline Solids, 1984, 65(2-3): 355-372.
[86] Hemley R J, Jephcoat A P, Mao H K, Zha C S, Finger L W, Cox D E. Static compression of

H_2O-ice to 128 GPa. Nature, 1987, 330(6150): 737-740.

[87] Richet P, Polian A. Water as a dense icelike component in silicate glasses. Science, 1998, 281(5375): 396-398.

[88] McMillan P W, Chlebik A. The effect of hydroxyl ion content on the mechanical and other properties of soda-lime-silica glass. Journal of Non-Crystalline Solids, 1980, 38: 509-514.

[89] Kranich J F. Untersuchung zur Knoop-Mikrohärte von Gläsern. TU Berlin, 1974.

[90] Kranich J F, Scholze H. Einfluß verschiedener Messbedingungen auf die Knoop-Mikrohärte von Gläsern. Glastechn. Ber, 1976, 49: 135-143.

[91] Frischat G H. Load-independent microhardness of glasses. Strength of Inorganic Glass, 1983: 135-145.

[92] Tomozawa M, Hirao K. Diffusion of water into oxides during microhardness indentation. Journal of Materials Science Letters, 1987, 6(7): 867-868.

[93] Kiefer P, Balzer R, Deubener J, Behrens H, Waurischk T, Reinsch S, Müller R. Density, elastic constants and indentation hardness of hydrous soda-lime-silica glasses. Journal of Non-Crystalline Solids, 2019, 521: 119480.

[94] Sheth N, Hahn S H, Ngo D, Howzen A, Bermejo R, van Duin A C T, Mauro J C, Pantano C G, Kim S H. Influence of acid leaching surface treatment on indentation cracking of soda lime silicate glass. Journal of Non-Crystalline Solids, 2020, 543: 120144.

[95] Le Bourhis E, Metayer D. Indentation of glass as a function of temperature. Journal of Non-Crystalline Solids, 2000, 272(1): 34-38.

[96] Gunasekera S P, Holloway D G. Effect of loading time and environment on the indentation hardness of glass. Physics and Chemistry of Glasses, 1973, 14(2): 45-52.

[97] Zarzycki J. Les verres et l'état vitreux. Paris, France, 1982.

[98] Duffrene L, Gy R, Masnik J E, Kieffer J, Bass J D. Temperature dependence of the high-frequency viscoelastic behavior of a soda-lime-silica glass. Journal of the American Ceramic Society, 1998, 81(5): 1278-1284.

[99] Le Bourhis E, Rouxel T. Indentation response of glass with temperature. Journal of Non-Crystalline Solids, 2003, 316(1): 153-159.

[100] Westbrook J H. Hardness-temperature characteristics of some simple glasses. Physics and Chemistry of Glasses, 1960, 1(1): 32-36.

[101] Watanabe T, Muratsubaki K, Benino Y, et al. Hardness and elastic properties of B_2O_3-based glasses. Journal of Materials Science, 2001, 36(10): 2427-2433.

[102] Smith J F, Zheng S. High temperature nanoscale mechanical property measurements. Surface Engineering, 2000, 16(2): 143-146.

[103] Rouxel T, Sanglebœuf J C. The brittle to ductile transition in a soda-lime-silica glass. Journal of Non-Crystalline Solids, 2000, 271(3): 224-235.

[104] Michel M D, Serbena F C, Lepienski C M. Effect of temperature on hardness and indentation cracking of fused silica. Journal of Non-Crystalline Solids, 2006, 352(32-35): 3550-3555.

[105] Angell C A. Perspective on the glass transition. Journal of Physics and Chemistry of Solids, 1988, 49(8): 863-871.

[106] Rouxel T. Driving force for indentation cracking in glass: Composition, pressure and temperature dependence. Philosophical Transactions of the Royal Society A: Mathematical, Physical and Engineering Sciences, 2015, 373(2038): 20140140.

[107] Kurkjian C R, Kammlott G W, Chaudhri M M. Indentation behavior of soda-lime silica glass, fused silica, and single-crystal quartz at liquid nitrogen temperature. Journal of the American Ceramic Society, 1995, 78(3): 737-744.

[108] Surdyka N D, Pantano C G, Kim S H. Environmental effects on initiation and propagation of surface defects on silicate glasses: Scratch and fracture toughness study. Applied Physics A, 2014, 116(2): 519-528.

[109] Hirao K, Tomozawa M. Microhardness of SiO_2 glass in various environments. Journal of the American Ceramic Society, 1987, 70(7): 497-502.

[110] Ciccotti M. Stress-corrosion mechanisms in silicate glasses. Journal of Physics D: Applied Physics, 2009, 42(21): 214006.

[111] Michalske T A, Bunker B C. Slow fracture model based on strained silicate structures. Journal of Applied Physics, 1984, 56: 2686-2693.

[112] Sheth N, Hahn S H, Ngo D, Howzen A, Bermejo R, Duin A C T, Mauro J C, Pantano C G, Kim S H. Influence of acid leaching surface treatment on indentation cracking of soda lime silicate glass. Journal of Non-Crystalline Solids, 2020, 543: 120144.

[113] 王敏博, 姜良宝, 李晓宇, 刘家希, 李佳明, 付子怡, 颜悦. 钠钙/铝硅酸盐玻璃疲劳行为研究进展. 材料工程, 2021, 49(2): 54-65.

[114] Bechgaard T K, Mauro J C, Smedskjaer M M. Time and humidity dependence of indentation cracking in aluminosilicate glasses. Journal of Non-Crystalline Solids, 2018, 491: 64-70.

[115] Pönitzsch M, Nofz M. Wondraczek J, Deubener J. Bulk elastic properties, hardness and fatigue of calcium aluminosilicate glasses in the intermediate-silicarange. Journal of Non-Crystalline Solids, 2016, 434: 1-12.

[116] Wiederhorn S M. Fracture surface energy of glass. Journal of the American Ceramic Society, 1969, 52(2): 99-105.

[117] Hojamberdiev M, Stevens H J, LaCourse W C. Environment-dependent indentation recovery of select soda-lime silicate glasses. Ceramics International, 2012, 38(2): 1463-1471.

[118] Hall A R, Dalton J T, Hudson B, Marples J A C. Development and radiation stability of glasses for highly radioactive wastes. IAEA-SM-207, 1976.

[119] Weber W J. Radiation effect in nuclear waste glasses. Nuclear Instruments and Methods B, 1988, 32(1): 471-479.

[120] Mohapatra M, Kadam R M, Mishra R K, Kaushik C P, Tomar B S, Godbole S V. Gamma radiation induced changes in nuclear waste glass containing Eu. Physica B, 2011, 406(20): 3980-3984.

[121] Boizot B, Petite G, Ghaleb D, Pellerin N, Fayon F, Reynard B, Calas G. Migration and segregation of sodium under β-irradiation in nuclear glasses. Nuclear Instruments and Methods in Physics Research Section B: Beam Interactions with Materials and Atoms, 2000, 166: 500-504.

[122] 孙梦利, 刘枫飞, 杜鑫, 袁伟, 律鹏, 赵彦, 张冰焘, 张晓阳, 陈亮, 王铁山, 彭海波. γ 辐照后硼硅酸盐玻璃的吸收光谱研究. 原子核物理评论, 2017, 34(3): 1-5.

[123] Karakurt G, Abdelouas A, Guin J P, Nivard M, Sauvage T, Paris M, Bardeau J F. Understanding of the mechanical and structural changes induced by alpha particles and heavy ions in the French simulated nuclear waste glass. Journal of Nuclear Materials. 2016, 475: 243-254.

[124] Yang K J, Wang T S, Zhang G F, Peng H B, Chen L, Zhang L M, Li C X, Tian F, Yuan W. Study of irradiation damage in borosilicate glass induced by He ions and electrons. Nuclear Instruments and Methods B, 2013, 307(6): 541-544.

[125] Sun M L, Peng H B, Duan B H, Liu F F, Du X, Yuan W, Zhang B T, Zhang X Y, Wang T S. Comparison of hardness variation of ion irradiated borosilicate glasses with different projected ranges. Nuclear Instruments and Methods B, 2018, 419: 8-13.

[126] Peng H B, Liu F F, Guan M, Zhang X Y, Sun M L, Du X, Yuan W, Duan B H, Wang T S. Variation of hardness and modulus of sodium borosilicate glass irradiated with different ions. Nuclear Instruments and Methods in Physics Research Section B: Beam Interactions with Materials and Atoms, 2018, 435: 214-218.

[127] Antonini M, Manara A, Buckley S. Microstructural changes in irradiated silica based glasses. Radiation Effects, 1982, 65(1-4): 55-61.

[128] Hall A R, Dalton J T, Hudson B, Marples J A C. Development and radiation stability of glasses for highly radioactive wastes. Management of Radioactive Wastes from the Nuclear Fuel Cycle, 1976.

[129] Zhang G F, Wang T S, Yang K J, Chen L, Zhang L M, Peng H B, Yuan W, Tian F. Raman spectra and nano-indentation of Ar-irradiated borosilicate glass. Nuclear Instruments and Methods in Physics Research Section B: Beam Interactions with Materials and Atoms, 2013, 316: 218-221.

[130] Biron I, Barbu A. Radiation effects on phase separation and viscosity in a B_2O_3-PbO glass. Applied Physics Letters, 1986, 48(24): 1645-1647.

[131] Inagaki Y, Furuya H, Idemitsu K, Banba T, Matsumoto S, Muraoka S. Microstructure of simulated high-level waste glass doped with short-lived actinides, ^{238}Pu and ^{244}Cm. MRS Online Proceedings Library Archive, 1991, 257.

[132] Peuget S, Noël P Y, Loubet J L, Pavan S, Nivet P, Chenet A. Effects of deposited nuclear and electronic energy on the hardness of R7T7-type containment glass. Nuclear Instruments and Methods in Physics Research Section B: Beam Interactions with Materials and Atoms, 2006, 246(2): 379-386.

[133] Peuget S, Cachia J N, Jégou C, Deschanels X, Roudil D, Broudic V, Delaye J M, Bart J M. Irradiation stability of R7T7-type borosilicate glass. Journal of Nuclear Materials, 2006, 354(1): 1-13.

[134] Peng H B, Sun M L, Yang K J, Chen H, Yang D, Yuan W, Chen L, Duan B H, Wang T S. Effect of irradiation on hardness of borosilicate glass. Journal of Non-Crystalline Solids, 2016, 443(2016): 143-147.

[135] Delaye J M, Peuget S, Bureau G, Calas G. Molecular dynamics simulation of radiation damage in glasses. Journal of Non-Crystalline Solids, 2011, 357(14): 2763-2768.

[136] Kilymis D A, Delaye J M. Nanoindentation studies of simplified nuclear glasses using molecular dynamics. Journal of Non-Crystalline Solids, 2014, 401: 147-153.
[137] 王立祥，李勇，嵇书伟．浅析玻璃物理钢化的冷却工艺及影响质量的因素．玻璃，2010, (5): 33-38.
[138] Koike A, Akiba S, Sakagami T, Hayashi K, Ito S. Difference of cracking behavior due to Vickers indentation between physically and chemically tempered glasses. Journal of Non-Crystalline Solids, 2012, 358(24): 3438-3444.
[139] Gordon M D. The invention of a common law crime: Perjury and the elizabethan courts. The American Journal of Legal History, 1980, 24(2): 145-170.
[140] Cook R F, Pharr G M. Direct observation and analysis of indentation cracking in glasses and ceramics. Journal of the American Ceramic Society, 1990, 73(4): 787-817.
[141] Wang M, Jiang L, Li X, Liu J, Li J, Yan Y. Structure and mechanical response of chemically strengthened aluminosilicate glass under different post-annealing conditions. Journal of Non-Crystalline Solids, 2021, 554: 120620.
[142] Jiang L, Wang Y, Mohagheghian I, Li, X, Guo, X, Li L, Yan Y. Effect of residual stress on the fracture of chemically strengthened thin aluminosilicate glass. Journal of Materials Science, 2017, 52(3): 1405-1415.
[143] Mackenzie J D, Wakaki J. Effects of ion exchange on the Young's modulus of glass. Journal of Non-Crystalline Solids, 1980, 38: 385-390.
[144] Luo J, Lezzi P J, Vargheese K D, Tandia A, Harris J T, Gross T M, Mauro J C. Competing indentation deformation mechanisms in glass using different strengthening methods. Frontiers in Materials, 2016, 3: 52.
[145] García-Heras M, Rincón J M, Romero M, Villegas M A. Indentation properties of ZrO_2-SiO_2 coatings on glass substrates. Materials Research Bulletin, 2003, 38(11-12): 1635-1644.
[146] Malzbender J, Den Toonder J M J, Balkenende A R, De With G. Measuring mechanical properties of coatings: a methodology applied to nano-particle-filled sol-gel coatings on glass. Materials Science and Engineering: R: Reports, 2002, 36(2-3): 47-103.
[147] Gómez-Gómez A, Nistal A, García E, Osendi M I, Belmonte M, Miranzo P. The decisive role played by graphene nanoplatelets on improving the tribological performance of Y_2O_3-Al_2O_3-SiO_2 glass coatings. Materials & Design, 2016, 112: 449-455.
[148] Liang D A T, Readey D W. Dissolution kinetics of crystalline and amorphous silica in hydrofluoric-hydrochloric acid mixtures. Journal of the American Ceramic Society, 1987, 70(8): 570-577.
[149] Saha C K, Cooper Jr A R. Effect of etched depth on glass strength. Journal of the American Ceramic Society, 1984, 67(8): C158-C160.
[150] Sglavo V M, Dal Maschio R, Soraru G D. Effect of etch depth on strength of soda-lime glass rods by a statistical approach. Journal of the European Ceramic Society, 1993, 11(4): 341-346.
[151] Kolli M, Hamidouche M, Bouaouadja N, Fantozzi G. HF etching effect on sandblasted soda-lime glass properties. Journal of the European Ceramic Society, 2009, 29(13): 2697-2704.

第 7 章　玻璃的划痕损伤

在玻璃的加工制造和实际使用过程中，由于摩擦剪切、外部环境等因素造成接触表面的损伤，例如表面塑性变形、裂纹滋生和脆性断裂等问题，进而影响玻璃表面的光学透明性、机械性能和抗损伤性能。因此，研究玻璃的“划痕损伤”对于正确理解玻璃材料的损伤形式以及设计耐划伤玻璃具有重要意义。值得注意的是，划痕与磨损（参见第 8 章）不同，“划痕损伤”是在单次摩擦或划痕作用下对玻璃材料表面的损伤。其中，划痕实验施加的载荷可以模拟在研磨、抛光、加工、雕刻过程中玻璃表面的受力，从而理解延性切削、脆性断裂的机理。虽然纳米压痕通常用来表征材料的机械性能，但压痕实验不能反映实际的损伤机制，也不能预测划痕引起的损伤。几十年来，压痕硬度一直被用作衡量玻璃抗划伤性的一个重要参数。最近在研究方面的技术进步揭示了压痕硬度和划痕硬度值之间的根本区别。因此，掌握玻璃在划痕条件下的损伤行为和机理，有助于正确认识玻璃的损伤机制和提出更有效的调控措施。

7.1　划痕的研究背景

7.1.1　划痕实验的历史进展

划痕实验可能是人类所熟知的对矿物进行分类的最古老的技术。1820 年，奥地利矿物学家弗里德里希・莫斯（Friedrich Mohs）[1]根据划痕制定了 1～10 的等级来评估常用矿物的相对硬度。Mohs 认为钻石是最硬的材料，值为 10，而滑石最软，值为 1[2]。虽然矿物的排名不是按比例排列，但研究表明，从滑石到刚玉，矿物的压痕硬度增加了约 1.6 倍。后来，研究人员改进了 Mohs 的方法，纳入了更广泛的工程材料，此外，还在努力通过计算机模拟使 Mohs 的理论范围合理化。然而，由于缺乏与划痕下的变形行为相关的定量数据，阻碍了该方法在推进材料设计方面的应用。德国联邦理工学院的 Herrmann 等[3]在 1889 年定义了定量测量划痕硬度的方法，如图 7-1 所示，通过一个顶角为 90°的钻石尖端压入试件表面，然后拖动以留下特定宽度和深度的划痕，改变加载力（F），直到显微镜下出现 10 μm 的划痕宽度，从而得到试件的特定硬度值。如今，由于微电子学的进步，灵敏仪器的商业化使之能够在微米和纳米尺度上进行划痕实验，并能精确控制从 nN 到 N 的作用力。

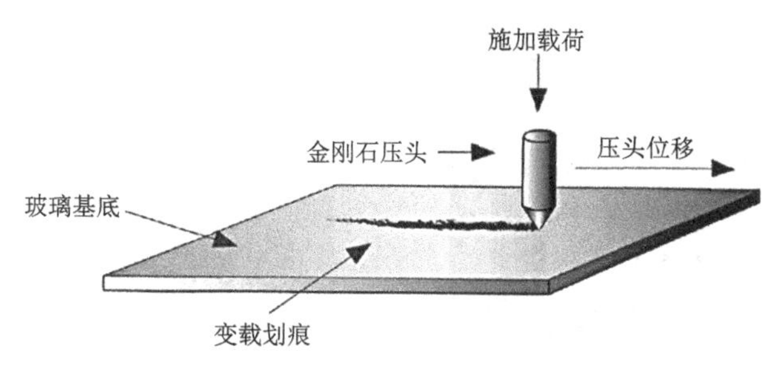

图 7-1 维氏压头在玻璃表面的划痕示意图

压痕硬度通常与抗划痕性能相关[4]，但是没有建立量化玻璃抗划痕性的标准。然而，这两者是截然不同的数值。划痕硬度/划痕抗力被定义为玻璃表面在给定的法向载荷下对划痕针尖或压头的横向位移的抵抗力。相反，压痕硬度是通过压头在样品表面的法向位移获得。图 7-2 中的示意图说明了压痕和划痕之间的根本区别。德国耶拿大学的 Sawamura 等[4]研究表明，与压痕相比，在划痕过程中的材料堆积和摩擦对划痕抗力有重要影响。此外，在相同法向载荷下，划痕会产生更多的裂纹。因此，不能依赖单独的压痕数据来研究氧化物玻璃的划痕行为与机制。

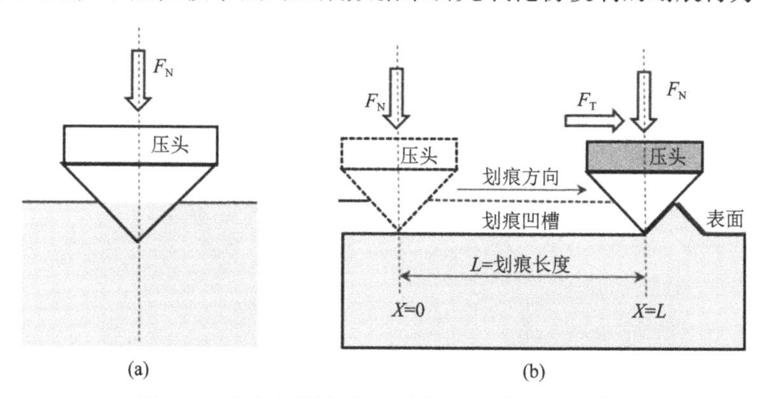

图 7-2 玻璃表面的（a）压痕和（b）划痕示意图

7.1.2 划痕的研究方法及原理

由于划痕实验主要涉及压头在玻璃表面以定载荷单次直线运动和变载荷单次直线运动，划痕过程倾向于在表面和亚表面水平上诱导各种变形模式。划痕损伤的形成和演化还取决于划痕实验中的各种实验参数。目前，在玻璃划痕的研究中，纳米压/划痕仪和原子力显微镜是使用最广泛的仪器，如图 7-3 所示。纳米压/划痕仪既可用于测量玻璃材料的硬度、弹性模量等力学性能，还能实现直线单次、直线往复及任意角度往复式等多种工况下对材料进行划痕实验，与此同时，还能对划痕过程中的载荷、摩擦力、划痕深度以及摩擦系数等重要参数进行实时记录。原子力显微镜不仅能实现微纳尺度下的摩擦实验，还能表征玻璃表面的划痕形貌特征。

(a)　　(b)

图 7-3　（a）纳米压/划痕仪；（b）原子力显微镜

由于滑动而产生的接触区域可以投影（图 7-4）在垂直于法向力（F_N）的平面和垂直于切向力（F_T）的平面上，从而产生承载区域面积（A_{LB}）和横截面投影区域面积（A_P），因此，划痕硬度（H_S）可以定义为单位承载面积的载荷[5]：

$$H_S = F_N / A_{LB} \tag{7-1}$$

压头尖端沿水平方向上滑动的阻力，也称犁削应力（H_P），可以定义为[6]

$$H_P = F_P A_P \tag{7-2}$$

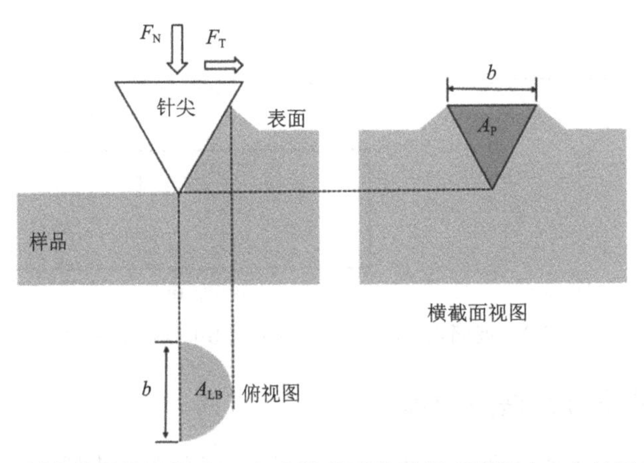

图 7-4　划痕的承载面积（A_{LB}）和横截面投影划痕面积（A_P）的示意图，其中划痕宽度包括划痕两侧的堆积

日本国立情报研究所的 Jacobsson 等[7]提出可通过测量标定良好的划痕尖端形成的划痕宽度（b）来计算划痕实验后的划痕硬度。在球形和圆锥形压头的情况下，玻璃表面的划痕硬度可表示如下：

$$H_S = 8F_N\pi b^2 \tag{7-3}$$

式中，F_N 是法向载荷，b 是划痕宽度。另外，划痕硬度还可以通过仪表化的横向纳米压痕技术量化。德国耶拿大学的 Sawamura 等[8]引入了划痕硬度的计算方法，压头在指定的法向载荷 F_N 下滑过玻璃表面，在压头以恒定速度在特定划痕长度上进行划痕实验期间，连续检测切向力 F_T 和压头位移或深度 h。如图 7-5 所示，然后利用实验确定的 h 值来估计划痕体积 V_S：

$$V_S = \int A_{\tan} \mathrm{d}L_S \tag{7-4}$$

$$A_{\tan} = \int \frac{\sqrt{3h^2}}{2\tan\beta} \mathrm{d}L_S \tag{7-5}$$

$$A_{\tan} = R^2 \arccos\left(1 - \frac{h}{R}\right) - (R-h)\sqrt{2Rh - h^2} \tag{7-6}$$

式中，$A_{\tan}$ 是压头尖端在划痕方向的投影切向面积。公式（7-5）适用于半径为 R 的球形针尖的投影面积，而公式（7-6）更适用于 Berkovich 压头的投影面积。

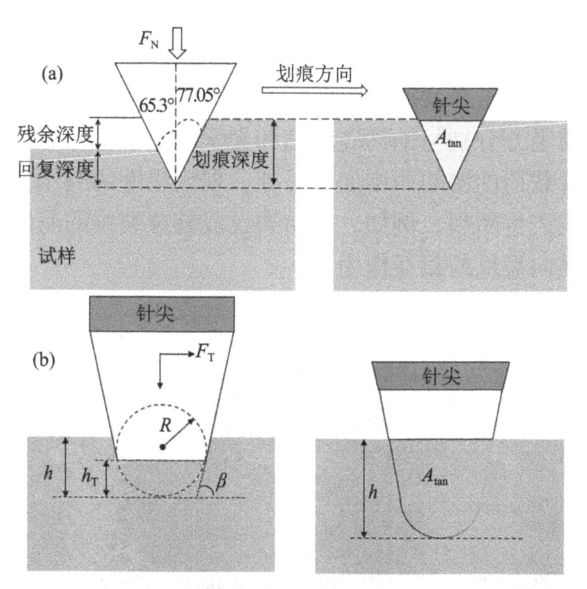

图 7-5　（a）锥形压头尖端和（b）Berkovich 尖端（正面图表示投影的切线面积）的几何结构以及横向纳米压痕实验示意图

变形功 W_S 由载荷-位移曲线的积分获得，最后结合划痕体积 V_S 得到划痕硬度 H_S：

$$W_S = \int F_L \mathrm{d}L_S \tag{7-7}$$

$$H_S = \frac{\partial W_S}{\partial V_S} \tag{7-8}$$

7.2 实验条件对划痕行为的影响

玻璃在使用前通常需要非常精确的研磨和抛光，在这些过程中，需要保障对玻璃材料的可控去除，以实现微米甚至纳米级的表面光洁度。划痕过程中涉及的各种实验参数可能会影响玻璃的划痕行为。抗划痕性不是材料基本特性，并且高度依赖于实验过程，因此，下述将重点介绍实验因素在玻璃划痕行为中的作用。

7.2.1 载荷的影响

1979 年，澳大利亚悉尼大学的 Swain 等[9]系统地研究了法向载荷对氧化物玻璃划痕行为的影响，发现在维氏压头下方的划痕区域中存在三个离散区域，具体取决于所施加的载荷，并根据划痕的外观将其分为微塑性区域、微切屑区域和微磨损区域。如图 7-6 所示，在低载荷（$P<0.5$ N）下没有观察到开裂，在中等载荷（0.5 N$<P<$5 N）下出现明显的中值裂纹和横向裂纹，在较高载荷（$P>5$ N）下划痕产生了严重的塑性变形甚至碎裂。然而，许多研究试图通过划痕损伤来了解玻璃材料的去除机制。美国罗彻斯特大学的 Li 等[6]和上海交通大学的 Gu 等[10]研究发现，划痕宽度的平方分别与钠钙硅玻璃和光学 BK7 玻璃上的法向载荷成正比。同样，深度也随着载荷的增加而增加。另外，划痕深度的突然变化可归因于从韧性到脆性的转变或产生断裂，例如，径向裂纹或赫兹裂纹的萌生，以及这些裂纹与扩展至表面的横向裂纹的相互作用。

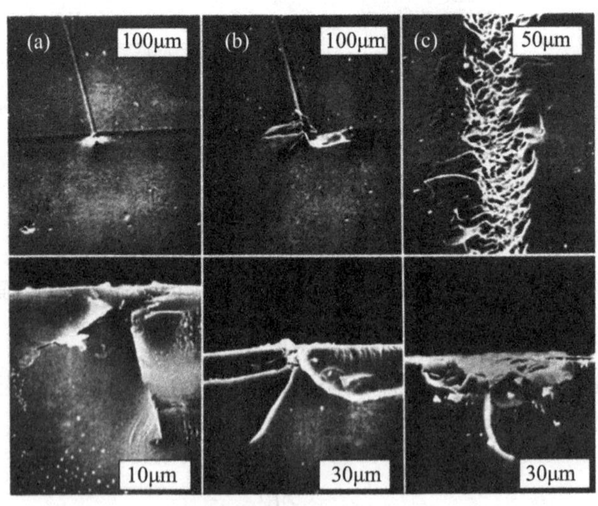

图 7-6 使用维氏压头在钠钙硅玻璃表面划痕的 SEM 图，其载荷分别为（a）0.25 N、（b）1 N、（c）5 N

福州大学的 Liu 等[11]使用半径为 105 μm 的金刚石压头对硼硅酸盐玻璃（K9）进行了微划痕实验，在 5 mN 到 6 N 的渐进载荷条件下研究了法向载荷对 K9 玻璃的变形/损伤和微裂纹的影响。研究结果表明，玻璃在给定条件下的塑性变形很小，在球形压头引起的变形中弹性变形起主要作用。同时，随着载荷/深度的增加，玻璃表面的划痕损伤机理从弹性变形转变为开裂，如图 7-7 所示，根据残余深度随法向载荷的变化可以分为三个不同的区域：

- 表面开裂前，由于脆性玻璃的塑性变形可以忽略，残余深度几乎为零，变形方式为纯弹性变形；
- 当发生微裂纹时，残余深度增加，因为表面损伤使压头滑出原始表面；
- 当发生切屑时，表面损伤变得不规则，表面严重不均匀，残余深度不断增加。

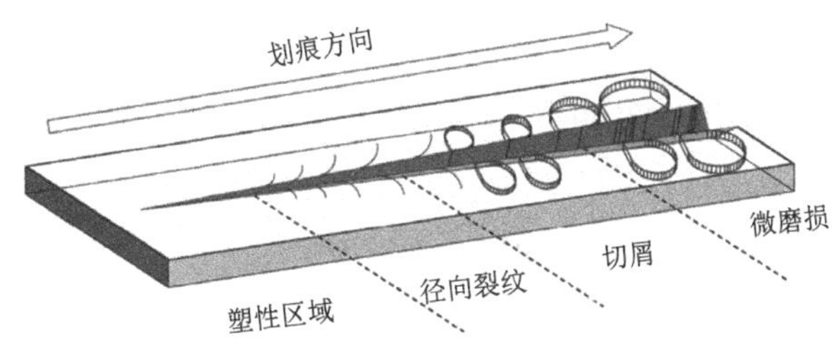

图 7-7　玻璃表面典型的划痕损伤示意图

随着划痕深度的进一步增加，玻璃表面或亚表面会出现裂纹，由于声发射信号的突然增加与裂纹的产生直接相关，因此，可以通过声发射信号的变化预测裂纹的产生。根据声发射信号的波动幅度，可以将划痕分为四个不同的阶段：

- 纯弹性变形且不出现开裂；
- 产生亚表面中值裂纹而不产生表面裂纹；
- 表面下径向和环状裂纹的发生，亚表面横向裂纹向表面扩展；
- 侧向裂纹扩展至玻璃表面，切屑是由侧向裂纹与径向和环状裂纹相交引起。

当裂纹扩展至玻璃表面时，声发射突然增加，如图 7-8（a）所示，当 F_v=2.4 N 时，声发射的较大幅度变化对应于表面裂纹的出现，包括径向裂纹和环状裂纹。当 F_v=4 N 时，声发射峰值对应于横向裂纹扩展至玻璃面表面。而当 F_v=4.8 N 时，峰值的突变是由表面横向裂纹和环形裂纹的相互作用导致。最终在 F_v=5.6 N 时，峰值的再次出现代表切屑的形成。基于声发射数据与裂纹的相关性可以确定裂纹萌生的过渡载荷，如图 7-8（b）所示，其中 L_{c1} 表示表面下中间裂纹的萌生载荷；L_{c2} 对应表面环状裂纹的萌生载荷；L_{c3} 与切屑的萌生载荷有关。

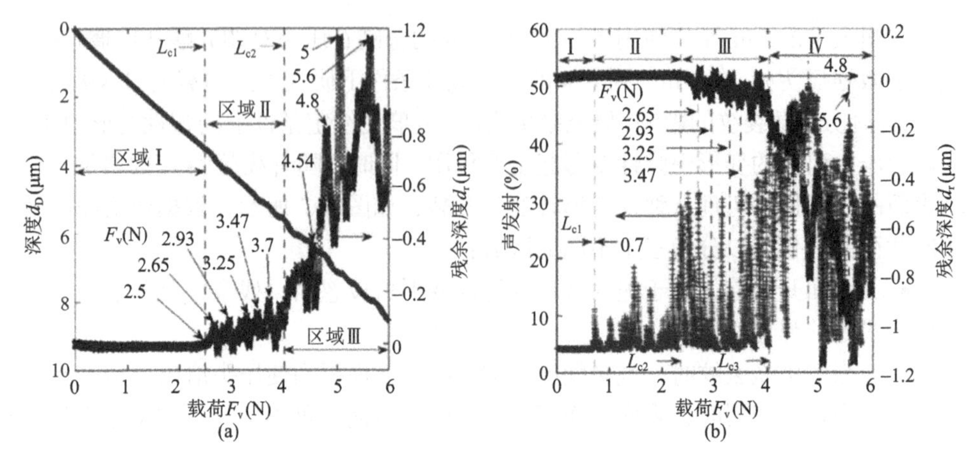

图 7-8　（a）划入深度和残余深度随法向载荷的变化；（b）声发射与对应的残余深度随法向载荷的变化

法国雷恩第一大学的Hagan等[12]通过硬度和断裂韧性预测了径向裂纹的萌生载荷：

$$P_c^R = \alpha K_c^4 / H^3 \tag{7-9}$$

材料的断裂韧性和硬度可以分别表示为

$$K_c = 0.016(E/H)^{1/2} P / C^{3/2} \tag{7-10}$$

$$H = P / 2a^2 \tag{7-11}$$

式中，E为杨氏模量，P为法向载荷，C为压痕两条径向裂纹平均长度的一半，a为压痕对角线的一半。尽管如此，人们关注较多的还是玻璃表面的损伤和材料去除机理，然而，玻璃在储存、运输、安装和服役过程中会与外界异物发生物理接触，在一定条件下会产生接触界面的应力集中，在应力作用下产生微裂纹，裂纹的扩展会影响玻璃的力学性能，降低使用寿命。即使物理接触的应力远低于剪切损伤阈值，不会留下表面损伤，但这种“温和”的接触仍然会对玻璃产生看不见的化学缺陷，降低材料的机械强度或化学耐久性。为了揭示玻璃网络中通过与异物的物理接触而产生的结构变化，西南科技大学的 He 等[13]利用纳米级红外光谱和反应分子动力学模拟，研究了熔石英玻璃在纳米划痕时的亚表面结构变化，如图 7-9 所示，实验结果表明，在表面形貌没有变化的情况下，熔石英玻璃亚表面化学结构发生了变化，表明熔石英玻璃在机械变形时具有“化学塑性”。在具有亚表面致密化的塑性变形区域中，发现 Si—O 键长比原始区域更长，表明玻璃网络的致密化主要通过 Si—O—Si 键角的减小发生，而不是 Si—O 键长度的缩短。

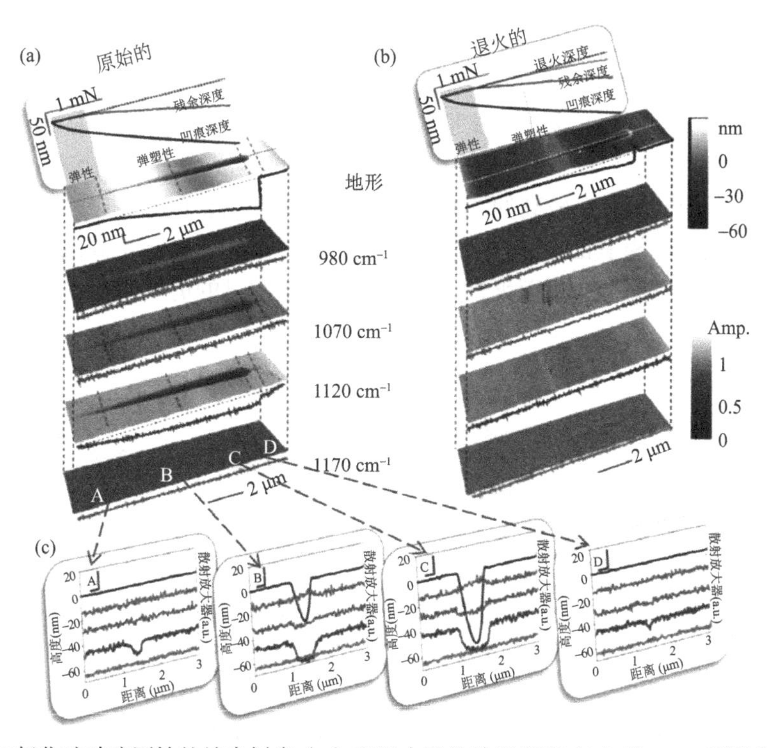

图 7-9　二氧化硅玻璃原始的纳米划痕（a）和退火后的纳米划痕（b）的 AFM 形貌和 S_2 振幅图像。纳米划痕是在变载模式下完成，最大载荷为 3 mN。（c）熔石英玻璃表面的横截面线剖面轮廓线和原始的纳米划痕的 S_2 图像的对比，图中，标有 A、B 和 C 的位置所施加的载荷分别为 0.5 mN、1.8 mN 和 2.8 mN，位置 D 位于纳米划痕结束后的尾部，这是在卸载过程中由于球形尖端的二次滑动而接触的区域

根据库仑摩擦定律，玻璃的摩擦系数（μ）与载荷无关。然而，压头和玻璃表面的相互作用程度以及粗糙峰之间的应力分布可以控制物理摩擦的程度，从而影响摩擦系数的数值大小。随着载荷的增加，赫兹拉伸裂纹之间的相互作用增强，导致在钠钙硅玻璃表面上形成微碎屑。当滑动压头和划痕之间存在微碎屑时，它们会进一步被粉碎形成磨屑，处于滑动压头和划痕之间的碎屑是导致摩擦系数增大的主要原因。

印度中央玻璃和陶瓷研究所 Bandyopadhyay 等[14]利用金刚石压头在钠钙硅玻璃表面进行划痕实验，法向载荷为 2～15 N。实验结果发现，在施加的法向载荷为 2～15 N 的范围内，钠钙硅玻璃的摩擦学参数，如摩擦力、摩擦系数、划痕宽度和深度以及磨损量都随载荷的增加而增加。钠钙硅玻璃划痕中的损伤程度随着法向载荷的增加而增加。钠钙硅玻璃的材料去除主要涉及赫兹裂纹之间的“相互作用”，即使在较低的载荷（2 N）下，钠钙硅玻璃也会产生明显的亚表面损伤，

分别是在划痕下方的“一级损伤区”，由部分或完全压碎的材料组成的“二级损伤区”，最后是充满剪切痕迹的“三级损伤区”。如图 7-10 所示，一级、二级和三级损伤区域分别用灰色阴影、纹理阴影和黑色阴影表示。除了三个不同的损伤区之外，在中等载荷（5 N）下，亚表面损伤区中的横向裂纹相互连接并在划痕下方形成“松动”的区域。在较高的法向载荷（10 N）下，除了三个损伤区和微碎屑的形成外，在划痕的横截面上还存在大量随机取向的剪切带。在更高的负载（15 N）下，损伤区域的空间范围显著增加，同时存在非常明显的剪切带，如图 7-10 所示。

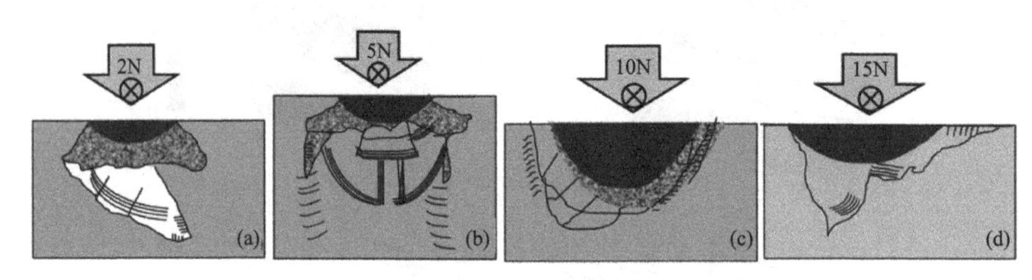

图 7-10　钠钙玻璃划痕亚表面损伤示意图

最近的研究结果表明，划痕的变形行为与法向载荷密切相关，而划痕内部的纳米机械性能也同样受到载荷的影响。为了研究法向载荷对划痕内机械性能的影响，印度中央玻璃和陶瓷研究所的 Bandyopadhyay 等[15]采用抛光的钠钙硅玻璃以 200 mm/s 的恒定速度在不同法向载荷（5～15 N）条件下进行了纳米划痕实验。利用纳米压痕仪分析划痕内部和原始玻璃表面的力学性能，结果表明，钠钙硅玻璃划痕内的纳米硬度和杨氏模量比原始样品表面降低了约 30%～60%。通过光学显微镜、扫描电子显微镜和场发射扫描电子显微镜观察到划痕亚表面存在剪切变形和微裂纹，当压头与划痕之间产生微裂纹时，划痕深度增加，导致纳米硬度降低。因此，当载荷较大时，玻璃表面产生微裂纹的概率增大，从而降低划痕内部的硬度。

除了微裂纹，划痕之间的应力相互作用也会对划痕过程中产生的亚表面损伤和材料去除造成影响。为了阐明划痕之间的应力相互作用机理，上海交通大学的 Gu 等[16]研究了不同载荷和不同距离下的划痕形态，结果发现，在双划痕实验中，玻璃材料去除量在很大程度上取决于划痕之间的距离。天津大学的 Yang 等[17]建立了一种考虑划痕距离的应力干扰分析模型，以分析应力分布与裂纹扩展之间的关系，并在硅铝酸锂（LAS）玻璃表面进行了双划痕实验，划痕距离分别为 1 μm、2 μm、4 μm 和 8 μm，如图 7-11 所示。实验结果表明，在产生划痕干扰的情况下，裂纹会由于最大主应力的增加而进一步扩展。在相互作用范围内，最大主应力随划痕距离的增加而减小。

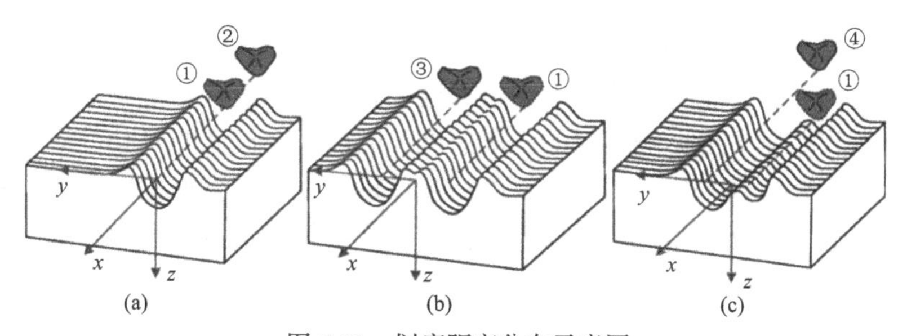

图 7-11　划痕距离分布示意图
①、②、③、④均为分布于划痕不同位置的磨粒

玻璃材料的去除方式与相邻磨屑的相互作用强度之间存在很强的关系。在相互作用范围内较大的划痕距离易于实现韧性材料的去除，而相对较小的划痕距离更容易导致脆性材料的去除。较大的划痕距离会产生较高的弹性回复率，并且残余深度较低。较小的划痕距离会在表面上产生较高的残余应力，当压头作用于玻璃表面产生第二划痕时，由第一划痕留下的裂纹能起到促进第二条裂纹扩散的作用。另外，相对较小的划痕距离会导致更高应力和产生更严重的裂纹。

在此基础上，天津大学的 Qiu 等[18]利用锥形金刚石针尖研究了不同的划痕深度和分离距离对划痕相互作用的影响（图 7-12）。对于相同的划痕距离，相互作用强度随着划痕深度的增加而变强。另外，对于相同的划痕深度，相邻划痕之间的相互作用区域取决于划痕距离。相互作用区域首先随着间隔距离的增加而增长，然后在间隔距离进一步增加时减小。因此，划痕深度和距离是影响双划痕之间作用强度的两个主要因素。

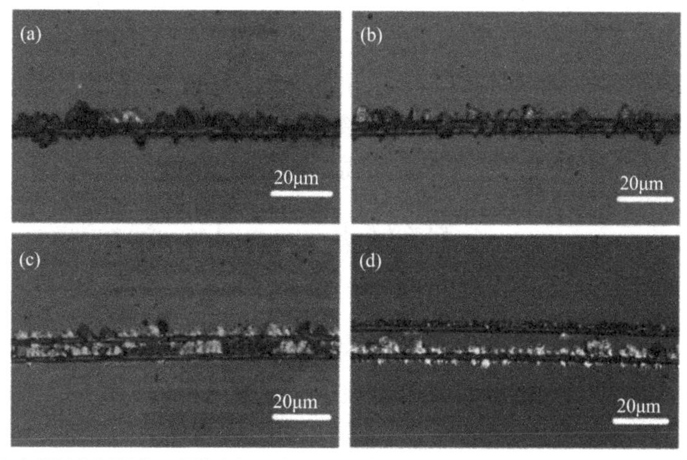

图 7-12　在相同划痕深度不同划痕距离下的双划痕光学显微镜图，划痕深度为 500 nm，（a）～（d）划痕距离分别为 1 μm、2 μm、5 μm 和 8 μm

在玻璃的双重划痕实验中，通常存在三种类型的裂纹相互作用：相邻划痕之

间的横向或径向裂纹的相互作用以及径向裂纹和横向裂纹的相互作用。横向裂纹和径向裂纹的相互作用将在适当的划痕深度和划痕距离下引起材料剥离，而横向裂纹的相互作用则主要影响材料的剥离厚度。因此，在玻璃的研磨过程中，通过优化砂轮和工艺参数来增强横向裂纹的相互作用是一种提高加工效率的方法。同时，裂纹之间的相互作用也会对玻璃陶瓷的表面质量产生负面影响，因此应避免在加工中出现裂纹。

7.2.2 速度的影响

除了载荷，压头滑过玻璃表面的速度也是决定氧化物玻璃损伤机制的关键因素。美国罗彻斯特大学的 Li 等[6]研究了速度对划痕的影响，发现当压头快速滑过玻璃表面时，黏滑现象的影响减小，划痕的深度和宽度随着划痕速度的增加而减小，从而使划痕的接触面积减小，进一步推断划痕硬度可能会随着划痕速度的增加而增加。与此同时，Li 等最早提出了划痕速度对氧化物玻璃变形行为的影响。在最近的研究中，福州大学的 Liu 等[19]研究了不同的划痕速度对开裂的影响，发现，随着划痕速度的增加，裂纹密度和赫兹环裂纹的临界载荷都会降低，从而导致划痕表面产生更多的碎屑，而在较小的划痕速度下，即使在较高的载荷下也会观察到更少的碎屑。

除了对裂纹的影响，划痕速度也会影响氧化物玻璃的摩擦学行为。Bandyopadhyay 等[20]研究表明，磨损量和磨损率与划痕速度呈反指数规律关系。然而，摩擦力和摩擦系数随着划痕速度的增加而增加，这归因于划痕速度增加，压头与划痕接触面积减小，从而导致拉伸应力增大。此外，Li 等[6]研究表明，裂纹密度或被裂纹覆盖的划痕比例随着划痕速度的增加而减少。与此同时，Bandyopadhyay 等[20]研究了划痕速度对钠钙硅玻璃变形行为的影响，证明了划痕损伤特征的演变，包括环形裂纹（赫兹拉伸裂纹）、塑性变形、微裂纹和微磨损碎屑随划痕速度的变化。结果表明，赫兹裂纹萌生所需的临界载荷（P_c）随划痕速度的增加而降低。此外，裂纹形成所需的临界载荷可通过式（7-12）估算：

$$P_c = 6.7\times10^{-3}\frac{k\left(\gamma_s / E_s\right)^{1/2}}{\left(1-\nu_s^2\right)^{\frac{1}{2}}\left(1-2\nu_s\right)}\frac{1}{\left(1+15.5f\right)^3}\frac{r}{I_f^3 c_f^{3/2}}P \tag{7-12}$$

式中，k 是由赫兹接触半径导出的影响因子，它取决于试件的泊松比和压头的弹性模量；γ_s 是断裂能，E_s 是试件的弹性模量，ν_s 是试件的泊松比，f 是摩擦系数，r 是压头的半径，c_f 是临界缺陷尺寸，I_f 是与缺陷尺寸有关的常数。

研磨和抛光过程是通过已给定速度进行多次划痕来去除材料，为了改善研磨或抛光的效率，研究人员对于划痕速度在影响玻璃材料去除机理方面的作用做了大量的研究。Bandyopadhyay 等[21]利用钠钙硅玻璃在 5 N、10 N 和 15 N 的三种不同法向载荷下以 100～1000 μm/s 范围内的各种速度下进行划痕实验，研究了表面和亚表面变形机理。实验证据表明，随着划痕速度的增加，赫兹拉伸裂纹数量减少，相互作用降低，裂纹内的损伤减少。图 7-13 显示了划痕损伤随划痕速度的演变。通过比较对应于 100 μm/s 和 1000 μm/s 的光学显微镜图，很容易观察到裂纹密度的下降。

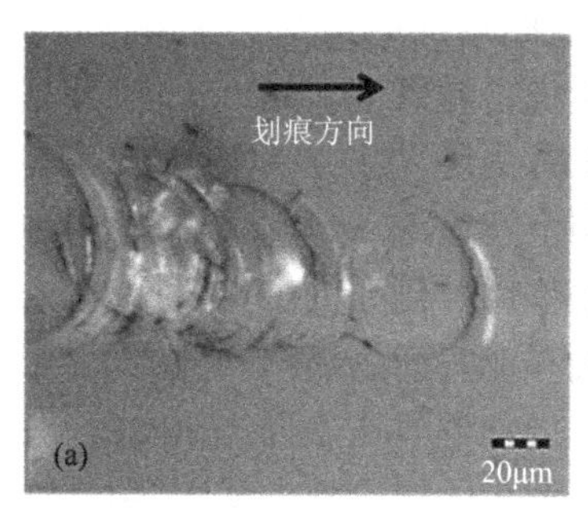

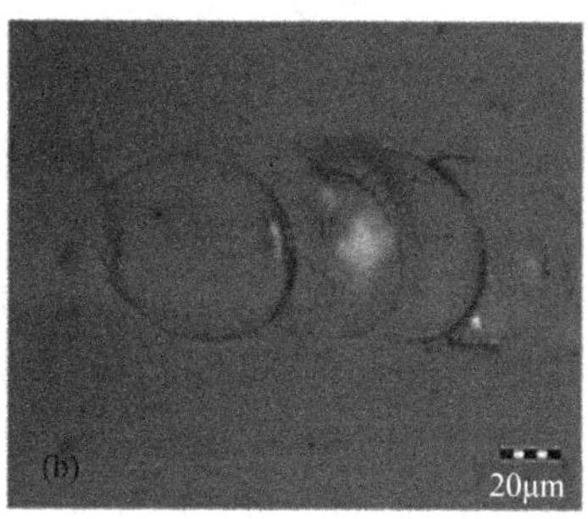

图 7-13　钠钙硅玻璃表面在（a）100 μm/s 和（b）1000 μm/s 下的划痕光学显微镜图

此外，环形/径向裂纹的产生由局部应力集中和在玻璃中引发新裂纹的接触时间控制，因此，对于较低的划痕速度，较长的接触时间使表面在相对较长的时间内保持应力。这一条件有利于表面更多的裂纹形核。另一方面，较高的划痕速度不利于裂纹形核，因为与形核裂纹的接触不足阻碍了这种应力集中。

此外，在任何给定的法向载荷情况下，划痕的宽度、深度、磨损量和钠钙硅玻璃的磨损率均随划痕速度的提高而降低，随着摩擦速度的提高，玻璃表面损伤显著减少。接触时间、压头产生的拉伸应力和压头正下方的剪切应力在控制钠钙硅玻璃的材料去除机制中起着重要作用。

美国罗彻斯特大学的 Li 等[6]对钠钙硅玻璃进行了一系列划痕实验，进一步研究了划痕宽度和深度与划痕速度的关系，如图 7-14 所示。实验结果表明，随着划痕速度的增加，划痕的宽度减小，划痕深度也逐渐变浅。

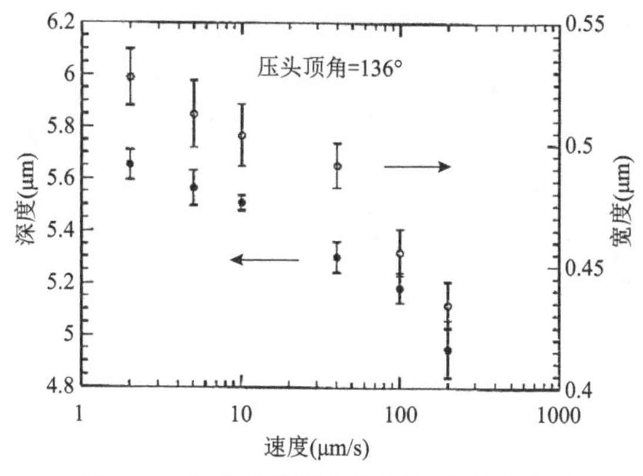

图 7-14　划痕的深度和宽度与速度的关系

为了更深入地了解划痕速度对氧化物玻璃的损伤机制，划痕实验还侧重于探究亚表面损伤与划痕速度的关系。Bandyopadhyay 等[21]通过钠钙硅玻璃在一定法向载荷下以不同的划痕速度进行实验，观察到赫兹拉伸裂纹的数量随着滑动速度的增加而减少。然而，在划伤的钠钙硅玻璃亚表面，发现亚表面剪切变形、微裂纹和微断裂事件发生的程度随着滑动速度的增加而增加。主要涉及最大剪应力（$\tau_{\max}$）和拉应力随着划痕速度的增加而增加，导致 $\tau_{\max}$ 超过了他们研究中使用钠钙硅玻璃的理论剪切强度，从而导致亚表面受到严重的破坏。Liu 等[19]于 2019 年在一项关于 K9 玻璃的研究中也发现了与上述讨论一致实验现象。与此同时，研究人员还努力了解不同载荷与划痕速度的作用。例如，Bandyopadhyay 等[21]研究了随着载荷的增加和较高速度下划痕表面和亚表面的损伤程度。图 7-15 中的场发射扫描电子显微镜（FESEM）照片显示了玻璃划痕亚表面损伤随滑动速度和法向载荷的变化。除了划痕损伤随施加的法向载荷的演变外，从图 7-15（a）～（d）看出，玻璃的赫兹裂纹边界区域内存在边缘裂纹和微裂纹，由于尖端与划痕的接触时间较短，在较低滑动速度[图 7-15（a）、（c）]比在较高滑动速度[图 7-15（b）、（d）]下的裂纹更加明显。此外，随着滑动速度增加，压头受到的有效拉应力增加，以及在施加的法向载荷下，压头下的剪应力增加。通过比较图 7-15（e）和（f）可以发现，在较高滑动速度[图 7-15（f）]下比在较低滑动速度[图 7-15（e）]下更容易诱导局部断裂和碎裂的形成。研究表明，接触时间、压头后的拉应力、压头

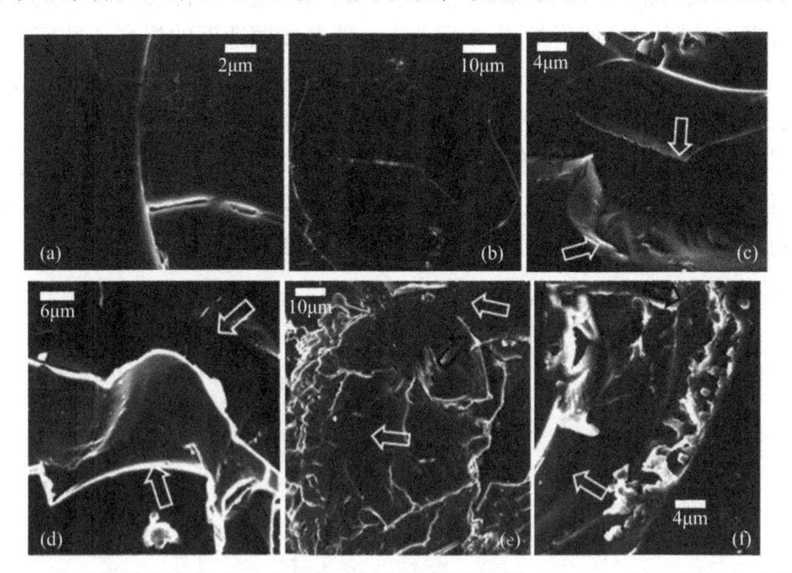

图 7-15　较低的滑动速度（a、c、e）和较高的滑动速度（b、d、f）下的 SLS 玻璃划痕亚表面损伤的 FESEM 显微图

（a）、（b）对应于施加 5 N 的法向载荷；（c）、（d）对应于施加 10 N 的法向载荷；（e）、（f）对应于施加 15 N 的法向载荷。中空的黑色和白色箭头表示亚表面区域的微裂纹、剪切带

下的剪应力是决定划痕材料去除机理的关键因素。德国耶拿大学的 Moayedi 等[22]通过威布尔统计分析，为微磨损的产生定义了两个概率函数，他们发现在高划痕速度下，超过特定的法向载荷后，划痕传播概率对表面缺陷的影响服从指数函数。它表示与载荷无关的失效概率属于纯随机分布。另一方面，由于在不同速度下的划痕实验可观察到微裂纹的产生，因此，威布尔模量也随着划痕速度的增加而增加。

7.2.3 压头性能的影响

金刚石是压头最常用的材料，用于模拟与玻璃表面接触的硬质刀具、磨粒或磨料。使用钻石尖端可以深入了解抛光或研磨过程中的材料去除机制。一些划痕研究也使用了钻石以外的材料，如钢[23-26]、二氧化硅[27]和以硼硅酸盐为基础的材料[28]。本节主要讨论压头参数，如几何形状、尺寸和顶角对玻璃划痕行为的影响。

维氏、伯氏、努氏和立方角型压头通常被称为锋利压头尖端，用于模拟划痕中存在的尖锐粗糙度的动态接触情况，另一方面，尖端半径大于 100 μm 的球形或球面压头可用来模拟磨损砂轮与玻璃表面的动态接触情况。华南理工大学的 Feng 等[29]最近的一项划痕研究采用立方角压头进行划痕实验，研究砂轮中磨粒与玻璃表面的相互作用。与尖锐的压头相比，钝化的压头在划痕过程中的局部应力显著降低。因此，通过尖锐的压头表现出的划痕形态也不同于钝化的压头尖端。例如，通过尖锐的压头形成的划痕内[30]，没有观察到由球形压头造成的赫兹拉伸裂纹或环状裂纹。当玻璃表面受到钝化压头产生的划痕时，压头与玻璃表面接触区域的后端部分受到拉应力，而接触区域前端部分受到压应力。由于固有表面和亚表面的缺陷，玻璃的抗拉强度远低于抗压强度。为了减少滑动压头顶端的局部应力，德国耶拿大学 Sawamura 等[31]采用圆锥形尖端对一系列硅酸盐玻璃进行划痕实验，以便于识别韧性断裂的起始点和从弹性变形转变为弹塑性变形的屈服点。与此同时，使用圆锥形尖端也可以研究变载划痕期间微裂纹和微磨损特征的产生。

划痕研究也侧重于了解玻璃抛光或研磨过程中相互作用的磨粒形状或刀具形状对材料去除机制的影响。对玻璃材料的最初尝试是由美国罗彻斯特大学的 Li 等[6]完成。在这项研究中，使用了三个不同顶角（2θ）的锥形压头，其顶角分别为 60°、90°和 136°。结果表明，摩擦系数随顶角的减小而增大。此外，在相同的实验条件下，与使用 136°（较高顶角）的压头相比，压头的锐度（较低的顶角 60°和 90°）加速了划痕损伤。然而，与 136°顶角压头不同的是，具有较低顶角的压头显示出更多的尖端磨损。分析表明，玻璃表面的损伤类型取决于其接触类型，即弹性（“钝”压头）接触和塑性（“尖锐”压头）接触。钝化压头会在玻璃表面上产生更多的可见划痕，而尖锐压头会磨碎玻璃表面并产生更细、更均匀的划痕。

德国达姆施塔特工业大学的 Schneider 等[32]使用三种不同顶角（60°、90°、120°）的锥形压头对退火和钢化玻璃的耐损伤性进行了划痕实验，发现与顶角为90°和120°的圆锥形压头相比，具有60°顶角的金刚石压头下的划痕有明显的裂纹出现。在法向载荷为1000 mN时，可以观察到钢化玻璃的破裂。相比于60°顶角的尖端，具有 90°顶角的尖端引起的玻璃划痕更均匀。最近的一项研究中，华南理工大学的 Feng 等[33]使用4种不同顶角（80°、100°、120°、136°）的锥形压头在BK7玻璃表面进行了划痕实验，以研究其裂纹行为和材料去除过程。研究发现，横向裂纹和径向裂纹的数量随着压痕顶角的增加而减少。划痕实验中的材料去除体积也随着顶角的增加而减少，在 136°的压头下只观察到很少的材料去除（图7-16）。

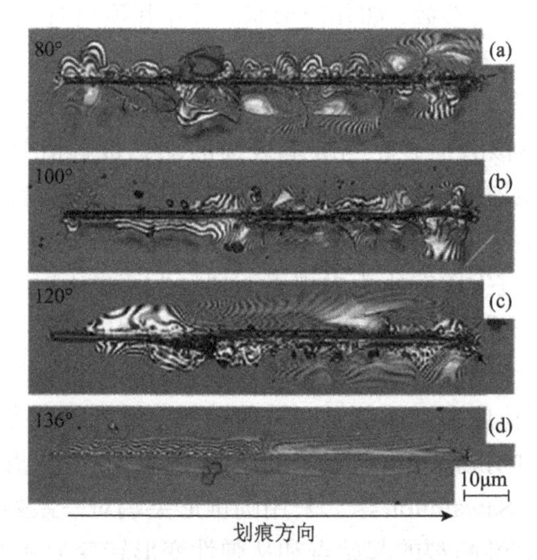

图7-16　不同针尖顶角下的划痕共聚焦显微镜图

通过对不同压头尺寸的划痕研究，可以了解不同尺寸的细小磨粒（如微米、亚微米或纳米）与玻璃表面的相互作用及其材料在抛光和去除过程中的作用。19世纪末，赫兹估计了当硬球压头压在脆性材料表面时，锥形裂纹萌生的临界载荷（P_c）处的最大拉应力（σ_m）。后来，美国机械工程师协会的 Auerbach 等[34]提出了锥形裂纹萌生所需的临界载荷与压头尖端半径成正比。这类经典研究说明，压头尖端半径（R）是影响划痕行为的关键参数之一。

为了了解熔融二氧化硅（SiO_2）的材料去除机理和摩擦学行为，Wei 等[30]采用三种不同压头半径（100 μm、20 μm 和 10 μm）的 Rockwell 压头进行划痕实验，不同压头半径所需的赫兹裂纹萌生临界载荷（P_c）不同。在0.2 N载荷下，当尖端半径为 10 μm 时，熔融石英玻璃表面出现赫兹裂纹，而当尖端半径为 100 μm 时，熔融石英玻璃表面出现赫兹裂纹的临界载荷为 1 N。研究发现，较小的尖端半径（10 μm）会产生显著的残余塑性深度，而较大的尖端半径（100 μm）则以弹性变形为主。

韩国西江大学的 Lee 等[35]采用半径为 2 μm 和 500 μm 的锥形尖端在钠钙硅玻璃表面分别进行纳米划痕实验和微米尺度划痕实验，研究划痕-尖端-尺寸效应（STSE）及其对摩擦学和划痕行为的影响。如图 7-17 所示，对于较小尖端半径的纳米划痕实验，在发生韧性断裂时，观察到摩擦系数（μ_t）曲线的突然变化。然而，在更广泛的尖端半径划痕实验中并没有观察到这种变化，这是由 STSE 引起的现象。由于滑动压头的后端诱发了拉应力，在临界点处，摩擦系数曲线中没有捕捉到压头后面发生的脆性断裂，这与纳米划痕实验不同，在纳米划痕实验中，尖端在玻璃表面滑动时发生了切屑和屈服。根据法国军备总局 Mouginot 等[36]的研究，对于每种材料，压头尖端都有一个过渡半径。如果压头尖端半径大于过渡半径，则在特定的载荷下会发生开裂。相反，当尖端半径小于过渡半径时，则会发生材料的屈服。

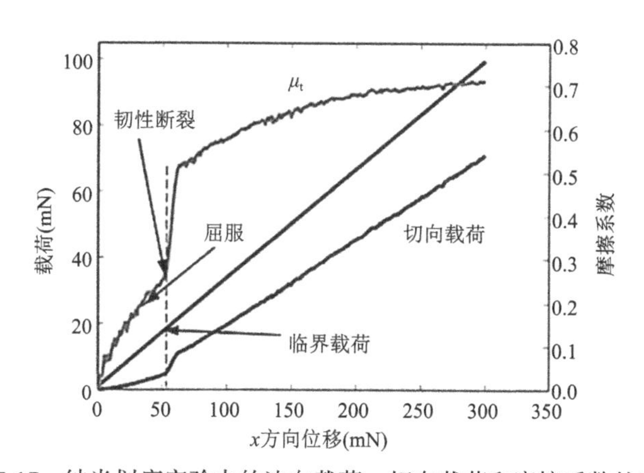

图 7-17 纳米划痕实验中的法向载荷、切向载荷和摩擦系数的变化

在划痕实验中，当压头半径小于 10 μm 时，其引起的断裂损伤与尖锐压头相当。例如，德国达姆施塔特工业大学 Schneider 等[32]使用尖端半径约为 5 μm 的锥形压头在钠钙硅玻璃表面进行划痕实验，划痕内产生了径向裂纹和切屑特征，这与 Vickers 或 Berkovich 等尖锐压头造成的划痕相同。在另一项研究中，美国劳伦斯利弗莫尔国家实验室的 Suratwala 等[37]使用尖端半径为 10 μm 的锥形压头和尖端半径为 10 nm 的维氏压头对熔融二氧化硅试样进行划痕实验。研究发现，当尖端半径为 10 μm 时，即使尖端半径约为维氏压头的 1000 倍，其断裂损伤程度仍

与尖端半径为 10 nm 时相当。虽然上述研究并没有估算出压头尖端的过渡半径，但通过实验观察，他们推断这可能是由于过渡半径和压头顶角的作用。

7.2.4 环境因素的影响

划痕过程所处的环境对其行为有显著影响，压头滑动的液体或潮湿环境对硅酸盐玻璃的机械强度、摩擦行为和损伤行为如临界载荷有显著影响。因此，了解这些环境因素对实际应用过程非常重要，例如，湿法抛光和研磨。本节主要讨论了氧化物玻璃在不同湿度和水环境下的划痕研究。

尽管氧化物玻璃通常被认为是化学惰性材料，但研究表明，空气中少量的水分足以使其在应力下与玻璃发生反应，从而导致部件过早失效[38-40]。为了深入揭示玻璃的耐划伤性与湿度的关系，法国雷恩大学的 Le Houérou 等[41]设计了湿度和温度可控的划痕实验装置，研究了水分含量对划痕耐划伤性能的影响，实验结果表明，玻璃划痕模式很大程度上取决于湿度水平：湿度越高，则越早出现不同的损伤过程。如图 7-18 所示，在湿度为 0%的情况下，划痕内出现较大的横向裂纹，在卸载过程中会出现较短的裂纹，几乎不存在径向裂纹，随着湿度的升高，该现象迅速消失。他们认为，湿度含量对 SLS 玻璃损伤中的切屑和微磨损特性有直接影响。

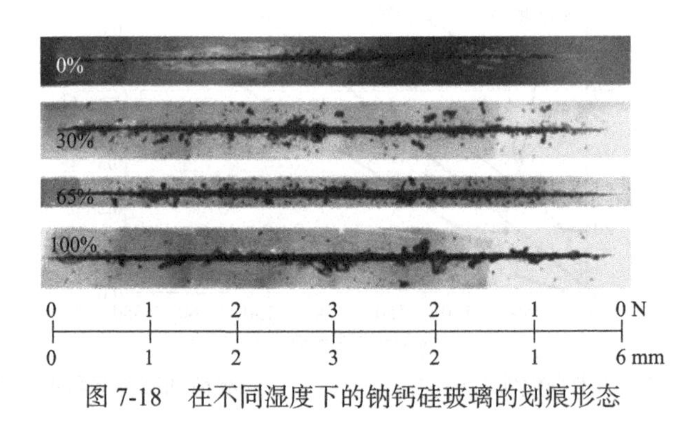

图 7-18　在不同湿度下的钠钙硅玻璃的划痕形态

何洪途等[24]研究了对摩副化学特性对钠钙硅玻璃摩擦和磨损的影响。实验采用球-平面摩擦计，对摩副表面由不同的材料（不锈钢、氮化硅和氧化铝）组成。在潮湿条件下，比玻璃表面更硬的滑动球出现了明显的损伤，这表明玻璃界面处的磨损行为不符合 Archard 定律。研究表明，这主要是由于界面剪切促进水分子吸附的机械化学反应发生。机械磨损和机械化学磨损之间的区别在于在滑动过程中是否涉及化学反应[42]。表面缺陷的形成不仅取决于物理接触的机械条件，还取决于环境条件。何洪途等[43]研究了钠钙硅玻璃在 10%和 60%相对湿度（RH）条件下的纳米划痕行为。根据摩擦和划痕深度的演变，钠钙硅玻璃表面的变形可分为四种状态（图 7-19）：弹性变形和恢复（E）、不依赖于环境湿度的轻度塑性变形（P-1）、依赖于环境湿度的中间塑性变形（P-2）和不依赖环境湿度的严重塑性变形（P-3）。玻璃表面的塑性变形强烈依赖于环境（玻璃外部）的湿度条件，因为塑性变形是在玻璃亚表面（玻璃内部）发生的过程。由于滑动界面处的摩擦能量耗散模式的差异，导致玻璃亚表面损伤出现不同的变形模式。

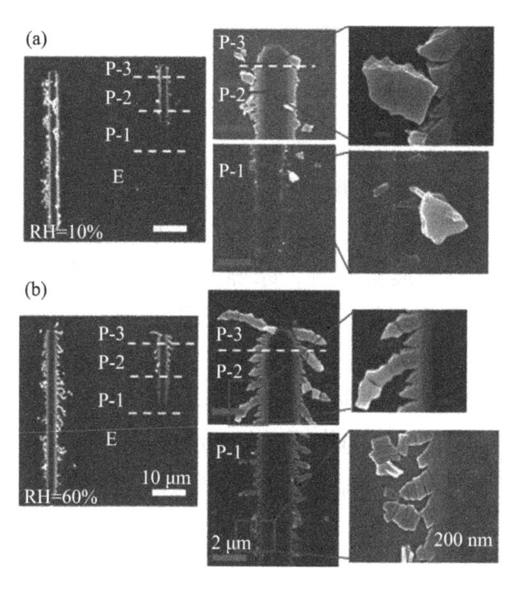

图 7-19　在（a）相对湿度 RH=10%和（b）RH=60%环境中钠钙硅玻璃的纳米划痕的扫描电子显微镜（SEM）图

此外，何洪途等[44]利用 AFM 对两种不同的滑动尖端（SiO_2、金刚石）在 SLS 玻璃表面进行了纳米划痕实验。根据接触压力、表面化学成分和湿度（40%），确定了三种不同的磨损状态，即机械磨损、应力腐蚀磨损和摩擦化学或机械化学磨损。如前所述，环境湿度对氧化物玻璃的划痕行为起着重要作用。美国普渡大学的 Chen 等[45]在不同液体环境下对硼硅酸盐、熔融石英玻璃表面进行了划痕实验，并估算其摩擦系数和中位裂纹深度。研究发现，水和切削油会降低摩擦系数。然而，与在石油下的划痕中观察到的中位裂纹相比，水中的中位裂纹深度更大。这归因于应力腐蚀，水有助于裂纹的扩展。在最近的一项研究中，Yoshida 等[46]也做了相似的研究，他们发现，水环境下的划痕中位裂纹长度比在庚烷环境下的划痕长，如图 7-20 所示。同样，日本茨城县机械工程实验室的 Enomoto[47]研究发现，在磷酸和水等活性环境中，产生赫兹裂纹所需的临界载荷下降了近 70%。

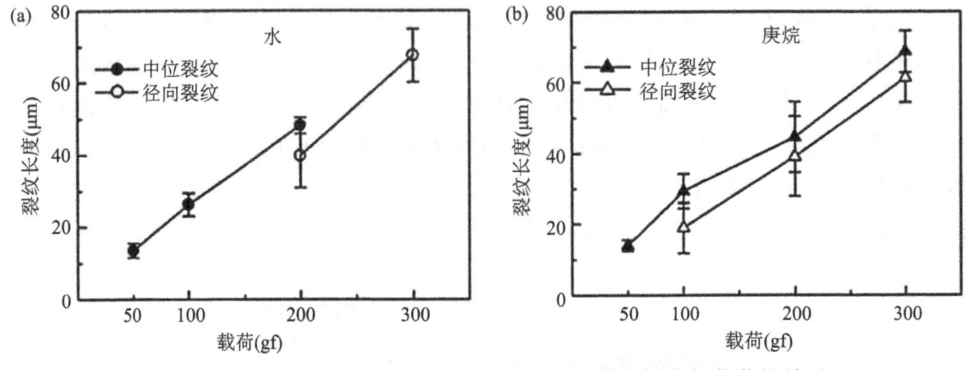

图 7-20　在（a）水中和（b）脱水庚烷中的裂纹长度与载荷的关系

美国罗彻斯特大学的 Li 等[6]通过用一滴液体包围金刚石压头进行划痕实验来模拟液体环境对玻璃划痕的影响，液体环境包括水、氢氧化钠、石蜡油和甘油。当用球形压头在水中进行划痕实验时，摩擦力表现出黏滑特性的锯齿波形特征。对于其他三种液体，其行为相似，但是摩擦力没有显示出如图 7-21（a）所示的规则图案。但是，当使用锥形压头（90°和 136°）时，没有观察到黏滑现象[图 7-21（b）]。在所有四种液体中，当球形或圆锥形压头在水和氢氧化钠中滑动时，摩擦力更高，而石蜡和甘油没有明显的作用。由于水增加了压头和玻璃之间的附着力，因此在水分子存在的情况下，摩擦力比在干燥条件下更高。

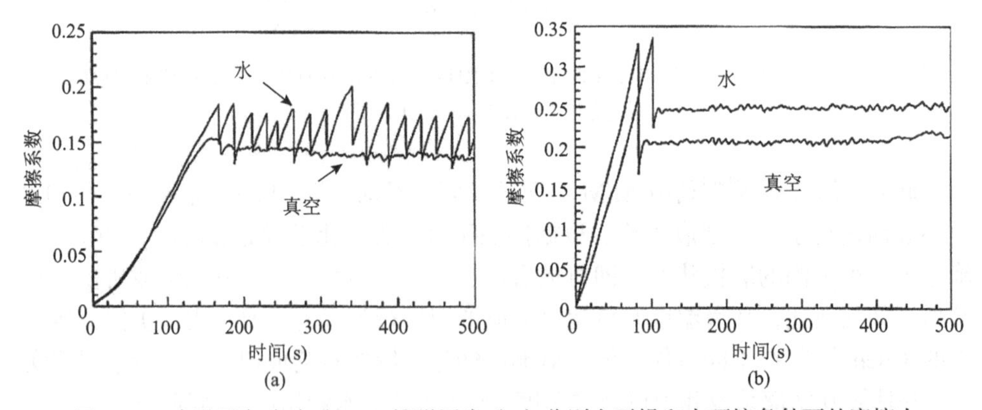

图 7-21　球形压头（a）和 136°锥形压头（b）分别在干燥和水环境条件下的摩擦力

另一方面，石蜡等化学活性较低的环境增加了赫兹裂纹萌生的临界载荷。He 等[48]利用往复式球面摩擦实验机研究了掺钕磷酸盐激光玻璃在有水和无水条件下的摩擦磨损行为。结果表明，在有水存在的情况下，玻璃的材料去除体积很大；在没有水的情况下，玻璃亚表面损伤的程度更大。由于滑动球和玻璃表面之间水的存在降低了剪切力，从而降低了摩擦力，最终减少了亚表面损伤。

西南科技大学乔乾等[26]在最近的一项研究中，使用球-平面实验装置将不锈钢球与硼硅酸盐玻璃表面摩擦，研究了摩擦诱导损伤表面对玻璃表面氢氟酸（HF）刻蚀的影响。如图 7-22 所示，根据给定载荷和表面损伤类型，确定了划痕区、裂纹区和磨屑区三个不同的区域。摩擦诱导玻璃表面 HF 刻蚀速率的顺序为：磨屑区<裂纹区<划痕区<原始玻璃。由于不锈钢球在玻璃表面滑动，在划痕内留下了一层薄的钢氧化层，导致硼硅酸盐玻璃表面碎屑区域刻蚀速率的降低。

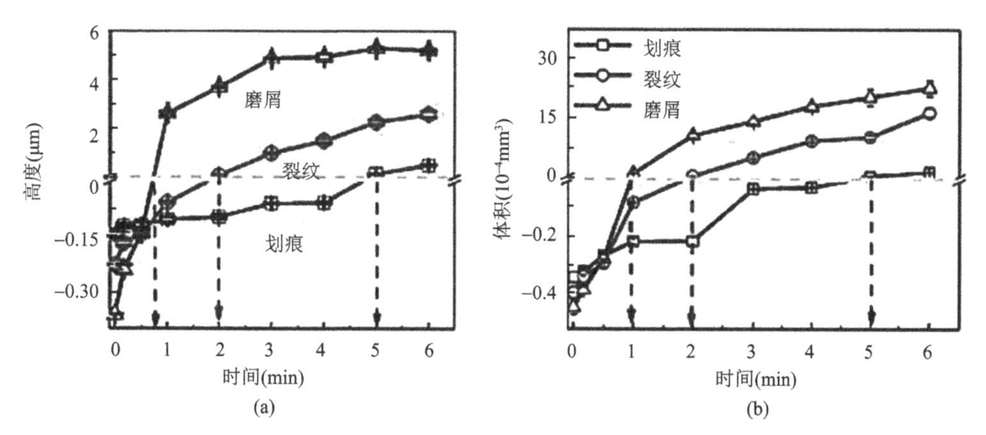

图 7-22　硼硅酸盐玻璃表面不同划痕区域的（a）高度和（b）磨损体积的变化

7.2.5　玻璃成分的影响

硅酸盐、硼硅酸盐和稀土玻璃的划痕行为与其具体成分密切相关。硬度、弹性模量等机械性能主要由玻璃的黏结强度、连通性和密度决定。研究表明，玻璃成分的改变会对上述固有因素产生显著影响，因此可以观察到断裂韧性、弹性模量和硬度等力学性能的变化。此外，划痕硬度也依赖于弹性模量等力学性能，本节将讨论成分对玻璃划痕行为的影响。

由于 SLS 玻璃的化学稳定性、优异的强度和低成本，被广泛应用于太阳能系统、现代建筑结构等领域[32,49,50]。此外，SLS 玻璃几乎占全球玻璃产量的 90%。因此，大多数划痕研究都是针对 SLS 玻璃，以模拟氧化物玻璃的典型划痕行为。为了掌握成分对硅酸盐玻璃划痕行为的影响，法国雷恩大学的 Le Houérou 等[41]使用了 4 种含量不同（以摩尔为单位）的钠钙硅玻璃进行划痕实验，通过调节网络修饰剂的比例，发现二氧化硅含量越高的玻璃，产生径向和横向裂纹的临界载荷越高。当二氧化硅含量较高时，由于其网络结构相对开放，可以通过致密化机制促进其网络结构的变形。相反，具有较高网络改性剂（大于 25 mol%）的钠钙硅玻璃更容易产生微裂纹。

日本滋贺县立大学 Yoshida 等[51]研究了钠硼硅酸盐玻璃（$20Na_2O \cdot 80(1-x) SiO_2 \cdot 40xB_2O_3$，$x$=0、0.2、0.4、0.6、0.8、1）的划痕行为。划痕硬度值随着 x 的增加而降低。结果表明，在 x=0.4 时，玻璃的力学性能最优，其中维氏硬度为 4.2 GPa，杨氏模量为 84 GPa。分析认为，这种组分依赖性与四配位硼原子组分和三配位硼原子组分有关，而划痕硬度和断裂韧性随 x 的增加而下降，说明抗划痕性和断裂韧性不仅与断裂键的能量有关，还受塑性变形等过程中能量耗散的影响。美国劳伦斯利弗莫尔国家实验室的 Shen 等[52]使用原子力显微镜对三种不同的玻璃样品，即熔融二氧化硅、硼硅酸盐和磷酸盐玻璃进行纳米划痕实验。实验结果表明，塑性变形的临界载荷与玻璃的硬度有关，而硬度又与玻璃的成分有关。

最近，德国耶拿大学的 Moayedi 等[53]利用纳米压痕仪研究了二氧化硅、钠钙硅和硼硅酸盐玻璃组合物的划痕变形模式，并在玻璃化转变温度（T_g）以下进行热处理，研究其变形模式，塑性变形为致密化的熔石英玻璃表现出较高的体积恢复率，硼硅酸盐次之。另一方面，钠钙硅玻璃表现出较低的回复率和显著的堆积，主要变形是剪切流动，如图 7-23 所示。

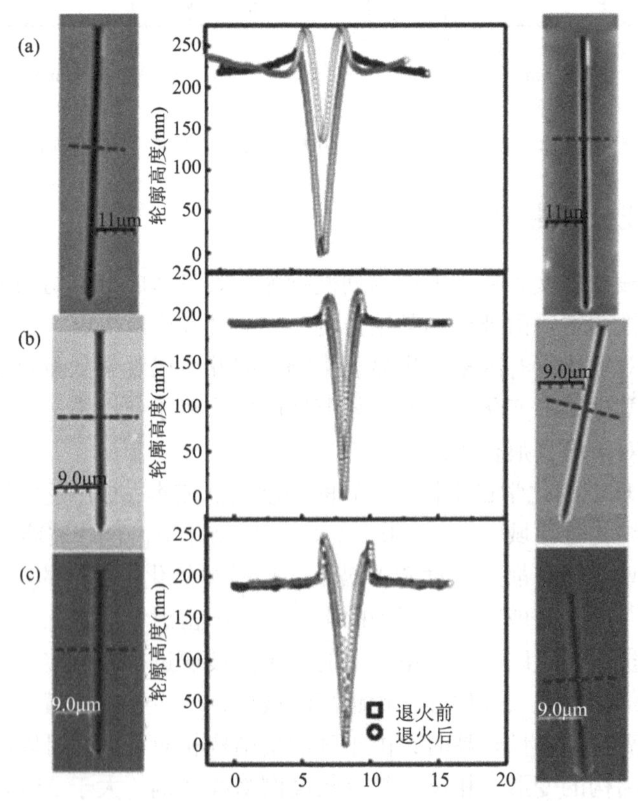

图 7-23　在 0.95 T_g 退火之前（左）和之后（右）对（a）熔石英、（b）BF33 玻璃和（c）SLS 玻璃划痕的 AFM 轮廓扫描图

大连理工大学的 Guo 等[54]通过分子动力学（MD）模拟确定了纳米划痕过程中石英玻璃的主要变形机理，并发现近表面致密化会导致较高的硬度。尽管在研究由表面接触载荷引起的结构变形及其对玻璃力学性能的影响方面取得了显著进展，但了解玻璃中每种元素在划痕中的作用对于提高玻璃组合物的机械性能至关重要。在此基础上，中国科学院西安光学精密机械研究所的 She 等[55]报道了氧化铥（Tm_2O_3）稀土交换钙铝硅酸盐玻璃（$25CaO\text{-}15Al_2O_3\text{-}60SiO_2$）划痕硬度的研究。当加入 6 mol%的 Tm_2O_3 部分取代氧化铝时，划痕硬度提高了约 2 GPa 或约 20%。这种玻璃组合物的划痕硬度的提高可归因于富集的阳离子填料和超结构黏结。并且划痕硬度对化学成分的依赖性大于化学或离子交换强化程度。

康宁公司韩国技术中心的 Ahn 等[56]利用 MD 模拟系统地研究了各个元素如何影响碱金属铝硅酸盐玻璃的结构变形机理和相应的划痕性能，如图 7-24 所示。通过不同角度的划痕实验，首先确定变形类型与划痕特性之间的相关性，然后，通过观察局部原子结构的变化，分析单个元素对由划痕引起的外加应力的响应，并证明了不同元素对不同变形机制的贡献。研究发现，Si 倾向于抵抗所施加的应力并充当玻璃结构的框架，钠离子主要通过适应施加的应力并改变其局部原子结构来促进塑性变形，并且 Al 和 Mg 诱导玻璃的弹性变形比其他元素的更大。

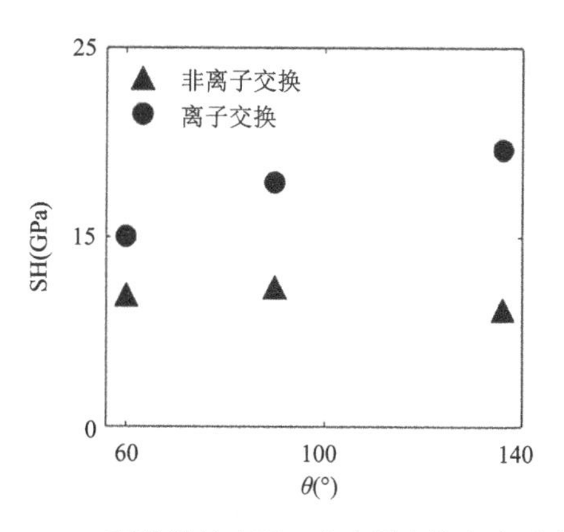

图 7-24　在具有 60°、90°、136°顶角的针尖下，非离子交换和离子交换玻璃基底的划痕硬度

德国耶拿大学的 de Macedo 等[49]研究了 $Na_2O\text{-}CaO\text{-}SiO_2$(NCS)系统的玻璃的划痕硬度以及玻璃的耐磨性，该玻璃是由 SiO_2、Na_2CO_3 和 $CaCO_3$ 以不同比例制成。成分选自 $Na_2O\text{-}CaO\text{-}SiO_2$(NCS)三元，以及 $Na_2O\text{-}SiO_2$(NS)和 $CaO\text{-}SiO_2$(CS)两个二元相，使得非桥接氧（NBO）与桥接氧（BO）的标称比率在 1.5～0.2 之间变化。玻璃的划痕硬度取决于材料在划痕中的抗变形能力。因此，较高的弹性模量和较高的致密化能增加了抗划伤性。具有较高体积模量（K）和弹性模量（E）

值的玻璃表现出较高的 H_s，如图 7-25 所示，这些变量之间的关系近似线性，而具有较高自由体积的富含 SiO_2 的玻璃可能表现出较低的抗划伤性。

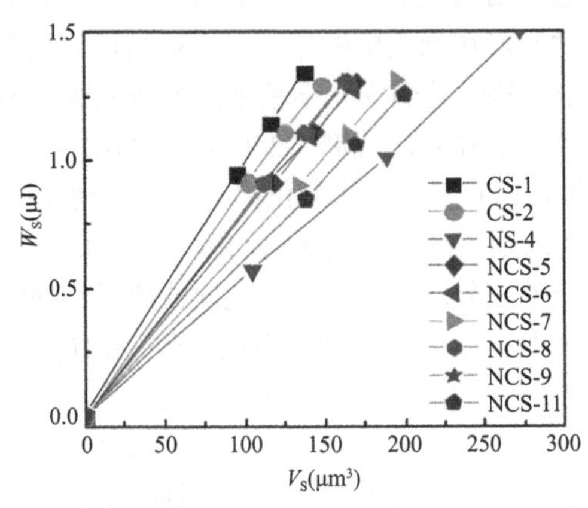

图 7-25　玻璃的划痕变形功（W_s）随划痕体积（V_s）的变化

7.3　玻璃划痕的防护

玻璃材料在各种商业产品中无处不在，当前玻璃的应用已经拓展到诸多高新技术领域[57-59]，以应对目前的能源[60]、医学和环境问题[59]。然而，玻璃材料经常遭受其脆性行为的困扰。由于玻璃表面和亚表面的缺陷，普通氧化物玻璃的强度远低于理论强度。玻璃表面一旦出现应力集中，应力达到破坏原子键的水平并开始断裂[61]。因此，亟需将表面缺陷和缺陷最小化以改善玻璃材料的机械性能。

玻璃表面的缺陷和瑕疵通常是由于尖锐的接触载荷（如压痕和划痕）引起玻璃结构的永久变形。实际上，许多学术界和工业界的研究人员已经研究了压痕和划痕损伤过程中的各种变形类型（如致密化、弹性变形和塑性流动），以及这些变形行为如何影响玻璃的机械性能[62,63]。在掌握玻璃划痕损伤产生机制的基础后，提出了一些可以调控玻璃表面划痕损伤的技术措施。

7.3.1　热处理

美国得克萨斯农工大学的 Humood 等[64]通过将玻璃加热到约 500～550℃对其进行退火处理，然后缓慢冷却玻璃以消除任何不必要的内部应力。为了进行额外的钢化过程，将玻璃板（退火后）加热到约 730℃，该温度接近玻璃的软化点。然后，将其快速冷却（淬火），以便将外表面和边缘立即冷却到刚性表面/边缘，同时使其冷却的速度变慢。由于工艺的限制，在表层中会形成压应力，而内部材料中会产生拉应力。压应力会导致任何表面缺陷被残余的压缩应力压紧，而内层则保持无缺陷，从而减轻了核心处的裂纹萌生。进一步分析表明，与退火玻璃相比，钢化玻璃对划痕过程中的滑动更敏感，并且在表面上产生更多可见的划痕，如图 7-26 所示。

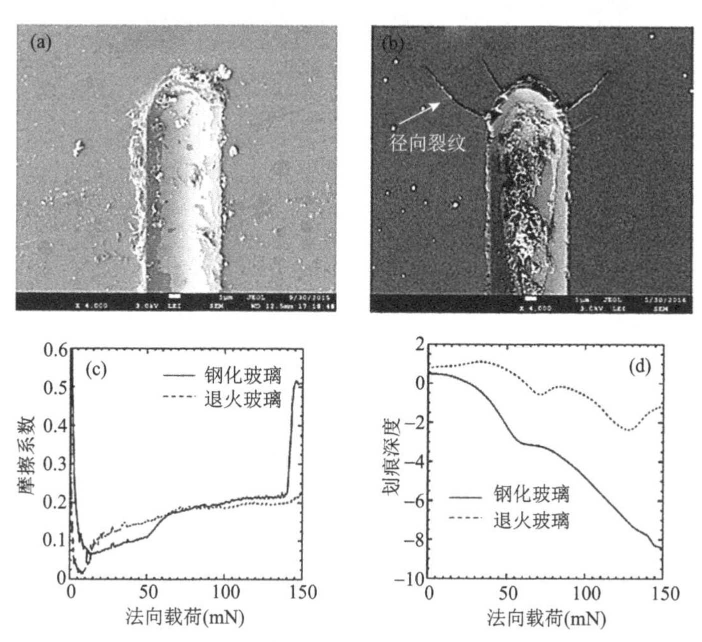

图 7-26　退火玻璃（a）和钢化玻璃（b）表面划痕的扫描电镜图、（c）摩擦系数和（d）划痕深度随法向载荷的变化曲线

为进一步研究对玻璃进行退火和钢化后的机械性能，Humood 等[64]使用压痕和划痕实验研究了热处理对退火和钢化的商用太阳能玻璃表面抗损伤性的影响，并在最大法向载荷分别为 1 mN、2 mN、3 mN 和 4 mN 的条件下进行低载荷划痕实验，如图 7-27 所示。实验结果表明，两种玻璃表面在最大法向载荷为 1 mN 时都没有表现出任何堆积。当最大载荷为 2 mN 时，玻璃表面开始出现材料的堆积；在最大载荷为 4 mN 的情况下，退火玻璃的堆积几乎是钢化玻璃的两倍。摩擦系数随着划痕深度的增加而增加，这是由于探针尖端会更多地进入材料亚表面，材料发生塑性流动导致划痕两侧出现堆积，摩擦系数增大。

与退火玻璃相比，钢化玻璃在低载荷下显示出较低的摩擦系数，但在高载荷下显示出较高的摩擦系数。如前所述，对于较低载荷划痕（变形小），附着力在摩擦状态中占主导地位，并且由于退火玻璃的黏附力较大，其摩擦系数比钢化玻璃高。但是，随着载荷的增加，钢化玻璃在 55 mN 发生转变，其变形深度更高。

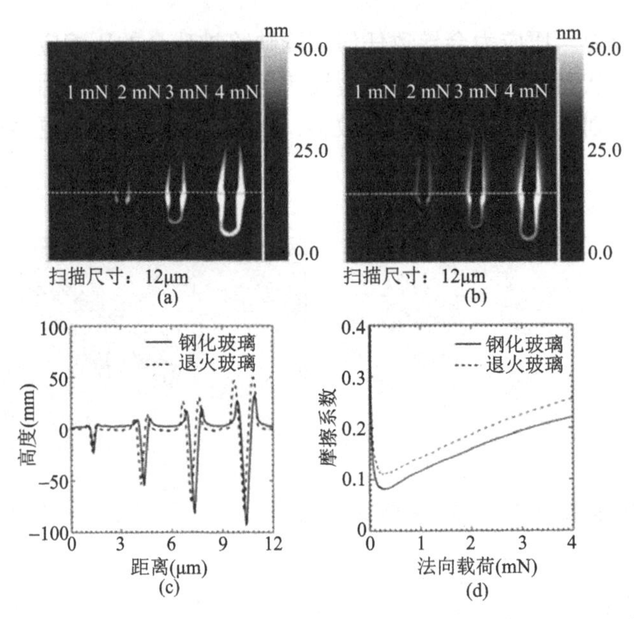

图 7-27　退火（a）和钢化（b）玻璃表面划痕的原子力显微镜图像；（c）不同载荷下两种玻璃表面残余深度的截面轮廓（从左到右分别对应载荷 1 mN、2 mN、3 mN、4 mN）；（d）退火和钢化玻璃的摩擦系数与划痕载荷的关系

7.3.2　涂层

硬质层在许多方面被用作部件和工具的涂层，从而延长使用寿命，因此，在玻璃表面研制一种以玻璃为基底结合良好的透射性和良好的耐划伤效果的透明的机械防刮涂层具有非常重要的实际应用价值。在耐磨效果方面，涂层可确保防止机械磨损或冲击。比如在沙尘暴期间保护车辆玻璃，也可以保护条形码窗口不会因为产品在上面移动而被刮伤。在此类应用中，除了增强的抗划痕效果外，还需要具有较高透明度和较小的光散射，即使在长时间使用之后也是如此，所以尽管具有碱性水解的胶体法已被广泛用于生产多孔二氧化硅 AR 涂层[65,66]，且涂层的过高孔隙率使其具有折射率低的优点，但也具有附着力和机械性能不良的缺点，而这样的缺点对于太阳能玻璃至关重要。为了解决这一问题，中国同济大学的 Wang 等[67]提出了一种用于太阳能玻璃的高强度 SiO_2/TiO_2 增透膜的设计和制备方法。用这种方法镀膜的玻璃在 400～800 nm 波长范围内平均透光率提高了 6%以上。此外，在不受基底影响的条件下，薄膜的硬度超过 1.5 GPa、弹性模量超过 35 GPa（图 7-28），机械性能和大气暴露实验证明该涂层具有抗划伤、抗侵蚀和长期稳定性。通过 AFM 形貌表明，涂层表面非常光滑，RMS 粗糙度为 0.306 nm。

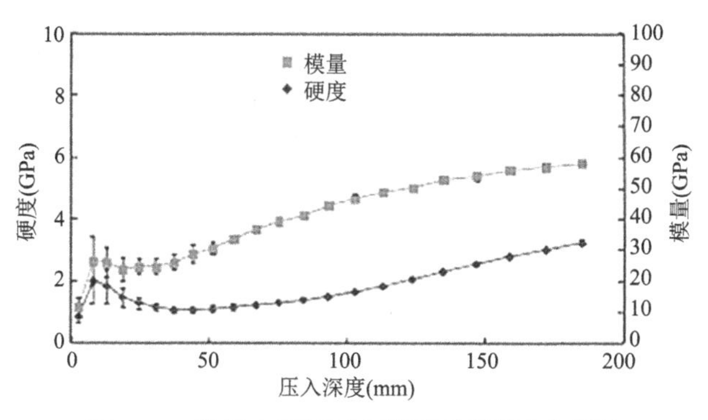

图 7-28　涂层在不同压入深度下的硬度和模量

德国弗劳恩霍夫应用光学精密工程研究所的 Gödeker 等[68]研究了几种蓝宝石 AR 涂层。通过优化等离子沉积过程中的沉积参数，获得了抗划痕涂层。在划痕实验中涂层的临界载荷达到 419 mN。研究表明，含 HF 的 AR 涂层比使用其他高折射率材料的涂层显示出更好的耐划伤性能。这是由于涂层具有较高的屈服强度。日本中央玻璃株式会社的 Akamatsu 等[69]通过气相色谱法、凝胶渗透色谱法和飞行时间质谱法研究了氟代烷基三甲氧基硅烷（FAS）的水解和缩聚反应，并利用多种氟烷基硅烷对玻璃基板的表面性能进行改性。研究表明，FAS 的聚合种类能有效提高防水玻璃的耐久性。然而，FAS 的过度缩聚会降低耐磨性，因为结合到玻璃表面的硅烷醇基团的数量减少。因此，适量的 FAS 聚合体对提高防水玻璃的耐磨性和抗紫外光性能具有重要作用。另外，O'malley 等[70]发明了一种溶胶-凝胶法，用于在玻璃衬底上形成耐久的、抗划痕的涂层。在玻璃衬底上形成涂层的方法包括在极性非质子溶剂中提供金属盐、有机金属化合物或其组合的溶液，将该溶液沉积到玻璃衬底上以在该衬底上形成涂层，以及对该涂层进行退火。该方法可用于形成例如氧化锆或氧化钛（如二氧化钛）的非晶态或晶态薄膜，可任选纳米颗粒（如碳纳米管或石墨烯）添加剂，氧化锆涂层是由八水合氧氯化锆在有机、极性、非质子性溶剂（如二乙基甲酰胺）的溶液中混合形成。退火涂层（包括石墨烯等添加剂）摩擦系数低，可表现出高硬度和疏水性，是一种作为涂层的优质材料。

7.3.3　刻蚀

氢氟酸（HF）刻蚀也是一种众所周知的强化玻璃的方法[71-73]。二氧化硅的 HF 刻蚀导致反应后六氟硅酸的形成[74]：

$$SiO_2+6HF=\!=\!=SiF_6H_2+2H_2O \tag{7-13}$$

HF 和 SiO_2 之间的化学反应有助于钝化裂纹尖端并去除有缺陷的玻璃表面层。中国航发北京航空材料研究所的 Li 等[75]对 HF 刻蚀玻璃进行了纳米压痕实验，发现腐蚀 1 min 后硬度和杨氏模量增加到最大值，然后随刻蚀时间延长而减小，并且在锡面观察到比空气面更大的硬度值和杨氏模量。阿尔及利亚塞提夫大学的 Kolli 等[76]将几个玻璃试样喷砂，然后进行 HF 刻蚀工艺。研究发现，侵蚀样品的强度为（44.23±0.91）MPa，处理 15 min 后，增加到（57.73±1.76）MPa。

西北工业大学的 Wang 等[77]研究了载荷对退火玻璃（AG）和化学强化玻璃（CSG）的破裂模式和弯曲强度的影响。随着载荷的增加，被划痕的 AG 样品的载荷在 20 gf 时立即下降到约 40 MPa。但是，随着划痕载荷增加至 500 gf，CSG 的残余强度降至 145 MPa 的稳定值。然后研究了氢氟酸（HF）刻蚀对 500 gf 下划痕玻璃表面形态和力学性能的影响。经过 8 min（CSG）和 16 min（AG）HF 酸处理后，CSG 和 AG 的抗弯强度增加到 900 MPa，比未受损试样的弯曲强度高 3.6 倍和 5 倍，如图 7-29 所示。进一步分析表明，玻璃裂纹的钝化和消除以及新表面的形成是强度提高的主要原因。

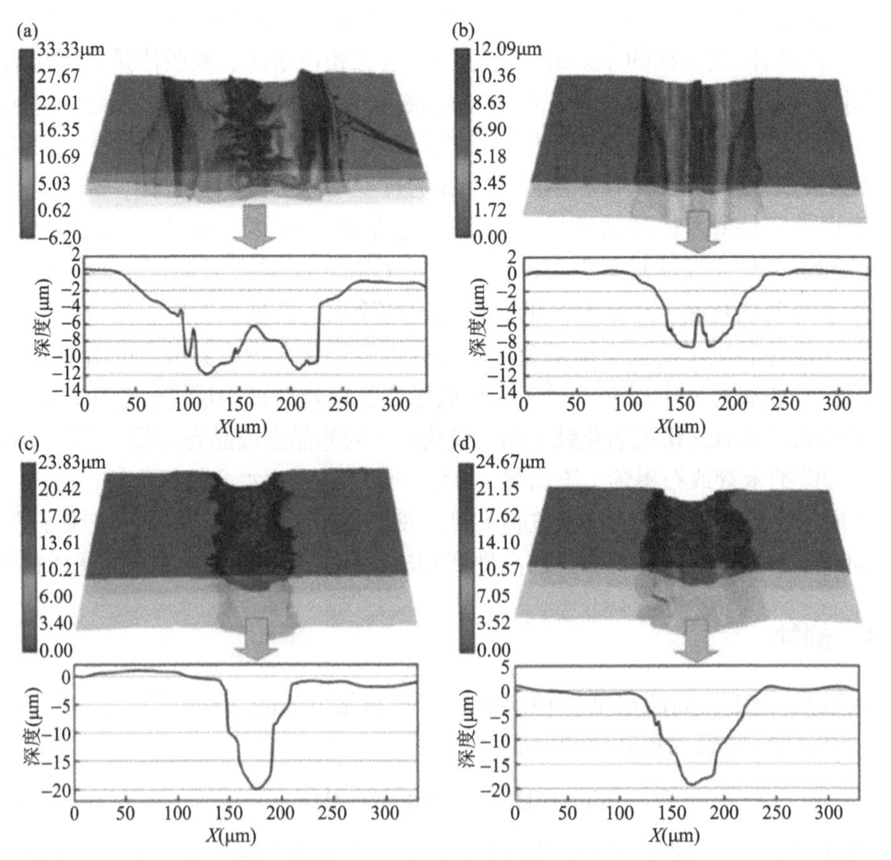

图 7-29 AG 在（a）50 gf 和（c）500 gf 下以及 CSG 在（b）50 gf 和（d）500 gf 下的玻璃划痕的三维轮廓及其相应的二维轮廓

对于退火的铝硅酸盐玻璃，当划痕载荷为 20 gf 时，在尖锐的压头下方出现塑性流动，并观察到塑性变形。当划痕载荷增加到 50 gf 时，变形模式转变为微裂纹状态。当载荷为 100 gf 时，横向裂纹变得更密集，间距更小。然后，当划痕载荷增加到 200 gf 时，变形模式从微裂纹状态转变为微磨损状态。在微磨损条件下，横向裂纹不明显，损伤区域变窄。在划痕区域中形成许多切屑，并形成了与材料去除过程相对应的明显沟槽。当划痕的载荷为 500 gf 时，划痕区域完全变成微磨损状态。损伤程度和裂纹密度要高得多。划痕内充满了密集的径向裂纹。研究表明，随着 AG 和 CSG 的划痕载荷的增加，观察到微延展状态、微裂纹状态和微磨损状态。CSG 的增强层可以抑制和延迟维氏压头划痕过程中径向裂纹的形成。划伤的 AG 的弯曲强度急剧下降，而 CSG 的弯曲强度逐渐下降。在相同的划痕载荷下，划痕的 CSG 的应力平衡和重新分布以及裂纹的抑制使 CSG 的强度比 AG 高得多。在 HF 反应过程中，对于 AG 和 CSG，获得了相似的腐蚀速率，并且随着反应时间的延长，腐蚀速率降低。HF 处理后观察到包括裂纹扩展和钝化的形态变化。随着反应时间的增加，刻蚀后的 AG 和 CSG 获得了“慢-快-慢-慢”的强度增加过程。弯曲强度的“快速增长”阶段对应于裂纹的消失。玻璃的最终强度几乎相同，而 CSG 的反应时间更短。

7.3.4　化学强化

化学强化是通过离子交换或“化学”回火对玻璃进行强化的过程，离子交换是提高硅酸盐玻璃机械强度和变形承载能力的有希望的方法。这是一种离子交换过程，如图 7-30 所示，将玻璃基板浸入熔盐浴中，以盐浴中的较大离子代替玻璃中的较小离子。在化学强化玻璃的表面将形成均匀的压缩层。残余的压应力可以降低表面缺陷的严重程度，使玻璃更坚固。玻璃化学回火的主要工业应用是飞机驾驶舱窗户的制造。其他应用包括高速火车挡风玻璃、高端眼镜玻璃、复印机玻璃、用于制造硬盘驱动器的玻璃基板（用于在计算机中存储数据）以及用于药物输送的玻璃物品（自动注射器盒）等。与传统的热回火相比，化学回火可以获得更高的表面压缩率，因此可以获得更大的强化水平。

法国雷恩大学的 Dériano 等[78]研究了在空气、N_2 或 NH_3 中不同时间和温度的热处理对钠钙石英玻璃机械性能的影响。研究表明，氨处理导致表面附近的成分变化：SIMS 和 XPS 技术显示碱金属和碱土金属阳离子显著减少，氮的掺入有限。利用红外反射光谱证明了表面附近成分的变化，即从典型的钠钙硅玻璃到石英玻璃成分变化。受影响的表面层深度通常约 1 μm，并导致局部机械性能发生显著变化。纳米压痕实验表明，在 300 nm 厚的表面层中，硬度增加，而杨氏模量降低约 10%。玻璃表面断裂韧性（K_{IC}）从 0.72 $MPa{\cdot}m^{1/2}$ 显著增加到 0.89 $MPa{\cdot}m^{1/2}$。

墨西哥国家科学技术委员会的 Castacon 等[79]研究了钠钙硅玻璃表面在 460℃的硝酸钾和硝酸铅熔体中的处理时间对化学和机械强度的影响。如图 7-31 所示，结果表明，在这种处理中形成的结晶硅酸铅涂层使耐碱性提高了 3 倍，玻璃的机械强度提高了 2 倍。

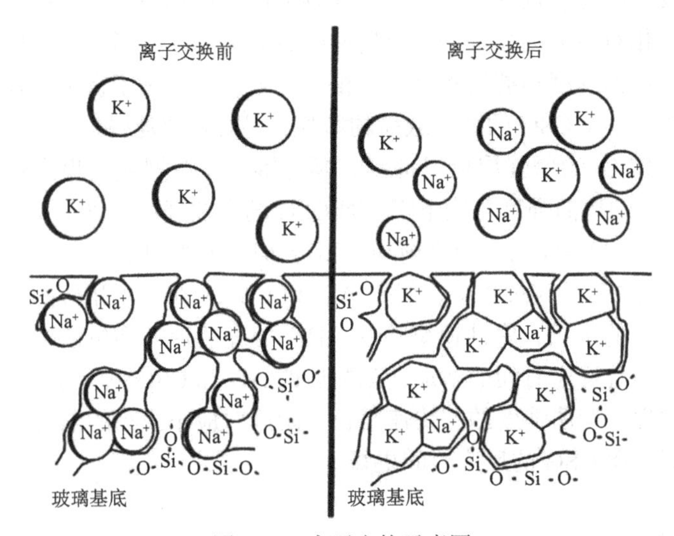

图 7-30　离子交换示意图

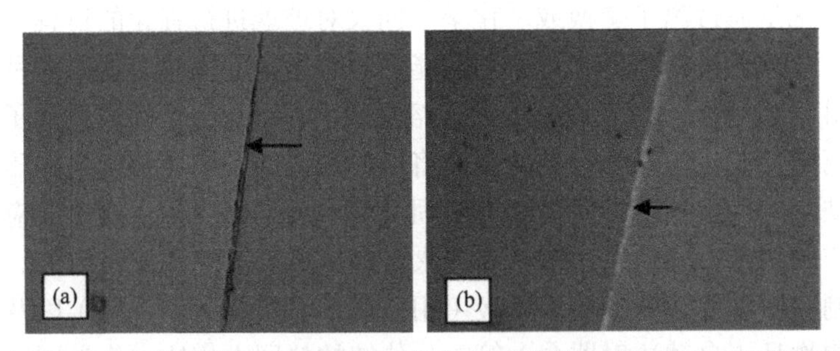

图 7-31　在（a）没有涂层和（b）有涂层的情况下获得的碱石灰和硅酸铅玻璃之间的密封显微照片，箭头表示密封边界

德国耶拿大学的 Sani 等[80]研究了化学强化的钠钙硅酸盐和铝硅酸钠玻璃的表面弹性、塑性变形和裂纹萌生。研究发现，在弹塑性状态下进行的划痕实验，由于化学强化，划痕硬度显著增加，产生划痕所需的变形功更高，玻璃成分似乎比表面压应力的绝对大小有更大的作用。使用锥形针尖进行划痕实验揭示了三种不同的划痕诱导表面断裂模式。通过化学强化可以完全抑制在低载荷下由预先存在的表面缺陷引起的微裂纹。由于离子填充，对微裂纹的固有缺陷抵抗力降低，

这主要取决于原始玻璃的组成。通过离子交换处理导致玻璃表面存在的压缩应力可以阻止缺陷的亚临界生长，因此可以“增强”玻璃制品的强度。由于离子交换过程在表面引入了压缩应力，这是对缺陷的闭合应力，因此更难形成新的缺陷。另外，玻璃的耐磨性也会有所提高，应力-应变曲线下的面积也会增加，从而使玻璃的硬度更高。但是，与强度的增加相比，硬度和韧性的增加对玻璃的耐磨性影响更小。

参 考 文 献

[1] Mohs F. Die Charaktere der Klassen, Ordnungen, Geschlechter und Arten, oder Die Charakteristik des naturhistorischen Mineral-Systemes, von Friederich Mohs. in der Arnoldischen Buchhandlung, 1821.

[2] Broitman E. Indentation hardness measurements at macro-, micro-, and nanoscale: A critical overview. Tribology Letters, 2017, 65(1): 1-18.

[3] Herrmann K. Hardness Testing: Principles and Applications. ASM International, 2011.

[4] Sawamura S, Wondraczek L. Scratch hardness of glass. Physical ReviewMaterials, 2018, 2(9): 092601.

[5] Totten G E. Electroplated Coatings for Friction, Lubrication, and Wear Technology. ASM International, 2017.

[6] Li K, Shapiro Y, Li J C M. Scratch test of soda-lime glass. Acta Materialia, 1998, 46(15): 5569-5578.

[7] Jacobsson S, Olsson M, Hedenqvist P, Vingsbo O. Scratch Testing//Blau P J. Ed. Friction, Lubrication, and Wear Technology. ASM Handbook, 1992: 175-235.

[8] Sawamura S, Limbach R, Behrens H. Lateral deformation and defect resistance of compacted silica glass: Quantification of the scratching hardness of brittle glasses. Journal of Non-Crystalline Solids, 2018, 481: 503-511.

[9] Swain M V. Microfracture about scratches in brittle solids. Proceedings of the Royal Society of London. A. Mathematical and Physical Sciences, 1979, 366(1727): 575-597.

[10] Gu W, Yao Z. Evaluation of surface cracking in micron and sub-micron scale scratch tests for optical glass BK7. Journal of Mechanical Science and Technology, 2011, 25: 1167.

[11] Liu M, Wu J, Gao C. Sliding of a diamond sphere on K9 glass under progressive load. Journal of Non-Crystalline Solids, 2019, 526: 119711.

[12] Hagan J T. Micromechanics of crack nucleation during indentations[J]. Journal of Materials Science, 1979, 14: 2975-2980.

[13] He H, Chen Z, Lin Y T, Hahn S H, Yu J, van Duin A C, Kim S H. Subsurface structural change of silica upon nanoscale physical contact: Chemical plasticity beyond topographic elasticity. Acta Materialia, 2021, 208: 116694.

[14] Bandyopadhyay P, Dey A, Roy S, Mukhopadhyay A K. Effect of load in scratch experiments on soda lime silica glass. Journal of Non-Crystalline Solids, 2012, 358(8): 1091-1103.

[15] Bandyopadhyay P, Dey A, Roy S, Roy S, Dey N, Mukhopadhyay A K. Nanomechanical properties inside the scratch grooves of soda-lime-silica glass. Applied Physics A, 2012, 107(4): 943-948.

[16] Gu W, Yao Z, Liang X. Material removal of optical glass BK7 during single and double scratch tests. Wear, 2011, 270(3-4): 241-246.

[17] Yang X, Qiu Z, Wang Y. Stress interaction and crack propagation behavior of glass ceramics under multi-scratches. Journal of Non-Crystalline Solids, 2019, 523: 119600.

[18] Qiu Z, Liu C, Wang H, Yang X, Fang F, Tang J. Crack propagation and the material removal mechanism of glass-ceramics by the scratch test. Journal of the Mechanical Behavior of Biomedical Materials, 2016, 64: 75-85.

[19] Liu M, Wu J, Gao C. Sliding of a diamond sphere on K9 glass under progressive load. Journal of Non-Crystalline Solids, 2019, 526: 119711.

[20] Bandyopadhyay P, Dey A, Mandal A K, Dey N, Roy S, Mukhopadhyay A K. Effect of scratching speed on deformation of soda-lime-silica glass. Applied Physics A, 2012, 107(3): 685-690.

[21] Bandyopadhyay P, Dey A, Mandal A K, Dey N, Mukhopadhyay A K. New observations on scratch deformations of soda lime silica glass. Journal of Non-Crystalline Solids, 2012, 358(16): 1897-1907.

[22] Moayedi E, Wondraczek L. Quantitative analysis of scratch-induced microabrasion on silica glass. Journal of Non-Crystalline Solids, 2017, 470: 138-144.

[23] He H, Hahn S H, Yu J, Qiao Q, van Duin A C, Kim S H. Friction-induced subsurface densification of glass at contact stress far below indentation damage threshold. Acta Materialia, 2020, 189: 166-173.

[24] He H, Qian L, Pantano C G, Kim S H. Effects of humidity and counter-surface on tribochemical wear of soda-lime-silica glass. Wear, 2015, 342: 100-106.

[25] Gilroy D R, Hirst W. Brittle fracture of glass under normal and sliding loads. Journal of Physics D: Applied Physics, 1969, 2(12): 1784.

[26] Qiao Q, He H, Yu J. Evolution of HF etching rate of borosilicate glass by friction-induced damages. Applied Surface Science, 2020, 512: 144789.

[27] He H, Qian L, Pantano C G, Kim S H. Mechanochemical wear of soda lime silica glass in humid environments. Journal of the American Ceramic Society, 2014, 97(7): 2061-2068.

[28] Sheth N, Howzen A, Campbell A, Spengler S, Liu H, Pantano C G, Kim S H. Effects of tempering and heat strengthening on hardness, indentation fracture resistance, and wear of soda lime float glass. International Journal of Applied Glass Science, 2019, 10(4): 431-440.

[29] Feng J, Wan Z, Wang W, Huang X, Ding X, Tang Y. Unique crack behaviors of glass BK7 occurred in successive double scratch under critical load of median crack initiation. Journal of the European Ceramic Society, 2020, 40(8): 3279-3290.

[30] Wei Q, Gao W, Yang Q, Li X. Material removal and tribological behaviors of fused silica scratched by Rockwell indenters with different tip radii. Journal of Non-Crystalline Solids, 2019, 514: 90-97.

[31] Sawamura S, Limbach R, Wilhelmy S, Koike A, Wondraczek L. Scratch-induced yielding and

ductile fracture in silicate glasses probed by nanoindentation. Journal of the American Ceramic Society, 2019, 102(12): 7299-7311.

[32] Schneider J, Schula S, Weinhold W P. Characterisation of the scratch resistance of annealed and tempered architectural glass. Thin Solid Films, 2012, 520(12): 4190-4198.

[33] Feng J, Wan Z, Wang W, Ding X, Tang Y. Crack behaviors of optical glass BK7 during scratch tests under different tool apex angles. Wear, 2019, 430: 299-308.

[34] Auerbach F. Measurement of hardness. Annual Review of Physical Chemistry, 1891, 43: 61-100.

[35] Lee K, Marimuthu K P, Kim C L, Lee H. Scratch-tip-size effect and change of friction coefficient in nano/micro scratch tests using XFEM. Tribology International, 2018, 120: 398-410.

[36] Mouginot R. Blunt or sharp indenters: A size transition analysis. Journal of the American Ceramic Society, 1988, 71(8): 658-661.

[37] Suratwala T, Steele R, Shen N, Ray N, Wong L, Miller P E, Feit M. Lateral cracks during sliding indentation on various optical materials. Journal of the American Ceramic Society, 2020, 103(2): 1343-1357.

[38] Wiederhorn S M. Influence of water vapor on crack propagation in soda-lime glass. Journal of the American Ceramic Society, 1967, 50(8): 407-414.

[39] Tomozawa M, Peng Y L. Surface relaxation as a mechanism of static fatigue of pristine silica glass fibers. Journal of Non-Crystalline Solids, 1998, 240(1-3): 104-109.

[40] Tomozawa M, Hepburn R W. Surface structural relaxation of silica glass: A possible mechanism of mechanical fatigue. Journal of Non-Crystalline Solids, 2004, 345: 449-460.

[41] Le Houérou V, Sangleboeuf J C, Dériano S, Rouxel T, Duisit G. Surface damage of soda-lime-silica glasses: Indentation scratch behavior. Journal of Non-Crystalline Solids, 2003, 316(1): 54-63.

[42] He H, Qian L, Pantano C G, Kim S H. Mechanochemical wear of soda lime silica glass in humid environments. Journal of the American Ceramic Society, 2014, 94(6): 2061-2068.

[43] He H, Qiao Q, Xiao T, Yu J, Kim S H. Effect of humidity on friction, wear, and plastic deformation during nanoscratch of soda lime silica glass. Journal of the American Ceramic Society, 2021, 105(2): 1367-1374.

[44] He H, Kim S H, Qian L. Effects of contact pressure, counter-surface and humidity on wear of soda-lime-silica glass at nanoscale. Tribology International, 2016, 94: 675-681.

[45] Chen S Y, Farris T N, Chandrasekar S. Sliding microindentation fracture of brittle materials. Tribology Transactions, 1991, 34(2): 161-168.

[46] Matsuoka J, Guo D, Yoshida S. Cross-section morphology of the scratch-induced cracks in soda-lime-silica glass. Frontiers in Materials, 2017, 4: 8.

[47] Enomoto Y. Sliding fracture of soda-lime glass in liquid environments. Journal of Materials Science, 1981, 16(12): 3365-3370.

[48] He H, Yu J, Ye J, Zhang Y. On the effect of tribo-corrosion on reciprocating scratch behaviors of phosphate laser glass. International Journal of Applied Glass Science, 2018, 9(3): 352-363.

[49] de Macedo G N B M, Sawamura S, Wondraczek L. Lateral hardness and the scratch resistance of glasses in the Na_2O-CaO-SiO_2 system. Journal of Non-Crystalline Solids, 2018, 492: 94-101.

[50] He H, Xiao T, Qiao Q, Yu J, Zhang Y. Contrasting roles of speed on wear of soda lime silica glass in dry and humid air. Journal of Non-Crystalline Solids, 2018, 502: 236-243.

[51] Yoshida S, Tanaka H, Hayashi T, Matsuoka J, Soga N. Scratch resistance of sodium borosilicate glass. Journal of the Ceramic Society of Japan, 2001, 109(1270): 511-515.

[52] Shen N, Suratwala T, Steele W, Wong L, Feit M D, Miller P E, Desjardin R. Nanoscratching of optical glass surfaces near the elastic-plastic load boundary to mimic the mechanics of polishing particles. Journal of the American Ceramic Society, 2016, 99(5): 1477-1484.

[53] Moayedi E, Sawamura S, Hennig J, Gnecco E, Wondraczek L. Relaxation of scratch-induced surface deformation in silicate glasses: Role of densification and shear flow in lateral indentation experiments. Journal of Non-Crystalline Solids, 2018, 500: 382-387.

[54] Guo X, Zhai C, Kang R, Jin Z. The mechanical properties of the scratched surface for silica glass by molecular dynamics simulation. Journal of Non-Crystalline Solids, 2015, 420: 1-6.

[55] She J, Sawamura S, Wondraczek L. Scratch hardness of rare-earth substituted calcium aluminosilicate glasses. Journal of Non-Crystalline Solids: X, 2019, 1: 100010.

[56] Ahn Y N, Harris J T. The effect of individual elements of alkali aluminosilicate glass on scratch characteristics: A molecular dynamics study. Journal of Non-Crystalline Solids, 2020, 536: 119840.

[57] Varshneya A K. Fundamentals of Inorganic Glasses. New York: Academic Press, 2013.

[58] Mysen B, Richet P. Silicate Glasses and Melts. Netherlands: Elsevier, 2018.

[59] Kerner R, Phillips J C. Quantitative principles of silicate glass chemistry. Solid State Communications, 2000, 117(1): 47-51.

[60] Deubener J, Helsch G, Moiseev A, Bornhöft H. Glasses for solar energy conversion systems. Journal of the European Ceramic Society, 2009, 29(7): 1203-1210.

[61] Mauro J C, Tandia A, Vargheese K D, Mauro Y Z, Smedskjaer M M. Accelerating the design of functional glasses through modeling. Chemistry of Materials, 2016, 28(12): 4267-4277.

[62] Kjeldsen J, Smedskjaer M M, Mauro J C, Yue Y. Hardness and incipient plasticity in silicate glasses: Origin of the mixed modifier effect. Applied Physics Letters, 2014, 104(5): 051913.

[63] Luo J, Lezzi P J, Vargheese K D, Tandia A, Harris J T, Gross T M, Mauro J C. Competing indentation deformation mechanisms in glass using different strengthening methods. Frontiers in Materials, 2016, 3: 52.

[64] Humood M, Beheshti A, Polycarpou A A. Surface reliability of annealed and tempered solar protective glasses: Indentation and scratch behavior. Solar Energy, 2017, 142: 13-25.

[65] Zhang Q, Wang J, Wu G, Shen J, Buddhudu S. Interference coating by hydrophobic aerogel-like SiO_2 thin films. Materials Chemistry and Physics, 2001, 72(1): 56-59.

[66] Cathro K, Constable D, Solaga T. Silica low-reflection coatings for collector covers, by a dip-coating process. Solar Energy, 1984, 32(5): 573-579.

[67] Wang X, Shen J. Sol-gel derived durable antireflective coating for solar glass. Journal of Sol-Gel Science and Technology, 2010, 53: 322-327.

[68] Gödeker C, Schulz U, Kaiser N. Improved scratch resistance for antireflective coatings on sapphire. Applied Optics, 2011, 50(9): 253-256.

[69] Akamatsu Y, Makita K, Inaba H, Minami T. Water-repellent coating films on glass prepared from hydrolysis and polycondensation reactions of fluoroalkyltrialkoxylsilane. Thin Solid Films, 2001, 389(1-2): 138-145.

[70] O'malley S M, Schneider V M. Scratch-resistant liquid-based coatings for glass: U. S. Patent 9663400. 2017-05-30.

[71] Saha C K, Cooper Jr A R. Effect of etched depth on glass strength. Journal of the American Ceramic Society, 1984, 67(8): 158-160.

[72] Sglavo V M, Dal Maschio R, Soraru G D. Effect of etch depth on strength of soda-lime glass rods by a statistical approach. Journal of the European Ceramic Society, 1993, 11(4): 341-346.

[73] Dabbs T P, Lawn B R. Acid-enhanced crack initiation in glass. Journal of the American Ceramic Society, 1982, 65(3): 37-38.

[74] Mikeska K R, Bennison S J, Grise S L. Corrosion of ceramics in aqueous hydrofluoric acid. Journal of the American Ceramic Society, 2000, 83(5): 1160-1164.

[75] Li X, Jiang L, Li L, Yan Y. Effects of HF etching on nanoindentation response of ion-exchanged aluminosilicate float glass on air and tin sides. Journal of Materials Science, 2017, 52: 4367-4377.

[76] Kolli M, Hamidouche M, Bouaouadja N, Fantozzi G. HF etching effect on sandblasted soda-lime glass properties. Journal of the European Ceramic Society, 2009, 29(13): 2697-2704.

[77] Wang Z, Guan T, Ren T, Wang H, Suo T, Li Y, Gao G. Effect of normal scratch load and HF etching on the mechanical behavior of annealed and chemically strengthened aluminosilicate glass. Ceramics International, 2020, 46(4): 4813-4823.

[78] Dériano S, Rouxel T, Malherbe S, Rocherullé J, Duisit G, Jézéquel G. Mechanical strength improvement of a soda-lime-silica glass by thermal treatment under flowing gas. Journal of the European Ceramic Society, 2004, 24(9): 2803-2812.

[79] Castacon J J T, Gorokhovskii A V. Properties of coatings obtained in treatment of silicate glasses in potassium and lead nitrate melts. Glass and Ceramics, 2003, 60(5-6): 187-189.

[80] Sani G, Limbach R, Dellith J, Sökmen İ, Wondraczek L. Surface damage resistance and yielding of chemically strengthened silicate glasses: From normal indentation to scratch loading. Journal of the American Ceramic Society, 2021, 104(7): 3167-3186.

第 8 章　玻璃的磨损损伤

8.1　宏观与微观磨损

伴随着玻璃材料应用领域的日渐广泛，其面临的技术问题也愈加明显。目前，亟待解决的问题即为玻璃材料在制造以及服役过程中所呈现的摩擦腐蚀和磨损问题。在上述过程中，玻璃材料面临着接触/承载、摩擦、剪切、材料破坏/变形等过程，进而将造成玻璃基底的表面/次表面损伤，从而影响玻璃的机械稳定性和寿命[1,2]。据不完全统计，由于玻璃材料的种类复杂性以及玻璃材料在加工过程中的复杂性，我国每年由于玻璃磨损损伤而形成的损失高达 160 亿美元，而且未来这个数据还会增加。综上可知，对于玻璃材料开展摩擦学的研究对于实际工业生产以及我国玻璃产业的发展具有重大战略性意义。因此，有必要深入展开对玻璃材料的摩擦学研究，探索调控其表面状态和提升抗摩擦磨损性能的创新方法。本章将针对宏观磨损和微观磨损二者的基本定义以及对应的研究方法进行相应的阐述。此外，由于目前关于玻璃磨损损伤的研究主要集中在硅酸盐玻璃（石英玻璃、钠钙硅玻璃和硼硅酸盐玻璃）以及磷酸盐玻璃[3]，因此，本章主要围绕硅酸盐玻璃和磷酸盐玻璃体系展开讨论。

8.1.1　基本定义

在玻璃材料的生产加工以及服役过程中，面临着大量的摩擦学问题，例如磨削、研磨以及抛光等[4,5]。上述过程实际上涉及了单个磨粒在接触、剪切、摩擦等作用下对玻璃材料产生变形、破坏以及材料去除的过程。从宏观摩擦磨损的分析角度，这些过程对应着玻璃材料的表面局部变形、压痕、划痕、裂纹以及次表层损伤等缺陷的形成。同时，当玻璃材料处于不同环境氛围下时，例如，潮湿和溶液环境下，玻璃表面还将进一步与外界水分子发生化学反应，从而导致强度和表面加工质量的降低。因此，玻璃材料的宏观摩擦学研究对于其表面强度和抗划伤性能的提升，以及对于玻璃材料的进一步发展和应用具有重要意义。

不同于宏观磨损的是，微观磨损研究是在微观尺度上揭示摩擦磨损过程中材料表面相互作用、物理化学变化以及损伤，进而控制材料剥落甚至实现超滑（无磨损）[6]。微观磨损将在极其轻的法向载荷作用下形成材料表面原子分子级别的损伤，对应的磨损深度往往在纳米级别，因此有时也被称为纳米磨损。由于尺寸效应等的影响，宏观和纳米尺度下玻璃的材料去除行为及机理可能不相同。这是因为，在微观磨损下，接触被视为单点接触，实际接触面积和理论接触面积相等，实际接触应力也等于理论接触应力。黏着效应对两种尺度下材料磨损的影响也不相同，微观磨损实验中的法向载荷、摩擦力等均处于 μN 级别，黏着力的数值大小与其在同一个数量级，不可以被忽略，从而导致两种尺度下材料的磨损规律及影响机理可能存在差异。因此，从微观磨损的研究角度入手开展玻璃材料纳米磨损性能影响的研究也具有重要的科学意义。

8.1.2　研究方法

为研究玻璃材料摩擦诱导损伤机制，需要确定各种因素对玻璃摩擦磨损性能的影响。常用的相关分析与测试方法主要分为：压痕测试（第 6 章）、划痕实验（第 7 章）以及磨损实验。压痕测试主要利用硬度计实现，实验过程中利用外部载荷在法向压入玻璃材料表面，进而实现对于玻璃的硬度、弹性模量以及断裂韧性等力学参数的测量。划痕实验则是通过划痕仪完成。在划痕实验过程中，外部载荷在法向压入玻璃材料表面后，保持载荷并且同时向切向方向滑动直至卸载，可用于测量玻璃材料的摩擦系数以及耐划伤性。

为实现对宏观尺度下玻璃材料摩擦磨损性能及其机理的深入研究，目前的已有研究主要采用直线往复式摩擦磨损试验机进行相关实验探索，因此本小节将主要对该仪器设备的特征和实验过程的具体参数设定进行相应阐述，如图 8-1（a）所示。该仪器具有长期的稳定性以及可重复性，能够对各类薄膜、涂层和玻璃材料进行其结合强度、表面粗糙度、摩擦学性能、抗冲击能力等性能的分析测试。在实验过程中，设定的实验参数包括法向载荷、摩擦时间、往复滑动速度以及单次磨损的磨痕长度。此外，为模拟不同的实验环境气氛，还可以将摩擦磨损的实验环境调控为干燥气氛、湿度条件可控（0%～100% RH）、液态水、乙醇溶液以及各种不同 pH 的酸性溶液和碱性溶液等，具体的宏观摩擦磨损实验示意图如图 8-1（b）所示[7]。该仪器可以获取对应的实时摩擦系数和磨损位置的磨损形貌，进而可以利用上述实验数据分析玻璃材料的摩擦磨损性能。

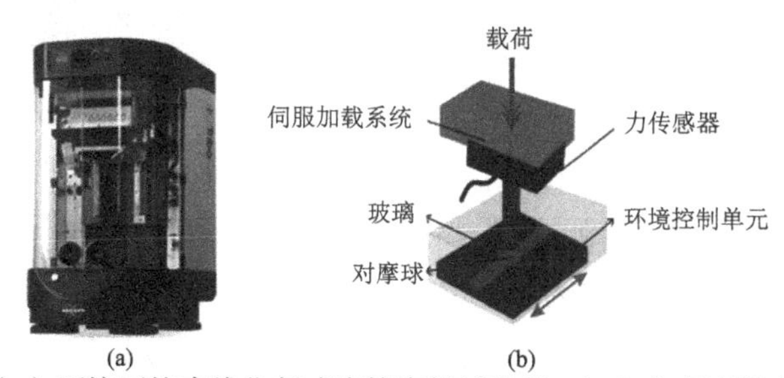

图 8-1　（a）环境可控直线往复式摩擦磨损试验机；（b）宏观磨损实验示意图

不同于宏观磨损，微观尺度下的摩擦磨损实验的法向载荷非常小。因此，在微观摩擦磨损方面，无论是在理论上还是在实验中，需要采用与宏观摩擦磨损不同的研究方法。实验方面，微观磨损的研究通常采用原子力显微镜（AFM）、摩擦力显微镜（FFM）、纳米压/划痕仪（Nano-Indenter）或其他专门研制的微观磨损实验机[8,9]。这些方法一般使用锥形或球形探针在被试材料表面滑动，滑动方式包括一维线划痕（line-scratch）和二维面扫描划痕（scanning-scratch）等。然而，当微观磨损的研究尺度进一步降低到分子或原子尺度时，现有的实验方法将无法满足研究需求[10]。因此，当前已经发展起来的计算机模拟技术[分子动力学（MD）]模拟成为一种重要的研究工具。MD 不仅可以提供实际实验上尚无法得到或很难获得的重要信息，也可用作某些理论假设的验证，从而在极大程度上推动玻璃表界面和摩擦学理论的发展。

针对微观的摩擦磨损实验，目前已有研究主要借助纳米压痕仪和原子力显微镜，因此本小节将主要对该仪器设备的特征和实验过程的具体参数设定进行相应阐述[11,12]。在微观磨损的研究中，借助纳米压/划痕仪器可以进行压痕实验和划痕实验，对待测材料的机械性能（纳米硬度、杨氏模量等）以及摩擦学性能进行测试。而在划痕测试的过程中则需要设定摩擦过程的循环次数、摩擦速度以及对应的施加载荷，对应的划痕扫描示意图如图 8-2（a）所示。当借助原子力显微镜进行纳米摩擦学实验时，需要选取摩擦实验的针尖，设定所需要的滑动距离、滑动速度以及滑动循环次数，对应的示意图如图 8-2（b）所示[13]。与此同时，为了实现不同气氛，实验环境可以分别调控为干燥气氛以及不同湿度的环境条件。利用上述实验设备即可获取微观磨损的相关实验数据结果（摩擦系数、磨损线轮廓以及磨损形貌等），后续可以利用该结果进行深入的磨损量的计算、材料磨损性能以及磨损机理的分析。

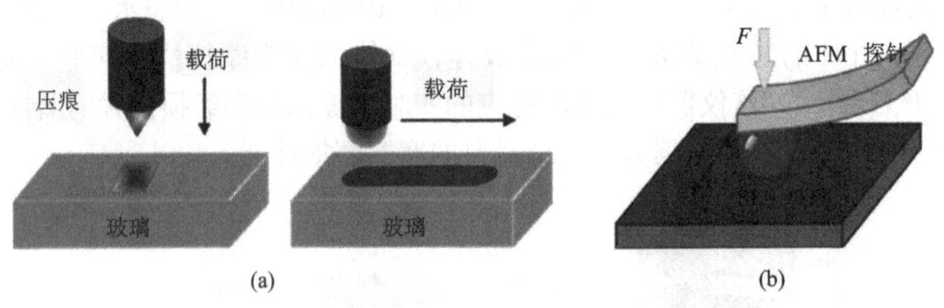

图 8-2　（a）压/划痕微观测试示意图；（b）利用原子力显微镜进行微观磨损测试示意图[14]

在后续的摩擦磨损行为以及相应的影响机制等分析过程中，通常将借助光学显微镜[图 8-3（a）]和白光干涉三维轮廓仪对实验材料的磨损形貌和磨损位置的线轮廓进行扫描以获取材料表面损伤的信息。同时可以采用一系列化学检测仪器对材料的化学结构和内部结构变化进行检测，例如 X 射线荧光光谱仪[XRF，图 8-3（b）]、激光拉曼光谱仪（Raman）以及扫描电子显微镜[SEM，图 8-3（c）]等。最后，结合摩擦实验设备（宏观以及微观）的实验结果，可综合分析待测试材料的摩擦磨损演化行为和相应的机制。

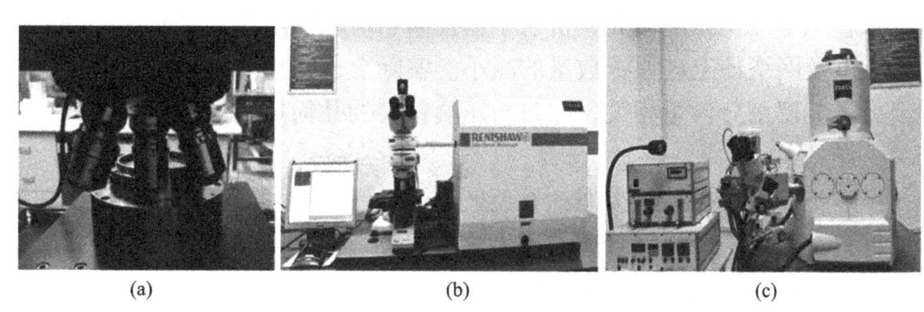

(a)　(b)　(c)

图 8-3　摩擦实验相关表征设备

（a）光学显微镜；（b）X 射线荧光光谱仪；（c）扫描电子显微镜

8.2　载荷的影响

由于接触模式的不同，导致宏观摩擦与微观摩擦表现出不同的摩擦机制。在宏观条件下，由于接触面积较大，摩擦副通常为多点接触，较小的载荷也会使接触点发生塑性变形，摩擦机制主要表现为犁沟摩擦。在微观条件下，由于接触面积较小，摩擦副的接触通常可看作为单点接触，轻载下接触区域仅仅发生弹性变形，表面和尺寸效应使得界面摩擦位于主导地位。随着载荷的增加，接触区域逐渐从以弹性变形为主转变为以塑性变形为主，摩擦机制也逐渐从界面摩擦转变为犁沟摩擦。由于犁沟效应过程中材料发生了塑性变形，因此材料的硬度和弹性模量等机械性能对犁沟摩擦力有较大的影响。在微观条件下，黏着力和载荷处于同一量级，黏着效应将对界面摩擦造成极大影响，界面摩擦力将随着载荷的增加表现出非线性的增长趋势。与此同时，界面摩擦还将受到相对湿度、表面形貌以及材料表面亲水性与否等因素的影响。本节选取硅酸盐玻璃和磷酸盐玻璃作为典型的玻璃材料，重点阐述载荷和材料特性对其磨损机制的影响。

8.2.1　硅酸盐玻璃

硅酸盐玻璃作为一种典型的脆性材料，在不考虑环境因素的条件下，玻璃表面损伤的形式以机械性损伤为主，其对应的压痕损伤与所施加的载荷紧密相关。例如：当对于石英玻璃或者钠钙玻璃进行维氏压痕实验时，参照对应施加载荷的大小，玻璃材料的表面损伤形式主要为三种[15]。第一，当压痕载荷较小时，玻璃表面仅仅存在残余的塑性变形，同时压痕附近并不存在裂纹。第二，当施加载荷增加到一定程度时，压痕端部将形成些许径向裂纹，同时伴随着中间裂纹的形成。第三，当施加载荷进一步增加时，压痕附近将产生大量的磨屑和材料碎片。在硅酸盐系玻璃压痕损伤的机理方面，通过研究可以总结出当玻璃材料的泊松比较低时，压痕损伤位置的次表面结构将变得更为致密；针对于石英玻璃，该致密化过程即意味着原子堆积密度增大、折射系数提高、玻璃网络结构中的 Si—O—Si 键角的减小以及网络环上硅原子数量的减小。实际上，上述现象不仅与玻璃材料的化学组成、玻璃水分含量相关，同时与压痕针尖的几何尺寸和施加的载荷大小紧密相关（详见第 6 章）。

与压痕实验的数据结果类似，石英玻璃、钠钙玻璃和硼硅酸盐玻璃在划痕实验下的材料去除量与所施加载荷的大小紧密相关[16]。通常情况下，外加载荷对玻璃材料表面单次划痕损伤的影响也可分为三种情况。第一，当施加的载荷较小时，玻璃表面的损伤形式主要表现为形成塑性的沟槽，同时，伴随着玻璃材料次表面的侧向塑性流动。第二，当施加载荷稍有增大时，玻璃表面将开始出现径向裂纹和侧向裂纹。第三，当外加施加载荷进一步增大时，玻璃表面将出现明显的材料去除，并且伴随着磨屑和切向微裂纹形成[3]。

研究表明，当环境条件一定时，硼硅酸盐玻璃在摩擦实验过程中的摩擦系数、磨损深度、磨损体积、表面损伤程度以及次表层损伤程度均呈现随着施加载荷增加而愈发严重的变化趋势[17,18]。何洪途等[18]选用不锈钢球以低于 0.5 GPa 的名义赫兹接触压力在硼硅酸盐玻璃表面进行摩擦磨损实验，进而研究了由磨损引起的表面以及亚表面结构变化。研究表明，当外部施加载荷通过法向进行加载时，硼硅酸盐玻璃的变形是完全弹性变形。然而，当载荷通过摩擦剪切方向进行加载时，硼硅酸盐玻璃材料的表面磨损行为由界面的机械化学反应主导，并且当磨痕经过退火处理后，磨痕的深度出现了明显的回复（图 8-4），这些现象表明硼硅酸盐玻璃在水下的机械化学磨痕下表面存在一定程度的亚表面结构致密化，并且该致密化程度随着载荷的增加而进一步增大。

与此同时，硼硅酸盐玻璃磨痕处比原始玻璃表面的纳米硬度和等效弹性模量高，而硼硅酸盐玻璃磨痕在 pH 13 的 NaOH 溶液中的腐蚀量先增加然后保持不变，但退火处理后的硼硅酸盐玻璃磨痕在 pH 13 的 NaOH 溶液中的腐蚀量几乎不变。此外，通过基于反应力场的分子动力学模拟（ReaxFF-MD）分析发现，玻璃亚表面的密度在摩擦后增加，经退火处理后出现了一定程度的降低，而玻璃亚表面化学结构的平均 Si—O 键长略微增加，其平均 Si—O—Si 键角略微降低，经退火处理后，玻璃亚表面化学结构的平均 Si—O 键长和 Si—O—Si 键角出现了一定程度的回复（图 8-5）。这些现象都表明，玻璃在机械化学磨损的条件下，其亚表面出现了一定程度的化学结构致密化，尽管玻璃表面在此时的法向名义接触压力低于其压痕损伤阈值[18]。

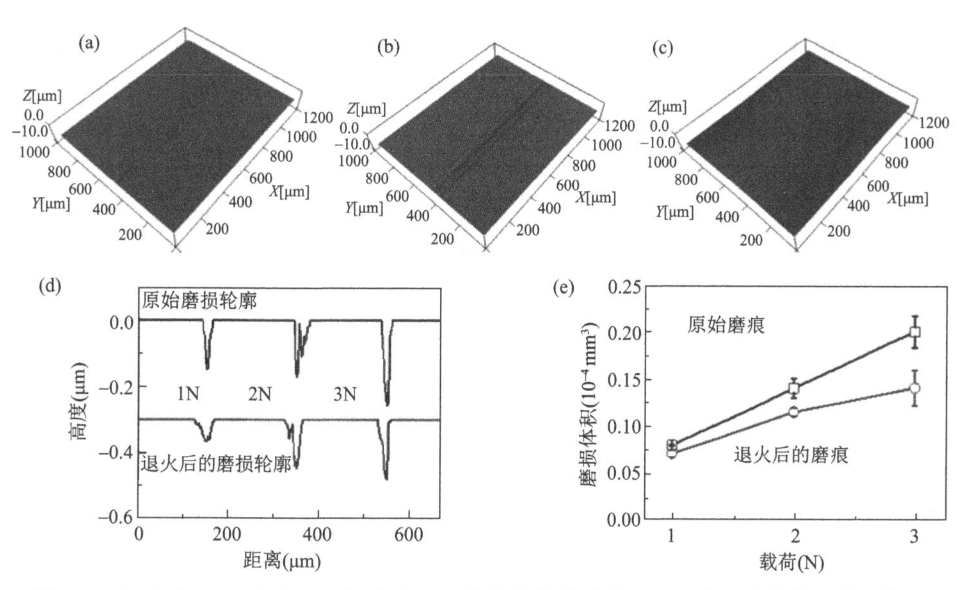

图 8-4　在（a）1 N、（b）2 N 和（c）3 N 载荷条件下玻璃表面磨痕的光学轮廓仪图像；（d）玻璃磨痕在退火前后的轮廓线对比；（e）在不同载荷条件下玻璃表面的原始磨痕和退火后磨痕的体积量

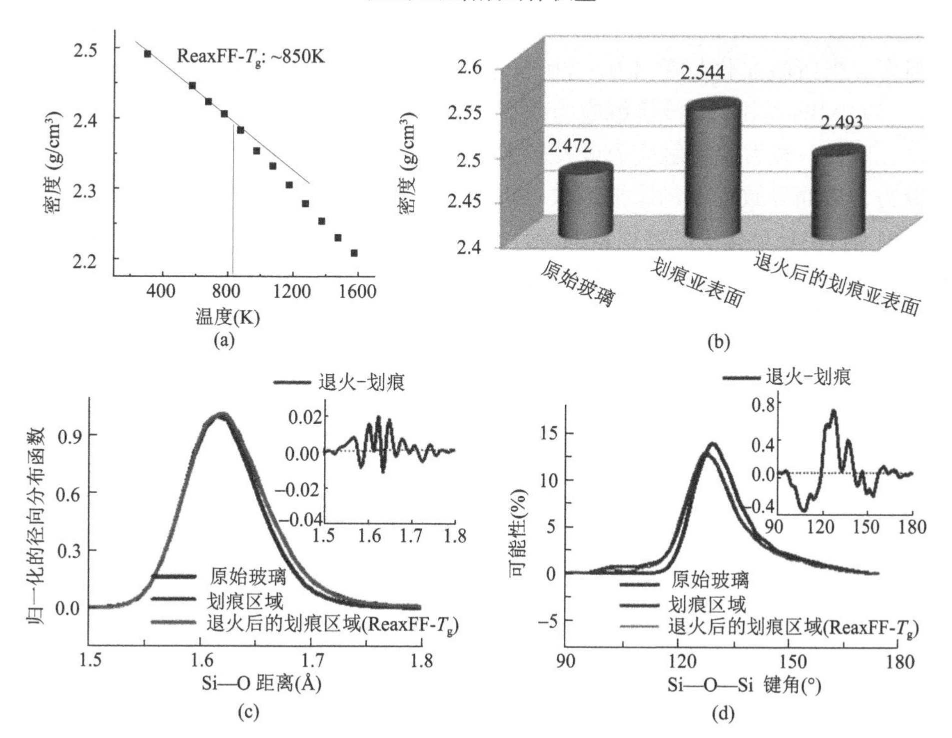

图 8-5　（a）根据 ReaxFF-MD 模拟确定硅酸钠玻璃的玻璃转换温度 T_g；硅酸钠玻璃亚表面的（b）密度、（c）Si—O 键平均距离以及（d）Si—O—Si 键角分布的变化

第 7 章的内容表明，在单次往复的摩擦磨损实验中，随着法向载荷的逐渐增大，钠钙玻璃会先后经历摩擦位置的弹性变形、塑性沟槽的形成、侧向裂纹和径向裂纹的形成以及磨屑的产生。同样的，在给定的磨损条件下，当外部施加载荷从 5 N 逐渐增大到 15 N 时，钠钙玻璃的磨痕损伤深度、磨痕损伤宽度及磨损体积均随之逐渐增大，对应的玻璃次表面损伤量也逐渐增大[19]。肖童金等[20]利用浮法玻璃（空气面和锡面）和石英玻璃球为实验材料，借助摩擦磨损试验机在不同外部载荷下（1.0 N、1.5 N、2.0 N、2.5 N 和 3.0 N）进行了磨损实验。研究结果表明，浮法玻璃的空气面和锡面均呈现出对应的稳态摩擦系数随着外部施加载荷的增加而逐渐增大的趋势（图 8-6），对应浮法玻璃磨痕位置的磨损体积也呈现出随着外部施加载荷的增加而逐渐增大的趋势（图 8-7）[20]。进一步分析表明，上述结果主要由于石英玻璃球的硬度高于钠钙玻璃，在摩擦磨损的实验初期，较硬的石英玻璃球（对磨副）将压入相对较软的钠钙玻璃表面，进而对浮法钠钙玻璃形成明显的犁沟效应，同时犁沟力随着外部施加载荷的增大而增大，因此，浮法钠钙玻璃空气面和锡面的稳态摩擦系数均随着法向载荷的增加而逐渐增大。但是值得注意的是，上述实验条件下的钠钙玻璃空气面的稳态摩擦系数为 0.4～0.5（图 8-6），稍大于同等环境湿度条件下何洪途等研究结果中所对应的稳态摩擦系数（约 0.6），实际上除了对磨副的影响以外，载荷也是导致该现象的直接因素。当所施加载荷在 1.0～3.0 N 的范围内时，所对应的赫兹接触压力处在 413～596 MPa 范围内，该接触应力明显大于相关文献中报道的材料变形的接触应力[20]。因此，较大的接触应力以及较大的接触面积将导致钠钙玻璃界面较小的剪切应力，进而导致较低的摩擦系数。肖童金等[20]进一步通过对于钠钙玻璃基底和对磨副（石英玻璃球）的磨损量的统计得出，随着外部施加载荷的增加，钠钙玻璃的空气面、锡面以及石英玻璃球所对应的磨损宽度、磨损深度和材料去除量均呈现逐渐增大的趋势。

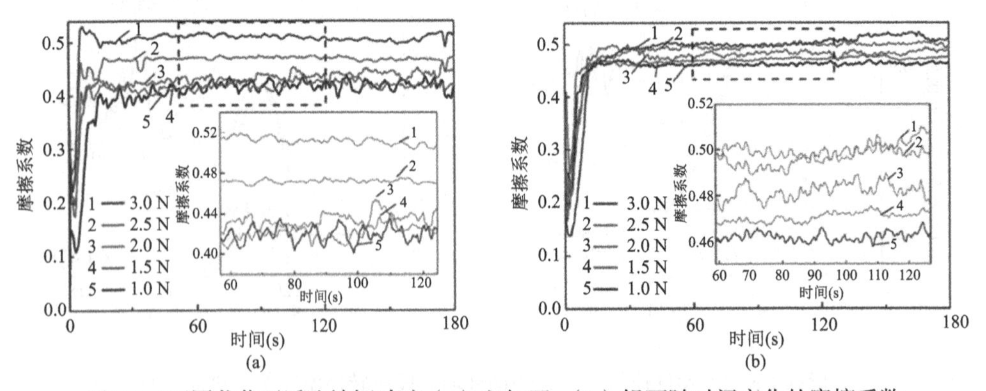

图 8-6　不同载荷下浮法钠钙玻璃（a）空气面、（b）锡面随时间变化的摩擦系数

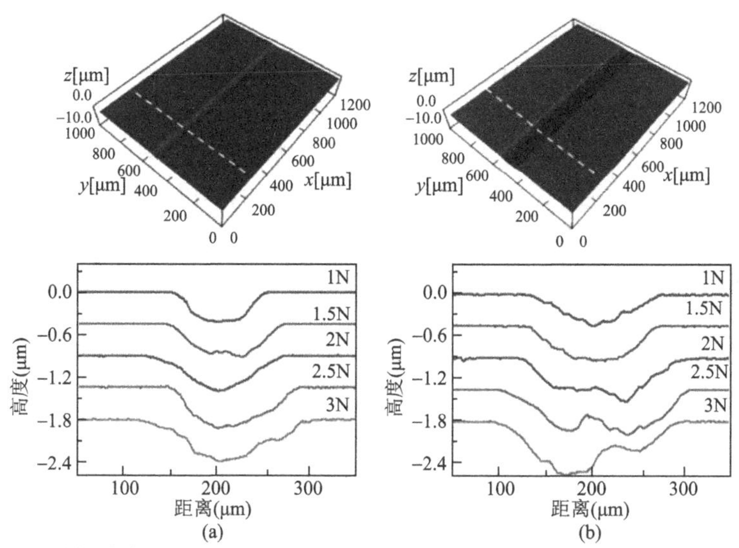

图 8-7　浮法钠钙玻璃的（a）空气面和（b）锡面在不同载荷下的三维形貌和磨损线轮廓

通过分析钠钙玻璃空气面与锡面的裂纹变化情况可知，当施加载荷较低时（1.0 N），锡面损伤区域的赫兹裂纹明显多于空气面。随着施加载荷的增大，浮法钠钙玻璃空气面和锡面的表面裂纹密度也随之增大，但是锡面的裂纹密度要明显大于空气面（图 8-8）。此外，值得注意的是，当施加载荷从 1.0 N 增大至 2.0 N 和 2.5 N 时，不仅玻璃空气面的表面裂纹密度增加，同时还出现了脆性剥落。然而，锡面损伤区域的赫兹裂纹则更加细密化。分析表明，玻璃材料表面形成裂纹的情况与其临界载荷 P_c 有关，其中，浮法钠钙玻璃空气面与锡面所形成裂纹的临界载荷可以分别表达为[20]

$$P_c \approx 0.51 \times P^* / (1+15.5f)^3 \tag{8-1}$$

$$P_c \approx 0.42 \times P^* / (1+15.5f)^3 \tag{8-2}$$

计算结果表明，本实验的施加载荷（1.0～3.0 N）远大于钠钙玻璃表面形成裂纹的临界载荷，因此在摩擦磨损实验后，无论是钠钙玻璃的空气面还是锡面，其磨损表面都极易形成裂纹（图 8-8）。

何洪途等[21]使用原子力显微镜（AFM）对钠钙硅玻璃的空气面进行了微观摩擦学实验，探究了施加载荷对于钠钙硅玻璃摩擦性能的影响。当使用金刚石针尖在真空环境下进行实验后，结果表明，当施加载荷较低时，钠钙硅玻璃表面将形成与常见的凹槽状明显不同的“凸起”型结构（图 8-9）[21]。当施加载荷为 20 μN 时，损伤位置的凸起高度为 1.5 nm；当施加载荷增加到 30 μN 时，对应的凸起高度降低至 1 nm，玻璃表面的凸起高度并不明显。当环境从真空环境变成 40% RH 时，玻璃表面仅在低载（5 μN）条件下出现了凸起，而在高载荷条件下出现了明显的材料去除。分析表明，钠钙硅玻璃的次表层 Si—O—Si 网络可能由于法向应力和剪切应力发生应变，进而将改变 Si—O 键的距离和角度，最终导致损伤位置摩尔体积的局部扩展以形成凸起结构[21]。当纳米磨损的环境为潮湿环境时，玻璃表面的水分子诱导的应力腐蚀开始主导玻璃的摩擦化学磨损，导致玻璃出现明显的材料去除。当该摩擦化学反应包括对磨副、水分子和玻璃的相互反应时，玻璃表面纳米磨损在 SiO_2 探针和潮湿空气下出现材料去除的临界载荷非常低[图 8-9（c）]。这些结果表明，玻璃界面的摩擦化学反应对玻璃的材料损伤和去除行为至关重要。

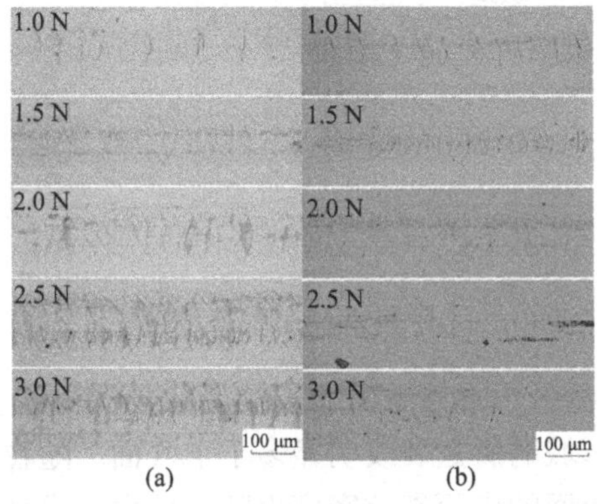

图 8-8　不同载荷下钠钙玻璃（a）空气面和（b）锡面磨损区域的裂纹形貌

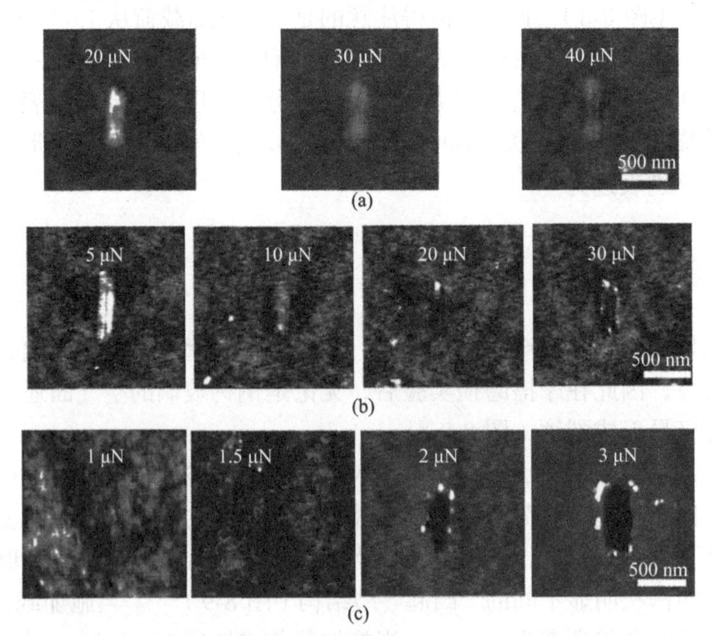

图 8-9　钠钙硅玻璃在不同施加载荷下的 AFM 图像，其中，（a）的 AFM 探针和环境分别为金刚石针尖和真空环境，（b）的 AFM 探针和环境分别为金刚石针尖和 40% RH，（c）的 AFM 探针和环境分别为 SiO_2 针尖和 40% RH

8.2.2　磷酸盐玻璃

西南科技大学余家欣等[22,23]选取氧化铝球为对磨副，在不同外部施加载荷条件下（0.3～1.2 N）探究了磷酸盐玻璃在干燥和纯水环境下的磨损性能。实验结果表明，当实验环境一定时，磷酸盐玻璃的摩擦系数均呈现随着载荷的增加而降低的变化趋势。这是由于在摩擦磨损实验的过程中，施加较高的载荷更容易导致玻璃表面的磨损形式由二体磨损转化为三体磨损，致使磨屑充当承载层以降低摩擦系数。在干燥环境下，随着施加载荷从 0.3 N 增大至 1.2 N，玻璃表面的接触应力随之增加，进而导致磷酸盐玻璃表面在高载荷下出现严重的磨损。此外，在不同施加载荷下，磷酸盐玻璃的磨痕位置均可在沿着摩擦运动方向上发现较轻的犁沟和明显的赫兹裂纹。在高载荷条件下，磷酸盐玻璃发生脆断破坏，赫兹裂纹也变得更加密集，并可以观测到明显的脆性剥脱（图 8-10）。

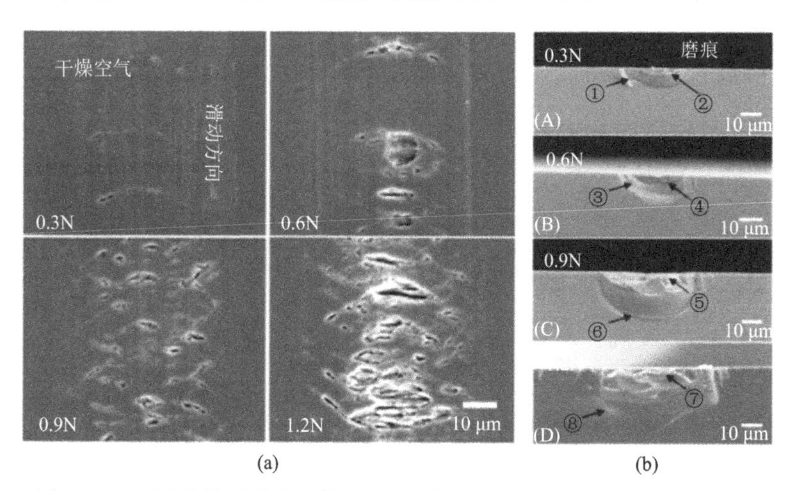

图 8-10　不同载荷下磷酸盐玻璃（a）在不同环境下的磨痕表面 SEM 图和（b）磨痕亚表面损伤 SEM 图

分析表明，干燥环境下的磷酸盐玻璃的磨损为纯机械磨损。当施加较低载荷时，氧化铝球和玻璃表面的微凸体结构造成接触位置的高应力进而导致材料的塑性变形。此外，由于磷酸盐玻璃断裂韧性仅仅为 0.53 MPa·m$^{1/2}$，断裂强度较低，当施加载荷为 0.5 N 时，实验过程的剪切应力已经达到其断裂强度，进而形成了可见的赫兹裂纹。当施加载荷增加时，剪切应力将远远大于磷酸盐玻璃的断裂强度，导致更密集的赫兹裂纹，在往复交变剪切应力作用下进一步导致了材料的剥脱。进一步分析发现，磷酸盐玻璃的磨损量与施加载荷的关系并不完全遵循理论，则说明在高载荷情况下，机械力作用将导致更多的玻璃的赫兹裂纹滋生，较少的材料去除，上述结论也是干燥环境下磷酸盐玻璃的损伤深度较低的直接原因之一。

当改变对磨副进而对磷酸盐玻璃进行摩擦磨损实验时，仍然可以发现玻璃基底的损伤量呈现随施加载荷逐渐增大的趋势。例如：简清云和张文利等[24,25]使用石英玻璃球对磷酸盐玻璃在 0.2～2.0 N 和 0.4～1.5 N 的施加载荷条件下进行了摩擦学实验，如图 8-11 所示，磷酸盐玻璃磨痕的深度和宽度均随着载荷的增加而增加，相对于潮湿空气而言，纯水中所形成的磨痕深度和宽度更大。同时，如图 8-12 所示，随着施加载荷的增加，磷酸盐玻璃的磨损量首先急剧增加进而缓慢增加，对应的磨损机理经历了从以磨粒磨损为主、磨粒磨损和赫兹裂纹滋生并存以及最后发展到以脆性剥落为主的变化过程。

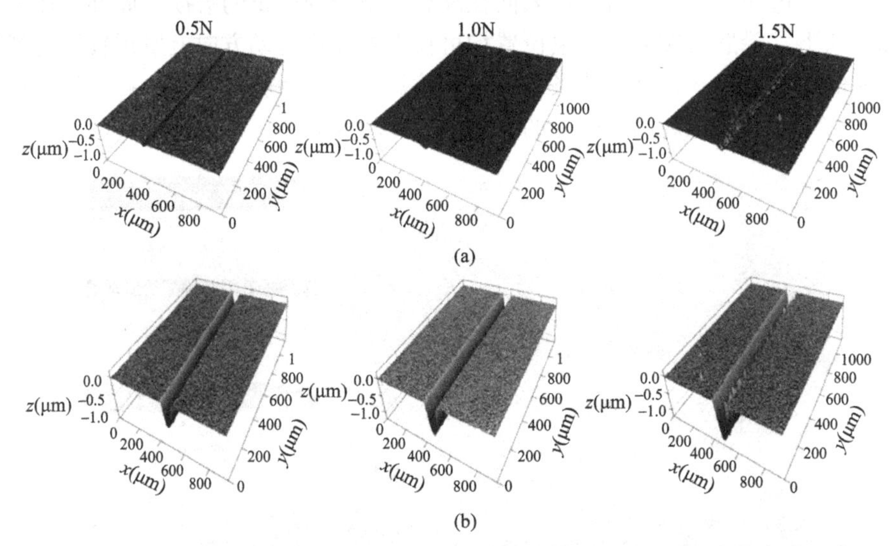

图 8-11　不同载荷条件下磷酸盐玻璃在（a）干燥空气和（b）纯水中的磨痕形貌图

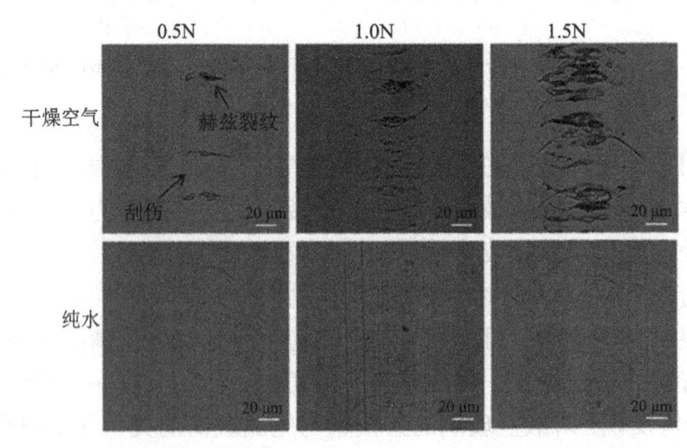

图 8-12　不同外部载荷下在干燥空气（上）和纯水（下）环境下磷酸盐玻璃表面的磨痕形貌图

为探究磷酸盐玻璃的纳米级材料去除机理，西南科技大学王永瑞[26]采用原子力显微镜，利用二氧化硅纳米颗粒为对磨副，先后在真空、干燥空气及大气气氛中在不同载荷下（2 μN、4 μN、6 μN 和 8 μN）展开了磷酸盐玻璃的纳米级摩擦磨损实验。实验结果表明，同等环境条件下实验获取摩擦力均随载荷的增加而单调增加，磷酸盐玻璃表面的损伤量也随着载荷的增加而增大（图 8-13）。张亚峰等[27]借助原子力显微镜，利用曲率半径为 0.54 μm 的金刚石针尖，在一定施加载荷条件下（8～103 μN）对三种不同光学玻璃进行了微观摩擦学实验。如图 8-14 所示，随着施加载荷的增加，三种玻璃的划痕残余深度均呈现逐渐加深的趋势。其研究发现，当施加载荷低于 23 μN 时，表面的划痕损伤十分轻微，该现象表明当载荷从 8 μN 增加到 23 μN 时，玻璃材料和金刚石针尖间的摩擦主要以界面摩擦为主导，导致摩擦系数随载荷的增加均没有明显的变化。随着法向载荷的持续增加，玻璃材料表面出现塑性变形，导致犁沟效应出现。当施加载荷高于 23 μN 时，载荷越大，针尖与玻璃的接触深度越深，滑动过程中受到的阻力越大，摩擦系数中的犁沟摩擦逐渐变强，因此，此时的稳态摩擦系数随着载荷的增加而增加。

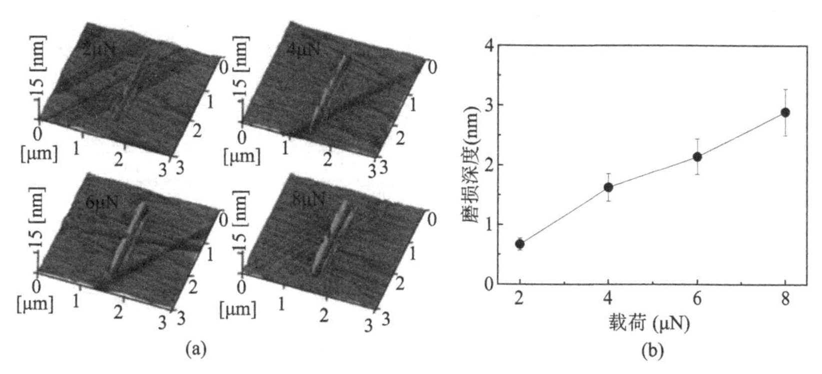

图 8-13　不同载荷下潮湿环境中（a）磷酸盐激光玻璃 AFM 形貌及（b）磨损深度随着载荷的变化

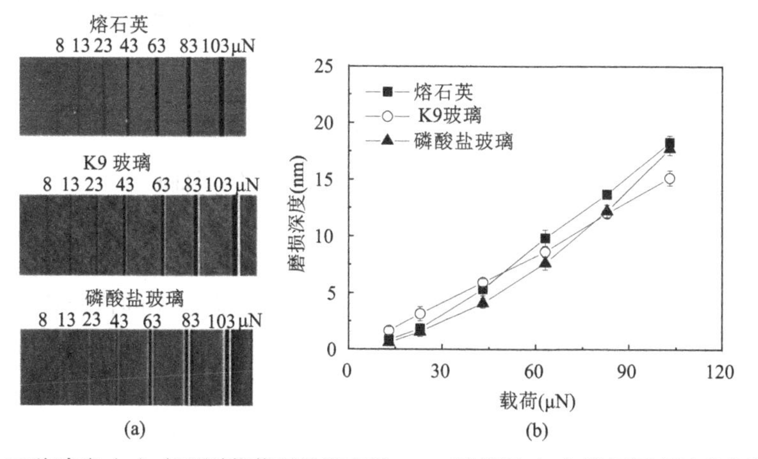

图 8-14　三种玻璃（a）在不同载荷下纳米磨损 AFM 形貌及（b）磨损深度随载荷的变化[27]

西南科技大学余家欣等[28]利用原子力显微镜和曲率半径约为 320 nm 的自制 CeO_2 探针，系统地研究了载荷对磷酸盐玻璃在真空和潮湿环境的摩擦磨损行为。在真空环境中，由于探针施加到玻璃表面的接触应力小于引起玻璃表面产生塑性变形的临界应力，并且此时主导玻璃表面纳米磨损的因素为机械因素，因此玻璃在给定的载荷条件下并未出现明显的材料去除行为（图 8-15）。但是，在对应的摩擦接触区域内，玻璃表面出现了明显的相位移滞后，并且该滞后随着载荷的增加而增大，这表明发生了较大的相位移动。相关研究结表明，在 AFM 的轻敲扫描模式下，当针尖移动到具有较高刚度的区域时，对应的相移将会增加。因此，摩擦区所观察到的较大相移意味着摩擦区表现出略微增强的机械性能，该现象可能是由于材料摩擦接触区域发生了力学性能的转变，比如摩擦过程导致的应变强化。而在潮湿空气中，由于 CeO_2 探针和磷酸盐玻璃以及玻璃表面吸附的水分子的摩擦化学作用，玻璃表面的纳米磨损量随着载荷的增加而增大。

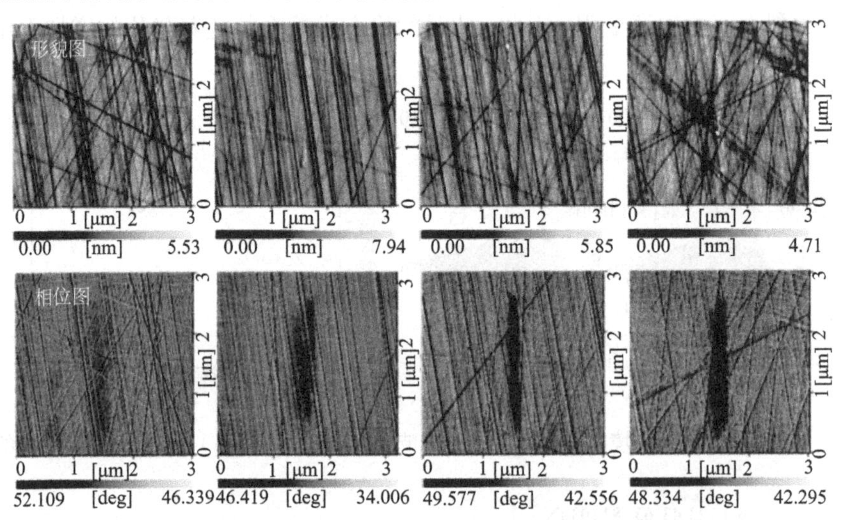

图 8-15　当磷酸盐玻璃在真空环境下磨损 100 次后，摩擦接触区域的形貌图（上）和对应的相位图（下）

8.3　对磨球化学特性的影响

在摩擦磨损实验的过程中，对磨副可能将与玻璃表面发生摩擦化学反应，此外，形成的磨屑有可能参与到界面的摩擦反应，因此对磨副的化学特性也是影响玻璃材料的摩擦磨损性能的主要原因，本节将具体分析不同对磨副材料对硅酸盐玻璃和磷酸盐玻璃的摩擦演化行为的影响效果。前期研究表明[29]，当对磨副为二氧化硅时，潮湿气氛下硅表面的磨损呈现为凹槽状，而当对磨副为金刚石时，硅表面上形成了凸起结构，这是由于二氧化硅表面具有足够的化学反应性，可以使得两个滑动固体表面之间形成 Si—O—Si 键桥，导致二氧化硅表面的摩擦化学磨损。此外，当使用二氧化硅针尖在乙醇环境中进行摩擦时，可以防止硅表面的纳米磨损，该条件下形成凸起结构的体积相较于与对磨副为金刚石的磨损体积降低了 80%[30]。综上所述，对磨副表面的化学反应活性对摩擦界面的机械化学磨损起着重要作用。

8.3.1　硅酸盐玻璃

何洪途等[31]选取不同的对磨副材料（不锈钢球、氮化硅球和氧化铝球），利用直线往复型的摩擦磨损试验机分别在干燥和潮湿气氛下探究了对磨副化学特性对于钠钙硅玻璃的摩擦磨损性能的影响。干燥环境下的摩擦实验结果表明，当对磨副为不锈钢球（硬度和模量较低）时，钠钙玻璃的磨损宽度和深度最大，然而当对磨副为氧化铝球（硬度和模量较高）时，钠钙玻璃对应的磨损量最小。如果压痕变形是导致玻璃材料磨损的主要原因，那么当对磨副为氧化铝球的情况下，钠钙玻璃的磨损应该最大，上述理论和实验结果的不一致可能表明，摩擦界面的结合作用（金属-金属接触的冷焊作用）以及三体磨损可能影响钠钙玻璃在干燥环境下的磨损行为。从对磨损形貌的分析可知，磨屑并没有黏附在不锈钢球表面而是被挤出接触区，大部分堆积在接触界面以外，也就是说，钠钙玻璃和不锈钢球在摩擦过程中始终保持直接接触。然而，当对磨副为氮化硅球和氧化铝球时，磨屑聚集在摩擦接触界面形成一层转移膜，进而导致界面剪切力主要作用于玻璃和转移膜之间，而不是氮化硅球或者氧化铝球的表面（图 8-16）。

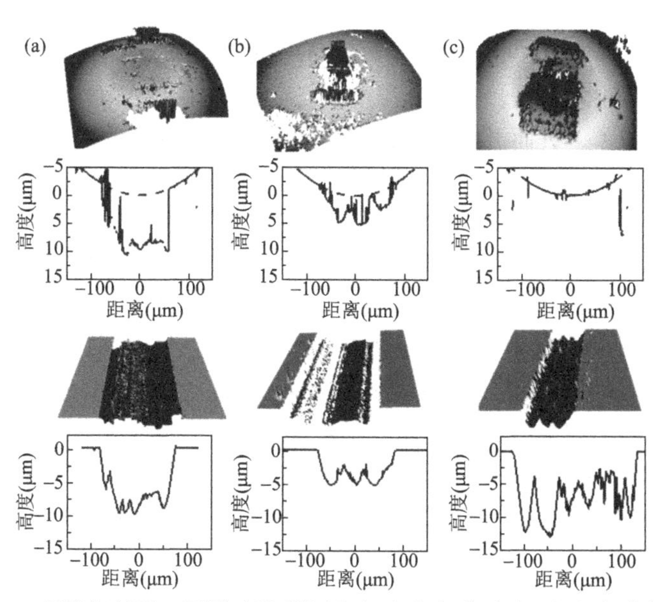

图 8-16　干燥气氛下，不同对磨副作用下[（a）氮化硅球；（b）氧化铝球；（c）不锈钢球]钠钙玻璃和对磨球的磨损形貌和磨损线轮廓

相较于干燥环境条件，钠钙玻璃/对磨副球的摩擦磨损行为则不能简单地利用材料的力学性能进行分析，这是因为此时玻璃基底和相应的对磨副将发生一系列摩擦化学反应，因此，经典的 Archard 理论无法清晰地揭示潮湿条件下钠钙玻璃的磨损演化行为。当选用 Si_3N_4 作为对磨副时，其在摩擦过程中将发生反应式（8-4）反应，最终反应将形成 $Si(OH)_4$，此外实验过程中摩擦接触界面所吸附的水分子将进一步促进上述反应的进行，进而导致 Si_3N_4 球严重的摩擦化学磨损。实际上，相较于氧化物表面，氮化物表面结构使表面原子的氧化去除速度更快[31]。此外，氮化硅的热力学性能极不稳定，因此，如果氧化物层在摩擦作用下被清除或损坏将极易导致氮化硅与水反应进而分解，同时中间物质将通过摩擦往复作用而被清除掉，对应的摩擦化学反应可表示为[31]

$$Si_{surface}—N—Si_{surface} + H_2O \longrightarrow Si_{surface}—NH + Si_{surface}—OH \tag{8-3}$$

$$Si_3N_4 + 12H_2O \longrightarrow 3Si(OH)_4 + 4NH_3 \tag{8-4}$$

$$Al_2O_3 + H_2O \longrightarrow 2AlO(OH) \tag{8-5}$$

$$Al_2O_3 + 3H_2O \longrightarrow 2Al(OH)_3 \tag{8-6}$$

当选用 Al_2O_3 球为对磨副时，摩擦接触界面也将发生相应的摩擦化学反应[式（8-5）～式（8-6）]，当钠钙玻璃表面发生水化时，被吸附的水分子将进一步与表面的羟基发生反应以形成无定形凝胶状的氢氧化物层[31]。当表面的氢氧化物层因摩擦作用而被损坏时，将很容易发生 Al_2O_3 与水的反应进而导致钠钙玻璃材料的损伤。但是值得注意的是，在较高湿度下（90% RH），Al_2O_3 球和钠钙玻璃的磨损极低（图 8-17），进而可以推测，在饱和湿度条件下氧化铝表面的氢氧化层可能起到边界润滑的效果。当选用不锈钢球为对磨副时，实验结果表明钠钙玻璃在低湿度下的磨损深度仅约有 0.1 μm，同时随着环境湿度的增加，对应玻璃损伤量近乎不变（图 8-18）。根据现有研究可知，在潮湿环境中，由于电偶腐蚀的影响，440C 不锈钢球和铜基底存在摩擦磨损现象[32]。然而，硅酸盐玻璃是绝缘体，并不能形成电化学反应[33]，所以电偶腐蚀不是钢球在玻璃上磨损的主要原因。从钠钙玻璃在潮湿环境下发生的离子交换反应的角度考虑可知，当 Na^+ 从玻璃内部浸出后将导致不锈钢球更易被腐蚀。为了验证上述猜测，何洪途等[31]利用硼硅酸盐玻璃和不锈钢球进行了对比实验，结果表明不锈钢球表面仍然存在约 100 nm 的磨损宽度（图 8-19），因此不锈钢球的磨损不能归因于局部接触界面的刻蚀反应。

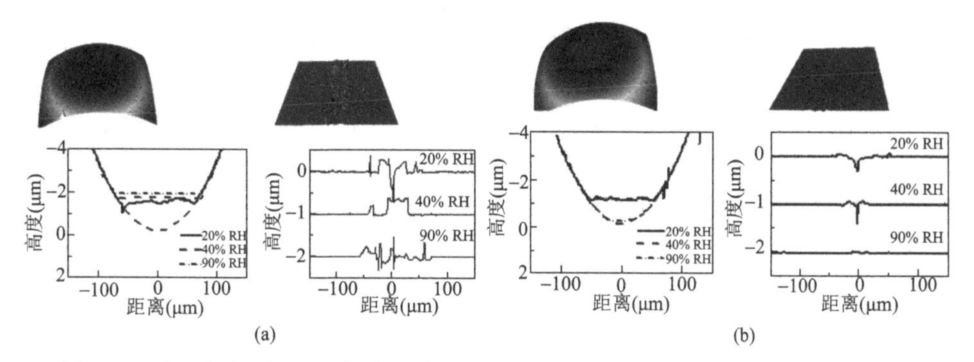

图 8-17　潮湿气氛下，（a）氮化硅球（左）和钠钙玻璃（右）、（b）氧化铝球（左）和钠钙玻璃（右）的磨损形貌和磨损线轮廓[31]

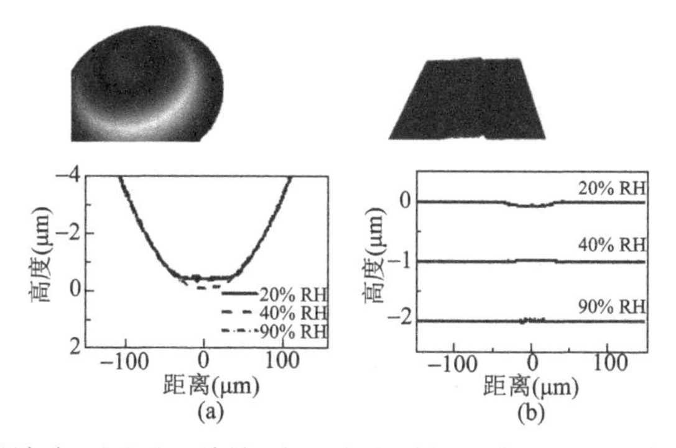

图 8-18　潮湿气氛下（a）不锈钢球和（b）钠钙玻璃的磨损形貌和磨损线轮廓

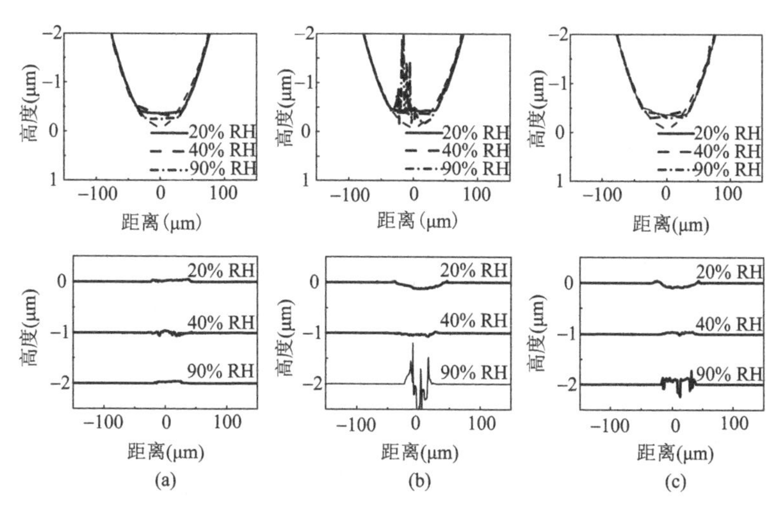

图 8-19　在不同湿度下，不锈钢球（第一行）分别和不同玻璃材料[第二行（a）硼硅酸盐玻璃；（b）铝硅酸盐玻璃；（c）钾铝硅酸盐玻璃]摩擦后的磨损轮廓

通过进一步的研究发现:不锈钢球表面的氧化磨损是其材料去除的主要原因。尽管不锈钢球表面覆盖着几纳米厚的耐腐蚀氧化铬层，但在摩擦实验过程中，该保护层很容易被破坏，进而导致铁相的氧化。一般来说，铁被水蒸气钝化后会形成氧化层，室温下形成的氧化膜主要为 FeOOH[31]。当摩擦界面的局部温度提高到 100～300℃时，也将形成氢氧化铁，这些摩擦化学反应可表示为[31]

$$2Fe+6H_2O \longrightarrow 2Fe(OH)_3+3H_2 \tag{8-7}$$

$$4Fe+3O_2+6H_2O \longrightarrow 4Fe(OH)_3 \tag{8-8}$$

8.3.2 磷酸盐玻璃

磷酸盐激光玻璃由于较差的耐水性和化学稳定性，水分子会更容易造成其表面的损伤破坏。水分子对玻璃的化学反应主要包括水合、水解和离子交换，而水分子对磷酸盐激光玻璃则主要通过水解作用和离子析出，该化学反应过程主要包括 P—O—P 网络骨架的水解作用和金属离子的析出(如 K^+、Li^+和 Ba^{2+})。在应力作用下，水分子对磷酸盐玻璃的侵蚀作用会加强，从而加速磷酸盐玻璃表面的材料损伤与破坏，这就是磷酸盐玻璃在水环境下的磨损程度通常较大的主要原因[22]。西南科技大学余家欣等[34]利用磷酸盐激光玻璃和直径为 4 mm 的二氧化硅球（SiO_2）进行了宏观尺度下的摩擦磨损实验，发现磷酸盐玻璃在水下的磨损量并未比干燥环境下的大，而是出现了一定程度的减小[图 8-20（c）]。与此同时，SiO_2 球在干燥环境和潮湿环境下都出现了一定程度的磨损，磨损量随着载荷的增加而逐渐增大。但是，当采用直径完全相同的其他对磨球时（如 Si_3N_4 球、ZrO_2 球和 Al_2O_3 球），对磨球并未出现明显的损伤，但是磷酸盐玻璃基底在水下的磨损量比干燥环境下的大。这些现象都表明，SiO_2 球参与到了磷酸盐玻璃基底的磨损过程中，从而导致磷酸盐玻璃在水下的磨损量小于在干燥空气下。

为了探明二氧化硅对磷酸盐玻璃磨损行为的抑制机理，余家欣等[34]首先利用二氧化硅球与二氧化硅玻璃基底在水下进行了一定时间的磨损，同时收集该条件下磨损后的溶液，并将该溶液用于氮化硅球（Si_3N_4）与磷酸盐玻璃基底的磨损[图 8-21（a）]。实验结果表明，当 Si_3N_4 球与磷酸盐玻璃在水下进行宏观磨损实验时，玻璃的磨损量比干燥条件下的大；但是，当在上述收集到的“氧化硅-水”溶液下进行磨损时，玻璃基底的磨损量明显小于纯水条件下的磨损量[图 8-21（b）]。这些结果表明，溶液中的“氧化硅-水”可以有效地抑制磷酸盐玻璃基底的磨损行为。当二氧化硅球与磷酸盐玻璃基底和二氧化硅玻璃基底在水下进行磨损时，二氧化硅球都出现了一定程度的摩擦化学磨损，该摩擦化学产物为 $Si(OH)_4/H_4SiO_4$，这些硅胶团聚物在摩擦磨损过程中，可以覆盖在玻璃界面，从而降低水分子对玻璃基底的摩擦诱导水解作用。这些实验结果都表明，磷酸盐玻璃的摩擦化学磨损作用，不仅与磨损环境中是否出现水分子有关，还与对磨球的表面化学特性密切相关。当磷酸盐玻璃与二氧化硅玻璃球进行磨损时，由于二氧化硅的表面化学活性较高，在磨损过程中易与水分子发生摩擦化学反应并生成类硅胶的摩擦化学产物，从而抑制磷酸盐玻璃基底的摩擦化学磨损。而 Si_3N_4 球、ZrO_2 球和 Al_2O_3 球的化学稳定性要高于二氧化硅球，因此这些球在与磷酸盐玻璃的磨损过程中难以出现摩擦化学磨损[图 8-20（d）]，从而诱导了水溶液环境下磷酸盐玻璃出现严重的摩擦化学磨损。

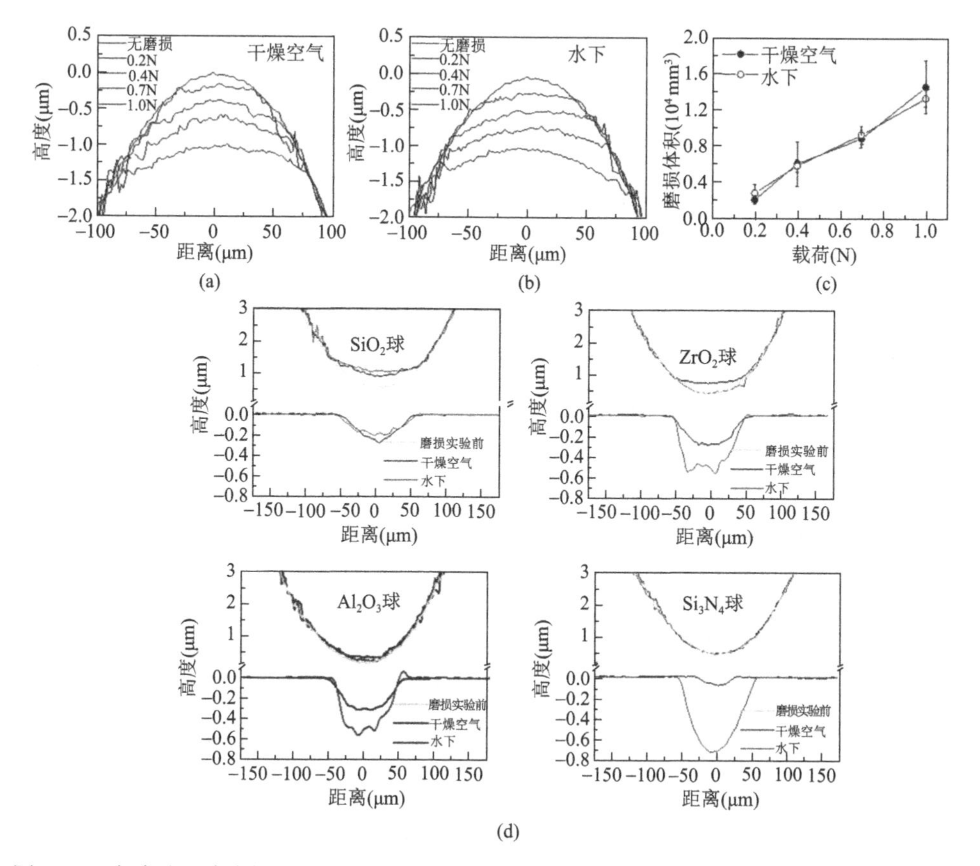

图 8-20　当磷酸盐玻璃与二氧化硅球在（a）干燥空气和（b）水下磨损后，二氧化硅球表面线轮廓的变化规律；（c）二氧化硅在不同条件下的磨损体积对比；（d）磷酸盐玻璃与不同对磨副在干燥空气和水下磨损后，对磨球与玻璃基底表面线轮廓变化

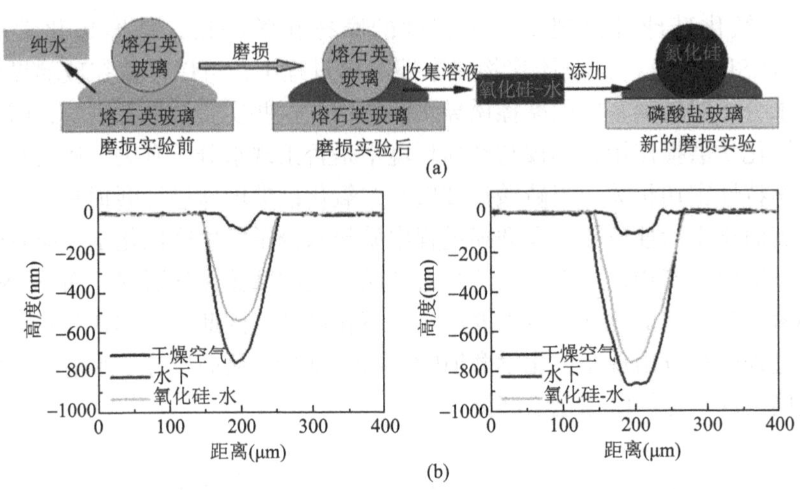

图 8-21 （a）当二氧化硅玻璃与二氧化硅球在水下磨损后，溶液变成“氧化硅-水”，该溶液用于磷酸盐玻璃与氮化硅球在液体下的磨损实验示意图；（b）磷酸盐玻璃与氮化硅球在“氧化硅-水”溶液下以及纯水条件下的磨损行为对比，其中左右两幅图的载荷分别为 0.4 N 和 1 N

借助原子力显微镜，西南科技大学余家欣等[28,35,36]分别采用金刚石探针、CeO_2颗粒探针和 SiO_2 颗粒探针系统地研究了其化学活性对于磷酸盐玻璃的纳米摩擦学行为的影响规律。当选用金刚石探针作为对磨副时，图 8-22 揭示出了磷酸盐玻璃表面纳米划痕和纳米磨损区的 AFM 形貌，可以看出，当发现载荷 F_n=8 μN 时，纳米划痕区域没有明显损伤，这表明此时玻璃的变形属于完全弹性变形。随着 F_n 的增加，表面开始存在可见的沟槽以及磨屑的堆积。分析发现，在以对磨副为金刚石针尖的单次纳米划痕实验中，磷酸盐玻璃的损伤机制从弹性变形转变为塑性变形或者对应的材料去除。然而，在往复滑动的摩擦实验中，材料损伤模式将不会发生转变。也就是说，纳米划痕中损伤机制的转变将导致磷酸盐玻璃的纳米划痕深度对于载荷的强烈依赖性，同时也将对应更高的载荷敏感系数。

西南科技大学王永瑞等[37]将化学活性不同的二氧化铈颗粒和二氧化硅纳米颗粒作为对磨副，研究了对磨副对磷酸盐玻璃表面纳米级材料去除的影响规律，实验在真空、干燥和潮湿环境下使用两种针尖进行了剪切力变化情况的测量（图 8-23）。在微观纳米磨损实验中，样品与对磨副的接触界面处单位面积所受的摩擦力被称为剪切应力 S，计算方法如公式（8-9）所示。

$$S=\frac{\mu_{\mathrm{int}}}{\pi}\left(F_{\mathrm{n}}+F_{\mathrm{a}}\right)^{1/3}\left(\frac{3R}{4E^{*}}\right)^{-2/3} \tag{8-9}$$

式中，μ_{int} 表示磷酸盐玻璃表面未发生磨损时的界面摩擦系数，R 为 AFM 针尖的对应半径，F_n 表示摩擦实验中所施加的法向载荷，F_a 表示黏着力，E^* 为玻璃样品与针尖的复合弹性模量。在真空和干燥环境下，由于摩擦实验后磷酸盐玻璃表面没有观察到明显的磨损，并不存在犁沟摩擦，因此，玻璃表面的总体摩擦系数即界面摩擦系数（ $\mu_{\text{int}} = \mu$ ）。然而，在潮湿环境中经过摩擦实验测试发现，当法向载荷为 0.3 μN 时，磷酸盐玻璃基底与二氧化硅针尖对磨的实验中未观察到明显的划痕损伤，因此将此时潮湿环境中的摩擦系数看作为公式（8-9）的界面摩擦系数。

从上述研究可知，无论对磨副是二氧化硅颗粒还是二氧化铈纳米颗粒，潮湿环境下磷酸盐玻璃样品与对磨副间的剪切应力均比真空和干燥环境下大得多[38]。该实验结果说明空气中的水分子的确可以提高接触位置的界面摩擦，与此同时，对磨副化学性质的影响同样不可忽略。我们可以发现“环境效应”对二氧化铈针尖磨损实验的影响更加显著，潮湿环境下其剪切应力是真空条件下的 5 倍，然而二氧化硅针尖潮湿环境下的剪切应力仅为惰性环境下的 3 倍。该结果揭示了对磨副的化学性质对于大气环境下的剪切应力有着极其重要的影响作用。由于氧化铈表面活化能较高，其表面有更多的 Ce—O—和 Ce—悬键，此外，空气中的水分子更容易吸附在接触界面位置，进而形成更多的 Ce—O—P 桥键，使得磷酸盐玻璃与针尖间的黏着效应更强烈，导致玻璃界面的剪切应力更大。

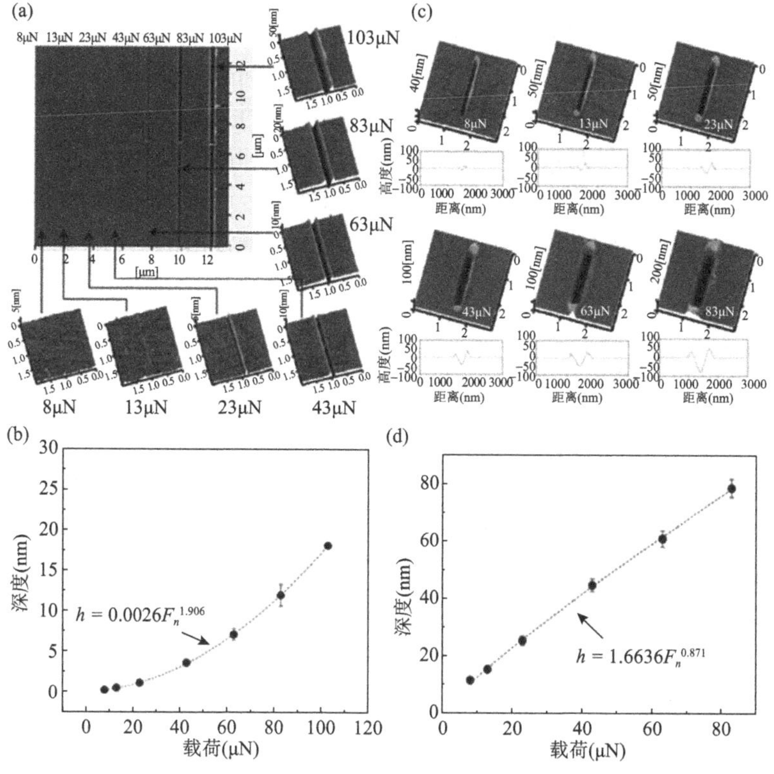

图 8-22　在不同载荷下，磷酸盐玻璃表面的 AFM 形貌和对应磨痕的损伤深度，（a、b）单次纳米划痕和（c、d）往复划痕

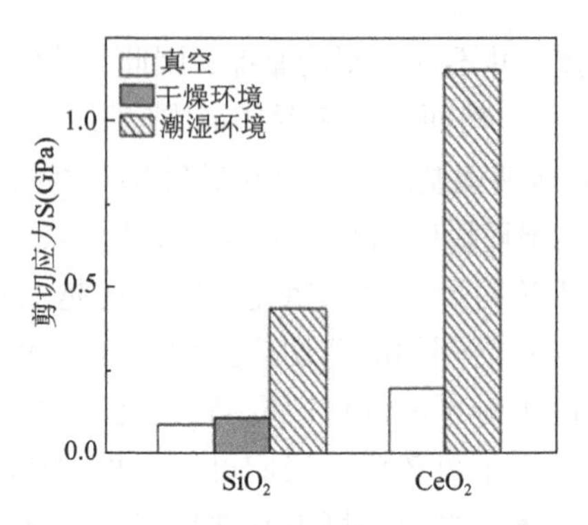

图 8-23　在真空、干燥环境和潮湿环境下二氧化硅和氧化铈针尖与磷酸盐玻璃对磨后的剪切应力

8.4　环境的影响

对于玻璃材料，空气中的水分子是引起其表面损伤及结构破坏的重要因素之一。水分子极易与硅酸盐玻璃中 Si—O—Si 网络结构发生水合和水解反应进而使玻璃材料形成损伤。此外，除了中性的水分子，不同酸碱性的液体环境也能显著影响材料的摩擦磨损性能，对于玻璃材料而言，酸性环境中的水分子（H_2O）或水合氢离子（H_3O^+）易与玻璃材料的表面发生水合和离子交换反应以破坏玻璃的内部结构；而碱性溶液将直接对玻璃材料造成腐蚀，严重破坏玻璃网络结构。本节将分别阐述各种实验环境（水分子、酸性溶液、碱性溶液）对于硅酸盐玻璃和磷酸盐玻璃的摩擦磨损性能的影响。

8.4.1　硅酸盐玻璃

8.4.1.1　水分子的影响

在潮湿和液态水分子的气氛下，水分子通常会吸附在玻璃表面，并参与到玻璃的摩擦磨损过程中，因此，硅酸盐玻璃在潮湿和液态水环境的磨损机制以水分子诱导的摩擦化学磨损为主。通常情况下，硅酸盐玻璃表面吸附的水分子能诱发玻璃 Si—O—Si 主网络结构发生水解反应[式（8-10）；图 8-24（a）]，使得玻璃材料出现损伤与破坏，而应力作用是加速该反应的主要原因之一，该理论即为经典的应力腐蚀理论[39]。

$$\mathrm{Si-O-Si+H_2O\longrightarrow 2Si-OH} \tag{8-10}$$

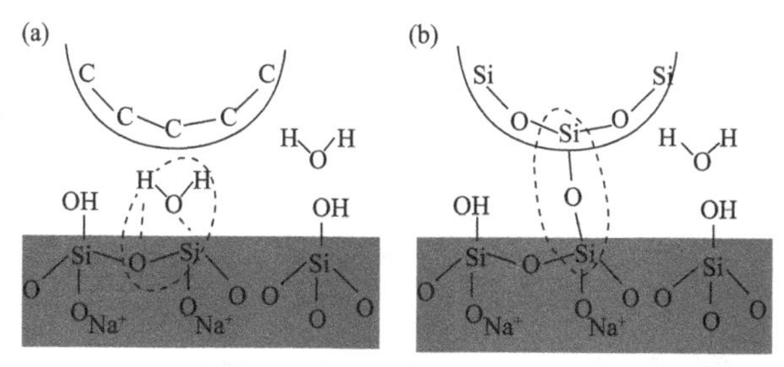

图 8-24 （a）应力腐蚀和（b）界面摩擦化学作用下钠钙硅玻璃的磨损示意图

目前，经典的应力腐蚀理论能够基本解释水分子对大多数硅酸盐玻璃在潮湿空气中磨损性能的影响，例如，光学硼硅酸盐玻璃（BF33、AF45 和 BK7）、铝硅玻璃和石英玻璃等的磨损量随着水分的增加而逐渐增大[40,41]。但是，何洪途等[31]研究发现钠钙硅玻璃在潮湿气氛条件下的磨损量随着外界湿度的增加而降低（图 8-25）。结合磨损后的钠钙硅玻璃和硼硅酸盐玻璃球的 SEM 形貌分析发现（图 8-26），在干燥气氛下，磨屑堆积并黏附在对磨副以及磨痕的尾端位置；在 RH 20%和 RH 40%时，磨痕位置的磨屑堆积明显减少，而当环境湿度增加至 RH 90%时，钠钙硅玻璃的磨痕变得十分平滑且不存在明显的磨屑。

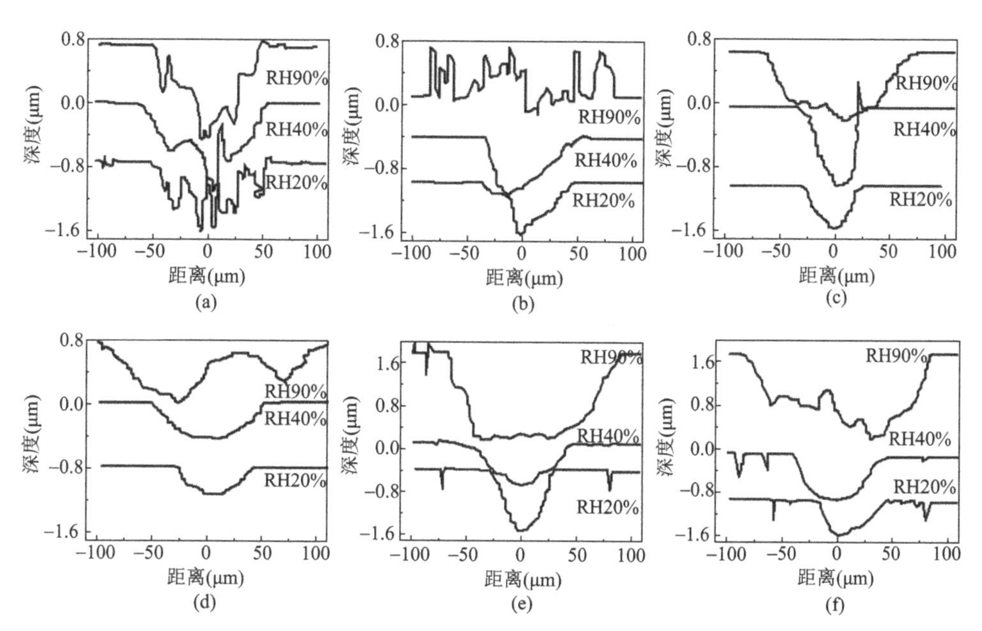

图 8-25 不同湿度条件下不同玻璃的磨损轮廓线变化

（a）熔融石英；（b）钠钙硅玻璃；（c）BF33 玻璃；（d）AF45 玻璃；（e）钠铝硅酸盐；（f）化学强化后的铝硅酸盐玻璃

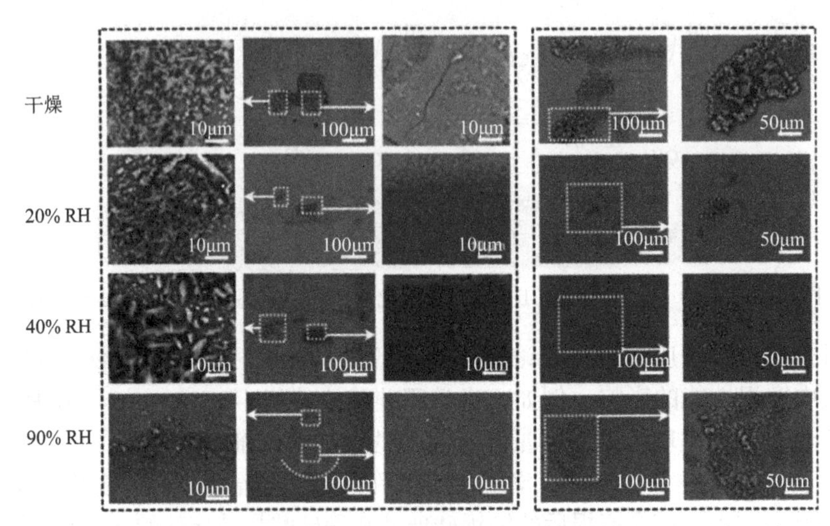

图 8-26　（a）硼硅酸盐玻璃球和（b）钠钙硅玻璃基底分别在不同湿度环境下的磨损区域的 SEM 形貌图

借助熔石英玻璃、钠钙硅玻璃在不同湿度下的和频共振光谱（SFG）可知，熔石英玻璃表面在 3100～3600 cm^{-1} 范围内存在一个较宽的峰，且该峰值随着湿度的增加而增大；但钠钙硅玻璃存在两个相对明显的峰，尤其在约 3230 cm^{-1} 处，该峰值随着环境湿度的增加而明显增大（图 8-27）。进一步分析表明，钠钙硅玻璃表面的约 3230 cm^{-1} 处峰可能是表面的水化物质（H_3O^+、Si—OH 和 H_2O），钠钙硅玻璃在高度潮湿环境下的磨损量变化还与玻璃表面的钠离子析出及 H_3O^+的离子交换作用紧密相关[42]。当环境中存在水分子时，钠钙玻璃表面的 Na^+将析出进而和环境中的 H_3O^+发生离子交换[式（8-11）；图 8-24（b）]。由于 H_3O^+的离子半径大于 Na^+，因此上述离子交换作用将导致钠钙玻璃的抗压强度的提升，最终增强钠钙玻璃材料的耐磨损性能。

$$Si—ONa + H_3O^+ \longrightarrow Si—OH + Na^+ + H_2O \qquad (8\text{-}11)$$

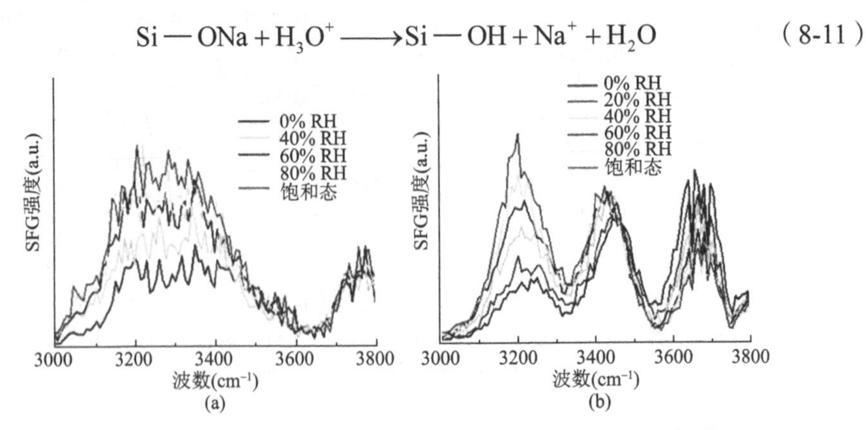

图 8-27　（a）熔石英和（b）钠钙玻璃在不同湿度下 SFG 频谱

不同于普遍的硅酸盐系列玻璃在水分子环境下的磨损规律，乔乾等[16]研究发现硼硅酸盐玻璃的磨损量呈现随着水分子含量的增加而减少的变化趋势，在液态水环境下的磨损变得十分轻微，对应的磨损量仅为干燥条件下的 3%[图 8-28（a）]。通过对比不同环境湿度条件下硼硅酸盐玻璃磨损区域的次表层损伤情况可知，干燥气氛下硼硅酸盐玻璃的次表层损伤主要以剪切变形和赫兹裂纹为主，对应的次表层损伤深度远大于玻璃基底的磨损深度[图 8-28（b）]。在潮湿环境下，玻璃基底的次表层损伤略低于干燥环境，然而在液态水环境下，硼硅酸盐玻璃的表面磨损和次表面损伤则十分轻微。由于潮湿环境中，水分子同样会附着在玻璃表面参与到摩擦磨损过程，因此，硼硅酸盐玻璃在水分子环境中的磨损行为仍为水分诱导的摩擦化学行为。但是，与钠钙玻璃对应的磨损机理不同的是，虽然核废料硼硅酸盐玻璃也含有可析出性钠离子，但是当其从硼硅酸盐玻璃表面析出后，原有的非键桥氧位将与水分子结合形成 Si—OH，而非钠钙玻璃中的 Si—O—H_3O^+[42]，因此，硼硅酸盐玻璃中可析出性 Na^+也不是造成其磨损随着水分含量增加而减小的主要原因。从不同水分环境下玻璃损伤区域磨屑的拉曼光谱可知（图 8-29），在不同水分环境下进行磨损实验后，硼硅酸盐玻璃的 Si—O 和 B—O 主体网络结构几乎不变，而且无论是原始表面，还是在潮湿或水分子环境下磨损后的玻璃表面，均存在大量的 OH 基团（3000～3500 cm^{-1}），其来源于 H_2O、SiOH 或者 B—OH（图 8-29）。同时，随着外界环境中水分的增加，磨屑中 OH 基团的含量也随之增大，增加的部分主要来源于玻璃中 Si—O—Si 网络结构和 B—O—Si 网络结构在应力作用下的水解反应，如反应式（8-12）所示。综上所述，水分诱导的玻璃网络结构的水解反应是主导硼硅酸盐玻璃在潮湿和液态水环境中的反应，由于水分子的摩擦化学作用以及润滑效果，最终导致了硼硅酸盐玻璃在潮湿空气中的较低表面损伤以及次表面损伤（图 8-28）。

$$B-O-Si+H_2O \longrightarrow Si-OH+B-OH \tag{8-12}$$

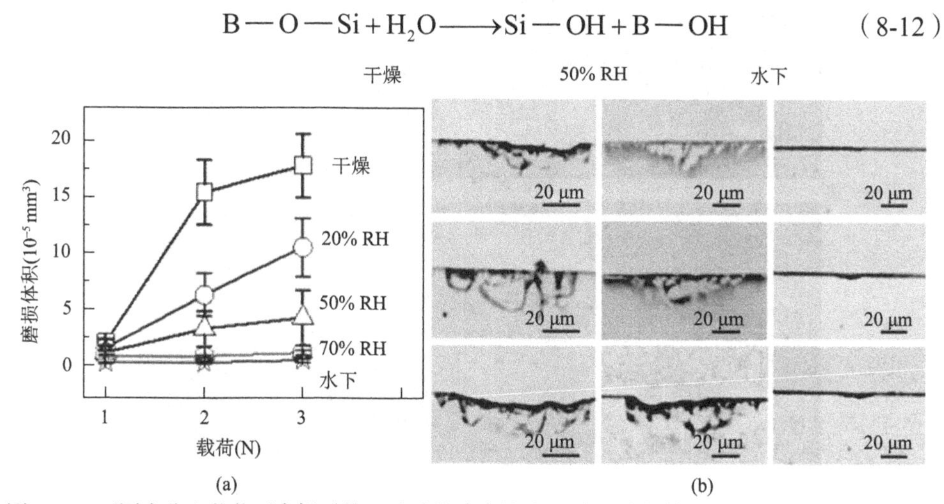

图 8-28　不同水分和载荷下磨损后的硼硅酸盐玻璃的（a）表面磨损体积和（b）亚表层损伤形貌

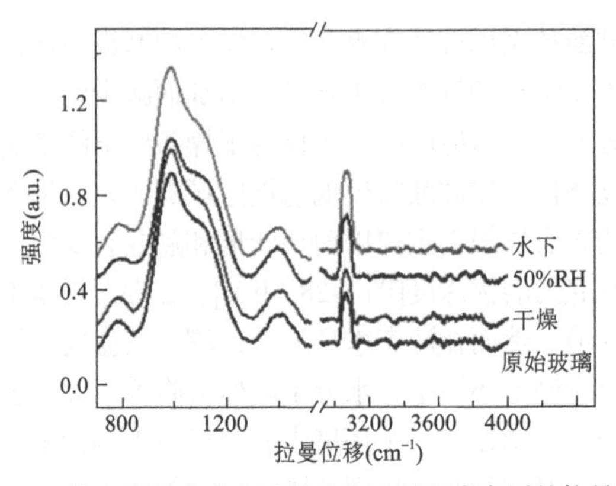

图 8-29　硼硅酸盐玻璃在不同水分下所形成磨屑的拉曼光谱

美国宾州州立大学 Hahn 等[43]借助分子动力学模拟深入探究了水分子对钠硅玻璃材料的摩擦化学磨损的影响（图 8-30）。基于反应力场的分子动力学（ReaxFF-MD）的模拟结果表明，玻璃表面在干燥状态下的严重磨损是由于界面所形成的 $Si_{substrate}$—O—$Si_{counter\text{-}surface}$ 键将界面剪切应力传递到材料次表层，同时，界面水分子的存在抑制了界面桥接键的形成。图 8-30 进一步说明了界面水分子可以有效地抑制玻璃亚表层在摩擦作用下的受损程度，在干燥条件下，剪切应变作用于次表层区域，而在潮湿条件下，应变主要集中在界面区域，这就造成了干燥条件下存在大量的材料转移，而在潮湿条件下材料转移并不明显。

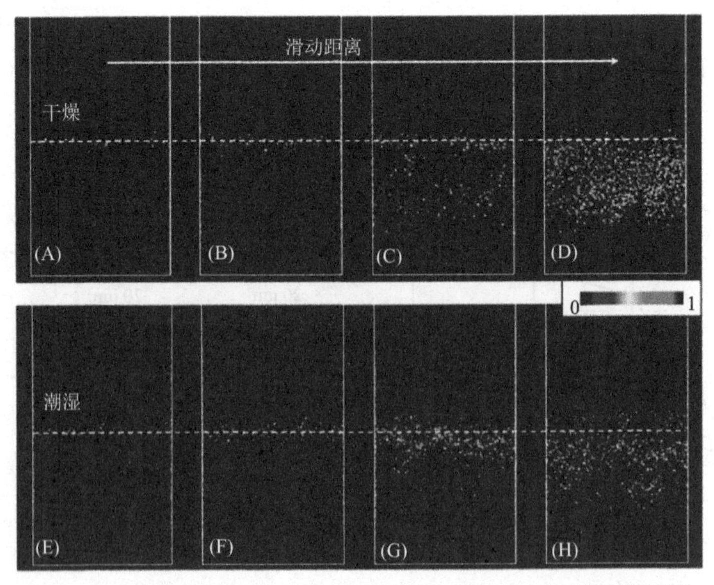

图 8-30　在干燥和潮湿条件下施加机械剪切应力时的剪切应变[43]

8.4.1.2　酸性溶液的影响

乔乾等[44]进一步探究了强酸侵蚀对钠钙硅玻璃表面改性和磨损性能的影响，发现经强酸侵蚀后的钠钙硅玻璃表层的析出性 Na^+被析出，玻璃表层的结构转化为“富 SiO_2”结构，其在法向压力作用下更易出现致密化，使玻璃表层纳米硬度、等效弹性模量和维氏硬度减小，对应的断裂韧性增大。与此同时，经过强酸侵蚀后的钠钙硅玻璃表面在潮湿空气下的耐磨性降低，且在高载下降低的更为明显。强酸侵蚀时钠钙硅玻璃表面形成的“富 SiO_2”结构使钠钙硅玻璃变得更亲水，磨损过程产生的磨屑易于吸附在摩擦界面，从而导致界面磨损形式由摩擦化学磨损转化为黏着磨损，最终造成钠钙硅玻璃耐磨性的降低（图 8-31）。

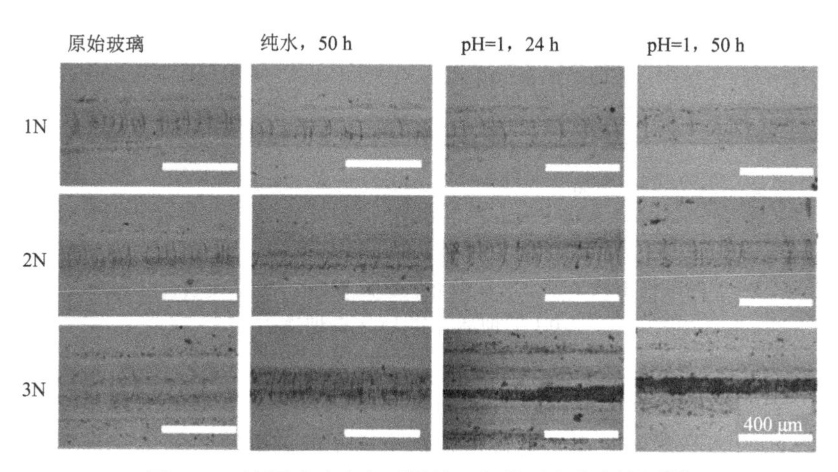

图 8-31　钠钙硅玻璃在不同处理条件下磨痕光镜图[44]

当摩擦界面溶液环境为酸性时，界面的电荷效应也可能发生改变进而影响玻璃材料的摩擦磨损性能。乔乾等[45]研究了在不同酸性溶液中硼硅酸盐玻璃和不锈钢球的摩擦与磨损行为，其研究结果表明，随着溶液 pH 从 1 增加到 7，硼硅酸盐玻璃的磨损深度和磨损体积呈现先增大后减小的变化趋势，如图 8-32 所示。结合不同酸性环境下硼硅酸盐玻璃磨损区域和亚表层损伤的扫描电镜图可知，当 pH=1 和 pH=5 时，硼硅酸盐玻璃表面磨痕相对光滑，在摩擦过程中，硼硅酸盐玻璃基底的材料去除深度较小，少量的磨屑附着在磨痕内部，然而当 pH 等于 2.5 时，玻璃表面出现了明显的材料去除，磨痕内部伴随着大量的磨屑和赫兹裂纹。与此同时，当 pH=1 和 pH=5 时，玻璃基底的亚表层损伤相对轻微，损伤形式以剪切变形为主，然而当 pH 等于 2.5 时，玻璃亚表层损伤形式包括剪切变形和少量的赫兹裂纹，对应的损伤深度约为 pH=1 和 pH=5 时的 1.8～3.2 倍。

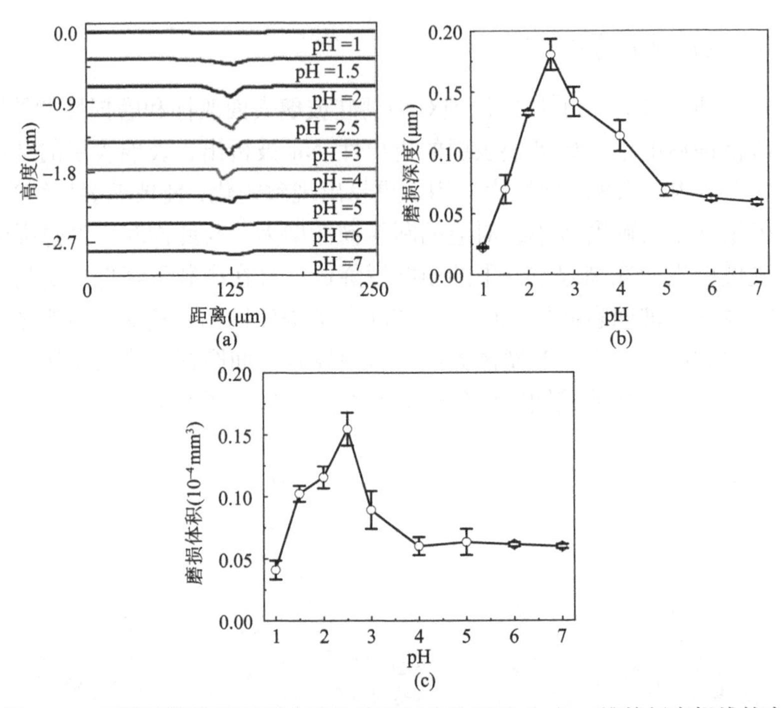

图 8-32　不同酸性溶液下硼硅酸盐玻璃损伤位置的（a）二维特征磨损线轮廓、（b）磨损深度和（c）磨损体积

研究表明，当溶液环境存在大量的氢离子时，玻璃表面的活性基团将改变进而改变界面的摩擦磨损性能，也就是说，氢离子的浓度将显著影响玻璃材料的摩擦磨损行为和磨损机理，氢离子浓度引起的表面电荷效应对于摩擦界面的电荷效应起到了至关重要的作用。当氢离子浓度较大时，玻璃表面将形成 $Si—OH_2^+$[反应式（8-13）]，表面正电荷的数量大于负电荷的数量，进而导致玻璃表面带正电。然而，当溶液氢离子浓度较小时，玻璃表面形成 $Si—O^-$[反应式（8-14）]，此时玻璃表面正电荷的数量小于负电荷的数量，进而导致玻璃表面带负电。实际上，当溶液中氢离子浓度达到某一特征值时，固体材料表面的净带电荷会变成零，这一数值即对应该材料的等电点。对于不锈钢球材料，其等电点为 7，因此参照双电层理论，当溶液 pH=2.5 时，不锈钢表面带负电。综上所述，由于在不同酸性溶液中，硼硅酸盐玻璃和不锈钢球表面所带电荷有所变化，因此，硼硅酸盐玻璃在不同酸性环境下的磨损性能与其界面的接触情况以及电荷特性密切相关。

$$Si—OH + H^+ \longrightarrow Si—OH_2^+ \tag{8-13}$$

$$Si—OH \longrightarrow Si—O^- + H^+ \tag{8-14}$$

当溶液的 pH 为 2.5 时，摩擦过程中的静电效应较弱，导致滑动界面的直接接触，同时使得磨损过程中形成的磨屑堆积于磨痕内部，使得摩擦界面的磨损机制为黏着磨损，最终导致最高的摩擦系数和磨损体积。然而，当溶液的 pH 低于 2.5 时，表面质子化效应导致硼硅酸盐玻璃和不锈钢表面同时带正电[图 8-33（a）]，同种电荷的界面进行接触摩擦时，硼硅酸盐玻璃界面形成排斥力，减少了硼硅酸盐玻璃基底与对磨副的直接接触，进而减少接触界面的材料去除程度，随着氢离子浓度的增加，由双电层效应引起的排斥力和电黏性逐渐增大，进而导致硼硅酸盐玻璃界面的有效接触压力大大降低，此时，界面电荷效应对玻璃基底的磨损行为起到了主导作用，从而使得在 pH 低于 2.5 范围时，硼硅酸盐玻璃基底和不锈钢球的磨损量随着 pH 的降低而逐渐降低[46]。当 pH 高于 2.5 时，环境中氢离子浓度显著减小，导致硼硅酸盐玻璃界面带负电[图 8-33（b）]，然而不锈钢球表面仍呈正电，因此此时摩擦接触界面为引力作用。在水分子的极性作用下，引力作用将诱导界面水合层的形成，从而对摩擦界面产生润滑效果，显著降低玻璃基底和对磨副的磨损量。

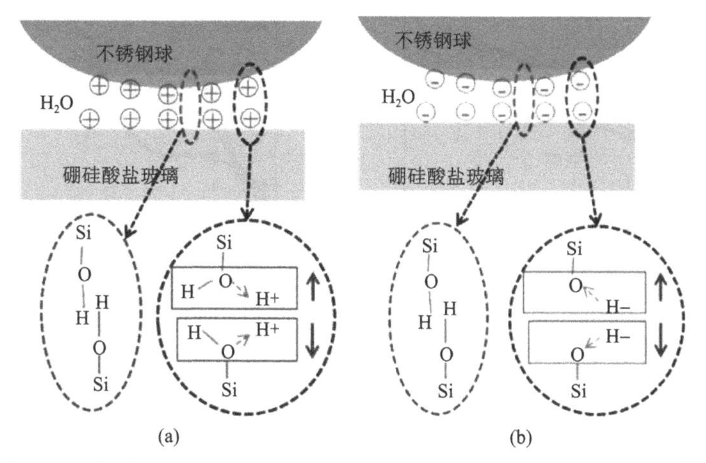

图 8-33　（a）pH<2.5 和（b）pH>2.5 下硼硅酸盐玻璃的磨损机理图[45]

不同于盐酸溶液对于玻璃材料的腐蚀影响程度，氢氟酸可以直接破坏玻璃的网络结构。为了探究氢氟酸对于玻璃材料的侵蚀作用效果，乔乾等[17]研究了摩擦损伤类型对硼硅酸盐玻璃腐蚀速率的影响。实验结果表明，当使用 10%（质量分数）的 HF 作为腐蚀溶液时，硼硅酸盐玻璃表面形貌的演变规律对基底表面的摩擦损伤类型非常敏感。随着腐蚀时间的增加，玻璃表面形貌特征将从凹陷过渡为凸起，对应的临界时间分别为：划痕区约为 5 min，裂纹区约为 2 min，磨屑区约为 1 min（图 8-34）。不同摩擦损伤类型所对应的硼硅酸盐玻璃的腐蚀速率为：

原始玻璃 > 划痕区 > 裂纹区 > 磨屑区。通过进一步的分析可知，在硼硅酸盐玻璃的 HF 腐蚀过程中，玻璃表层损伤特征和亚表层致密化特征对腐蚀速率的变化呈现竞争关系。与原始玻璃表面和划痕区相比，摩擦作用下所形成的玻璃亚表层致密化以及微裂纹将影响裂纹区的 HF 腐蚀速率。HF 易于渗透到裂纹位置并腐蚀硼硅酸盐玻璃内部的 Si—O—Si 网络结构。例如，腐蚀作用下的 Al 和 Ca 等金属阳离子会浸出并与 HF 发生化学反应，形成一系列氟基沉淀物附着于裂纹区的磨痕位置，从而有效降低了裂纹区的腐蚀速率。对于磨屑区，不锈钢球与硼硅酸盐玻璃基底发生氧化磨损，导致来自不锈钢球的磨屑顽固黏附在玻璃的磨痕内部并难以清洗。因此，磨屑区的极低腐蚀速率受以下两个因素的影响：第一，磨屑在往复摩擦实验之后变得非常致密，并且可以顽固地黏附在磨痕内部，外界 HF 无法扩散到磨屑和玻璃界面中，也无法分散磨屑；第二，磨屑中的 $Fe(OH)_3$ 可以与 HF 反应形成不溶性 FeF_3，该结构可以充当掩膜，进一步降低玻璃表面的腐蚀速率。

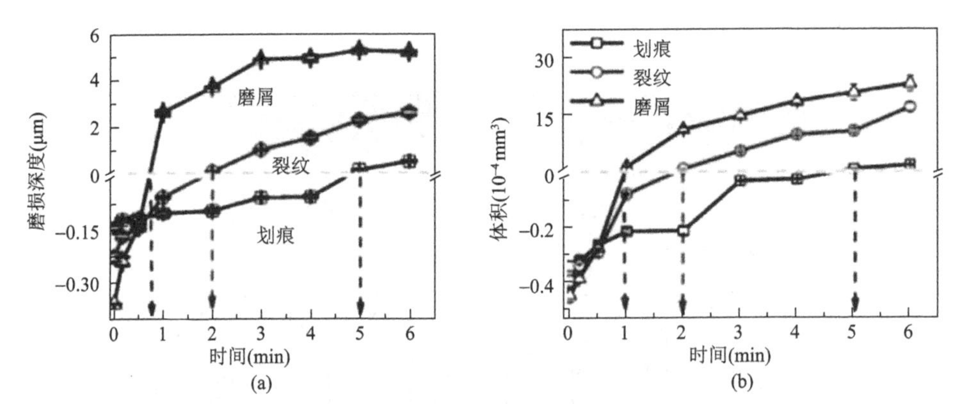

图 8-34 硼硅酸盐玻璃表面不同损伤类型的区域于腐蚀前后的（a）磨损深度和（b）磨损体积变化

8.4.1.3 碱性溶液的影响

在碱性溶液环境中，高浓度的氢氧根离子对玻璃材料有极强的腐蚀作用[反应式（8-15）]：

$$Si—O—Si(OH)_3 + OH^- \longrightarrow Si—O^- + Si—(OH)_4 \quad (8\text{-}15)$$

这种腐蚀作用可以直接破坏玻璃材料的 Si—O—Si 网络结构。为了探明钠钙硅玻璃表面磨损与腐蚀的相互竞争机制，何洪途等[47]借助钠钙玻璃和 Pyrex 玻璃球进一步研究了碱性溶液（pH=10 和 pH=13）对于玻璃材料表面机械化学磨损和次表面溶解的协同作用。实验结果表明，不同碱性溶液环境下钠钙玻璃磨损位置在磨损后的静态腐蚀变化程度是不同的（图 8-35），不同于 pH 7 或（和）pH 10 的情况，当 pH=13 时，钠钙玻璃的磨损体积随着腐蚀时间逐渐增加，因此 pH=13 时磨痕的腐蚀情况和摩擦诱导所形成的亚表层致密化紧密相关，此时次表层区域的 Si—O 键更不稳定并且更容易在水解作用下导致玻璃内部结构的大量溶解。此外，溶液中 OH^-对钠钙硅玻璃的磨损机理的影响效果主要存在两种情况：其一是滑动接触界面处 OH^-将导致玻璃材料滑动接触区域的表面机械化学磨损过程得到增强[$V_{w(OH)}$；图 8-36（a）]；其二则为摩擦界面的氢氧根离子将进一步促进磨损后玻璃材料亚表层致密化区域的溶解[$V_{wc(OH)}$；图 8-36（b）]。在不同 pH 的溶液条件下，上述两种作用的发生强度不同。在 pH 10 和 pH 13 时，第一种作用效果的作用程度近乎一致，但是针对于第二种作用效果，当 pH 13 时其作用程度更强（图 8-36）。

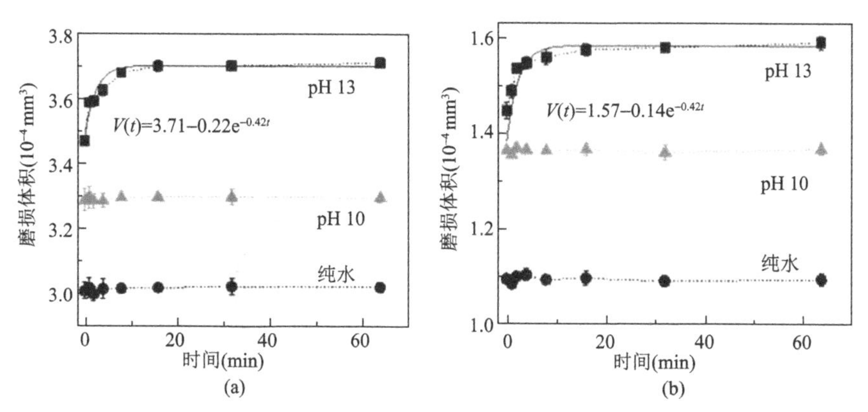

图 8-35　不同碱性溶液环境下钠钙玻璃分别在（a）0.25 mm/s 和（b）8 mm/s 条件下形成的磨损体积随腐蚀时间的变化

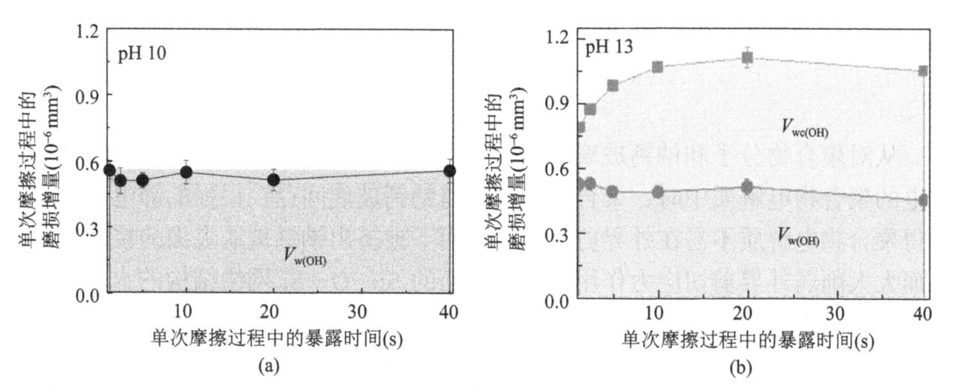

图 8-36　在（a）pH=10 和（b）pH=13 溶液环境中，钠钙玻璃材料表面机械化学磨损和亚表面致密层溶解的协同作用

8.4.1.4　聚合物溶液的影响

何洪途等[42]利用不同的聚合物溶液对钠钙玻璃和 Pyrex 玻璃球进行了摩擦学实验，聚合物溶液分别为 1.0 mmo/L 和 4.0 mmo/L 的聚丙烯酸（PAA）溶液、1.0 mmo/L 的聚氧化乙烯（PEO）溶液以及 1.0 mmo/L 和 2.0 mmo/L 的聚丙烯胺盐酸盐（PAH）溶液。实验结果表明，在聚合物电解质溶液中，摩擦系数随着循环次数的变化与纯水中的明显不同，PAA 溶液浓度的变化几乎没有引起摩擦系数的变化，而当 PAH 溶液的浓度从 1.0 mmo/L 增加至 2.0 mmo/L 时，摩擦系数的变化差异明显[图 8-37（a）]。同时，Pyrex 玻璃球在 PAA 和 PEO 溶液下的磨损量相较于纯水环境的磨损量较大[图 8-37（b）]，说明 PAA 和 PEO 并没有起到保护对磨副球的作用，并且还加速了其磨损趋势。结合分析可知，不同于钠钙玻璃，Pyrex 玻璃的网络结构在中性和碱性溶液中非常容易发生溶解反应，而 PAA 和 PEO 分子有可能加速了 Pyrex 玻璃的网络结构在中性环境下摩擦诱导的化学腐蚀以及溶解反应。

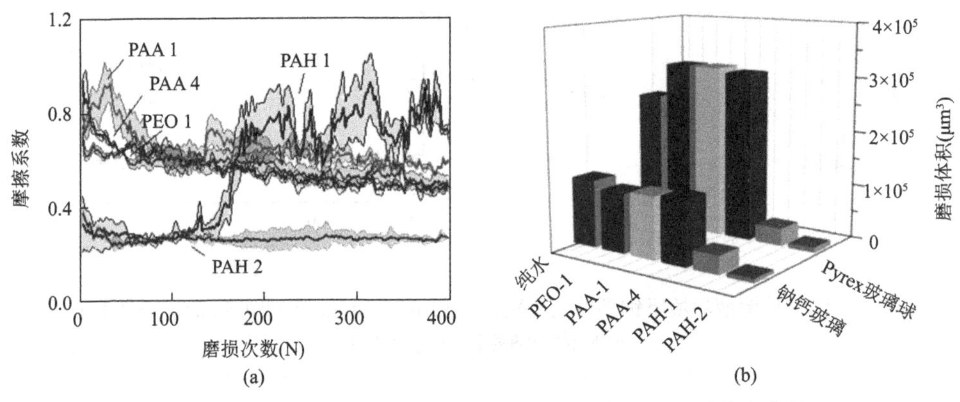

图 8-37　钠钙玻璃与 Pyrex 玻璃球在不同聚合物电解质溶液中的（a）摩擦系数和（b）磨损量的变化

从对聚合物分子和钠钙玻璃的相互作用的分析可以发现，当钠钙玻璃处于带正电的聚合物电解质中时，聚合物电解质与钠钙玻璃间存在很强的静电作用力，使得聚合物电解质不易在外界剪切应力作用下被挤出钠钙玻璃表面的接触区域，从而大大削弱外界剪切应力作用下玻璃表面的 Si—O—Si 网络结构的水解作用，进而强化钠钙玻璃的耐磨性。因此，当溶液中存在不同类型的电解质时，钠钙玻璃表面抵抗外界剪切应力的作用机理与纯水条件下的完全不同。通过各种不同途径削弱剪切应力作用下钠钙玻璃表面的 Si—O—Si 网络结构的水解作用可以有效地提升钠钙玻璃的耐磨性。

8.4.2　磷酸盐玻璃

磷酸盐玻璃由于较差的耐水性和化学稳定性，水分子会更容易造成其表面的损伤破坏。在无外应力作用时，如果将磷酸盐玻璃置于一定湿度的实验环境中一段时间，其表面会发生潮解而形成较明显的腐蚀坑。然而，当有外应力作用时，水分子参与的水解反应和离子交换反应会导致玻璃表面的裂纹扩展加速，使其表面损伤变得更严重[25]。王永瑞等[37]通过研究发现，在潮湿条件下，由于磷酸盐玻璃为 P—O—P 层状网络结构，空气中的水分子会通过水解反应破坏 P—O—P 化学键的结构，水解反应方程式为

$$P—O—P + H_2O \longrightarrow 2(P—OH) \qquad (8\text{-}16)$$

随着摩擦磨损过程的进行，剪切应力持续作用于玻璃表面上，水分子不断地参与水解反应来破坏 P—O—P 结构，造成玻璃表面在大气环境下出现更严重的材料去除（图 8-38）。为了进一步证实不同环境下摩擦化学反应的差异，通过拉曼光谱发现，玻璃表面磨屑在 1500 cm^{-1} 处存在明显的特征峰，但是峰值强度没有明显差别[26]，但在 3100 cm^{-1} 处的特征峰存在明显区别[图 8-38（b）]。原始玻璃表面及干燥环境中磨屑位置没有在此处出现该特征峰（3100 cm^{-1}），这表明干燥条件下磷酸盐玻璃表面的磨损为纯机械磨损，没有摩擦化学反应的参与。然而，在潮湿环境中的磨屑内部含有 OH 基团，其主要来自于 P—O—P 结构水解后产生的 P—OH 键，该现象进一步证实了潮湿空气下玻璃的磨损发生了摩擦化学反应，进而造成了磷酸盐玻璃表面更严重的材料去除。

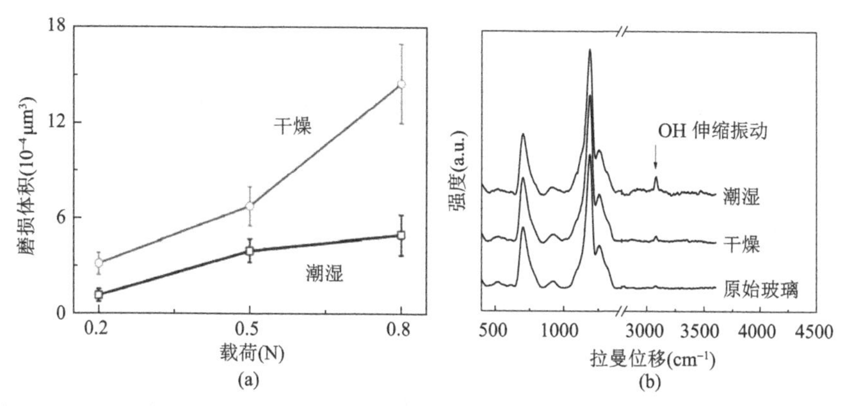

图 8-38　（a）磷酸盐玻璃在潮湿和干燥环境中磨损后所形成的磨损体积的变化曲线；（b）不同环境下磷酸盐玻璃表面磨屑的拉曼光谱

西南科技大学余家欣等[22]发现液态水环境也能对磷酸盐玻璃的宏观磨损起

到一定程度的抑制作用。在干燥条件下，磷酸盐玻璃的磨损量较小，但在水下，由于水分子诱导的 P—O—P 网络结构的水解作用，磷酸盐玻璃的磨损量明显增大。值得注意的是，磷酸盐玻璃在水下磨损后，磨痕区域在摩擦过程中产生的赫兹裂纹数量明显降低，此外，玻璃磨痕亚表面的损伤面积以及亚表面变形和裂纹也明显降低（图 8-39）。进一步分析表明，磷酸盐玻璃在水下磨损后磨痕区域及其亚表面损伤的降低，源于在水环境下的摩擦磨损过程中，玻璃界面的摩擦剪切应力大幅降低，从而导致玻璃表面和亚表面的损伤降低。

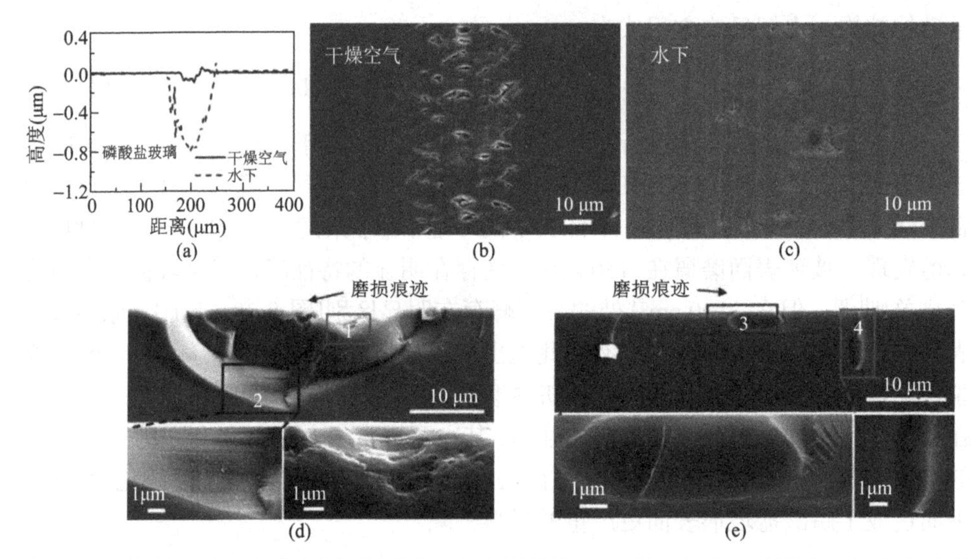

图 8-39　磷酸盐玻璃在不同条件下磨痕的二维线轮廓图（a），以及在（b）干燥空气和（c）水下磨损后磨痕的 SEM 图；磷酸盐玻璃在（d）干燥空气和（e）水下磨损后磨痕亚表面的 SEM 图

西南科技大学余家欣等[22]借助纳米划痕仪和原子力显微镜，发现潮湿环境对磷酸盐玻璃在微观条件的磨损行为起着重要作用。实验结果表明，无论是在干燥条件下，还是在潮湿空气中，磷酸盐玻璃的微观磨损形貌均出现了一定程度的材料堆积（pile-up）和材料去除，并且材料去除量随着磨损循环次数的增加而逐渐增大（图 8-40）。此外，在经过退火处理后，磷酸盐玻璃的磨损轮廓出现了明显的恢复，这表明磷酸盐玻璃在微观摩擦磨损过程中出现了摩擦条件下的亚表面致密化，因为玻璃亚表面的致密体积可以在低于玻璃化转变温度的退火条件下表现出完全的恢复[47]。因此，在干燥条件下，由于没有水分子的存在，不存在水分子诱导玻璃表面的摩擦化学作用，引起磷酸盐玻璃材料去除和变形的因素只是机械因素，该因素包括摩擦诱导的玻璃材料塑性损伤和玻璃亚表面致密化。玻璃在退火前后的磨痕体积变化量可看作是玻璃亚表面致密体积量[47]，可以精确地计算出

磷酸盐玻璃在不同循环次数下的亚表面致密体积和塑性损伤体积，进而对比两种因素对玻璃材料在微观条件下的材料去除的贡献程度，及其随着磨损循环次数的演变规律。而在潮湿空气中，引起磷酸盐玻璃材料去除和变形的因素包括机械因素和摩擦化学因素，具体包括摩擦诱导的玻璃材料塑性损伤、玻璃亚表面致密化和摩擦化学作用的材料去除。同样地，利用玻璃在退火前后的磨痕体积变化，可以计算出此时磷酸盐玻璃在不同循环次数下的亚表面致密体积和塑性损伤体积。此外，磷酸盐玻璃在干燥环境下的磨损体积小于在潮湿环境下，这部分体积差值主要源于水分子诱导的磷酸盐玻璃 P—O—P 的水解作用，因此在退火之后，玻璃在干燥和潮湿环境下表面磨损量的体积差值可以看作摩擦化学作用的材料去除体积。综合对比这三个因素下的体积量，可以精确衡量这三种因素对磷酸盐玻璃在潮湿空气下的磨损体积的贡献程度，以及该贡献程度随着磨损循环次数的变化规律，如图 8-41 所示。

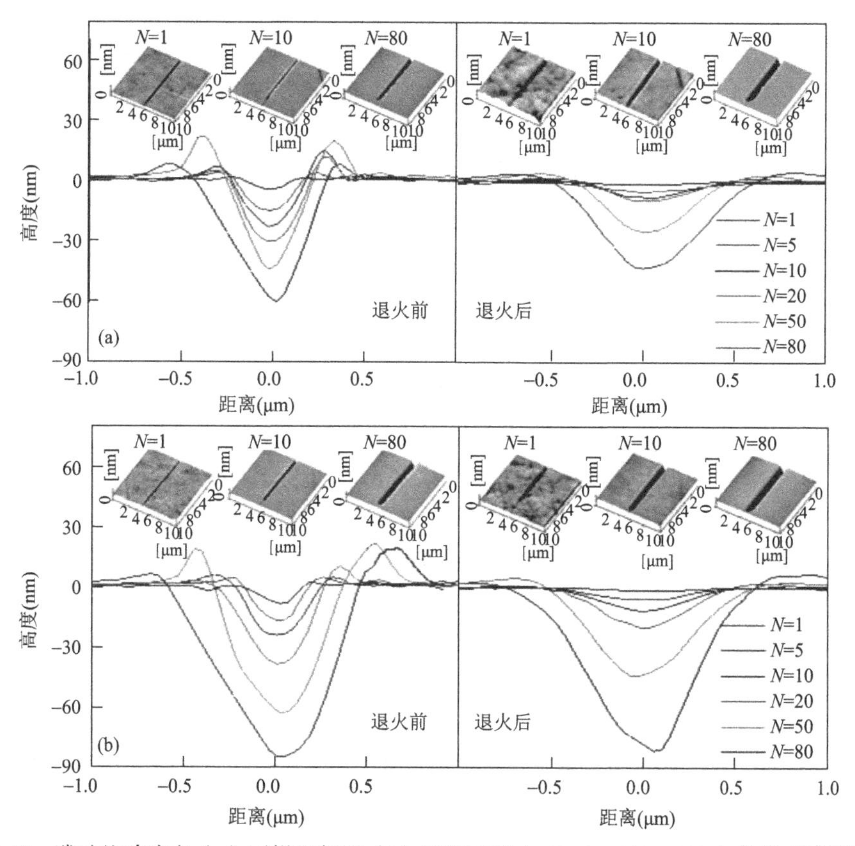

图 8-40　磷酸盐玻璃在（a）干燥空气和（b）潮湿环境中（RH=55%～60%）的微观磨损形貌图及其退火后的形貌图对比

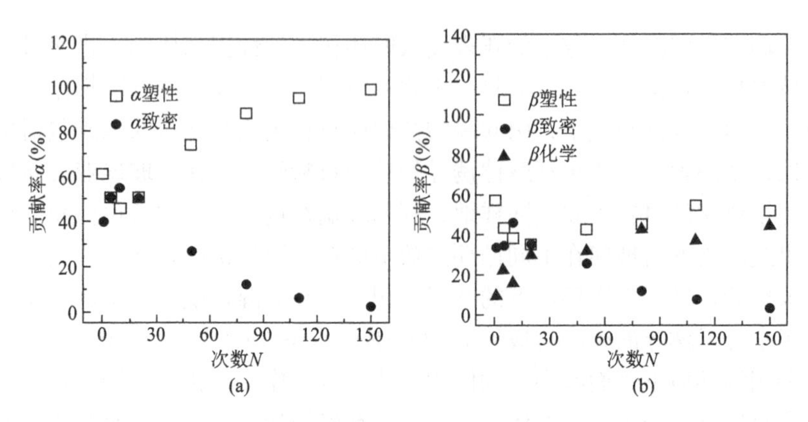

图 8-41　各种材料去除因素对磷酸盐玻璃在（a）干燥和（b）潮湿环境中（RH=55%～60%）微观磨损形貌图贡献对比

分析表明，在干燥空气中，亚表面致密化对磷酸盐玻璃微观磨损量的贡献程度先增加，然后随着磨损过程的进行，其对玻璃磨损的贡献程度逐渐降低，而塑性损伤对玻璃的磨损程度逐渐增大，当循环次数为 150 时，玻璃的塑性损伤对其材料去除的贡献率为 100%[图 8-41（a）]。而在潮湿空气中，亚表面致密化对磷酸盐玻璃微观磨损量的贡献程度也是呈现先增加然后逐渐降低的趋势，而塑性损伤对材料去除的初始贡献率为 60%，然后随着磨损过程的进行，该贡献率先降低然后有轻微增加的趋势。值得注意的是，在潮湿空气中，水分子诱导的摩擦化学作用对磷酸盐玻璃材料去除的贡献率呈现逐渐增大的趋势，当循环次数为 150 时，玻璃的摩擦化学作用对其材料去除的贡献率为 50%。这些现象表明，磷酸盐玻璃在潮湿空气下的磨损前期，其磨损机制以损伤和亚表面致密化为主，但是随着摩擦磨损过程的进行，摩擦化学作用对材料去除的贡献增加。

经过上述分析，可以得出结论：水分子在不同尺度下对磷酸盐玻璃材料的去除过程产生了不同的作用。在宏观尺度下，磷酸盐玻璃在干燥环境中的材料去除是纯机械作用过程，主要表现为表面裂纹和材料剥落，导致的表面损伤较小，材料去除量也较少。在潮湿环境中，由于应力腐蚀效应及玻璃表面力学性能的降低，玻璃表面的材料去除严重。微观和宏观下，磷酸盐玻璃的去除程度和损伤形式也存在差异。这主要是由于不同尺度下的玻璃和对磨副的接触模式及应力腐蚀速率不同。干燥空气中，低的接触应力（小于玻璃的塑性屈服极限）下的微观磨损实验无法造成玻璃表面损伤，其主要以弱的界面摩擦为主。而宏观实验中磷酸盐玻璃和二氧化硅间属于多点接触，其实际接触应力远比微观实验中大得多，因此，宏观模式下干燥空气中玻璃的材料去除及表面损伤更严重，以大量的赫兹裂纹为主。同样地，宏观下潮湿环境中的接触应力也比微观下的大，这不仅使材料的机械去除作用增强，同时加快了应力腐蚀速率，从而促进材料的摩擦化学去除，因此磷酸盐玻璃在潮湿环境中的宏观材料去除更严重。

8.5　速度的影响

8.5.1　硅酸盐玻璃

作为影响玻璃材料损伤和去除的关键因素之一，滑动速度也会对玻璃表面的材料去除产生显著影响。摩擦过程中，不同的滑动速度将会导致材料表面残余应力的分布、表面和次表面的损伤程度等改变，进而导致玻璃材料表面的机械性能、耐腐蚀性和耐磨损性能等发生显著变化，最终影响玻璃的质量、表面强度与服役寿命等[3]。

肖童金等[1]利用钠钙玻璃和硼硅酸盐玻璃球（Pyrex 玻璃球）研究了速度对钠钙玻璃摩擦磨损性能的作用规律。实验结果表明，随着摩擦速度的增加，钠钙玻璃对应的磨损深度和磨损量逐渐增大（图 8-42）。此外，结合磨损形貌发现，当速度小于 1 mm/s 时，磨痕内部存在少量的脆性剥落，破坏程度随速度的增大而增大，脆性剥落坑内堆积着较多呈鱼鳞状分布的磨屑，磨屑的数量随速度的增大而逐渐减少。当速度增加至 2 mm/s 时，表面的脆性剥落转变为大面积的材料破坏与去除，鱼鳞状磨屑数量明显减少；而当速度持续增大到 8 mm/s 时，玻璃表面的材料破坏与去除程度继续增大，磨痕内部的磨屑主要以边缘的细小碎屑为主，鱼鳞状磨屑几乎不可见（图 8-43）。

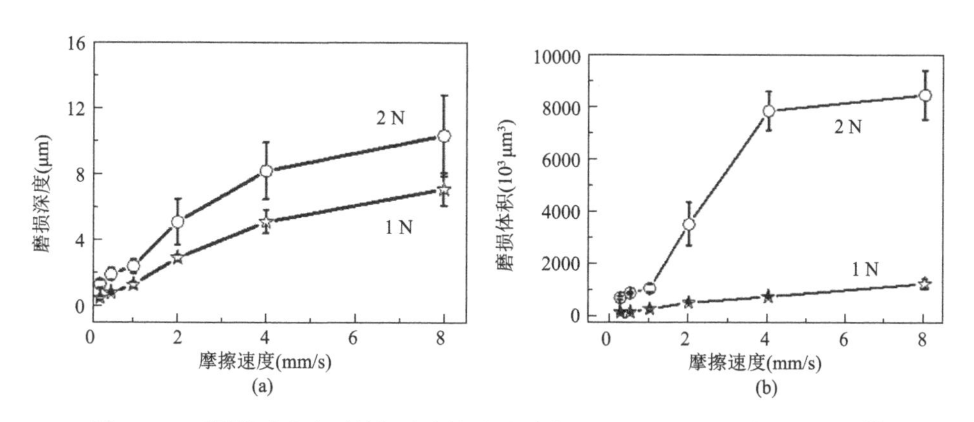

图 8-42　不同滑动速度下钠钙玻璃的（a）磨损深度和（b）磨损体积的变化[1]

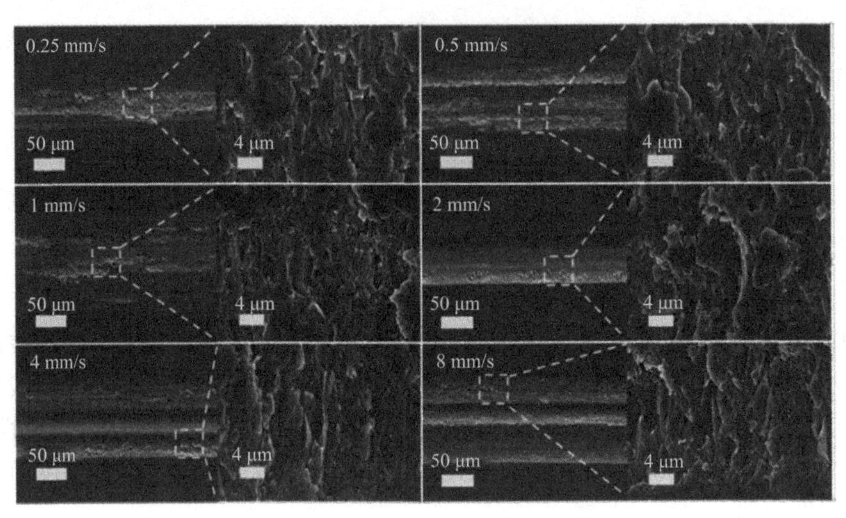

图 8-43 不同滑动速度下钠钙玻璃表面磨痕的形貌图[1]

进一步分析表明，摩擦磨损过程中，接触界面的摩擦热与滑动速度和法向载荷等密切相关，摩擦接触界面的局部温升可通过公式（8-17）计算：

$$\Delta T = \frac{\mu P v}{4a\left(k_1 + k_2\right)} \tag{8-17}$$

式中，μ 是摩擦系数，P 是法向载荷，v 是滑动速度，a 是对摩面粗糙峰的实际接触半径，k_1 和 k_2 分别是对磨副和基底的导热系数。因此，通过温升计算并结合实验结果发现，在干燥环境下，滑动速度的增加会诱发玻璃界面局部温升的增大，而温升则会导致磨损过程中磨屑的作用形式发生变化，从而影响钠钙玻璃的磨损机制。在低速时，摩擦诱导界面的温升较低，磨屑附着于钠钙玻璃磨痕内部，此时磨损的过程以磨粒磨损和黏着磨损为主，同时伴有部分脆性剥落。当速度增大后，高速诱导界面出现较大的温升，磨屑开始转移到对磨副 Pyrex 球表面，磨损机理也转变为以黏着磨损和犁沟去除为主。

8.5.2 磷酸盐玻璃

滑动速度对磷酸盐玻璃的磨损行为更加复杂，这是因为，一方面，滑动速度影响其界面摩擦温升，另一方面，滑动速度将影响其界面水分子的吸附程度，进而影响磷酸盐玻璃的摩擦化学反应程度并影响材料的去除程度[48-50]。西南科技大学杨亮等[48]使用磷酸盐玻璃和氧化铝球，系统地探究了滑动速度对磷酸盐玻璃摩擦磨损性能的影响，如图 8-44 所示，当低速滑动时，磷酸盐玻璃磨痕内部黏附的磨屑较少，大量的磨屑堆积于磨痕尾端位置，随着滑动速度的增加，磨痕尾端的磨屑逐渐减少，更多的磨屑黏着在磨痕的中心，也就是说，随着摩擦实验中滑动速度的增加，磷酸盐玻璃的磨痕中心更加容易黏附磨屑[51]。结合对摩擦接触界面温升的分析可知，相较于低速磨损，高速磨损更容易造成磷酸盐玻璃的接触粗糙峰产生局部高温，磨屑也更容易黏附在磨痕表面，黏着磨损更加显著。不同速度下磨损后的磷酸盐玻璃的拉曼光谱结果进一步证实了不同速度下磷酸盐玻璃的摩擦化学反应的差异。如图 8-44（d）所示，三种速度情况下在 3100 cm^{-1} 的峰值出现了明显差别，低速磨损后的磨屑所对应的峰值增加，也就是说此时对应的 OH 基团含量增加。增加的这部分基团主要来源于磷酸盐玻璃结构水解后所形成的 P—OH 键，这说明在低速磨损时磷酸盐玻璃的水解反应程度更大，导致了更加严重的材料去除。

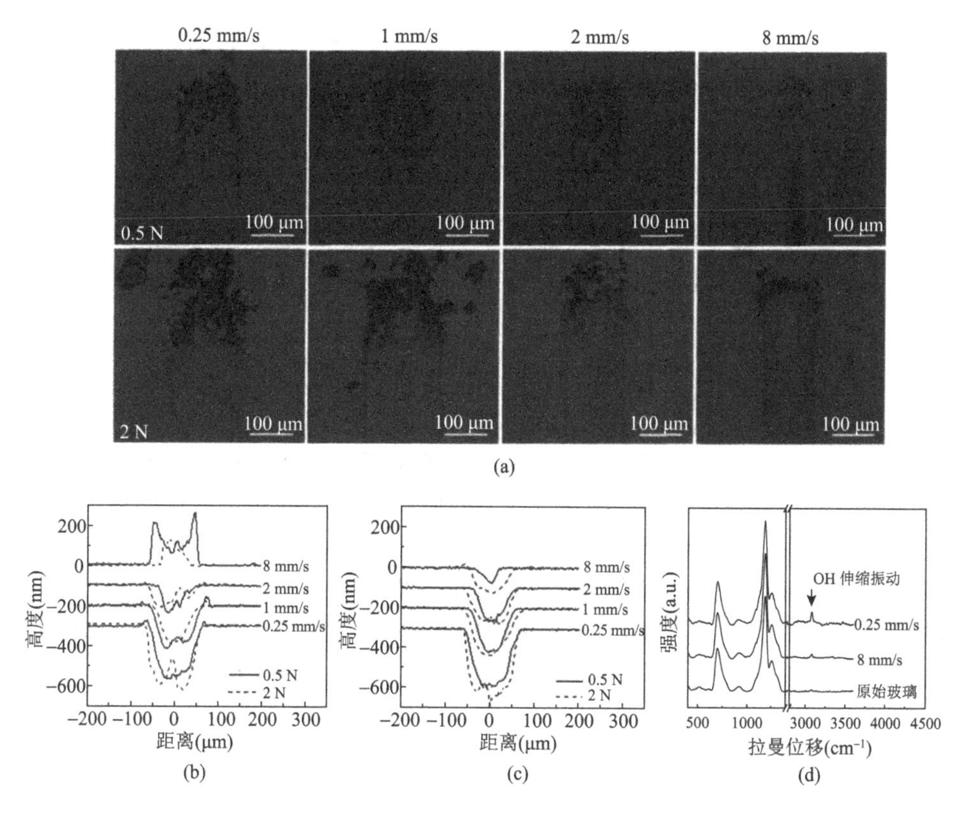

图 8-44　（a）不同速度下磷酸盐玻璃表面磨痕的光学图像以及磨痕在（b）未清洗和（c）清洗后的横截面轮廓曲线；（d）不同速度下磨损后的磷酸盐玻璃的磨屑的拉曼光谱

8.6 磨损的防护

为了提高玻璃材料的抗损伤能力，通常采用离子交换方法进行化学强化。Surdyka 等[51]发现康宁第二代大猩猩玻璃在离子交换的化学强化处理之前，其磨损量随着环境湿度的增加而增大，但是在进行 Na^+-K^+离子交换的化学强化处理之后，其磨损量依然随着环境湿度的增加而增大。该现象表明传统的化学强化虽然能提升玻璃的硬度、模量和断裂韧性等性能，但并不能全方位提升玻璃在潮湿空气的磨损行为（图 8-45）。

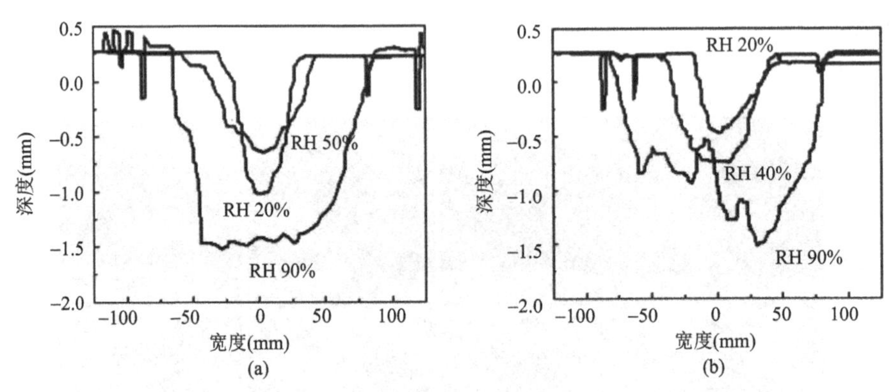

图 8-45　铝硅酸盐玻璃在离子交换的化学强化处理之前（a）和之后（b）在潮湿空气下的宏观磨损行为

Luo 等[52]发现钠钙硅玻璃在进行 Na^+-K^+离子交换的化学强化处理之后，玻璃的纳米硬度和等效弹性模量均出现了明显的提升，但是在宏观的摩擦磨损条件下，原始玻璃在高湿度（90% RH）条件下的磨损量要远小于中等湿度下（40% RH）。当进行 Na^+-K^+离子交换的化学强化处理之后，玻璃在高湿度（90% RH）条件下的磨损量却要大于中等湿度下（40% RH）。进一步分析发现，当对已经强化处理后的钠钙硅玻璃进行进一步的 K^+-Na^+离子交换（如图 8-46 中的 Na^+-K^+-Na^+所示）时，玻璃的纳米硬度和弹性模量比 Na^+-K^+离子交换处理后的低，但是仍然大于原始玻璃。而在进行 K^+-Na^+离子交换处理之后，玻璃在高湿度（90% RH）条件下的磨损量要远小于中等湿度下（40% RH）。这些实验结果都进一步表明，虽然传统的化学强化能提升玻璃的硬度、模量和断裂韧性等力学性能指标，但并不能全方位提升玻璃在潮湿空气下的磨损性能。

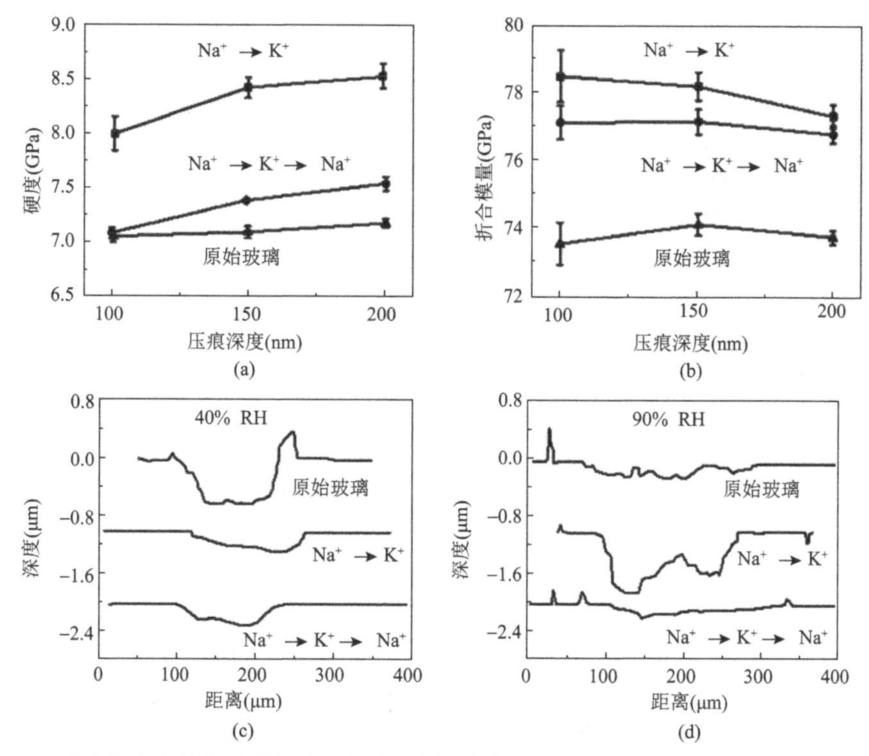

图 8-46 在离子交换的化学强化处理之后，钠钙玻璃的纳米硬度（a）、等效弹性模量（b），以及在（c）40% RH 和（d）90% RH 条件下的宏观磨损行为

磨损的载荷为 0.2 N，磨损次数为 400 次

何洪途等[53]发现，热钢化后的玻璃亚表面存在明显的压应力层，该压应力层的厚度可达约 800 μm（图 8-47）。利用热钢化处理后的钠钙硅玻璃进行宏观磨损实验时，发现在钢化过程中，无论玻璃的空气面朝上，还是锡面朝上，在干燥环境下的磨损体积非常大，这是因为在干燥环境下的宏观磨损行为是由界面的机械黏着和剪切以及磨屑的共同作用主导。而在潮湿空气中，特别是在高湿度下（90% RH），热钢化后的玻璃表面的磨损体积量及其误差范围都要大于原始玻璃。这可能是因为，在热钢化过程中，玻璃表面的冷却速度高于玻璃内部，造成玻璃表面的假想温度和自由体积都要大于原始玻璃，因此玻璃网络结构的键长等关键参数的分布范围较大，从而造成玻璃的磨损体积量及其误差范围都要大于原始玻璃。这些现象也表明，传统的热钢化处理并不能提升玻璃在潮湿空气下，特别是高湿度下的磨损性能。此外，利用传统的 SO_2 气体处理[54]、NH_3 气体处理、表面涂层以及离子注入等处理方法，虽然可以实现对于玻璃材料抗法向应力的损伤能力的提高，但是上述方法的工艺流程复杂，并且不能保证玻璃在潮湿空气下，特别是高湿度下的宏观磨损行为。

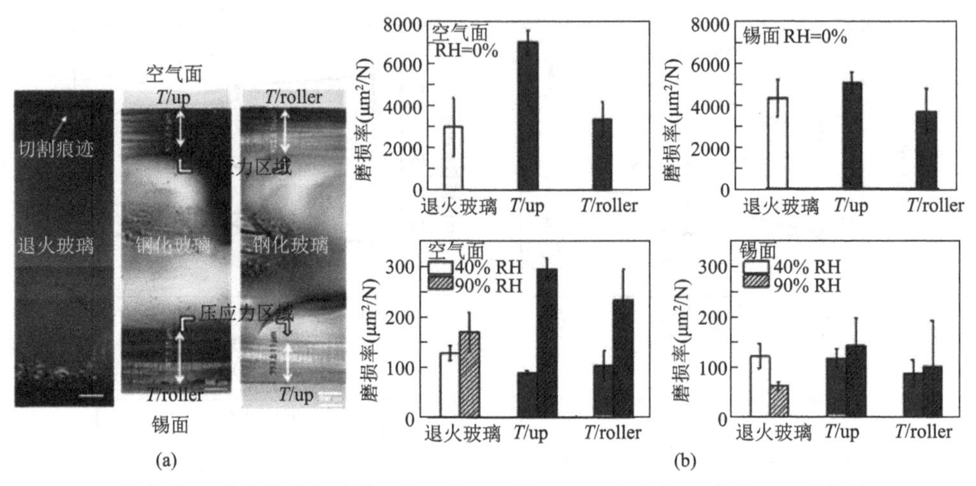

图 8-47 （a）钠钙玻璃在热钢化前后的亚表面光镜图；（b）热钢化玻璃在不同条件下的宏观磨损行为[53]

磨损的载荷为 0.2 N，磨损次数为 400 次

近年来，何洪途等[41]研究发现热极化可以改变钠离子的分布。如图 8-48（a）所示，其将不锈钢板和高取向热解石墨（HOPG）盘分别用作阳极和阴极。电极通过自身的重量与玻璃表面进行物理接触，因此，电极与玻璃表面之间存在物理间隙，进而使得在热极化过程中，环境气体物种与表面相互作用。极化过程将温度恒定在 200℃[远低于钠钙玻璃应变点（约 500℃）]。同时在给定的极化时间后，在阳极上施加一个+2 kV 的直流偏压。热极化后的实验结果表明，在热极化过程中，阳极侧的 Na^+缺失层的玻璃内部网络发生 NBO 位点的缩合反应，同时伴随着硅醇（SiOH）基团和水分子的浓度增加。相反，在阴极侧的 Na^+梯度层，SiOH 基团和水分子的浓度并没有增加。进一步实验发现，经热电场处理过后，与原始

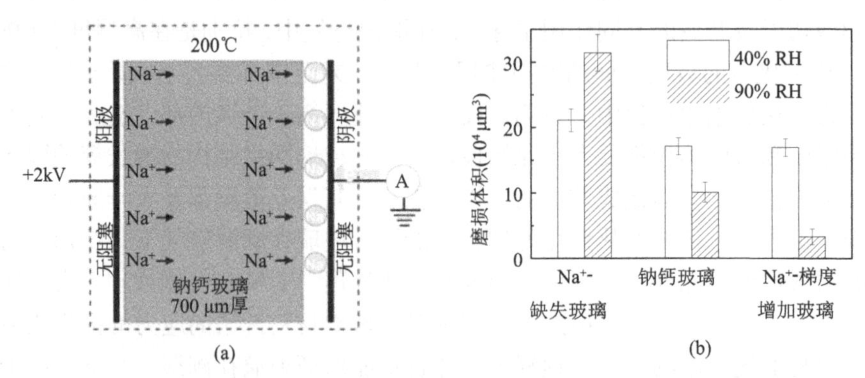

图 8-48 （a）钠钙玻璃的热电场处理示意图；（b）不同湿度下钠钙玻璃的原始表面、Na^+缺失层和 Na^+梯度层的磨损体积

玻璃相比，钠钙玻璃的阳极侧将形成 Na^+缺失层，该层将表现出类似于二氧化硅结构的特性，在压痕作用下呈现较高的断裂韧性，但是当其在潮湿环境中受到剪切应力作用时，将呈现较差的耐磨性。钠钙玻璃的阴极侧将形成 Na^+梯度层，该层具有较高的弹性模量和硬度并且在潮湿条件下具有较好的耐磨性[图 8-48(b)]。目前上述方法同时可以应用于硼铝硅酸盐玻璃[55]，并使硼铝硅酸盐玻璃在高湿度（90% RH）的磨损量大幅降低。

参考文献

[1] 肖童金, 何洪途, 余家欣. 干燥气氛下速度对钠钙玻璃磨损性能的影响. 摩擦学学报, 2019, 40(8): 601-610.

[2] He H, Xiao T, Qiao Q, Yu J, Zhang Y. Contrasting roles of speed on wear of soda lime silica glass in dry and humid air. Journal of Non-Crystalline Solids, 2018, 502: 236-243.

[3] 何洪途, 余家欣. 硅酸盐玻璃摩擦学研究进展与展望. 硅酸盐学报, 2018, 46(4): 607-614.

[4] Qi H, Zhang G, Zheng Z, Yu J, Hu C. Tribological properties of polyimide composites reinforced with fibers rubbing against Al_2O_3. Friction, 2021, 9: 301-314.

[5] Qi H, Li G, Zhang G, Liu G, Yu J, Zhang L. Distinct tribological behaviors of polyimide composites when rubbing against various metals. Tribology International, 2020, 146: 106254.

[6] Hu C, Qi H, Yu J, Zhang G, Zhang Y, He H. Significant improvement on tribological performance of polyimide composites by tuning the tribofilm nanostructures. Journal of Materials Processing Technology, 2020, 281: 116602.

[7] 王永瑞, 余家欣, 张文利. 一种用于往复式摩擦磨损试验机上的特殊气氛柔性密闭和控制装置的研制. 四川省机械工程学会. 四川省机械工程学会第二届学术年会论文集, 2016.

[8] 余家欣. 单晶硅的切向纳动研究. 成都: 西南交通大学, 2011.

[9] 张赜文, 余家欣, 钱林茂. 压头曲率半径对单晶硅径向纳动损伤的影响. 机械工程学报, 2010, 46(9): 107-112.

[10] 王晓东, 余家欣, 陈磊, 钱林茂. 水分和氧气对单晶硅摩擦化学行为的影响. 中国机械工程学会摩擦学分会青年工作委员会. 2011 年全国青年摩擦学与表面工程学术会议论文集, 2011.

[11] Yu J, Zhang S, Qian L, Xu J, Ding W, Zhou Z. Radial nanofretting behaviors of ultrathin carbon nitride film on silicon substrate. Tribology International, 2011, 44(11): 1400-1406.

[12] Yu J, Qian L. An improved calibration method for friction force in atomic force microscopy. Tribology-Beijing, 2007, 27(5): 472.

[13] 余家欣, 钱林茂. 一种改进的原子力显微镜摩擦力标定方法. 摩擦学学报, 2007, 27(5): 472-476.

[14] He H, Kim S H, Qian L. Effects of contact pressure, counter-surface and humidity on wear of soda-lime-silica glass at nanoscale. Tribology International, 2016, 94: 675-681.

[15] 谢祖飞, 余家欣, 钱林茂. 载荷对 4 种材料摩擦机制转变的影响. 上海交通大学学报, 2009, 12: 1930-1935.

[16] 乔乾, 何洪途, 余家欣. 水分对核废料硼硅酸盐玻璃摩擦磨损性能的影响. 摩擦学学报, 2020, 40(1): 40-48.

[17] Qiao Q, He H, Yu J. Evolution of HF etching rate of borosilicate glass by friction-induced damages. Applied Surface Science, 2020, 512: 144789.

[18] He H, Hahn S H, Yu J, Qiao Q, van Duin A C, Kim S H. Friction-induced subsurface densification of glass at contact stress far below indentation damage threshold. Acta Materialia, 2020, 189: 166-173.

[19] Bandyopadhyay P, Dey A, Roy S, Mukhopadhyay A K. Effect of load in scratch experiments on soda lime silica glass. Journal of Non-Crystalline Solids, 2012, 358(8): 1091-1103.

[20] 肖童金, 何洪途, 余家欣, 张亚锋. 潮湿空气下浮法钠钙玻璃的摩擦磨损性能. 硅酸盐学报, 2019, 47(2): 270-278.

[21] He H, Kim S H, Qian L. Effects of contact pressure, counter-surface and humidity on wear of soda-lime-silica glass at nanoscale. Tribology International, 2016, 94: 675-681.

[22] Ye J, Yu J, He H, Zhang Y. Effect of water on wear of phosphate laser glass and BK7 glass. Wear, 2017, 376: 393-402.

[23] He H, Yu J, Ye J, Zhang Y. On the effect of tribo-corrosion on reciprocating scratch behaviors of phosphate laser glass. International Journal of Applied Glass Science, 2018, 9(3): 352-363.

[24] 叶嘉豪, 余家欣, 张文利, 张亚锋. 磷酸盐激光玻璃在干燥空气和纯水下的摩擦磨损性能研究. 摩擦学学报, 2016, 36(2): 247-253.

[25] 简清云, 余家欣, 宋丹路, 张瑞. N31 型磷酸盐激光玻璃的摩擦磨损性能研究. 摩擦学学报, 2014, 6: 641-649.

[26] 王永瑞. 水分子对磷酸盐激光玻璃纳米磨损性能影响的研究. 成都: 西南科技大学, 2018.

[27] 张亚锋, 何洪途, 余家欣, 廖宁. 用于ICF的三种典型光学玻璃的AFM纳米划痕行为研究. 摩擦学学报, 2018.

[28] Yu J, He H, Zhang Y, Hu H. Nanoscale mechanochemical wear of phosphate laser glass against a CeO_2 particle in humid air. Applied Surface Science, 2017, 392: 523-530.

[29] Yu J, Kim S H, Yu B, Qian L, Zhou Z. Role of tribochemistry in nanowear of single-crystalline silicon. ACS Applied Materials & Interfaces, 2012, 4(3): 1585-1593.

[30] Marchand D J, Chen L, Meng Y, Qian L, Kim S H. Effects of vapor environment and counter-surface chemistry on tribochemical wear of silicon wafers. Tribology Letters, 2014, 53: 365-372.

[31] He H, Qian L, Pantano C G, Kim S H. Effects of humidity and counter-surface on tribochemical wear of soda-lime-silica glass. Wear, 2015, 342: 100-106.

[32] Barthel A J, Gregory M D, Kim S H. Humidity effects on friction and wear between dissimilar metals. Tribology Letters, 2012, 48: 305-313.

[33] Ghali E, Dietzel W, Kainer K U. General and localized corrosion of magnesium alloys: A critical review. Journal of Materials Engineering and Performance, 2004, 13: 7-23.

[34] Yu J, He H, Jian Q, Zhang, W, Zhang Y, Yuan W. Tribochemical wear of phosphate laser glass against silica ball in water. Tribology International, 2016, 104: 10-18.

[35] Yu J, Hu H, Jia F, Yuan W, Zang H, Cai Y, Ji F. Quantitative investigation on single-asperity

friction and wear of phosphate laser glass against a spherical AFM diamond tip. Tribology International, 2015, 81: 43-52.

[36] Yu J, Yuan W, Hu H, Zang H, Cai Y, Ji F. Nanoscale friction and wear of phosphate laser glass and BK7 glass against single CeO_2 particle by AFM. Journal of the American Ceramic Society, 2015, 98(4): 1111-1120.

[37] Wang Y, He H, Yu J, Zhang Y, Hu H. Effect of absorbed water on the adhesion, friction, and wear of phosphate laser glass at nanoscale. Journal of the American Ceramic Society, 2017, 100(11): 5075-5085.

[38] 余家欣, 袁卫峰, 胡海龙. 磷酸盐激光玻璃和 BK7 光学玻璃与氧化铈纳米颗粒的单点摩擦磨损研究. 中国力学大会-2015 论文摘要集, 2015.

[39] Ciccotti M. Stress-corrosion mechanisms in silicate glasses. Journal of Physics D: Applied Physics, 2009, 42(21): 214006.

[40] Chen Z, He X, Xiao C, Kim S H. Effect of humidity on friction and wear: A critical review. Lubricants, 2018, 6(3): 74.

[41] He H, Luo J, Qian L, Pantano C G, Kim S H. Thermal poling of soda-lime silica glass with nonblocking electrodes. Part 2: Effects on mechanical and mechanochemical properties. Journal of the American Ceramic Society, 2016, 99(4): 1231-1238.

[42] 何洪途, 余家欣. 钠钙玻璃在不同液体环境中的磨损性能. 硅酸盐学报, 2018, 46(1): 45-52.

[43] Hahn S H, Liu H, Kim S H, van Duin A C. Atomistic understanding of surface wear process of sodium silicate glass in dry versus humid environments. Journal of the American Ceramic Society, 2020, 103(5): 3060-3069.

[44] 乔乾, 谭丽娟, 肖童金, 陈柳莉, 何洪途, 余家欣. 强酸侵蚀对钠钙硅玻璃表面改性及其磨损性能影响. 摩擦学学报, 2020, 41(2): 243-250.

[45] 乔乾, 何洪途, 余家欣. 核废料硼硅酸盐玻璃在酸性溶液环境下的摩擦磨损性能. 摩擦学学报, 2020, 40(3): 322-329.

[46] He H, Qiao Q, Yu J, Kim S H. Synergy between surface mechanochemistry and subsurface dissolution on wear of soda lime silica glass in basic solution. Journal of the American Ceramic Society, 2021, 104(1): 428-436.

[47] Januchta K, Smedskjaer M M. Indentation deformation in oxide glasses: Quantification, structural changes, and relation to cracking. Journal of Non-Crystalline Solids: X, 2019, 1: 100007.

[48] He H, Yang L, Zhang Y, Yu J. Velocity-dependent wear behaviors of a phosphate glass. Proceedings of Asia International Conference on Tribology 2018. Malaysian Tribology Society, 2018: 131-133.

[49] He H, Yu J, Ye J, Zhang Y. On the effect of tribo-corrosion on reciprocating scratch behaviors of phosphate laser glass. International Journal of Applied Glass Science, 2018, 9(3): 352-363.

[50] 杨亮, 侯玉欣, 何洪途, 张亚锋, 余家欣. 滑动速度对磷酸盐激光玻璃摩擦磨损性能的影响. 摩擦学学报, 2018, 38(2): 196-203.

[51] Surdyka N D, Pantano C G, Kim S H. Environmental effects on initiation and propagation of surface defects on silicate glasses: Scratch and fracture toughness study. Applied Physics A,

2014, 116: 519-528.
[52] Luo J, Grisales W, Rabii M, Pantano C G, Kim S H. Differences in surface failure modes of soda lime silica glass under normal indentation versus tangential shear: A comparative study on Na^+/K^+-ion exchange effects. Journal of the American Ceramic Society, 2019, 102(4): 1665-1676.
[53] He H, Liu H, Lin Y T, Qu C, Yu J, Kim S H. Differences in indentation and wear behaviors between the two sides of thermally tempered soda lime silica glass. Journal of the American Ceramic Society, 2021, 104(9): 4718-4727.
[54] Qiao Q, Gu F, Xiao T, Yu J, He H. Synergetic effects of water and SO_2 treatments on mechanical and mechanochemical properties of soda lime silicate glass. Journal of Non-Crystalline Solids, 2021, 562: 120774.
[55] He H, Yu J, Qian L, Pantano, C G, Kim S H. Enhanced tribological properties of barium boroaluminosilicate glass by thermal poling. Wear, 2017, 376: 337-342.

第9章　机器视觉在玻璃缺陷表征中的应用

9.1　引　言

随着科学技术的不断进步，现代社会的自动化程度和智能化程度越来越高，不断提升了人类生产和生活的便利程度。人工智能作为人类自动化科技的代表，彰显着一个国家科技力量的发展水平。机器视觉技术作为人工智能领域的重要分支，在科学技术领域中占据着重要的地位[1,2]。该技术已经广泛应用于人类文明的各个角落，包括但不限于测量、位置检测、特征提取、颜色识别、字符匹配以及机器人视觉等领域。尤其在工业领域中更是不可或缺的辅助技术，如光学与精密仪器、印刷、监控安全、钢铁与金属业、电子元器件及设备、汽车零件及制造、玻璃生产与加工、医学图像分析与生命科学等[3,4]。相较于传统的人工识别，机器视觉技术具有显著的优势。该技术具有极强的颜色识别能力和灰度分辨力，可以达到精细量化的程度。此外，机器视觉技术在空间分辨率、速度和光谱范围等方面也存在明显的优势。机器视觉技术可以利用面阵相机或线阵相机以及功能各异的光学镜头来实现小至微观的细胞和大至宏观的天体的观测。而在速度方面，机器视觉技术可以快速捕捉运动物体的图像，高速相机的帧率可高达上万每秒传输帧数，快门的曝光时间可达到微秒级别[5]。此外，人类视网膜的感光范围为400～750 nm波长的可见光，但是对于摄像机而言，其可以捕获从紫外线到红外线的全部光谱范围[6]。最后，在环境要求上，机器视觉技术还可以添加防护装置以提高对恶劣环境的适应性，而人类的视觉则无法在长时间恶劣的环境下工作[7]。

自20世纪90年代初以来，我国的浮法玻璃技术日趋完善，其应用领域也在不断扩大[8]。无论是汽车工业、城市建设以及微电子产业等领域，玻璃材料都扮演着至关重要的角色。例如汽车挡风玻璃、玻璃桌、手机屏幕以及玻璃门等平板玻璃产品，必须通过磨边加工技术去除其边缘的棱角，以达到美观和安全的效果。然而，由于玻璃材料是一种脆性材料，其在加工过程中容易受损，产生各种缺陷（如爆边、裂纹和磨屑等），甚至会导致安全事故。因此，为了提高磨边玻璃的成品质量，需要优化加工手段，避免相关缺陷的产生。同时，也需要增加实时缺陷检测手段，以避免和消除缺陷。玻璃材料的厚度范围一般在3～20 mm左右。玻璃表面形成的缺陷非常细微。截至目前，国内外在玻璃材料缺陷方面的实时检测技术还尚未成熟。综上所述，有必要基于机器视觉技术代替传统的人工检测技术，进而实时监测玻璃表面缺陷以保证玻璃品质，提高玻璃材料的成品质量，最终实现玻璃工业的全自动化和智能化。

9.2 研 究 背 景

9.2.1 玻璃加工缺陷的研究

自从 20 世纪 90 年代初期开始，玻璃材料产业开始高速发展，对应的玻璃材料的产量显著增加。作为重要的功能性材料和装饰性材料，玻璃材料具有优良的透光性、硬度、强度以及表面平整度，在各个领域都有着明显的不可替代性。玻璃材料广泛应用于建筑、汽车、家居、医疗、光电等领域。例如：在建筑行业，玻璃被广泛应用于玻璃幕墙、玻璃隔断、玻璃窗户、玻璃门等。由于玻璃易碎、边缘锋利，因此对其边部进行磨削加工可以提高其安全性和美观性。同时，磨削加工还能提高密封性和减少玻璃与其他材质的摩擦[9]。在汽车行业，玻璃被应用于挡风玻璃、侧窗玻璃、后视镜等。在家居生活中，玻璃材料被用于制作玻璃桌、玻璃柜、玻璃餐具、玻璃花瓶等。玻璃制品美观、易清洁、使用寿命长，因此深受消费者喜爱。在医疗行业，玻璃材料被应用于试管、医疗器械、手术室隔离窗等。玻璃具有良好的化学稳定性和耐高温性能，能够保证医疗器械的安全性和可靠性。因此，玻璃材料无论在运输过程中还是实际的工程应用中，都需要将其横断面进行磨边加工等处理以提高其安全性和外观的美观性[10]。综上所述，玻璃材料的应用十分广泛，其磨边加工对于提高其安全性和美观度具有重要意义，是玻璃材料加工的重要环节之一。玻璃材料的具体应用场景如图 9-1 所示。

(a) (b) (c)

图 9-1 玻璃材料的应用场景

（a）玻璃门；（b）玻璃车窗；（c）玻璃家具

目前，国内外的玻璃材料的磨削加工大部分采用金刚石磨具，该方法的特点为加工效率较高、砂轮的使用寿命长、所形成产品质量好以及产品精度高等特点。

一般的玻璃材料磨削加工都是采用自动化磨边机等加工设备，以实现大批量、大规模的自动化生产。根据玻璃材料边部加工之后几何形状，可将其分为直边、圆边两种情况[11]。直边和圆边两种边型都各有优势和劣势，实际上边型的选用取决于外观形貌以及实际工程应用对于表面质量的要求。玻璃材料的边部处理主要可划分为磨削和抛光两道工序，其中，磨削加工处理属于玻璃材料的二次加工过程，相当于金刚石磨粒在表面进行切削的过程，即将切割后带有锋利棱角的玻璃用金刚石砂轮进行磨削，除去棱角以保证安全，同时使玻璃材料更加美观、稳定。但是在磨削处理过程中，玻璃材料将不可避免地出现各种各样的缺陷[12]。玻璃和一般的脆性材料一样，在基底表面受拉应力影响较大的情况下，当接触应力到达其抗拉强度极限时将开始发生表面/次表面损伤甚至断裂[13]。此外，玻璃材料在磨削过程中主要受金刚石磨粒对玻璃破坏，且具有随机的破坏性，造成表面缺陷形状不规则。常见的缺陷类型如：波纹、表面划伤、微裂纹、次表层损伤以及磨屑杂质附着等。上述缺陷的存在将极大影响玻璃产业的产品输出进而造成极大的经济损失，因此，有必要通过机器检测技术来实时监测划痕、裂纹和夹杂物等缺陷。

9.2.2　玻璃缺陷检测技术的研究现状

随着生产需求的高度提升和科学技术的发展，产品的缺陷检测在各种生产制造领域中的需求都十分迫切。视觉检测技术最大的特点就是能够通过机器代替传统的人工检测，可以不接触被测工件材料，实现自动化且精度高，同时不会对被测材料造成任何损伤。如果能够将机器视觉有效地融入缺陷检测系统中，不仅可以显著提高工业产品的质量、降低废品率，同时能够极大幅度地节约劳动成本。该方法的经济效益和社会效益都极其可观。

目前，在玻璃材料的生产中，国内使用的缺陷实时监测设备基本上都产自国外，例如：英国的 Pilkington 公司、美国的 Image Automation 公司、德国的 Innomess 公司以及日本的旭硝子公司。德国的 LASOR 公司在研发出全球第一台基于激光的玻璃缺陷在线实时检测设备之后，又推出了基于数字照相技术的实时检测缺陷的装置以检测玻璃材料的表面缺陷。通过科研学者的不懈努力，我国也研发出了 ADG-90 玻璃缺陷在线自动检测系统，该系统实现了光学变换技术和特殊光阵布置技术的首次应用，能够实时检测出玻璃在熔融过程中形成的气泡、沙粒、结石、光畸变等缺陷[14,15]。但是总体而言，我国现有的检测设备在处理速度和检测速度上都与国外的检测装置存在较大的差距。因此，研制出具有自主知识产权的玻璃材料自动检测设备对于提高我国玻璃生产自动化水平和玻璃材料产品的质量和效益具有极其重要的意义。此外，从技术角度分析可以发现，目前对于玻璃材料缺陷的检测技术，大多是对表面划伤、裂纹或者内部的气泡、夹杂物等缺陷检测，目前还没有一种可靠、准确的自动化检测方法能够有效地实时监测各种表面缺陷。玻璃材料在磨边加工过程所形成的缺陷是非常细微的并且缺陷的形状极不均匀，传统人工抽样的检测方法难以保证监测的连续稳定性，不仅监测效率低，而且由于人眼的分辨力较低和易疲劳等因素极其容易造成误检和漏检的情况进而降低产品的产出质量。

综上所述，目前急需将机器视觉融合到缺陷检测技术，高效精确地检测玻璃的缺陷以提高玻璃材料的成品质量和工业产出，并且从长远来看，该领域的发展对于摆脱国外研发厂商的技术垄断，有效提高我国玻璃产业的自动化水平有着巨大的意义。

9.2.3 机器视觉技术概述

在现代自动化生产中涉及大量生产检验的工作，实际上传统的人工监测无法连续且准确地完成上述重复性和智能性极强的工作，因此人们考虑利用图像采集和处理系统进行形状等元素的判别,并将计算机的高效和视觉的抽象能力相结合，进而引出了机器视觉的概念。根据我国自动化视觉分会对机器视觉的统一定义，机器视觉是一种基于光学装置和非接触式传感器的技术，通过自主接收并处理待检测物体的图像，进而分析获取所需图像或用于控制机器运动的设备[4]。机器视觉技术的显著特点在于能够大幅提升生产过程的自动化程度和灵活性。通过机器视觉技术，生产线上的自动化设备能够自主获取、处理和分析物体的图像数据，从而实现对生产过程的高效监测和控制[5]。当不适用于传统人工进行工作的较为危险的实际工作环境或者传统人工视觉难以满足需要条件的场合，通常使用机器视觉技术来替代传统人工视觉。与此同时，在大批量生产的情况下，运用传统人工监测技术探测被测产品质量的效率极低，并且对应的精度也不高，而使用机器视觉检测方法则能够极大程度地提高生产效率和产品生产的自动化程度。此外，机器视觉技术能够实现信息的集成，这是实现计算机集成制造基础技术。机器视觉技术所能检测的范围也极广，即便是不易探测的微弱信号都能够形成对应的图像，而且还可以持续长时间在严峻的工况条件下进行工作，这也是显著优于传统人工检测方法的一点。

凭借机器视觉技术的稳定性、可靠性和高效率，目前其在当今世界的各个领域都得到了广泛应用，甚至发挥着不可替代的作用。在半导体和电子产业领域，机器视觉技术在自动定位、字符监测和识别等方面有着广泛应用；在医学领域则应用于病情诊断以及临床检测；在工业生产中，可用于生产线上的产品缺陷检测和装配等。该方法还可应用于军事领域中运动目标的追踪、导弹的定位和制导等[7,9]。

典型的机器视觉检测系统由图像采集、图像处理、输入输出和后续处理等部分组成，这些部分的具体组成如图 9-2 所示[16,17]。该系统的详细工作流程如下：首先，将待检测的玻璃材料放置于均匀照明的可控背景前，并通过控制系统给图像获取模块（即 CCD 摄像机）发出控制信号[18,19]。CCD 摄像机将获取到的玻璃表面缺陷图像数据采集到计算机的内存中，然后利用开发的玻璃材料表面图像处理与测量软件对图像进行处理，以实现对玻璃材料表面缺陷的实时监测。最终，监测结果将基于输出设备输出。通过这个流程，该系统能够高效地检测玻璃材料表面的缺陷和不均匀性[20,21]。

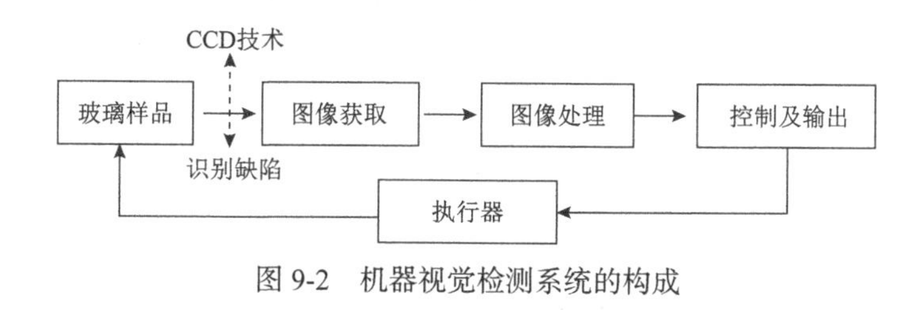

图 9-2　机器视觉检测系统的构成

9.3　缺陷检测的基本原理以及系统结构

9.3.1　缺陷检测的基本原理

玻璃材料缺陷检测系统采用了先进的 CCD 摄像成像技术和智能光源。该系统的照明采用背光式照明，原理如图 9-2 所示。具体来说，光源被放置在玻璃的背面，使得光线透过待测试的玻璃并透射进入摄像头。当光线垂直入射待测试的玻璃材料时，如果玻璃表面和内部没有杂质，出射光线的方向将不会发生任何变化，CCD 摄像设备的靶面所探测到的光线也将呈均匀分布。然而，如果待测试的玻璃材料内部含有一些杂质，出射光线的方向将会发生变化，CCD 摄像设备的靶面所探测到的光线也会随之发生变化。实际上，玻璃材料中包含的缺陷主要分为两种类型。第一种是光吸收型，如砂粒和夹杂物等。当光线透过这种类型的待测试玻璃时，缺陷位置的光强会变弱，因此 CCD 摄像设备的靶面上所探测到的光强会比周围的光强弱。第二种是光透射型，如裂纹和气泡等。光线将在相应的缺陷位置发生折射，因此光强比周围的光强要强，CCD 摄像设备的靶面上所探测到的光强也随之增强。由此，可以利用这些光学特性有效地检测玻璃材料表面的缺陷和不均匀性。

9.3.2 检测系统的基本结构

玻璃材料检测系统的基本结构主要为图像采集、图像处理、智能控制部分以及机械执行部分等，本节将针对图像采集和图像处理部分进行详细的阐述。

9.3.2.1 图像采集部分

获取清晰图像的要点为选取正确的感光芯片，同时对感光相机的参数进行有效的预设。本小节将对上述两部分所涉及的基本原理进行叙述。

图像采集部分主要应用了感光芯片以捕捉光信号。目前使用最为广泛的为电荷耦合器件（CCD），该材料指一种光电转换装置，其中的金属-氧化物半导体场效应晶体管（MOSFET）装置可以起到胶片的作用，不同的是，它将产生与入射光的辐射量相匹配的光电荷，CCD 上带有排列整齐的电容，在外部通电的情况下，电容之间将相互传递电荷。根据工作方式的不同，可将 CCD 设备划分为面阵型和线阵型。面阵型 CCD 的传感器是按照矩阵的方式排列，通常以百万像素计算。面阵型 CCD 可以通过一次扫描获取一张完整的图像。和面阵型不同的是，线阵型 CCD 的传感器成一条线排列，单次扫描只能得到一条只有几个像素宽的袋装二维图像。面阵型 CCD 的应用范围广泛，可用于测量面积、尺寸和位置等。线阵型 CCD 由于可以设置多个传感器，因此适用于大视场或者要求测量精确度较高的场合，在实际的测量应用中，其可以精确至微米级别，实现连续的扫描，但是同时也需要辅以扫描运动。从另一分类角度考虑，CCD 所生成光电荷的主要方式为光注入型和电注入型，目前 CCD 感光芯片主要采用的是光注入型。具体的应用原理如下：P 型半导体中载流子呈现均匀分布的规律，当栅极施加正偏电压时，部分载流子会被排斥，形成耗尽区。在待测玻璃材料的二氧化硅层受到照射时，将产生电子-空穴对。在电场力的作用下，电子将被吸附到耗尽区表面，形成极高电荷浓度的反转层，用于存储电荷。这种传感器通常是 CMOS 类型的[16]。CCD 感光芯片的光注入原理示意图如图 9-3 所示。在时钟脉冲的控制下，内部电荷会从耗尽区移动到相邻的下一个耗尽区，最终通过电荷积分转化为图像信号。这种转换过程利用了电荷在半导体中的移动和积分特性。电荷输出是通过带有增强电压的输出栅极实现的。其原理是利用高掺杂的 N+型层和 P 型衬底形成的 P-N 结作为输出晶体管，在反向偏置状态下工作，形成一个最深的势井，以提取电荷，并将其传输为电荷积分电容，从而形成图像信号。对应的图像信号传输原理示意图如图 9-4 所示。

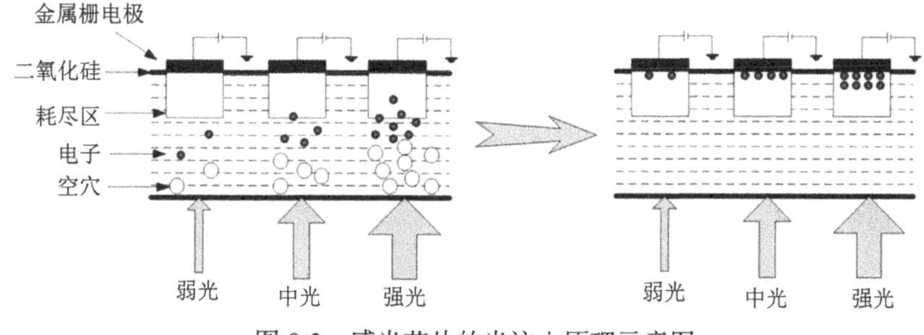

图 9-3　感光芯片的光注入原理示意图

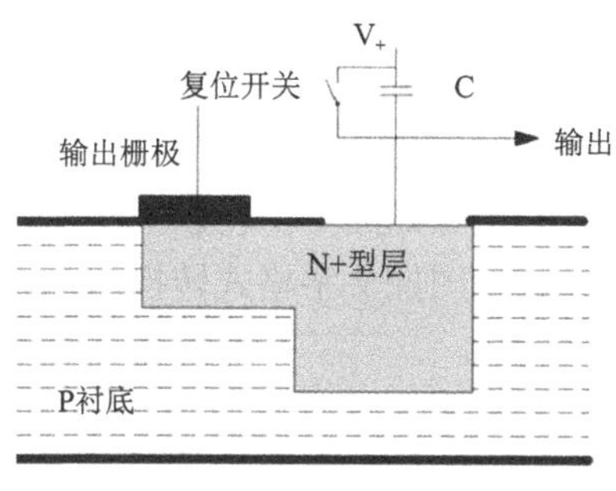

图 9-4　图像信号输出原理的示意图

感光相机的预设参数主要涉及六个方面，具体包括分辨率、帧率、像素深度、固定模式噪声、动态范围以及白平衡。上述六个参数的详细选择原理如下所述。

（1）分辨率：该点是摄像设备对待测试材料的细节分辨力的重要体现。数字相机的像素点与传感器的像元相对应。感光芯片中的像素总数将决定分辨率的高低。这种感光芯片通常是 CCD。就摄像机而言，分辨率越高则质量越高，因此，有必要通过考虑综合性能和质量来选取合适且合理的分辨率。

（2）帧率：该点可以表示摄像机所采集图像的速度。对于运动状态下的待测试材料，高帧率的采集可以获得更清晰的图像。但是，如果帧率过高，将会增加监测系统处理图像的负担。因此，在选择摄像机时，需要考虑待测试材料的运动速度和视场大小，以确定适当的帧率。

（3）像素深度：针对灰度图像，每位像素通过 8 bit 表示；而对于彩色图像，每位像素存在 R、G、B 三个通道，其中每一个分量通过 8 bit 表示。

（4）固定模式噪声：感光芯片的制作过程中所产生二极管尺寸误差将造成不一致的电流偏置进而导致噪声的形成。实际的工程应用中所采集图像的噪声模式应该相同，因此需要使用校正电路等方法进行校正工作。

（5）动态范围：摄像机的明暗信号探测能力可以用动态范围来描述，其中动态范围又分为光学动态范围和电子动态范围两部分。光学动态范围是指饱和曝光量和噪声曝光量的比值，其数值由感光芯片特性决定。而电子动态范围则是指电压和噪声电压的比值，主要由数字信号处理确定。在实际工程应用中，确定一个范围的动态范围极为重要。

（6）白平衡：摄像机的白平衡功能可以通过相应的校正手段来实现对测试物体色彩的精确还原。

9.3.2.2　图像处理部分

当采集到待测玻璃材料表面的图像后就需要及时地对所获取的图像进行处理。图像信号的处理即为机器视觉技术的核心内容。视觉信息的处理技术主要依赖于图像的处理方法，具体包括图像的变换、数码编码压缩、图像增强复原、平滑处理、边缘锐化处理、图像的分割、图像特征提取以及图像识别等。玻璃表面缺陷图像处理部分的主要流程步骤如图 9-5 所示。图像处理的处理过程主要包括预处理、图像分割、边缘检测和图像文字格式转换四个方面，本小节将阐述上述四点的详细工作原理。

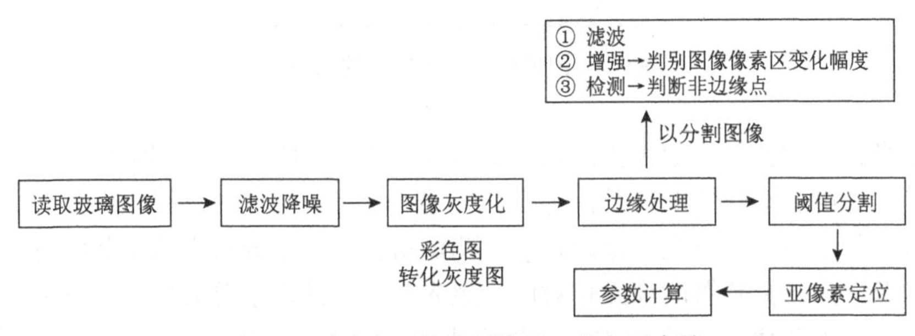

图 9-5　玻璃表面缺陷图像处理的主要步骤

1. 图像的预处理

所获取图像的预处理过程即将所获取的图像数据进行后续的深入加工，对应目的是消除与特征识别没有关联的信息[22]。预处理过程包含的步骤如下所述。

（1）降噪：由于传感器将受到离散脉冲的干扰，因此极其容易形成噪声干扰，最为常见的则为黑白杂点相间的噪声。相关噪声的存在将直接影响图像处理算法，对后续的图像分割、特征识别等处理环节造成干扰。实际上预处理的主要目的就是对初步获取的图像进行噪声的消除。降噪手段主要基于平滑滤波器对图像数据的冗余特性进行优化，其中所获取输出图像的灰度值 $g(i,j)$基于输入图像 $f(i,j)$的局部邻域 O 的灰度值线性组合获取[公式（9-1）]，以此抑制噪声[23]。

$$g(i,j)=\sum\sum h(i-m,j-n)f(i,j) \tag{9-1}$$

式中，h 代表卷积掩膜。

（2）锐化：处理前的图像将明显呈现边缘模糊[图 9-6（a）]，该现象不利于后续的特征轮廓提取，因此有必要使用图像复原技术以消除该现象。目前快速傅里叶变换是将所获取图像锐化的有效手段。对应的基本原理为：设定原始图像的像素网络的坐标系为 $f(x,y)$，进而将原始图像进行傅里叶变换，获取的频域图为 $F(u,v)$。频域图中的点 $F(u,v)$都是将原始图像的像素经由计算所获取。对于图像的边缘轮廓来讲，灰度值骤变的现象将突出。然而对于平坦区域，灰度值变化缓慢的低频部分将位于对应图样中央。图像基于傅里叶变换后所形成频域图将会使得空间频率信息被进一步放大，因此可以依照实际工况保留所需部分，使用滤波器进行滤波从而起到平滑作用[24,25]，同时处理过后的原始图像可以基于傅里叶反变换获取。处理过的频域图经二维傅里叶反变换即可突出图像的边缘轮廓，进而锐化图像，复原后的图像如图 9-6（b）所示。

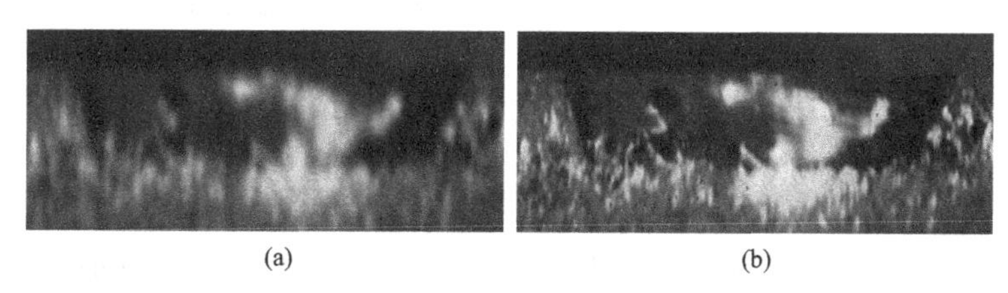

(a)　(b)

图 9-6　（a）图像的边缘模糊示意图；（b）图像锐化后示意图

2. 图像分割

图像分割的主要用途为将特征区域从获取的图像中提取出来为形状判别提供依据[26,27]。目前，阈值化分割是图像分割处理的首选方法，该方法能够有效提高获取图像的处理效率。对应的运行方法为：依照图像灰度特征设定参考数值 t，选用 $f(x,y)$代表原始图像，阈值分割可以表示为[公式（9-2）]

$$g(x,y)=\begin{cases} b_0\, f(x,y)<t \\ b_1\, f(x,y)\geqslant t \end{cases} \tag{9-2}$$

阈值分割能够视为是位点的灰度、局部特性特征以及位置的函数，可以表示为 $T(x,y,N(x,y),f(x,y))$。其中 $N(x,y)$代表像素的特征，$f(x,y)$代表灰度值。根据不同的约束条件可以将阈值方法分为如下三类：

（1）位点的全局阈值为 $T=T(f(x,y))$，此类别与选取位点的灰度相关；

（2）区域的全局阈值为 $T(x,y,N(x,y),f(x,y))$，此类别和区域内位点的位置、灰度以及其余的特征相关联；

（3）动态阈值为 $T=T(x,y,N(x,y),f(x,y))$，此类方法与位点的位置、灰度和区域的特征相互关联。

3. 边缘检测

实际的图像信号中存在大量噪声，但是噪声和边缘都属于高频信号，使用频带难以将两者分开，在这种情况下，边缘检测技术可起到有效的区分作用。该方法在机器视觉监测和识别领域中起着极其重要的作用[28]。边缘检测过程如下：

（1）滤波。该算法的核心是对图像像素的亮度值进行求导，但在求导的过程中对噪声的敏感度非常高。为此，需要使用滤波器来改善边缘检测器的性能。

（2）增强。图像边缘增强是针对像素区域内的变化幅度进行判断的方法，可以借助增强算法来改善变化幅度。

（3）检测。由于图像中存在不属于边缘的点，因此需要使用一定手段判断是否属于边缘内的点，常见的手段有如下四种。

①梯度。梯度可视为图像阵列中图像亮度连续变化的程度，其中连续函数$f(x,y)$在(x,y)处的梯度为[公式（9-3）]

$$G(x,y)=\nabla f(x,y)=\left[G_xG_y\right]^T=\left[\frac{\partial f}{\partial x}\frac{\partial f}{\partial y}\right]^T \tag{9-3}$$

由于图像是由离散的像素位点组成，因此尝试用差分来近似梯度，如公式（9-4）所示：

$$G_x=\Delta_x f(x,y)=f(x,y)-f(x+1,y) \tag{9-4}$$

$$G_x=\Delta_x f(x,y)=f(x,y)-f(x,y+1)$$

②Roberts 算子。Roberts 使用局部差分原理获取边缘[公式（9-5）]：

$$g(x,y)=\left[f(x,y)-f(x+1,y+1)\right]^2+\left[f(x+1,y)-f(x,y+1)\right]^2 \tag{9-5}$$

其中，$f(x,y)$、$f(x+1,y)$、$f(x,y+1)$和$f(x+1,y+1)$为 4 邻域的坐标。Roberts 是由两个卷积内核所组成，每个像素位点都用这两个内核做卷积。

③Sobel 算子。在给定的阈值情况下，Sobel 可以利用像素位点的邻域梯度以计算梯度，可以表示为[29]

$$s=\left(\mathrm{d}x^2+\mathrm{d}y^2\right)^{\frac{1}{2}} \tag{9-6}$$

相较于其他方法，Sobel 算子具有优异的灰度渐变和噪声处理能力。

④Canny 算子。Canny 算子是一种检测图像边缘的方法，它通过寻找图像梯度的局部最大值来实现。该算法使用两个阈值来检测边缘，因此具有较强的抗噪

声能力，可以有效地检测出弱边缘。Canny 算子的运行原理为应用准高斯函数 $f_s = f(x,y)G(x,y)$ 来实现平滑运算，进而获取一阶微分算子定位导数的最大值，对应的梯度可表达为

$$P(i,j) \approx \left[f_s(i,j+1) - f_s(i,j) + f_s(i+1,j+1) - f_s(i+1,j) \right] / 2 \tag{9-7}$$

与此同时，Canny 算子还可以通过高斯函数的梯度以近似，在理论上很接近四个指数函数的线性组合形成的最佳边缘算子，其在实际使用中的编程相对复杂[30,31]。

4. 图像文件格式转换

BMP 图像文件格式是操作系统的标准图像文件格式，不依赖于硬件设备，能够包含丰富的图像信息。BMP 格式的存储方式是从左到右、从上到下进行扫描[31]。在处理位图时，需要特别关注分辨率。输出的结果图像质量的高低取决于分辨率的高低。分辨率通常用每英寸像素个数（dpi）来表示，它实际上代表着图像中的细节信息。常用的位图颜色编码是 RGB，这种编码方式使用红、绿、蓝三种颜色的组合来表示各种颜色。经过实际应用验证得知，位图数据会根据 BMP 所使用的位数自适应不同的颜色格式。但是，当图像采用 24 位真彩色时，需要使用 RGB 颜色格式。

9.4　缺陷检测的研究现状

在实际应用中，玻璃材料是制造液晶面板的重要原料。高度精密的制造工艺，在极大程度上决定了作为原料的玻璃材料表面及其内部需要有很高的质量，随之而来的是在玻璃材料的生产中对缺陷检测设备提出了更高的要求[32,33]。概括来说，目前对于玻璃材料缺陷检测的研究主要集中于算法的开发和优化以实现如下三个方面的实时监测：①表面颗粒和划痕的监测，在生产过程中玻璃材料的表面不能存在任何的划伤、裂纹以及污点；②内部缺陷的监测，在生产过程中，玻璃材料内部不可避免地会形成一系列的缺陷，例如：气泡和结石等，上述缺陷会影响玻璃制品的显示效果，因此，有必要要求相关检测设备能够检测出玻璃材料内部缺陷的种类、形态、大小以及变形的尺寸，一般要求大约 30 μm 以上尺寸的内部缺陷能够被检测出；③边角质量的监测，在生产过程中需要对玻璃材料进行切割，为了保证切割时不会破损，玻璃材料在生产时四条边以及边角位置都要经过研磨处理，研磨时的缺陷主要产生边部过磨、欠磨以及掉片等，因此有必要要求检测设备能够监测出上述缺陷以提高玻璃材料的成品质量[34,35]。本节将针对上述三个方面的玻璃缺陷检测技术的研究现状进行具体的阐述和分析。

9.4.1 表面颗粒和划痕

由于玻璃材料属于脆性材料,在加工过程中极易产生裂纹和表面损伤等问题,目前主要通过磨削、研磨和抛光相互结合的技术进行加工[36,37]。玻璃的磨削过程可分为如下三个阶段:磨粒对玻璃表面的摩擦、耕犁和切削,根据特征不同,在玻璃缺陷检测的研究中,目前主要针对亮斑、爆边和白线进行了实时监测的算法开发和优化[38]。

9.4.1.1 亮斑的检测方法的研究

磨削过程中,砂轮在磨削加工的作用下,其表面上的磨粒将会被磨平进而导致磨粒和玻璃表面的摩擦力逐渐增强,最终造成磨粒脱落。虽然在其脱落后仍会呈现出新的磨粒,但是还会导致砂轮的尺寸变小,加之玻璃材料的加持位置的误差和改变,将导致整个玻璃材料的弧面没有被完全地磨削到,这就形成了亮斑,如图 9-7 所示[39]。亮斑一般出现在玻璃材料边缘的中间位置,主要呈现不规则的斑块形态。

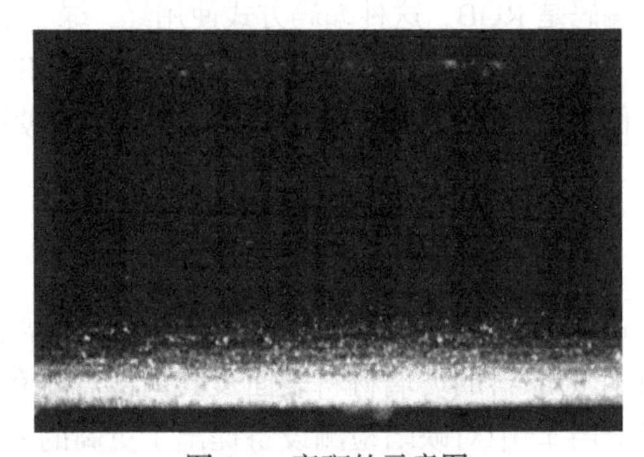

图 9-7 亮斑的示意图

由于亮斑主要形成于玻璃材料表面的中间位置,同时其面积相对较大。因此,可以从亮斑的位置和面积特征入手进行考虑,从初步获取的原始图像中进行阈值分割,将缺陷区域大体识别出来[40]。亮斑的位置的灰度数值与周围的其他部位的灰度数值相似度极高,容易受到干扰,也就是说,有必要将各个连通区域单独分割出来,然后根据亮斑的位置坐标和面积大小将缺陷区域筛选出来,在对亮斑位置进行闭运算的同时,填充缺陷内部的空隙,将缺陷区域平滑化,最终使监测效果得到优化。上述提及的闭运算可以理解为先膨胀后腐蚀的过程,该处理过程对于二值图来说,具有填充被测物体内部的细小空洞,连接临近的物体材料并且在不明显改变物体面积的情况下平滑边界的作用效果。然而对于灰度图来说,具有提升亮景并且收缩暗景的效果[41]。结合上述针对于亮斑的检测流程的阐述,赵俊冉等[42]研究得出了如图 9-8 的检测结果,所检测亮斑的重心坐标分别为:(133,

209）和（326，208）。结合实际生产中的数据可知，亮斑的检测标准应为面积大于 0.2 mm^2 的斑块，其重心距离上表面和下表面的距离应该均大于 1 mm，同时亮斑的重心纵坐标应该大于等于 160 并且小于 267。也就是说，依照算法优化的亮斑检测可以实现实际工程的检测。

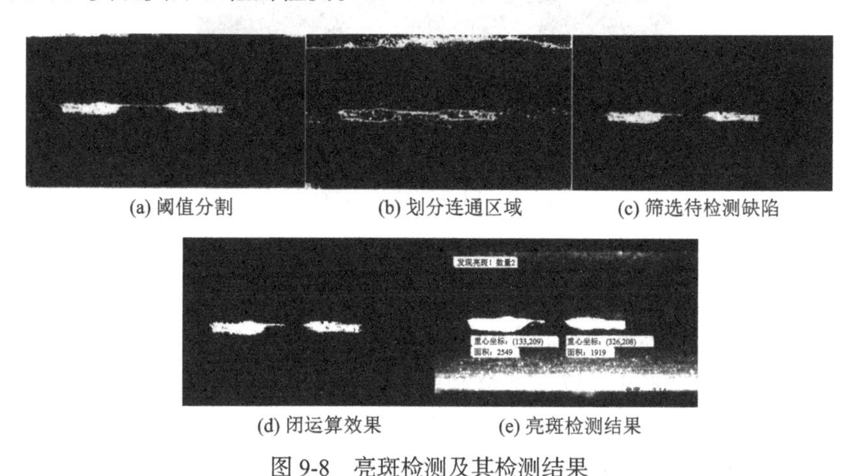

(a) 阈值分割　(b) 划分连通区域　(c) 筛选待检测缺陷

(d) 闭运算效果　(e) 亮斑检测结果

图 9-8　亮斑检测及其检测结果

9.4.1.2　白线的检测方法的研究

在玻璃材料的表面精密与超精密磨削过程中，磨粒对于玻璃存在尖锐的滑动摩擦，极其容易划伤表面进而在玻璃边部留下一条划痕，如图 9-9 所示，呈现出一条笔直并且不间断的白线[43]。

由于白线所出现的位置靠近于玻璃材料的边缘两侧，因此一般将区域设置在该边缘区域以防止其他区域的识别误差。在特征筛选的过程中，需要通过设置像素的纵坐标进而规定区域的宽度。通常情况下，由于白线区域存在屋顶型灰度值的变化现象，因此采用边缘提取技术可以将其的位置大致找出来。为了使提取效果尽可能地准确，对图像的灰度值沿着垂直方向进行二维高斯一阶微分，采用的公式如下所示。

$$M(x,y)=G_y(x,y)\cdot f(x,y) \tag{9-8}$$

$$G_y(x,y)=-\frac{y}{\sigma^2}G(x,y) \tag{9-9}$$

$$G(x,y)=\frac{1}{2\pi\sigma^2}\exp\left(-\frac{x^2+y^2}{2\sigma^2}\right) \tag{9-10}$$

式中，$M(x,y)$ 表示高斯处理过后的图像，$f(x,y)$ 表示图像的灰度值，而 $G_y(x,y)$ 表示二维高斯一阶偏导，$G(x,y)$ 表示二维高斯核函数。

图 9-9 白线的特征示意图

当对边缘提取之前有必要提高检测算法对噪声的鲁棒性，因此需要通过图像灰度的二阶微分来提取边缘。Marr 等提出了基于拉普拉斯（Laplacian）算子和高斯平滑滤波相结合的高斯拉普拉斯（Laplacian of Gauss）检测算子[44]。上述算子能够屏蔽掉图像内部噪声，同时能够利用灰度值函数的二阶微分过零点来提取出较为精细的普通像素级边缘。基于上述过程即可大致找出图像中的各个轮廓边缘，进而就可以采用特定的滤波器对处理后的图像进行精确的亚像素提取。采用的提取方法是基于递归的过滤算子逐步地提取边界，同时还可以利用 Canny 提出的高斯滤波求导以实现边缘提取[45]。提取后的边缘为亚像素精度的边缘轮廓，同时可以得到对应的特征和属性数值，并将其分类为线段和弧形以便进一步深入的筛选。

对于提取出来的边缘轮廓，实际上并不都属于白线部分。为了筛选出白线区域的缺陷线段，还需要限制轮廓的角度，只保留与水平线近乎平行的对象。此外，值得注意的是，上述线段是不连续的，有必要将其合并成一条覆盖在白线之上的光滑线段以达到最好的检测效果。选用最小二乘法对直线进行拟合，首先采用标准最小二乘法形成直线，进而考虑离群数值的影响。假设每个点到拟合直线的距离，即为各点赋予不同的权重，距离直线越近的所对应的权重越低。最后基于 Huber 和 Tukey 权重函数以赋予权重，如公式（9-11）所示[46,47]。Huber 权重函数为当距离大于削波因子（γ）时，距离远的所对应的权重越小；然而当小于 γ 时则赋予权重为 1。Tukey 权重函数为当距离大于 γ 时则赋予权重为零，然而当权重小于 γ 时对应的距离越远，权重越小。

$$\gamma=\frac{\mathrm{median}[\delta_i]}{0.6745} \tag{9-11}$$

结合上述针对于白线的检测流程的阐述，赵俊冉等[42]的研究得出了如图 9-10 的检测结果。结合实际磨削处理后的结果可知：白线的检测标准为长度大于或等于 5 mm 以及 357 个像素，角度为正负 5°。如图 9-10 所示，研究的白线的检测结果为白线的长度为 515 个像素，角度对应为–3.14，也就是说，上述针对玻璃表面白线的算法优化比较合理，能够达到实际工程应用标准。

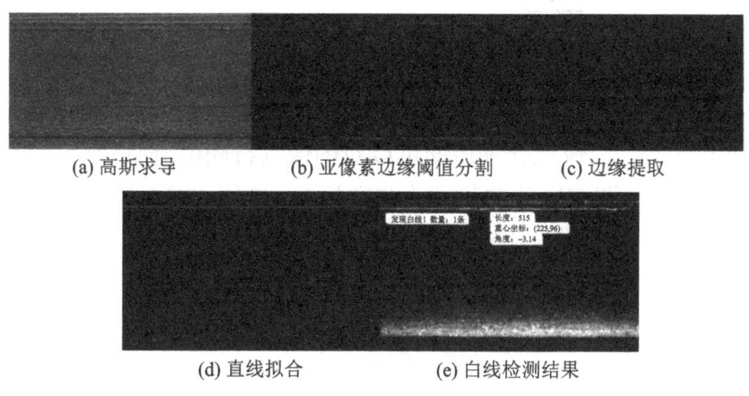

(a) 高斯求导　(b) 亚像素边缘阈值分割　(c) 边缘提取

(d) 直线拟合　(e) 白线检测结果

图 9-10　白线检测及其检测结果

9.4.1.3　爆边的检测方法的研究

在玻璃材料的打磨过程中玻璃边缘受力的不均匀将导致局部应力的过大进而造成玻璃材料的脆性破坏，这就形成了爆边，如图 9-11 所示。爆边是一种呈现在玻璃材料两侧棱角的破裂现象，通常表现为不规则的凹坑。

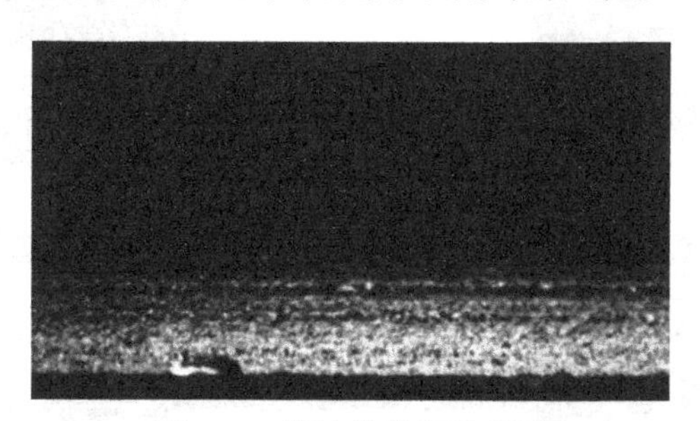

图 9-11　爆边的特征示意图

为了实现玻璃材料的爆边识别，需要从其位置和特征两方面进行考量，由于爆边往往出现于玻璃边缘，因此在提取特征时要将待测区域设置在边缘。基于图 9-11 可以发现，爆边呈现灰度值的明显变化，进而可以基于阈值分割以提取特征，但是由于干扰项过多，需要在阈值分割前进行傅里叶变化以锐化所获取的图像，进而增加图像的对比度。假设空间域是由 $f(x,y)$形成的坐标系，其中 x 和 y 代表变量。频率域则是由 $F(u,v)$形成的坐标系，其中 u 和 v 也表示变量。u 和 v 定义的矩形区域和图像 $f(x,y)$的大小一致。基于公式（9-12）可知，$F(x,y)$为 $f(x,y)$的频谱[48]。

$$F(u,v)=\frac{1}{MN}\sum_{x=0}^{M-1}\sum_{y=0}^{N-1}f(x,y)\mathrm{e}^{-j2\pi\left(\frac{ux}{M}+\frac{vy}{N}\right)}\quad u,v=0,1,2,\cdots,N-1 \tag{9-12}$$

$$f\left(x,y\right)=\sum_{x=0}^{M-1}\sum_{y=0}^{N-1}F\left(u,v\right)\mathrm{e}^{-j2\pi\left(\frac{ux}{M}+\frac{vy}{N}\right)}\qquad x,y=0,1,2,\cdots,N-1 \tag{9-13}$$

为了根据需求过滤掉低频率或者较高频率的部分，将通过滤波器对图像的傅里叶变换进行滤波处理。然后基于傅里叶反变换即可得到处理前的原始图像，如公式（9-12）所示[49]。锐化处理后即可以对图像进行阈值分割以筛选出涵盖缺陷的区域。由于缺陷和图像底部的灰度值非常相似，这使得区分的难度进一步增强，同时使得缺陷区域和底部区域相连接，造成缺陷区域形成一种凸状结构。因此需要设计能够提取上述凸状结构的方法，在具体的应用中，通常将采用对缺陷区域进行闭运算的方法使得对于爆边的检测效果更加光滑。

结合上述针对爆边的检测流程的阐述，赵俊冉等的研究得出了如图 9-12 的检测结果[42]。结合实际磨削处理后的结果可知：爆边的检测标准应为大于等于510 个像素的凹坑，区域的最小纵坐标位于上表面或者最大纵坐标位于下表面。如图 9-12 所示，爆边的检测结果是爆边的面积为 556 个像素，其下纵坐标为 338，位于下表面上。也就是说，上述针对玻璃表面爆边的算法优化比较合理，能够达到实际的工程应用标准。

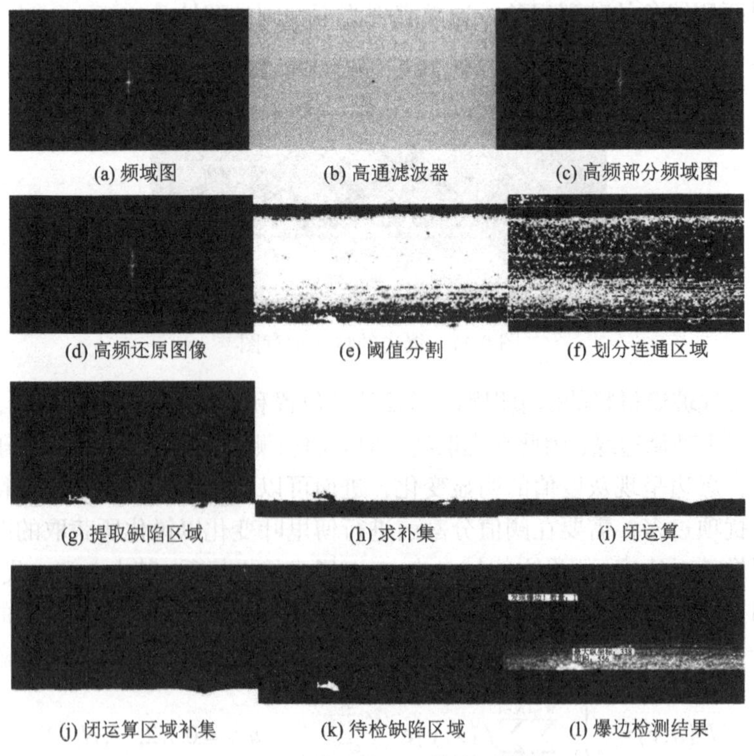

(a) 频域图　(b) 高通滤波器　(c) 高频部分频域图
(d) 高频还原图像　(e) 阈值分割　(f) 划分连通区域
(g) 提取缺陷区域　(h) 求补集　(i) 闭运算
(j) 闭运算区域补集　(k) 待检缺陷区域　(l) 爆边检测结果

图 9-12　爆边检测及其检测结果

9.4.2　内部缺陷

玻璃材料的内部缺陷是指在其成型加工的过程中而形成的，具体包括结石和气泡等。上述缺陷主要形成于玻璃材料的内部，需要在生产过程中严格控制其数量和形成尺寸的大小。玻璃材料内部的缺陷通常将在缺陷周边进而导致玻璃材料的收缩变形，缺陷检测系统应该能够检测出缺陷导致的玻璃变形尺寸。结合实际生产情况可知，在生产中要求能够实现当内部缺陷的尺寸大于 0.05 mm 时的完全检测。通过分析现有针对于玻璃内部缺陷的检测研究，可以总结出针对上述缺陷类型的主要探测技术的开发和优化方法[50,51]。

为了探测玻璃内部缺陷，在检测系统的装置布置过程中，将相机并排安置于带有基座的支架上或者将相机采用两排交错布置。光源则选取 LED 光源，同时每一台相机对应于一个光源。光源采用两种通道，其一为可见光通道，用于检测内部缺陷的核心尺寸；其二则为红外线通道以用于检测玻璃内部缺陷导致的变形大小。缺陷检测系统应用了多台从机以及一台主机，每台相机基于光纤和图像采集卡相连接，每台从机基于以太网与主机相连接，所有相机和光源共用时钟编码器。检测过程中，在从机中实现图像的采集以及处理，所提取的缺陷特征和对应数据传输到主机，并实现缺陷的分类[52]。检测系统所检测到的玻璃内部缺陷示意图以及具体位置放大图如图 9-13 所示。

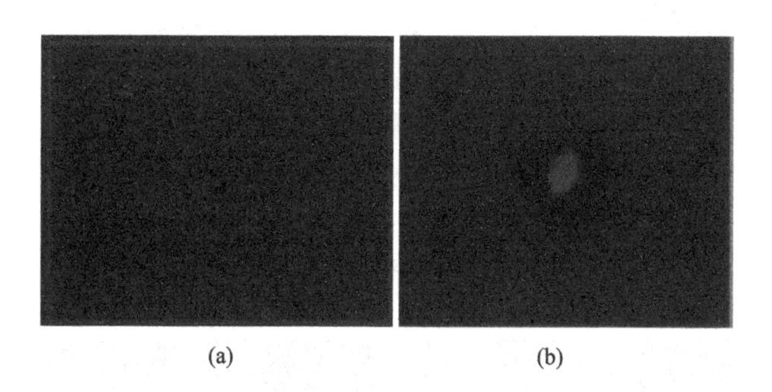

图 9-13　玻璃内部缺陷的（a）示意图及其（b）放大示意图

9.4.3　边角质量

玻璃材料在生产过程中需要对边角位置进行研磨加工，因此边部的缺陷主要在玻璃材料的切割和研磨过程中形成，具体的缺陷表现为：边角尺寸合格与否、研磨过程中是否存在欠磨或者过磨以及边部是否存在裂纹或者掉片等[47,53]。通过分析现有针对于玻璃边角质量的检测研究，可以总结出针对上述缺陷类型的主要探测技术的开发和优化方法[54,55]。

在边角质量的缺陷检测系统中，相机将分别布置于玻璃材料的四个边角位置，与此同时相机的布置和玻璃的边部相垂直，玻璃长边的布置以及短边的布置示意图如图 9-14 所示。可知，玻璃材料的长边边角检测是由两个相机、棱镜以及光源组成。在边角质量检测的过程中，缺陷检测系统是静止放置，通过玻璃材料的运动实现检测。然而玻璃材料的短边边角检测将受到检测位置的影响进而不能在连续生产线上进行，因此将采用玻璃材料静止而缺陷检测系统做一维运动的方式，从而实现边角质量的检测[56]。

在搭建边角质量的机器视觉检测系统时，通常存在两种系统的搭建方法。其一则是将线阵型 CCD 相机和光源集成在一起，形成一个封闭的系统，玻璃材料通过系统预留的缝隙以实现检测的完成。根据实际生产环境的不同，CCD 相机的扫描运动主要是通过基于玻璃材料的运动或者边部质量检测系统的运动带动 CCD 相机完成。采集到边角质量的图像后基于对图像各部分灰度值的分析，结合缺陷检测系统预设的缺陷特征值，以判断边部质量是否存在缺陷以及属于何种缺陷[57]。检测系统所检测到的玻璃边部质量示意图以及具体位置放大图如图 9-15 所示。

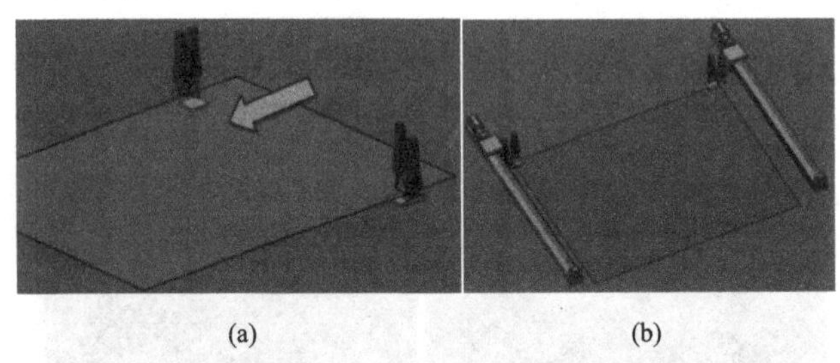

(a) (b)

图 9-14 边角质量检测系统中玻璃（a）长边和（b）短边的相机布置示意图

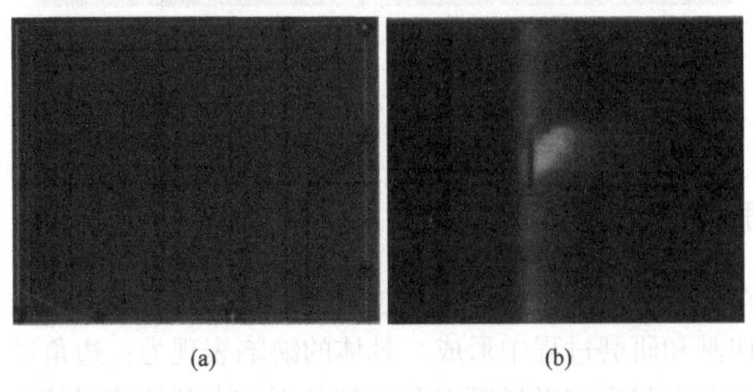

(a) (b)

图 9-15 边部质量检测系统的（a）玻璃边部缺陷示意图及其（b）放大示意图

9.5　玻璃缺陷检测系统的主要问题和发展趋势

9.5.1　玻璃缺陷检测系统的主要问题

相较于传统人工检测，机器视觉技术不会出现疲劳，并且具有更高的分辨率和检测速度。此外，机器视觉技术可以借助红外线、紫外线和超声波等探测技术，具有检测不可见物体和高危险场景的突出优势。目前，机器视觉技术已经广泛应用于各个领域。在工业检测领域，它极大地提高了产品的可靠性，并保证了生产速度[2]；在农业领域，伴随着工厂化农业的迅速发展，机器视觉技术对于实时监测农作物的生长情况进而推动科学灌溉的发展起到了极其重要的作用[58]；此外，在医学领域，目前机器视觉技术对于医学影像数据的统计分析极大地提高了准确率和效率。随着机器视觉技术所运用算法的持续开发和优化，基于机器视觉的表面缺陷检测将成为未来研究和发展的重要方向。目前，基于机器视觉的表面缺陷检测理论研究和实际应用等环节均取得了可喜的成果。例如，将机器视觉技术应用于集成电路晶片表面缺陷检测中，使用模糊逻辑对表面凹坑缺陷的不同形状进行分析处理；还有研究发现可以基于图像对铁轨的表面质量进行自动检测等[59]；研究人员针对玻璃材料表面的缺陷进行了识别，通过将采集到的缺陷图像缩放到 10×10 的大小，将这 100 个像素值作为特征向量，并运用径向基神经网络和决策树两种算法进行识别[60]；通过探究研发了一种玻璃缺陷识别的专家系统，该系统可以实现对于未知玻璃材料缺陷的识别[61,62]。但是尽管如此，目前针对机器视觉技术系统的发展仍然存在如下几点主要问题和研究难点。

（1）机器视觉检测系统受多重影响因素的影响，噪声干扰比一般情况较低，但微弱信号难以检测出来或与噪声区分，因此需要构建稳定、可靠、准确的检测系统以适应外界环境、光照变化、噪声等不良环境的影响。上述问题是需要解决的首选问题之一。

（2）视觉检测对象多样化，表面缺陷种类繁多，背景复杂化，缺乏对众多缺陷类型产生机理及其外在表现形式之间关系的明确认识，这将导致对缺陷的阐述不充分，缺陷特征提取效果不佳，缺陷目标分割困难。同时，缺乏“标准化”的图像作为参照也会给缺陷的检测和分类带来困难，因此，需要有效地提高机器视觉系统的识别率。

（3）机器视觉表面缺陷检测的特点在于基础数据量庞大，冗余信息丰富，特征空间维度高。然而，由于研究对象和问题的多样性，机器视觉系统难以从海量数据中提取有限的材料缺陷信息，算法能力不足，实时性也不高。

（4）尽管现如今与机器视觉表面检测密切相关的人工智能理论已经有了很大

的科研进展，但如何通过模拟人类大脑信息处理功能来构建人工智能机器视觉系统仍需要深入的理论研究。同时，基于生物视觉认识来指导机器视觉检测仍然是相关科研人员尚待探究的难点。

（5）机器视觉表面检测的准确性是一个重要考虑因素，尽管不断出现一系列新的优化算法，但在实际工程应用中，其准确率仍然与满足实际需求存在一定差距。如何解决准确识别与模糊特征之间、实时性与准确性之间的矛盾仍然是当前研究的难点。

9.5.2 玻璃缺陷检测系统的发展趋势

随着玻璃制造工艺的不断发展，对玻璃质量的要求也越来越高。而玻璃缺陷也会对玻璃的使用寿命和安全性产生不良影响。因此，机器视觉检测方法的发展趋势也越来越受到关注。内部算法技术和市场需求等因素在极大程度上决定了机器视觉表面缺陷检测的发展趋势[63,64]。通过对于现有研究的总结归纳可以汇总出如下几点机器视觉检测系统的发展趋势。

（1）Marr 理论对计算机的视觉检测系统发挥了巨大的影响作用，其核心是将视觉理解为 3D 重建的过程[65]。然而，将 3D 场景转换为 2D 图像是一种多对一的映射过程，这个过程会导致深度信息的丢失。此外，灰度是场景的唯一测量值，但它无法准确反映光照、材料特性、位置朝向和距离等信息。同时，图像成像过程中受到噪声和环境等因素的影响，会使图像失真。因此，极其有必要研发机器视觉检测系统的新理论和新方法，例如：发展主动视觉、增强视觉系统的智能学习能力等。

（2）可以从生物视觉得到启发，逐渐吸收来源于心理学、生理学等其他学科中生物视觉前沿的科研成果，基于生物视觉机制为机器视觉检测系统提供新的科研思路。与此同时，可以借鉴生物视觉的多尺度、层次性特点，并结合不同的视觉任务，引入先验高级知识来指导机器视觉的发展。此外，我们还可以考虑将机器视觉、机器听觉、机器嗅觉、机器触觉等多种信息相互融合，以突破单一视觉信息的局限性，进一步拓宽机器视觉检测的研究方向。

（3）考虑研究更加可靠的图像处理方法和分析算法，以提高图像处理的有效性和执行效率，降低算法的复杂度，并提高材料表面缺陷识别的准确性。特别是在在线检测系统中，需要注重实时性，视觉本身具有内在的并行性，因此需要研究视觉并行计算的理论、算法和技术等多方面，以提高视觉计算的速度。同时，还需要进一步研究算法性能的评价方法，以对算法的效率和性能进行科学、准确地刻画和评价。

（4）研究完整三维场景重建方法。目前已有的三维场景重建理论和算法主要局限于对“可视”部分的重构，基于 Marr 视觉计算理论的研究也主要停留在二点五维的表达上。然而，这种表达只提供了物体可见轮廓以内的三维信息，如何恢复物体完整表面的信息，包括物体表面不可见部分，是一个复杂却急需解决的问题。

（5）未来机器视觉检测系统的发展趋势是基于统一且开放的标准，进一步构建标准化、一体化和通用化的解决方案。这种解决方案既要考虑标准化与个性化的统一，也要研发出可靠性高、易于维护、易于不断完善和升级换代、网络化、自动化和智能化更高的机器视觉系统。

参 考 文 献

[1] 胥磊. 机器视觉技术的发展现状与展望. 绵阳: 西南科技大学, 2016.
[2] 唐向阳, 张勇, 李江有, 黄岗, 杨松, 关宏. 机器视觉关键技术的现状及应用展望. 昆明理工大学学报(理工版), 2004, 29(2): 36-39.
[3] Batchelor B, Waltz F. Machine vision for industrial applications. Intelligent Machine Vision: Techniques, Implementations and Applications, 2001, 1-29.
[4] 郭静, 罗华, 张涛. 机器视觉与应用. 电子科技, 2014, 27(7): 185-188.
[5] Hosseininia S J, Khalili K, Emam S M. Flexible automation in porcelain edge polishing using machine vision. Procedia Technology, 2016, 22: 562-569.
[6] Heleno P, Davies R, Correia B A B, Dinis J. A machine vision quality control system for industrial acrylic fibre production. Journal on Applied Signal Processing, 2002, 7: 728-735.
[7] 王风云, 郑纪业, 唐研, 刘延忠, 李乔宇, 穆元杰, 王磊. 机器视觉在我国农业中的应用研究进展分析. 山东农业科学, 2016, 48(4): 139-144.
[8] 何洪途. 钠钙玻璃机械化学磨损的机理研究. 成都: 西南交通大学, 2015.
[9] 王耀祥. 光学玻璃的发展及其应用. 应用光学, 2005, 26(5): 61-66.
[10] 李慧芳. 平板玻璃市场特点及未来需求分析. 玻璃, 2003, 6: 41-43.
[11] 赵龙. 磨边技术的发展和未来. 网印工业, 2014(12): 15-17. 2014.
[12] 刘明耀. 国外平板玻璃的磨边加工技术. 金刚石与磨料模具工程, 1995, 6(8): 28-31.
[13] 王平, 张春河, 张飞虎, 袁哲俊, 周兵林, 韩荣久. 光学玻璃的磨削加工方法. 光学与精密工程, 1996, 4(1): 53-58.
[14] Sonka M, Hlavac V, Boyle R. Image Processing, Analysis, and Machine Vision. CT: Cengage Learning, 2014.
[15] 宋勇, 郝群, 王涌天, 王占和. CMOS 图像传感器与 CCD 的比较及发展现状. 仪器仪表学报, 2001, 22(3): 388-389.
[16] 赵鹏. 机器视觉理论及应用. 北京: 电子工业出版社, 2011.
[17] 侯远韶. 机器视觉系统中光源的选择. 洛阳师范学院学报(自然科学版), 2014, 33(8): 45-49.
[18] 浦昭邦, 屈玉福, 王亚爱. 机器视觉系统中照明光源的研究. 仪器仪表学, 2003, 24(4):

438-439.
[19] 关澈, 王延杰. CCD 相机实时自动调光系统. 光学与精密仪器, 2008, 16(2): 358-366.
[20] 闫枫, 吴斌. 机器视觉系统中的光源照明方法. 自动测量与控制, 2006, 25(11): 85-86.
[21] 刘焕军, 王耀南, 段峰. 机器视觉中的图像采集技术. 电脑与信息技术, 2003, 1: 18-21.
[22] 刘丽梅, 孙玉荣, 李莉. 中值滤波技术发展研究. 云南师范大学学报, 2004, 24: 23-27.
[23] 胡亮. 浮法玻璃缺陷的智能识别方法. 武汉: 武汉理工大学, 2010.
[24] 万子平. 机器视觉的零件轮廓尺寸测量系统设计. 技术纵横, 2017, 28(5): 34-36.
[25] 刘国平, 蔡建平. 基于 Open CV 算法库的摄像机标定方法. 广东广播电视大学学报, 2015, 32(2): 16-18.
[26] 赵涟漪, 许宝杰, 童亮. 玻璃缺陷在线检测系统的研究. 北京信息科技大学学报(自然科学版), 2010, 42(1): 56-58.
[27] 丁劲生. 计算机视觉中的字符识别及软件开发. 西安: 西北工业大学, 2015.
[28] 周洋. 玻璃质量在线检测算法研究与系统实现. 武汉: 华中科技大学, 2006.
[29] 杨冰冰. 亚像素图像边缘检测方法研究. 大连: 大连理工大学, 2015.
[30] 艾红干. 基于亚像素的图像检测方法与关键技术研究. 长沙: 中南大学, 2012.
[31] 雷文华. 机器视觉及其应用(系列讲座)第一讲机器视觉发展概述. 应用光学, 2006, 27 (5): 467-470.
[32] 赵涟漪. 基于 Open CV 机器视觉的玻璃缺陷检测系统的研究. 宁夏师范学院学报, 2018, 39(4): 67-72.
[33] 亓宁宁, 常敏, 刘雨翰. 基于机器视觉的玻璃缺陷检测. 光学仪器, 2020, 42(1): 26-30.
[34] 冀瑜. 基于机器视觉的高精度尺寸检测技术及应用研究. 北京: 中国计量科学研究院, 2006.
[35] 赵宇峰, 高超, 王建国. 基于机器视觉的工业产品表面缺陷检测算法研究. 计算机应用与软件, 2012, 29(2): 152-154.
[36] 陈晓红. 基于机器视觉的触摸屏玻璃缺陷检测方法. 广州: 华南理工大学, 2013.
[37] Ma R. Research on product optical image position distribution in machine vision system based on mathematical statistics. Third International Conference on Digital Manufacturing & Automation, 2012, 164: 695-698.
[38] 彭向前, 陈幼平, 余文勇. 一种基于机器视觉的浮法玻璃质量在线检测系统. 制造业自动化, 2007, 29 (12): 50-52.
[39] 蒋锦涛. 平板玻璃缺陷检测系统的研究. 合肥: 安徽大学, 2007.
[40] 彭向前, 谢经明, 陆万顺. 浮法玻璃质量在线检测与分析系统. 玻璃, 2009, 36(12): 43-46.
[41] 黄俊敏, 吴庆华, 周金山, 代娜, 何涛. 基于机器视觉的二维高精度手机玻璃屏尺寸测量仪. 智能仪表与传感器, 2009, 17(9): 1863-1865.
[42] 赵俊冉, 王东兴, 冷惠文, 罗昆. 基于机器视觉技术的玻璃磨边缺陷检测. 烟台大学学报, 2017, 30(4): 328-334.
[43] 王武, 叶明, 陆永华. 基于机器视觉的手机壳表面划痕缺陷检测. 机械制造与自动化, 2019, 48(1): 160-163.
[44] 孙秋成, 谭庆昌, 安刚. 一种亚像素精度检测方法. 北京工业大学学报(自然科学), 2009, 35(10): 1332-1337.

[45] 林卉, 赵长胜, 舒宁. 基于 Canny 算子的边缘检测及评价. 黑龙江工程学院学报(自然科学版), 2003, 17(2): 3-6.
[46] 冈萨雷斯. 数字图像处理. 北京: 电子工业出版社, 2003.
[47] 董鸿雁. 边缘检测的若干技术研究. 长沙: 国防科技大学, 2008.
[48] 何斌, 马天予, 王运坚. Visual C++数字图像处理. 北京: 人民邮电出版社, 2001.
[49] Li F, Zhang Y, Huang Q, Chen X. Research and application of machinevision in intelligent manufacturing. 2016 Chinese Control and Decision Conference (CCDC), 2016.
[50] 苗永菲, 游洋, 李赵松, 黎红军, 宋康, 侯朝云. 基于机器视觉的玻璃缺陷检测技术. 电子设计工程, 2020, 28(8): 85-88.
[51] 李长有, 刘遵, 李帅涛. 平板玻璃低对比度表面缺陷检测研究. 机械工程, 2018, 3: 21-23.
[52] 李青圳, 袁凤玲. 机器视觉技术在玻璃基板缺陷检测设备中的应用. 玻璃与搪瓷, 2016, 44(3): 26-31.
[53] 夏晓云, 张仁斌, 谢瑞, 王聪. 液晶屏模糊边缘缺陷分布式检测方法. 计算机应用研究, 2016, 33(8): 2534-2542.
[54] 张少伟. 基于机器视觉的边缘检测算法研究与应用. 上海: 上海交通大学, 2013.
[55] Diao Z, Wu B, Wei Y, Wu Y. The Extraction Algorithm of Crop Rows Line Based on Machine Vision. Springer International Publishing, 2016: 190-196.
[56] 杜晓强, 喻宾扬, 金永. 基于线阵 CCD 的玻璃缺陷检测方法的研究. 玻璃, 2009, 3(210): 3-6.
[57] 谭刚, 董祥龙, 徐继, 王琦. 基于机器视觉的玻璃瓶表面缺陷检测. 上海工程技术大学学报, 2009, 23(2): 111-114.
[58] 孙进, 王宁, 孙傲, 丁煜. 陶瓷膜表面缺陷的表征与分类研究. 徐州工程学院学报(自然科学版), 2018, 33(3): 76-79.
[59] Alippi C, Casagrande E, Scotti F, Piuri V. Composite real-time image processing for railways track profile measurement. IEEE Transactions on Instrumentation and Measurement, 2000, 49(3): 559-564.
[60] Cios K J, Tjia R E, Liu N, Langenderfer R A. Study of continuous ID3 and radial basis function algorithms for the recognition of glass defects. JCNN-91-Seattle International Joint Conference on Neural Networks, IEEE, 1991, 1: 49-54.
[61] Müller H, Strubel C, Bange K. Characterization and identification of local defects in glass. Scanning, 2001, 23(1): 14-23.
[62] 郭联金, 罗炳军. PNN 与 BP 神经网络在钢板表面缺陷分类中的应用研究. 机电工程, 2015, 32(3): 352-357.
[63] Gupta S, Girshick R, Arbelaez P. Learning-rich features from RGB-D images for object detection and segmentation. Proceedings of European conference on computer vision. Berlin: Springer-Verlag, 2014: 345-360.
[64] Girshick R. Fast R-CNN: Proceedings of the IEEE international conference on computer vision. 2015: 1440-1448.
[65] Ren S, He K, Girshick R, Sun J. Faster R-CNN: towards real-time object detection with region proposal networks. IEEE Transactions on Pattern Analysis & Machine Intelligence, 2017, 39(6): 1137-1149.

第 10 章　机器学习预测玻璃物理化学性能

机器学习（machine learning，ML）是人工智能领域的分支学科，研究如何使用计算机系统来自动地从数据中学习规律和模式，并利用这些规律和模式进行预测、分类、识别等任务[1,2]，其预测原理如图 10-1 所示。机器学习的发展历程可以追溯到 20 世纪 50 年代，人们开始探索如何让计算机程序从经验数据中进行学习。随着计算机技术和数据可用性的不断提高，机器学习得以不断发展和完善。近年来，深度学习等新兴技术的出现更是推动了机器学习的飞速发展，涉及的学科非常广泛，主要包括数学、计算机科学、统计学、信息论等。此外，在特定的应用领域中，还需要具备相关的专业知识和领域经验，例如医学、金融、材料等。机器学习已经广泛应用于许多领域，包括计算机视觉、自然语言处理、语音识别、医学诊断、金融预测、交通管理等。在这些领域中，机器学习已经成为强有力的工具，能够更加准确地分析和理解复杂的数据信息。其中，计算机视觉领域中的一个重要任务是图像识别。通过使用卷积神经网络等机器学习技术，可以让计算机自动地从图像数据中学习特征，并实现对不同物体信息的识别。因此，机器学习已经成为继理论研究、实验、计算模拟之后全新的思路和研究方式。

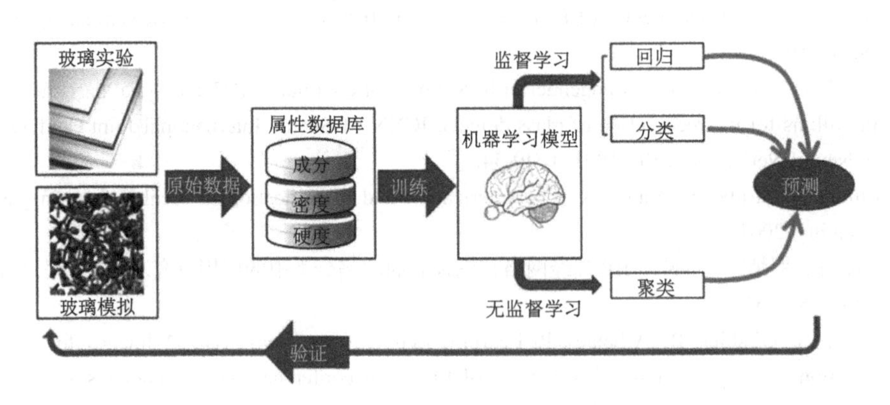

图 10-1　机器学习预测原理[3]

新材料的设计研发是一个极具挑战性的过程，依赖于研究人员的个人经验和无数次实验的尝试，以期在某些方面取得成果。此外，研究人员还需要反向检测新材料的各种性质是否达到预期目标。近年来，随着材料科学、物理学、化学和计算机科学的发展，利用高性能计算机进行材料设计和开发变得可行。在材料计算领域，最常用的方法是第一性原理计算（基于密度泛函理论）[4,5]、分子动力学模拟[6,7]以及蒙特卡罗方法，这些方法极大地推动了新材料的设计和研发，缩短了研发周期，大大降低了研发成本。然而，这些计算方法仍存在一些缺陷，如无法模拟大量原子的体系及其长时间演化行为，计算可靠性也不够理想。目前的理论计算和模拟结果与实际应用之间仍存在差距。因此，解决材料原子间的相互作用势和提高计算机的计算能力有利于新材料的设计、开发。

10.1 机器学习预测方法

机器学习在材料科学中被广泛应用，其模型可以预测材料的物理性能。为了开发具备所需性能（如液相线温度和杨氏模量等）的材料，这些模型需要大量的所要研究的材料的成分、性能等相关数据。在本章中，我们将介绍如何利用机器学习这一独特优势来开发基于神经网络和各种机器学算法的模型，从而预测玻璃所需液相线温度、杨氏模量、磨损和产品缺陷等信息。

作为一种非线性的预测数据方式，机器学习可以预测未探索或部分探索条件下不同成分玻璃的性能，其过程主要是利用现有的成分和性能数据对玻璃模型进行训练，并通过比对机器模拟数据与实验数据、大量的重复模拟以及优化机器算法来预测具有特殊性能的玻璃的特性。此外，机器学习模型可以在较大空间上显著加速预测。然而，研究人员通常只能获得很少的相关实验数据，这将加大机器学习开展的困难性。由于先进玻璃材料通常包含多种不同的氧化物，因此玻璃的结构与性能的关系参数对机器学习的结果至关重要。随着高端智能手机和平板显示器应用需求的不断增长，通过使用人工神经网络等机器学习方法来加速玻璃成分的开发，可为这些行业的快速发展提供理论基础。

10.1.1 数据整合和清理

在机器学习中，材料模型的预测能力和准确性取决于输入数据的准确性和质量。为了更好地建立相关模型，需要利用不同玻璃成分和性质的相互关系。其中，玻璃中的每种氧化物的质量百分比作为输入变量，而玻璃的黏度、杨氏模量、玻璃化转变温度、密度以及液相线温度等数值则作为输出值存储在机器中以供分析。

为了达到预测的准确性，需要对已有玻璃中如杨氏模量等相关的机械性能进行校准。如果给定成分的玻璃样品未达到杨氏模量阈值，就不会对该样品进行进一步的实验。因此，必须使用预测模型（在成分相似的玻璃之间插入杨氏模量值）

处理这些缺失的数据，或者完全忽略整个样本的不完整数据带。如果所建立的模型严格依赖于多种缺失性质（在没有密度、温度或其他相关数据的情况下预测黏度），则需要忽略该数据带的样本。如果模型结果对填补空白的预处理程序有很强的依赖性，那么该模型可能就不准确。每一个数据整合和处理的步骤都是为了保持高质量的数据，最大限度地减少无用数据。

10.1.2 机器学习方法介绍

机器学习算法可以完成两类任务，即有监督和无监督的任务。在有监督机器学习的情况下，数据集包括一系列输入（如玻璃成分）和输出（如密度和硬度等）。监督机器学习可以从这些现有示例中学习并推断输入和输出之间的关系[8]。有监督的机器学习方法主要包括：①回归算法[9]，它可以预测作为输入函数的输出（如成分-属性预测模型）；②分类算法[10]，可用于标记不同类别的玻璃。相比之下，在无监督机器学习的情况下，数据集没有相应标记（即没有已知的输出信息）。例如，无监督机器学习可用于识别现有数据中的一些集群，即识别一些具有相似特征的数据点，如人工神经网络等。

1. 主成分分析

主成分分析（PCA）是一种降低维度的技术，它允许省略对所需玻璃性能没有任何显著影响的变量，揭示玻璃的本质特征[11]。它使用正交变换将可能相关的列（变量）的映射转换成一组线性不相关的变量，而主成分数小于或等于原始变量数。第一个主成分具有最大的可能方差，接下来每个成分具有逐渐降低的方差值。主成分分析的输出是由原始数据转换而来的一组向量，这些输出向量形成一个不相关的正交集。由于方差值取决于每个变量的绝对平均值，主成分分析输出向量强烈依赖于初始变量的相对比例。因此，对变量进行归一化处理可以得到更加准确的主成分分析结果。

主成分分析可以看作是对数据进行多维椭球拟合。椭球的轴是主要的组成部分。当数据对某个变量的依赖性较弱时，与该变量的方差较小，椭圆对应的轴也较小。因此，忽略变量不会导致信息的重大损失，但这种简化会减少变量的数量。为了计算椭圆的轴，首先通过从数据集中减去每个变量的平均值，使数据以原点为中心。接下来，计算数据的协方差矩阵和协方差矩阵的相应特征值和特征向量。在找到特征向量之后，这些特征向量被正交化并被归一化后，形成正交基。该正交集构成了椭球体拟合数据的新轴，这些新的轴（或主成分）是原始变量的线性组合。

每个特征向量代表的方差的比例可以通过将特征值除以所有特征值的和来计

算。在主成分分析之后，可以为特征向量定义一个方差阈值，使其能够有效地仅选择相应的方差比例超过阈值的特征向量。最后进一步帮助研究人员确定玻璃成分项目中最重要的变量，并使用这些更少和更重要的变量进行聚类分析。此外，主成分分析的主要潜在限制包括以下几点：

（1）强烈依赖于初始数据缩放和归一化：每个变量的相对范围和值会扭曲椭球体并改变协方差矩阵。因此，如果没有标准化，主成分将取决于变量的规模。

（2）依赖于线性方差和相关性：变量可能是线性不相关，但可能有更复杂的非线性相关性。然后，主成分分析无法从这些情况中获取信息增益，分析可能最终会添加虚假变量，而不是获取非线性不相关的变量。

（3）主成分分析假设当一个变量具有大的方差时，该变量将具有低协方差，因此具有高度相关性：这种假设有助于消除噪声并提取主要变量。然而，在称为盲信号分离的特定问题中，多个信号源可能具有几乎相同的显著效果，并导致混合信号响应。以玻璃成分为例，不同的掺杂剂可能驱动扩散和氧化物拓扑冻结，这可能对热膨胀系数有竞争或不同的影响。在这种可能导致竞争驱动力的多源效应中，建议在主成分分析之外进行独立成分分析。

（4）均值和协方差不能描述某些分布：均值和协方差值主要用于高斯分布，但有许多统计分布的均值和协方差不产生关于变量的相关信息。因此，可能需要用其他方法来测试变量的重要性，如信息增益分析[12,13]。

2. 回归分析

主成分分析可能无法捕捉变量之间的非线性相关性，而回归分析对于区分是否存在隐藏的复杂依赖关系具有必要性。回归是在建模过程中用于分析变量之间的关系以及变量是如何影响结果的一种技术。换句话说，要么通过使用独立变量的多变量线性叠加来构建广义线性模型,要么在变量之间数值求解最小二乘拟合，以识别是否存在非线性相关性。以下是构建回归模型的几种方法。

线性回归是指全部由线性变量组成的回归模型。例如，最简单的单变量线性回归（图 10-2）是用来描述单个变量和对应输出结果的关系。实际建模过程中遇到的问题往往更加复杂，用单个变量不能满足描述输出变量的关系，所以需要用到更多的变量来表示与输出之间的关系，也就是多变量线性回归：这是一种假设一个或多个自变量的广义线性化方法，表达方式如下：

$$Y_i = \alpha_0 + \alpha_1 X_{i1} + \alpha_2 X_{i2} + \cdots + \alpha_n X_{in} + \varepsilon_i \tag{10-1}$$

其中，X_{i1} 至 X_{in} 是自变量；ε_i 在寻找回归模型的数值解时，是一个最小化的正常误差；α_0 到 α_n 为系数。

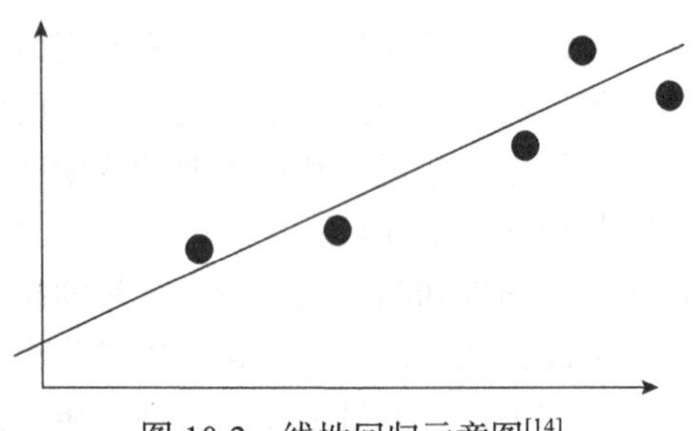

图 10-2　线性回归示意图[14]

岭回归和套索（Lasso）回归模型：在回归优化函数中增加了一个偏置项以减少共线性的影响，从而减少模型方程。共线性是自变量之间存在近似线性的关系，会对回归分析造成很大影响。岭回归的假设和最小平方回归相同，而 Lasso 回归中使用了绝对值偏差作为正则化项。

弹性网络回归模型：弹性回归网络是 Lasso 回归和岭回归技术的结合体，在 Lasso 回归和岭回归之间进行权衡可循环稳定运行的回归模型。

最小二乘回归模型：这是一个广义的非线性拟合模型，假设变量之间存在更复杂的非线性相关性，通过探寻最小化误差的平方和，从而寻找数据的最佳函数匹配。核心就是保证所有数据偏差的平方和最小。由于没有封闭形式的解，可以选择泰勒展开或不同的基集，通过最小化误差平方和来拟合因变量，具体算法如下：

$$S=\sum_{i=1}^{n}\left[y_i-f\left(x_i,\beta\right)\right]^2 \tag{10-2}$$

对统计确定的因果关系的解释，虽然相关性可以通过回归分析来确定，但确定因果关系需要玻璃领域科学家进行额外的物理解释。线性和非线性回归模型都可以用 Matlab 或者 Python 软件实现。

3. 人工神经网络

神经网络是机器学习的一个分支（有监督或无监督），可用于预测不同系统的非线性行为[15]。神经元是输入变量的非线性参数化函数，而神经网络是两个或多个神经元的非线性函数的组合。对于一些非线性行为，可能无法在回归模型或其他线性技术（如主成分分析）中正确观察或捕捉，而神经网络的非线性特性有助于识别这些非线性行为。此外，神经网络也是一个生物学术语，但机器学习网络中的神经网络是由前馈或反馈网络（递归）组成的纯数学结构。

图 10-3 为前馈神经网络的图形表示，其中信息仅向前流动。在这个图形表示中，顶点是神经元，而边是连接。与反馈网络不同，前馈神经网络具有非循环图

拓扑。输出端的神经元称为输出神经元，输入和输出神经元之间的其余层是隐藏的网络。

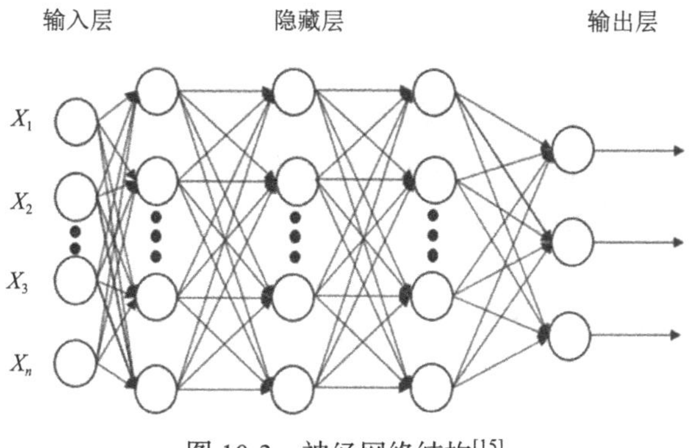

图 10-3　神经网络结构[15]

图 10-4 显示了前馈神经网络的组成，它可以是只有一个隐藏层的简单人工神经网络，也可以是含有多个隐藏层的深度人工神经网络。它的一个重要特性是它们是静态的：如果输入是常数，那么输出也是常数。所以，前馈网络也叫静态网络。

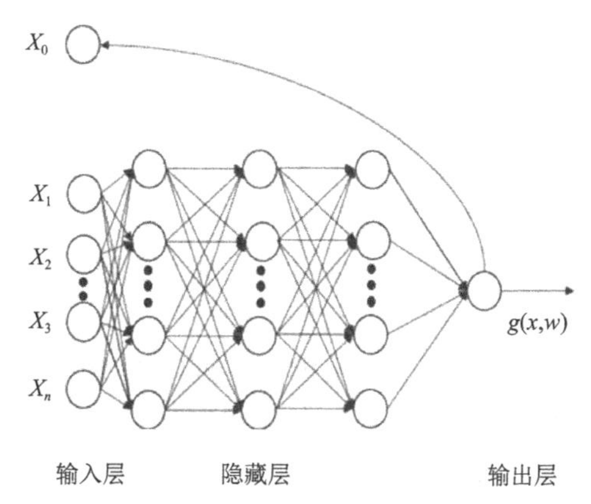

图 10-4　单个隐藏层和偏置输入的前馈神经网络[15]

图 10-4 中使用非线性 sigmoid 激活函数时单层静态网络的数学表达式，如下所示：

$$
\begin{aligned}
g(x,\omega) &= \omega_{N_c+1,0} + \sum_{i=1}^{N_c}\left[\omega_{N_c+1,i}\tanh\left(\sum_{j=1}^{N}\left(\omega_{ij}x_j + \omega_{i0}\right)\right)\right] \\
&= \omega_{N_c+1,0} + \sum_{i=1}^{N_c}\left[\omega_{N_c+1,i}\tanh\left(\sum_{j=0}^{N}\left(\omega_{ij}x_j\right)\right)\right]
\end{aligned}
\quad (10\text{-}3)
$$

其中，x 是大小为 N 的输入向量；ω 是大小为 N_c+1 的向量；隐藏的神经元从 1

到 N_c，输出神经元为 N_c+1，分配给从神经元（输入边）j 到神经元 i 的连接参数；ω_{ij} 是最后一个连接层（从最终隐藏层到输出神经元之间）参数的线性函数，输入和隐藏层之间的连接是输入的非线性函数。如图 10-4 所示，有一个可变输入和一个偏置输入 x_0。

如果静态神经网络有一个主要的线性分量或偏移，则可以通过引入从输入（x_0 至 x_N）到线性输出神经元的额外直接连接来添加线性项。因此，具有单个隐藏层的静态神经网络的形式描述可变为

$$g(x,\omega)=\sum_{j=0}^{N}\omega_{N_c+1,j}x_j+\sum_{i=1}^{N_c}\left[\omega_{N_c+1,i}\tanh\left(\sum_{j=0}\omega_{ij}x_i\right)\right] \tag{10-4}$$

人工神经网络的训练过程中，根据最终输出结果与预期结果的差别，选择以下三种方式减小误差：①调整每个突触中的权值；②神经网络结构的修改；③非线性映射函数的选择与更改。

4. 支持向量机

支持向量机（support vector regression，SVR）算法是一种对数据进行二分类的算法[16]。必须是已知其类别的数据样本才能作为在训练样本的输入数据，然后根据这些数据建立样品测试模型，目的是利用所建立起来的模型来预测未知分类的数据样本。支持向量机算法的本质是运用一个分类超平面将高维空间中的数据样本进行分割，使得正负样本之间的间隔最大化。根据训练数据的不同，支持向量机可分为三类：①如果训练数据线性可分，那么就可以通过硬间隔最大化，得到线性可分支持向量机；②如果训练数据近似线性可分，那么就可以通过软间隔最大化，得到线性支持向量机；③如果训练数据线性不可分，那么可以将训练数据映射到高维空间，使映射后的训练数在高维空间中线性可分，即将低维空间中的非线性问题转化为高维空间中的线性问题，得到非线性支持向量机。由于训练过程中不关心单个数据样本的情况，只关心高维空间中数据样本两两之间的距离，所以没必要将低维空间中的数据样本一个个地映射到高维空间中，只需要通过一个核函数将低维空间中的距离映射到高维空间中。由于核函数的选择没有通用的标准，所以想要找到一个合适的核函数是比较困难的。

图 10-5 为线性支持向量机示意图，其中符号“●”和“▲”代表两类不同的数据样本，SVM 超平面通过软间隔最大化将两类数据样本近似划分。软间隔支持向量机允许有一定的数据样本被误分类。除去误分类的数据外，距离 SVM 超平面最近的称为支持向量。两支持向量之间垂直于超平面的距离称为边界宽度。此外，在支持向量机寻找分类超平面的训练过程中，起作用的只有支持向量。

当支持向量机被用来处理回归问题时，称为支持向量回归。与支持向量机处理分类问题不同，支持向量回归是为了寻找一个线性回归方程来拟合所有的数据样本，它所构造的超平面不是使间隔最大化，而是使数据样本离超平面的总方差最小。

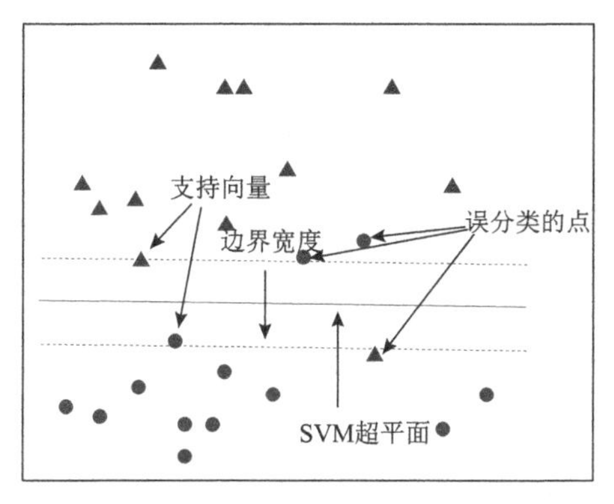

图 10-5　线性支持向量机示意图

5. 随机森林

随机森林（random forest）是一种比较新的机器学习模型[17]。近十几年来，随机森林得到了迅速发展。许多领域中也都用到了随机森林算法，在生物信息领域，在经济管理领域，在生态学、经济学、医学领域，在刑侦领域和模式识别领域均取得了较好的效果。

随机森林通过 Bootstrap 技术，从原始训练样本集 N 中有放回地重复随机抽取 n 个样本，再生成新的训练样本集合，根据样本集生成 n 个决策树，并且随机组合得到随机森林。图 10-6 显示了新数据的分类结果按决策树投票多少形成的分数而定；其中 D 是样本集，$D_1, D_2,\cdots, D_k$ 分别是每次随机抽样后生成的决策树。

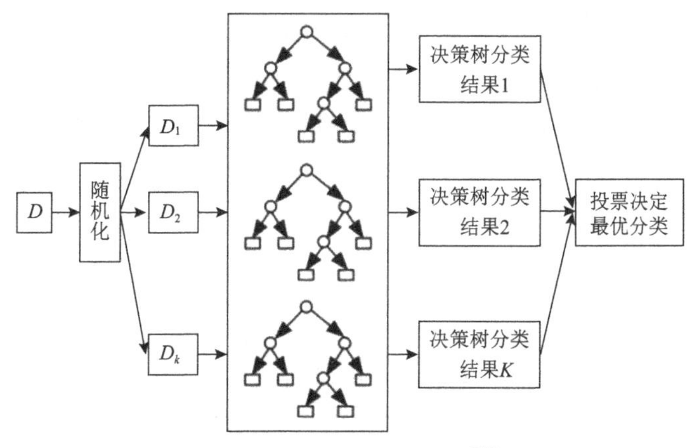

图 10-6　随机森林示意图[18]

随机森林算法的实质是对决策树算法的一种改进，是基于多个由顺序分裂节点组成的并行树路径的集合。每个节点代表一个判断条件，指导从中导出的下一个节点的选择。基于训练集优化每个节点的判断条件，可以表示为目标输入范围的分裂。每个并行树路径给出自己的预测输出，最终输出值由所有树路径输出的总体投票决定。树的大小（即节点数）取决于数据集的大小（就数据点数或输入空间的维数而言）。少量的决策树的分类能力有限，只有产生大量的决策树才有可能得到有效的分类效果。

提高组合分类模型的外推预测能力对最终的结果至关重要，因此需要生成不同的训练集来增加分类模型间的差异，通过 k 轮的训练，得到一个序列 $\{h_1(x), h_2(x),\cdots, h_k(x)\}$，再经过简单的多数投票法，最终的分类决策为

$$H\left(x\right) = \operatorname{argmax}_{Y} \sum_{i=1}^{k} I\left(-h_i\left(x\right) = Y\right) \tag{10-5}$$

其中，$H\left(x\right)$ 表示组合分类的模型，h_i 表示单个决策树的分类结果，Y 表示输出目标变量。余量函数用于度量平均正确分类数超过平均错误分类数的程度。式(10-5)说明了使用多数投票决策的方式来决定最终的分类。

随机森林有一个特点是，可以在训练过程中体现输出变量的重要性，即哪个特征分量对分类更有用。其原理是，如果某个特征分量对分类很重要，那么改变样本的该特征分量的值，样本的预测结果就容易出现错误。也就是说这个特征值对分类结果很敏感。反之，如果一个特征对分类不重要，随便改变它对分类结果没多大影响。

对于分类问题，训练某决策树时，在包括样本集中随机挑选两个样本，如果要计算某一变量的重要性，则置换这两个样本的特征值。统计置换前和置换后的分类的准确率。变量重要性的计算公式为

V=（置换之前正确分类样本数–置换之后正确分类样本数）/OOB 样本总数

OOB 样本为原始样本集中接近 37%没出现在 Bootstrap 样本中的数据，上面定义的是单棵决策树的变量重要性，计算出每棵树的变量重要性之后，对该值取平均就得到随机森林的变量重要性。计算出每个变量的重要性之后，将该值归一化得到最终的重要性值。

6. 聚类分析

无监督机器学习不是通过实例学习（即监督机器学习），而是旨在破译输入数据集本身的一些内在特征。无监督机器学习的一个典型例子是检测数据中的一组具有相似特征数据的集群。在这种情况下，不需要先前识别的集群示例来训练

模型，并且相关集群是基于对输入空间内数据点之间距离分析来识别。聚类分析是依据研究对象（样品或指标）的特征，对其进行分类的方法，以减少研究对象的数目（图 10-7）。聚类是将数据分类到不同的类或者簇，所以同一个簇中的对象有很大的相似性，而不同簇间的对象有很大的相异性，因此，相似的数据的集合称之为聚类。由于人工识别输入空间中的系统变化具有不可行或不可靠性，所以可以使用基于无监督学习的分类算法。在无监督学习中，首先需要计算数据中每个数据点之间的接近度和相似度，然后基于接近度和相似度度量定义准则函数以最大化聚类质量，最后计算当映射到数据中的每个数据点时其值满足所有数据点的准则函数的聚类函数。

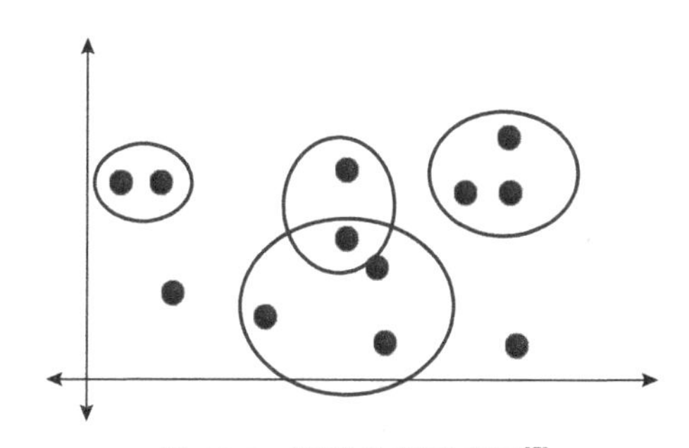

图 10-7　聚类分析示意图[7]

聚类的具体步骤如下：

（1）密度、热膨胀系数、杨氏模量和黏度等组装数据库。

（2）归一化热膨胀系数、杨氏模量和黏度标度。

（3）描述邻近准则函数，以基于距离确定相似组成空间的组。

（4）$f(x_1, x_2, \cdots, x_N, y_1, y_2, \cdots, y_N) = f[\mathrm{d}(x_1, x_2)]$。

（5）函数根据分离阈值给出数值类别值。

（6）基于期望的属性定制聚类函数阈值，迭代直到分类收敛。

如果训练数据点中的值跨度超过 15 个数量级,那么不能直接使用它们的绝对最小值，这是因为某些参数之间存在显著的绝对值差异，因此，在计算距离之前，每个值首先需要进行归一化处理。在进行归一化处理后，每个数据点之间的距离可以通过平移不变的欧氏距离或广义的曼哈顿距离来计算。

计算距离后，还可以计算相似性指数，用来确定玻璃成分是否相同。然后，需要定义一个标准函数来设置区分不同聚类的规则。由于模型随后可以使用子分类器（比如有或没有铅成分的玻璃及其相应的属性）进行训练，因此，可以在模型训练和测试阶段过滤数据。在定义聚类标准之后，迭代计算聚类函数，使得所有数据条目被分组以满足标准。

聚类算法可以分为三种类型：分层、分区和贝叶斯。在凝聚分层方法（归纳方法）中，每个数据行可以作为一个单独的聚类开始，并且基于差异和距离标准，可以合并聚类。在划分层次方法中，所有数据行都属于一个聚类，然后可以基于距离标准和相似性度量进行区分。

分区算法可以返回一个聚类函数矩阵，该矩阵在一次迭代后可以对每一行进行分类。这些算法可以基于数据的谱密度、行之间的图论相关性、k 均值和基于模型的实现。最常用的方法是 k 均值聚类，其中聚类可以在线性时间内完成。该聚类算法步骤如下：

（1）k 个随机数据点（种子）被选为初始聚类中心。

（2）材料数据集中的每个数据点被分配到最近的聚类中心。

（3）通过平均聚类的新成员，再次计算聚类的中心。

（4）在重新计算聚类中心（或质心）后，测试是否满足收敛标准。这些标准包括：上述具体的组成限制；数学描述，例如是否没有将数据点重新分配给新的聚类，质心的变化是否低于变化阈值，或者平方误差之和的最小减少是否小于收敛阈值。这被定义为

$$\mathrm{SSE}=\sum_{j=1}^{k}\sum_{x\in c_j}d(x,m_j)^2 \tag{10-6}$$

其中，C_j 是第 j 个聚类，m_j 是簇 C_j 的质心（C_j 中所有数据点的平均向量），$d(x,m_j)$ 是数据点 x 和质心 m_j 之间的距离。

如果满足收敛标准，则聚类完成。如果没有，则重复步骤（2）和（3）。在聚类算法实现中，需要确保聚类对随机种子不敏感。聚类分析应该重复多次，以确保不同的随机种子不会改变数据的聚类方式。此外，从这种聚类方法中出现的异常数据点可以由玻璃领域科学家单独分析，并且这些点可以从分析中移除，或者可以在有或没有这些异常数据的情况下进行聚类，以防止聚类质心中的任何无意偏差。可视化方法可能有助于报告聚类和识别异常值。

10.2　机器学习预测玻璃性能

机器学习提供了一个独特的机会来加速研发适用于特殊环境下的新型玻璃，但它面临着几个挑战。首先，机器学习的使用要求存在可用性、完整性、一致性、准确性和众多性五个特征。例如，虽然数据库中存在一些可以参考的玻璃及其性能，但不同玻璃组生成的数据之间的不一致性给机器学习带来了极大困难。此外，由于它们通常只是以数据输入，不嵌入任何物理或化学的知识，所以机器学习模

型有时会违反物理或化学定律。正是因为这些原因，传统的机器学习技术通常擅长于“内插”数据，而“外推”（抛开初始训练集）的预测潜力有限，这将阻碍对新型未知玻璃成分组成域的探索。另一方面，机器学习模型通常提供较差的材料解释性，也就是说，不能提供清晰的物理意义。

10.2.1　玻璃弹性模量

硅酸盐玻璃体系通常具有高弹性模量和低重量的特点，因此对其化学成分的探索对于未来氧化物玻璃的设计具有重大意义。美国加利福尼亚大学的 Yang 等[19]用分子动力学模拟的三元体系钙铝硅玻璃，发现了玻璃的杨氏模量随着网络连通性的增加而增加。首先通过分子动力学模拟出不同成分比例的钙铝硅玻璃的杨氏模量。接着用 Makishima-Mackenzie（MM）模型预测出随着玻璃中氧化铝浓度的增加，玻璃的杨氏模量也增加，但是不能预测玻璃氧化钙浓度与杨氏模量的关系。这是因为氧化钙与二氧化硅的解离能很接近（分别为 15.5 kcal/cm^3 和 15.4 kcal/cm^3），而氧化铝的解离能（32 kcal/cm^3）明显更高。总而言之，尽管 MM 模型可以用作推断玻璃中某些成分趋势的粗略指南，但它不能用于准确预测钙铝硅酸盐玻璃中的杨氏模量。

通过使用四种机器学习算法：多项式回归（polynomial regression）、套索（Lasso）算法、随机森林（random forest）、人工神经网络（artificial neural network）来预测玻璃的杨氏模量，图 10-8 显示了分子动力学模拟计算结果、人工神经网络模型预测结果、Makishima-Mackenzie（MM）模型预测结果以及实验结果的对比。它们的训练集和测试集的决定系数分别为（0.975,0.970）、（0.971,0.966）、（0.991,0.965）、（0.980,0.975）。从图中可以看出，不同成分的钙铝硅酸盐玻璃的实验数据没有模拟数据稳定，这使得基于模拟的训练集运用到机器学习更加有效，但是模拟数据、人工神经网络预测和实验数据之间有很好的一致性。相比之下，MM 模型低估了杨氏模量，并且没有恰当地捕捉模拟数据的非线性特性。

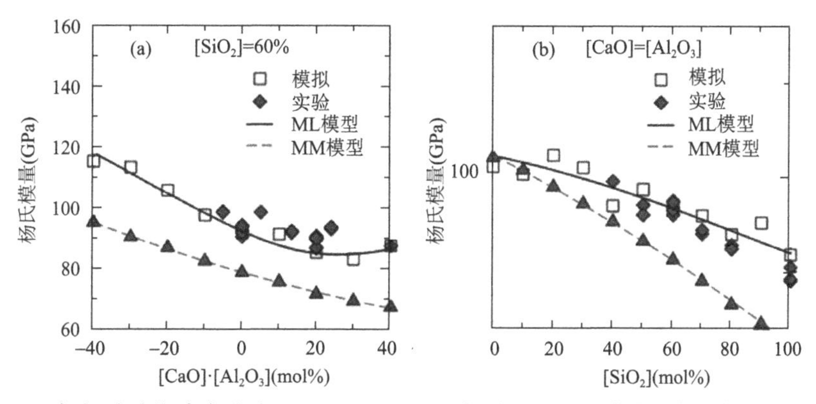

图 10-8　钙铝硅酸盐玻璃（a）xCaO-(40−x)Al_2O_3 与（b）$x$$SiO_2$ 玻璃的实验与预测结果[19]

正如之前对比套索和随机森林算法预测玻璃弹性模量的准确率情况，人工神经网络模型在复杂性较高的情况下预测不会产生任何明显的过拟合现象，进一步测试发现当神经元为 5 个的测试集的均方误差为最小。图 10-9 比较了由机器学习模型预测的杨氏模量和由最小二乘法计算的杨氏模量之间的差异。训练集和测试集的决定系数分别为 0.980 和 0.975。这说明人工神经网络算法提供了较为精确的模型。

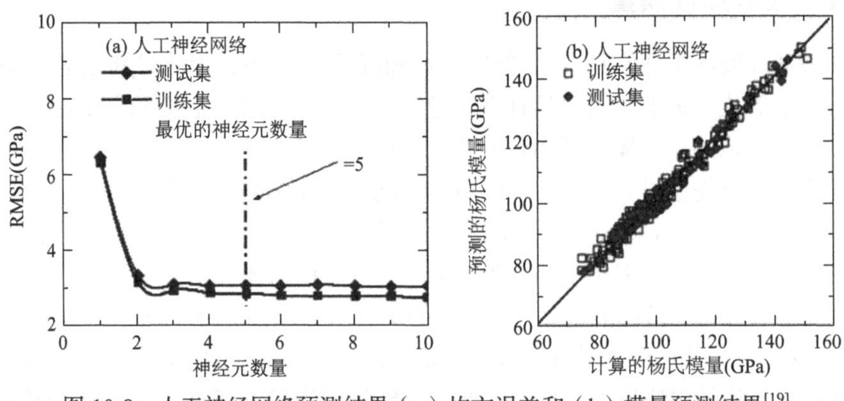

图 10-9 人工神经网络预测结果（a）均方误差和（b）模量预测结果[19]

印度理工学院的 Bishnoi 等[20]提出了一种可以利用少量实验玻璃数据中的成分与属性的关系的机器学习算法（高斯过程回归）来进行对玻璃弹性模量的预测。同样比较了人工神经网络算法与高斯过程回归算法对于较少数据集的适用性，所使用的数据集为铝钙硅酸盐玻璃、钠钙玻璃、钠锗硅酸盐玻璃以及硼硅酸钠玻璃。图 10-10 显示了运用指数函数和自动关联决策（ARD）指数函数的高斯过程回归（GPR）算法预测的铝钙硅酸盐玻璃的弹性模量，其中使用 ARD 高斯过程回归算法得到的训练集和测试集的 R^2 值分别为 0.925 和 0.879。R^2 测试集的值与训练集的

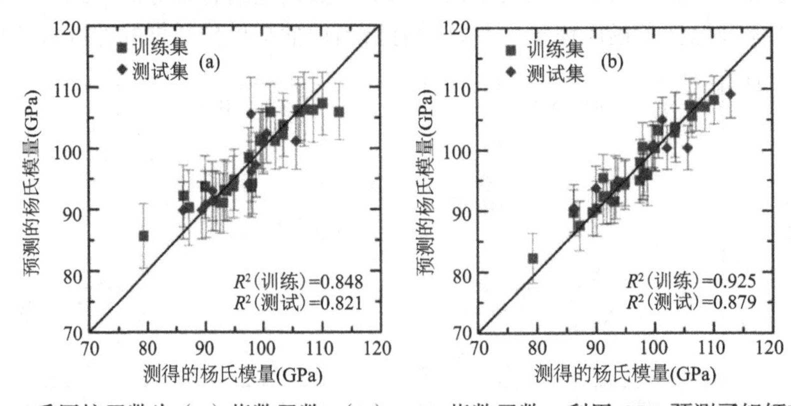

图 10-10 采用核函数为（a）指数函数，（b）ARD 指数函数，利用 GPR 预测了铝钙硅酸盐玻璃的杨氏模量（GPa）与实测值的比较[20]

值相当，表明为最佳训练结果。由于高斯过程回归算法的非参数性质，它可以防止数据的任何过度拟合，与指数函数相比，运用 ARD 指数函数对玻璃弹性模量的预测结果提高。

图 10-11 显示使用 Makishima-Mackenzie（MM）模型、人工神经网络（ANN）和具有 ARD 指数函数的高斯过程回归（GPR）分别对铝钙硅玻璃、钠钙玻璃、锗硅酸盐玻璃和硼硅酸钠玻璃的弹性模量预测结果。对于预测玻璃的弹性模量，ANN 和 GPR 明显优于 MM 模型，这是因为 MM 模型是一个线性可加模型，其中刚度是玻璃成分和密度的线性函数[21]。因此，MM 模型本质上无法获得玻璃成分与杨氏模量关系中的任何非线性关系。此外，虽然 MM 模型可以提供数量级的合理估计，但它低估了/高估了斜率。然而，GPR 具有独特的能力，可以通过识别从中采样数据的潜在概率分布来捕捉模型的不确定性，甚至可以用于小数据集以获得可靠的预测而不会过度拟合。相反，ANN 受学习的特定模型结构的限制，会根据数据大小和模型结构（例如隐藏层和隐藏层单元的数量）表现出过度拟合[22]。总之，由于 GPR 对应于数据集的底层分布，所获得的分布的标准偏差可以定量地提供预测的可靠性。此外，由于 GPR 的非参数性质，即使对于小数据集，它也能避免过度拟合，这是 ANN 中观察到的基本问题，为今后开发具有定制特性的玻璃组合物从而加速新型功能玻璃的开发提供了线索。

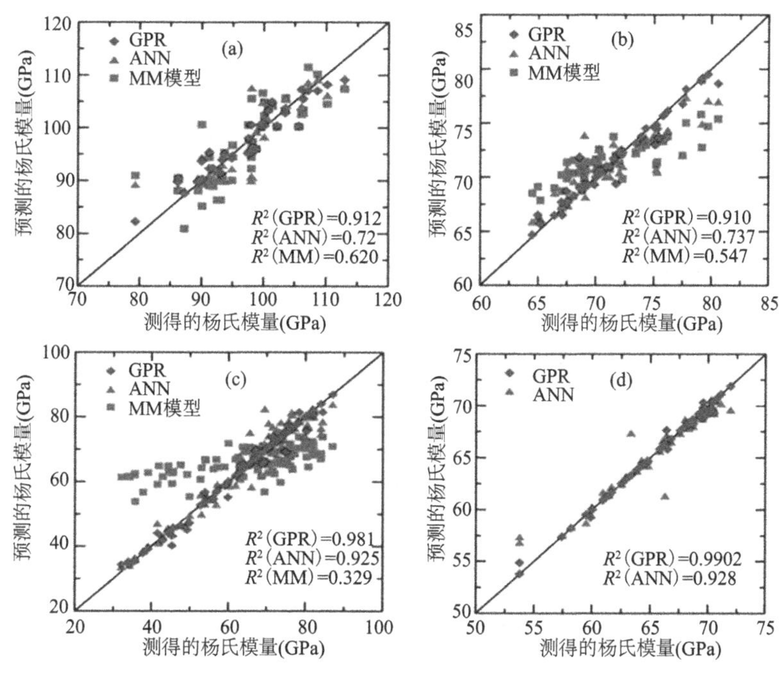

图 10-11　（a）铝钙硅玻璃、（b）钠钙玻璃、（c）硼硅酸钠玻璃和（d）锗硅酸盐玻璃的三种不同模型的弹性模量预测值（锗硅酸盐玻璃只包含两个模型）[20]

总之，无论数据类型有多么复杂，只要添加完善相关条件，预测与实验都吻合得很好，这对于更加复杂的玻璃属性预测非常有帮助。尽管钙铝硅三元体系可能是玻璃科学和工程中研究最多的体系之一，但该体系可用的实验刚度数据相当有限。此外，该系统的大部分可用数据集中在整个组成域的一些小区域（即纯二氧化硅、过碱性铝硅酸盐和铝酸钙玻璃）。因此，将考虑利用高通量分子动力学模拟和机器学习的结合来共同预测硅酸盐玻璃的弹性模量。此外，这种方法清楚地记录了全球学习估计模型的最佳复杂度，也就是说，降低了过拟合或欠拟合的风险。基于这些结果，使得人工神经网络算法达到了最高水平的准确性。

然而，由于玻璃的弹性模量通常是原子间键及其在不同长度尺度上的有序性的复杂函数，很难找到一个根据合成前的玻璃组成数据来预测弹性模量的通用表达式。因此，美国密歇根大学的 Hu 等[23]通过将机器学习与高通量分子动力学相结合实现了根据玻璃的成分来预测玻璃的弹性模量。先通过分子动力学模拟采集二元和三元系统的玻璃弹性模量，然后用 GBM-LASSO 模型实现最小绝对收缩和选择运算符来开发预测模型。开发的 GBM-LASSO 模型的预测可靠性是通过使用大量模拟和实验数据进行验证评估的。图 10-12 显示了对 Y_2O_3-SiO_2 二元玻璃系统的体积模量进行预测，表明玻璃的弹性模量可以通过机器学习技术在玻璃复杂的组成空间中进行有效的预测，由于难以获得高质量一致的实验数据集，因此将机器学习与高通量分子动力学模拟相结合来预测硅酸盐玻璃的弹性模量是极好的方法。随后，美国康宁公司的 Deng[24]利用所收集的大量玻璃数据，再通过机器学习算法成功预测了 Na_2O 和 B_2O_3 在玻璃的弹性模量中起关键的作用。

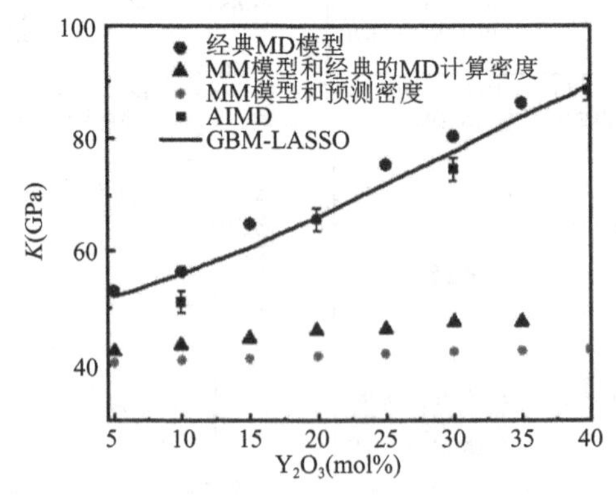

图 10-12　不同算法对二元玻璃的预测结果对比[23]

10.2.2　玻璃化转变温度

玻璃化转变温度（T_g）是基础和应用玻璃科学中非常重要的动力学性质。许多研究者利用机器学习成功预测了材料的玻璃化转变温度[25,26]。巴西圣卡洛斯联邦大学的 Cassar 等[27]用人工神经网络预测了玻璃的玻璃化转变温度，这是首次使用人工神经网络超参数优化的精细技术来预测多组分氧化物玻璃的玻璃化转变温度。收集了大约 55000 份玻璃成分及其各自的玻璃化转变温度值，对包含 3～21 种不同化学元素的玻璃进行了研究，以研究 45 种不同化学元素的玻璃。神经网络通过人工神经元接受数字输入数据（实验数据或来自其他神经元的数据）并应用数学函数，再优化模型的加权函数来训练网络，得到最终的输出结果（T_g）。图 10-13 显示了人工神经网络的预测结果，表明神经网络模型能够以 95%的准确度正确预测测试玻璃的玻璃化转变温度值，且预测误差小于 9%，而 90%的预测数据预测的相对偏差更是达到了 6%。人工神经网络的决定系数达到了 0.998，说明模型也较为有效。通过设计、实现、训练和评估一个周期的过程来评估所建立的人工神经网络，它可以在非常合理的不确定性范围内预测氧化物玻璃的玻璃化转变温度。

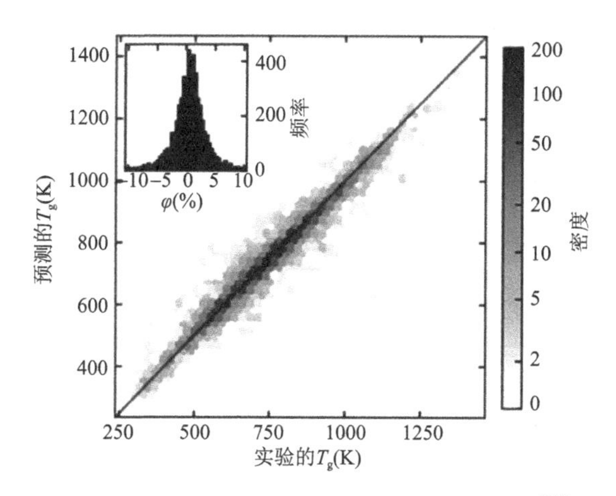

图 10-13　预测与测试数据集转化温度的对比[27]

图 10-14 表明硅酸钠玻璃的 T_g 实验数据分散较大，通过观察实验数据点上较深透明度可以得到玻璃的 T_g 较为准确的区域。同时，人工神经网络模型对玻璃 T_g 预测值相当接近图中数据点密集的区域。图 10-14（b）显示了硼酸钠玻璃的预测情况，硼酸钠玻璃中的硼元素异常情况被人工神经网络成功捕获和描述。此外，还将预测结果与 Mauro 等[28]提出的硼酸钠玻璃的拓扑模型进行了比较，得出钠原

子分数在 20%内，预测结果都非常有一致性。

此外，经过训练的网络能够将复杂玻璃转换为多个单一氧化物玻璃的组成来预测玻璃的 T_g。但是，表 10-1 显示了含有此类氧化物的复杂玻璃的平均、最大和最小 T_g，大多数多组分玻璃其预测的 T_g 低于实验数据，甚至对于玻璃化转变温度 1250 K 以上的玻璃，预测的不确定性更大，这说明玻璃的成分在很大程度上会影响人工神经网络对多组分玻璃的 T_g 的预测。

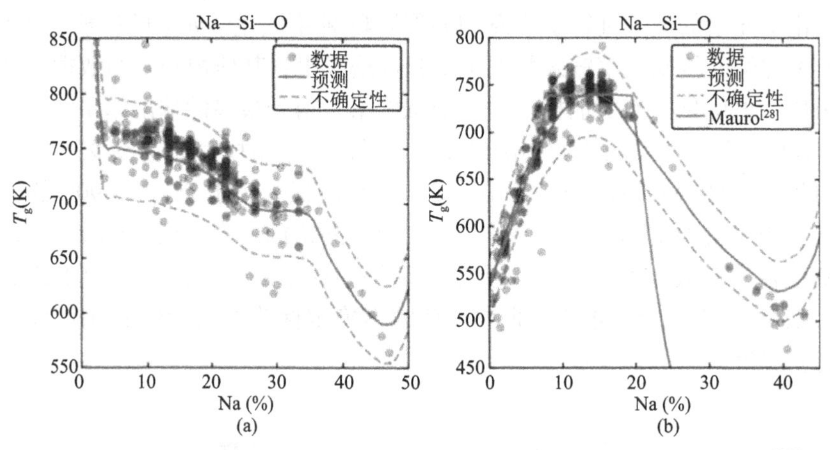

图 10-14　硅酸钠和硼酸钠玻璃的玻璃化转变温度的实验数据和预测数据[27]

表 10-1　单一氧化物玻璃的实验数据和预测 T_g 比较表[27]

成分	平均 T_g	最小 T_g	最大 T_g	预测 T_g
SiO_2	1440	1293	1495	1210
B_2O_3	540	483	580	534
GeO_2	800	743	883	753
V_2O_5	484	482	492	497
Te_2O_5	580	498	658	573
P_2O_5	610	536	673	609
Sb_2O_3	550	500	618	547
As_2O_3	441	433	453	439

随后，巴西圣卡洛斯联邦大学的 Alcobaca 等[29]研究了不同的机器学习算法来预测不同成分玻璃的 T_g。图 10-15 对比了较好的两种算法（支持向量机和随机森林算法）对玻璃 T_g 的预测效果，表明预测效果最好的算法是随机森林算法。

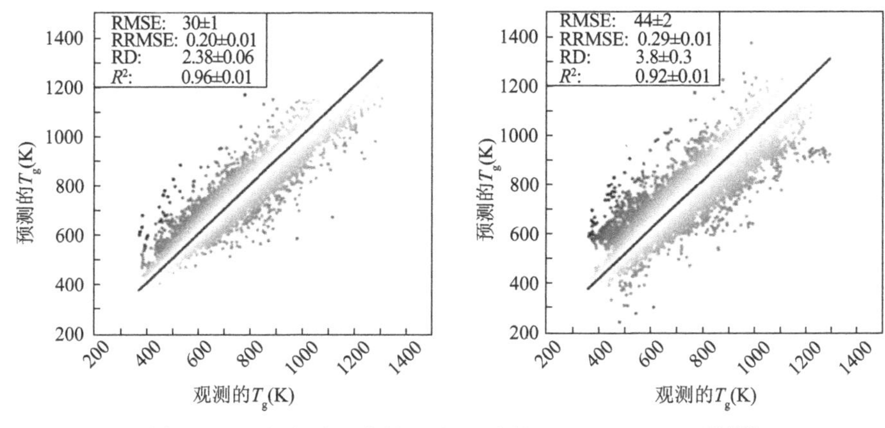

图 10-15　（a）随机森林和（b）支持向量机的 T_g 预测值[29]

此外，Alcobaca 等还划分了三个玻璃化转变温度的范围[低温（T_g<450 K）、中等温度（450 K<T_g<1150 K）和高温（T_g>1150 K）]，利用调整了这些算法的超参数分别对这三个范围的玻璃化转变温度进行了预测。随机森林模型预测玻璃 T_g 的极值，对于 T_g≥1150 K 的玻璃，相对偏差（RD）为 3.5%；对于 T_g≤450 K 的玻璃，RD 为 7.5%，并且提出了一种新的方法来解释随机森林模型预测的内容，例如，随机森林算法认为硅和铝是决定玻璃是否会具有高 T_g 的最重要元素，其次是其他玻璃形成剂（钇和硼元素）对玻璃具有高 T_g 也有影响，最后是其他元素，元素的“重要性”意味着该元素的存在与否在随机森林算法的创建中发挥了重要作用。随机森林算法产生了一个可解释的模型，它阐明了化学元素对于开发具有非常低或非常高 T_g 的玻璃的个体重要性。

机器学习对于玻璃的 T_g 的预测已经相当成熟，但还是有许多复杂的问题无法预测。此外，上述开发的研究协议也适用于预测其他几种玻璃的性质。这一特点可能导致人工神经网络的新见解和应用，帮助选择和开发新的玻璃，具有先进应用性能。

10.2.3　玻璃耐腐性

机器学习（ML）对预测玻璃的固有性质具有潜在的价值。在玻璃的实际服役中，环境中可能存在腐蚀环境，因此 ML 能够减少对潜在玻璃腐蚀机制进行假设的需要，并且可以利用过去几十年在玻璃受腐蚀领域收集和发布的大量数据来对结果进行验证从而研究玻璃的腐蚀机制，得到新型防腐蚀的玻璃。

机器学习在玻璃腐蚀科学中的首次应用是由美国加利福尼亚大学的 Brauer 等[30]通过改变磷酸盐玻璃的成分来得到不同成分玻璃的溶解率，接着利用人工神经网络与实验数据来预测其他成分的玻璃溶解率，以达到减少实验次数的目的。图 10-16 显示了不同成分的氧化磷玻璃在溶液中的预测溶解率和测量的溶解率（通过电感耦合等离子发射光谱分析溶液中溶解的 P_2O_5 浓度）之间的比较，从结果可看出预测与实验吻合得很好，并且训练好的模型与测试集具有接近 0.999 的相关系数。

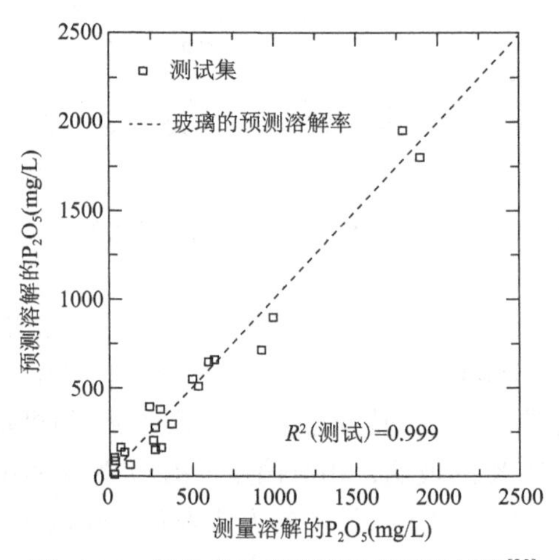

图 10-16　氧化磷玻璃的溶解率预测结果[30]

Brauer 等[30]仅简单地利用人工神经网络对玻璃的溶解率进行了预测，但并没有对硅酸盐玻璃腐蚀的潜在机理进行讨论，在存在大量的玻璃本身和所处环境的影响下，使预测玻璃的腐蚀速率变得极为困难。近年来，印度理工学院的 Krishnan 等[31]评估了基于机器学习的数据驱动的四种算法模型（线性回归、支持向量机、随机森林和人工神经网络），预测了各种铝硅酸盐玻璃从酸性到碱性条件下的溶解率。该模型选择玻璃的成分、浸泡玻璃溶液的初始 pH 值和测量时的溶液 pH 值作为输入变量，选择玻璃硅酸盐网络结构 SiO_2 浸出率作为输出结果来作为预测准确率的评判标准。图 10-17 显示了四种机器学习对铝硅酸盐玻璃在不同环境下的溶解率，可以看出人工神经网络的预测效果最佳，相关系数和均方根误差分别达到了 0.982 和 0.027，说明预测数据和实验数据非常匹配。

为了得到更为完善的预测模型，Krishnan 等[31]尝试在机器学习预测玻璃溶解率中加入一些物理约束。图 10-18 对比了机器学习算法的纯数据预测和物理约束预测，两种方式均表明玻璃的溶解率对于 $pH<7$ 或 >7 呈线性下降或上升，且明显看出加入了物理约束后的机器学习算法更能体现出不同 pH 环境下的溶解率差异[图 10-18（b）]，提高了模型的预测能力。接着利用一组玻璃进行训练，再对未经训练的玻璃进行溶解率预测，同样也比较了纯数据预测和加入物理约束的机器学习算法对玻璃溶解度的影响，图 10-19 表明机器算法能够成功地预测玻璃的溶解率，且加入了物理约束的人工神经网络模型预测效果更好。使用基于物理约束的机器学习方法可以显著提高对其他表现不佳的方法的预测，这种组合方法可以提供一种有效的工具来降低计算成本并预测尚未训练的组合的响应。

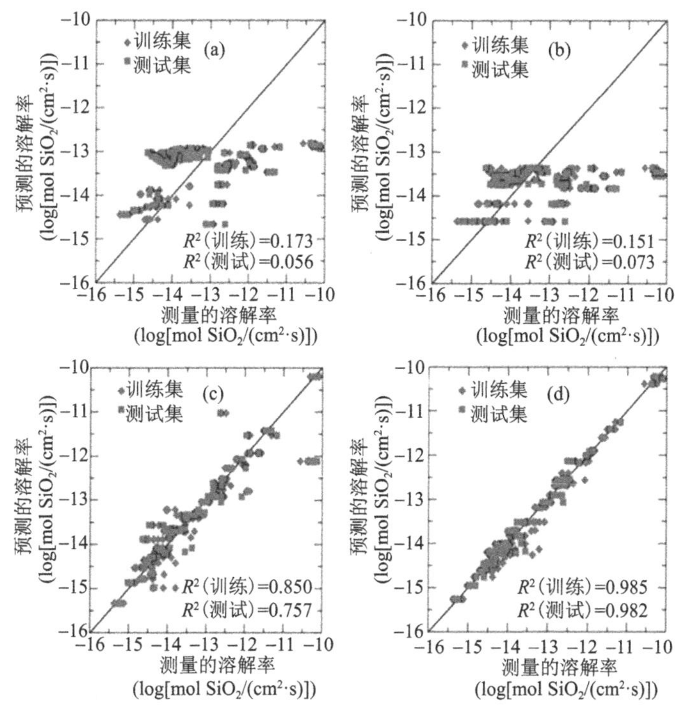

图 10-17　不同机器学习算法对玻璃溶解率的预测结果对比[31]

（a）线性回归；（b）支持向量机；（c）随机森林；（d）人工神经网络

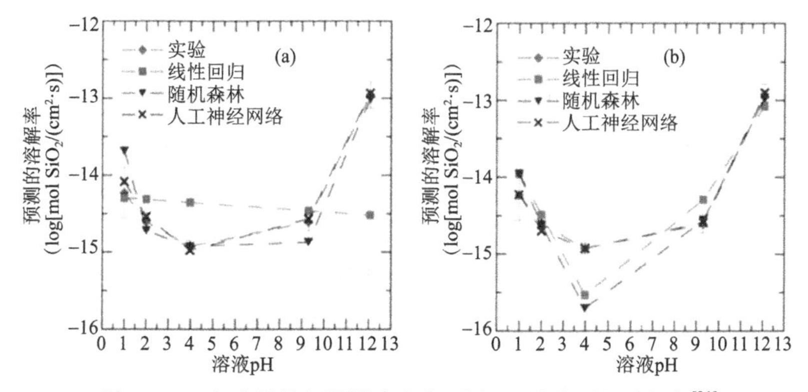

图 10-18　实验测量和预测玻璃在不同 pH 溶液下的溶解率[31]

（a）纯数据预测；（b）物理约束预测

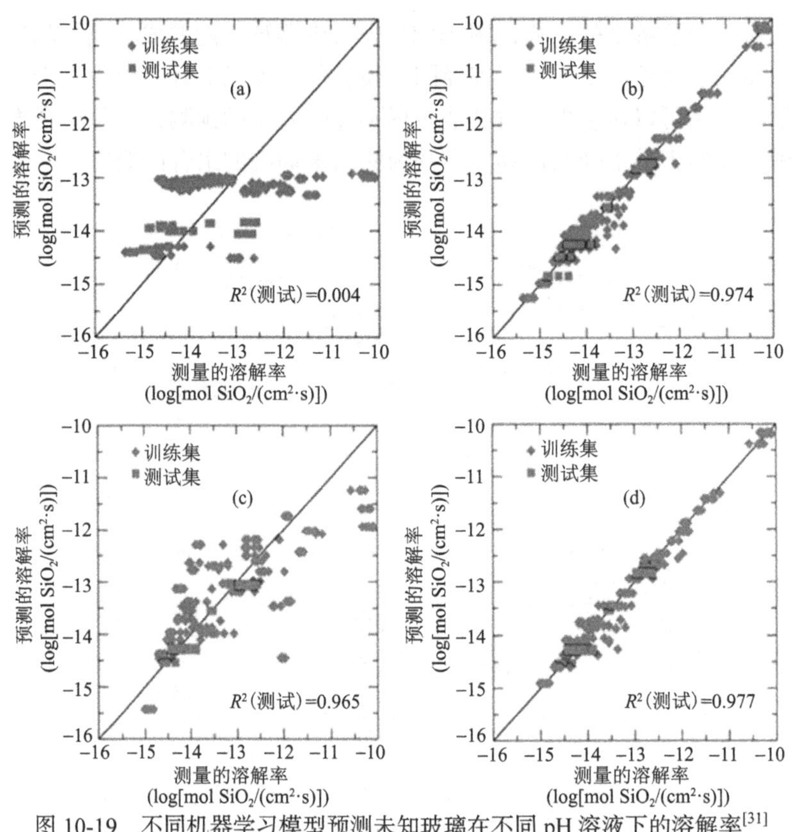

图 10-19　不同机器学习模型预测未知玻璃在不同 pH 溶液下的溶解率[31]

（a）线性回归；（b）人工神经网络；（c）物理约束预测：线性回归；（d）人工神经网络

对于未经训练的数据，线性回归算法不能很好地描述玻璃的溶解动力学，但人工神经网络方法由于其固有的处理非线性数据的能力，能够提供极好的预测。线性回归的预测能力可以通过使用额外的基于物理的约束来提高。这种方法被称为基于物理的机器学习，也可以用来预测未经训练的玻璃。此外，丹麦奥尔堡大学的 Mascaraque 等[32]将信息学方法应用于 Altglass 数据库，分析凝胶组成和沸石生成之间的相关性。然而，需要进一步的研究来检验机器学习在大规模静态和备选动态数据集上的预测性能。基于 Krishnan 等的工作，英国剑桥大学的 Lillington 等[33]也用机器学习预测了放射性废玻璃的溶解率，比较了 14 种不同机器学习算法对玻璃浸出的预测性能，分析不同实验特征对预测的影响以及了解训练网络在独立于组的数据和时间上的预测性能。玻璃的溶解率预测不仅限于铝硅酸钠玻璃，而是包括复杂的多组分玻璃，预测不仅限于 Si 的浸出，还包括其他溶解率不同的物质，如 Na 和 Al 原子。图 10-20 显示了玻璃溶解率的预测结果与实验结果比对，发现重合率很高。使用从各种不同来源获得的大数据集，涵盖各种不同的实验条件和玻璃成分，显示出与从更有限的数据集应用于简单无核玻璃的类似方法相当的准确性能。机器学习可以准确预测浸出行为，预测缺失数据，并进行时间预测。前提是仔细选择机器学习算法的类型、模型输入变量以及底层数据集的多样性或大小。

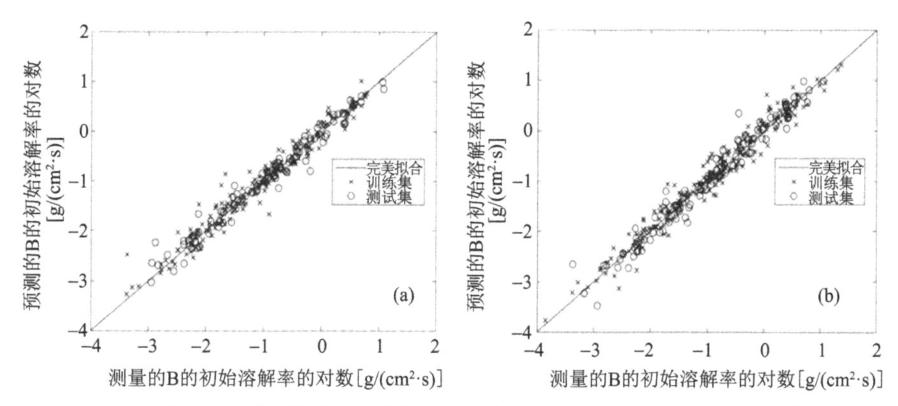

图 10-20　玻璃溶解率预测值与测量的标准化硼释放曲线：（a）完整数据集预测（b）训练后的数据预测[33]

虽然忽略玻璃原子结构的经验模型不太可能重现溶解率的非线性行为，但更详细的模型明确嵌入了一些关于原子结构的信息（例如，基于拓扑约束的模型理论可以对硅酸盐玻璃的非线性动力学进行现实预测）。丹麦奥尔堡大学的 Mascaraque 等[32]将氧化物玻璃的网络拓扑结构与其化学耐腐性相关联，研究了氧化物玻璃在各种酸碱中性环境下的溶解率，从图 10-21 中可以看出，氧化物玻璃在环境中的溶解率越大，玻璃中的每个原子的化学拓扑约束数量越少。因此用各种 pH 环境对氧化物玻璃进行研究分析可以得到拓扑模型来设计具有特定化学耐久性的新玻璃。哈尔滨工业大学的 Du 等[34]使用分子动力学模拟研究了水合硅酸盐玻璃的钝化效应（硅酸盐玻璃暴露于水环境中，会形成一层水合凝胶表面层），其本质是凝胶层中等有序结构的重组和可阻碍水分子流动性的小硅酸盐环的形成。

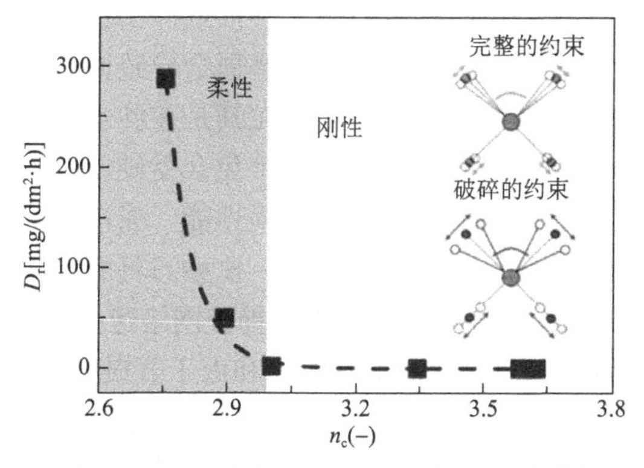

图 10-21　玻璃溶解率与原子约束的关系[32]

由于大多数玻璃特性与成分呈现高度非线性关系，所以利用机器学习可以有效地探索复杂的玻璃纤维成分领域。美国加州大学的 Liu 等[35]引入了拓扑信息机器学习模式来预测铝硅酸盐玻璃的溶解率。引入物理的拓扑结构辅助机器学习模型来提高对于未知玻璃溶解率的预测。图 10-22（a）表明预测模型和测试模型在一二阶的相对均方根误差达到了最佳，说明玻璃的网络拓扑与溶解率对数之间的关系本质上是线性关系，SiO_2 的溶解率也达到了一致，Si 原子和 Al 原子的系数是负数，都倾向于降低溶解率[图 10-22（b）、（c）]。总体而言，这些结果表明在机器学习模型中嵌入一些物理和化学模型可以增加输入/输出关系的线性度并降低模型的维数。拓扑信息机器学习可以解决一些玻璃材料局限性的困难，即通过：①降低复杂性并提高训练模型的可解释性；②限制对大型训练集的需求；③增强模型预测，减少对训练集的依赖能力。

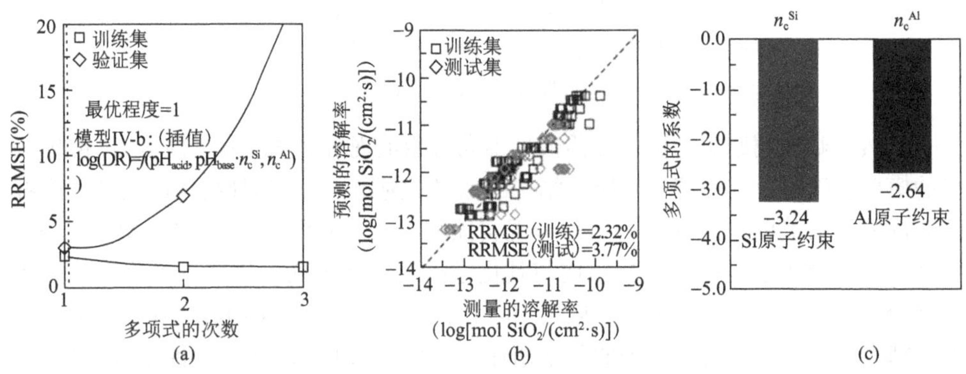

图 10-22　（a）多项式次数 p 的训练集和验证集相对均方根误差；（b）多项式次数为 1 的实验与预测溶解率；（c）n_c^{Al} 和 n_c^{Si} 输入相关的多项式模型的系数[34]

10.2.4　玻璃磨损

在玻璃使用期间，环境中的碎屑会造成磨损或冲击损坏，这些都是影响玻璃材料机械强度的关键因素之一。现有的表面磨损会导致微观裂纹的扩展，从而导致玻璃极易断裂，从建筑围护结构上脱落，尤其是在沙尘暴或台风中，这可能会威胁到建筑使用者。由于玻璃在服役过程中难免会受硬质颗粒的磨损，所以利用机器学习能够更为简便地预测玻璃材料的磨损性能。先前研究已经阐明了通过各种机器学习算法来预测各种材料的机械磨损，比如刀具磨损、材料表面磨损等，印度那都省甘露大学的 Kumar 等[36]利用人工神经网络建立了铝合金复合材料的密度、施加的载荷、钢筋重量百分比、滑动距离和由于磨损导致的高度降低之间的非线性关系，精准预测了铝合金复合材料的磨损情况。土耳其费拉特大学的 Altay 等[37]使用三种不同的机器学习算法来预测铁合金涂层的磨损量，发现支持向量机（SVM）

和高斯过程回归（GPR）算法对铁合金涂层的磨损量预测准确率达到了 96%。

在上述利用机器学习对材料的磨损量进行预测时都只考虑了机械磨损，但材料在服役期间往往处在各种环境下，因此，通过机器学习来预测材料在服役环境下的机械化学磨损更为重要。西南科技大学的 Qiao 等[38]利用不同机器学习算法来预测硼硅酸盐和磷酸盐玻璃的机械化学磨损量。首先是把玻璃的实验磨损量的机械效应（接触压力、滑动速度和循环次数）和化学效应（相对湿度）作为机器学习算法的输入数据集，再比较各种机器学习算法预测玻璃磨损量的精度，所用机器学习算法包括：①线性回归（LR）；②支持向量机回归（SVM）；③高斯过程回归（GPR）；④邻近算法（KNN）；⑤人工神经网络（ANN）。

具体来说，通过假设玻璃的磨损实验参数和磨损量之间存在线性关系来生成线性回归方程，再用给定的磨损实验参数来预测硼硅酸盐和磷酸盐玻璃的磨损性。图 10-23 显示了两种典型的机器学习算法（线性回归和人工神经网络）对两种玻璃的磨损量预测结果图，可以很明显地看出人工神经网络对玻璃磨损量的预测准确性较高，这主要是因为人工神经网络算法的预测精度可能与输入数据反复训练的性质以及隐藏层的神经元个数有关。人工神经网络算法可以一次训练多个单元，神经网络可以检测自变量和因变量之间的任何复杂的非线性关系[39]。一旦训练数

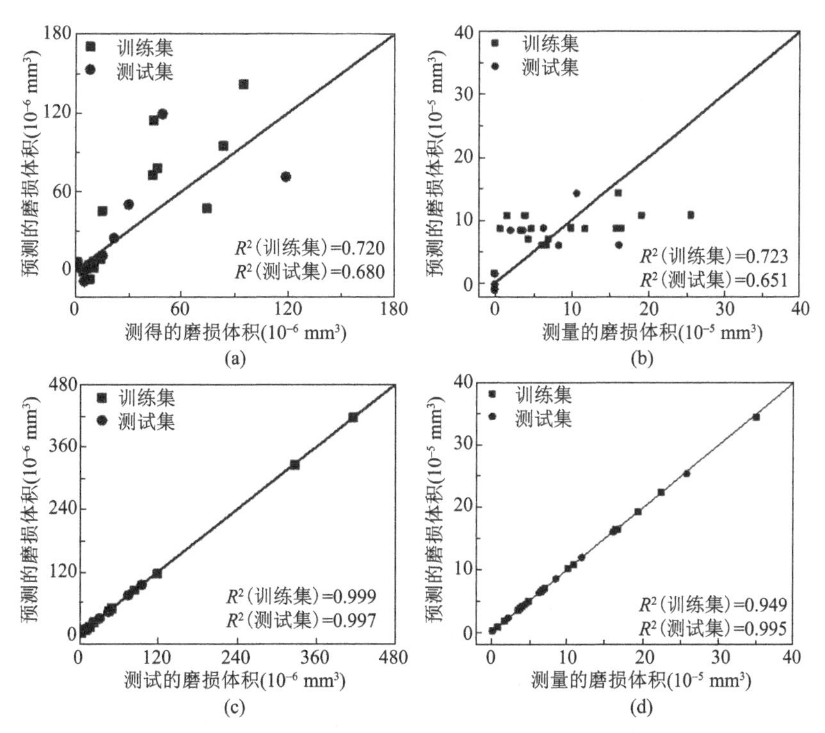

图 10-23　线性回归算法预测（a）硼硅酸盐玻璃和（b）磷酸盐玻璃的磨损量；ANN 算法（隐藏层数 $N=4$）预测（c）硼硅酸盐玻璃和（d）磷酸盐玻璃的磨损量[37]

据集中出现预测变量与相应输出之间的非线性量，人工神经网络将自动调整内部结构中的连接权重以反映这些非线性。因此，人工神经网络算法可以模拟更复杂的非线性关系，并提供比任何其他机器学习算法更高的模型拟合。

表 10-2 显示无论利用哪种机器学习算法都使得磷酸盐玻璃的预测精度较高。这是因为，一方面，环境中水分子的存在使得磷酸盐玻璃的 P—O—P 网状结构变化导致磨损量发生较大变化，而硼硅酸盐玻璃的网状结构交叉连接，稳定性能较好[40]，不宜受到水分子的影响导致在给点条件下的预测精度较低。另一方面，磷酸盐玻璃的磨损量是从宏观和纳米尺度磨损实验中获取，而硼硅酸盐玻璃的磨损量仅来自宏观磨损实验。在纳米级磨损实验中，磨屑对摩擦化学反应的影响大大降低，更清晰地揭示了玻璃材料在潮湿空气中的机械化学磨损机理。人工神经网络能够一次训练多个参数的磨损结果，解析了玻璃材料化学和物理磨损的复杂关系。虽然有很多的不确定性化学因素增大了预测的难度，但是人工神经网络还是能够准确地预测玻璃的磨损量，所以研究机器学习对玻璃磨损的情况有助于开发具有可控磨损性能的玻璃材料和加速新型功能玻璃的开发。

表 10-2　各种机器学习算法对硼硅酸盐玻璃和磷酸盐玻璃预测结果[37]

	R^2（训练集）		R^2（测试集）		RMSE		MAE	
	硼硅玻璃	磷酸玻璃	硼硅玻璃	磷酸玻璃	硼硅玻璃	磷酸玻璃	硼硅玻璃	磷酸玻璃
LR	0.72	0.723	0.68	0.651	12.822	10.698	15.526	8.3
SVM	0.792	0.804	0.786	0.748	9.052	7.123	5.21	7.19
GPR	0.828	0.833	0.802	0.81	8.833	0.39	13.63	3.67
KNN	0.904	0.96	0.88	0.958	1.54	1.11	1.8	2.56
ANN	0.999	0.999	0.949	0.995	0.027	3.8E-5	0.052	1.9E-4

10.2.5　玻璃产品缺陷

玻璃材料的脆性可能导致突然断裂，在玻璃生产过程中抛光或研磨阶段都会使表面产生划痕缺陷，这会严重影响玻璃的服役寿命。因此，对玻璃表面划痕进行高精度的早期检测成为评估玻璃表面划痕的安全性和可靠性的迫切需要。玻璃表面主要是手动检查表面划痕，然后由经验丰富的检查员评估结果。然而，这种检查方法费时、费力且容易出错。之后，研究人员发明了几种基于非接触式视觉的检测方法，再结合图像处理技术来对不同材料的裂纹缺陷进行检测[41,42]，但是它的准确性依赖于对各种噪声的降噪处理，限制了检测方法在实际应用中的准确性。由于几个关键问题，在玻璃表面缺陷检测任务中仍然缺乏高质量的自动缺陷检测仪。例如，现有的建筑玻璃表面在使用过程中很可能被灰尘覆盖；玻璃材料的透明性也会在图像采集过程中产生意想不到的背景干扰，降低所采集图像的检测质量；此外，玻璃产品缺陷的空间分布对玻璃强度有很大影响，现有的图像级缺陷分类模型只能提供玻璃表面划痕缺陷的定性信息，无法在玻璃内部层次上提供空间和几何信息等缺陷的详细特征识别。

现有的机器视觉检测方法一般都是通过优化算法来提取玻璃特定的缺陷特征。当出现新的类别缺陷时，更有可能考虑产品质量的优劣而不是提取其特定缺陷。为了克服上述问题，韩国嘉泉大学的 Park 等[43]提出了一种基于深度学习神经网络（DLNN）的缺陷检测系统来对日常生活中的显示屏进行缺陷检测。该缺陷系统由四种处理图像（水平暗场图像、垂直暗场图像、水平明场图像以及垂直暗场图像）组成，分别训练四种类型的数据。四个经过训练的缺陷分类器作为单个缺陷分类模型运行，并形成多通道平板玻璃缺陷检测系统。图 10-24 显示了这种多通道缺陷检测示意图，多通道缺陷检测模型的训练包括训练分类器和通过网格搜索获得最佳权重系数，并按 1∶1∶1∶1 的比例开始检测。通过使用获得的最优权重系数重新计算每个分类器的结果，然后利用多次分配权重系数得到玻璃缺陷检测的最大精度为 82.18%，高于一开始的 71.47%。但是使用的原始数据中存在各种低质量图像，导致深度学习模型的准确性较低。

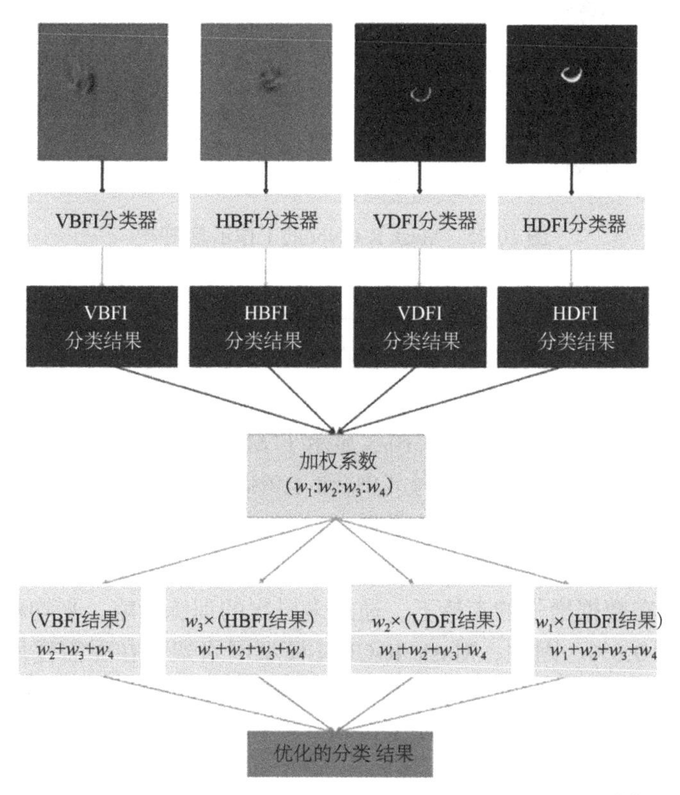

图 10-24　多通道平板玻璃缺陷检测模型的深度学习架构[42]

上海交通大学的 Pan 等[44]为了准确描述玻璃缺陷位置，提出了实例分割 Mask R-CNN 算法模型，Mask R-CNN 被认为是经典的语义分割算法（FCN）和目标检测算法（Faster R-CNN）网络架构的组合和扩展[45]，它可以同时实现对目标检测、定位以及精确到唯一实例的分割目标，且精度高、测试速度快。其次，Mask R-CNN 整个过程包括两个阶段：①首先是利用卷积神经网络进行特征提取，然后是候选区域生成网络（RPN）生成候选区域以供进一步处理；②借助 RoIAlign 的无量化层（不进行取整操作），采用双线性插值算法使得提取的特征与原始输入图像精确匹配，最后的输出结果被发送到包含三个分支的网络结构，以确定边界框的类别和位置从而完成不同的任务（图 10-25）。

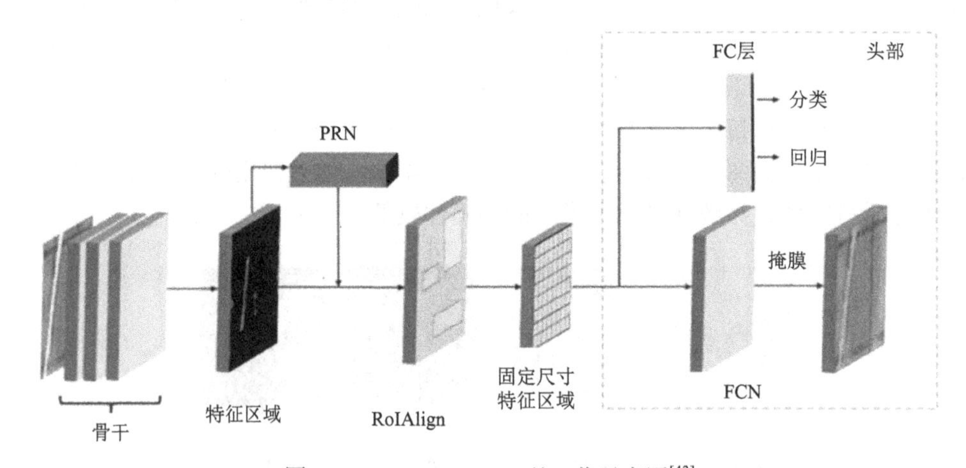

图 10-25　Mask R-CNN 的工作示意图[43]

图 10-26 显示了对玻璃多条交叉划痕的测试结果。测试结果包括边界框、掩码叠加和对应实例的预测分数，得分较高的物体很可能是玻璃的表面划痕。即使在玻璃下表面复杂的纹理背景下，两种类型的划痕都可以很好地从玻璃面板中检测到并提取出来（图 10-26）。表 10-3 显示了 Mask R-CNN 模型预测玻璃表面划痕的错误率和缺漏率，结果分别为 4.8%和 1.9%。进一步表明该模型几乎完全检测到表面划痕，同时也有效地避免了噪声和背景的影响。测试结果证明，玻璃划痕缺陷检测的干扰背景会影响检测结果，但是仍能够保持整体性能稳健，错误率和缺漏率低。在数据增强的支持下，通过多层次的训练策略，平均精度值可以提升的最大值为 9.8%。因此，Mask R-CNN 模型网络架构在无需任何预处理方法的情况下，在捕获划痕缺陷特征方面具有良好的潜力，可以达到 96.5%的平均精度值。

图 10-26　多个相交划痕测试图[43]

表 10-3　Mask R-CNN 测试结果[43]

	划痕总数	正确检测	错误检测	缺漏检测	错误率	缺漏率
划痕测试	105	98	5	2	4.8%	1.9%

同样，Pan 等[46]再次将 Mask R-CNN 模型与最先进的实例分割模型 YOLACT[47]进行了比较。YOLO 能够实现实时检测，并已在各种缺陷检测案例中得到利用[48,49]。YOLACT 模型是通过在单阶段对象检测器中添加另一个分割分支，也就是两个并行过程来定位掩码，即生成原型和掩码系数。这两个任务可以通过一个轻量级的网络组合并行计算使得 YOLACT 可以直接以每秒 30 多帧的速度生成高质量的掩码预测。表 10-4 显示了这两种算法在同一个玻璃区域的划痕缺陷检测性能。与 YOLACT 相比，基于 Mask R-CNN 的方法在检测和分割方面的准确率分别提高了 9.1%和 7.0%，但 Mask R-CNN 每张图像的平均检测时间几乎是 YOLACT 的 4 倍。因此，与 YOLACT 实例分割算法相比，Mask R-CNN 在分割和检测精度方面表现更好，但计算成本略高。

表 10-4　两种算法对玻璃的划痕缺陷检测性能[45]

模型算法	边界回归率（%）	平均准确率（%）	运算时间（s）
Mask R-CNN	93.6	94.5	0.46
YOLACT	84.5	87.5	0.12

丝网印刷玻璃与一般透明玻璃不同，具有完全不同的反射和散射特性，这意味着卷积神经网络的暗场成像系统不能够对玻璃进行缺陷检测，浙江大学的 Jiang 等[50]针对于丝网印刷玻璃的成像特点，提出了同轴明场（CBF）成像系统和低角度明场（LABF）成像系统，其中 CBF 系统适用于弱划痕和变色缺陷，而 LABF 系统适用于凹痕缺陷。接着再利用 8K 线扫描互补金属氧化物半导体（CMOS）

相机用于捕获分辨率为16000×8092的图像。基于U-net提出了一种由编码器和解码器结构组成的对称卷积神经网络，产生了与原始输入图像大小相同的语义分割，捕获了玻璃各种方位10000多张原始图像，并在玻璃表面缺陷数据集（GSDD）中手动注释了30000多张有缺陷和无缺陷的图像。表10-5提出经实验验证，结果表明，平均准确率达到91%以上，平均查全率达到95%以上。然而，仍需要进一步研究将机器学习算法与轻量化显微系统相结合，以实现对现有玻璃缺陷的实时检测。此外，划痕缺陷的空间分布位置和尺寸，将作为预先存在的缺陷条件，用于评估缺陷导致的玻璃的强度退化和判断玻璃表面出现断裂的可能性。对于未来的工作，将专注于以较少的缺陷样本实现良好的检测性能并提高计算效率。同时，如何以更高的精度和效率标注玻璃的缺陷图像也是我们今后所努力的目标。

表10-5　传统机器视觉方法和深度学习方法的结果[49]

方法	缺陷类型	平均准确率	查全率	平均查全率
传统算法	凹痕	85.2%	87.8%	90.7%
	划痕		91.0%	
	褪色		92.9%	
改进深度算法	凹痕	91.8%	93.1%	95.3%
	划痕		95.5%	
	褪色		97.0%	

10.3　未来研究方向

总的来说，机器学习技术为超越当前的玻璃设计方法提供了一个独特的、尚未开发的机会——迄今为止，这一过程主要是基于前人的经验。例如，机器学习与基于物理的建模相结合可以有效地内插和外推作为不同成分函数的玻璃性能预测，大大加速了具有特定性能和功能的新玻璃配方的研发。

在采用机器学习算法时，不同的属性可能会带来不同的挑战和不同程度的复杂性。可以使用各种标准来描述给定属性的复杂性，例如：①玻璃属性对成分呈现线性还是非线性依赖关系；②主要受玻璃的短程有序结构控制还是对中程有序也很敏感；③是否受到玻璃热历史的某些变化的显著影响（例如，不同的冷却速率）；④现有的实验或模拟数据点是否满足该属性的预测。显然，不同的机器学习算法预测具有不同复杂程度的属性——例如，多项式回归可能足以预测“简单属性”，但是可能需要更高级的算法（例如，人工神经网络）来模拟更“复杂的属性”，此外，预测更复杂的属性通常需要更大的初始训练集。

尽管机器学习的发展中面临着诸多的挑战，但机器学习在玻璃科学和工程中的未来应用极其重要。首先，只要有足够的玻璃实验数据点，几乎所有玻璃性质的演变都可以通过机器学习来预测。为此，高通量原子模拟提供了一种途径来生成大量、准确的数据，这些数据可用作机器学习算法的训练集。与此同时，机器学习仍然需要取得更大进展来开发新的策略，通过利用我们现有的玻璃态物理和化学知识来为机器学习提供信息，从而克服其一些固有的局限性（例如，准确性、复杂性和可解释性之间的平衡）。此外，通过非直观的模式对复杂的多维数据集进行检测，机器学习有可能为玻璃态的本质提供一些新的物理见解——由于玻璃的复杂、无序、失衡的结构，玻璃态至今仍被隐藏着。最后，机器学习建模的未来成功应用可能需要闭环集成方法，以一个系统的方式进行预测：①实验或模拟数据用于训练机器学习模型；②机器学习模型用于精确定位有希望的玻璃成分；③进行实验以验证这些预测或改进数据驱动模型。这些方法的未来进展将强烈依赖于不同学科方向之间更密切的合作，包括实验、理论、模拟和数据分析。

参 考 文 献

[1] De Mantaras R L, Armengol E. Machine learning from examples: Inductive and lazy methods. Data & Knowledge Engineering, 1998, 25(1-2): 99-123.

[2] Jordan M I, Mitchell T M. Machine learning: Trends, perspectives, and prospects. Science, 2015, 349(6245): 255-260.

[3] Liu H, Fu Z, Yang K, Xu X, Bauchy M. Machine learning for glass science and engineering: A review. Journal of Non-Crystalline Solids, 2021, 557: 119419.

[4] Hohenberg P, Kohn W. Inhomogeneous electron gas. Physical Review, 1964, 136(3): 864.

[5] Kohn W, Sham L J. Self-consistent equations including exchange and correlation effects. Physical Review, 1965, 140(4): 1133.

[6] Alder B J, Wainwright T E. Studies in molecular dynamics. I. General method. The Journal of Chemical Physics, 1959, 31(2): 459-466.

[7] Rahman A. Correlations in the motion of atoms in liquid argon. Physical Review, 1964, 136(2): 405.

[8] Hush D R, Horne B G. Progress in supervised neural networks. IEEE Signal Processing Magazine, 1993, 10(1): 8-39.

[9] Fox J. Applied regression analysis and generalized linear models. London: Sage Publications, 2015.

[10] Mumford J A, Turner B O, Ashby F G, Poldrack R A. Deconvolving BOLD activation in event-related designs for multivoxel pattern classification analyses. Neuroimage, 2012, 59(3): 2636-2643.

[11] Kalinin S V, Sumpter B G, Archibald R K. Big-deep-smart data in imaging for guiding materials design. Nature Materials, 2015, 14(10): 973-980.

[12] Abdi H, Williams L J. Principal component analysis. Wiley Interdisciplinary Reviews: Computational Statistics, 2010, 2(4): 433-459.

[13] Ringnér M. What is principal component analysis? Nature Biotechnology, 2008, 26(3): 303-304.

[14] Fluegel A. Statistical regression modelling of glass properties: A tutorial. Glass Technology-European Journal of Glass Science and Technology Part A, 2009, 50(1): 25-46.

[15] Goh G B, Hodas N O, Vishnu A. Deep learning for computational chemistry. Journal of Computational Chemistry, 2017, 38(16): 1291-1307.

[16] Mountrakis G, Im J, Ogole C. Support vector machines in remote sensing: A review. ISPRS Journal of Photogrammetry and Remote Sensing, 2011, 66(3): 247-259.

[17] Belgiu M, Drăguţ L. Random forest in remote sensing: A review of applications and future directions. ISPRS Journal of Photogrammetry and Remote Sensing, 2016, 114: 24-31.

[18] 孙明喆, 毕瑶家, 孙驰. 改进随机森林算法综述. 现代信息科技, 2019, 20: 28-30.

[19] Yang K, Xu X, Yang B, Cook B, Ramos H, Krishnan N M, Bauchy M. Predicting the Young's modulus of silicate glasses using high-throughput molecular dynamics simulations and machine learning. Scientific Reports, 2019, 9(1): 1-11.

[20] Bishnoi S, Singh S, Ravinder R, Bauchy M, Gosvami N N, Kodamana H, Krishnan N A. Predicting Young's modulus of oxide glasses with sparse datasets using machine learning. Journal of Non-Crystalline Solids, 2019, 524: 119643.

[21] Makishima A, Mackenzie J D. Direct calculation of Young's moidulus of glass. Journal of Non-Crystalline Solids, 1973, 12(1): 35-45.

[22] Cassar D R, de Carvalho A C, Zanotto E D. Predicting glass transition temperatures using neural networks. Acta Materialia, 2018, 159: 249-256.

[23] Hu Y J, Zhao G, Zhang M, Bin B, Del Rose T, Zhao Q, Qi L. Predicting densities and elastic moduli of SiO_2-based glasses by machine learning. Npj Computational Materials, 2020, 6(1): 1-13.

[24] Deng B. Machine learning on density and elastic property of oxide glasses driven by large dataset. Journal of Non-Crystalline Solids, 2020, 529: 119768.

[25] Alcobaca E, Mastelini S M, Botari T, Pimentel B A, Cassar D R, de Leon Ferreira A C P, Zanotto E D. Explainable machine learning algorithms for predicting glass transition temperatures. Acta Materialia, 2020, 188: 92-100.

[26] Jha A, Chandrasekaran A, Kim C, Ramprasad R. Impact of dataset uncertainties on machine learning model predictions: The example of polymer glass transition temperatures. Modelling and Simulation in Materials Science and Engineering, 2019, 27(2): 024002.

[27] Cassar D R, de Carvalho A C, Zanotto E D. Predicting glass transition temperatures using neural networks. Acta Materialia, 2018, 159: 249-256.

[28] Mauro J C, Gupta P K, Loucks R J. Composition dependence of glass transition temperature and fragility. II. A topological model of alkali borate liquids. The Journal of Chemical Physics, 2009, 130(23): 234503.

[29] Alcobaca E, Mastelini S M, Botari T, Pimentel B A, Cassar D R, de Leon Ferreira A C P, Zanotto E D. Explainable machine learning algorithms for predicting glass transition temperatures. Acta Materialia, 2020, 188: 92-100.

[30] Brauer D S, Rüssel C, Kraft J. Solubility of glasses in the system P_2O_5-CaO-MgO-Na_2O-TiO_2: Experimental and modeling using artificial neural networks. Journal of Non-Crystalline Solids, 2007, 353(3): 263-270.

[31] Krishnan N M A, Mangalathu S, Smedskjaer M M, Tandia A, Burton H, Bauchy M. Predicting the dissolution kinetics of silicate glasses using machine learning. Journal of Non-Crystalline Solids, 2018, 487: 37-45.

[32] Mascaraque N, Bauchy M, Smedskjaer M M. Correlating the network topology of oxide glasses with their chemical durability. The Journal of Physical Chemistry B, 2017, 121(5): 1139-1147.

[33] Lillington J N P, Goût T L, Harrison M T, Farnan I. Predicting radioactive waste glass dissolution with machine learning. Journal of Non-Crystalline Solids, 2020, 533: 119852.

[34] Du T, Li H, Zhou Q, Wang Z, Sant G, Ryan J V, Bauchy M. Atomistic origin of the passivation effect in hydrated silicate glasses. Npj Materials Degradation, 2019, 3(1): 1-7.

[35] Liu H, Zhang T, Krishnan N M A, Smedskjaer M M, Ryan J V, Gin S, Bauchy M. Predicting the dissolution kinetics of silicate glasses by topology-informed machine learning. Npj Materials Degradation, 2019, 3(1): 1-12.

[36] Kumar G B V, Pramod R, Rao C S P, Gouda P S. Artificial neural network prediction on wear of Al6061 alloy metal matrix composites reinforced with-Al_2O_3. Materials Today: Proceedings, 2018, 5(5): 11268-11276.

[37] Altay O, Gurgenc T, Ulas M, Özel C. Prediction of wear loss quantities of ferro-alloy coating using different machine learning algorithms. Friction, 2020, 8(1): 107-114.

[38] Qiao Q, He H, Yu J, Zhang Y, Qi H. Applicability of machine learning on predicting the mechanochemical wear of the borosilicate and phosphate glass. Wear, 2021: 476: 203721.

[39] Zayed M A, Mohamed A A, Hassan M A M. Stability studies of double-base propellants with centralite and malonanilide stabilizers using MO calculations in comparison to thermal studies. Journal of Hazardous Materials, 2010, 179(1-3): 453-461.

[40] Koroleva O N, Shabunina L A, Bykov V N. Structure of borosilicate glass according to raman spectroscopy data. Glass and Ceramics, 2011, 67(11): 340-342.

[41] Tang Y, Li L, Wang C, Chen M, Feng W, Zou X, Huang K. Real-time detection of surface deformation and strain in recycled aggregate concrete-filled steel tubular columns via four-ocular vision. Robotics and Computer-Integrated Manufacturing, 2019, 59: 36-46.

[42] Tang Y C, Li L J, Feng W X, Liu F, Zou X J, Chen M Y. Binocular vision measurement and its application in full-field convex deformation of concrete-filled steel tubular columns. Measurement, 2018, 130: 372-383.

[43] Park J, Riaz H, Kim H, Kim J. Advanced cover glass defect detection and classification based on multi-DNN model. Manufacturing Letters, 2020, 23: 53-61.

[44] Pan Z, Yang J, Wang X, Liu J, Li J. Surface Scratch Detection of Monolithic Glass Panel Using Deep Learning Techniques//International Conference on Computing in Civil and Building

Engineering. Cham: Springer, 2020: 133-143.

[45] He K, Gkioxari G, Dollár P, Girshick R. Mask R-CNN//Proceedings of the IEEE International Conference On Computer Vision, 2017: 2961-2969.

[46] Pan Z, Yang J, Wang X, Wang F, Azim I, Wang C. Image-based surface scratch detection on architectural glass panels using deep learning approach. Construction and Building Materials, 2021, 282: 122717.

[47] Bolya D, Zhou C, Xiao F, Lee Y J. Yolact: Real-time instance segmentation. Proceedings of the IEEE/CVF International Conference on Computer Vision, 2019: 9157-9166.

[48] Zhang C, Chang C, Jamshidi M. Concrete bridge surface damage detection using a single - stage detector. Computer-Aided Civil and Infrastructure Engineering, 2020, 35(4): 389-409.

[49] Park S E, Eem S H, Jeon H. Concrete crack detection and quantification using deep learning and structured light. Construction and Building Materials, 2020, 252: 119096.

[50] Jiang J, Cao P, Lu Z, Lou W, Yang Y. Surface defect detection for mobile phone back glass based on symmetric convolutional neural network deep learning. Applied Sciences, 2020, 10(10): 3621.